NATURWISSENSCHAFTLICHE
MONOGRAPHIEN UND LEHRBÜCHER

HERAUSGEGEBEN VON

DER SCHRIFTLEITUNG DER „NATURWISSENSCHAFTEN“

SECHSTER BAND

KRISTALLE UND RÖNTGENSTRAHLEN

VON

P. P. EWALD

BERLIN
VERLAG VON JULIUS SPRINGER
1923

KRISTALLE UND RÖNTGENSTRAHLEN

VON

DR. P. P. EWALD

PROFESSOR DER THEORETISCHEN PHYSIK AN DER
TECHNISCHEN HOCHSCHULE ZU STUTTGART

MIT 189 ABBILDUNGEN

BERLIN
VERLAG VON JULIUS SPRINGER
1923

ISBN 978-3-642-47158-2 ISBN 978-3-642-47458-3 (eBook)
DOI 10.1007/978-3-642-47458-3

Softcover reprint of the hardcover 1st edition 1923

DEM VEREHRTEN LEHRER UND FREUND

HERRN

ARNOLD SOMMERFELD

O. PROFESSOR DER THEORET. PHYSIK AN DER UNIVERSITÄT MÜNCHEN

GEWIDMET

IN DANKBARER ERINNERUNG
AN MEINE WERDEJAHRE IN MÜNCHEN

Vorwort.

Das Buch ist aus sechs Vorträgen über die Bestimmung der Kristallstrukturen durch Röntgenstrahlen entstanden, die ich im Januar 1921 als Abendvorlesungen an der Münchner Universität gehalten habe. Hieraus erklärt sich die unmathematische Form, die dem damaligen Hörerkreis zuliebe gewählt werden mußte. Ich habe sie gern beibehalten, weil ich überzeugt bin, daß die wesentlichen physikalischen Gedanken, die zur Strukturbestimmung führen, auch ohne Formeln klar gefaßt und erfaßt werden können. Der Gegenstand verdient das Interesse des Chemikers und des für exakte Naturwissenschaften interessierten Laien ebensosehr, wie das des Fachphysikers und Kristallographen und sollte der ersten Gruppe von Lesern nicht durch Formeln erschwert werden, die sich mit befriedigender Verbindung von Allgemeinheit und Kürze nur in vektorieller Schreibweise geben lassen. Der klaren Erfassung der physikalischen Grundlagen dienen die Kapitel über Atomlehre, Kristallographie und Strukturtheorie sowie Röntgenstrahlen, während die eigentliche physikalische Theorie der Röntgeninterferenzen im Kapitel IV über Interferenz enthalten ist. Mein Streben ging dahin, einen Einblick in die Methodik zu vermitteln, nicht Einzelheiten darzustellen. Nur in dem Teil, der der Besprechung der erforschten Strukturen gewidmet ist (Kapitel XIII und XVI) ist Wert auf Vollständigkeit gelegt worden. Allerdings ist hier während des Schreibens schon manches neue Material dazugekommen — aber nicht von so prinzipieller Bedeutung, das es unbedingt in den Text hätte aufgenommen werden müssen. Eine Zusammenstellung der Strukturuntersuchungen bis Ende April 1923 ist in Note IX gegeben.

Das Kapitel »Dynamik der Kristallgitter« sucht einige Gedanken aus der schönen Theorie M. Born's in unmathematischer Form darzustellen und wird hoffentlich zur Verbreitung der Kenntnis dieser Theorie beitragen, die in erster Linie berufen ist, die exakte Verwertung der Ergebnisse der Strukturerforschung zu fördern.

Dadurch, daß im Text die physikalischen Gedankengänge vorweggenommen worden sind, habe ich die Freiheit gewonnen, in den für den Fachmann bestimmten »Noten« unbehindert eine kurze Einführung in die mathematische Behandlung der Interferenzerscheinungen zu geben, die den Ansprüchen an Allgemeinheit und Kürze genügen dürfte. Auch hier verbot sich ein Streben nach Vollständigkeit; aber ich hoffe demjenigen, der sich selbst an Forschung oder an das Studium von Abhandlungen machen will, einen Standpunkt und eine einheitliche Methode mitgegeben zu haben, die mir selbst bei der formalen Behandlung seit Jahren nützlich und angenehm gewesen ist.

Außer zahlreichen Freunden und Fachgenossen, die mich in liebenswürdigster Weise durch Auskünfte und Überlassung von Photogrammen und Sonderdrucken gefördert haben, möchte ich insbesondere denen danken, die mir bei der Anfertigung der Abbildungen treulich geholfen haben: stud. electr. Ernst Sommerfeld (München 1921), stud. phys. Elisabeth Seitz (Stuttgart 1921/22) und Dr. Erwin Fues (Stuttgart 1922/23). Meinem Freund und Assistenten Dr. E. Fues verdanke ich manche kritische Bemerkung bei der Durchsicht der Korrekturen und Hilfe anderer Art.

Schließlich möchte ich es nicht unterlassen, den Herren der Verlagsbuchhandlung Julius Springer dafür meinen Dank zum Ausdruck zu bringen, daß sie trotz der wirtschaftlich schwierigen Zeiten bei meiner unvorhergesehen lange dauernden Arbeit niemals die Geduld verloren haben.

Stuttgart, 30. Juni 1923.
Seminar f. theor. Physik d. Techn. Hochschule.

P. P. Ewald.

Inhaltsverzeichnis.

Erstes Kapitel.

Von der Atomtheorie.

Die Erforschung des Aufbaues der Materie mit Röntgenstrahlen bringt einen überzeugenden Beweis für die Realität der Atome, um deren Existenz seit den ältesten Zeiten der Kampf der philosophischen Schulen ging. Während früheren Generationen die Frage nach dem kontinuierlichen oder diskontinuierlichen Bau der Stoffe ein Gegenstand naturphilosophischer Spekulation sein konnte, ist heute, wo mit einem gewissen Recht vom »Mikroskopieren der Atome im Kristall« gesprochen wird, die Atomlehre aus dem Bereich der Philosophie in den der Messung zu verweisen. Da immer in der Physik die Erklärung und Vorhersage der Beobachtungen den Prüfstein bildet, an dem die »Richtigkeit« und »Wirklichkeit« einer Theorie erkannt wird, so soll in diesem einleitenden Kapitel eine kurze Schilderung vom Aufbau der Materie auf die Tatsachen vorbereiten, welche in späteren Kapiteln durch die Benutzung der *Röntgenstrahlen,* des mächtigsten Hilfsmittels zur Erforschung der Materie, zutage gefördert werden. Denn was für die greifbaren Körper das Licht ist — die feinste Sonde zum Eindringen in den Bau der Körper — das ist für die Welt der Atomdimensionen der Röntgenstrahl, eine Lichtsorte von 10000mal kürzerer Wellenlänge als das unserm Auge wahrnehmbare Licht. Wenn also zunächst in diesem ersten Kapitel daran erinnert wird, was durch chemische und andere physikalische Methoden vom Bau der Materie und von den Atomen zu erkennen ist, so ist dies Bild einer Beschreibung der Außenwelt vergleichbar, die auf Grund der Sinne mit Ausnahme des Sehens gegeben wird. Im Augenblick der Einführung der Röntgenstrahlen schlagen wir die Augen auf und überzeugen uns, daß auch der *Anblick* jener Welt mit der Vorstellung übereinstimmt, die wir von ihr gewonnen hatten. Und in dieser Übereinstimmung liegt für uns die sicherste Gewähr, daß die Atome nicht der menschlichen Phantasie entsprungene Scheinwesen sind, sondern »reale« Einheiten im Feinbau der Stoffe.

Die ersten Tatsachen, die der Atomlehre einen zahlenmäßigen Einschlag gaben und sie zu einer nützlichen Grundlage der Naturerklärung machten, waren die *Gesetze der chemischen Verbindungen*, die ein Menschenalter nach Einführung der Wage in die Chemie (LAVOISIERS Großtat um 1770), hauptsächlich von JOHN DALTON aufgestellt wurden (1804 bis 1808). Das »*Gesetz der konstanten Proportionen*« besagt, daß ein Stoff, der durch

Verbindung zweier anderer entsteht, diese stets in bestimmtem Mengenverhältnis enthält. Die Tatsache, daß Eisen *Fe* und Schwefel *S* sich zu Schwefeleisen vereinen, bekommt hierdurch einen zahlenmäßigen Hintergrund, den wir heute so ausdrücken, daß der — an sich rein beschreibenden — Gleichung

$$Fe + S = FeS$$

gewisse Verhältniszahlen zugeordnet werden, nämlich 56 zu *Fe*, 32 zu *S* und der ganzen Gleichung die Zahlengleichung

$$56 + 32 = 88.$$

Das »*Gesetz der multiplen Proportionen*« berichtigt und ergänzt das vorangehende, indem es lehrt, daß *nicht immer* nur 56 g Eisen mit 32 g Schwefel sich zu 88 g Schwefeleisen verbinden müssen; sondern daß aus Schwefel und Eisen noch ein zweiter einheitlicher neuer Körper entstehen kann, in welchem die Schwefelmenge doppelt so groß ist, wie in der ersten Verbindung — allgemeiner ausgesprochen: daß auch ganze Vielfache jener »Verbindungsgewichte« eine einheitliche Verbindung geben können. Im Fall des »Zweifachschwefeleisens« drückt die moderne Schreibweise dies so aus:

$$Fe + 2S = FeS_2$$
$$56 + 64 = 120.$$

Von Atomen ist in diesen Grundgesetzen der Chemie nichts enthalten und noch in den neunziger Jahren des vorigen Jahrhunderts setzte sich unter W. Ostwalds Führung eine Bewegung in der Chemie zur Aufgabe, die Grundlage dieser Wissenschaft ohne Benutzung der Atomvorstellung aufzubauen. Dabei werden die Daltonschen Gesetze als Ausgangspunkt genommen, ohne selbst auf andere Vorstellungen zurückgeführt, d. h. erklärt zu werden. Aus dem Erfolg dieser Bestrebung ergibt sich am deutlichsten die Unmöglichkeit, aus den *Grundlagen* der Chemie einen *Beweis* des atomistischen Aufbaues der Materie zu gewinnen. Vielmehr muß man Daltons Deutung seiner Gesetze, wenn man sich auf den Stand der damaligen Kenntnisse zurückversetzt, als kühne Hypothese bezeichnen: daß alle Stoffe aus gleichartigen kleinsten Bausteinen bestehen, die, wenn sie chemisch zerlegbar sind, Moleküle, bei unzerlegbaren »Elementen« Atome heißen; und daß die obigen Gesetze dadurch erklärt werden sollen, daß die Gewichtsverhältnisse, die an groben Substanzmengen festgestellt werden, in den Körpern als Gewichte dieser kleinsten Teilchen *vorgebildet* sind.

So sehr hat sich die Daltonsche Atomhypothese bei der Deutung chemischer Tatsachen bewährt, daß man geneigt ist, in erster Linie die Chemie als Mutterboden der Atomistik zu bezeichnen. Und doch muß man sich ihrer weitgehenden Beschränkung bewußt bleiben: keine chemische Tatsache ist imstande, einen Wert für das *absolute Gewicht* der Atome oder für ihre Zahl in einem Gramm Substanz anzugeben. Die »Atomgewichte« der Chemie sind nur Verhältniszahlen, welche das —

unbekannte — wahre Atomgewicht von Wasserstoff als Einheit nehmen (oder, genauer, das von Sauerstoff, O, gleich 16 setzen) und die Gewichte der andern Atome gegen diese Einheit abwägen. Erst physikalischen Methoden gelingt die Bestimmung des Gewichtes des Wasserstoffatoms und damit der anderen Atome in Gramm.

Nur zwei Tatsachen sollen aus dem ungeheuren Gebiet der Chemie besprochen werden, weil sie für die Atomforschung von der größten Bedeutung sind.

Die erste ist das *periodische System der Elemente*, jene 1869 unabhängig von D. Mendelejeff und Lothar Meyer aufgestellte natürliche Ordnung der Atomarten, die der prägnanteste Ausdruck eines Hauptteils aller chemischen Erfahrung ist. Die Tabelle (S. 4), an der man die horizontalen *Zeilen* und die vertikalen Kolonnen oder *Gruppen* unterscheidet, sei wiedergegeben, weil es öfters bequem sein wird, sich in ihr über die Elemente zu orientieren, die später vorkommen. Von jedem Element ist das Symbol, darunter das chemische Atomgewicht μ und daneben die Ordnungszahl Z, d. h. die Stellenzahl im System angegeben. Die ganze Tabelle ist zu einem Zylinder derart zusammengebogen zu denken, daß rechter und linker Rand sich mit Verschiebung um eine Zeilenbreite berühren und man bei Umlaufung des Zylinders von einer Zeile in die nächste hinübergleitet. Die Elemente folgen sich dabei im allgemeinen im Sinn steigender Atomgewichte, jedoch sind an 4 Stellen Umstellungen benachbarter Elemente vorgenommen worden, die teils (wie bei Argon ⟷ Kalium) schon durch chemische Gesichtspunkte nötig werden, teils (Kobalt ⟷ Nickel) ihren letzten Grund in der Selbstnumerierung der Elemente durch ihre Röntgenstrahlspektren haben (vgl. Kap. V), durch welche auch einwandfrei die Notwendigkeit dargetan wird, 5 Plätze für noch unbekannte Elemente freizulassen.

Die Anordnung bringt in den *Kolonnen* die mehr oder minder ausgesprochenen Verwandtschaften der 92 Atomsorten zum Ausdruck. Elemente, welche einander in chemischer Beziehung leicht vertreten können, stehen in einer Gruppe. Beispiel: die »Alkalimetalle« *Li*, *Na*, *K*, *Rb*, *Cs*, die »Erdalkalien« *Mg*, *Ca*, *Sr*, *Ba*, die Gruppe *O*, *S*, *Se*, *Te*, die »Halogene« (»Salzbildner«) *F*, *Cl*, *Br*, *J*, die chemisch unangreifbaren »Edelgase« *He*, *Ne*, *A*, *Kr*, *X*. Die Verwandtschaft der Halogene untereinander äußert sich darin, daß es Verbindungen *NaF*, *NaCl*, *NaBr*, *NaJ* gibt, die Verwandtschaft der Alkalien z. B. in der Verbindungsreihe *LiCl*, *NaCl*, *KCl*, *RbCl*, *CsCl*. Derartige Verbindungsreihen zeigen auch in physikalischer Hinsicht ein gesetzmäßiges Fortschreiten vieler Eigenschaften und kristallographisch sind solche Reihen z. T. »*isomorph*«, d. h. die Stoffe in ihrer Gestalt so ähnlich, daß die Kristalle des einen auf denen des andern parallel fortwachsen, als wären sie ein Stück von ihm.

Tab. I. Periodisches System der Elemente.

1 *H* 1,008							2 *He* 4,00
3 *Li* 6,94	4 *Be* 9,1	5 *B* 11,0	6 *C* 12,00	7 *N* 14,01	8 *O* 16,00	9 *F* 19,0	10 *Ne* 20,2
11 *Na* 23,00	12 *Mg* 24,32	13 *Al* 27,1	14 *Si* 28,3	15 *P* 31,04	16 *S* 32,06	17 *Cl* 35,46	18 *A* 39,88
19 *K* 39,10 29 *Cu* 63,57	20 *Ca* 40,07 30 *Zn* 65,37	21 *Sc* 45,1 31 *Ga* 69,9	22 *Ti* 48,1 32 *Ge* 72,5	23 *V* 51,0 33 *As* 74,96	24 *Cr* 52,0 34 *Se* 79,2	25 *Mn* 54,93 35 *Br* 79,92	26 *Fe* 27 *Co* 28 *Ni* 55,84 58,97 58,68 36 *Kr* 82,92
37 *Rb* 85,45 47 *Ag* 107,88	38 *Sr* 87,63 48 *Cd* 112,40	39 *Y* 88,7 49 *In* 114,8	40 *Zr* 90,6 50 *Sn* 118,7	41 *Nb* 93,5 51 *Sb* 120,2	42 *Mo* 96,0 52 *Te* 127,5	(43) 53 *J* 126,92	44 *Ru* 45 *Rh* 46 *Pd* 101,7 102,9 106,7 54 *X* 130,2
55 *Cs* 132,81 79 *Au* 197,2	56 *Ba* 137,37 80 *Hg* 200,6	Seltene Erden 81 *Tl* 204,0	82 *Pb* 207,20	73 *Ta* 181,5 83 *Bi* 209,02	74 *W* 184,0 84 *Po* (210,0)	(75) (85)	76 *Os* 77 *Ir* 78 *Pt* 190,9 193,1 195,2 86 *Em* (222,0)
(87)	88 *Ra* 226,0	89 *Ac* (226)	90 *Th* 232,15	91 *Pa* (230)	92 *U* 238,2		

Seltene Erden:

57 *La* 139,0	58 *Ce* 140,25	59 *Pr* 140,9	60 *Nd* 144,3	(61)	62 *Sm* 150,4	63 *Eu* 152,0	64 *Gd* 157,3
65 *Tb* 159,2	66 *Ds* 162,5	67 *Ho* 163,5	68 *Er* 167,7	69 *Tu* I 168,5	70 *Ad* 173,5	71 *Cp* 175,0	72 *Tu* II (178)

Die Zahlen vor den Symbolen der Elemente bedeuten die »Ordnungszahlen«, die Zahlen darunter die Atomgewichte.

Bei Verfolgung der horizontalen *Zeilen* des periodischen Systems offenbart sich die Eigenschaft, welcher die Tabelle ihren Namen verdankt: die regelmäßige Wiederkehr ähnlichen chemischen Verhaltens bei der Rückkehr zur gleichen »Gruppe« und seine stufenweise Änderung innerhalb der Zeile. Insbesondere zeigt sich das in der fundamentalen chemischen Eigenschaft, die als »Valenz« bezeichnet wird und angibt, wieviel Wasserstoff ein Atom an sich zu ketten vermag. Gehen wir vom Edelgas, etwa dem der 2. Zeile, *Ne*, rückwärts, so existieren die folgenden Wasserstoffverbindungen:

Ne . . . überhaupt keine,
F . . . *HF* Flußsäure,
O . . . H_2O Wasser,
N . . . NH_3 Ammoniak,
C . . . CH_4 Sumpfgas, Methan

— und das gleiche regelmäßige Ansteigen der Valenz findet sich auch, wenn man von andern Edelgasen ausgeht. Schreitet man lieber vorwärts fort, so zeigt sich die Regelmäßigkeit der Valenz deutlicher in der zunehmenden Fähigkeit, Sauerstoff zu binden, wie die folgende Liste von Verbindungen für die Elemente, die auf *Ne* folgen, zeigt:

Ne . . .	überhaupt keine,	
Na . . .	Na_2O	Natriumoxyd,
Mg . . .	MgO	Magnesiumoxyd, Periklas,
Al . . .	Al_2O_3	Aluminiumoxyd, Tonerde,
Si . . .	SiO_2	Siliziumdioxyd, Quarz,
P . . .	P_2O_5	Phosporpentoxyd,
S . . .	SO_3	Schwefeltrioxyd.

Diese spärlichen Andeutungen mögen genügen, um eine Vorstellung von dem Wege zu geben, auf dem die chemische Forschung Ordnung in die Mannigfaltigkeit der Grundstoffe gebracht hat. Die chemischen Tatsachen, die im periodischen System ausgedrückt sind, *erfordern* nicht die Atomvorstellung; aber erst im Lichte der neueren physikalischen Atomforschung werden die Zusammenhänge wirklich sinnvoll und einleuchtend (vgl. unten S. 12), indem gewisse anderweitig begründete Vorstellungen über die Natur und Wirkungsweise der Valenzkräfte, der »chemischen« Kräfte, in denen die Eigenheiten der Atomsorten zum Ausdruck gelangen, dazu treten.

Der andere Punkt, auf den die Aufmerksamkeit gelenkt werden soll, ist die Reihe chemischer Tatsachen, die ohne Atomvorstellung wohl überhaupt kaum deutbar ist und deshalb das meiste dazu getan hat, diese Theorie von chemischer Seite zu stützen: die *Isomerie.* Wie der Name besagt, sind isomere Verbindungen solche, die aus gleichen Verhältnisteilen der Elemente aufgebaut sind. Wenn trotzdem ihre chemischen und physikalischen Eigenschaften verschieden sind, so wird dies bei einer Gruppe von Substanzen (z. B. C_2H_2 Azetylen, C_6H_6 Benzol) dadurch erklärt, daß die Molekelgröße verschieden ist (auch Polymerie genannt). Noch interessanter sind jedoch die eigentlich isomeren Verbindungen, in denen die Zusammensetzung der Moleküle völlig gleich ist bis auf die räumliche Anordnung. Es ist bekannt, welche Bedeutung die »Stereochemie«, das ist eben die Lehre von der räumlichen Lagerung der Atome im Molekül, für das Verständnis der zahllosen Kohlenstoffverbindungen, der »organischen Chemie«, gewonnen hat und wie sie hier zum zuverlässigen Führer bei den schwierigsten Forschungen geworden ist. Aber auch andere, anorganische Verbindungen erheischen räumliche Strukturvorstellungen, wie vor allem aus den zahlreichen an den Namen W. Werner anknüpfenden Untersuchungen hervorgeht (siehe Kap. XVI).

Die Forschungen der Chemie berühren sich hier aufs engste mit dem Gegenstand dieses Buches, der Erforschung der Atomanordnung in den

Kristallen mit Hilfe von physikalischen Mitteln. Es sei darum an einem einfachen *Beispiel die chemische Methode* vorgeführt, zumal ja die Tatsache sehr merkwürdig scheinen muß, daß die Chemie, obwohl sie *nichts* über die absoluten Massen der Atome aussagen kann, gleichwohl genaue Angaben über ihre geometrische Anordnung aufstellt.

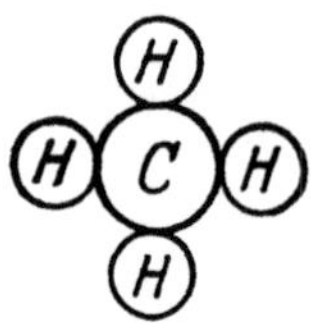

Abb. 1. Methan CH_4.

Kohlenstoff C vermag 4 Wasserstoffatome an sich zu ketten — CH_4, Methan oder Sumpfgas —, welche mit chemischen Mitteln einzeln fortgenommen und durch andere Atome, etwa Chlor Cl ersetzt werden können. Darf man sich das Sumpfgasmolekül als flaches Gebilde gemäß Abb. 1 vorstellen? Der Forderung, daß alle 4 H-Atome zum C-Atom im gleichen Verhältnis stehen, wird durch eine solche scheibenförmige Anordnung genügt. Zugleich wäre es aber eine notwendige Folge, daß bei dem Ersatz von 2 H-Atomen durch Cl-Atome zweierlei »Substitutionsprodukte« entstehen könnten, nämlich

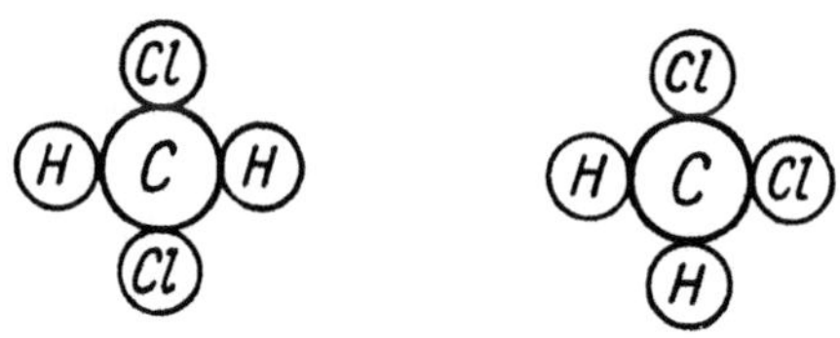

Abb. 2. Dichlormethan CH_2Cl_2.

Nach allen übrigen chemischen Erfahrungen ist zu erwarten, daß diese beiden Molekeln sich in chemischen und physikalischen Eigenschaften unterscheiden würden und man sie auch trennen und nachweisen könnte. Daraus, daß dies mit den verschiedenartigsten Mitteln niemals gelungen ist, muß geschlossen werden, daß die Anordnung der Atome um den Kohlenstoff

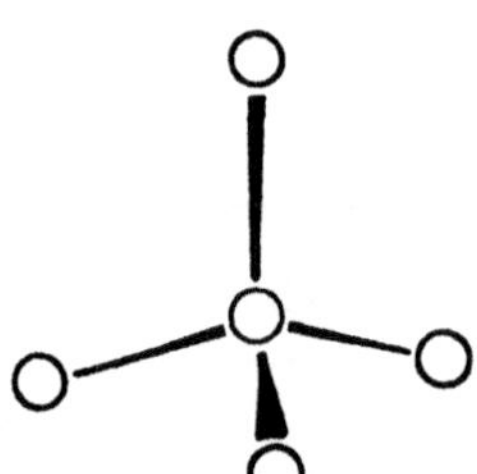
Abb. 3. Kohlenstofftetraeder.

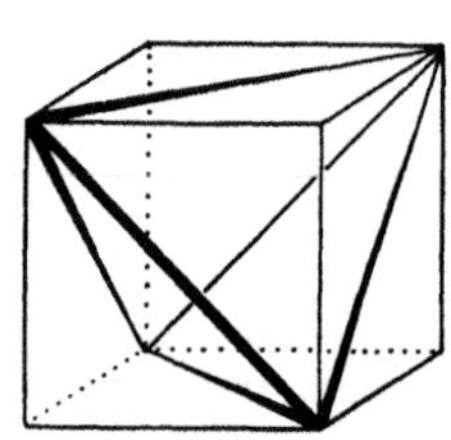
Abb. 4. Tetraeder und Würfel.

so ist, daß nur eine Molekülsorte durch die Substitution entstehen kann. Das VAN 'T HOFFsche Tetraederatom (1874) erfüllt diese Bedingung durch die Behauptung: das Kohlenstoffatom bindet die H-Atome so an sich, daß sie die Ecken eines regulären Tetraeders bilden, in dessen Mitte das C-Atom sitzt[1]) (Abb. 3). Denkt man sich in Abb. 3 das obere H-Atom

[1]) Das Tetraeder stellt man sich am besten zugleich mit einem Würfel vor. Schreitet man längs der Würfelkanten fort, so hat man eine um die andere Ecke durch eine

durch Cl ersetzt, so ist es ganz gleichgültig, welches der 3 übrigen H-Atome an zweiter Stelle ausgetauscht wird: es gibt nur *ein* Produkt CH_2Cl_2.

Nicht immer tritt ein und dieselbe Atomlagerung mit solcher Regelmäßigkeit ein, wie bei Kohlenstoff. Die Stereochemie anderer Elemente ist schwieriger zu fassen und es ist zu erwarten, daß die Ergebnisse des Kristallerforschung hier eine wesentliche Hilfe bringen werden, sobald genügendes Material vorhanden ist. Daß auch bei Kohlenstoff andere stereochemische Formeln gelegentlich notwendig werden, zeigen neuere Untersuchungen über »dreiwertigen Kohlenstoff« — zeigt auch die Struktur, die von DEBYE und SCHERRER für Graphit und »amorphe« Kohle gefunden wurde. Trotzdem der zukünftigen Forschung gerade auf dem Gebiete der Atomgruppierung sich noch große Aufgaben bieten, bleibt die Tatsache einer der schönsten Erfolge des menschlichen Geistes: daß aus Versuchen mit grob-greifbaren Substanzmengen im Reagenzglas richtige Vorstellungen über die Lagerung der Atome gefolgert werden konnten.

In der *Physik* war lange Zeit hindurch die kinetische Gastheorie als sicherster Beweis des atomaren Aufbaues anzusehen. Aus ihr heraus gelang LOSCHMIDT 1865 zuerst die Bestimmung der Zahl und Masse der Atome. Der gasförmige Zustand der Materie ist in vieler Hinsicht der einfachste. Befolgen doch *alle* vergasten Stoffe, sofern sie weit genug von Verflüssigungstemperatur und -druck entfernt sind, dieselben Gesetzmäßigkeiten, die »idealen Gasgesetze«. Aus ihnen ist zu folgern, daß die Anzahl der Moleküle in einem »Mol«, d. h. in so vielen Gramm, als das chemische Molekulargewicht angibt, für alle Substanzen gleich ist — und dies gilt auch nach der Verdichtung für die Substanzen im flüssigen oder festen Zustand. Deshalb ist die zahlenmäßige Kenntnis dieser »*Loschmidtschen Zahl pro Mol*«, L, grundlegend.

Die besondere Einfachheit der Gasgesetze ermöglicht ihre Erklärung durch erstaunlich primitive Vorstellungen. Es genügt, die Moleküle als kleine Kugeln anzusehen, die mit großer Geschwindigkeit im Raum des Gefäßes herumfliegen und sich nur beeinflussen, wenn sie in unmittelbare Nähe kommen, »zusammenstoßen«. Dann sollen sie nach den Gesetzen des elastischen Stoßes voneinander fliegen, wie zwei ideal elastische Stahlkügelchen. Die unten zu entwickelnden viel spezielleren Vorstellungen vom Molekül- und Atombau rechtfertigen die Anwendung dieses Bildes bei den frei beweglichen Gasteilchen, indem sie gleichzeitig die Unzulässigkeit seiner Anwendung zur Erklärung des festen und flüssigen Zustands zeigen.

Es möge einer rein mechanischen Methode Erwähnung getan werden, mit der die LOSCHMIDTsche Zahl auch quantitativ bestimmt worden ist. Sie knüpft an das vom Botaniker BROWN 1827 unter dem Mikroskop be-

---

Flächendiagonale zu verbinden. Die so erhaltenen 6 Flächendiagonalen auf den 6 Würfelflächen sind die Kanten des »regulären« Tetraeders (Abb. 4).

obachtete fortwährende Zittern der kleinsten sichtbaren Teilchen in Aufschlämmungen (z. B. Rußteilchen in chinesischer Tusche) an. Auch an Suspensionen in Gasen ist sie beobachtbar (Zigarettenrauch) und von J. PERRIN und anderen kinematographisch aufgenommen worden. Ihre Deutung in der kinetischen Gastheorie ist diese: Die umherfliegenden Molekeln des Gases prallen von festen Körpern, auf welche sie treffen, ebenso gut ab, wie voneinander. Durch das Hämmern der Moleküle auf die Gefäßwand entsteht ja der Druck des Gases, der aus diesem Grunde — bei gleicher Temperatur — der Dichte des Gases, d. h. der Molekülzahl im ccm, proportional ist. Unsere meisten Instrumente sind zu grob, um die Wirkung des einzelnen Molekülstoßes nachzuweisen, sonst würden wir die diskontinuierliche Natur des »Druckes« und damit des Gases selbst direkt feststellen können. Wenn aber ein hinreichend *kleines* festes Teilchen von allen Seiten von den Gasmolekeln gestoßen wird, so werden die Molekülstöße sich an ihm nicht mehr in dem Maße ausgleichen, wie an einem größeren Körper: es entstehen zeitlich schnell wechselnde Druckschwankungen, indem bald mehr Moleküle von rechts, bald mehr von links stoßen — und unter diesem Einfluß wird das Teilchen ruhelos hin- und hergetrieben. Durch Beobachtung bei verschiedenen Drucken und Temperaturen und zahlenmäßigen Vergleich der an der kinematographischen Aufnahme ausgezählten mittleren Verschiebung der Teilchen mit der Theorie (die von EINSTEIN und SMOLUCHOWSKI aufgestellt wurde) ergab sich die Bestimmung der Molekülzahl pro Mol:

$$L = 0{,}607 \cdot 10^{24}.$$

Bei der geschilderten Methode wird diese Zahl *aus rein mechanisch-statistischen Messungen* und Überlegungen entnommen. Wendet man sie auf ein Gas aus Wasserstoffatomen vom chemischen Atomgewicht 1 (also Mol = 1 g) an, so findet man für die *absolute Masse eines Wasserstoffatoms*

$$m_H = \frac{1}{L} = 1{,}650 \cdot 10^{-24}\ \mathrm{g}.$$

(Es sei bemerkt, daß die kleinsten Gewichtsänderungen, die mit der Wage festgestellt werden konnten, von der Größenordnung

$$1/1000\ \mathrm{mg} = 10^{-6}\ \mathrm{g}$$

sind.)

So sieghaft die atomistischen Vorstellungen auf dem Gebiet der Gastheorie waren, so geringer Erfolg schien ihnen zur Erklärung des *festen Zustandes* beschieden. Dies liegt an dem andersartigen Wesen dieses Zustandes, wie es im Laufe dieses Buches deutlich genug hervortreten wird: dort das Gas, in dem die individuellen Unterschiede der Atomsorten so gut wie ganz fortfallen, für dessen Atome höchste Unabhängigkeit und Unordnung aller Lagen und Bewegungen der hervorstechende Zug ist und kein Gesetz gilt, außer dem, daß jeder wahrscheinliche Zustand auch gelegentlich wirklich eintritt; — hier, im festen Körper, dem Kristall, Regelmäßigkeit der Anordnung, Verkettung der Atome untereinander zu gemeinsamen Bewegungsformen, höchste Individualisierung und Beschränkung. Zwar lehrt die mechanische Wärmetheorie, daß auch die Kristallatome in Bewegung begriffen sind, und daß sie sogar dieselbe Bewegungsenergie besitzen, wie die Atome eines Gases von gleicher Temperatur. Aber diese Bewegung führt die Atome des Kristalls nicht wie die des Gases zu einem tollen Fortstürmen durch den Raum, nur gehemmt durch Zusammenstöße; sondern sie schwingen harmonisch in langer Kette aneinandergehängt um gewisse Gleichgewichtslagen und nur äußerst selten (so selten, daß in diesem Buch davon abgesehen werden kann) kommt es zu einem Losreißen vom Ruheort und zu einem Platzwechsel. Infolge dieses völligen Gegensatzes zum Gas ist der *Kristall* der rechte Vertreter des *festen Zustandes* und die zahlenmäßige Erklärung der Eigenschaften fester Körper — auch mikrokristalliner, d. h. aus kleinen Einzelkriställchen zusammengesetzter Körper — kann erst dann erfolgreich sein, wenn der individuelle Aufbau aus Atomen erkannt ist. Ein großartiger Rahmen in den diese Spezialuntersuchungen sich einfügen können, ist nach Vorarbeiten von Madelung, Born-Kármán, und dem Verfasser von M. Born in seiner *Dynamik der Kristallgitter* geschaffen worden. Aber erst die Untersuchungen mit Röntgenstrahlen öffnen hier künftiger eingehender Forschung den Weg, in dem sie für jeden Stoff die Besonderheiten der Lagerung aufdecken.

Seit dem Anfang der neunziger Jahre steht auch ein anderes Gebiet intensiver physikalischer Forschung unter dem Zeichen des Atomismus: die *Elektrizitätslehre.*

Elektrizitätsmengen werden in »Coulomb« gemessen. Einen Anhalt über die Größe von 1 Coulomb gibt die Angabe, daß eine leitende Kugel von 1 cm Halbmesser auf 300 Volt geladen werden muß, damit $\frac{1}{3} \cdot 10^{-9}$ Coulomb auf sie überfließt. Zwei solche Kugeln stoßen sich in 10 cm Entfernung mit einer eben noch nachweisbaren Kraft von $^1/_{100}$ mg ab. Ein ganzes Coulomb ist für elektrostatische Versuche also eine sehr große Ladung. Nicht so für Ladungstransporte durch Ströme. Denn schon ein Strom von 1 Ampere schickt durch den Querschnitt des Leiters in jeder Sekunde 1 Coulomb hindurch. Die fabelhafte Empfindlichkeit der elektrischen Meßmethoden für Ströme wird durch Aufsammeln der vom Strom beförderten Ladung und ihre elektrostatische Verwertung im Elektrometer erreicht.

Das *Grundgesetz der Elektrolyse* besagt, daß um das Grammäquivalent [1]) eines beliebigen Elementes abzuscheiden, stets die gleiche Ladungsmenge

[1]) Das ist ein Mol dividiert durch die Valenzzahl oder Wertigkeit des Stoffes, also für einwertigen Wasserstoff 1 g, für einwertiges Silber (Atomgewicht 108) 108 g, für zweiwertiges Kadmium (112) 56 g.

vom Strom durch den Elektrolyten getragen werden muß, nämlich $F = 96540$ Coulomb, die »Äquivalentladung« (FARADAY 1833). Dieses Gesetz legt die Auffassung nahe, daß jedes Atom, das zur Abscheidung gelangt, eine (oder je nach seiner Wertigkeit auch mehr) positive oder negative Einheitsladungen mitführt und an der Elektrode frei gibt (ARRHENIUS 1887). Die Einheitsladung selbst ist von der Natur des Stoffes völlig unabhängig.

Das Elektrizitätsatom, das in der Elektrolyse zuerst auftrat, wurde bald auch von der Materie isoliert erhalten. Mit der Technik der Vakuumröhren lernte man auch beim Stromübergang durch stark verdünnte Gase Einheitsladungen kennen und gewann hierbei die Mittel, sie sehr genau zu studieren. Gerade in neuester Zeit ist eine bedeutende Verfeinerung solcher Messungen an Kathoden- und Kanalstrahlen erreicht worden (ASTON 1920). Durch Beeinflussung der Ladungen in elektrischen oder magnetischen oder beiderlei Feldern lassen sich Ladungen, Massen und Geschwindigkeiten der Teilchen bestimmen. Es zeigt sich, daß sie von zweierlei Art sind: Teilchen mit relativ großer Masse und Teilchen mit sehr kleiner Masse, als *Ionen* und *Elektronen* unterschieden. Die Teilchen mit kleiner Masse, welche die »Kathodenstrahlen« bilden, haben stets die gleiche negative Ladung, das *elektrische Elementarquantum*

$$e = 1{,}59 \cdot 10^{-19} \text{ Coulomb.}$$

Die Massen der positiv aufgeladenen Ionen in den »Kanalstrahlen« hingegen sind den Atommassen des Gases proportional und absolut auch bei dem leichten Wasserstoff fast 2000mal so groß wie die Elektronenmasse. Es ist deshalb kein Zweifel möglich, daß man in den Ionen die Atome selbst vor sich hat, die eine oder mehr negative Ladungen abgespalten haben und darum positiv geladen erscheinen; und daß die Elektronen freigewordene elektrische Ladungen ohne materiellen Träger sind, deren ganze Masse nach den elektrodynamischen Theorien und insbesondere nach ihrer Vervollkommnung in der Relativitätstheorie Einsteins durch die Anhäufung der Energie erklärt wird, welche notwendig ist, um eine Ladung innerhalb eines kleinen Raumes zusammenzuhalten. Die elektrische und magnetische Ablenkung eines Kanalstrahles gestattet seine, d. h. die atomare Masse zu ermitteln und wird so infolge des engen Zusammenhangs zwischen dieser und L zu einer *elektrischen Methode* für die Bestimmung der LOSCHMIDTschen Zahl L.

Diese Zahl ist auch aus der Elektrolyse wiederzufinden, wenn man die beiden oben gegebenen Zahlen für die Faradaysche Äquivalentladung F und das Elementarquantum e mit der Vorstellung vereinigt, daß auch in den Elektrolyten die Ionen, welche den Stromdurchgang vermitteln, nichts anderes sind, als Atome, die durch Abgabe oder Aufnahme von Elementarladungen positiv oder negativ aufgeladen sind. Es muß ja dann, wenn 1 Mol eines einwertigen Elementes (also 1 Grammäquivalent) abgeschieden wird, offenbar gelten

$$L \cdot e = F$$

oder

$$L = \frac{F}{e} = \frac{96540}{1,59 \cdot 10^{-19}} = 0,606 \cdot 10^{24}.$$

Die früher aus der kinetischen Gastheorie gewonnene Zahl findet sich mit geringer Abweichung aus den elektrischen Messungen wieder.

Einer der Triumphe der physikalischen Forschung der letzten 10 Jahre ist es, den klaffenden Gegensatz zwischen Materie und Elektrizität beseitigt zu haben. Nicht materielle Atome und *daneben* elektrische Einheitsladungen gibt es, sondern *nur* elektrische Ladungen frei und zu festen Verbänden zusammengefügt. Die letzteren sind die Atome. Wir besitzen, dank dem Zusammentreffen der Forschungen von E. RUTHERFORD, N. BOHR, M. PLANCK und anderen, heute eine erfolgreiche Theorie des elektrischen Aufbaues der Materie. Die alte Atomvorstellung von elastischen Kugeln, die in der kinetischen Gastheorie genügt hatte, wird hierdurch freilich zersetzt; das Atom der Materie verdient seinen Namen nicht mehr, es ist nicht *un*teilbar, schlechthin, sondern nur durch viele chemische und physikalische Mittel unteilbar. Wurde doch schon bei der Elektrolyse ein Teil, nämlich eine Ladungseinheit, abgespalten — und dies wiederholt sich stets, wenn Atome starken elektrischen Feldern oder starken Stößen ausgesetzt werden. In dem Augenblick, wo das Atom nicht mehr als unteilbare, ungegliederte Einheit angesehen wird, erhebt sich die Frage nach dem *Atombau.* Sie ist heute durch die glänzenden Erfolge der experimentellen und theoretischen Forschungen, die auf den RUTHERFORD-BOHRschen Ansätzen aufbauten (J. FRANK, J. STARK, F. PASCHEN; N. BOHR, A. SOMMERFELD) soweit gediehen, daß eine große Zahl von Eigenschaften der Atome aus den Vorstellungen über ihren Aufbau heraus bis in die feinsten Einzelheiten erklärt werden können. Man findet unser Wissen vom Atombau in dem Buche von SOMMERFELD vereint, dessen Titel: Atombau und Spektrallinien auf die Wichtigkeit hinweist, welche dem Studium der Spektren, jener bis dahin rätselhaft unverstandenen Atomäußerungen, zukommt. Der Atombau in seinem Zusammenhang mit der chemischen Forschung ist von W. KOSSEL eingehend untersucht und dargestellt worden[1]). Hier müssen wenige Andeutungen genügen, um das Bild zu geben, das später gelegentlich benötigt werden wird.

Ein Atom ist ein Planetensystem von sehr kleiner Größe, aus Zentralkörper und Planeten bestehend. Jener heißt hier Kern, diese Elektronen. Der *Kern* enthält den wesentlichen Teil der Masse des Atoms, also bei Wasserstoff annähernd $1,6 \cdot 10^{-24}$ g. Auch diese Masse (wie die kleinere der Elektronen) sieht man nach allgemeinen Sätzen als Folge der ungeheuren Energiekonzentration an, die durch das Zusammendrängen elek-

---

[1]) Vgl. dieses Verf. Broschüre Valenzkräfte und Röntgenspektren, Julius Springer. Berlin 1920.

trischer Ladungen auf sehr kleinem Raum entsteht. Der Kerndurchmesser beträgt nach den Rutherfordschen Versuchen über die Ablenkung von α-Strahlen etwa 10^{-13} cm, während der Atomdurchmesser selbst, d. h. die äußere Grenze der Planetenbewegung, 10^{-8} cm, also 100000mal größer ist. Die Zahl der Elektronen wächst mit dem Atomgewicht. Sie ist gleich der Stellenzahl Z im periodischen System. Da das Atom insgesamt neutral ist, muß der Kern Z positive Ladungen im Überschuß haben; die radioaktiven Erscheinungen zwingen dazu, ihn selbst als komplexes Gebilde aufzufassen, das aus positiven schweren Ladungen (α-Strahlen, Heliumatomkerne) und negativen leichten Ladungen (β-Strahlen, Kathodenstrahlen hoher Geschwindigkeit) aufgebaut ist. Für die Zwecke dieses Buches kann von der zusammengesetzten Struktur des Kernes abgesehen werden und man kann statt seiner eine Z-fach positiv geladene kleine Kugel setzen. Um diese herum bewegen sich die Elektronen in Bahnen, die man in den einfachsten Fällen genau berechnen und an den Spektren kontrollieren kann. Sie sondern sich je nach ihrer Gesamtzahl in verschiedene Gruppen oder Schalen, die der Einreihung im periodischen System entsprechen. Die chemischen Eigenschaften sind solche der *Atom-»oberfläche«*: sie wiederholen sich annähernd, wenn die äußere Schale den gleichen Aufbau hat, einerlei wie schwer der Atomkern ist. Es gibt Anordnungen der Außenschale, die besonders stabil sind und deshalb schwer zu verändern: das sind die Schalen wie sie die Edelgase außen tragen, die chemisch »träge« sind. Zur Herstellung solcher Anordnungen drängt es auch die andern Atome. Nehmen wir etwa F und Na, die beiden Nachbarn (s. Tab. I) des Edelgases Ne, die ein Elektron weniger bzw. mehr haben als dieses. Indem Na ein Elektron an F abtritt, gelangen beide zu der stabilen Konfiguration, die durch die Elektronenzahl des Ne gewährleistet wird: es findet Molekülbildung statt, die Affinität ist groß. Treffen Na und O zusammen, so sind zwei Na-Atome notwendig, um dem O 2 Elektronen zu liefern, die seine Elektronenzahl auf die des Edelgases bringen: daher die Formel Na_2O. Vieles vom Inhalt des periodischen Systems läßt sich durch diese besonders von W. Kossel angebahnte Auffassung deuten. Bei einer solchen Verbindung, wie NaF, sind die Atome geladen oder ionisiert: Na^+F^-. Auch die Kristalle bestehen aus Ionen, wenn die Verbindung einen solchen »salzartigen« Charakter hat (»heteropolare« Verbindung). Hingegen hat man sich noch keine genaue Vorstellung von den Elektronenanordnungen bei »homöopolaren« Verbindungen bilden können als deren Beispiel die Molekülbildung bei Elementen zu nennen ist.

Die chemischen Eigenschaften sind, wie aus der Periodizität im System der Elemente hervorgeht, aufs engste mit der *Außenschale* der Atome verknüpft. Auch die optischen Spektren gehören noch zu den peripheren Äußerungen der Atome, obwohl die Eigenheiten der inneren Elektronenbahnen bei ihnen schon von Einfluß sind. Sie werden es um so mehr, je weiter man ins kurzwellige Gebiet vorrückt, und wenn der große Schritt gewagt ist, über eine heut' noch unüberbrückte Kluft von fast 6 Oktaven, so befindet man sich im Gebiet der *Röntgenspektren* zu deren Aussendung dem Atom eine große Anregungsenergie zugeführt werden muß. Die Röntgenspektren sind nicht mehr Äußerungen der Atomoberfläche, sondern des Atom*innern*. Darum sind chemische Veränderungen ohne Einfluß auf sie. Die große Anregungsenergie ist erforderlich, um Elektronen aus den kernnahen Teilen des Atoms, wo sie sehr fest gebunden sind, hervorzuholen. Bei der Rückkehr in die alte Bahn findet dann die Ausstrahlung statt. Viele Eigentümlichkeiten der Absorption und Emission von Röntgenstrahlen lassen sich in diesem Bilde gut deuten. Nur bei ganz leichten Atomen mit wenigen Elektronen verwischt sich begreiflicherweise die ganze Unterscheidung zwischen Atominnerem und Außenschale und es treten Abweichungen auf, wie z. B. ein geringfügiger Einfluß der chemischen Bindung auf die Röntgenerscheinungen. Daß solche Einflüsse gemäß den Vorhersagen von KOSSEL gefunden worden sind, ist eine besonders schöne Bestätigung des Vorstellungskreises.

Äußert sich der *Atomkern* denn gar nicht anders, als durch seine eine fundamentale Eigenschaft, die Schwere? Wie oben erwähnt, muß er für die radioaktiven Erscheinungen verantwortlich gemacht werden, die bei manchen Atomsorten beobachtet werden, besonders bei sehr schweren Atomen. Die Kerne dieser Atome sind aus so vielen Einzelteilen zusammengesetzt, daß der Zustand auf die Dauer nicht stabil ist und hier und da ein Atom zerfällt. Aus den ungeheuren Energien (pro Atom gerechnet), die dabei frei werden (α-, β-, γ-Strahlen, Erwärmung) ist zu schließen, daß es der Kern selbst ist, der zerfällt und seine Bruchstücke mit beinah Lichtgeschwindigkeit fortschleudert. Daß die materiellen Bruchstücke (α-Strahlen) aus Heliumatomen oder vielmehr Heliumkernen bestehen und daß daneben bei manchen Atomarten durch die gewaltsame Zertrümmerung auch Wasserstoffkerne losgesprengt werden, hat RUTHERFORD in großartigen Untersuchungen bewiesen. Hier findet die alte Atomtheorie ihr Ende, die das Atom als den unteilbar-unwandelbaren Baustein der Materie ansah. Selbst die Atomkerne, die sich in den chemischen und den spektralen Eigenschaften nur durch unveränderliche Zahlengrößen — Masse, Ladung — äußern, müssen als vielfältig zusammengesetzt betrachtet werden. Und schon sieht man, wie ein tieferes Fundament unter dem weit ausgedehnten Gebäude der Atomlehre angelegt wird: die *Kernphysik*, die Lehre vom räumlichen und dynamischen Aufbau der Kerne, von ihrer Entstehung und vielleicht — der Traum der Alchemisten — von ihrer Verwandelbarkeit. Wie aber auch die Weiterentwicklung des Atombegriffes hier gehen mag — soviel ist sicher, daß die Vorstellung des atomaren Aufbaues der Materie *ein für allemal* den Sieg davongetragen hat über die Auffassung der Materie als »Continuum«, d. h. als Substanz, die bis in beliebig kleine Gebiete hinein als gleichförmig angesehen werden kann.

Zweites Kapitel.

Kristallographische Grundbegriffe.

Wie bereits im vorigen Kapitel bemerkt wurde, mißlangen die Versuche, eine »kinetische Theorie des festen Zustandes« von ebenso allgemeiner Geltung aufzustellen, wie für Gase. Vergebens suchte man experimentell und theoretisch zu einer brauchbaren »Zustandsgleichung« der festen Körper zu gelangen — stets fanden sich so viele Ausnahmen, daß die Anwendbarkeit nur auf kleine Gruppen von Körpern und Eigenschaften beschränkt blieb. Im festen Zustand äußert sich eben die Individualität der Stoffe

Abb. 5. Diamant im Muttergestein.

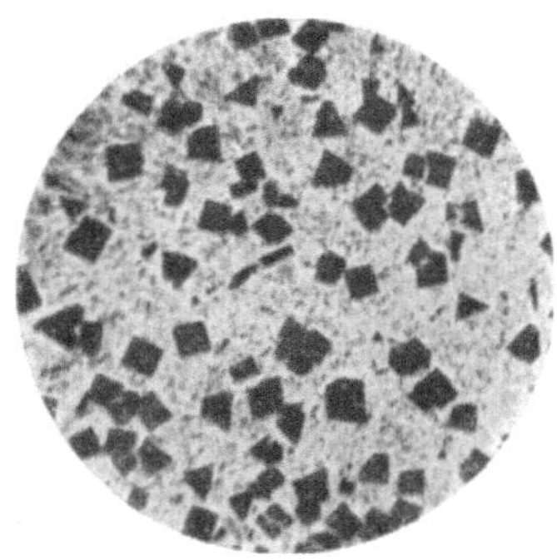

Abb. 6. Weißmetall.

in ganz anderem Maße als bei den Gasen und ein Gesetz, das mit Erfolg den Zustand solcher Körper vorhersagen will, muß unbedingt auf die Eigenart des einzelnen Stoffes Rücksicht nehmen. Als ausdrucksvollster Vertreter des festen Zustandes und seiner strengen gesetzmäßigen Gebundenheit erscheint der *Kristall.* Wer könnte hieran zweifeln, der einmal einen Kristall, wie den in Fig. 5 abgebildeten Diamantkristall, gesehen hat, wie er fertig gebildet, ohne jedes menschliche Zutun in reiner geometrischer Regelmäßigkeit, durchsichtig, unübertroffen hart und fest ohne Riß und Fehler inmitten des formlosen Mutterbodens liegt! Der Erforschung dieser geometrischen und physikalischen Gesetzmäßigkeiten haben sich frühzeitig, d. h. um die Wende des 18. Jahrhunderts die Forscher gewidmet und auch später hat es stets Physiker gegeben, die nach besonderer Klarheit suchten und sich den Kristallen zuwandten.

Allmählich setzte sich nämlich die Ansicht durch, daß »der feste Zustand«, z. B. eines Metalles, nur dann erfolgreich erforscht werden könne, wenn man vorher über das Verhalten der Kristalle Bescheid wisse. Denn so einheitlich auch oft ein Metall aussehen mag, so offenbart sich doch bei geeigneter Behandlung (Abschleifen, Ätzen, mikroskopische Betrachtung), daß es aus lauter winzigen Kriställchen »*mikrokristallin*« aufgebaut ist. Abb. 6 zeigt als Beispiel eine Aufnahme von einem Weißmetall, wie es als Lager für Maschinenachsen gebraucht wird. Infolge der Ätzung treten die würfelförmigen Kristalle einer Zinn-Antimon-Verbindung sowie kleine länglich-strichförmige Zinn-Kupfer-Kristalle inmitten des hellen weichen Grundes von Zinn-Blei deutlich hervor. *Kristalle* bilden also die Einheiten, aus denen das Mosaik zusammengesetzt ist, das uns bei gröberer Betrachtung scheinbar einheitlich entgegentritt und beim Metall wie beim Gestein führt der Weg zur Erforschung über das Studium des Einzelkristalles. Nicht Raritäten der Natur sind in den mineralogischen Sammlungen durch ein Jahrhundert hindurch aufgespeichert worden, sondern wertvollste Lehrstücke, die jetzt durch die physikalische Forschung für das Verständnis des festen Zustandes nutzbar gemacht werden.

Wodurch unterscheidet sich eigentlich ein einheitlicher Kristall von einem nichtkristallinen Körper, wie Glas? Die *äußere Form* ist nur eines der Anzeichen, das noch dazu leicht vorgetäuscht oder zerstört werden kann. Zuverlässiger sind die *inneren* Eigenschaften: der Kristall ist *anisotrop*, d. h. seine physikalischen Eigenschaften sind in verschiedenen Richtungen verschieden. Während im nichtkristallinen, »isotropen« Körper Materialeigenschaften wie das Brechungsvermögen für Licht, die Ausbreitungsgeschwindigkeit von Schall, das Leitvermögen für Wärme und Elektrizität unabhängig davon sind, in welcher Richtung Licht, Schall, Wärme, Strom durch den Körper fließen, besitzt der Kristall zufolge seines inneren Baues unbeeinflußt durch seine (vielleicht verstümmelte) äußere Form feste ausgezeichnete Richtungen, in denen diese Eigenschaften Höchst- und Mindestwerte erreichen. So leitet z. B. der schüppchenförmige Graphit den elektrischen Strom senkrecht zu den Schuppen 100 mal schlechter als parallel zu ihnen. Und eine Schallwelle hat in dem würfelförmigen Steinsalz längs den Körperdiagonalen des Würfels eine um 15 % kleinere Geschwindigkeit, als parallel zu den Würfelkanten.

Die Ungleichwertigkeit der Richtungen, die in jedem Punkt des Kristallinnern in gleicher Weise vorhanden ist, muß durch den inneren Bau verursacht sein, der deshalb von Ort zu Ort *regelmäßig* weiterschreiten muß — im Gegensatz zum isotropen Körper, bei dem die Anordnung der Atome von Punkt zu Punkt wechselt. Auch die Gesetzmäßigkeiten der äußeren Gestalt (bei ungehinderter Entwicklung des Kristalls) sind als Ausfluß der inneren Wohlgeordnetheit anzusehen.

In der Tat hat das quantitative Verständnis der äußeren Kristallgestalt sofort auf diejenigen Vorstellungen über den inneren Bau geführt, die heute experimentell gesichert sind und die Grundlage der Lehre von der

Kristallstruktur bilden. Um diese Gedankengänge kurz entwickeln zu können, müssen wir vorher bei einigen allgemeinen kristallographischen Tatsachen und Methoden verweilen, die uns auch späterhin nötig sind.

An vielen Kristallen, wie z. B. am Diamanten der Abb. 5, erkennt man auf den ersten Blick zweierlei: erstens, daß der Kristall durch *Ebenen* begrenzt ist, nicht durch krumme Flächen; und zweitens, daß diese Ebenen in höchst *symmetrischer* Weise angeordnet sind. Vielleicht ist es nicht überflüssig, den *Begriff der Symmetrie* zu erklären. Man versteht darunter die Eigenschaft eines Körpers, »*gleichwertige*« *Richtungen* zu besitzen, d. h. Richtungen, die sich durch kein geometrisches oder physikalisches Merkmal voneinander unterscheiden lassen. Die (idealisierte) menschliche Gestalt (Abb. 7a) heißt z. B. symmetrisch, weil von der Mittelebene des Körpers die Richtungen nach rechts und nach links völlig gleichartig ausgebildet sind. (Daß wir trotz dieser Symmetrie imstande sind, rechts und links zu unterscheiden, hängt wohl mit der inneren Unsymmetrie unseres Körpers zusammen. Die Unterscheidung bleibt vielen Menschen zeitlebens schwer, während vorwärts und rückwärts nie verwechselt wird). Die *Weise*, wie die gleichwertigen Richtungen miteinander verknüpft sind, die sog. *Symmetrieoperationen*, kennzeichnet die Art der Symmetrie. So erhält man beim menschlichen Körper aus einer beliebigen Richtung eine zu ihr gleichwertige, wenn man eine Spiegelung an der Mittelebene (»Sagittalebene« der Mediziner) vornimmt. Bei Windmühlenflügeln (Abb. 7b) hingegen müßte man eine Richtung um 90° oder 180° oder 270° drehen, um die gleichwertigen Richtungen zu erhalten. Man spricht im ersten Fall von einer Symmetrie*ebene*, im zweiten von einer Symmetrie*achse*, und zwar von einer vierzähligen, weil man bei einem vollen Umkreis auf vier in gleichen Winkelabständen folgende gleichwertige Richtungen trifft. Schließlich ist eine weitere Symmetrieoperation bestimmt durch das *Zentrum* der Symmetrie, welches eine Richtung mit der ihr entgegengesetzten als gleichwertig erklärt (Beispiel ←·→, Gegenbeispiel →). Bei ebenen Figuren ist ein Symmetriezentrum gleichbedeutend mit einer zweizähligen Symmetrieachse (senkrecht zur Ebene), im Raum aber nicht.

Abb. 7a. Symmetrieebene.

7b. Vierzählige Symmetrieachse.

Als Beispiel einer Kristallsymmetrie betrachten wir nun den Diamanten von Abb. 5, dessen Gestalt, das »*reguläre Oktaeder*« in Abb. 8 abgezeichnet ist. Drehen wir den Kristall einmal ganz herum, indem wir die beiden senkrecht übereinanderliegenden Ecken festhalten, so kommt er nach

Drehungen von 90°, 180°, 270°, 360° mit sich zur Deckung, d. h. wir können an seiner Lage und Gestalt nicht mehr entscheiden, ob er überhaupt gedreht worden ist, oder nicht. Die Verbindung dieser Ecken ist also eine 4zählige Drehachse, das gleiche gilt für die beiden anderen Paare einander gegenüberliegender Ecken, dementsprechend gibt es drei □-Achsen.

Das Oktaeder weist aber weitere Symmetrieachsen auf. Verbinden wir die Mitte einer der 12 Kanten durch den Körpermittelpunkt hindurch mit der Mitte der gegenüberliegenden Kante, so ist diese Linie, wie die Abb. zeigt, eine 2zählige Achse, d. h. Drehung um 180° bringt den Körper mit sich zur Deckung. Es gibt $\frac{12}{2} = 6$ solche ⬭-Achsen.

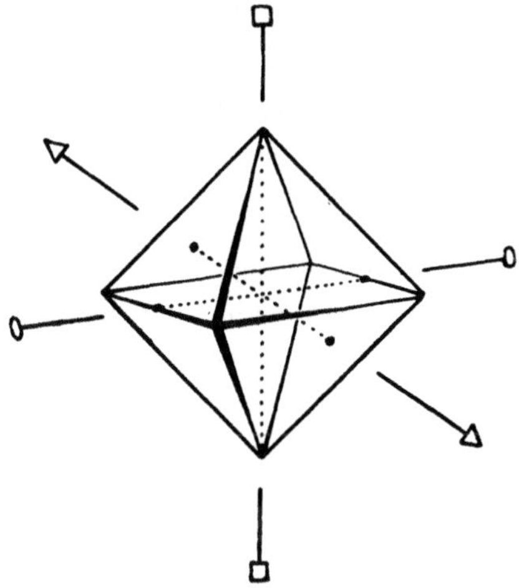

Abb. 8. Oktaeder.

Verfahren wir ähnlich, indem wir den Mittelpunkt einer der Begrenzungsflächen (gleichseitige Dreiecke!) mit dem Mittelpunkt der gegenüberliegenden verbinden, so ist diese Linie eine 3zählige Achse △. Hiervon gibt es, den 8 Flächen entsprechend, $\frac{8}{2} = 4$.

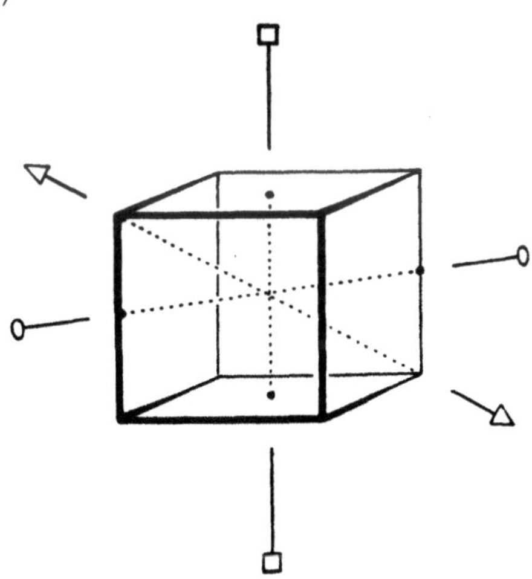

Abb. 9. Würfel.

Wenn wir diese Symmetrieachsen mit denjenigen des in Abb. 9 aufgestellten Würfels vergleichen, so finden sich bei ihm dieselben Achsen in der gleichen Zahl und Anordnung, wie beim Oktaeder. Ebenso verhält es sich mit den 9 Symmetrieebenen, die je durch eine □- und eine ⬭-Achse geben. Auch haben beide Abbildungen im Mittelpunkt ein Zentrum der Symmetrie. Würfel und Oktaeder besitzen also genau die gleiche Symmetrie, da ihre sämtlichen Symmetrieoperationen übereinstimmen.

Die Kenntnis der Symmetrie eines Kristalls ist für das Verständnis seiner *äußeren Gestalt* von größter Wichtigkeit. Denn da sich durch sie eine ganze Anzahl von Begrenzungsflächen gegenseitig bedingt, wird die Beschreibung der Kristallform verkürzt und durchsichtiger gestaltet. Der Diamant der Abb. 5 ist z. B. von lauter Flächen begrenzt, die aus einer einzigen von ihnen durch Symmetrie folgen; es würde genügen, die eine Fläche anzugeben, wenn man die Kenntnis der Symmetrie voraussetzen dürfte.

Man faßt deshalb alle Kristalle mit übereinstimmenden Symmetrien zu einer »*Symmetrieklasse*« zusammen. Da sich ergeben hat, daß in Kristallen nur 6-, 4-, 3-, 2zählige Drehachsen außer den Symmetrieebenen vorhanden sind (5zählige Achsen z. B. ständen im Widerspruch zu dem alsbald zu formulierenden Grundgesetz vom rationalen Zusammenhang der Kristallflächen) und da man mathematisch zeigen kann, daß nur gewisse Kombinationen dieser Symmetrieoperationen in sich widerspruchsfrei sind, so gibt es nur eine bestimmte Anzahl solcher Klassen, nämlich 32. Es haben sich auch unter natürlichen wie künstlichen Kristallen Vertreter für alle Klassen bis auf zwei gefunden und keinerlei Kristalle, die andere Symmetrien aufweisen. Die systematische Einordnung der Kristalle in die Klassen ist die Hauptleistung der älteren, beschreibenden Kristallographie.

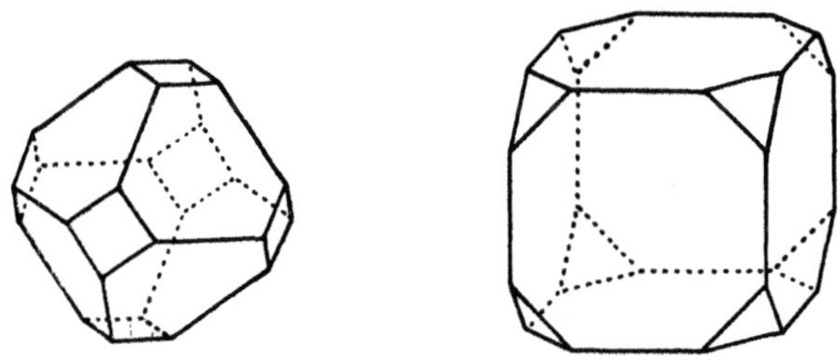

Abb. 10a. Abb. 10b.
Durchsetzungen von Würfel und Oktaeder.

Nicht immer sind die Kristallformen so einfach, wie in der Abb. 6, wo nur eine einzige Flächenart vorhanden ist. Z. B. kommt Steinsalz in den Gestalten Abb. 10 vor, die zwar zunächst recht verschieden zu sein scheinen, bei näherer Betrachtung aber beide als Durchsetzung (»Kombination«) von Würfel und Oktaeder erkannt werden: in Abb. 10a sind die Oktaederecken durch die Flächen des Würfels abgestumpft, in Abb. 10b umgekehrt die Würfelecken durch Oktaederflächen. Beide Abbildungen, *a* und *b*, bestehen also aus den gleichen 2 Flächensorten, nur in verschieden großer Ausbildung. Man hat nun gelernt, daß die Größe der Ausbildung der verschiedenen Flächensorten durch allerlei Umstände beim Wachstum des Kristalls beeinflußt wird und für den Kristall durchaus nicht so bedeutungsvoll ist, wie seine Symmetrie, welche stets die gleiche bleibt. Deshalb sieht man von der unvollkommenen Ausbildung der Flächen am einzelnen Kristall ab und zeichnet den Kristall in der Idealgestalt, die er bei allseitig ungestörter Ausbildung im Durchschnitt der Fälle annehmen würde. *Nicht die Größe, sondern nur die Art der vorkommenden Flächen* interessiert zunächst. Wie auch die relative Ausbildung der Flächen sein mag, so bleiben die Winkel [1]) zwischen ihnen

[1]) Den Winkel zwischen zwei Flächen mißt man, indem man in einem Punkt der

stets für die Flächen bezeichnend, und deshalb bedeutete die Einführung genauer *Winkelmessungen* am Ausgang des 18. Jahrh. den Beginn der wissenschaftlichen Kristallographie. Als Frucht dieser Messungen sprach HAÜY das *Grundgesetz der Kristallographie*, das *Gesetz vom rationalen Zusammenhang der Flächen* eines Kristalls, aus, bei dessen Aufstellung er bereits durch annähernd richtige Vorstellungen über den inneren Aufbau der Kristalle geleitet wurde.

Dieses Gesetz verknüpft jene Flächen eines Kristalls miteinander, die nicht infolge der Symmetrie schon in Zusammenhang stehen. Um es aussprechen zu können, müssen wir uns klar machen, *wie die Flächen an einem Kristall beschrieben und benannt werden können.* Denn offenbar ist die Benennungsweise, die wir bei Abb. 10 anwandten, indem wir von Würfel- und Oktaederflächen sprachen, nicht auf beliebige Flächen ausdehnbar, vielmehr auf die Begrenzungsflächen besonders einfacher Körper beschränkt. Die systematische Bezeichnung wird hingegen durch ein mathematisches Symbol die *Richtung* der Fläche angeben.

Die *Lage einer Fläche im Raum* läßt sich nicht schlechthin festlegen, sondern nur beziehen auf ein Hilfsgerüst (*Koordinatensystem* oder *Achsensystem*), das aus 3 nicht in einer Ebene gelegenen Maßstäben mit gemeinsamem Anfangspunkt *O* besteht. Die Neigungen der Maßstäbe gegeneinander und die Einheitsstrecken auf jedem von ihnen (cm, mm, Zoll) sind völlig unwesentlich, nur muß man sie kennen. In Abb. 11 sind die Achsen $\mathfrak{a}_1$, $\mathfrak{a}_2$, $\mathfrak{a}_3$ mit den Anfängen der Maßstäbe gezeichnet. Eine beliebig gelegene Ebene *E* wird dadurch völlig bestimmt, daß die Abschnitte angegeben werden, welche sie auf den 3 Achsen abschneidet, z. B. in der Abb. 11 die Abschnitte 2, 2, 4 auf den Achsen $\mathfrak{a}_1$, $\mathfrak{a}_2$, $\mathfrak{a}_3$. Als Symbol der Fläche könnte nun das Zeichen (2, 2, 4) eingeführt werden. Doch würde dies mehr enthalten, als in der Kristallographie notwendig und durch Winkelmessungen feststellbar ist, nämlich außer der Richtung der Fläche auch ihren Abstand vom Nullpunkt. Für die Winkelmessungen kommt es aber nur auf die Richtung an; eine Parallelverschiebung der Flächen ändert die Winkel nicht. Freilich ist auf die Gestalt des ganzen Körpers, oder wie man sagt, auf die Kristall*tracht*, die Parallelverschiebung einer Flächensorte von großem Einfluß, wie aus Abb. 10*a* u. *b* hervorgeht. Aber einstweilen sind die Ge-

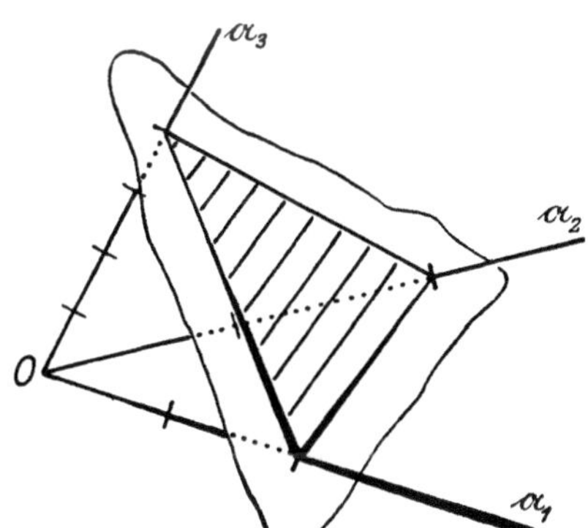

Abb. 11. Lage einer Fläche im Raum.

Schnittkante die Lote zur Kante in den beiden Flächen legt und den Winkel zwischen diesen Loten mißt. Bei großen Kristallen kann dies mit dem Anlegegoniometer bewerkstelligt werden, bei kleinen benutzt man Lichtstrahlen im Reflexionsgoniometer.

setzmäßigkeiten der Flächenausbildung noch zu wenig erforscht, als daß eine Beschreibung auch der Flächengrößen durch die Flächensymbole zweckmäßig wäre. Will man aber nur ihre Richtung angeben, so darf die in Abb. 11 gezeichnete Fläche selbst parallel beliebig verschoben werden, wobei die *Verhältnisse* der Achsenabschnitte unverändert bleiben, z. B. sind die Abschnitte in der Abb. 11, wenn wir die Fläche bis zur Hälfte dem Nullpunkt o nähern (1, 1, 2). Nur die *Verhältnisse der Achsenabschnitte* sind also für das Symbol der Fläche wesentlich und wir dürfen stets einen der Abschnitte — etwa den mittleren — gleich 1 setzen, was geometrisch eine Parallelverschiebung der Fläche bedeutet, bis sie durch den ersten Maßstabspunkt der Achse a_2 geht. — In dieser Bezeichnung bekommt die Ebene der Achsen (a_1 a_3) das Symbol (∞ 1 ∞), da sie, durch den Punkt 1 der a_2-Achse gelegt, die beiden anderen Achsen erst im Unendlichen schneidet; während Ebenen, welche die Achse a_2 enthalten, nicht durch ein Symbol mit der mittleren Ziffer 1 eindeutig ausdrückbar sind.

Um diesen Mangel an Einheitlichkeit in der Schreibweise zu vermeiden, wurden im ersten Drittel des vorigen Jahrhunderts von GRASZMANN, FRANCKENHEIM, GAUSZ, WHEWELL und anderen, etwa gleichzeitig und unabhängig voneinander andere Flächensymbole eingeführt, die durch MILLERS Lehrbuch der Kristallographie (1863) weitere Verbreitung fanden und heute nach ihm genannt werden. Wir werden sie im folgenden viel benutzen. *Auch die Millerschen Symbole bestehen aus 3 ganzen Zahlen:* (h_1, h_2, h_3). *Diese heißen die Kennziffern oder Indizes der Fläche, das ganze Symbol auch das »Indextripel«. Die reziproken Werte* $\frac{1}{h_1}, \frac{1}{h_2}, \frac{1}{h_3}$ *verhalten sich wie die Achsenabschnitte der Fläche.* Die Fläche mit dem Millerschen Symbol (3, 2, 4) schneidet also auf den Achsen Stücke der Maßstäbe ab, die sich wie $^1/_3 : {}^1/_2 : {}^1/_4$ oder wie 4 : 6 : 3 verhalten. Die 3 Achsenebenen (a_2 a_3), (a_3 a_1), (a_1 a_2) erhalten die Symbole (100), (010), (001) entsprechend den Achsenabschnitten (1 ∞ ∞) usf. Man hat, um alle Flächenrichtungen beschreiben zu können, die Achsenmaßstäbe der Abb. 11 auch jenseits vom Punkt *O* fortzusetzen und unterscheidet diese Seiten der Achsen durch das Zeichen Minus (—) von den anderen; der Platzersparnishalber wird das Minuszeichen über (statt vor) den Zahlenwert gesetzt.

Beziehen wir, um diese Bezeichnungsweise einzuüben, in Abb. 12 die Grenzflächen von Abb. 10*b* auf ein »kubisches Achsensystem«, d. h. auf 3 gleich lange zueinander senkrechte Achsen, die mit dem Anfangspunkt im Körpermittelpunkt eingezeichnet und deren positive Richtungen durch Pfeilköpfe angedeutet sind. Die rechte Würfelfläche ist offenbar (010), die vordere (100) usw. Die Oktaederflächen schneiden auf allen 3 Achsen gleich lange Abschnitte ab, aber bald positive, bald negative; daher sind ihre Symbole: ($\overset{+}{1}\overset{+}{1}\overset{+}{1}$) mit allen möglichen Vorzeichenkombinationen[1]).

[1]) Es ist üblich, durch runde Klammern (100) eine Fläche, durch eckige [100] eine Gerade (in dem speziellen Fall die x-Achse) und durch geschweifte Klammern {100}

Abb. 13 erläutert noch den Zusammenhang zwischen Würfel- und *Rhombendodekaederflächen*, welche für die Röntgenuntersuchung eine wichtige Rolle spielen. Wie an der einen Fläche angedeutet, schrägen die Dodekaederflächen die 12 Würfel*kanten* gleichmäßig ab. D. h. diese Flächen sind einer Achse

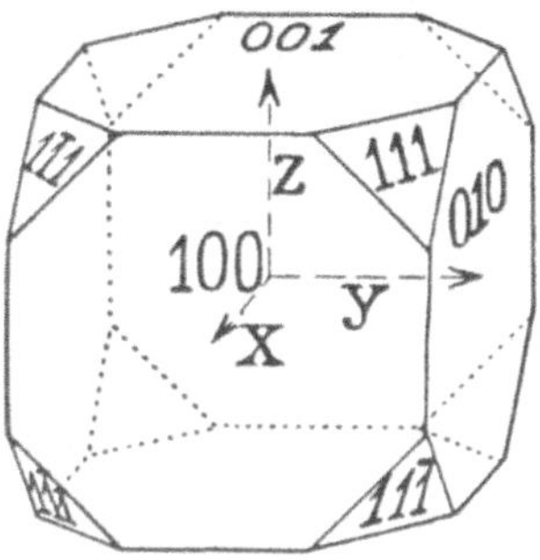

Abb. 12. Flächenbezeichnung.

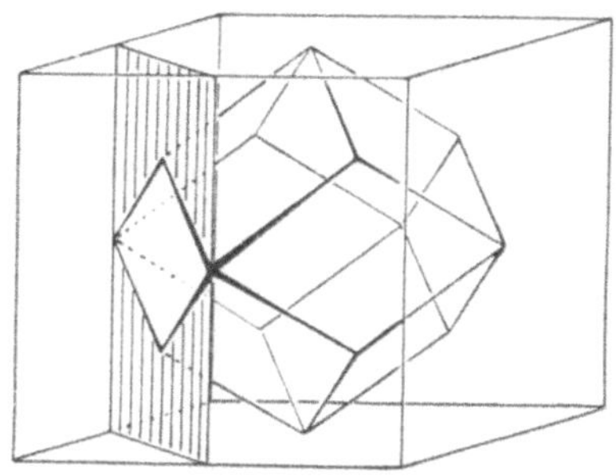

Abb. 13. Rhombendodekaeder.

parallel und bilden auf den beiden anderen gleiche Abschnitte; ihr Symbol besteht also aus einer 0 und zwei 1 in allen möglichen 12 Reihenfolgen und Vorzeichenkombinationen: (011), (101), ... $(0\bar{1}1)$, ... $(0\bar{1}\bar{1})$.

Würfel-, Oktaeder- und Dodekaederebenen sind Beispiele besonders einfacher Ebenen, weil ihre Abschnitte in dem kubischen Achsensystem sich durch die Zahlen 0 und 1 darstellen lassen. Natürlich könnte man an Kristallen auch viel kompliziertere Achsenabschnitte erwarten — etwa statt der Oktaederebenen (111) beinahe gleichgerichtete Flächen mit Symbolen wie (99, 100, 101). Die Genauigkeit der Winkelmessungen an gut ausgebildeten Kristallen wäre groß genug, um solche Flächen von den Oktaederflächen unterscheiden zu können. Die Erfahrung lehrt aber, daß so komplizierte Verhältnisse neben einfachen nicht vorkommen. Fände man unter Zugrundelegung kubischer Achsen die Fläche (99, 100, 101) an einem Kristall, so würden auch alle anderen Flächen komplizierte Symbole bekommen, die sehr nahe mit einfachen Verhältnissen übereinstimmen. Und es würde sich zeigen, daß *alle* Flächen *gleichzeitig* einfache Achsenabschnitte aufweisen, wenn man etwa statt der 3 gleichen und aufeinander senkrechten Maßstabeinheiten des kubischen Achsenkreuzes 3 etwas verschiedene Einheiten auf 3 Achsen einführt, die nicht genau senkrecht aufeinander zu stehen brauchen. Diese Erfahrung bildet den Inhalt von Haüys *Grundgesetz*: *sämtliche Flächen eines Kristalls stehen miteinander in einem rationalen, d. h. durch kleine ganze Zahlen vermittelten Zusammenhang.* Oder: *Es läßt sich für jeden Kristall ein Achsensystem derart auswählen, daß für alle Flächen die Abschnitte auf den Achsen sich verhalten wie kleine ganze Zahlen.* Dann werden auch die Millerschen Symbole *kleine* ganze Zahlen [1].

eine »Form«, d. h. die Gesamtheit der symmetrisch gleichwertigen Flächen (z. B. die 6 Würfelflächen) zu bezeichnen.

[1]) Nimmt man die Schnittrichtungen dreier beliebiger Kristallflächen als Achsen-

Im allgemeinen läßt sich erreichen, daß in den Flächensymbolen nur einstellige Zahlen vorkommen. Doch ist wichtiger als die absolute Größe der Gesichtspunkt, daß, je niedriger die Zahlen in den Symbolen, um so häufiger und besser ausgebildet die Flächen sind.

Nach den Achsen, auf welche die Kristalle bezogen werden, unterscheidet man 7 *Kristallsysteme*. Gehen wir von den bekannten Achsen des kubischen Systems aus (Abb. 14), so gewinnen wir die *tetragonalen* durch Maßstabsänderung auf der einen Achse *c* unter Festhaltung der 3 rechten Winkel. Zur Beschreibung eines speziellen Achsenkreuzes in

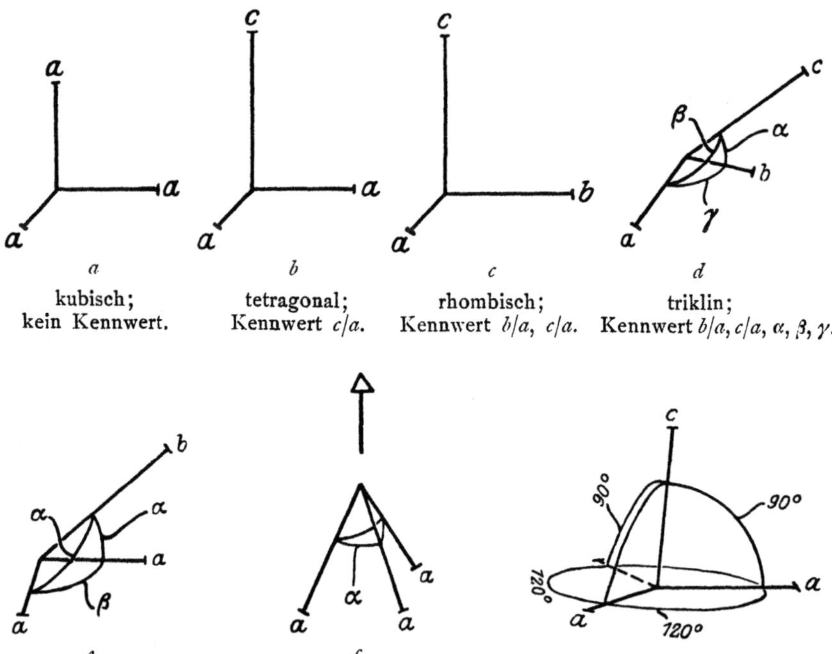

a kubisch; kein Kennwert.

b tetragonal; Kennwert c/a.

c rhombisch; Kennwert b/a, c/a.

d triklin; Kennwert b/a, c/a, α, β, γ.

e monoklin; Kennwerte b/a, β, α.

f rhomboedrisch (trigonal); Kennwert α.

g hexagonal; Kennwert c/a.

Abb. 14. Achsen der Kristallsysteme.

diesem System genügt es, den Wert von c/a zu kennen. Verändern wir auch auf der 2 Achse *b* den Maßstab, so gelangen wir zum *rhombischen* Achsenkreuz, das ebenfalls nur rechte Winkel aufweist. Die *triklinen* Achsen erhält man, indem man an den kubischen sowohl Maßstäbe wie

richtungen, so erhalten diese Ebenen die Symbole (100), (010), (001). Es sind dann auf diesen Richtungen nur noch passende Einheiten zu wählen, um auch die anderen Flächen durch kleine Zahlen auszudrücken. Die Achsenwahl ist hiernach nicht eindeutig. Doch spricht die einfachste Darstellbarkeit aller an einer Kristallsorte beobachteten Flächen meist zu gunsten einer ganz bestimmten Wahl (Kristallogr. »*Aufstellung*«).

Winkel in allgemeinster Art verändert. Ein spezielles Achsenkreuz wird hier erst festgelegt, wenn die Verhältnisse b/a, c/a und die 3 Winkel α, β, γ zwischen den Achsen zahlenmäßig bekannt sind. Das *monokline* ist hiervon der Spezialfall, bei dem 2 Maßstäbe und 2 Winkel gleich sind. Dadurch wird die Zahl der Kennwerte auf 3 herabgesetzt. Schließlich entsteht aus dem monoklinen das *rhomboedrische* oder *trigonale* Achsenkreuz, wenn die 3 Maßstäbe und die 3 Winkel zwischen ihnen gleich sind, somit nur der Wert der letzteren als einziger Kennwert übrig bleibt. Das Rhomboeder erhält man bekanntlich, indem man einen Würfel längs einer Körperdiagonalen dehnt oder staucht. Der Würfel selbst kann als Spezialfall des Rhomboeders angesehen werden mit Kanten- und Flächenwinkeln $= 90^\circ$. Ebenfalls aus den monoklinen erhält man mit $\beta = 120^\circ$, $\alpha = 90^\circ$ das *hexagonale* Achsenkreuz, auf das Kristalle mit 6 zähliger Symmetrieachse bezogen werden. Man pflegt dies Achsenkreuz durch eine weitere Achse zu ergänzen (in der Abbildung gestrichelt), damit die Symmetrie um die c-Achse hervortritt, die sonst verdeckt ist. Dementsprechend erhält eine Fläche ein Symbol, das aus 4 Zahlen besteht, die sich wie die 4 reziproken Achsenabschnitte verhalten, von diesen sind jedoch die 3 ersten nicht unabhängig, da sie, wie man leicht einsehen kann, die Summe 0 haben müssen.

Wegen ihrer besonderen Stellung wird im tetragonalen System die 4 zählige, im rhomboedrischen und hexagonalen System die 3 zählige (bzw. 6 zählige) Achse als *Hauptachse* bezeichnet. Die zu ihr senkrechte Ebene heißt *Basisfläche*.

Das allgemeinste Achsenkreuz ist das trikline. Alle anderen lassen sich durch Spezialisierung von Winkeln und Einheiten daraus gewinnen. Je nach dem Achsenkreuz kann sich die Symmetrie mehr oder weniger entfalten. Sind doch im kubischen System z. B. die 3 Achsenrichtungen völlig gleichwertige Richtungen im Sinne des Symmetriebegriffs, im tetragonalen schon nicht mehr. Es besteht also ein enger Zusammenhang zwischen den 7 Kristallsystemen und den 32 Symmetrieklassen. Diese ordnen sich in die Systeme so ein, daß kubisches und hexagonales System je 5, tetragonales und trigonales (rhomboedrisches) System je 7, rhombisches und monoklines je 3 und triklines System 2 Klassen beherbergen. Unter den Klassen eines Systems steht an der Spitze diejenige, welche soviel Symmetrieoperationen enthält, als innerhalb des Systems überhaupt zulässig sind. Diese Klasse heißt die *holoedrische* des Systems, die anderen *hemiedrische* Klassen. (»Vollflächner« und »Teilflächner«, weil beim Fehlen eines Teils der Symmetrieoperationen mit einer beliebig gelegenen Fläche weniger gleichwertige Flächen zwangläufig verbunden sind, als bei der Holoedrie.) Die hemiedrischen Klassen werden je nach den fortfallenden Symmetrieoperationen unterschieden und benannt, worauf jedoch hier nicht eingegangen zu werden braucht. Einzelne Fälle von Hemiedrieen begegnen uns später.

Drittes Kapitel.

Kristallographische Strukturtheorie.

Immer wenn sich in der Natur ganzzahlige Verhältnisse bemerkbar machen, bilden diese den Ansporn, nach dem tieferen Grund ihres Auftretens zu suchen. Wir sahen in Kapitel I, wie das Gesetz der multiplen Proportionen auf die Existenz von Masseatomen, wie die Gesetze der Elektrolyse auf Atome der elektrischen Ladung schließen ließen. Ebenso hat man zur Erklärung der ganzzahligen Verhältnisse beim Haüyschen Grundgesetz schon frühzeitig die Annahme gemacht, daß im innersten Kristallbau gewisse Abstände fertig vorgebildet sind infolge einer regelmäßigen Anordnung der kleinsten Teilchen. Ob diese Teilchen Atome, Moleküle oder Molekülgruppen seien, vermochte die geometrische Analyse nicht zu entscheiden und obwohl in den Arbeiten von SOHNCKE (1879), SCHÖNFLIES (1891) und FEDOROW (1891) eine großartige, in sich vollendete »Strukturtheorie« entstand, blieb diese Frage solange unbestimmt, bis ihre Lösung durch die Arbeiten von LAUE und BRAGG (1912 u. 1913) auf eine fest physikalische Grundlage gestellt wurde. BRAVAIS, der Schöpfer der Strukturtheorie (1848), nannte die Kristallbausteine vorsichtigerweise molécules intégrantes; wir werden uns nicht scheuen, zunächst kurz von Atomen zu sprechen.

Nach BRAVAIS haben die Maßstäbe und Neigungen der Kristallachsen insofern eine reale Existenz, als sie durch die regelmäßige gitterartige Anordnung der Atome verwirklicht sind (Abb. 15). *Durch den völlig geordneten Aufbau im Kleinsten unterscheidet sich der Kristall von dem »amorphen« Körper oder der Flüssigkeit; aus dieser inneren Gesetzmäßigkeit heraus entstehen die der äußeren Form und der physikalischen Eigenschaften.* Wegen der Einheitlichkeit des Kristalls und seiner Fähigkeit, weiterzuwachsen, ist von der inneren Anordnung zu verlangen, daß sie sich beliebig weit fortsetzen läßt (»den ganzen Raum erfüllt«) und daß kein Atom vor dem andern irgendwie ausgezeichnet ist. Man gelangt so zu der vollständig periodischen Wiederholung (Abb. 15), bei der der ganze Raum in Parallelepipede (*Zellen*) eingeteilt ist. Jede Zelle beherbergt *ein* Atom [1]);

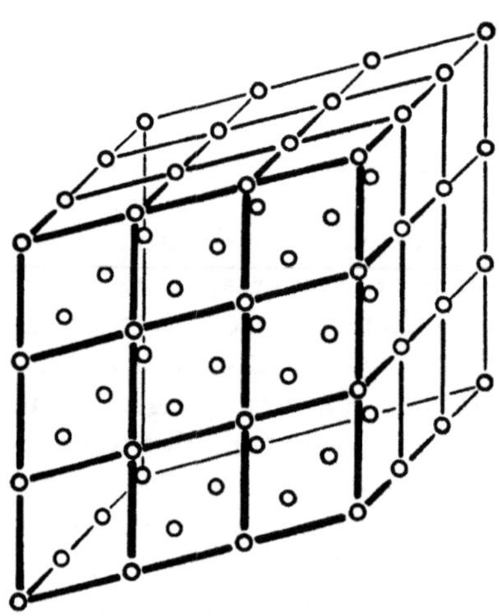

Abb. 15. Raumgitter.

[1]) Denn von den 8 Atomen an den Eckpunkten einer Zelle gehört jedes gleichzeitig 8 Zellen an. Auf eine Zelle kommen daher $8/8 = 1$ Atom.

die 3 Kanten, die ein »ähnliches« Abbild der Kristallachsen sind, sind die 3 *Translationen*, d. h. Verschiebungen, durch welche aus einem Ausgangsatom sich nacheinander sämtliche Atome des Gitters erhalten lassen. Die Kenntnis der 3 Translationen (auch ihrer absoluten Größe nach) bestimmt das Gitter der Abb. 15 völlig, weshalb es ein *einfaches Translationsgitter* genannt wird.

Daß unser Raum dreidimensional ist, ist eine Tatsache, die für unser Empfinden und unsere Naturerkenntnis von fundamentaler Wichtigkeit ist, nicht aber für das mathematische Denken. Viele mathematische Probleme lassen sich in ganz ähnlicher Weise aufstellen und behandeln auch in Räumen von höherer oder geringerer Dimensionszahl. Dies gilt auch für die Strukturprobleme, d. h. die Aufgabe, regelmäßige, periodische Atomanordnungen ausfindig zu machen, die den ganzen Raum erfüllen. Wir können uns diese Aufgabe für den *eindimensionalen Raum* — *die gerade Linie* — und für den *zweidimensionalen* — *die Ebene* — stellen und machen hiervon frühzeitig Gebrauch, weil die Verhältnisse in ein und zwei Dimensionen leichter zu überblicken sind. Zudem lernen wir auf diese Art die Elemente kennen, aus denen die dreidimensionalen Strukturen sich zusammensetzen.

Es ist sofort klar, wie die »einfachen Translationsgitter« in der Ebene und auf der Geraden aussehen (Abb. 16 u. 17). Im Zweidimensionalen gehen alle Gitterpunkte aus einem Ausgangsatom (auch »Konstruktionspunkt« genannt) durch zwei Arten von Verschiebungen $\mathfrak{a}_1$ und $\mathfrak{a}_2$ hervor, im Linearen durch eine einzige Verschiebung $\mathfrak{a}_1$.

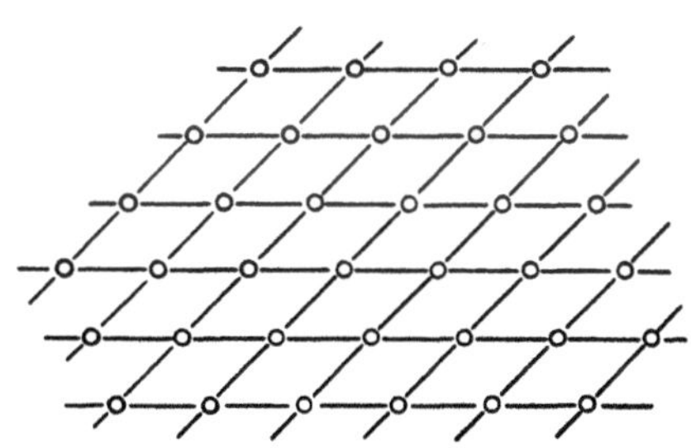

Abb. 16. Ebenes Gitter.

Abb. 17. Lineares Gitter.

Das dreidimensionale Gitter der Abb. 15 läßt sich aus unendlich vielen parallel übereinander geschichteten zweidimensionalen Gittern aufbauen, die man dann als *Netzebenen* des Gitters bezeichnet. Die in Abb. 15 eingezeichneten Netzebenen sind die Ebenen (100), (010) und (001) (d. h. den Achsenebenen parallel). Man kann statt ihrer irgendeine andere Ebene durch 3 beliebig herausgegriffene Gitterpunkte legen, und stets wird diese Ebene eine Besetzung von der Art der Abb. 16 haben, indem dabei die beiden Richtungen von dem einen der Gitterpunkte zu den beiden andern die Richtungen der Translationen des Netzes sind.

Ebenso läßt sich das zweidimensionale Gitter Abb. 16 in unendlich viele eindimensionale Gitter — *Gittergeraden* oder *Punktreihen* — zerlegen. Auch diese Zerlegung ist auf mannigfache Weise möglich, indem man *irgend* zwei

Gitterpunkte durch eine Gerade verbindet. Diese Gerade wird in gleichen Abständen mit Punkten besetzt sein und bildet demnach ein lineares Gitter. Die Richtung einer Gittergeraden ist genau so zu bestimmen, wie es oben bei der Richtung einer Ebene geschehen ist (wir sehen auch hier die unmittelbare Übertragung der mathematischen Definitionen von einer Dimensionszahl in die andere): durch Angabe der Achsenabschnitte, oder vielmehr ihres Verhältnisses bzw. zweier ganzer teilerfremder Zahlen (Kennziffern, Indizes), die sich umgekehrt wie die Achsenabschnitte verhalten. Dementsprechend tragen die in Abb. 18 eingezeichneten Gittergeraden die Bezeichnungen (3,1) bzw. (1,1).

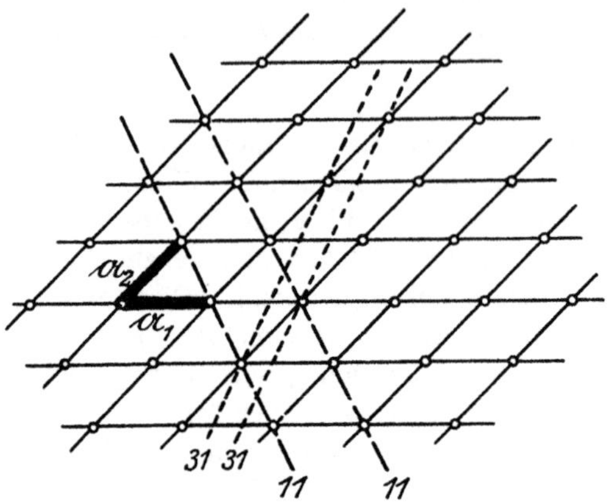

Abb. 18. Gittergeraden in zwei Dimensionen.

Man übersieht nun im zweidimensionalen Fall leicht, wie die Gittergeraden mit niedrigen Kennziffern [(1,1) oder die Achsengeraden (0,1), (1,0) selbst] sich in *weiten* Abständen folgen und verhältnismäßig *dicht* mit Atomen besetzt sind. Wie hingegen die Geraden mit höheren Kennziffern nur spärlich mit Atomen besetzt sind, aber in um so kleineren Abständen auftreten. Man gewinnt sofort den Eindruck, daß *je höher die Kennziffer einer Geradenschar, um so geringer ihre physikalische Bedeutung* in einem solchen zweidimensionalen Gitter wäre: die Punkte einer solchen Geraden sind nur durch eine mathematische Konstruktion, nicht durch die Wirkung von Kräften miteinander verbunden, welche ein Atom vorzugsweise mit seinen *nächsten* Nachbarn, also nicht mit den verhältnismäßig weit entfernten Nachbaratomen auf irgendeiner komplizierten Gittergeraden, verketten werden. Behalten wir gar im Auge, daß (schon wegen der Wärmebewegung) die Regelmäßigkeit einer Atomanordnung niemals die ideale unserer Zeichnungen sein wird, so bemerken wir um so mehr, wie nur die *einfachen* Gittergeraden mit ihrem festen inneren Zusammenhang und ihrer weiten gegenseitigen Trennung die Träger physikalischer Erscheinungen sein können.

Genau dieselben Bemerkungen gelten für die Netzebenen, in welche ein dreidimensionales Raumgitter zerlegt werden kann. Auch hier folgen sich die parallelen Ebenen einer Schar in gleichen Abständen um so enger, je weniger dicht die Ebenen mit Atomen besetzt sind. Ist σ die Anzahl Atome im cm^2 der Netzebene und d der *Abstand von einer Netzebene zur nächsten*, also $1/d$ die *Anzahl Netzebenen pro cm Abstand*, so ist $\sigma \cdot 1/d$ die Anzahl Atome im ccm des Gitters und muß konstant sein, einerlei nach welcher Richtung das Gitter in Netzebenen aufgespalten wird.

Besetzungsdichte — oder »*Belastung*« — der Netzebenen und Netzebenenabstand sind also proportional und *nur die dicht besetzten Netzebenen sind in demselben physikalischen Sinne wohldefiniert*, wie wir es von den einfachen Gittergeraden feststellten.

Durch die Tatsache, daß die einfachen Netzebenen eine ausgezeichnete Rolle spielen, erklärt sich sofort das *Grundgesetz vom rationalen Zusammenhang*, wie es oben formuliert wurde. Von allen unendlich vielen Netzebenen des Kristallgitters treten als Begrenzungsflächen nur die *einfachen* Ebenen auf, während die Ebenen mit hohen Kennziffern, deren Stellung nach der obigen Definition schon nicht mehr »physikalisch-rational« ist, wegen mangelnden inneren Zusammenhangs physikalisch bedeutungslos sind. Dann möchte man folgern, daß es stets möglich sein müßte, solche 3 Achsen oder Translationen $\mathfrak{a}_1$, $\mathfrak{a}_2$, $\mathfrak{a}_3$ zu bestimmen, daß nicht nur alle *vorkommenden* Flächen einfache Kennziffern haben, sondern auch *alle* Flächen mit einfachen Kennziffern wirklich vorkommen. Das ist nicht zu erreichen und zeigt, daß unsere bisherige Vorstellung vom einfachen Translationsgitter nicht ausreicht.

Übrigens ist die obige Betrachtung in einem Punkt bisher rein qualitativ: in der Abschätzung der »Einfachheit« einer Flächenart mit den Kennziffern (h_1, h_2, h_3). Man kann jedoch $1/d$ als Maß für die Kompliziertheit, *d den Netzebnenabstand, selbst als Maß der Einfachheit* einer Flächensorte ansehen. Der Zusammenhang mit den Kennziffern einer Flächenart (h_1, h_2, h_3) ist im kubischen System dadurch gegeben, daß

$$d = \frac{a}{\sqrt{h_1^2 + h_2^2 + h_3^2}} \qquad (a = \text{Würfelkante})$$

ist. In anderen Systemen ist der Zusammenhang verwickelter.

Demnach ist z. B. die Fläche (122) eines kubischen Kristalls einfacher als (014) ($\Sigma h^2 = 9$ gegen 17, während Σh in beiden Fällen $= 5$).

Man wird zur Erklärung des Aufbaues von Kristallen bekannter Symmetrie in erster Linie Translationen annehmen, die dem Achsenkreuz des Kristallsystems entsprechen, also eine der Lagen wie in Abb. 3 haben. Doch hat schon BRAVAIS festgestellt, daß unter Umständen gewisse Translationen auf Gitter von höherer Symmetrie führen, als man aus dem bloßen Anblick der Translationen vermuten möchte. Die Untersuchung zeigte, daß z. B. ein Gitter kubischer Symmetrie auch dann entsteht, wenn man nicht die 3 aufeinander senkrechten Kanten eines Würfels, sondern seine halben Flächendiagonalen als Translationen nimmt. Es entsteht nämlich das »*flächenzentrierte kubische Gitter*« Abb. 19[b]. Wie man an den gezeichneten 3 ersten Elementarwürfeln verfolgen kann, gelangt man vom Ausgangsatom zu einem beliebigen andern durch Aneinanderreihung der eingezeichneten Translationen. Unter Zugrundelegung kubischer Achsen (= Würfelkanten) läßt sich dies Gitter *nicht* als Translationsgitter beschreiben, sondern nur als *Ineinanderstellung* von einfachen kubischen Gittern der Art Abb. 19^a^. Und zwar besteht es aus 4 solchen Gittern: deren erstes wird gebildet aus dem Ausgangsatom und überhaupt allen Atomen, welche die in der Abbildung gezeichneten Würfel an den Ecken besetzen (Würfel, die wir nur der bequemen Übersicht halber eingezeichnet haben, die aber im Gitter selbst keine Bedeutung besitzen). Das zweite, kongruente Gitter besteht aus den Punkten, welche Ober- (und Unter-) seiten der Würfelflächen zentrieren, während die beiden andern Gitter das

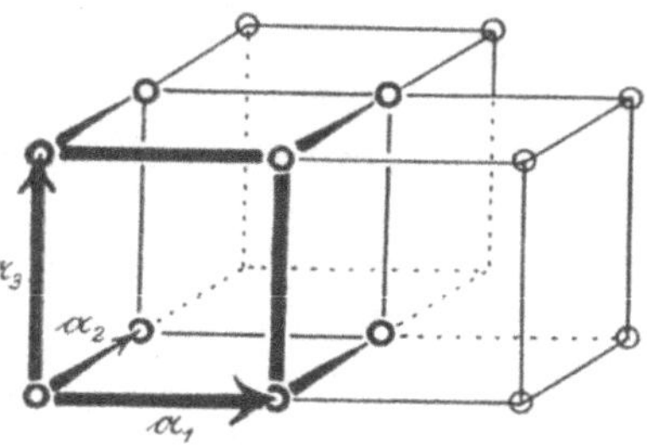

Abb. 19a. Einfaches kubisches Gitter.

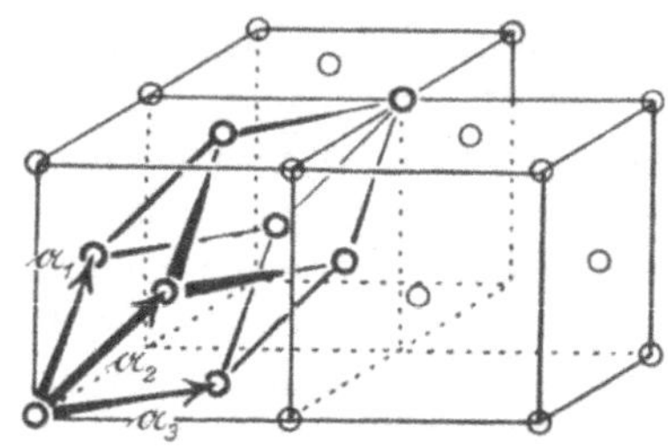

Abb. 19b. Flächenzentriertes kub. Gitter.

gleiche bei den Vorder- bzw. Seitenflächen tun. Die 3 Translationspfeile von Abb. 19b stellen also zugleich die *Verschiebungen der 3 hineingestellten kubischen Gitter gegen das erste* dar. Man überzeugt sich leicht an Hand der Abbildung, daß das Einfügen der 3 Gitter derart erfolgt ist, daß sämtliche Symmetrieachsen, -ebenen und -zentren des einfachen Gitters *a)* erhalten geblieben sind.

Aber auch Translationen, die wie in Abb. 19c die Lage und Größe von halben Körperdiagonalen eines Würfels haben, führen auf ein Translationsgitter mit allen Symmetrieelementen des einfachen kubischen. Auch dies Gitter läßt sich mit gewöhnlichen kubischen Achsen nicht als einfaches Translationsgitter auffassen, sondern nur als Ineinanderschiebung von zwei einfachen kubischen Gittern, deren eines die Würfelecken, deren anderes die Würfelzentren besetzt. Es heißt deshalb »*körperzentriertes kubisches Gitter*«.

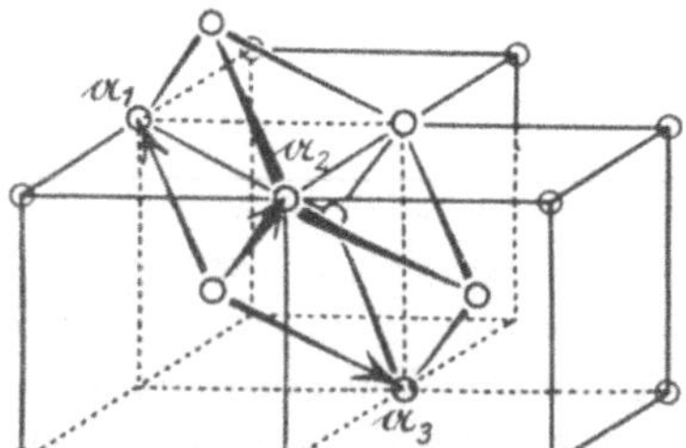

Abb. 19c. Körperzentriertes kubisches Gitter.

Die Gitter 19b und 19c sind übrigens in den Atomanordnungen der Elemente oft beobachtet worden: *Cu*, *Ag*, *Au* ... kristallisieren nach dem flächenzentrierten, *Al*, *Wo* nach dem körperzentrierten kubischen Gitter.

Wie die kubischen, können auch andere Symmetrien (tetragonale, rhomboedrische ...) durch Translationen hervorgebracht werden, von denen man dies nicht sofort vermuten würde. Die eingehende Untersuchung hat Bravais dazu geführt, *14 verschiedene Typen* von Translationsgittern (»*Bravaissche Raumgitter*«) zu unterscheiden. Unter diesen Gittern sind die einfachsten jene, welche die in Abb. 14 dargestellten kristallographischen Achsen zu Translationen haben; die anderen lassen sich als Ineinanderstellungen solcher Gitter auffassen, wie wir es bei den kubischen Gittern gesehen haben. Es ist dann zur Beschreibung des Gesamtgitters notwendig, außer den 3 Translationen auch Zahl und Verschiebung der eingestellten Gitter anzugeben. Dazu genügt die Angabe der Lage *eines* Gitterpunktes von jedem Gitter; diese Anfangspunkte zusammen bilden die »*Basis*«, welche infolge der Translationen periodisch wiederholt wird.

Die Netzebenenabstände werden durch das Hineinstellen kongruenter Gitter natürlich verändert und man könnte hoffen (und hat es oft versucht) hierdurch zu erklären, warum die Häufigkeit der Begrenzungsflächen nicht immer der Einfachheit der Flächen [$1 : (h_1^2 + h_2^2 + h_3^2)$ im kubischen Fall] proportional ist.

Daß aber die Bravaisschen Gitter hierfür noch nicht den notwendigen Grad von Allgemeinheit haben, erkennt man daraus, daß sie *stets holoedrische Symmetrie* aufweisen. D. h. sie vereinigen *alle* Symmetrieoperationen in sich, die in dem betr. Kristallsystem überhaupt vorkommen können. Während doch, wie wir wissen, jedes System hemiedrische Klassen enthält, d. h. solche, bei denen ein Teil der Symmetrieoperationen fehlt. (Verhältnis von Würfel und Tetraeder.)

Wie ist es möglich, *allgemeinere* Anordnungen herzustellen, die als Bild für hemiedrische Kristalle dienen können? Die auf S. 24 formulierten Anforderungen an die Regelmäßigkeit und Fortsetzbarkeit der Gitterstruktur können dahin zusammengefaßt werden, *daß man, den eignen Standort in einen der Gitterpunkte verlegend, beim Anblick der umgebenden Punkte nicht darf entscheiden können, ob man auf dem einen oder auf einem beliebigen andern Teilchen Fuß gefaßt hat.* Bei den Bravaisschen Gittern ist dieser Forderung offenbar in besonders einfacher Weise genügt: denn man braucht, wenn man von einem Teilchen auf ein anderes übertritt, nicht einmal die Richtung zu wechseln, um genau wieder das gleiche Bild vor sich zu haben. Hierin liegt eine Beschränkung; bei allgemeineren Anordnungen wird ein *Wechsel in der Blickrichtung* zulässig sein, um den neuen Anblick dem alten gleich zu gestalten[1]).

Wir überlegen uns dies bequem im ein- und zweidimensionalen Fall. Das *eindimensionale Bravaissche Gitter* ist die gleichmäßig besetzte Punktreihe. »Zentrierung« ändert im Eindimensionalen nichts, denn das zentrierte Gitter wäre — bis auf den Maßstab — identisch mit dem unzentrierten. Tritt man von einem Punkte zu einem andern hinüber, so bleibt der Anblick des Gitters der gleiche, auch ohne daß man sich umdreht.

[1]) Dies ist genau genommen der SOHNCKEsche Standpunkt. Man erhält dabei 65 verschiedene Punktsysteme. SCHOENFLIES läßt noch offen, daß der Anblick von verschiedenen Punkten aus nur spiegelbildlich gleich sein kann und gelangt so zu 230 Punktsystemen.

Anders beim Gitter Abb. 20^b, das aus zwei ineinandergeschobenen linearen Gittern besteht. Beim Übertritt vom Atom 1 auf Atom 2 wiederholt sich der Anblick nur bei gleichzeitiger Drehung um 180°. Diese Anordnung erfüllt im Linearen die erweiterten Forderungen, während ein Gitter wie 20^c), das aus drei einfachen Translationsgittern hergestellt ist, dagegen verstößt, weil stets entscheidbar ist, ob man sich auf dem mittleren oder einem äußeren Atom einer Dreiergruppe befindet. Die Gleichwertigkeit der Atome wäre in diesem Gitter nicht gewahrt.

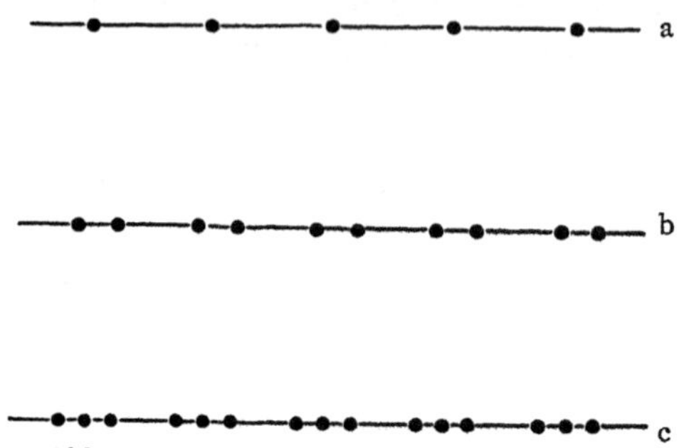

Abb. 20. Eindimensionales Punktsystem.

Im Zweidimensionalen läßt sich ein lehrreiches Beispiel konstruieren, das zugleich die Möglichkeit vor Augen führt, bei den allgemeineren Anordnungen zum Verständnis einer besonders wichtigen Art von Hemiedrie zu gelangen. Wir denken uns ein quadratisches Netz und zentrisch-symmetrisch zu den Mitten der Quadratseiten je zwei Atome angeordnet, wie Abb. 21 zeigt. Offenbar sind bei dieser Struktur alle Atome gleichberechtigt, aber man muß beim Übertritt auf ein anderes Atom eine Wendung von $0, \pm 90$ oder 180° vornehmen, um den alten Anblick

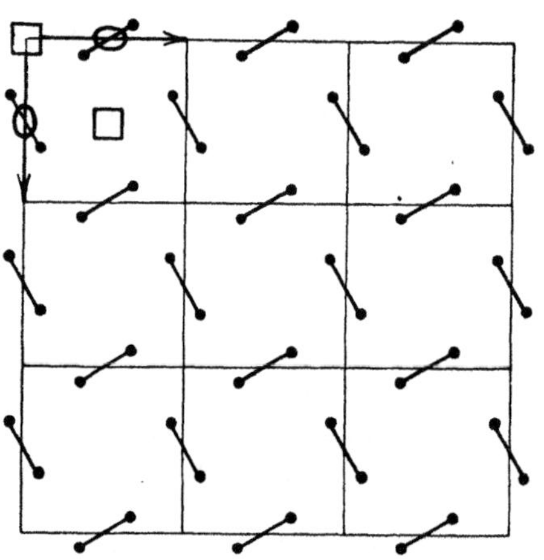
Abb. 21. Hemiedrisches quadrat. Gitter.

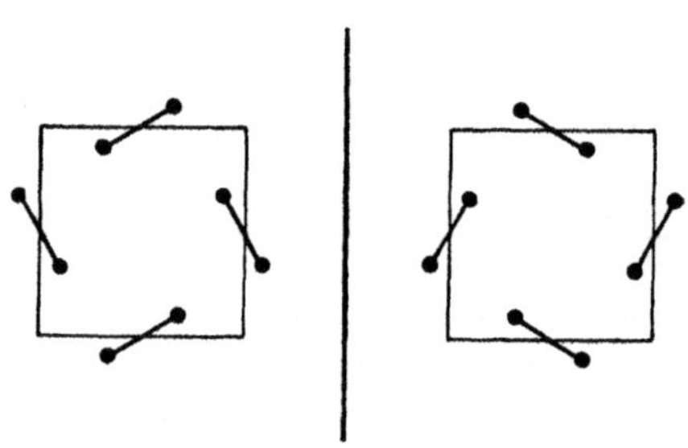
Abb. 22. »Rechte« u. »linke« Punktgruppe.

wieder zu gewinnen. Das Gitter weist 4zählige Achsen auf, welche die Ebene in den Eckpunkten und in den Flächenmitten der Netzquadrate durchsetzen und 2zählige Achsen in den Seitenmitten dieser Quadrate. Zugleich sind diese Punkte Zentren der Symmetrie, weil es sich um eine ebene Figur handelt. Die Anordnung ist als eine »quadratische« (das Gegenstück der »kubischen« in 2 Dimensionen) anzusprechen. Aber dieser quadratischen Anordnung *fehlen die »Ebenen«* (besser: »Linien«) *der Sym-*

metrie, die ein gewöhnliches quadratisches Netz aufweist: wir haben also ein *hemiedrisches* quadratisches Gitter konstruiert. Abb. 22 zeigt ein einzelnes »Elementarquadrat« zugleich mit seinem Spiegelbild. Beide Gebilde können nicht durch Verschieben und Drehen innerhalb der Ebene zur Deckung gebracht werden. Statt die linke Hälfte der Abb. 22 gitterartig zu wiederholen, hätte auch die rechte Hälfte benutzt werden können, und wir hätten statt des *»linken« Gitters* der Abb. 21 ein *»rechtes« Gitter* erhalten, welches das inkongruente Spiegelbild von Abb. 21 wäre. Der Unterschied der beiden Gitter würde sich bei geeigneten physikalischen Einwirkungen (welche selbst einen Drehsinn besitzen) zweifellos zeigen.

Im Dreidimensionalen eröffnen sich ähnliche Möglichkeiten für das Verständnis der feineren Symmetrie der Kristalle, wie sie sich in den 32 »Klassen« äußert. Kristalle mit Hemiedrieen von der Art des Gitters Abb. 21 sind Natriumchlorat im kubischen, Quarz im hexagonalen System. Beide Kristalle sind *optisch aktiv*, d. h. sie besitzen die Fähigkeit, den Lichtschwingungen einen gewissen Drehsinn aufzuzwingen. Dabei gibt es »Rechts-« und »Links«kristalle, bei denen die Drehung in entgegengesetzten Richtungen erfolgt. Auch an der äußeren Ausbildung der Kristallgestalt läßt sich der Unterschied feststellen, wie Abb. 23 für Quarz zeigt. Diese optisch aktiven Kristalle können *überhaupt keine Symmetrieebenen* aufweisen, denn jede solche würde die Bevorzugung des einen Drehsinns zerstören. Der Aufbau dieser Kristalle muß also im Dreidimensionalen nach ähnlichen Grundsätzen erfolgen, wie die Konstruktion von Abb. 21 im Zweidimensionalen.

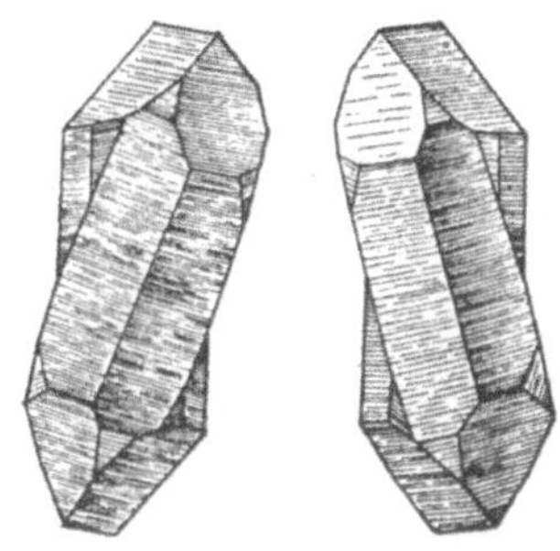

Abb. 23. Rechts u. Links-Quarz.

Wie bei Besprechung der Symmetrieklassen betont, gibt es vielerlei verschiedene Hemiedrieen, auch solche, die nicht die Möglichkeit zu optischer Aktivität bieten. Sie alle lassen sich durch die 230 *»Punktsysteme«* verstehen, die, über Bravais hinausgehend, Sohncke, Schoenflies und Fedorow eingehend und erschöpfend mit den Methoden der geometrischen Gruppentheorie untersucht haben. Es muß darauf verzichtet werden, eine Darstellung ihrer Ergebnisse zu geben, da sie den Rahmen dieses Buches überschreiten würde. Hingegen möge versucht werden, von der Art der behandelten Gebilde eine Vorstellung zu geben, wobei man sich Schritt für Schritt die Analogie mit dem zweidimensionalen Beispiel, Abb. 21, klar machen möge.

Das Wesentliche an jedem der Punktsysteme ist eine ganz bestimmte räumlich periodische Wiederholung von gewissen Symmetrieachsen und -ebenen. Die bis in's Unendliche ausgedehnte Periodizität entsteht wie beim Bravaisschen Raumgitter durch 3 Translationen, die eine Zelleneinteilung des Raumes geben. Jede Zelle, einschließlich der sie durchsetzenden Symmetrieelemente, entsteht durch bloße Parallelverschiebung aus ihren Nachbarzellen (ohne Drehung). Die Kenntnis *einer* Zelle, deren Kanten die 3 Translationen sind, genügt daher zur Beschreibung des ganzen unendlichen Systems. Die Verteilung der Symmetrieelemente ist für jedes Punktsystem eine andere und nur auf 230 Weisen möglich. Die Zahl ist deshalb beschränkt, weil die Elemente sich gegenseitig bedingen und man bei willkürlicher Anordnung bald auf Widersprüche stoßen würde. Z. B. zieht eine Symmetrieebene, die von einer Achse schräg durchsetzt wird, automatisch die Existenz einer zweiten Achse (des Spiegelbildes der ersten) nach sich.

Erst nachdem die Verteilung der Symmetrieelemente erforscht ist und ein *Gerüst aus Symmetrieachsen und -ebenen* aufgebaut ist, setze man an eine beliebige Stelle (Koordinaten x, y, z) ein Atom ein. Wie im Kaleidoskop wird dieser »Konstruktionspunkt« durch Spiegelung und Drehung an den Symmetrieelementen und Verschiebung gemäß den Translationen wiederholt, bis aus ihm das unendlich ausgedehnte Punktsystem entsteht. Zur Beschreibung der Punktlagen genügt es, wie bei den Achsen und Ebenen, diejenigen Punkte zu betrachten, die bei der Wiederholung des Konstruktionspunktes in *eine* Zelle des Gitters fallen und ihre Koordinaten anzugeben, welche gesetzmäßig mit x, y, z, den Koordinaten des Konstruktionspunktes verknüpft sind. Die Gesamtheit der in ein und derselben Gitterzelle gelegenen Punkte heißt die »Basis«. Es kann aber etwas allgemeiner definiert werden: *die Basis, die zu den Translationen* ($\mathfrak{a}_1$, $\mathfrak{a}_2$, $\mathfrak{a}_3$) *gehört, ist dasjenige Punktgebilde, das an die Stelle des einfachen Punktes im Bravaisschen Raumgitter tritt und durch bloße Parallelverschiebung nach* ($\mathfrak{a}_1$, $\mathfrak{a}_2$, $\mathfrak{a}_3$) *das gesamte Punktsystem liefert*[1]).

Man beschreibt eine Basis, indem man die Verschiebungen jedes Basisatoms in Bruchteilen der ganzen Translationen angibt. Das sind 3 Angaben für jedes Atom der Basis, seine »*Koordinaten*«. Demnach würde unter Zugrundelegung der Würfelkanten als Translationen, wie in Abb. 19a, die Basis des flächenzentrierten kubischen Gitters (Abb. 19b) z. B. aus folgenden 4 Angabentripeln bestehen

0	0	0	Atom im Würfeleckpunkt,
$^1/_2$	$^1/_2$	0	» in der Mitte der Unterfläche,
$^1/_2$	0	$^1/_2$	» » » » » Vorderfläche,
0	$^1/_2$	$^1/_2$	» » » » » l. Seitenfläche.

Die Basis des körperzentrierten Gitters Abb. 19c würde bei den gleichen Achsen lauten

0	0	0
$^1/_2$	$^1/_2$	$^1/_2$.

1) Diese allgemeinere Definition deckt sich mit der von S. 29. Sie legt absichtlich die Basis nicht eindeutig fest; die Basispunkte dürfen danach auch in verschiedenen Gitterzellen gewählt werden. Auch hängt die Größe der Basis davon ab, welche Translationen $\mathfrak{a}_1$ $\mathfrak{a}_2$ $\mathfrak{a}_3$ man der Beschreibung des Gitters zugrunde legt (vgl. den Fall der 3 Bravaisschen kubischen Gitter).

Würde man die kubischen Translationen verzerren, die Basiskoordinaten aber unverändert lassen, so würden die Gitter im allgemeinsten Fall triklin, blieben aber flächen- bzw. körperzentriert.

Die Angabe der Basiskoordinaten bietet den besten Überblick über eine beliebig komplizierte Gitteranordnung und man benutzt sie daher statt geometrischer Darstellungen, um Gitter zu beschreiben. Die Basiskoordinaten für sämtliche 230 Punktsysteme findet man in P. Nigglis »Geometrie des Diskontinuums« (Gebr. Bornträger, Berlin 1918) aufgeführt, einem Werk, das neben dem Schoenfliesschen — Kristallsysteme und Kristallstruktur (Teubner, Leipzig, 1891, stark umgearbeitete Neuauflage bei Gebr. Bornträger in Vorbereitung) — die beste eingehende Behandlung der allgemeinen Strukturtheorie bringt.

Bei der Konstruktion der Schoenfliesschen Punktsysteme ist an der Gleichwertigkeit aller Punkte festgehalten worden. Unsere provisorische Ausdrucksweise, die die Punkte auch als Atome bezeichnete, muß revidiert werden. Sie kann nur dann richtig sein — und ist es —, wenn es sich um kristallisierte Elemente handelt. Bei Verbindungen hingegen könnte Gleichwertigkeit höchstens dann erfüllt sein, wenn Moleküle in die Gitterpunkte gelegt werden[1]). Da aber Moleküle selbst bevorzugte Richtungen und Achsen besitzen und nicht die hohe Symmetrie eines geometrischen Punktes, den man sich durch Verkleinerung aus einer Kugel entstanden denkt, so können die Moleküle nicht einfach parallel zueinander in das Punktsystem eingesetzt werden, sondern auch ihre ausgezeichneten Richtungen (z. B. vom *Zn* zum *S* bei Zinkblende *ZnS*) müssen der Symmetrie gemäß verteilt sein. Das läuft aber z. B. bei *ZnS* darauf hinaus, daß man in das Achsen- und Ebenengerüst des Punktsystems unabhängig voneinander ein *Zn*- und ein *S*-Atom an verschiedene Punkte einsetzt und durch die Gitteroperationen wiederholt. Allgemein zeigt sich die Notwendigkeit, um einer Herabsetzung der Symmetrie des *Punktgitters* vorzubeugen, entweder an die Molekel ganz bestimmte Minimalforderungen betr. ihrer Symmetrie zu stellen, oder besser statt ihrer *die einzelnen Atome als unabhängige Konstruktionspunkte* zu verwenden. Beides kommt insofern auf dasselbe hinaus, als eine räumliche Trennung der Molekülbestandteile auch dann vorausgesetzt werden muß, wenn eine Minimalsymmetrie verlangt wird. Wir gelangen so zu der von P. v. Groth seit den 90er Jahren mit allem Nachdruck vertretenen Auffassung: *ein Kristallgitter besteht aus einer Ineinanderstellung von gleichartigen Punktsystemen, deren jedes aus einer Atomsorte gebildet ist.*

Die Symmetrie verlangt zwar eine Zergliederung der Molekel, läßt aber die Frage offen, ob nicht eine räumlich nahe Lagerung auch im Kristall

[1]) Es bleibt aber offen, ob nicht eine Molekel*gruppe* (»molécule intégrante«) in jeden Gitterpunkt zu legen ist. Mit einer Molekelgruppe läßt sich stets die Minimalsymmetrie erreichen, die erforderlich ist. Insofern vermag die Strukturtheorie zu keiner Entscheidung über die Bausteine zu gelangen (vgl. S. 24).

die enge Zusammengehörigkeit gewisser Atome bekundet. Die Ergebnisse der Röntgenuntersuchung lehren, daß dies zwar der Fall sein *kann*, aber nicht sein *muß*; daß vielmehr in einer Struktur wie von Steinsalz *NaCl* (Abb. in Kap. X) auch nicht die letzte Erinnerung an die molekulare Bindung zwischen einem bestimmten *Na*- und einem *Cl*-Atom erhalten geblieben ist, sondern jedes *Na* in gleicher Weise 6 *Cl*- und jedes *Cl* 6 *Na*-Nachbarn zugehört. Aus valenztheoretischen Spekulationen würde man von chemischer Seite niemals selbst auf dies einfachste Gitter kommen können. Es war eine bewußte Unterlassung, wenn Groth in seiner Aussage über die Kristallstruktur das Wort Molekül vermied.

Der Raum, der im festen Körper einem Molekül zur Verfügung steht, läßt sich leicht aus dem spezifischen Gewicht (Dichte) des Körpers berechnen. Sei dies σ, sein chemisches Molekulargewicht μ und das absolute Gewicht seiner Molekel also (vgl. S. 8) $\mu \cdot m_H = 1{,}64 \cdot 10^{-24} \cdot \mu$ Gramm. Sei ferner v das Volumen, das ein Molekül enthält, so ist

$$\text{Dichte } \sigma = \frac{\text{Masse}}{\text{Volum}} = 1{,}64 \cdot 10^{-24} \frac{\mu}{v},$$

oder

$$v = 1{,}64 \cdot 10^{-24} \cdot \frac{\mu}{\sigma} [\text{ccm}].$$

Der Bruch $\frac{\mu}{\sigma}$ hat in anorganischen Salzen meist keinen sehr großen Wert; nehmen wir Steinsalz ($NaCl$, $\mu = 23 + 35{,}5 = 58{,}5$, $\sigma = 2{,}15$) so ist z. B. $\frac{\mu}{\sigma} \sim 30$. Das Molekularvolumen v ist also bei chemisch einfachen Verbindungen etwa $10 - 100 \cdot 10^{-24}$ ccm. Identifiziert man es mit dem Inhalt der Grundzelle eines kubischen Gitters, so ist dessen Gitterkante

$$a = \sqrt[3]{v} = \text{einigemal } 10^{-8} \text{ cm}.$$

Es ist zweckmäßig für die Länge 10^{-8} cm, welche eine bequeme Einheit in der Welt der Atome abgibt, den Namen zu benutzen, den sie nach dem Schwedischen Spektroskopiker trägt, der sie zum Messen von Lichtwellenlängen einführte:

$$10^{-8} \text{ cm} = 1 \text{ Ångström-Einheit.} \quad (1 \text{ Å}).$$

Die obige Überschlagsrechnung lehrt uns dann: *in festen Körpern betragen die Abstände der Moleküle oder Atome einige Ångström.* Genaue Angaben über die Größe der Translationen lassen sich nur machen, wenn auf Grund einer Strukturbestimmung die Zahl der Basismolekeln bekannt ist.

Vergleichen wir diesen Abstand — einige Ångström-Einheiten — mit der Wellenlänge des Lichtes, die den feinsten Maßstab für die bisherigen Messungen bildete und die insbesondere dem Auflösungsvermögen des Mikroskops eine — praktisch erreichte — Grenze setzt. Für gelbes Licht ist die Wellenlänge λ etwa

$$\lambda = 0{,}5\,\mu = 5 \cdot 10^{-5}\ \text{cm} = 5000\ \text{Å}\ ^{1)},$$

für violettes Licht $\lambda = 2000$ Å. Eine Lichtwelle ist also rund tausendmal länger, als die Abstände der Atome im festen Körper. Sie verhält sich zu diesen wie die Dampferwelle zu den Kieseln am Ufer. Kein Wunder, daß sie nur geringe Kunde vom Feinbau der Körper bringen kann.

Erst als die Grenzen des Spektrums ungeahnt erweitert wurden, indem die Röntgenstrahlen als Licht von 1000fach kleinerer Wellenlänge erkannt wurden, war der physikalische Maßstab gefunden, der die Atomwelt zu vermessen gestattet.

Viertes Kapitel.

Interferenz.

Die geometrische Regelmäßigkeit der Atomlagen im Innern der Kristalle war nur der eine Stützpunkt des Gedankens, durch den M. v. LAUE zu seinem Versuch veranlaßt wurde. Der andere war die Einsicht, daß in einem solchen Raumgitter ganz ausgeprägte Erscheinungen entstehen müßten, wenn es von Wellen geeigneter Wellenlänge durchsetzt wird. Nämlich stets dann, wenn die Wellenlänge nur wenig kleiner als der Atomabstand ist, was nach der Laueschen Vermutung für Röntgenstrahlen zutreffen mochte. Die Verhältnisse liegen dann ähnlich, als wenn eine Lichtwelle auf ein optisches Beugungsgitter trifft.

Interferenz von Wellen heißt wörtlich übersetzt: Störung der Wellen. Es handelt sich, im weitesten Sinne aufgefaßt, um die Erscheinung, welche dann eintritt, wenn mehrere Wellenzüge sich durchkreuzen. Sie ist eine allgemeine Eigenschaft der Wellenbewegung, die ebenso gut an Schallwellen und Wärmewellen oder Lichtwellen auftritt, wie an den Wellen auf der Oberfläche des Wassers, die man als eine an den zweidimensionalen Seespiegel gebundene Wellenbewegung betrachten darf. Das Wesen der Interferenz ist leicht zu verstehen, wenn man nur eine deutliche Vorstellung von der Wellenbewegung selbst besitzt. Wir beginnen deshalb damit, diese an Hand einiger Aufnahmen zu besprechen.

Zunächst einige Bilder von Schallwellen in der Luft, die nach der Schlierenmethode[2]) aufgenommen sind. Abb. 24 zeigt ein fliegendes In-

[1]) Daß die Wellenlängenzahlen in das Gebiet der Tausende rückten, war für Ångström der Grund zur Einführung der Einheit 10^{-8} cm; denn bei der großen Genauigkeit der spektroskopischen Messungen müssen sonst zu viele Dezimalstellen angegeben werden.

[2]) Verdichtungen und Verdünnungen der Luft ändern ihr Brechungsvermögen für Licht. Ein paralleles Lichtbündel, das in ruhender Luft eine Fläche gleichmäßig hell beleuchten würde, wird durch die Dichteänderungen abgelenkt, welche eine Schallwelle hervorbringt; die Beleuchtung der Fläche wird ungleichmäßig, ist aber dem Auge wegen des schnellen Wechsels nicht als solche wahrnehmbar. Photographie bei momentaner Beleuchtung durch einen starken elektrischen Funken liefert jedoch Bilder wie die obigen. Zur direkten Beobachtung der Schlieren eignet sich der Schatten einer brennenden Kerze im Sonnenlicht.

fanteriegeschoß mit der Verdichtung, die von seiner Spitze ausgeht und der Verdünnung, die an sein Ende anschließt. Hinter dem Geschoß zieht sich eine »Wirbelstraße«, das »Totwasser«, wie es hinter Schiffen genannt wird, her. Die ganze Wellenerscheinung heißt nach ihrem Entdecker die »Machsche Welle«. Wir richten unser Augenmerk auf den Verdichtungs- und Verdünnungskegel, oder die »Wellenfront«. Sie verschiebt sich mit dem fliegenden Geschoß wie ein Keil, der an ihm haften bleibt. Bei Granaten, die mit Überschallgeschwindigkeit abgeschossen (d. h. mit mehr als 330 m/sec) über den Beobachter wegfliegen, trifft die Machsche Welle das Ohr *vor* dem Knall, der durch das Abfeuern verursacht wird und bildet die erste Hälfte des sog. »Doppelknalls« der Artilleristen.

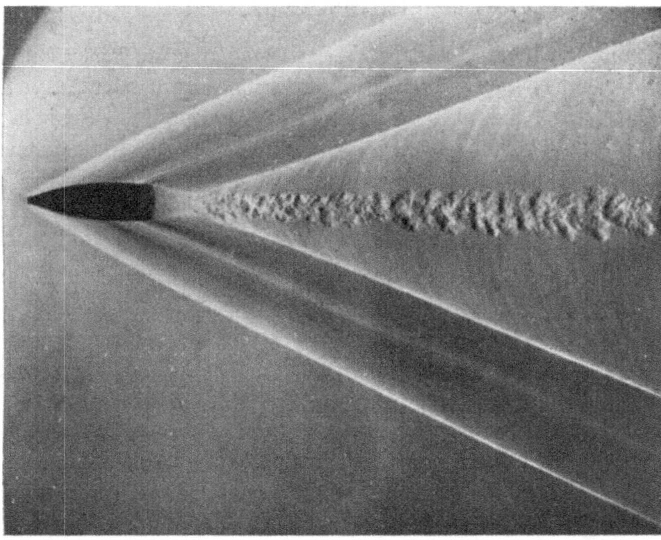

Abb. 24. Fliegendes Geschoß mit Wellenfront.

Auf der zweiten Aufnahme, Abb. 25, erblicken wir das Geschoß nach Durchsetzung einer Holzplanke. Es ist aus seiner Richtung abgelenkt und teilweise gebremst. Dies ist, wie unten erläutert wird, aus dem größeren Spitzenwinkel der Machschen Welle zu ersehen, die auch hier noch das Geschoß begleitet, wenn auch durch die Krümmung der Bahn gestaucht und verzerrt. Das Interessanteste an der Aufnahme sind für uns die Holzsplitter, die, durch das Geschoß losgerissen, hinter ihm herfliegen. Jeder dieser Splitter führt seine eigne Machsche Welle mit sich; ihr Spitzenwinkel ist wegen der geringeren Geschwindigkeit der Splitter viel weiter als beim Geschoß selbst. Und wie *stören* sich diese Einzelwellen? Wird die eine Wellenfront etwa von der andern abgeschnitten und vernichtet? Ganz im Gegenteil: sie stören sich gar nicht. Die eine Welle breitet sich durch die andern hindurch aus, als wäre die erste überhaupt nicht vorhanden, es findet, wie man sagt, einfach eine *Überlagerung der Wellenbewegungen* statt.

Das gleiche ist an Abb. 26 zu bemerken, die von dem Erfinder der Schlierenmethode, TOEPLER, stammt und eine Reihe von Funkenknallen

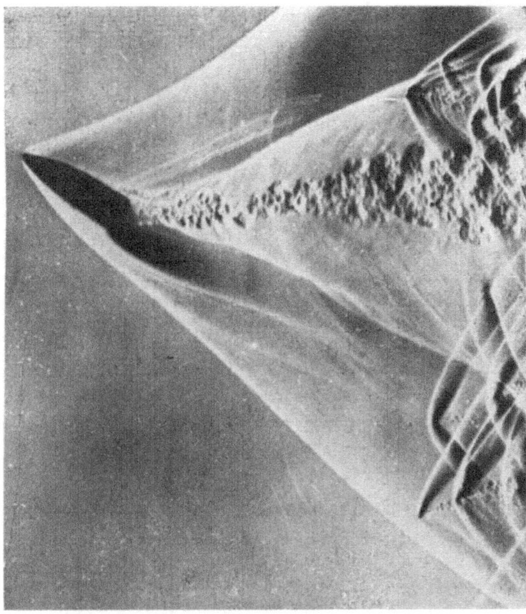

Abb. 25. Geschoß nach Durchsetzen einer Holzplanke; Wellenfronten der Holzsplitter.

zeigt, welche von den in der Bildmitte sich überdeckenden mit einer Influenzmaschine verbundenen Kugeln ausgehen. Diese Wellenerscheinung ist das, was man *Kugelwelle* nennt: eine von einem Zentrum nach allen Richtungen des Raumes gleichmäßig fortschreitende Welle. Ihr entspricht im Zweidimensionalen die »*Ringwelle*« um den ins Wasser geworfenen Stein. An dem Tisch, der im unteren Teil des Bildes sichtbar ist, findet eine Reflexion der Wellen statt. Reflektierte und ursprüngliche Wellen *überlagern sich einfach*, *ohne sich zu stören.*

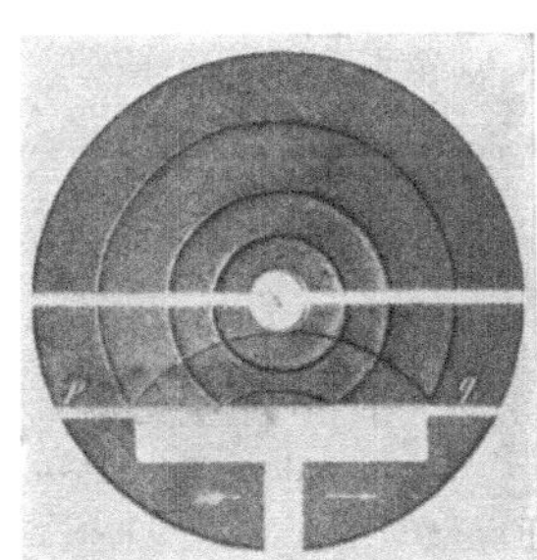

Abb. 26. Töplers Aufnahme d. Reflexion v. Schallwellen.

Die Kugelwelle hat man, seitdem Huyghens den Gedanken zum erstenmal aussprach (1690) als die einfachste Form von Wellenbewegung anzusehen, nämlich als die einzige Wellenform, die ein erschüttertes punktförmiges (d. h. hinreichend kleines) Teilchen hervorzubringen vermag.

Da alle endlichen Körper in solche Teilchen aufgelöst gedacht werden können, muß es stets möglich sein, beliebig komplizierte Wellenbewegungen aus elementaren Kugelwellen aufzubauen, die von den Körperteilchen ausgehen [1]).

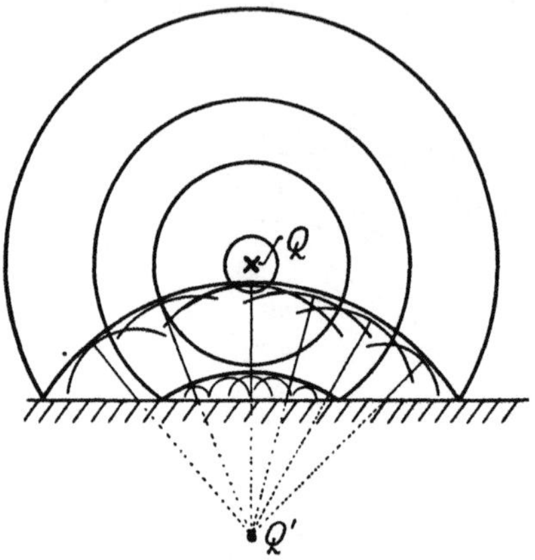

Abb. 27. Zeichnung zu Abb. 26.

So zeigt die Zeichnung Abb. 27, wie die in Abb. 26 von dem Tisch reflektierte Welle dadurch entsteht, daß jeder Punkt des Tisches in dem Augenblick, wo er von dem heraneilenden Knall berührt wurde, selbst eine neue Kugelwelle aussandte; zuerst der der Funkenstrecke nächstgelegene Punkt, später die übrigen. Eine Reihe von Kugelwellen sind im richtigen Größenverhältnis eingetragen und man erkennt, wie aus ihnen die auf der Photographie Abb. 26 sichtbare Front der reflektierten Welle *zusammenfließt*.

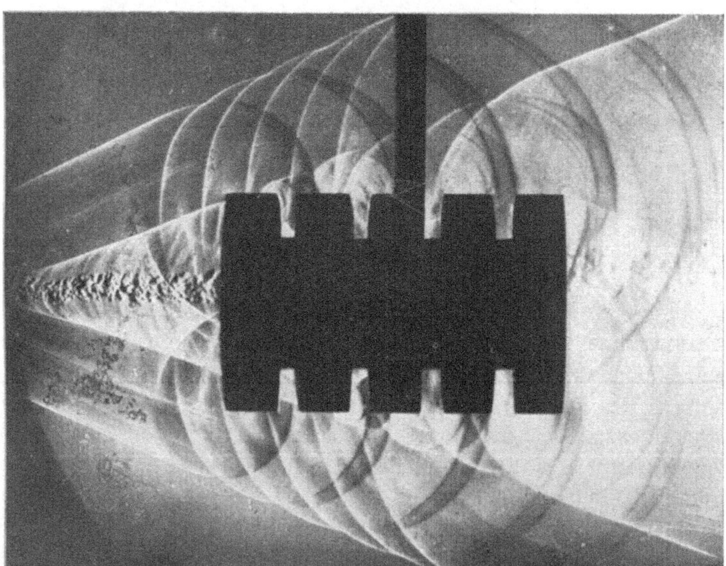

Abb. 28. Zusammensetzung der Wellenfront von Abb. 24 aus Kugelwellen.

Auch die scheinbar von den Kugelwellen so wesensverschiedene gerade Front der Machschen Welle baut sich in einfachster Weise aus Kugel-

[1]) Dieser Überlegung entspricht ein viel angewandtes mathematisches Verfahren zur Lösung der Differentialgleichung der Wellenbewegung (Greensche Funktion).

wellen auf. Jeder Punkt der Flugbahn wird zur Zeit des Anstoßes durch das Geschoß zum Ausgangspunkt einer Kugelwelle, die mit der Schallgeschwindigkeit c nach allen Seiten forteilt. In Abb. 28 ist das Geschoß, dessen Wirbelstraße man nur noch erblickt, durch eine mit seitlichen Öffnungen versehene Dose hindurchgeschossen worden. Dadurch ist ein großer Teil der Kugelwellen abgefangen, nur einige treten durch die Öffnungen (etwas deformiert) hindurch. Man verfolgt aufs schönste, wie die Machsche Wellenfront durch das *Zusammenfließen der Fronten der einzelnen Kugelwellen* entsteht.

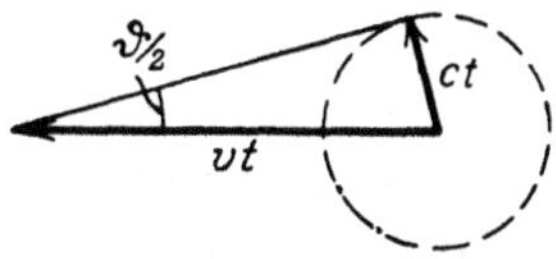

Abb. 28a. Geschoßgeschwindigkeit und Öffnung des Machschen Kegels.

Aus dieser Vorstellung ergibt sich sofort eine Aussage über den Öffnungswinkel der Machschen Welle. Denn das Verhältnis der Strecke ct, um welche in der Zeit t die einzelne Kugelwelle sich von ihrem Ausgangspunkt entfernt, zur Strecke vt, welcher die Fortbewegung des Geschoßes in der gleichen Zeit darstellt, (c = Schallgeschwindigkeit, v = Geschoßgeschwindigkeit), gibt die Größe des Öffnungswinkels ϑ an: $\sin\frac{\vartheta}{2} = \frac{c}{v}$. Diese Beziehung wird durch die Messung bei bekannter Geschoßgeschwindigkeit v bestätigt, und aus ihr entnehmen wir, daß zur Erzeugung des Machschen Wellenkegels eine Überschallgeschwindigkeit des Geschosses notwendig ist $\left(\frac{c}{v} < 1\right)$ und daß der Kegel um so spitzer ist, je schneller das Geschoß fliegt. Bei den Splittern in Abb. 25 übertrifft die Geschwindigkeit die Schallgeschwindigkeit nur noch wenig.

Warum sieht man nicht auch auf der Aufnahme Abb. 24 die einzelnen Elementarwellen, die von allen Punkten der Flugbahn ausgehen? Warum zeigt Abb. 26 nur die Wellenfront der reflektierten Kugelwelle, nicht die von der Spiegelfläche ausgehenden Elementarwellen der Zeichnung Abb. 27? Die Beantwortung dieser Frage ergibt sich auf Grund des Begriffs der Wellen*phase* und der phasenungleichen Überlagerung von Wellen und wird in Kap. VII erörtert. Für das zunächst folgende kommt man allein mit dem Satz aus, der aus den Aufnahmen 24 und 26 entnommen werden möge: *Die Wirkung von elementaren Kugelwellen wird nur dann bemerkbar, wenn diese Wellen zu einer einheitlichen Wellenfront so zusammenfließen, daß sich Berg an Berg anschließt, ohne daß ein Wellental dazwischen tritt.* Oder, mathematisch ausgedrückt: nicht die elementaren Kugelwellen selbst treten in die Erscheinung, sondern nur ihre »Einhüllende (Enveloppe)«.

Diese Einsicht bildet das ganze Rüstzeug, um die Interferenzerscheinungen in Kristallen zu verstehen, soweit es sich nicht um die *Intensitäten*, sondern nur um die *Lagen* und *Richtungen* der Interferenzstrahlen handelt. Allerdings ist noch als zweiter Grundsatz, der oben nur undeutlich ausgesprochen wurde, hinzuzunehmen, *daß jeder materielle Punkt, der von einer Welle getroffen wird, Ausgangspunkt einer Kugelwelle wird.* In diesem

Sinn ist insbesondere die Abb. 27 zu verstehen, obwohl nur von wenigen Punkten der Spiegelfläche aus die Kugelwellen wirklich eingezeichnet sind. Erst in Kap. VII werden wir den Begriff der »Phase« einer Welle einführen müssen und dadurch auch das Verständnis der Interferenzbedingung vertiefen.

Stellen wir uns nun *das Raumgitter eines Kristalls vor, das von einer Welle getroffen wird.* Jeder Gitterpunkt, d. h. jedes Atom, wird zum Ausgangspunkt einer Kugelwelle. Was entsteht aus den Milliarden von Kugelwellen, die auch im winzigsten mikroskopisch wahrnehmbaren Kristallstückchen erzeugt werden? Gibt es Richtungen, in denen sie zu einheitlichen Wellenfronten zusammenfließen?

Wir erleichtern uns den Überblick, indem wir *zunächst die gleiche Frage für ein eindimensionales Gitter stellen* — aus dem vorigen Kapitel ist ja bekannt, wie das zwei- und dreidimensionale Gitter sich aus eindimensionalen aufbauen läßt.

In Abb. 29 werde ein Stück eines linearen Gitters von einer von unten kommenden »einfallenden« Welle getroffen. Alle Punkte des Gitters fangen gleichzeitig an, Kugelwellen auszusenden, von denen die Wellenberge durch

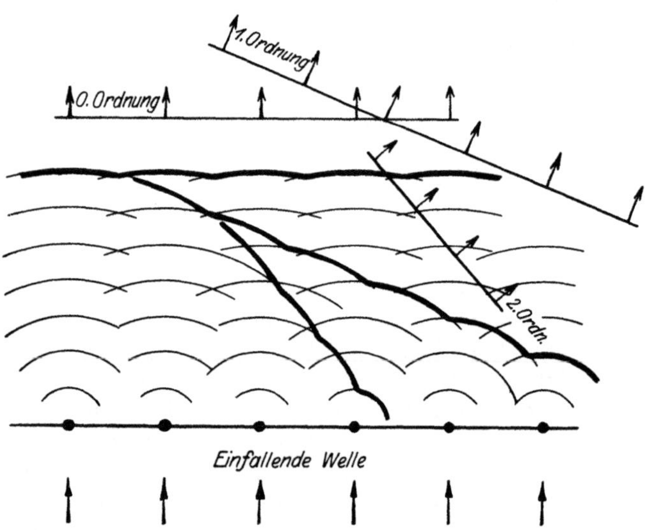

Abb. 29. Entstehung der Spektren am eindimensionalen Gitter.

Teile von Kreisen um die Ausgangspunkte angedeutet sind. Die Entfernung zwischen zwei Wellenbergen heißt die *Wellenlänge*. Man sieht nun, wie die Kugelwellen zu einer obersten einheitlichen Front zusammentreten (stark ausgezogen) die von Berg zu Berg weitergetragen und mit zunehmender Entfernung von dem Gitter immer glatter wird. Durch diese Vereinigung der Kugelwellen entsteht eine Welle von der gleichen Richtung (wenn man sich auf die Zeichenebene beschränkt) wie die einfallende

Welle. Die nächsten Entfernungen der Gitterpunkte bis zur Wellenfront sind für alle Gitterpunkte gleich, oder: der *Unterschied in den Lichtwegen* (wie hier diese Entfernung genannt werden kann), oder noch kürzer: der *Gangunterschied zwischen den Atomwellen* ist Null. Deshalb ist die Wellenfront, wie sie in großer Entfernung aussehen würde, nachdem die Einbuchtungen sich völlig geglättet haben, als *Welle* oder »*Spektrum*« *0. Ordnung* bezeichnet.

Aber es gibt auch *andere* Richtungen, in denen von *allen* Kugelwellen Berg zu Berg fließt. Denn der vom ersten Gitterpunkt erzeugte oberste Wellenberg setzt sich auch in den zweitobersten Wellenberg fort, der von seinem rechten Nachbarn stammt, in den drittobersten seines übernächsten Nachbarn usw., ohne daß Kugelwellen, die von anderen Punkten ausgehen, *störend*, d. h. mit Wellentälern, *dazukommen könnten.* Auch die Wellenfront von dieser Richtung, die sich beim Weiterwandern glättet, enthält von sämtlichen überhaupt ausgesandten Kugelwellen nur je ein Stückchen Wellen*berg*. Doch besteht ein Unterschied in den Lichtwegen: benachbarte Punkte haben verschiedene Entfernungen bis zur Wellenfront und zwar der rechte Nachbar stets einen um 1 Wellenlänge kleineren Weg (Gangunterschied 1 Wellenlänge). Die entstehende Welle heißt die Welle oder das »*Spektrum*« *I. Ordnung.*

Man erkennt, wie die Entstehung des Spektrums 1. Ordnung an die Regelmäßigkeit der Abstände zwischen den Atomen — den Ausgangspunkten der Kugelwellen — gebunden ist. Bei unregelmäßigen Abständen zwischen den Atomen könnten sich nicht auf weitere Strecken hin die Kugelwellen Berg an Berg aneinanderschließen und es würde nicht zur Bildung einer einheitlichen ausgeglätteten Front kommen. Für das Spektrum 0. Ordnung gilt dies nicht: es entsteht unabhängig vom gleichmäßigen Gitterbau. Hingegen gilt die Bemerkung wieder für die Spektren anderer Ordnung, von denen noch das Spektrum 2. Ordnung gezeichnet ist, in dessen Wellenfront je zwei von benachbarten Atomen ausgehende Kugelwellen mit 2 ganzen Wellenlängen Wegunterschied zusammenfließen. Die symmetrisch nach links statt nach rechts forteilenden gemeinsamen Wellenfronten (die nicht gezeichnet sind) sind konsequent als Spektren (— 1.), (— 2.), (— 3.), . . . Ordnung zu benennen, da bei ihnen die Kugelwelle, die vom rechten Nachbaratom ausgeht, einen um 1, 2, 3 . . . ganze Wellenlängen längeren (statt kürzeren) Weg bis zur Wellenfront durchlaufen muß. Im übrigen gehen von den Atomen *Kugel*wellen aus: die ganze Abb. 29 ist also um die Gitterlinie als Achse zu drehen und die Wellenflächen der Spektren bilden im Raum *Kegelflächen* um die Gitterlinie als Achse. Insbesondere müßten in die untere Hälfte der Zeichenebene der Abb. 29, welche die einfallende Welle enthält, symmetrisch zur oberen Hälfte die anderen Teile der Wellenfronten 0., ± 1., ± 2., . . . Ordnung eingetragen werden.

Fragen wir nach den Richtungen, unter welchen das geschilderte Zusammenfließen aller Kugelwellen zu einer einheitlichen Front stattfindet, so sind sie bestimmt durch die Bedingung, daß der Wegunterschied zwischen den Lichtwegen, die durch benachbarte Atome gelegt sind, ein ganzes Vielfaches der Wellenlänge ist, und zwar das h-fache für das Spektrum der Ordnung h. Sei die Wellenlänge λ, der Abstand der Atome (im Sinne von links nach rechts gezählt) a, und, um gleich den allgemeineren Fall schiefen Einfalls zu nehmen, sei α_0 der Kosinus des Winkels,

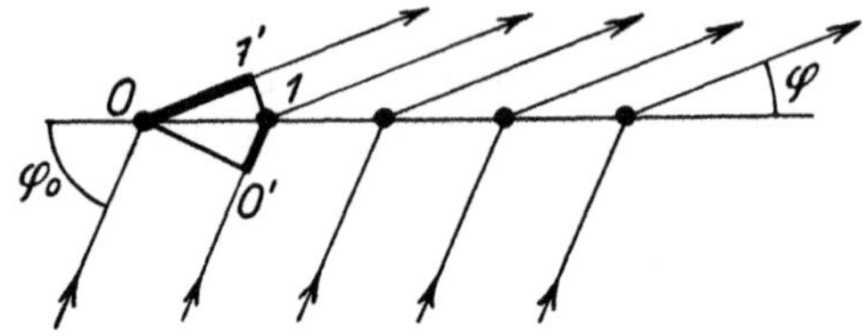

Abb. 30. **Interferenzbedingungen am linearen Gitter.**

den die Einfallsrichtung mit der positiven Richtung von a bildet (Scheitelwinkel von $\sphericalangle\, \varphi_0$) und entsprechend α der Richtungskosinus des Spektrums $h$ter Ordnung (Winkel φ, Abb. 30). Der Lichtweg durch Atom 1 ist kürzer wie der durch Atom 0 um die Differenz der Längen $01' - 0'1$, die durch Stücke $00'$ bzw. $11'$ der Wellenfronten der einfallenden bzw. abgebeugten Welle bestimmt sind. Nun ist $01' = a \cdot \alpha$, $0'1 = a \cdot \alpha_0$ *und die gesuchte Beziehung, die zwischen Einfallsrichtung, Beugungrichtung, Wellenlänge und Gitterabstand für das Spektrum h^{ter} Ordnung bestehen muß, lautet*

(1) $$a(\alpha - \alpha_0) = h\lambda.$$

Hierin kann h eine beliebige positive oder negative Zahl sein. Bei gegebenen Werten von α_0 und $\frac{\lambda}{a}$, also bekanntem Einfall, läßt sich aus dieser Gleichung der Öffnungswinkel des Spektralkegels $h$ter Ordnung (bzw. sein Kosinus) entnehmen; umgekehrt dient diese Formel bei der gewöhnlichen Anwendung auf das optische Beugungsgitter (Strichgitter) dazu, um aus dem Beugungswinkel und der bekannten Gitterkonstante a die Wellenlänge λ der einfallenden Strahlung zu entnehmen (Spektroskop).

Der maximale Wegunterschied, der bei benachbarten Atomen überhaupt entstehen kann, tritt dann ein, wenn eine fast streifende Einfallsrichtung kombiniert wird mit einem entgegengesetzt gerichteten Austritt: die Wegdifferenz beträgt maximal $2a$. Es folgt: *Wellenlängen, die größer sind als $2a$, können kein Spektrum* (außer dem nullter Ordnung) *erzeugen.* Hierin ist der Grund zu erblicken, warum die regelmäßige Atomanordnung des Kristalls nicht auch auf sichtbares Licht (Wellenlänge $\sim 0{,}5\,\mu$, d. h. etwa 1000facher Atomabstand) beugend wirkt. Bei sehr weichen Röntgenstrahlen (λ groß, etwa $2 \cdot 10^{-8}$ cm) ist man an wenige Kristalle mit extrem großer Gitterkonstante gebunden.

Mit den zweidimensionalen Ringwellen auf einer Quecksilberoberfläche läßt sich das Entstehen der Spektra aus den Elementarwellen gut demonstrieren. Ein grober Kamm ist an einer Stimmgabel (etwa 100 Schwin-

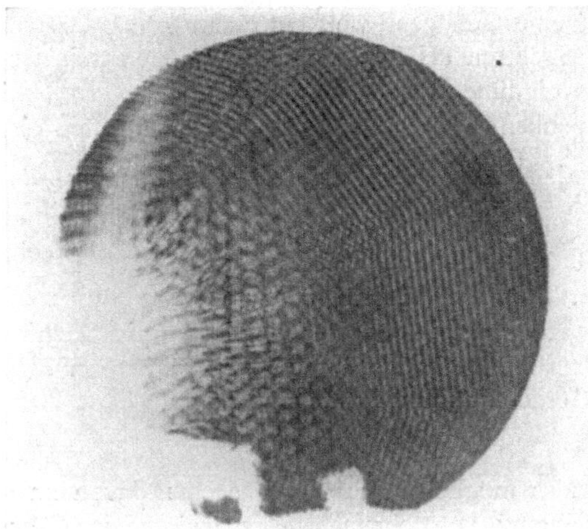

Abb. 31. »Spektren« von Wellen auf Quecksilber.

gungen pro Sek.) befestigt, sodaß er ein wenig in das Quecksilber eintaucht. Bei der Bewegung durch die Stimmgabel wird jeder Zahn des Kammes Ausgangspunkt einer Ringwelle. Es ist genau der Fall der Zeich-

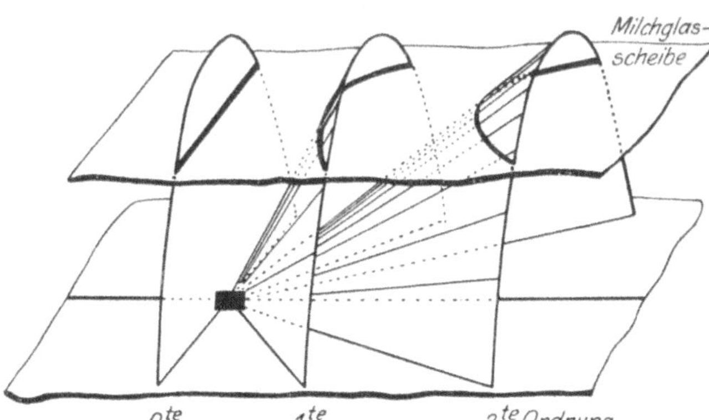

Abb. 32. Die Interferenzkegel des linearen Gitters.

nung Abb. 29. Die Ringwellen setzen sich in einiger Entfernung zu geraden Wellenfronten zusammen, wie Abb. 31 nach einer Aufnahme des Amerikaners Reese zeigt. Nahe beim Kamm ist die Bewegung zu stürmisch und vor allem durchkreuzen sich die noch ungeglätteten Wellenfronten zu sehr, als daß eine gute Reflexion des auf die Oberfläche geworfenen Lichtes (starker Funken) stattfinden könnte. In größerem Abstand wird man jedoch leicht 4 verschiedene Spektra erkennen.

Könnte man ein lineares Gitter, wie es bei unserer Betrachtung vorausgesetzt wurde, verwirklichen und die von ihm ausgehende Interferenzerscheinung auf einer genügend weit entfernten Milchglasscheibe auffangen, so würden die Spektren als hyperbelförmige helle Streifen erscheinen. In Abb. 32 ist das eindimensionale Gitter an der Stelle ■ mit horizontaler Gitterachse zu denken, während eine senkrecht von unten einfallende Welle vorausgesetzt ist. Die Kegel sind eingetragen, welche von den Interferenzrichtungen gebildet sind: zunächst ein senkrecht zur Gitterachse gelegener Kegel, der zur Ebene entartet ist und die Einfallsrichtung enthält: der Kegel der Ordnung $h = 0$. Sodann nach rechts anschließend Kegel 1., 2., 3. Ordnung, die zu ergänzen sind durch die (nicht gezeichneten) Kegel — 1., — 2., — 3. Ordnung, die nach links hin sich öffnen. Als Schnitt mit der Milchglasscheibe entstehen Hyperbeln, deren eine zu einer Geraden entartet ist.

Nunmehr ist es möglich, sich Rechenschaft davon zu geben, welche Interferenzerscheinung von einem *zweidimensionalen Gitter* (Kreuzgitter, einzelne Kristallnetzebene) ausgeht, das senkrecht von unten von einer Welle getroffen wird. Dieses Gitter läßt sich ja auf zweierlei Weise in 2 Scharen von linearen Gittern der eben betrachteten Art zerlegen. Verlangt man, daß *sämtliche* vom Gitter ausgehenden Kugelwellen in den Interferenzrichtungen zu einheitlichen Fronten zusammentreten, so genügt dazu, daß je 2 Nachbaratome auf den beiden Arten von Gittergeraden, also die Atompaare 0,1 und 0,2 in Abb. 33, ganzzahlige Gangunterschiede aufweisen. Denn dies gilt dann erst recht für andere Atompaare; man sieht auch, daß die Bedingung notwendig ist.

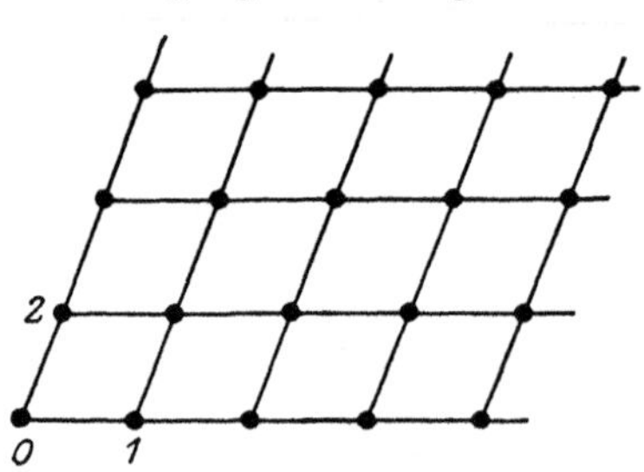

Abb. 33. Netzebene.

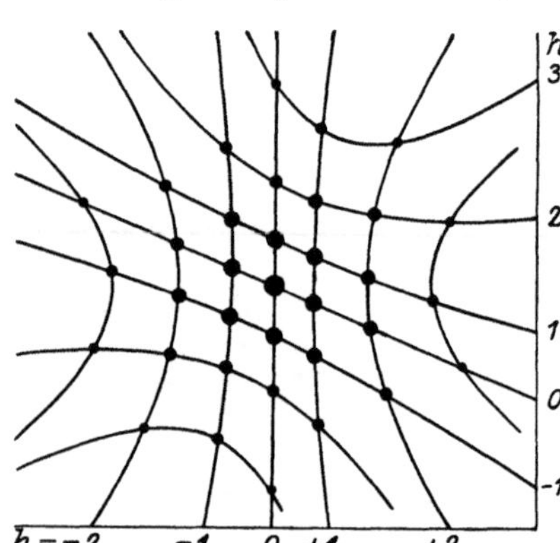

Abb. 34. Zugehörige »Kreuzgitterspektra« auf dei Milchglasscheibe.

Die beiden ganzen Zahlen brauchen nicht dieselben zu sein; wir unterscheiden sie als h_1 und h_2. Wie diese Bedingung für die erste Gitterschar (Abb. 33) 0,1 lautet, sagt Gl. (1), wenn unter α_0 und α die Neigungskosinus von Einfalls- und Interferenzrichtung gegen die Achse der ersten

Sorte Gittergerade verstanden sind, deren Atomabstand jetzt durch a_1 bezeichnet werde. Bezeichnet man mit β_0 und β die entsprechenden Neigungskosinus gegen die andere Sorte von Gittergeraden $(\overrightarrow{02})$, mit Atomabständen a_2, so muß auch eine zweite Bedingung derselben Form erfüllt sein. Im ganzen haben wir die

(2) *Interferenzbedingung für Kreuzgitter:* $\begin{cases} a_1\,(\alpha - \alpha_0) = h_1\,\lambda \\ a_2\,(\beta - \beta_0) = h_2\,\lambda. \end{cases}$

Was diese Bedingung geometrisch bedeutet, erkennt man am besten auf der Milchglasscheibe der Abb. 32, die in Abb. 34 in Aufsicht gezeichnet ist. Zunächst sind diejenigen Hyperbeln eingetragen worden, auf denen die erste der Bedingungen (2) allein erfüllt ist; sie tragen die Bezeichnungen $h_1 = 0, \pm 1, \pm 2 \ldots$ und entsprechen den in Abb. 32 perspektivisch dargestellten Orten, wo alle Atome einer Gittergeraden 01 der Abb. 33 zusammenwirken. Hierzu tritt eine zweite Hyperbelschar, die dort entsteht, wo die um die Gittergeraden (02) der Abb. 33 geschobenen Kegel die Milchglasscheibe durchsetzen. Auf diesen Kegeln ist die zweite der Gleichungen (2) erfüllt, deshalb tragen die Hyperbeln die Bezeichnungen $h_2 = 0, 1, \ldots$ *Beide Bedingungen* (2) zugleich sind nur erfüllt auf den *Kreuzungspunkten* der beiden Hyperbelscharen. Allein in diesen Punkten wird also maximale Helligkeit herrschen, herrührend von der Verstärkung *aller* atomaren Kugelwellen; daneben ist Dunkelheit, weil nicht sämtliche Wirkungen »Berg an Berg« aneinanderfließen.

Vom Ort des Gitters (das als sehr klein gegenüber der Ausdehnung der weit entfernten Milchglasscheibe anzusehen ist) strahlen also Spektra nach den soeben festgelegten Punkten der Milchglasscheibe hin. Jedes Spektrum ist durch *zwei ganze Zahlen* gekennzeichnet (h_1, h_2), welche den Gangunterschied, d. h. die Anzahl Wellenlängen angeben, um die der Lichtweg durch Atom 1 bzw. 2 (Abb. 33) kürzer ist, wie durch Atom 0.

Das Spektrum der Ordnung (00) liegt in der Fortsetzung des einfallenden Strahls und heißt auch *Primärstrahl.*

Übrigens ist zu bedenken, daß die Ausstrahlung, die von einem Kreuzgitter hervorgebracht wird, vollkommen gleich ober- und unterhalb des Gitters ist. Die Gitterebene ist Symmetrieebene. Die Spektra, die in Abb. 32 eine unter das Gitter gehaltene Milchglasplatte treffen würden, ergeben ebenfalls das Muster der Fig. 34 und die Ordnungszahlen dieser Spektren sind dieselben, wie oben. Das Spektrum (00) auf dieser Seite der Gitterebene ist der *reflektierte Strahl*, denn er entsteht durch »*Spiegelung*« des Primärstrahls an der Gitterebene. Im Anschluß hieran werden wir später folgende *Definition der Spiegelebene* benutzen, die einen Strahl 1 in einen Strahl 2 überführt: die Ebene, für deren sämtliche Punkte P der Lichtweg $\widehat{1P2}$ der gleiche ist.

Man kann Kreuzgitterspektra leicht beobachten. Eine entfernte kleine Lichtquelle — am besten Bogenlampe — gibt dazu Anlaß, wenn man durch einen dünnen, regelmäßig gewebten Stoff (Taschentuch, Regenschirm) hindurchblickt. Es geschieht dabei dasselbe, wie bei Abb. 28 mit den Luftwellen: durch die Maschen des Gewebes dringen nur vereinzelte Teile der auffallenden Wellenfront durch und diese wirken wie — etwas verzerrte — Kugelwellen, die von den Maschen ausgehen. Je kleiner die Maschengröße, um so geringer ist die Verzerrung (welche ja von dem durch die Maschenmitte hindurchtretenden Stückchen ebener Wellenfront herrührt), und um so vollständiger die Ähnlichkeit mit dem Muster der Abb. 34.

Man wird bei aufmerksamer Beobachtung feststellen, daß das weiße Licht der Bogenlampe in jedem Spektrum farbig zerlegt ist. Denn jedes Spektrum, das nach Abb. 34 punktförmig sein sollte, ist zu einem kleinen Strich ausgezogen, dessen inneres Ende (d. h. das nach dem Primärstrahl, dem hellsten Spektrum [00], hinweisende) blau, dessen äußeres rot ist. Aus den Gleichungen (2) ist abzulesen, daß je größer λ, um so gößer der Unterschied in den Richtungskosinus, also auch in den Richtungen von Einfall und Spektrum sein muß. Die Interferenzkegel der linearen Gittergeraden rücken mit zunehmender Wellenlänge vom Kegel 0. Ordnung ab. Daher liegt der gemeinsame Durchstoßpunkt zweier Kegel auf der Milchglasscheibe für das langwellige rote Licht weiter vom Primärfleck ab, als für kurzwelliges blaues Licht. Für Licht jeder Wellenlänge existiert beim Kreuzgitter ein Spektrum der Ordnung $(h_1\ h_2)$, sofern die Ordnungen h_1 bzw. h_2 an den linearen Gittern der Gittergeraden vorkommen können.

Der *Übergang zum dreidimensionalen Atomgitter* bedeutet die Betrachtung einer unendlichen Schar von Kreuzgittern. Das dreidimensionale Gitter läßt sich aber auch in lineare Gitter nach 3 verschiedenen Richtungen zerlegen, die als Achsenrichtungen $(\mathfrak{a}_1, \mathfrak{a}_2, \mathfrak{a}_3)$ gewählt werden mögen. Bei Zerlegung nach allen 3 Richtungen muß die Kegelbedingung (1) erfüllt sein, so daß, wenn $(\alpha_0\ \beta_0\ \gamma_0,\ \alpha\ \beta\ \gamma)$ die Neigungscosinus des einfallenden bzw. abgebeugten Strahls gegen die 3 Achsen $\mathfrak{a}$, ferner $a_1\ a_2\ a_3$ die Atomabstände auf ihnen sind, im ganzen für das Raumgitter die Bedingung gelten muß:

$$\boxed{(3)} \qquad \left\{\begin{aligned} a_1(\alpha - \alpha_0) &= h_1 \lambda \\ a_2(\beta - \beta_0) &= h_2 \lambda \\ a_3(\gamma - \gamma_0) &= h_3 \lambda. \end{aligned}\right\} \quad \textit{Lauesche Gleichungen.}$$

Ein einzelnes Spektrum ist also durch ein »*Ordnungstripel*« (h_1, h_2, h_3) bezeichnet, welches wie vorher die Unterschiede im Lichtweg durch Atome angibt, die auf den Achsen benachbart sind. Die Kreuzgittergleichungen (2) sind hier um eine dritte Gleichung derselben Bauart vermehrt.

Geometrisch stellt diese eine Schar von Kegeln um die Richtung $\mathfrak{a}_3$ dar, die wir kurz als h_3-Kegel bezeichnen; ihre Schnitte mit der Milchglasscheibe der Abb. 32 sind im allgemeinen Ellipsen; doch wenn die Richtung $\mathfrak{a}_3$ senkrecht auf der Milchglasplatte steht — also auch auf den Netzebenen, die $(\mathfrak{a}_1\ \mathfrak{a}_2)$ enthalten — werden die Ellipsen Kreise, wie in

Abb. 35 gezeichnet. Die Kreisradien wachsen bei zunehmender Wellenlänge.

Fällt auf das Gitter eine *einfarbige Welle* auf, so gehen von der einzelnen Netzebene Kreuzgitterspektren in ganz bestimmten Richtungen aus. Es ist dann sehr unwahrscheinlich, daß diese Richtungen zugleich auf den h_3-Kegeln liegen. M. a. W., nur einem günstigen Zufall wird es zu danken sein, wenn einer der Hyperbelschnittpunkte in Abb. 35 zugleich auf einem Kreise liegt. Im allgemeinen ist das nicht der Fall und durch die Hintereinanderschaltung der vielen Netzebenen werden deren Kreuzgitterspektren meistens unterdrückt — es bleibt nur stets das Spektrum der Ordnung ooo übrig, der Primärstrahl.

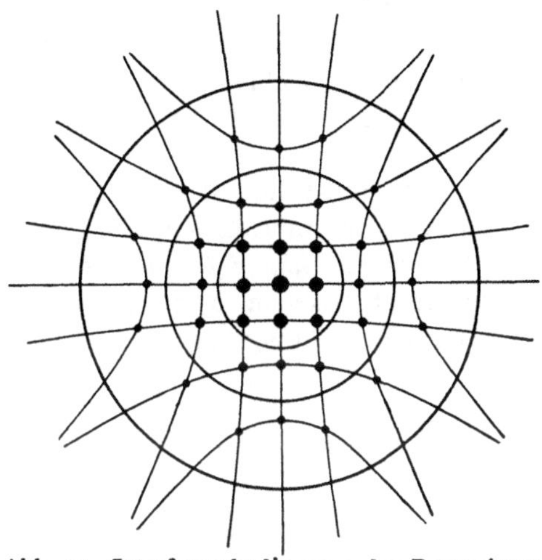

Abb. 35. Interferenzbedingung des Raumgitters, auf der Milchglasscheibe gedeutet.

Anders, wenn auf das Gitter ein Strahl auffällt, der *alle* Wellenlängen enthält. Dann ist die Möglichkeit für das Entstehen eines jeden Spektrums (h_1 h_2 h_3) gegeben. Denn das einzelne Kreuzgitterspektrum, der Kreuzungs*punkt* der Hyperbeln, die sich auf gleiches λ beziehen, verzieht sich zu einem radial vom Primärfleck fortstrebenden Strich, dessen inneres Ende »blau« (kurzwellig), dessen äußeres »rot« (langwellig) ist. Ebenso breiten sich auch die vorher scharfen Kreise, die durch die dritte der Bedingungen (3) erzeugt werden, zu Bändern aus, deren innere Kante blau, deren äußere rot ist. Und hier kommt es nun systematisch für eine Farbe zur Überdeckung, d. h. zur gleichzeitigen Erfüllung aller 3 Bedingungen. Abb. 36 zeigt (auf der Milchglasscheibe) die Hyperbeln h_1 und h_2 und den Kreis h_3 für je zwei Wellenlängen — eine rote, größere (ausgezogene Linien) und eine blaue, kleinere (gestrichelt. Die Diagonale des aus den 4 Hyperbeln gebildeten Vierekcs ergibt das von blau nach rot abschattierte Kreuzgitterspektrum. Da das Kreisband h_3 ebenfalls alle Wellenlängen von blau bis rot enthält, wird eine Übereinstimmung der Farben an irgendeiner Stelle eintreten, und für diese Farbe — und diese allein — verstärken sich dann alle Kugelwellen, die vom Raumgitter ausgehen, und ein Interferenzstrahl (h_1 h_2 h_3) verläßt das Gitter.

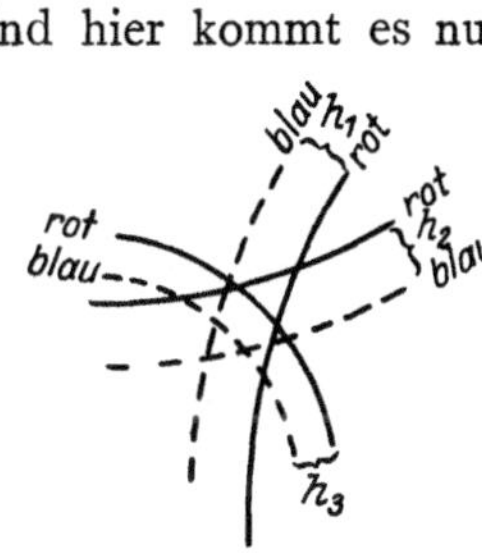

Abb. 36. Aussonderung einer Wellenlänge.

Jedes einzelne Raumgitterspektrum siebt sich also aus den sämtlichen

Wellenlängen, die im einfallenden Strahl enthalten sind, diejenige heraus, die zu ihm paßt. Ist diese Wellenlänge im einfallenden Strahl nicht vorhanden, so entsteht auch kein Spektrum — und dies wird der gewöhnliche Fall bei Belichtung mit einfarbigem Licht sein.

Es gibt aber noch eine weitere Möglichkeit, systematisch Überdeckungen der gleichen Farben in den 2 Hyperbeln und dem Kreisband herbeizuführen, und zwar für jede beliebige Farbe, also auch bei einem einfarbigen einfallenden Strahl. Dazu muß die Einfallrichtung $(\alpha_0\ \beta_0\ \gamma_0)$ abgeändert werden. Dann verschieben sich nämlich sowohl die Hyperbeln wie der Kreis, die zu dieser Farbe gehören, und zwar, wie man nachrechnen kann, verschieden schnell. So daß es bei einer gewissen Einfallsrichtung des einfarbigen Strahls zur Erfüllung der 3 Bedingungen kommt.

Diese Möglichkeiten der Strahlentstehung, die hier geometrisch verfolgt wurden, lassen sich mit wenigen *Formeln* weit bequemer übersehen. *Wir beschränken uns dabei auf den Fall eines kubischen Kristalls*, der auf senkrechte Axen $\mathfrak{a}_1\ \mathfrak{a}_2\ \mathfrak{a}_3$ bezogen sei. Dann gilt nach dem Pythagoras für die Richtungskosinus

$$\alpha^2 + \beta^2 + \gamma^2 = 1\,, \qquad \alpha_0^2 + \beta_0^2 + \gamma_0^2 = 1.$$

Schreiben wir die Bedingungsgleichungen (3)

$$\begin{aligned} \alpha &= \alpha_0 + h_1\,\lambda/a \\ \beta &= \beta_0 + h_2\,\lambda/a \\ \gamma &= \gamma_0 + h_3\,\lambda/a \end{aligned}$$

und erheben sie ins Quadrat und addieren, so kommt

$$1 = 1 + \lambda^2/a^2\,(h_1^2 + h_2^2 + h_3^2) + 2\,\lambda/a\,(h_1\,\alpha_0 + h_2\,\beta_0 + h_3\,\gamma_0)$$

oder

$$\boxed{(4)} \qquad \lambda/a = -\,2\,\frac{h_1\,\alpha_0 + h_2\,\beta_0 + h_3\,\gamma_0}{h_1^2 + h_2^2 + h_3^2}\,.$$

Hieraus ist zu sehen, daß bei gegebener Einfallsrichtung $\alpha_0\ \beta_0\ \gamma_0$ *die Wellenlänge, die in einem Interferenzstrahl* $(h_1\ h_2\ h_3)$ *enthalten sein kann, fest bestimmt ist.* Ungeeignete Wellenlängen können nicht in den Interferenzstrahl kommen, es sei denn, daß die Einfallsrichtung abgeändert werde. Ist das Ordnungstripel einer Interferenz bestimmt, so folgt aus der Formel der Wert von λ/a, d. h. das Verhältnis von Wellenlänge zu Gitterkonstante.

Quadriert und addiert man die Bedingungsgleichungen in der ursprünglichen Form (3), so entsteht

$$2 - 2\,(\alpha\alpha_0 + \beta\beta_0 + \gamma\gamma_0) = (\lambda/a)^2\,(h_1^2 + h_2^2 + h_3^2)\,.$$

Nach den Regeln der analytischen Geometrie ist

$$\alpha\alpha_0 + \beta\beta_0 + \gamma\gamma_0 = \cos\chi,$$

wo χ der *Abbeugungswinkel*, d. h. der Winkel zwischen Primärstrahl und

Interferenzstrahl ist. Setzt man noch für $1 - \cos\chi$ nach bekannten Formeln $2 \cdot \sin^2 \chi/2$, so folgt

$$4 \sin^2 \chi/2 = (\lambda/a)^2 (h_1^2 + h_2^2 + h_3^2),$$

oder

(5)
$$2 \sin \chi/2 = \lambda : \frac{a}{\sqrt{h_1^2 + h_2^2 + h_3^2}}.$$

Diese Formel gestattet den Abbeugungswinkel χ zu berechnen, unter dem die Wellenlänge λ als Spektrum der Ordnung $(h_1\, h_2\, h_3)$ auftreten kann.

Allein für das Spektrum (000) bleibt nach (4) die Wellenlänge unbestimmt (0/0 hat keinen schlechthin angebbaren Wert); der Abbeugungswinkel χ ergibt sich aus $\sin \chi/2 = 0$ selbst als 0: es ist der *Primärstrahl*, die Fortsetzung des einfallenden Strahls. Für alle anderen Interferenzstrahlen gehört zu fester Wellenlänge ein bestimmter Abbeugungswinkel oder zu fester Einfallsrichtung eine bestimmte Wellenlänge.

Unsere bisherige Behandlungsweise deckt sich inhaltlich mit der Theorie, die von M. Laue 1912 gleichzeitig mit den Versuchen veröffentlicht wurde. Nicht lange hernach erklärte W. L. Bragg die Interferenzbilder durch die Annahme, daß die Interferenzstrahlen durch »*Reflexion*« des Primärstrahles an den Netzebenenscharen des Kristallgitters entstünden. Es stellte sich bald heraus, daß diese Darstellung dem Sachverhalt, wie er nach der Laueschen Theorie vorhanden ist, genau parallel geht und daß sie in vielen Fällen einen bequemeren Überblick gestattet als die Laueschen Formeln.

Zunächst sei gezeigt, *daß in der Tat jeder Interferenzstrahl, der gemäß der Laueschen Theorie das Spektrum der Ordnung $(h_1\, h_2\, h_3)$ ist, gedacht werden kann als Strahl, der aus dem Primärstrahl durch Reflexion an der Netzebene mit dem Millerschen Symbol $(h_1\, h_2\, h_3)$ hervorgeht.* (Dieser engen Beziehung zuliebe ist zur Bezeichnung der Ordnung des Spektrums und der Flächen der gleiche Buchstabe h verwandt worden.)

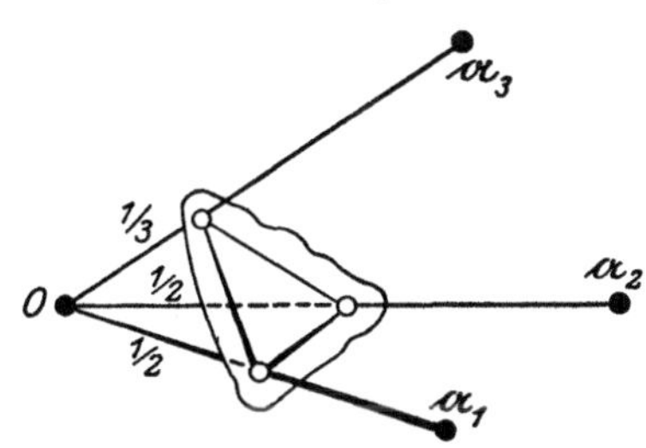

Abb. 37. Entstehung des Spektrums (223) durch »Reflexion« an der Ebene (223).

Das Ordnungstripel des Spektrums bedeutet ja, daß zwischen den Wirkungen, die von O bzw. seinen Nachbarn auf den Achsen $\mathfrak{a}_1$, $\mathfrak{a}_2$, $\mathfrak{a}_3$ ausgehen, h_1, h_2, h_3 ganze Wellenlängen Gangunterschied vorhanden sind. Denken wir uns auf den Achsen Zwischenpunkte eingeschoben, welche von O nur um $1/h_1$ bzw. $1/h_2$, $1/h_3$ des Abstandes der Nachbaratome abliegen (die Abb. 37 bezieht sich auf das Spektrum (223)), so würden von diesen 3 Punkten die Wirkungen im Spektrum $(h_1\, h_2\, h_3)$ *ohne Gangunterschied* sich überlagern, da sie sämtlich *eine* Wellenlänge Gangunterschied gegen die Wirkung von Punkt O aufweisen. 3 Punkte vom Gangunterschied o definieren aber nach dem früher bemerkten die *Spiegelebene*, die den einfallenden in den abgebeugten Strahl überführt. Spiegelebene ist also eine Ebene, deren Abschnitte auf den Achsen sich verhalten wie $1/h_1 : 1/h_2 : 1/h_3$, also die Ebene $(h_1\ h_2\ h_3)$.

Genau genommen ist noch folgende Unterscheidung zu machen: die Millerschen Indizes der Fläche sind definiert als die *kleinsten* ganzen Zahlen, die sich wie die reziproken Achsenabschnitte verhalten. Wir bezeichnen sie mit $h_1^*\ h_2^*\ h_3^*$; diese 3 Zahlen haben dann keinen gemeinsamen Teiler mehr. Anderseits braucht das Ordnungstripel nicht teilerfremd zu sein. Die obige Überlegung führt uns also auf eine Spiegelebene, in deren Symbol $(h_1\ h_2\ h_3)$ die 3 Kennziffern einen gemeinsamen Faktor haben können. Er heiße n, also $h_1 = n h_1^*$, $h_2 = n h_2^*$, $h_3 = n h_3^*$, dann läßt sich symbolisch schreiben

$$(h_1, h_2, h_3) = n(h_1^*, h_2^*, h_3^*). \qquad \boxed{(6)}$$

n heißt die *Ordnung der Reflexion an der Ebene* $(h_1^*\ h_2^*\ h_3^*)$ und die symbolische Gleichung bedeutet: *der Interferenzstrahl der Ordnung* $(h_1\ h_2\ h_3)$ *entsteht durch Reflexion* n*ter Ordnung an der Netzebene mit dem Millerschen Symbol* $(h_1^*\ h_2^*\ h_3^*)$.

In welchem Sinne von der Reflexion $n$ter Ordnung gesprochen werden kann, folgt sofort aus der Betrachtung der Netzebenenschar $(h_1^*\ h_2^*\ h_3^*)$. Seien in Abb. 38 mehrere solcher Netzebenen angedeutet, PO sei die Richtung des einfallenden, OR die des reflektierten Strahls: Unterhalb POR ist ein zweiter Strahl $P'O'R'$ eingetragen, der von der benachbarten Netzebene reflektiert wird. Zwar liegt an der Stelle O' kein Atom und in die Richtung des reflektierten Strahls kann deshalb von Punkt O' kein Beitrag kommen, sondern nur von den Atomen rechts und links von O'. Aber wegen der öfters benutzten Eigenschaft der Spiegelebene würden die Beiträge dieser Atome keinen Gangunterschied aufweisen gegen die Wirkung, die von einem in O' gedachten Atom ausginge. Es besteht hingegen wohl ein Gangunterschied zwischen den von O und O' ausgehenden Strahlen. Er ist gegeben durch das ⌵-förmige Wegstück bei O', das von 2 durch O gelegten Stücken Wellenfront (senkrecht zu einfallendem und reflektiertem Strahl) ausgeschnitten wird. Ist d der Abstand der Netzebenen, ϑ der Einfallswinkel gegen die Fläche (= Reflexionswinkel gegen die Fläche), so beträgt der Wegunterschied $2d \sin\vartheta$. Damit nun die Wirkung dieser beiden und infolgedessen aller Netzebenen der Schar sich verstärken sollen, ist erforderlich, daß dieser Gangunterschied ein ganzes Vielfaches der Wellenlänge λ sei:

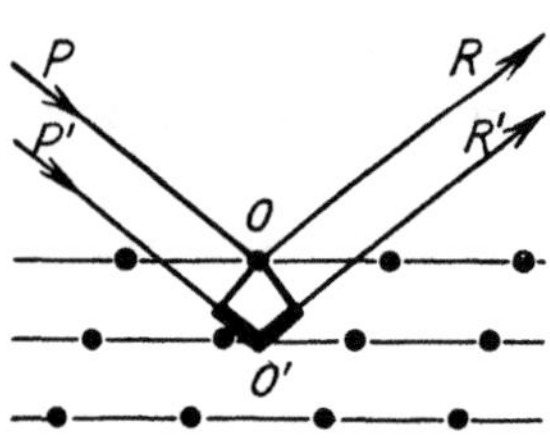

Abb. 38. Zur Braggschen Reflexionsformel.

$$2d \sin\vartheta = n\lambda. \qquad \boxed{(7)}$$

Andernfalls tritt aus der Schar von Netzebenen kein reflektierter Strahl heraus, obwohl jede Netzebene für sich reflektieren würde. (Hier bestände dann der Name Interferenz = Störung, Vernichtung zu Recht!)

Die Gleichung (7) ist die Braggsche Reflexionsbedingung, die Grundgleichung für die Braggsche Auffassungsweise. Sie gilt für beliebige Netzebenen $(h_1^* h_2^* h_3^*)$; der Ebenenabstand d bezieht sich natürlich auf die betreffende zur Reflexion benutzte Schar und ist, um hieran zu erinnern, besser $d_{h_1^* h_2^* h_3^*}$ zu schreiben. Insbesondere muß die Bedingung (7) auch erfüllt sein, wenn eine Reflexion an der Kristall*oberfläche* zustande kommen soll. Die ganze Zahl n der Reflexionsbedingung ist wieder die Ordnung der Reflexion. Sie gibt an, mit wievielen Wellenlängen Gangunterschied die an benachbarten Netzebenen reflektierten Wellen sich überlagern.

Dies stimmt mit der oben gegebenen Definition von n = größter gemeinsamer Faktor der Ordnungszahlen $(h_1\, h_2\, h_3)$ überein. Denn gehen wir etwa von dem (bei kubischen Kristallen gültigen) Ausdruck (5) für den Abbeugungswinkel χ aus, so ist für $\chi/2$ (siehe Abb. 38) ϑ einzusetzen, und für

$$\frac{a}{\sqrt{h_1^2 + h_2^2 + h_3^2}} = \frac{a}{n\sqrt{h_1^{*2} + h_2^{*2} + h_3^{*2}}} = \frac{d_{h_1^* h_2^* h_3^*}}{n},$$

gemäß S. 27. Damit geht aber (5) in die Reflexionsbedingung (7) über. Die Identität der beiden n genannten Zahlen ist also gezeigt.

Zur Verdeutlichung der Braggschen Reflexionsbedingung (7) denken wir uns einfarbiges Röntgenlicht auf eine Kristallfläche auffallend. Zunächst streife es die Fläche, so daß $\sin\vartheta = 0$ und der »reflektierte« Strahl zugleich Primärstrahl, d. h. Fortsetzung des einfallenden ist. Auch n ist dann Null — und, gleichgültig um welche Kristallfläche es sich handelt, die Ordnung der Interferenz $(h_1\, h_2\, h_3) = (000)$.

Nun werde der Kristall gedreht, ϑ wächst, aber wegen Verletzung von (7) tritt kein reflektierter Strahl auf, bis zu einem Winkel ϑ_1, für den (7) mit $n = 1$ erfüllt ist. Dreht sich der Kristall weiter, so verschwindet der reflektierte Strahl, um erst wieder in zweiter Ordnung bei einem Winkel ϑ_2 aufzublitzen, dessen Sinus das Doppelte des ersten ist, usf.

Die Braggsche Auffassungsweise ist in unserer Darstellung ganz natürlich aus dem Boden der allgemeinen Interferenzbetrachtungen herausgewachsen. Wir werden uns im folgenden je nach Belieben der Braggschen oder der Laueschen Ausdrucksweise bedienen, zwischen denen die Gl. (6) vermittelt. Der Unterschied zwischen beiden Theorien — wenn man die Braggsche richtig interpretiert — liegt in der Summationsfolge: Laue summiert mit einem Schlage über die Wirkungen der räumlichen Mannigfaltigkeit der Kristallatome, während Bragg erst zusammenfaßt, was die Atome einer Netzebene für einen bestimmten Strahl beitragen, nämlich für den »reflektierten« Strahl und nun noch weiter über die Schar solcher Netzebenen summiert. Das Endergebnis muß natürlich das gleiche werden. Die meisten Darstellungen, die an die Braggsche Auffassung anknüpfen, sind aber darin oberflächlich, daß sie die Wirkung einer Netzebene mit der Aussendung des reflektierten Strahls für erschöpft ansehen, während wir ja wissen, daß ein ganzes Kreuzgitterspektrum entsteht. Was wird aus den Nebenspektren? Die Überlegungen auf S. 47 zeigen, daß sie entweder durch Interferenz unterdrückt werden oder als Interferenzstrahl austreten können, je nachdem ob sie ins Gitter »passen« oder nicht. Passen sie hinein, so bedeutet es nach S. 49 nichts anderes, als daß das Nebenspektrum gleichzeitig reflektierter Strahl an einer anderen Netzebene ist.

Fünftes Kapitel.

Über Röntgenstrahlen.

Im vorigen Kapitel ist eingehend besprochen worden, welcher Art die Interferenzerscheinungen sein müssen, die beim Auffallen eines hinreichend kurzwelligen Lichtes auf ein Kristallgitter entstehen. Wir können die erforderliche Größenordnung der Wellenlänge aus der Bemerkung von S. 42 abschätzen, daß diese etwas kleiner als der Atomabstand sein muß; welch' letzterer (vgl. S. 34) von der Größenordnung 1 Å ist. Verglichen mit gelbem Licht von 6000 Å Wellenlänge müßte die Wellenlänge also rund 10000mal kleiner sein. Selbst das kurzwelligste bis dahin bekannte Licht (Schumannlicht, elektrischer Funken im Vakuum) hatte noch eine Wellenlänge von 800 Å. (1921 ist es Millikan in Chicago gelungen, bis 450 Å messend vorzudringen.)

Wenn M. v. Laue 1912 den Gedanken hatte, Röntgenstrahlen müßten die gesuchten Interferenzerscheinungen in Kristallen liefern, so kombinierte er in genialer Weise zwei durchaus unsichere Vermutungen: die Vorstellung vom regelmäßigen Atomgebäude der Kristalle und gewisse durchaus nicht als sicher anerkannte Ansichten über die Natur der Röntgenstrahlen. Beide Vorstellungen waren zwar gerade in München besonders gut vorbereitet: ist doch der Münchner Kristallograph P. v. Groth einer der Vorkämpfer für die Bravais-Sohnckesche Strukturlehre gewesen und stammte doch von A. Sommerfeld, in dessen Institut die Laueschen Versuche unternommen wurden, die damals zuverlässigste Bestimmung der Wellenlänge der Röntgenstrahlen (0,1 Å). Dennoch ist ein ungewöhnliches Maß von Überzeugung und wissenschaftlichem Idealismus dazu erforderlich gewesen, um bei zwei unsicheren Voraussetzungen die Versuche zum Erfolg durchzuführen. An der Verwirklichung von Laues Idee haben seine experimentell aufs beste (im Röntgenschen Institut) geschulten Mitarbeiter W. Friedrich und P. Knipping hervorragenden Anteil.

Die Art, wie Röntgenstrahlen entstehen, dürfte bekannt sein. Es möge an Hand der Abbildung einer gewöhnlichen Röntgenröhre (Abb. 39) nur kurz daran erinnert werden. Die Röhre besteht aus einer Glaskugel von 20 cm Durchmesser (Wandstärke an der Austrittsseite der Strahlen nur etwa $^1/_2$ mm!), welche 3 Ansatzstutzen trägt, in die Elektroden eingeschmolzen sind. Unten (in Abb. 39) ist die *Kathode* eingeführt, der negative Pol, von dem die Kathodenstrahlen ausgehen. Von der Stromleitung durch die Röhre hat man sich vorzustellen, daß hieran sowohl die positiven, durch Abspaltung von Elektronen ionisierten Gasatome, als auch die leichten Elektronen selbst — letztere als »Kathodenstrahlen« — beteiligt sind: ein doppelseitiger Hagel auf die Kathode hin und von ihr weg.

Bei einer Spannung von 100000 V, wie sie von den Röntgenapparaten geliefert wird, können die Elektronen (Kathodenstrahlen) eine Geschwindigkeit von $1{,}88 \cdot 10^{10}$ cm/sec, also über $^1/_2$ der Lichtgeschwindigkeit erreichen. Mit solcher Geschwindigkeit prallen sie auf die *Antikathode* auf, die durch den schrägen Ansatz eingeführt bis in die Mitte der Glaskugel ragt. Ihr Auftreffen löst die Röntgenstrahlen aus, die sich wie Licht nach allen Seiten ausbreiten. Nur ein kleiner Teil der Kathodenstrahlung ($^1/_{1000}$) setzt sich aber in Röntgenstrahlen um; infolgedessen erhitzt sich die Auftreffstelle stark und muß energisch gekühlt werden. Bei der abgebildeten Röhre geschieht dies dadurch, daß die Antikathode hohl und mit Wasser gefüllt ist, dessen Spiegel in der kugelförmigen Erweiterung des Ansatzstutzens sichtbar ist. Schon W. C. Röntgen stellte in der ersten seiner berühmten Noten »über eine neue Art von Strahlen« (Ann. d. Phys. 1896) fest, daß es zur Erhöhung der Ausbeute vorteilhaft ist, als Antikathode ein Schwermetall zu verwenden. Platin und Iridium herrschten lange Zeit, heute ist Wolfram infolge seines sehr hohen Schmelzpunktes (3400° C) und seiner guten Bearbeitbarkeit (Entgasung) bevorzugt. Trotz guter Kühlung wird auch Wolfram bei zu hoher Belastung der Röhre von den Kathodenstrahlen zum Schmelzen gebracht (»angestochen«).

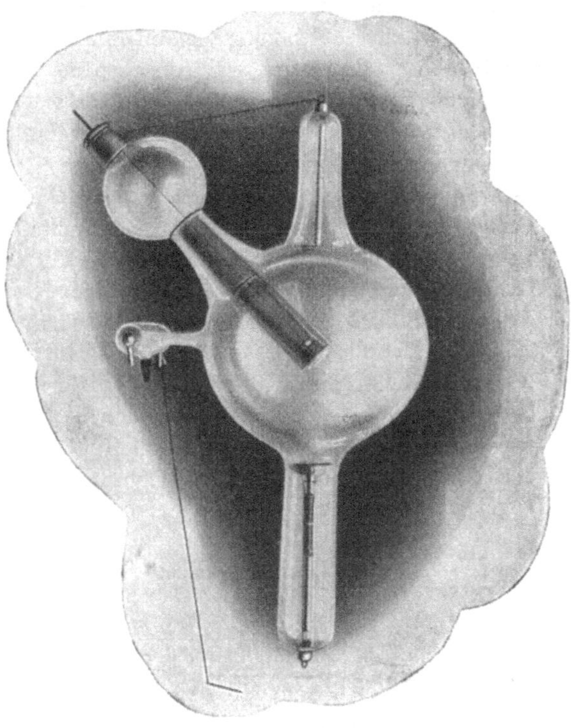

Abb. 39. Röntgenröhre von C. A. F. Müller-Hamburg.

Der oberste auf Abb. 39 sichtbare Ansatz trägt eine Aluminiumelektrode, die schlechthin *Anode* heißt. Sie könnte auch fehlen, denn wie man sieht, ist sie mit der Antikathode leitend verbunden und der Strom kann also auch durch diese in die Röhre eintreten. Doch ergeben sich bei der Herstellung und im Betrieb der Röhre Vorteile, die ihre Beibehaltung rechtfertigen.

Außer den 3 großen Ansätzen an die Glaskugel sieht man in Abb. 39 zwei weitere kleine, die beide mit dem Luftinhalt der Röhre in engem Zusammenhang stehen. Die gewünschte Entladungsform mit der Ausbildung intensiver Kathodenstrahlen findet nur in ziemlich hohem Vakuum statt (Luftdruck etwa $^1/_{1000}$ m/m Quecksilbersäule); in dem kurzen kegelförmigen Zapfen nächst der Kathode sieht man die Abschmelzstelle der Röhre von der Luftpumpe. Darüber aber befindet sich die »*Regeneriervorrichtung*«, die zwar sehr verschiedene Form haben kann und nach mannigfachen Prinzipien gebaut wird, aber stets vorhanden sein muß, soll die Röhre eine annehmbare Lebensdauer besitzen.

Der Betrieb einer solchen »klassischen«, »gasgefüllten« Röntgenröhre ist vergleichbar einer *Gratwanderung*. Die Abgründe rechts und links heißen zu schlechtes und zu gutes Vakuum. Obwohl der Druck in der Röhre so klein gegenüber dem normalen Luftdruck ist, hängt die Elektrizitätsleitung doch völlig von der Menge der Luftreste ab, welche den Transport durch die Röhre veranlassen (reines Vakuum isoliert vollständig). Die für die Leitung zur Verfügung stehende Luftmenge ist selbst bei abgeschmolzener Röhre veränderlich, weil beträchtliche Gasmengen sich an den Glas- und Metalloberflächen niederschlagen können. Belastet man die Röhre stark, so daß sie sich erhitzt, dann wird solches Gas frei und verbessert die Leitfähigkeit der Röhre. Setzt man dann nicht sofort die angelegte Spannung herab, so steigt der Strom, erzeugt noch mehr Wärme und befreit noch mehr Gas und das *Ende* besteht in einer Steigerung des Stromes bis zum Durchschmelzen der Antikathode oder der Anode oder in anderen Betriebsstörungen.

Dem gasbefreienden Einfluß der Belastung der Röhre mit Strom steht ein gasbindender gegenüber, der für die Lebensdauer besonders schädlich ist. Es zeigt sich nämlich, daß unter dem Einfluß der hohen Spannungen die Metallelektroden, insbesondere die negative, zerstäuben. Das zerstäubte, äußerst fein verteilte Metall setzt sich auf dem Glase ab und verursacht die braune Färbung, die man an jedem altgedienten Röntgenrohr sieht. Bei diesem Vorgang wird — wohl infolge der Vergrößerung der adsorbierenden Oberfläche — viel Gas gebunden, d. h. ebenfalls an den festen Oberflächen niedergeschlagen. Hierdurch wird die Leitfähigkeit vermindert und der Strom durch die Röhre herabgesetzt und damit hört die Erhitzung der Röhre auf, die dem Binden des Gases entgegenwirkt. Schließlich wird die Röhre so hart, daß mit normalen Spannungen keine Entladung mehr durchgeht und wenn zu hohe Spannungen angelegt werden, der Strom sich eine Bahn durchs Glas hindurch sucht: die Röhre schlägt durch.

Die Regeneriervorrichtungen gestatten, dies vorzeitige Ende zu vermeiden, indem sie eine Spur Gas in die Röhre bringen lassen. Der Betrieb der Röntgenröhre bei gewisser Spannung erfordert ein längeres Beachten des Stromzeigers, der den Strom durch die Röhre mißt (Milli-Ampèremeter). Nimmt bei konstanter Spannung, die etwa durch eine Parallelfunkenstrecke gemessen wird, der Strom dauernd ab, so überwiegt das Zerstäuben und man muß die Röhre durch Regenerieren »weicher« machen. Wächst der Strom dauernd, so erwärmt sich die Röhre zu sehr und man muß ihren Widerstand durch absichtliches Zerstäuben erhöhen (was z. B. durch längeren Betrieb mit schwachem Strom, insbesondere bei verkehrter Schaltung erreicht werden kann). Eine Röhre läßt sich durch vorsichtige Behandlung weitgehend für den Betrieb bei einer bestimmten Spannung formen und braucht dann wenig Aufsicht.

Der soweit geschilderten »klassischen« Röntgenröhre gegenüber bedeutet die *moderne*, *gasfreie Röntgenröhre* (Coolidge, Lilienfeld) einen großen Fortschritt. Diese Röhren sind auf so hohes Vakuum gepumpt, daß der Strom nicht mehr durch die Gasreste übertragen wird. Daher fallen auch alle daran hängenden Komplikationen fort. Um dem Strom die nötigen Träger zu beschaffen, ist ein Glühdraht vor der Kathode angebracht, der durch einen eigenen Stromkreis auf Weißglut gehalten wird, und dann Elektronen in großer Menge abgibt. Die Stromleitung erfolgt in diesen Röhren nur durch Elektronen (Kathodenstrahlen), nicht durch Ionen (Kanalstrahlen).

In beiden Arten von Röntgenröhren — gashaltig und gasfrei — lassen sich durch eine geeignete Form der Kathode und des sie umgebenden Glashalses die Kathodenstrahlen konvergent machen, so daß die überwiegende Mehrzahl der Elektronen auf einem Fleck der Antikathode auftrifft, dessen Ausdehnung nur wenige Quadratmillimeter beträgt, dem »*Brennfleck*«. Die Ausgangsstelle der Röntgenstrahlen ist dann fast punktförmig und dies ist erforderlich für große Schärfe der Zeichnung bei Röhren, die zur medizinischen Diagnostik bestimmt sind (— das Röntgenbild ist ja ein Schattenriß der Knochen). Hingegen vermeidet man scharfe Brennflecke in Röhren, die zu Therapiezwecken hoch und dauernd belastet werden sollen, damit die Erhitzung gleichmäßig über die Antikathodenfläche erfolgt und dadurch die Kühlung wirksamer und die Röhre stärker belastbar wird.

Bei Interferenzaufnahmen kommt es meist auf hohe »*spezifische Helligkeit*«, d. h. Intensität pro $(m/m)^2$ des Strahlenquerschnitts an und man fährt dann mit Diagnostikröhren besser. Eine gute Röhre, wie die abgebildete, läßt sich dauernd mit 5 Milliampère bei etwa 50000 V treiben.

Da die Röntgenstrahlen vom Brennfleck nach allen Richtungen gleichförmig ausgehen, erhöht man die spezifische Helligkeit, indem man Strahlen benutzt, die die Antikathode fast streifend verlassen.

Die Röntgenstrahlen selbst sind unsichtbar; das grüne Licht auf der Vorderseite der Röntgenröhre rührt von der Fluoreszenz her, welche das Glas, wie viele andere Stoffe, bei Einwirkung von Röntgenstrahlen zeigt. Folgende Eigenschaften der Röntgenstrahlen, die von W. C. Röntgen mit bewundernswerter Vollständigkeit sofort festgestellt worden sind, dienen zu ihrem Nachweis: 1. sie erregen *Fluoreszenz*, 2. sie schwärzen die *photographische Platte*, 3. sie machen Gase (Luft) leitend, indem sie sie *ionisieren.*

Die *Fluoreszenz* benutzt man bei der Beobachtung der Strahlen mit dem Leuchtschirm. Lange war der Bariumplatinzyanürschirm herrschend, heute ist er durch Schirme aus anderem Material (Zinksilikat) und Kalziumsulfide) verdrängt, die ebenso hell fluoreszieren und haltbarer und billiger sind, als das durch Licht zersetzliche Barium-Platinsalz. Die Kristalle werden fein gemahlen und auf eine Papp- oder Zelluloidunterlage aufgestäubt. Der Leuchtschirm ist u. a. zum Einstellen der Röhre vor Blenden usw. sehr bequem, weil er eine unmittelbare Beobachtung zuläßt.

Empfindlicher ist der Nachweis der Strahlen durch ihre *photographische Wirkung*, weil diese über lange Zeiten summiert werden kann. Es sind bei Laueaufnahmen Belichtungen bis zu 24 und 48 Stunden benutzt worden, um die schwachen Interferenzen genügend zu stärken. Die Stärke der Belichtung wird zweckmäßig in »Milliampèreminuten« angegeben, d. h. dem Produkt aus der Zahl der Milliampère Röhrenstrom (als Maß für die Belastung der Röhre) und der Belichtungsdauer. Für normale Aufnahmen mit der Laue-Friedrich-Knippingschen Anordnung werden etwa 800 M. A. M. gebraucht.

Um die Kontraste auf der Platte (oder dem Film) zu erhöhen, werden oft Spezialplatten mit verstärkter Schicht benutzt. Neuerdings kommen auch Films in den Handel, die auf beiden Seiten mit photographischer Schicht versehen sind. Besonders wirksam ist bei harten Strahlen die Verwendung eines »*Verstärkungsschirmes*«. Das ist ein Schirm, ähnlich wie ein Leuchtschirm, aus fein gepulvertem Kalziumwolframat oder anderen Kristallen, die stark ultraviolett fluoreszieren. Die photographische Wirkung des Fluoreszenzlichtes tritt dann zu derjenigen der Röntgenstrahlen hinzu und setzt die Belichtungszeit bei harten Strahlen und großer Intensität auf $^1/_{20}$, unter den bei Interferenzaufnahmen üblichen Bedingungen auf etwa $^1/_6$ herab.

Schließlich bildet die *Ionisierung* durch Röntgenstrahlen ein äußerst empfindliches Mittel zu ihrem Nachweis, das der photographischen Methode nicht nachsteht. Eine »Ionisierungskammer« enthält zwei einander gegenüberstehende isolierte Metallplatten, von denen die eine aufgeladen, die andere geerdet ist. Machen nun Röntgenstrahlen das Gas zwischen den Platten leitend, so verliert die aufgeladene Platte die Ladung und ein mit ihr verbundenes Elektrometer zeigt das Verschwinden der Spannung an. Je nach der Stärke der Röntgenstrahlen ist der Spannungsabfall schneller oder langsamer. Infolge der außerordentlichen Empfindlichkeit der Elektrometer ist die Genauigkeit sehr groß. Sie wird gesteigert durch Füllung der Kammer mit einem Gas, das möglichst viel Strahlung absorbiert und darum stark ionisiert wird. W. H. Bragg verwendet hierfür Methyliodid. Außerdem läßt sich eine sehr große Verstärkung der ionisierenden Wirkung erzielen, wenn die beiden Platten auf so hohe Spannung gebracht werden (Größenordnung 10000 Volt pro cm Plattenabstand, herstellbar durch Akkumulatorenhochspannungsbatterie), daß beinahe von selbst eine Funkenentladung zwischen den Platten einsetzt; erniedrigen dann die Röntgenstrahlen auch nur an einer Stelle den Widerstand der Gasschicht durch Ionisierung, so geht sofort ein gehöriger Stromstoß von einer Platte zur anderen über. Doch eignet sich diese Methode nicht zur genauen Messung.

Man hat bald erkannt, daß die Strahlen, die aus einer Röntgenröhre austreten, *ein Gemisch von Strahlen verschiedener Art* sind; etwa so wie das Licht, das von einer Bogenlampe erzeugt wird, ein ganzes Spektrum an Farben enthält. Heute sind wir in der Lage, durch die Interferenzerscheinung an Röntgenstrahlen eine spektrale Zerlegung von gleicher Art vorzunehmen, wie am Licht durch ein Beugungsgitter, und wir wissen, daß die Analogie mit dem sichtbaren Licht vollständig ist: wie es Lichtquellen gibt, die »weißes« Licht aussenden, d. h. alle Wellenlängen vom langwelligen Rot bis zum kurzwelligen Blau, so geht auch von einer medizinischen Röntgenröhre »*weißes*« *Röntgenlicht* aus, das alle Wellenlängen innerhalb eines gewissen Gebietes mit ähnlicher Intensität enthält. Nach der Seite der kurzen Wellenlängen erstreckt sich das Spektrum des »weißen« Röntgenlichts um so weiter, je größer die Spannung V ist, mit der die Röhre betrieben wird. Die kürzeste noch auftretende Wellenlänge ist nämlich, wenn λ in Ångström, V in Kilovolt ausgedrückt wird: $\lambda_{\min} = \frac{12{,}34}{V}$. Je mehr Energie bei steigender Spannung zur Verfügung steht, um so kurzwelliger die Strahlung. In dieser Verschiebung liegt eine Ähnlichkeit mit dem Verhalten des »weißen«, d. h. spektral kontinuierlichen Lichtes, das von einer *Licht*quelle bei steigender Temperatur ausgesandt wird; andrerseits gibt es bei der Lichtaussendung kein scharf bestimmtes $\lambda_{\min}$.

Wie im Licht einer Bogenlampe dem kontinuierlichen Spektrum ein »Linienspektrum« überlagert ist, so heben sich auch bei Röntgenstrahlen aus dem Hintergrund des »weißen« Röntgenlichtes scharfe »einfarbige« Linien ab, die charakteristisch für das Material der Antikathode sind. Es gelingt — und es ist das Verdienst von W. H. Bragg, diese Möglichkeit bewußt ausgenutzt zu haben — Röhren herzustellen, die im wesentlichen nur ein Linienspektrum geben; die Verhältnisse bei den Interferenzen vereinfachen sich hierbei genau so, wie bei optischen Beugungserscheinungen, wenn statt der Bogenlampe eine Kochsalzflamme zur Beleuchtung benutzt wird.

Die auffallendste und wunderbarste Eigenschaft der Röntgenstrahlen ist ihre *Durchdringungsfähigkeit.* Sie wird gemessen durch die »*Halbwertschicht*« η, d. h. diejenige Schichtdicke eines Materials (Wasser, Aluminium), durch welche die Intensität der Strahlen auf die Hälfte herabgesetzt wird. Diesem für den Gebrauch in der Medizin eingeführten Maß der *Durchdringungsfähigkeit* steht das physikalische Maß der *Absorbierbarkeit* gegenüber, der Absorptionskoeffizient μ, der zur Halbwertschicht reziprok ist, nämlich $\mu = \frac{0{,}693}{\eta}$ [1]). Die Feststellung des Absorptionskoeffizienten war

---

[1]) 0,693 = log 2 : log *e*.

vor Entdeckung der Interferenzen das einzige Mittel, um eine Strahlenart zu bezeichnen. μ spielt deshalb in den älteren Untersuchungen eine wesentliche Rolle. Jetzt ist uns in der Wellenlänge λ die natürliche Variable gegeben, auf die alle Eigenschaften, insbesondere μ selbst, zu beziehen sind. *Großer Absorptionskoeffizient (»weiche« Strahlen)* entspricht *großer Wellenlänge*, *kleine Absorption (»harte« Strahlen) kurzwelliger Strahlung*. μ selbst ist der Dichte ϱ der absorbierenden Substanz proportional; man verwendet deshalb zum Schutz vor Röntgenstrahlen schwere Materialien, Bleiblech oder, neuerdings, Mauern aus Schwerspatstein. Das Verhältnis $\frac{\mu}{\varrho}$ wird der *Massenabsorptionskoeffizient* genannt. Es wäre der Absorptionskoeffizient einer Schicht, in der auf den cm^2 Strahlenquerschnitt nur 1 g absorbierende Substanz entfällt. In Gemischen setzt sich der Absorptionskoeffizient einfach additiv aus den Absorptionskoeffizienten der Bestandteile, je nach deren Menge, zusammen. Das heißt: die Werte von $\frac{\mu}{\varrho}$ für jede Substanz sind im Gemisch dieselben, wie in der reinen Substanz. Dies Verhalten geht — wie auch bei anderen Eigenschaften der Röntgenstrahlen — so weit, daß man jeder Atomart einen bestimmten *»atomaren Absorptionskoeffizienten«* zuschreiben kann und das Absorptionsvermögen einer *Verbindung* sich ebenfalls durch Addition der von den verschiedenen Atomarten herrührenden Absorptionen berechnen läßt. Isomere Verbindungen zeigen gleiche Absorption. Vergleicht man dies mit dem großen Einfluß, den die kleinste Änderung an einem Molekül für die Absorption *sichtbaren* Lichtes hat, so schließt man hieraus, *daß die Absorption von Röntgenstrahlen* ein *innerer*, *atomarer*, diejenige von *Licht* ein *äußerlicher*, *molekularer* Vorgang ist.

Ja, sogar die *Individualität* der einzelnen Atomsorten vereinfacht sich gegenüber den Röntgenstrahlen so sehr, daß es möglich ist, ein Atom völlig ausreichend durch eine einzige Zahl zu beschreiben, seine Stellenzahl Z im periodischen System. Bevor dies für die Absorption gezeigt wird, müssen die Verhältnisse bei der *Emission von Röntgenstrahlen* besprochen werden.

Das Linienspektrum, von dem oben die Rede war, geht von den Atomen der Antikathode aus und ist für deren Sorte ebenso bezeichnend, wie die gelben D-Linien für das Natriumatom. Während aber zwischen den optischen Spektren von Atomen, selbst wenn sie in chemischer Hinsicht nahe verwandt sind, nicht immer Beziehungen zutage liegen, wurden bei den *Röntgen-* oder *Hochfrequenzspektren* schon bei der ersten systematischen Untersuchung durch Moseley (1913) einfache Verknüpfungen von Element zu Element entdeckt, die über alle chemischen Ähnlichkeiten und Unterschiede hinwegschreitend offenbar aufs engste mit dem inneren Aufbau der Atome aus positiven Kernen und Elektronen zusammenhängen. Die Kenntnis vom Atombau verdankt der Röntgenspektroskopie unendlich viel an Bestätigung und Anregung und das Kapitel 1913—1920 wird (trotz des Krieges) stets eines der anziehendsten und imposantesten in der Geschichte der Physik sein. Wir müssen uns hier leider auf die Darlegung der zum Verständnis der Interferenzen in Kristallen notwendigen Tatsachen beschränken, ohne auf ihren weiteren Zusammenhang mit der Atomphysik einzugehen[1]).

Es zeigt sich, daß jede Atomart mehrere Gruppen von Röntgenlinien aussenden kann: eine härteste, die als *K-Serie*, und weichere, die mit zunehmender Wellenlänge als *L*, *M*, . . . *Serien* bezeichnet werden. Jede Serie besteht aus einer nicht unerheblichen Zahl von scharfen Linien (bei der *K*-Serie sind etwa 14 unterschieden worden, bei *L* noch mehr), die

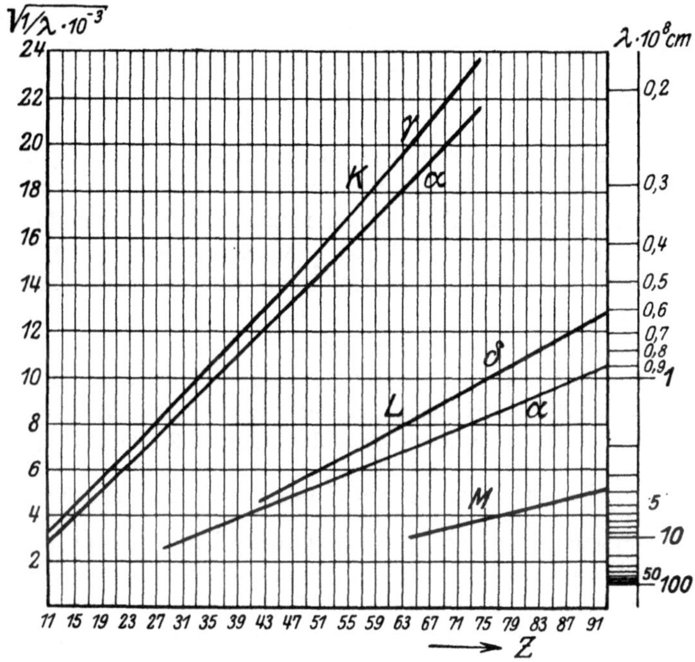

Abb. 40. Wellenlängen der *K*-, *L*-, *M*-Serie in Abhängigkeit von der Ordnungszahl der Elemente.

jedoch eng zusammengedrängt sind gegenüber dem Wellenlängenunterschied von *K*- zu *L*-Serie. Obwohl grundsätzlich alle Atome — außer den allerleichtesten — Linien von *K*-, *L*- und *M*-Serie aussenden, sind von diesen unter gewöhnlichen Bedingungen nur die Linien innerhalb des Wellenlängenintervalls von etwa 0,1 bis 13 Å gut meßbar. $\lambda = 0{,}1$ Å ist die kürzeste Eigenwellenlänge, nämlich die *K*-Linie des schwersten Atoms Uran. Um sie kräftig zu erzeugen, ist eine Spannung von etwa 200000 V notwendig. Andererseits unterliegen alle Wellen, die größer als 2 Å sind, der Absorption so sehr, daß durch das Glas gewöhnlicher

[1]) Der Leser sei an dieser Stelle ausdrücklich auf das Sommerfeldsche Buch: Atombau und Spektrallinien verwiesen, dessen erste Hälfte auch dem Nichtfachmann durchaus verständlich ist.

Röntgenröhren so gut wie keine derartige Strahlung durchtritt. Um die Wellenlänge 10 Å nachzuweisen, mußte der Spektropraph evakuiert und von den Strahlen nichts als ein dünnes rotes Papier durchsetzt werden, das das Hochvakuum des Röntgenrohres abschloß. (Siegbahns Vakuumspektrograph).

Moseley fand nun folgenden einfachen Zusammenhang zwischen der Ordnungszahl Z des Atoms und der Wellenlänge λ, die es aussendet: $\sqrt{\frac{1}{\lambda}}$ ist proportional zu Z. In Abb. 40 ist die Abszisse Z, die Namen der zugehörigen Elemente sind an Hand des periodischen Systems von S. 4 zu ermitteln. Die Ordinate ist, im gleichmäßigen Maßstab des linken Randes gemessen, $\sqrt{\frac{1}{\lambda}}$. Es ergeben sich für entsprechende Linien der K-, L-, M-Reihe Geraden, von denen bei K- und L-Reihe diejenigen für die hellste (α-)Linie und die härteste (γ- bzw. δ-Linie) eingetragen sind.

Zur größeren Bequemlichkeit ist am rechten Rand der Abbildung eine Teilung angebracht, die den Wert von λ selbst abzulesen gestattet. Man sieht, daß bei einer großen Zahl von Elementen (29 bis 73) sowohl K- wie L-Serie in das beobachtbare Gebiet fallen; alle 3 Reihen sind gleichzeitig z. B. an Wolfram gemessen worden.

Wie man aus Fig. 40 sieht, führt die von Moseley entdeckte Gesetzmäßigkeit zu einer zuverlässigen *Selbstnumerierung* der Atomsorten: aus seinem Röntgenspektrum geht vermöge des linearen Zusammenhanges zwischen $\sqrt{\frac{1}{\lambda}}$ und Z die Ordnungszahl Z des Atoms eindeutig hervor. Das periodische System ist — bis auf die 5 fehlenden Elemente und hypothetische Elemente schwerer als Uran — ein abgeschlossenes System.

Von besonderem Interesse für die Kristallerforschung sind als »*einfarbige*« *Lichtquellen* die α-Linien der K-Serie. W. H. Bragg verwandte mit Vorliebe die K_α-Linien von Pd- und Rh-Antikathoden; auch K_α von Kupfer wird oft benutzt (Debye-Scherrer). Auf den Aufnahmen treten dann auch die β-Linien auf, die zwischen α und γ liegen, sowohl nach Wellenlänge als nach Intensität. A. W. Hull filtriert aus dem Strahlengemisch einer passend betriebenen Coolidgeröhre mit Mo-Antikathode die K-α-Strahlung von Mo aus, so daß das noch ziemlich intensive K-β fortfällt.

Die Serienlinien — auch *Eigenstrahlung* der Atomsorte genannt — können nicht nur durch Kathodenstrahlen im Innern einer Röhre erregt werden, sondern auch durch geeignete andere Röntgenstrahlen, wo immer sie auf die Atomsorte auftreffen. Eine Platte aus Molybdän sendet als »*Sekundärstrahler*« die K-Linien von Mo aus, wenn sie in den Weg von Röntgenstrahlen gestellt wird, die z. B. von einer Silberantikathode stammen.

Die kurzwelligste Linie einer jeden Serie — genauer gesagt, das dicht benachbarte theoretische Serienende — steht in engster Beziehung sowohl zu dieser sekundären Strahlenerregung als zur Absorption und ist deshalb in Abb. 40 mit eingetragen. Die Eigenstrahlung eines Atoms wird nämlich *nur dann* erregt, wenn die auffallende Röntgenstrahlung *kurzwelliger* als seine härteste Linie ist. Wegen der Analogie mit der optischen Fluoreszenz spricht man daher auch von »Fluoreszenzstrahlung« und kennt seit Barklas wichtigen Arbeiten (ab 1904) die K- und L-Reihe der Fluoreszenzstrahlung, freilich nicht mit der heutigen Präzision.

Auch für den *Vorgang der Absorption* spielt das Serienende eine wichtige Rolle. Entsprechend dem früher Gesagten steigt der Absorptionskoeffizient mit der Wellenlänge λ an (»harte« und »weiche« Strahlen). Formelmäßig ist μ_α, der atomare Koeffizient, proportional einer Potenz von λ, ungefähr der dritten (genauer 2,8):

$$\mu_\alpha = \text{const.} \cdot \lambda^{2,8}.$$

Die Konstante selbst variiert wie eine Potenz (ungefähr die 4.) der Ordnungszahl Z der absorbierenden Atomsorte. Man stellt die Beziehung zwischen μ und λ bequemer dar, indem man beiderseits die Logarithmen nimmt:

$$\log \mu_\alpha = \log \text{const.} + 2{,}8 \log \lambda.$$

Die Geradenstücke der Abb. 41 stellen diese Beziehung für Silber als absorbierenden Stoff dar. Bei den Wellenlängen 0,49 Å und etwa 4 Å (siehe die obere Skala), bei denen die Grenzen der K-, bzw. L-Serie liegen, zeigt die Absorption einen *Sprung*: kürzere Wellen werden *stärker* absorbiert als längere, oder in der obigen Formel: die Konstante nimmt einen anderen Wert an (der Exponent 2,8 bleibt bestehen, wie aus der gleichen Neigung der Geradenstücke hervorgeht). Dies merkwürdige Verhalten rührt daher, daß in dem Augenblick, wo die Wellenlänge die Seriengrenze unterschreitet, die Eigenstrahlung des Silbers angeregt wird — ein Prozeß, welcher der auffallenden Strahlung naturgemäß Energie entzieht. Von jener Grenzwellenlänge an wird im Atom ein neuer Teil absorptionsfähig.

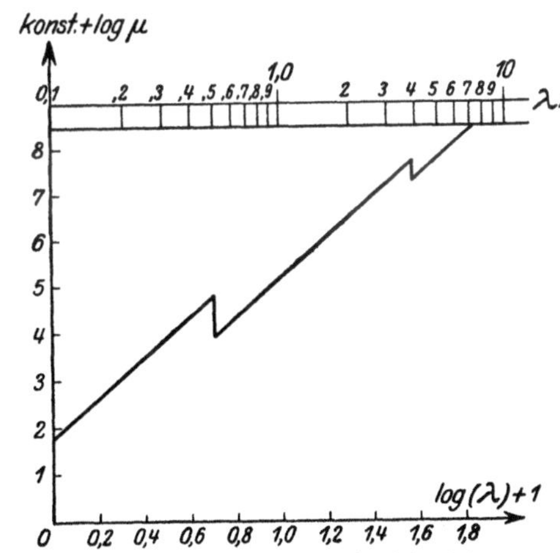

Abb. 41. Absorptionsverlauf in Silber.

Der Verlauf der Absorption ist bei allen Atomarten der gleiche. Nur durch die wechselnde Lage der kritischen Wellenlängen kommen Unterschiede herein und durch den Wert der Konstanten und ihres Sprunges. Doch läßt sich auch hierfür eine formelmäßige Darstellung geben, die für das gesamte periodische System gilt (const. $= c \cdot Z^{4,14}$ vor, $= c \cdot Z^{3,86}$ hinter der K-Grenze, wo c einen im ganzen period. System konstanten

Faktor bedeutet). Die theoretische Deutung dieser einfachen Gesetzmäßigkeit durch die Atomstruktur ist bis heute noch nicht gelungen.

Die Absorption im Kristall beeinflußt natürlich auch die Interferenzen. Strahlen, die den Kristall schräg durchsetzen und solche (bei der Laue-Anordnung), die große Wellenlängen enthalten, werden am stärksten geschwächt, andere weniger. Der Einfluß der Absorption ist in den meisten Fällen schwer in Rechnung zu ziehen und wird nur abgeschätzt.

Durch eine absorbierende Schicht (»*Filter*«) im Strahlengang erzielt man im allgemeinen die Härtung eines Strahlengemisches. So werden in der medizinischen Praxis Filter von $^1/_2$ mm Kupferblech und darüber benutzt, um die extrem harten Strahlen auszusondern (0,1 Å und darunter), die für Strahlenbehandlung von Krebs besonders brauchbar sind. Unter Umständen kann aber auch eine »Erweichung« der Strahlen stattfinden. So wenn A. W. Hull (wie oben erwähnt) die härtere β-Linie der Molybdän-K-Strahlung durch ein Filter unterdrückt, das seinen Absorptionssprung zwischen der α- und β-Linie des Molybdän hat und daher die »weichere« α-Linie weniger stark absorbiert. (Zirkonfilter von 0,35 mm Dicke; bei einer Spannung von 28000 V wird hierdurch die α-Linie des Molybdän von 62 auf 21,4, also rund auf $^1/_3$ der Intensität herabgesetzt, die β-Linie von 39 auf 2,2, also auf $^1/_{18}$. Wellenlängen: *Mo-K-*α 0,71 Å, *Mo-K-*β 0,635 Å, *Zr-K-*γ 0,693 Å).

Eine der größten Schwierigkeiten bei allen Messungen an Röntgenstrahlen bildet die Feststellung ihrer *absoluten Intensität.* Auch beim sichtbaren Licht begegnet man der gleichen Schwierigkeit. Zwar lassen sich *relative* Helligkeitsvergleiche von *gleichfarbigen* Lichtquellen gut durchführen, indem z. B. die Strahlen der helleren Lichtquelle durch trübe Filter oder durch schnell rotierende Sektoren in bekanntem Maße geschwächt werden, bis ihre Wirkung auf irgend einen Empfangsapparat — das Auge, die photographische Platte — ebenso stark ist, wie die von der schwächeren Lichtquelle. Es ist dabei ganz gleichgültig, welcher Empfangsapparat benutzt wird, da die Gleichheit der Wirkung auch die Gleichheit der Intensität von gleichartigem Licht verbürgt. Auf diesen Fall müssen alle Methoden des Vergleichs — Photometrierung — zurückgeführt werden, sollen sie zuverlässige Ergebnisse liefern. Die Schwierigkeiten beginnen aber schon bei dem Versuch, die Intensitäten zweier verschieden gefärbter Lichtquellen zu vergleichen. Das Auge und die photographische Platte haben für verschiedene Wellenlängen ganz verschiedene Empfindlichkeiten und wo z. B. das Auge längst keine Helligkeit mehr wahrnimmt, im Ultraviolett, spricht die Platte am stärksten an. Welches ist nun das wahre Maß für die Intensität? — Bei Röntgenstrahlen gilt dasselbe: Strahlen gleicher Wellenlänge lassen einen Intensitätsvergleich durch meßbare Schwächung des helleren Strahls zu, einerlei, welches Mittel zur Aufzeichnung benutzt wird — bei verschiedenfarbigen Strahlen würde das Helligkeitsverhältnis ganz anders ausfallen, je nachdem, ob es nach der photographischen Schwärzung oder nach der Ionisierungswirkung im einen oder im andern Gas beurteilt wird. Die Intensität eines Strahls ist physikalisch definiert durch die Energie, die er in der Zeiteinheit durch die Einheit seines Querschnittes trägt. Diese Energie gilt es, absolut zu messen, dann ist auch der Vergleich verschiedenfarbiger Strahlen ermöglicht. Die Schwierigkeit liegt darin, daß die Physik kein Mittel kennt, um Energie direkt wahrzunehmen und zu messen. Als zuverlässigster Weg hat sich bisher für die Beurteilung von Strahlungsenergie die bolometrische Messung erwiesen — d. h. das Auffangen der Strahlung durch einen berußten Platinstreifen, wobei die Energiezufuhr sich als kleine Erwärmung des Streifens kund tut, und sehr genau meßbar ist, weil sie einen Wechsel im elektrischen Widerstand des Streifens hervorbringt.

Auch Röntgenstrahlen sind *bolometrisch* untersucht worden (v. ANGERER, 1906); daß sie in einer dünnen Platinschicht ihre Energie nur zum Teil verlieren, nicht völlig absorbiert werden, läßt sich in Rechnung ziehen. Die Versuche würden aber erst dann wertvolle Aufschlüsse geben können, wenn die Strahlen spektral zerlegt würden — wozu ja heute die Mittel zu Gebote stehen. Eine Wiederholung erscheint dringend notwendig, da die Versuche in der vorliegenden Form keine Unterlagen für den Intensitätsvergleich bei verschiedener spektraler Zusammensetzung der Strahlen abgeben.

Von der Registrierung der Röntgenstrahlen durch die *photographische Platte* weiß man, daß die Empfindlichkeit der Platte sprunghaft zunimmt, sobald die Wellenlänge der K-γ-Linie von Silber (0,49 Å) unterschritten wird. Die Platte ist sozusagen durch das in ihr enthaltene Silber sensibilisiert. Wahrscheinlich besteht die primäre Einwirkung des Lichtes und der Röntgenstrahlen darin, daß aus den Silberatomen Elektronen befreit werden — ein Prozeß, der seinerseits den Anstoß zu dem Zerfall der $AgBr$-Moleküle und zur Abscheidung freien Silbers in der Schicht während der Entwicklung gibt. Da kurze Wellen, die imstande sind, die K-Strahlung von Silber anzuregen, viel wirksamer bei diesem Prozeß sind (sie werden ja auch entsprechend stärker absorbiert als etwas weichere Strahlen), so erklärt sich hiermit die sprunghaft erhöhte Empfindlichkeit der Platte jenseits von 0,49 Å. Bei der Eigenstrahlung von Brom, K-γ = 0,9 Å, tritt ähnliches ein, jedoch ist die Empfindlichkeit nicht ganz so sehr verstärkt, wie beim Silbersprung, wo sie etwa auf den 3fachen Wert springt. Abgesehen von diesen Sprüngen steigt die Plattenempfindlichkeit mit zunehmender Wellenlänge, ähnlich wie die Absorption in der Schicht. Harte Strahlen schwärzen wenig, aber bei ihnen wird der Verstärkungsschirm am wirksamsten, so daß der Ausfall sich kompensieren läßt.

Über den *Verstärkungsschirm* (Kalziumwolframat) liegen erst wenige Untersuchungen vor; sicher ist, daß seine Wirksamkeit mit der Härte der Strahlung schnell steigt (bei der W-Strahlung, 0.2 Å, etwa dreimal so wirksam wie für Ag-Strahlung, 0,49 Å). Zudem steigt die Wirksamkeit mit der Intensität der Belichtung an. Ob bei der Durchschreitung der K-Grenze von W eine sprunghafte Steigerung der Empfindlichkeit stattfindet, ist nicht sichergestellt. Sie würde, falls der Schirm in der üblichen Aufstellung zwischen Röhre und Platte steht, z. T. durch die erhöhte Absorption im Schirm ausgeglichen werden.

Auch die *Ionisierungsmethode* gestattet nicht ohne weiteres den Vergleich der Intensitäten verschiedenfarbiger Strahlen. Zwar ist durch die Untersuchung v. ANGERERS festgestellt, daß der Ionisierungsstrom proportional der bolometrisch gemessenen Intensität ist — während die Platte ein komplizierteres, von KOCH und FRIEDRICH, sowie neuerdings von GLOCKER erforschtes »Schwärzungsgesetz« befolgt. Aber man weiß, daß auch die Ionisierungskammer je nach ihrer Füllung an verschiedenen Stellen des Spektrums sprunghafte Veränderungen des Absorptionsvermögens und der Empfindlichkeit zeigt. Bei Laueaufnahmen, die mit verschiedenfarbigem Röntgenlicht gemacht werden, hätte die Ionisierungsmethode gegenüber der photographischen keinen Vorteil; bei den Verfahren von Bragg und Debye-Scherrer, die einfarbiges Licht benutzen, ist der Ionisierungsstrom ein direktes Maß der Intensität, während die Plattenschwärzung erst mit Hilfe der Schwärzungskurve und womöglich durch den Vergleich mit aufgedruckten Intensitätsmarken ausgewertet werden muß.

Im ganzen genommen ist die Intensitätsmessung derjenige Punkt, in dem Fortschritte der experimentellen Technik am dringendsten not tun. Es ist auch Gewähr gegeben, daß sie sich reich belohnt machen würden.

Von der Absorption ist zu unterscheiden die *Zerstreuung der Röntgenstrahlen*, die ebenfalls die Schwächung eines ausgeblendeten Strahles bewirkt. Bei der Zerstreuung geht die Energie nicht in eine andere Form über, wie bei dem Vorgang der Absorption (sei es in Wärme, sei es bei der Anregung zu Fluoreszenzstrahlung in die Energie einer andern Wellenlänge). Die Zerstreuung ist im Grunde nichts anderes als die allgemeine Eigenschaft der kleinsten Teilchen, auf eine einfallende Welle durch Aussenden einer Kugelwelle zu antworten. Zerstreuung findet sich deshalb auch beim sichtbaren Licht; doch ist die Vorbedingung dafür, daß sie merklich ist, eine hinreichend weite und unregelmäßige räumliche Verteilung der »kleinsten Teilchen«. Geht sichtbares Licht durch einen festen Körper — Atomabstand etwa $^1/_{1000} \cdot \lambda$ — so setzt sich die überwiegende Mehrheit der Kugelwellen zu einer einzigen Wellenfront zusammen, die der einfallenden Welle gleichgerichtet ist, und nur sehr wenig Energie wird in seitlich gestreutem Licht fortgetragen. Anders in einem Gase unter geringem Druck, wenn die Atomabstände und die Unregelmäßigkeiten ihrer Lage selbst mit λ vergleichbar sind. Dann ist der seitlich zerstreute Anteil erheblich verstärkt gegenüber demjenigen, der sich zu einer glatten Welle wieder vereint, und er ist bei hinreichender Schichtdicke leicht zu beobachten. Lord RAYLEIGH hat die *blaue Farbe des Himmels* darauf zurückgeführt, daß in großer Höhe eine Zerstreuung des Sonnenlichtes an den Molekülen der Atmosphäre stattfindet, die dort große Abstände haben. Das langwellige rote Licht wird davon weniger betroffen als das blaue und deshalb überwiegt letzteres in der Farbe, die wir »dem Himmel« zuschreiben. Die gleiche Erscheinung, nur in 1000- bis 10000-fach verkleinertem Maßstab, tritt beim Durchgang von Röntgenstrahlen durch Materie irgendwelcher Art auf. Für Röntgenlicht sind die Atomabstände auch in festen Körpern vergleichbar der Wellenlänge und deshalb wird bei unregelmäßiger Lage der Atome das zerstreute Licht merklich sein. Bei regelmäßiger gitterartiger Atomordnung hingegen sahen wir im vorigen Kapitel, wie die Kugelwellen sich zu ganz bestimmten Wellenfronten zusammenschlossen, den Interferenzstrahlen. Vom jetzigen Standpunkt aus *ist die Interferenzerscheinung nichts als eine besonders künstlich geordnete Form der Streuung von Röntgenstrahlen.* Die abgebeugte Energie bleibt dabei auf gewisse Bahnen beschränkt, während sie bei unregelmäßiger Atomlagerung sich auf alle Richtungen kontinuierlich verteilt. Ist die Wellenlänge groß gegen den Atomabstand, so beschränkt sich bei unregelmäßiger Atomlage das gestreute Licht auf einen Winkelraum, der die Einfallsrichtung eng umschließt. In dem Maße, als die Wellenlänge kleiner wird, verteilt sich die gestreute Energie über alle Richtungen.

Für die extrem kleinen Wellenlängen der Röntgenstrahlen *können aber selbst die Atome nicht als einheitliche »kleinste Teilchen« angesehen werden*, von denen einfache Kugelwellen ausgehen. Dazu wäre nämlich erforderlich, daß die Abmessungen der Atome klein gegen die Wellenlänge der Strahlung sind, was nicht der Fall ist, da sie von der Größenordnung 1 Å, also so groß wie λ selbst, sind. Deshalb macht sich bei der Streuung der Aufbau des Atoms aus Elektronen bemerkbar. Diese letzteren müssen als die Ausgangspunkte der Kugelwellen angesehen werden und was jedes Atom verläßt, ist die Überlagerung einer größeren Zahl von etwas exzentrischen Kugelwellen. Wegen der größeren Elektronenzahl streuen die schweren Atome stärker als die leichteren. Außerdem wirkt aber die Verschiebung der Kugelwellen je nach der Beobachtungsrichtung etwas verschieden und verursacht eine *Richtungsabhängigkoit des Streuvermögens der Atome.* Sie ist in der letzten Zeit wiederholt Gegenstand der Untersuchung gewesen, da sie Aufschlüsse über den räumlichen Aufbau der Atome zu geben verspricht.

Für die Theorie der Interferenzen ist es in vielen Fällen ausreichend, die Atome nicht genauer zu zergliedern, sondern als Ausgangspunkte einfacher Kugelwellen anzusehen. Eine solche Welle verdient ihre Bezeichnung übrigens nur im Hinblick auf den Ort ihrer Wellenfront. Die Stärke der Wellen ist auch bei der einfachen Kugelwelle nicht kugelsymmetrisch, d. h. in allen Richtungen gleich, wie bei der Knallwelle der Abb. 26. Das ist eine Folge der elektromagnetischen Natur der Röntgen- und Lichtwellen, die hier nur durch das Diagramm Abb. 42 erläutert werden kann: In der Mitte befindet sich der Ausgangspunkt einer Kugelwelle, die durch den »einfallenden Strahl« angeregt wird. Dann gibt die starke Kurve die Intensität der Kugelwelle in den verschiedenen Neigungen gegen den einfallenden Strahl an. Formelmäßig wird diese Intensität durch die Funktion $1 + \cos^2 \chi$ dargestellt, wo χ der Abbeugungswinkel ist. Die Wellenfläche, als deren Abbild der äußere Kreis der Abb. 42 gelten mag, trägt also quer zur Einfallsrichtung nur halb so viel Energie mit sich, wie längs der Einfallsrichtung. Die obige Funktion wird unter dem Namen »*Polarisationsfaktor*« in Kap. XI eine Rolle spielen.

Für die Praxis der Röntgenaufnahmen ist die unerwünschte Streuwirkung sehr wichtig. Alles in der Umgebung der Röntgenröhre wird selbst Ausgangspunkt ungewollter Strahlen — der Röhrenhalter, der Tisch, die Luft — und die Platte muß durch sorgfältiges Abblenden mit Bleiblech von den Streustrahlen geschützt werden. Für die langdauernden Interferenzaufnahmen wird Kristall und Platte ganz in einen Käfig aus Bleiblech eingebaut (vgl. Abb. 78). Benutzt man weichere Strahlen, wie *CuK*-α, so genügt eine Messingdose (Abb. 53).

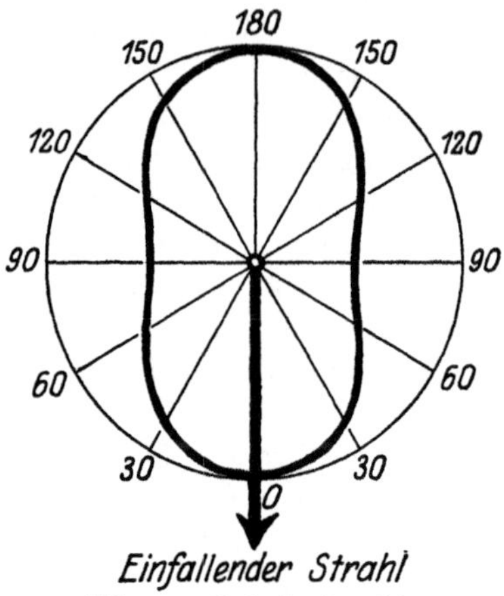

Abb. 42. Polarisationsfaktor.

Fassen wir die Eigenschaften der Röntgenstrahlen kurz zusammen! Sie sind Licht allerkürzester Wellenlänge (0,01 bis 20 AE), für welches selbst Atome unter Umständen als ausgedehnte Gebilde anzusehen sind. Sie stammen aus dem Atom*innern* und die Atome wirken nur mit dem Atom*innern* auf sie ein, während die für das sichtbare Licht wichtigste äußere Atomschale keine große Rolle spielt. Daher fallen für Röntgenstrahlen alle chemischen Unterschiede (welche allein die äußere Schicht betreffen) fort, und das Atom wirkt in erster Linie durch die Elektronen- oder Kernladungs- oder Ordnungszahl Z. Erst in zweiter Linie macht sich die Anordnung der (inneren) Elektronen geltend (Streuung). Bei spektraler Zerlegung zeigt sich neben dem kontinuierlichen Spektrum (»weißes« Röntgenlicht) ein Linienspektrum (Fluoreszenz- oder Eigenstrahlung). K-, L-, M-Reihe, Moseleys Gesetz Abb. 40. Es besteht ein enger Zusammenhang zwischen Eigenstrahlung und Absorption: diese wächst bei zunehmender Härte sprungweise, sobald die einfallende Strahlung die Eigenstrahlung anzuregen vermag. Ähnlichen Verlauf haben photographische Schwärzung und Ionisierung. Nachweis der Röntgenstrahlen durch Leuchtschirm, photographische Wirkung oder Ionisationskammer.

Sechstes Kapitel

Übersicht über die experimentellen Verfahren.

Wie in Kap. IV dargelegt wurde, können die Interferenzstrahlen als Reflexe des Primärstrahls an (inneren oder äußeren) Netzebenen des Kristalls aufgefaßt werden. Abweichend von den Spiegelungen, die man von gewöhnlichen Lichtstrahlen her gewohnt ist, besteht bei der Röntgenspiegelung eine feste Beziehung zwischen Einfalls- bzw. Reflexionswinkel ϑ (gemessen gegen die Spiegelebene, nicht wie in der Optik üblich, gegen das Lot darauf) und Wellenlänge λ:

$$n\lambda = 2d \sin \vartheta.$$

d ist dabei der Abstand innerhalb der Netzebenenschar, n die »Ordnung« der Reflexion, eine ganze Zahl.

Wird ein fest orientierter Kristall von Strahlen einer einheitlichen Wellenlänge λ getroffen, so werden Abstände d und Neigungen ϑ der Netzebenen in den seltensten Fällen derart sein, daß die Reflexionsbedingung erfüllt ist. Man kann also nicht *erwarten*, daß Interferenzen zur Beobachtung kommen, sondern dies wird nur bei sorgfältigster, vorher berechneter Einstellung stattfinden.

Es gibt zwei Möglichkeiten, die Entstehung von Interferenzen zu verbürgen: entweder λ oder ϑ stetig zu verändern, d. h. entweder einen ganzen ausgedehnten Spektralbereich auf den feststehenden Kristall unter einer Richtung auffallen zu lassen — also »weißes« Röntgenlicht (Laue) —, oder mit einfarbigem Licht zu belichten, dafür aber einen ganzen Winkel bereich von Richtungen auszufüllen (Braggsche Methode).

Die erste Möglichkeit wurde von M. Laue zusammen mit W. Friedrich und P. Knipping verwirklicht. Aus dem »weißen« Röntgenlicht einer technischen Röntgenröhre wird durch eine enge kreisförmige Blende *Bl*

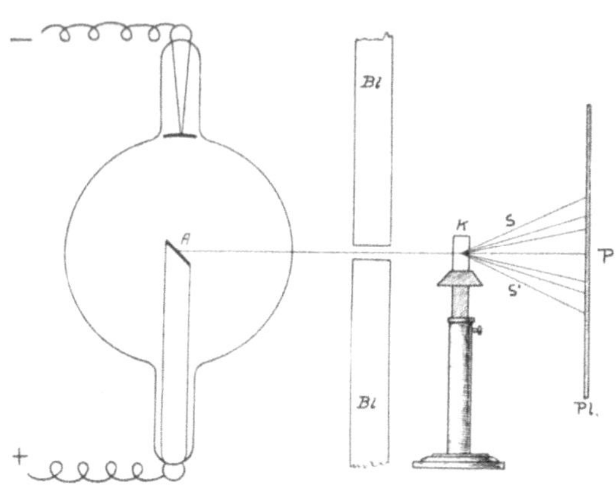

Abb. 43. Laue-Verfahren.

ein dünner Strahl ausgesondert, Abb. 43, der ein Plättchen *K* des Kristalls durchsetzt. Er, sowie die im Kristall abgespaltenen Interferenzstrahlen fallen darauf auf die photographische Platte *Pl.* Natürlich ist der Eindruck, den der Primärstrahl auf der Platte hervorbringt, bei weitem der stärkste. Denn da der Primärstrahl *alle* Wellenlängen des ganzen Spektralbezirks enthält, ist er viel intensiver als irgend ein Interferenzstrahl, der von *einer* Wellenlänge gebildet wird. Um die Einstechpunkte der Interferenzstrahlen auf der Platte in genügender Deutlichkeit zu erhalten, muß der Primärfleck also weit überbelichtet werden. Die Schwärzung ergreift durch das Entwickeln (und als Folge der Streustrahlung im Kristall und in der Platte) die Umgebung des eigentlichen Ortes für den dünnen ausgeblendeten Strahl, dessen wahres Bild sich meist hell auf dunklerer Umgebung abhebt, weil durch allzugroße Überbelichtung die Schwärzung der Platte herabgesetzt wird (»Solarisation«).

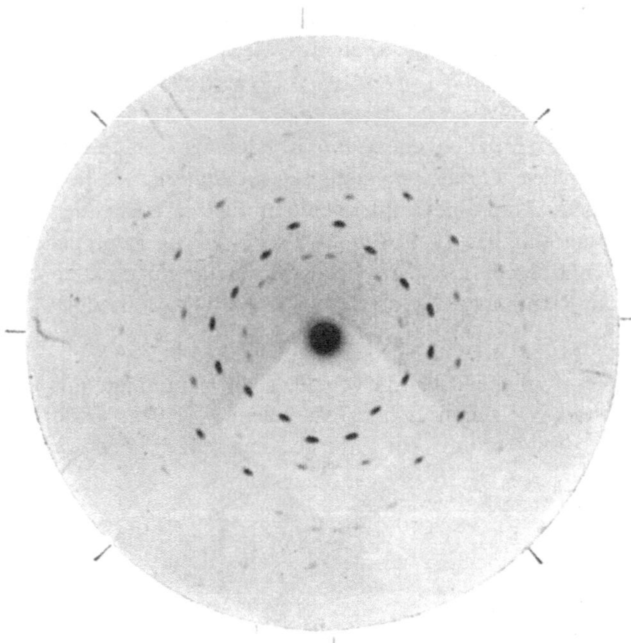

Abb. 44. Zinkblende vierzählig.

Abb. 44 und 45 zeigen Reproduktionen der historischen Aufnahmen an Zinkblendekristallen aus der ersten Veröffentlichung von Laue-Friedrich-Knipping. Mit einem Schlage offenbarten diese Bilder die Gesetzmäßigkeiten des kristallinen Feinbaues und brachten die erste handgreifliche Bestätigung für die Gitterstruktur.

Zinkblende gehört dem kubischen Kristallsystem an. Bei der ersten der abgebildeten Aufnahmen geschah die Durchleuchtung längs einer vierzähligen Achse (also senkrecht zu der Fläche eines Würfels). Diese Richtung ist im Würfel zugleich die Durchkreuzung von 4 Symmetrieebenen [2 parallel (100), die andern parallel (110)]. Dementsprechend sieht man die regelmäßige 8-fache Wiederholung der Interferenzflecken, die innerhalb eines Winkels von 45° liegen, durch Drehung um den Primärfleck und Spiegelung an den am Rand von Abb. 44 angemerkten Symmetrielinien.

Zur Herstellung völlig symmetrischer Bilder, wie Abb. 44, ist eine sehr genaue Einstellung des Kristalls notwendig. Schon Drehungen um Bruchteile eines Grades verursachen neben einer unwesentlichen geometrischen Verzerrung der Bilder sehr störende Änderungen in den Intensitäten von Flecken, die der Symmetrie nach — bei sorgfältiger Einstellung — gleich stark auftreten sollten. Dies führt bald soweit daß von entsprechenden Flecken eine ganze Reihe völlig verschwunden sind und die Symmetrie

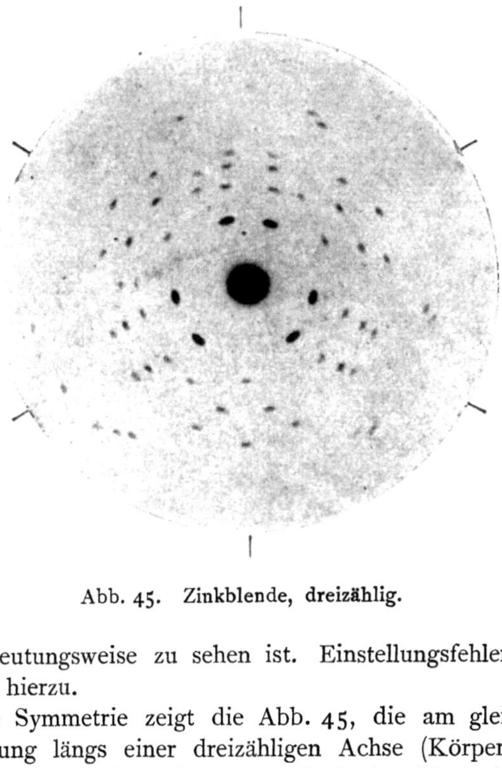

Abb. 45. **Zinkblende, dreizählig.**

auch nicht andeutungsweise zu sehen ist. Einstellungsfehler von weniger als 5° genügen hierzu.

Eine andere Symmetrie zeigt die Abb. 45, die am gleichen Material bei Durchstrahlung längs einer dreizähligen Achse (Körperdiagonale des Würfels!) gewonnen wurde. Der Primärfleck ist hier ein Punkt dreizähliger Drehsymmetrie; aber außerdem ist die Abb. 45 um die 3 am Rande angemerkten Linien spiegelsymmetrisch. Entspricht der Primärfleck dem Durchstoßpunkt der Körperdiagonale des auf eine Ecke gestellten Würfels mit der Platte, so sind diese 3 Linien die Spuren derjenigen Symmetrieebenen, die durch diese Diagonale und durch die von ihrem Endpunkte ausgehenden Würfelkanten gehen [Ebenen (110)].

Wie ein Schattenriß des Atomgitters — nur mit etwas verwickelterem Zusammenhang — zeigen mithin die Lauebilder die *Symmetrie* der Struktur um die jeweilige Durchstrahlungsrichtung an. Zur Feststellung der genauen Symmetrie sind sie in manchen strittigen Fällen das einfachste Mittel. F. M. JAEGER in Groningen und F. RINNE in Leipzig haben diesen Weg des öfteren beschritten, wo die sonstigen kristallographischen Methoden nicht ausreichten. Wie aber im Schattenriß der Unterschied zwischen »vorn« und »hinten« (im Sinne des einfallenden Lichtes gemeint) fortfällt, und dadurch unterschiedliche räumliche Verhältnisse das gleiche Bild liefern können, so fallen auch in den Laueaufnahmen manche Unterschiede in der Symmetrie der Kristalle fort. Es läßt sich kurz sagen, daß die Gleichheit von »vorwärts« und »rückwärts« für das Röntgenbild so wirkt, *als hätte der Kristall stets ein Zentrum der Symmetrie.* Die Zuordnung in solche Symmetrieklassen, die sich nur durch ein Zentrum voneinander unterscheiden, läßt sich prinzipiell auf Grund der Röntgeninterferenzen, ohne vollständige Strukturermittlung daraus, nicht vornehmen.

Zur Strukturermittlung selbst wird das Lauebild meist nur in Verbindung mit einer der beiden folgenden Verfahren benutzt. Sein Hauptwert liegt darin, daß es eine bequeme und scharfe *Kontrolle* für die Richtigkeit von Strukturen gestattet, deren allgemeiner Aufbau vermutungsweise bekannt ist.

Von W. H. BRAGG (1913) stammt die *Spektrometeranordnung* zur Beobachtung der Interferenzen. Ihr Prinzip ist, *einfarbiges* Röntgenlicht unter einer Richtung *auf einen sich drehenden Kristall* auffallen zu lassen. In Abb. 46 ist die Röhre derart betrieben zu denken, daß möglichst wenig »weißes« Röntgenlicht, dagegen viel Eigenstrahlung entsteht.

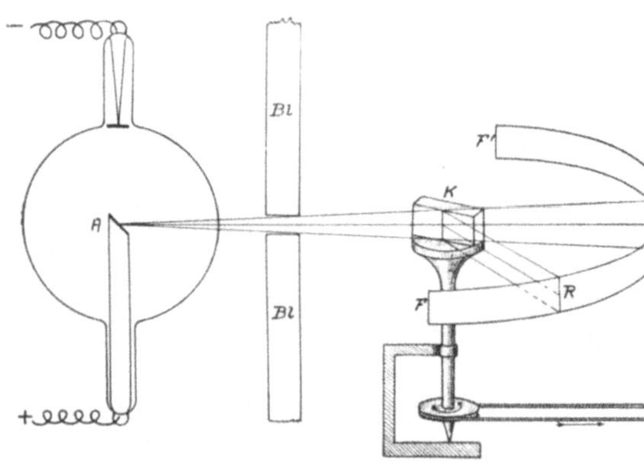

Abb. 46. Bragg-Verfahren.

BRAGG benutzte zu dem Zweck Röhren mit Antikathoden aus Palladium- oder Rhodiumblech, von denen er aus früheren Absorptionsmessungen wußte, daß die Ausbeute an Eigenstrahlung bei bequemer Betriebsweise groß ist. Auf dem langsam gedrehten Tisch steht das Kristallstück K, auf welches, durch die schlitzförmige, der Drehachse des Kristalls parallele Blende Bl ausgesondert, ein schmales Bündel Röntgenstrahlen auffällt. F soll ein photographischer Film sein, der im Kreise um die Drehachse herumgelegt ist. Die Verwendung des photographischen Nachweises beim Spektrographen stammt von HERWEGH und DE BROGLIE; BRAGG selbst benutzt statt dessen eine Ionisierungskammer, die an einem Arm um die gleiche Achse wie der Kristall drehbar befestigt ist (wie das Beobachtungsfernrohr am optischen Spektrographen). Sowohl die Stellung der Kammer wie die des Kristalltisches können auf je einer Winkelteilung abgelesen werden. Vgl. Abb. 52.

Wie am Schluß des Kap. IV ausgeführt, blitzt bei einfarbiger Beleuchtung nur unter gewissen Winkeln ein reflektierter Strahl auf. Abb. 47 zeigt eine der ersten von BRAGG erhaltenen Reflexionskurven. Die Intensität der Reflexion (gemessen durch den Ionisierungsstrom) ist in Abhängigkeit von ϑ aufgetragen. Man achte auf die Zacken der Kurve und die gleichmäßigen Winkelabstände zwischen je zwei mit dem gleichen Buchstaben bezeichneten Spitzen.

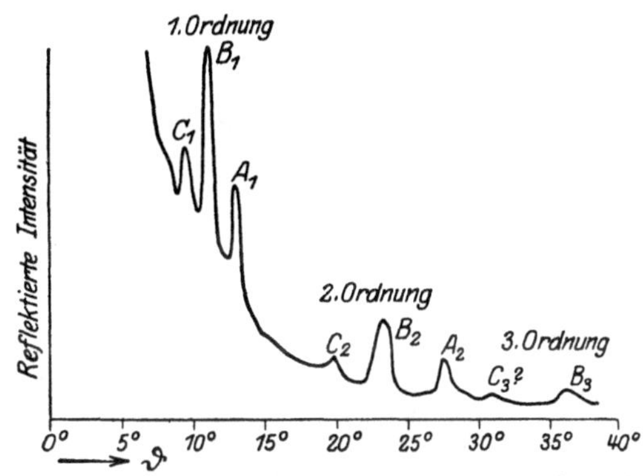

Abb. 47. Braggsche Reflexionskurve an (100) $NaCl$.

Die Braggsche Röhre (diese Aufnahme wurde mit einer Pt-Antikathode gemacht) sandte außer der Eigenstrahlung erhebliche Mengen weißen Lichtes aus. Die Zacken sind die L_α-, L_β- und L_γ-Linien des Platin, in erster, zweiter und dritter Ordnung wiederholt. Außerhalb der Reflexionswinkel dieser Strahlung stammt die Intensität von der Zerlegung des weißen Röntgenlichts. Zieht man diesen kontinuierlichen Hintergrund ab, so bleiben die Reflexe erster bis dritter Ordnung der einfarbigen (bzw. wegen der α-, β- und γ-Komponente mehrfarbigen) Strahlung übrig.

Da die Reflexionswinkel ϑ klein sind, verhalten sich annähernd die Winkel selbst (statt ihrer Sinus) ganzzahlig.

Bei Abb. 47 war die reflektierende Fläche die Würfelfläche von Steinsalz, $NaCl$, einem kubischen Kristall. Schleift man aus dem Kristall ein Plättchen, das nach der Rhombendodekaederfläche (110) orientiert ist, so haben bei einem einfachen kubischen Gitter die Netzebenen einen kleineren Abstand d, der sich zu dem der Würfelflächen verhält, wie die halbe Flächendiagonale des Würfels zu seiner Kante, also wie $\frac{1}{2}\sqrt{2} : 1$. (Vgl. auch die Formel für den Abstand auf S. 47). Dementsprechend sind an dieser Netzebenengattung Reflexionswinkel ϑ zu erwarten, deren Sinus um $\sqrt{2} = 1{,}414$ größer sind als die an der Würfelebene gemessenen.

Auch die Winkel verhalten sich (da sie klein sind) annähernd so. Ähnliches gilt für die Oktaederflächen mit $\frac{1}{3}\sqrt{3} = 1/\sqrt{3}$ statt $1/\sqrt{2}$. Bragg bestätigte diese Verhältnisse und stellte die Ergebnisse der Aufnahmen an Steinsalz in folgender Tabelle und der schematischen Zeichnung Abb. 48 dar:

Ordnung	○ ϑ × Int. + sin ϑ	1	2	3	4
Wüfelfläche (100)	○ × +	11,7° 100 0,202	23,8° 30 0,404	36,2° 7 0,590	—
Rhomben-dodekaederfläche (110)	○ × +	16,5° 100 0,284	34,0° 24 0,559	52,0° 7 0,788	—
Oktaederfläche (111)	○ × +	10,2° 20 0,177	20,6° 100 0,353	— 0 —	42,5° 6 0,676

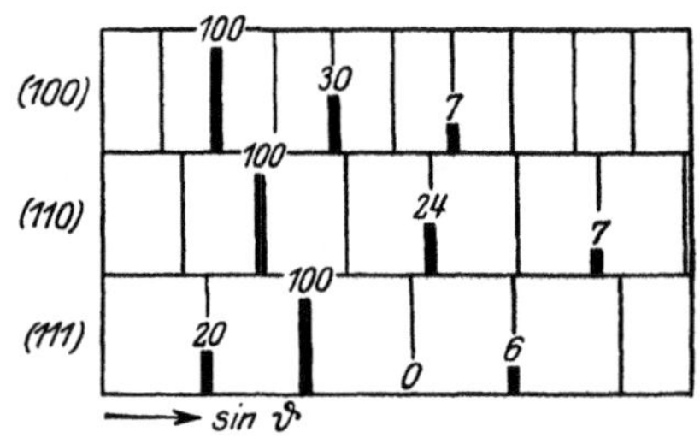

Abb. 48. Reflexschema von Steinsalz.

Geht man vom Wert 0,202, dem sin ϑ_1 für die Würfelfläche, aus, so ist als sin ϑ_1 für Dodekaeder- und Oktaederfläche zu erwarten: $\sqrt{2} \cdot 0{,}202 = 0{,}285$ und $\sqrt{3} \cdot 0{,}202 = 0{,}349$. Beide Werte und ihre Vielfachen (0,284, 0,559; 0,353, 0,676) sind innerhalb der damals geringen Meßgenauigkeit beobachtet worden. An der Oktaederfläche tritt ein Reflex bereits beim halben Winkel auf, wenn auch mit geringerer Intensität, als der zweite Reflex mit sin $\vartheta = 0{,}353$. Dies, sowie das Ausfallen des dritten Reflexes an der Oktaederebene liegt daran, daß Steinsalz kein einfaches kubisches Gitter bildet und wird erst bei der Besprechung der Steinsalzstruktur in Kap. X verständlich werden.

Bezüglich der Intensitäten ist zu bemerken, daß jeweils die größte Intensität, die an einer Fläche erzielt wurde, gleich 100 gesetzt wurde. Es ist nicht erlaubt, aus den angegebenen Zahlen den Schluß zu ziehen, daß die Reflexe erster Ordnung an allen 3 Flächen gleich intensiv sind; wie aus späteren Untersuchungen hervorgeht, verhalten sich diese Intensitäten vielmehr annähernd wie 100 : 50 : 33 für (100), (110), (111).

W. H. und W. L. Bragg erkannten mit sicherem physikalischen Instinkt, daß der Intensitätsabfall innerhalb der Reflexreihe von der Würfelebene allgemeine Bedeutung hat. Sie bezeichneten daher die Intensitätsverhältnisse 100 : 20 : 7 : 3 : 1 als diejenigen eines *Normalspektrums* und schufen hiermit die Grundlage für ihre klassischen ersten Strukturbestimmungen. Davon wird im übernächsten Kapitel zu reden sein. Hier sei nur bemerkt, daß der Intensitätsabfall im Normalspektrum sich theoretisch quantitativ einigermaßen richtig begründen läßt; zum Teil hat er dieselben Ursachen, die auch beim Lauebild die Stärke der Flecken nach dem Rand hin (also mit wachsendem Abbeugungswinkel) herabsetzen. Ein genaues quantitatives Verfolgen der Intensitätsverteilung erfordert ein tieferes Eingehen auf die mathematische Theorie und stößt auf erhebliche Schwierigkeiten. (Vgl. jedoch Kap. X und Schlußkapitel.(

Das letzte der drei »großen« Verfahren zur Herstellung der Interferenzen stammt von P. Debye und P. Scherrer. Ein Jahr später (1917) ist es unabhängig von diesen auch von A. W. Hull in Amerika veröffentlicht worden. Es unterscheidet sich darin prinzipiell von den beiden vorangehenden Methoden, daß kein einheitlicher wohlausgebildeter Kristall notwendig ist, sondern im Gegenteil ein *möglichst feinkörniges Kristallpulver*. Das ist für viele Stoffe ein ungeheurer Vorteil. Das Braggsche und das Lauesche Verfahren beruhen ganz und gar darauf, daß ein »gesunder« Kristall von genügender Größe zur Verfügung steht. Nur von verhältnismäßig wenig Stoffen gibt es natürliche Kristalle ohne irgendwelche Störung des inneren Gefüges — sei es, daß diese schon beim Wachstum, sei es durch spätere Zug- und Druckeinflüsse, entstanden ist. Die Züchtung guter großer Kristalle gelingt zwar bei manchen leicht löslichen Substanzen, ist aber mühsam und nicht durchweg anwendbar.

So wird durch die Debyesche Methode das Anwendungsgebiet der Röntgenerforschung sehr wesentlich erweitert. Das Prinzip zeigt Abb. 49,

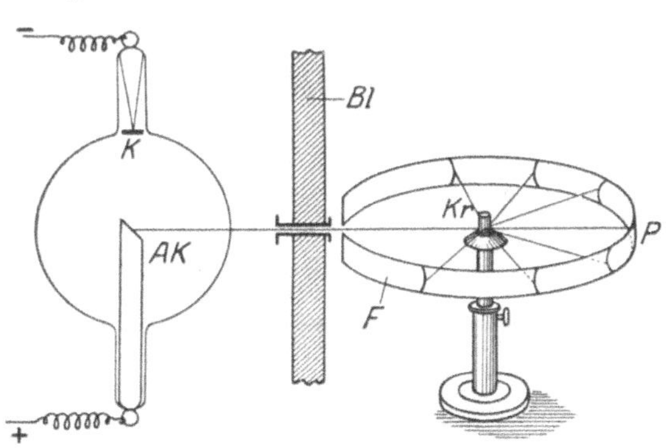

Abb. 49. Debye-Scherrer-Verfahren.

die sich von Abb. 46 nur dadurch unterscheidet, daß das Kristallpräparat *Kr* nicht gedreht wird. Die Röntgenröhre sende wie bei Bragg einfarbiges Röntgenlicht aus, von dem durch die kreisförmige Blende *Bl* ein einzelner Strahl ausgesondert wird. *Kr* ist ein dünnes Stäbchen aus dem möglichst feinen Kristallpulver. Es steht im Mittelpunkt des kreisförmig gebogenen Films *F* und wird an einer kleinen Stelle von dem Röntgenstrahl getroffen. Unter den vielen Kriställchen, die bestrahlt werden, findet sich eine gewisse Anzahl von solcher Lage, daß eine Flächensorte — etwa {100} — mit dem einfarbigen einfallenden Strahl den Reflexionswinkel (gemäß Gl. 7) bildet. Andere Kriställchen werden andere Netzebenen (z. B. {110}) in der für sie richtigen Neigung darbieten. Von dem durchstrahlten Teil des Stäbchens gehen also Interferenzstrahlen verschiedenster Ordnung aus, die jeweils nur von einer beschränkten Zahl der Mikrokriställchen stammen. Da die Reflexionswinkel ϑ an den verschiedenen Flächensorten wegen der Verschiedenheit der Netzebenenabstände andere sind, erhält man auf dem Film *F* eine Reihe von Reflexen unter verschiedenen Winkeln. Die Interferenzen gleicher Ordnung erfüllen je einen Kreiskegel mit der Spitze im durchstrahlten Kristallpulver und der Öffnung 2ϑ um die Richtung des einfallenden Strahles *KrP* herum. Wo diese Kreiskegel der Interferenzstrahlen sich mit dem photographischen Film schneiden, entstehen Schwärzungslinien. Unter 90° gegen den Primärstrahl entartet der Interferenz*kegel* zu einer *Ebene*, und die Spur auf dem Film ist geradlinig; nahe um den Primärstrahl herum fast kreisförmig.

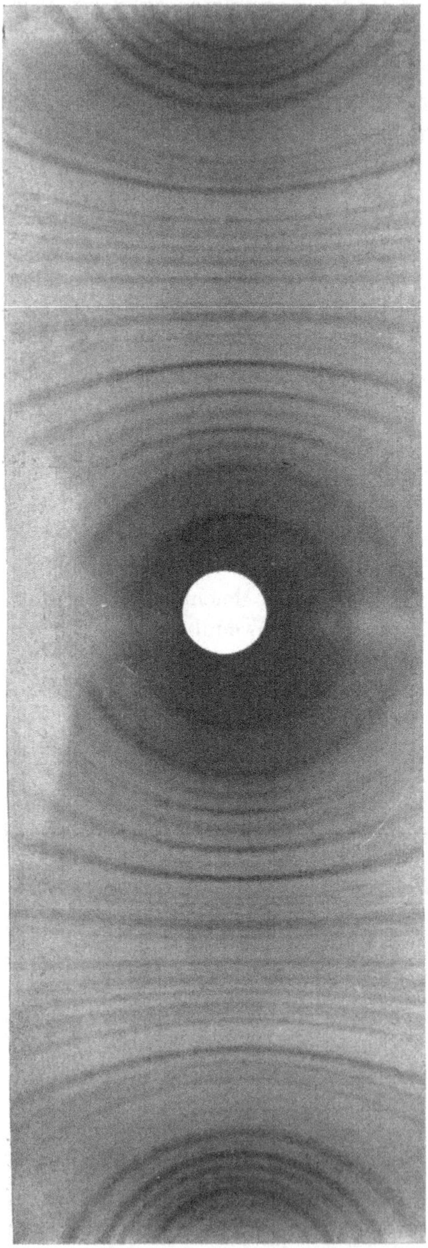

Abb. 50. Aufnahme von Scherrer an Quarz.

Abb. 50 zeigt eine Aufnahme P. Scherrers an Quarzpulver. Der Filmmitte entspricht die Ablenkung Null; dort hebt sich von dem allgemeinen (übrigens hervorragend geringen) Plattenschleier der Schattenriß des von oben in die Spektrographenachse gehängten Kristallstäbchens ab. Als Strahlung wurde die Kupfer-(K)-Strahlung benutzt, man sieht deshalb die stärkeren Linien, die von K_α herrühren, auf der kurzwelligen Seite (kleinerer Abbeugungswinkel) von dem Reflex der schwächeren β-Linie begleitet. Im ganzen enthält der Film Reflexe von etwa 20 Flächen. Innerhalb der Linien ist eine strichartige, unregelmäßige Schwärzung bemerkbar, die verschwinden würde, wenn der Kristall noch feiner gepulvert worden wäre: es sind die Lichtblitze, die von einzelnen größeren Mikrokristallen ausgesandt werden.

Durch Messung der Linienabstände am abgerollten Film können die Abbeugungswinkel entnommen werden, also die gleichen $\sphericalangle\,\vartheta$, die auch BRAGG als Ausgangspunkt der Strukturbestimmung benutzt. Nur weiß man beim Braggschen Verfahren, zu welcher Fläche ein Winkel gehört; während hier erst die *Zuordnung* von Abbeugungswinkeln und Spiegelebenen gefunden werden muß. *Der eigentlichen Strukturermittlung muß also erst eine Deutung der Bilder vorausgehen. Diese Erschwerung teilt das Debyesche Verfahren mit dem Laueschen; allein bei* BRAGG *werden Reflexe an von vornherein bekannten Flächen erzeugt und eine Flächenschar nach der andern systematisch durch die Sonde der Röntgenstrahlen ausgelotet.* Deshalb ist das Braggsche Verfahren wesentlich das einfachste und soll zuerst genau besprochen werden.

Siebentes Kapitel.

Braggsches Verfahren; Spektroskopie.

Die Ausführung des Braggschen Verfahrens (Schema Abb. 46) benutzt die folgende von W. H. BRAGG bemerkte »*fokussierende Eigenschaft*« der Röntgenspiegelung (Abb. 51):

Ein um den Punkt S geschwenkter Kristall reflektiert alle von einem Punkt A ausgehenden einfarbigen Strahlen derart, daß sie sich in einem Punkte B schneiden, der von der Drehachse gleiche Entfernung hat wie A.

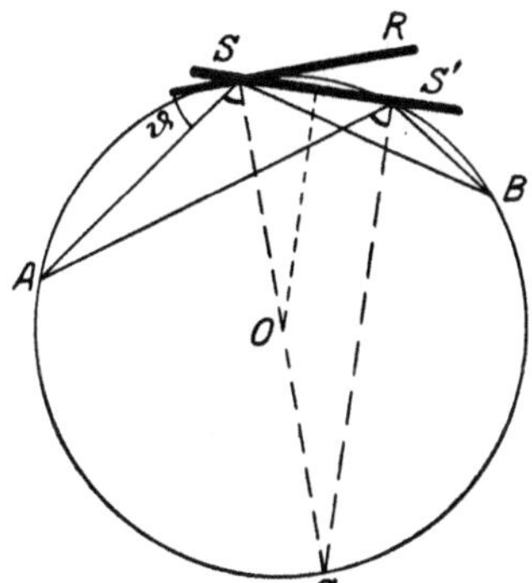

Abb. 51. Fokussierung beim Bragg-Verfahren.

Abb. 51 möge dies erläutern. Die Kristallplatte befindet sich zunächstin einer solchen Stellung SR, daß der aus A nach der Drehachse S gehende Strahl sie gerade unter dem Reflexionswinkel ϑ erreicht. Er geht dann über in den Strahl SB. Zu beweisen ist, daß, wenn der Kristall gedreht wird und dabei wegen der Reflexionsbedingung andere Teile seiner Oberfläche die Spiegelung besorgen müssen, alle unter $\sphericalangle\,\vartheta$ reflektierten Strahlen durch B gehen, falls $SB = SA$. Man lege den Kreis durch A, S und B und zeichne den Kristall in einer zweiten Lage SS'. Dann liegt der reflektierende Punkt der Oberfläche, S', auf dem Kreisumfang; denn der Strahl AS' bildet mit $S'C$, der Normalen der Platte bei der Lage SS', den gleichen Winkel (das Komplement von ϑ), wie mit SC, der Normalen zur Anfangsstellung SR. (Beides Peripheriewinkel auf Bogen AC.) Andrerseits geht der in S' reflektierte Strahl durch B, da $\measuredangle\, CS'B$ gleich $\measuredangle\, CSB$.

Da die Strahlen SB und $S'B$ jenseits von B bei Verwendung größerer Kristallflächen beträchtlich divergieren, kommt es nur zu scharfen Bildern, wenn die fokussierende Eigenschaft ausgenützt wird. Unter dem Ausgangspunkt A der Strahlen kann man in genügender Annäherung den Spalt Bl der Abb. 46 verstehen und findet somit als Bedingung für Schärfe, *daß Spalt, Drehachse und photographische Schicht* bzw. die Öffnung der Ionisierungskammer *auf einem Kreise liegen.*

Schon das ursprüngliche *Braggsche Spektrometer* (Abb. 52) ist nach diesem Prinzip gebaut. Die Röntgenröhre befindet sich hinter der Bleiwand B. Eine erste Blende bei S_1 läßt einen Strahl durch, der dann weiter durch die Blende S_3 eingeengt werden kann. S_3 ist verschiebbar und läßt sich nach Bedarf dem Kristall nähern. Dieser selbst ist in O auf einem drehbaren Tisch montiert und läßt sich außerdem um eine horizontale Achse schwenken, bis die reflektierende Ebene vertikal steht. Die Stellung des Tisches wird mit Hilfe des einen Nonius an einem Teilkreis abgelesen. Um die gleiche Achse ist auch die *Ionisierungskammer I* drehbar, deren Stellung am zweiten Nonius abzulesen ist. Beide Drehungen besitzen Feinverstellung. Die Kammer besteht aus einem geschlossenen Messingzylinder von 15 cm Länge und 5 cm Durchmesser, dessen Stirnseite (zur Röhre hin) von einer Bleiplatte bedeckt ist. Sie trägt vor einer Öffnung von 1 cm Breite ein Fenster aus *Al*-Folie, durch welches die reflektierten Strahlen eintreten. Durch Spalt S_3 läßt sich der reflektierte Strahl beliebig schmal begrenzen. Die Kammer ist mit einem schweren Gas gefüllt, damit die Strahlen stärker absorbiert werden und dadurch auch mehr zur Wirkung kommen. Schwefeldioxyd SO_2 absorbiert etwa zehnmal so stark wie Luft, für harte Strahlen ist das noch schwerere Methylbromid vorzuziehen.

Das Gehäuse der Ionisierungskammer ist gegen Erde isoliert und wird von einer Akkumulatorenbatterie auf einige 100 Volt aufgeladen. (Da die Batterie nur Spannung, wenig Strom zu liefern hat, genügen kleine Akkumulatoren hierfür.) Die Innenelektrode befindet sich hart neben dem durch die Blenden ausgesonderten Röntgenstrahl. Ein dünner Draht, der durch einen Schwefelblock isoliert das Gehäuse verläßt, stellt die Verbindung zwischen der Innenelektrode und dem *Elektroskop* her.

Dieses steht unter dem Kristall, in der Fortsetzung der Drehachse (E in Abb. 52). Bragg verwendet ein Elektroskop nach C. T. R. Wilson — ein Goldblattelektroskop, das durch Neigen des Gehäuses und eine besonders aufgeladene Platte im Innern in einen Zustand größter Empfindlichkeit gebracht ist. Der Zuführungsdraht geht durch den schrägen Arm, der in Abb. 52 zu sehen ist; er ist von einem überall gut schließenden, sorgfältig geerdeten Schutzmantel aus Blech umgeben, ebenso wie das Elektrometer selbst in ein geerdetes Schutzgehäuse eingebaut ist. Diese Vorsichtsmaßregel ist notwendig, um die Instrumente vor den Störungen durch den Röhrenbetrieb zu schützen und insbesondere die vom Stromkreis der Röhre ausgehenden elektrischen Schwingungen fernzuhalten, die sonst am Zuleitungsdraht entlang in das Elektroskop gelangen würden. Der Ausschlag des Elektroskops wird mit dem Mikroskop (ganz unten in der Figur) beobachtet. *K* in Abb. 52 ist ein Erdungsschlüssel für die Innenelektrode. Die zentrale Lage des Elektroskops ist notwendig, um die Ionisierungs-

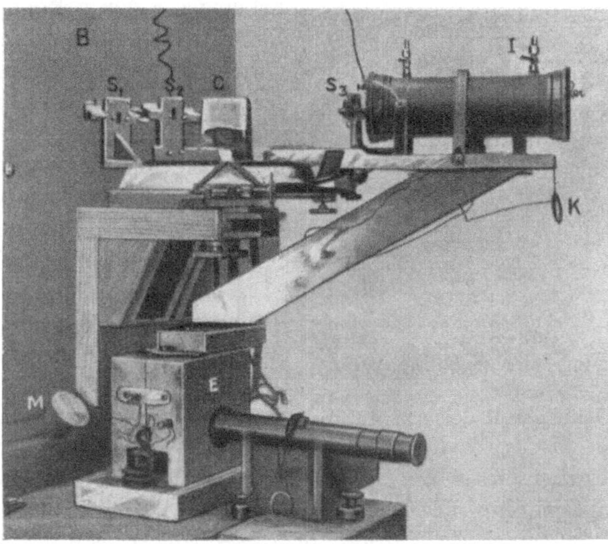

Abb. 52. Braggsches Spektrometer.

kammer schwenken zu können, ohne an der gegenseitigen Lage von Zuführungsdraht und Elektroskop etwas zu ändern (wodurch u. a. Kapazitäts- und Empfindlichkeitsänderungen eintreten könnten).

Die Ablesungen erfolgen bei Bragg je nach Bedarf und je nach der Breite des Spaltes in größeren oder kleineren Winkelabständen. Bei schmalem Spalt können gut drei Ablesungen pro Bogenminute vorgenommen werden.

Da die Ablesung Punkt für Punkt immerhin mühsam ist, ist öfter der Versuch gemacht worden, *kontinuierlich registrierende Instrumente* zu benutzen. Man muß dann die Innenelektrode der Ionisierungskammer durch einen großen Widerstand zur Erde ableiten und den abfließenden Strom z. B. mit einem Saitengalvanometer messen. Doch ist die Anordnung offenbar zu empfindlich gegen Störungen, als daß sie sich allgemein durchgesetzt hätte.

In der Vermeidung der punktweisen Ablesung besteht der Hauptvorteil der photographischen Methode. Verlangt man nur mäßige Genauigkeiten, wie sie für Strukturbestimmungen von Kristallen genügen, so kann das Bild auf einem Film aufgefangen werden — wie in Schema Abb. 46 —, der eventuell nach dem Entwickeln unter einem registrierenden Photometer ausgewertet wird. Für extreme Genauigkeit bei Wellenlängenbestimmungen ist die Verzerrung des Filmstreifens zu vermeiden, und man muß Platten — am besten auf Spiegelglas gegossene — benutzen.

Einen solchen Spektrographen, der zur Erzielung höchster Genauigkeit gebaut ist, zeigt Abb. 53. Er stammt von M. Siegbahn in Lund, der die Präzision der Wellenlängenmessungen von Röntgenstrahlen durch sorgfältigste Ausnutzung aller Vorteile fast in die Größenordnung der in der Lichtspektroskopie erreichten Genauigkeit gebracht hat. Wellenlängenbestimmungen genauer als 0,1 ‰ sind von ihm und seinen Schülern in allen Teilen des Bereichs der Röntgenstrahlen gemacht worden. Es wird von Interesse sein, die Einrichtung eines solchen Spektrographen zu betrachten, da ja mit der Genauigkeit der Wellenlängenbestimmung die Genauigkeit der Absolutdimensionen der Kristallgitter aufs engste verknüpft ist.

Abb. 53.
Vakuumspektograph von M. Siegbahn.

Der Spektrograph ist *für lange Wellen* von 1 Å bis 10 Å gebaut, die in einer Spezialröhre an leicht auswechselbaren Antikathoden erzeugt werden. Wegen der hohen Absorption dieser langwelligen Strahlung wird die Luft aus dem Spektrographen größtenteils entleert, und der Abschluß des Hochvakuums der Röhre gegen das geringere Vakuum des Spektrographen geschieht durch dünnes, rotes, schellacküberzogenes Seidenpapier oder durch ein Fenster aus Goldschlägerhaut. Trotz der geringen Dicke dieser Fenster setzt ihre Absorption doch der Ausdehnung des Spektrums eine Grenze bei etwa 12 Å-E. [1]) Die Spektrographendose hat zwei Ansätze: der zur Röhre gewandte trägt einen 0,1 mm breiten goldgeränderten Spalt, in dem anderen Ansatz wird dem Primärstrahl ein Auslauf gegeben und die Verbindung mit der Luftpumpe hergestellt.

Durch den Boden der Dose führen zwei konzentrische konische Schliffe. Der innere trägt den Tisch für den Kristall, der äußere den Plattenhalter. Die Stellung des letzteren muß aufs genaueste ermittelt werden. Dazu

[1]) Das Fenster ganz fortzulassen geht schon deshalb nicht, weil die Platte gegen das Licht aus dem Röhreninnern geschützt werden muß (bei gashaltigen Röhren die Leuchterscheinungen der Entladung, bei gasfreien Röhren die intensive Weißglut des Glühfadens).

dient der unter der Spektrographendose sichtbare große Teilkreis, der in $^1/_{12}$-Grade geteilt ist und an zwei Stellen durch Mikroskope von oben her abgelesen wird. Über diesem Präzisionsteilkreis spielt (zugleich als Schutzdeckel) ein weiterer, mit dem inneren Konus verbundener gröberer Teilkreis (Teilung in 1°), an dem vermittels der an der Vorderseite sichtbaren Feinverstellung die Kristallstellung eingerichtet werden kann. Der Strahlengang zwischen Kristall und Spalt und vom Kristall zur Platte ist durch ein Bleirohr bzw. eine Art Balg aus Bleiblech abgeschlossen, so daß möglichst wenig von der allgemeinen Streustrahlung (die an den Spalträndern, am Kristall und von dort aus an dem ganzen Gehäuse entsteht) auf die Platte gelangen kann. Es wird jeweils nur ein Winkelbereich von wenigen Graden aufgenommen. Der Kristall braucht hierbei nicht geschwenkt zu werden, sondern die Winkelöffnung des einfallenden Bündels genügt, damit Strahlen der erforderlichen Richtungen vorhanden sind (siehe Abb. 54). Daß sie von verschiedenen Teilen der Kristallflächen reflektiert werden, schadet wegen der Fokuseigenschaft nichts.

Die Messung geschieht folgendermaßen: Die reflektierende Vorderfläche des Kristalls wird zunächst mit Fernrohr und Skala der Drehachse des Tisches genau parallel gestellt. Sodann muß sie vermittels eines Schlittens, auf dem der Kristall steht, parallel verschoben werden, bis die Drehachse in der Fläche selbst liegt. Man macht nun eine Aufnahme mit der Kristallstellung 1 (Abb. 54) und Plattenstellung *A*. Darauf wird der

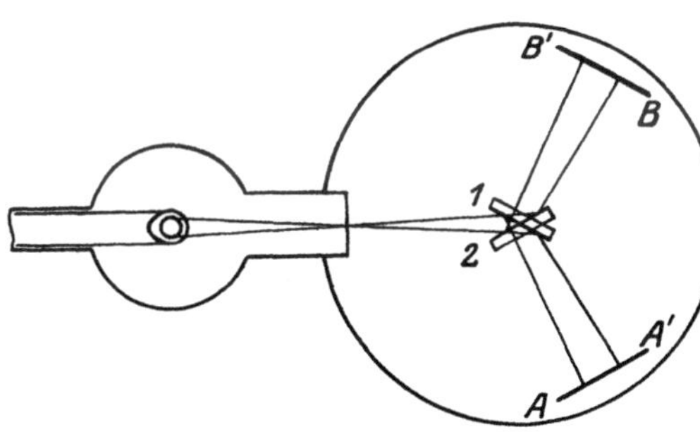

Abb. 54. Prinzip der Doppelaufnahme bei Siegbahn.

Kristall in die symmetrische Lage 2 gedreht und die Platte um den am Präzisionsteilkreis ablesbaren Winkel bis *B* gedreht und eine zweite Aufnahme gemacht. Wäre der Drehwinkel der Platte genau $4\,\vartheta$, der vierfache Reflexionswinkel, so kämen die beiden Aufnahmen der gleichen Wellenlänge genau zur Überdeckung auf der Platte. Andernfalls läßt sich mit großer Genauigkeit ihre Lagendifferenz ausmessen und daraus die Korrektur an dem Drehwinkel der Platte anbringen, die ihn gleich $4\,\vartheta$ macht.

Der Vorteil dieser Methode besteht darin, daß statt des oft ziemlich kleinen Winkels ϑ der Winkel $4\,\vartheta$ am Präzisionsteilkreis abgelesen wird, wobei eventuelle Teilungs- oder Einstellungsfehler auf ϑ selbst von viermal kleinerem Einfluß sind.

Da Spalt und Platte von der Drehachse genau gleichen Abstand haben, kommt es infolge der Fokussierungseigenschaft nicht darauf an, den Kristall sehr genau um 2ϑ zu drehen: bei Abweichungen von diesem Wert wird eine andere Stelle der Kristalloberfläche wirksam.

Hingegen ist die Anordnung empfindlich dagegen, daß Spiegelebene und Drehachse genau zusammenfallen. Die Einstellung, die vermittels einer Elfenbeinspitze und ihres Spiegelbildes an der Kristallfläche unterm Mikroskop vorgenommen wird, bezieht sich nur auf die optisch wirksame Oberflächenebene des Kristalls. Bei weichen Strahlen von 1—10 Å, die infolge der hohen Absorption in den Kristall kaum einzudringen vermögen, genügt dies. Aber da ja die Reflexion durchdringenderer Röntgenstrahlen auch an jeder inneren Netzebene geschieht (»Volumeffekt«), so wäre bei härteren Strahlen die letzte Bedingung gar nicht zu erfüllen. Hierdurch wird der Präzisionsmessung mit diesem Apparat nach kurzen Wellenlängen hin eine Grenze gesetzt.

Als Beispiel für die *Genauigkeit der Messungen* sei die Tabelle über die Kupfer-K-α-Linie aus einer Arbeit von M. Siegbahn mitgeteilt. Wie aus den Plattennummern zu sehen, sind die Messungen in großen Zwischenräumen angestellt worden, ja der ganze Spektrograph war dazwischen mehrmals abmontiert worden, um noch kleine Verbesserungen anzubringen.

Plattennummer	Ordnung der Reflexion	Wellenlänge	Kristalle
4 und 5	1	1537,24.10⁻¹¹ cm	Steinsalz
10	2	1537.34. » »	»
10	3	1537.52. » »	»
23	1	1537.40. » »	»
84	1	1537.21. » »	»
90	2	1537.44. » »	»
112	1	1537.44. » »	»
28	1	1537.22. » »	Kalkspat
28	2	1537.35. » »	»
26	1	1537.49. » »	»
140	1	1537.29. » »	»
		$1537.358.10^{-11}$ cm	

Ergebnis $(1537.358 \pm 0{,}033).10^{-11}$ cm.

Bei solcher Genauigkeit genügt selbst die Ångström-Einheit nicht, um die Zahl der Dezimalen herabzusetzen. Deshalb ist der Faktor 1.10^{-11} cm $= 1$ *X-Einheit* herausgesetzt worden.

Der letzten Siegbahnschen Arbeit mögen die Abb. 55 und 56 entnommen werden. Die erste stellt den noch *weiter vervollkommneten Vakuumspektrographen* dar. An ihm fällt gegenüber dem in Abb. 53 abgebildeten vor allem eine Abflachung des Gehäuses auf, welche die Röntgenröhre trägt. Die *Spezialröhre aus Metall* (gasfreie Röhre) ist der links über den Tischrand hinabreichende Anhang, der an der Abflachung mit dem Spektrographengehäuse fest verschraubt ist. Zu- und Ableitungen für Heizstrom, Hochspannung (im Hintergrund der Transformator), sowie Kühlwasser führen zu ihr hin. Die Dimensionen der Röhre sind tunlichst klein gehalten, damit sich der Spalt in nächster Nähe der Antikathode befindet. Die Entfernung Antikathode—Kristall beträgt nur 208 mm.

Abb. 55. Präzisionsspektrograph von M. Siegbahn mit angehängter Spezialröntgenröhre.

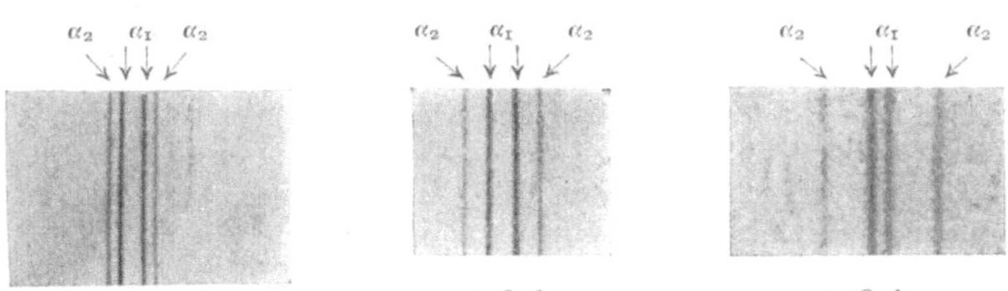

1. Ordn. 5 × Vergr. 2. Ordn. 4,5 × Vergr. 3. Ordn. 4,5 × Vergr.

Abb. 56. Doppelseitige Aufnahmen der *Cu-Kα*-Linien in 1., 2. und 3. Ordnung.

Abb. 56 zeigt in ungefähr 5facher Vergrößerung Aufnahmen der *Cu-Kα*-Linien, die an der Spaltfläche von Kalkspat in 1. bis 3. Ordnung nach dem Prinzip von Abb. 54 erhalten wurden. Die α-Linie ist ein Dublett $\alpha_1\,\alpha_2$ mit einer Wellenlängendifferenz von etwa 4 X-Einheiten. In der höheren Ordnung entspricht dieser Differenz zwar ein größerer Winkelunterschied, aber da die Linien selbst (wohl infolge der unvermeidlichen Unregelmäßigkeiten der Kristallgitter) verwaschen sind, ist die Wellenlängenbestimmung deshalb nicht genauer als bei der ersten Ordnung. Das Ergebnis, das die erreichbare Genauigkeit erkennen läßt, formuliert SIEGBAHN so: Nimmt man als Wert des Netzebenenabstands d der Spaltflächen von Kalkspat bei 18° C

$$\log 2\,d = 0{,}7823347\,,$$

so ist die Wellenlänge von Cu-K-α_1:

$$\lambda = (1537{,}302 \pm 0{,}031)\ \text{X-Einheiten}.$$

Die Genauigkeit der Winkelmessung und mithin der Bestimmung von λ/a ist bedeutend größer als die Genauigkeit der Absolutwerte von a bzw. d. Denn um bei bekannter Kristallstruktur die Kantenläge a zu bestimmen, ist nach S. 34 die Kenntnis des spezifischen Gewichtes und der Loschmidtschen Zahl nötig. Das erstere läßt sich auf etwa 1 ‰ feststellen, die Loschmidtsche Zahl ist aber nur auf etwa 1 % genau bestimmt, und etwa ebenso groß wird die Unsicherheit der Kantenlänge sein. Man benutzt deshalb nach einem Vorschlag von E. WAGNER, der die ersten »Präzisionsmessungen« von Röntgenspektren gemacht hat, einen Wert für die *Kantenlänge von Steinsalz als Normale*, auf die alle Angaben bezogen werden:

$$a_{NaCl} = 5{,}62800\ \text{Å}.$$

Der Netzebenenabstand gleichwertiger Würfelebenen im Steinsalzgitter ist, wie aus der Struktur hervorgeht (Abb. 87), halb so groß, also

$$d_{(100)\,NaCl} = 2{,}81400\ \text{Å}$$
$$\log 2\,d = 0{,}7503541 = \log a_{NaCl}.$$

Auch für genaue Angaben über die Netzebenenabstände anderer Kristalle ist dieser Wert zugrunde zu legen. Bei Messung mit der gleichen Wellenlänge verhalten sich die Netzebenenabstände gemäß der Reflexionsformel wie die Sinus der Winkel ϑ, und ihr *Verhältnis* kann mit derselben hohen Genauigkeit bestimmt werden, wie das Verhältnis λ/a. So findet man auf Grund obigen Normalwertes für die Spaltebenen von Kalkspat $d = 3{,}028 \pm 0{,}002$, von Gips $7{,}5776 \pm 0{,}0003$.

Als Gegenbeispiel zu Siegbahns Vakuumspektrographen sei der *Spektrograph von* H. SEEMANN *für harte Röntgenstrahlen* beschrieben. Er wird für die Analyse der durchdringenden Strahlung zur medizinisch-technischen Anwendung von immer steigender Bedeutung.

Dem Bau des Apparates liegt ein vom Braggschen völlig abweichendes Prinzip zugrunde, das geeignet ist, den bei harten Strahlen vorherrschenden schädlichen Einfluß der Eindringungstiefe auszugleichen. Gegenüber der Braggschen Anordnung ist nämlich die Lage von Kristall und Blende vertauscht: die Blende begrenzt den Strahlengang erst nach der Reflexion

(Abb. 57). Die Braggsche Anordnung geht aus Abb. 57 hervor, wenn die Strahlenrichtung umgedreht wird. Man sieht, wie dann der einfallende Strahl aufgesplittert wird in eine ganze Fahne von reflektierten, deren Intensität um so geringer ist, aus je tieferen Lagen des Kristalles sie stammen. Umgekehrt sammelt die Seemannsche »*Lochkameraanordnung*« die Reflexe aus allen Tiefen zu einem durch die Blende wohlbegrenzten reflektierten Strahl auf.

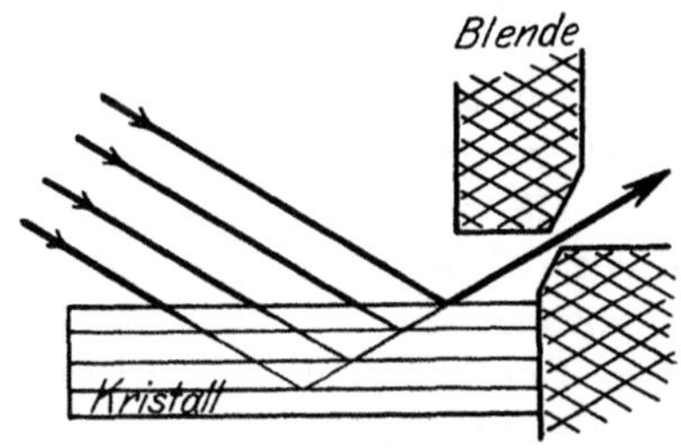

Abb. 57. Lochkamerامethode.

Voraussetzung für die erfolgreiche Anwendung der Methode ist ein ausgesucht guter Kristall. Denn die Reflexe verschiedener Wellenlängen stammen von verschiedenen Teilen des Kristalls, ohne daß eine »Fokussierungseigenschaft« den Einfluß von Verwerfungen im Kristall unwirksam macht. Noch dazu müssen die Kristallflächen mehrere Zentimeter lang sein, wenn die kleinen Reflexionswinkel der härtesten Strahlen umfaßt werden sollen. Des hohen Reflexionsvermögens wegen bevorzugt Seemann Steinsalz, das aus großen Mengen guter Kristalle aufs sorgfältigste herausgesucht werden muß.

Abb. 58. Seemann-Spektrograph.

Das Aussehen des Apparates ergibt sich aus Abb. 58. Die eigentliche Spektrographenkamera ruht auf einer von der rechten Seite der Grundplatte hoch aufgebogenen Drehachse und auf Stahlrollen, die links auf einem Streifen Spiegelglas laufen. Sie wird während der Aufnahme um einen gewissen Winkelbereich hin nnd her geschwenkt. Dazu dient das unter der Kamera sichtbare Uhrwerk (links der Schlüssel zum Aufziehen, rechts das Flügelrad zur Geschwindigkeitsregelung), sowie eine Reihe von herzförmigen Führungsscheiben verschiedener Breite, die Schwenkungen von 1—10° zulassen. Über der Drehachse liegt im Innern der Kamera der 6—9 cm lange Kristall, eingebettet in eine Metallfassung, deren linker Rand zusammen mit einer senkrecht zur Kristallfläche verschiebbaren Schneide den Spalt bildet. Das zur Röhre gekehrte rechte Ende der Kamera läßt durch einen Schlitz während der Drehung einen »ebenen Strahlenfächer« auf den Kristall eintreten. Die beiden Holzgriffe, die über dem Uhrwerk und den Laufrollen, sowie am linken Ende aus dem Kameradeckel aufragen, sind die Deckel der »Kassetten«, in welche die Platten eingestellt werden. Bei der größeren Entfernung erhält man zwar eine stärkere Trennung der Linien, muß aber länger belichten. Man erhält mit der ersten Plattenstellung und 3 Milliampère Röhrenstrom die K-α- und -β-Linien des Wolfram in wenigen Minuten.

Achtes Kapitel.

Interferenz in Gittern mit Basis; Strukturermittlung aus Braggschen Aufnahmen.

In Kap. IV wurde das Zustandekommen der Interferenzen in einem einfachen Translationsgitter verfolgt. Es genügte, das Prinzip zu benutzen, daß in einer Beugungsrichtung nur dann merkliche Intensität entstehen kann, wenn *sämtliche* abgebeugten Kugelwellchen sich Berg an Berg aneinander schließen. Die geometrische Diskussion dieser Forderung lieferte die Interferenzrichtungen und Aussagen über die Wellenlängen, die in den Interferenzstrahlen enthalten sind.

Es hat sich früh herausgestellt, *daß der einfachste Gittertyp*, *das Translationsgitter*, *nicht genügend allgemein ist*, *um die Interferenzen zu erklären*, *daß vielmehr Ineinanderstellungen von solchen Gittern* — sei es aus gleichartigen, sei es aus verschiedenen Atomen — *betrachtet werden müssen.* Dies ist in voller Übereinstimmung mit der GROTHschen Auffassung der Kristallstruktur von S. 33. Der Beweis, daß *Atome* die Massenpunkte der Strukturtheorie sind, ist von W. L. BRAGG (dem Sohn) an Hand von Laueaufnahmen von Steinsalz, Sylvin und Bromkali geliefert worden und wird in dem Kap. X besprochen werden. Mit dieser Erkenntnis zugleich war die *absolute* Bestimmung der Gitterkonstanten a erbracht und die Möglichkeit, aus dem Verhältnis λ/a, das durch die Abbeugungswinkel bestimmt ist, die Wellenlänge λ selbst zu entnehmen. Die Arbeit von W. L. BRAGG, der damals noch in Cambridge studierte, löste ein doppeltes Problem zugleich: die Deutung der Gitterstruktur ohne Kenntnis der Wellenlänge der Strahlung, und die Bestimmung dieser Wellenlänge, ohne ein Raumgitter zu kennen. Heute liegen die Verhältnisse viel einfacher: bei spektroskopischen Untersuchungen benutzt man einen Kristall mit bekanntem Netzebenenabstand, zur Kristallanalyse verwendet man Röntgenstrahlen von bekannter Wellenlänge: der absolute Maßstab ist festgelegt.

Für die Kristallbestimmung gibt das den Vorteil, an der *Dichte des Kristalls eine Kontrolle für die Struktur* zu haben. Denn es ist

$$\text{Dichte} = \frac{\text{Masse pro Gitterzelle}}{\text{Volumen der Gitterzelle}} = \frac{1{,}64 . 10^{-24} \cdot \sum \mu}{v}.$$

Hierin ist $\sum \mu$ die Summe aller Atomgewichte, die zu der Gitterzelle gehören; durch Multiplikation mit $1{,}64 . 10^{-24}$ g, der Masse eines Wasserstoffatoms, erhält man die absolute Masse pro Gitterzelle. v soll ihr Volumen in ccm sein, beim Würfel $= a^3$. Praktisch verfährt man so, daß auf Grund einiger Reflexmessungen ein vorläufiges Elementarvolumen angenommen und aus der obigen Gleichung die Anzahl X von Atomen bzw. vollständigen Molekülen berechnet wird, die in der Gitterzelle liegen [z. B. bei Zinkblende ZnS die Anzahl Atompaare (Zn, S)]. Bezeichnet M das Molekulargewicht (bei $ZnS : M = 65 + 32 = 97$), so ist in der obigen Formel $\sum \mu = X \cdot M$ und so ergibt sich für X:

$$X = \frac{\text{Dichte}}{M} \cdot \frac{\text{Volumen der Zelle}}{1{,}64 . 10^{-24}}.$$

Mit dem richtigen Wert für das Volumen der Zelle muß die rechte Seite sehr nahe ganzzahlig sein; größere Abweichungen deuten darauf hin, daß rechte und linke Seite bis zur Erreichung der Ganzzahligkeit mit einem Faktor multipliziert werden müssen — z. B. wenn $X = 2{,}32$ gefunden wird, mit dem Faktor 3, der die linke Seite nahe an $3 \cdot 2\,{}^1/_3 = 7$ heranbringt. Das bedeutet physikalisch, daß man ein Vielfaches des ursprünglich angenommenen Volumens als Grundzelle anzusehen hat (das Dreifache in dem Beispiel) — denn die Grundzelle muß ja eine *ganze* Anzahl Molekeln enthalten.

Die Bestimmung der Zahl X — der *Molekülzahl der Basis*, wie wir sagen können — ist ein sehr wesentlicher Schritt auch zur Bestimmung der genauen Lage der Basisbestandteile; manchmal, so bei Diamant und Zinkblende, ist durch diese Zahl und die Symmetrie des Kristalls die Strukturermittlung in der Tat beendet und weitere Messungen bedeuten nur eine Kontrolle. In Kap. XI wird erwähnt, inwieweit die Bestimmung eindeutig ist.

Wir wollen hier nicht den historischen Weg verfolgen, auf dem die Entzifferung der Interferenzen gelungen ist, *sondern die notwendigen Ge-*

setzmäßigkeiten voranstellen und aus ihnen ableiten, welche Erscheinungen bei zusammengesetzten Gittern zu erwarten sind.

1. Das *erste Gesetz*, dessen wir bedürfen, sobald chemische Verbindungen analysiert werden sollen, betrifft die Stärke, mit der die verschiedenen Atomsorten auf die einfallende Welle ansprechen. Schon auf Grund der Erfahrungen über die Streustrahlung, von denen auf S. 65 die Rede war, muß erwartet werden, daß schwere Atome stärker »streuen« wie leichte. Die Interferenzen, insbesondere an Flußspat (vgl. unten S. 99), führten BRAGG zu der Regel: *die Amplitude der Kugelwelle, die von einem Atom ausgeht, ist proportional zu seinem Atomgewicht.* Heute neigen wir dazu, statt des Atomgewichts die Elektronenzahl Z des Atoms einzusetzen; diese ist ungefähr gleich dem halben Atomgewicht — und sicherlich ist nicht das Gewicht als solches, sondern die Anzahl elektrischer Ladungen, die im Atom vorhanden sind, bestimmend für die Ausstrahlung. (Der schwere Kern des Atoms kann auf so schnelle Schwingungen überhaupt nicht antworten.) Ist ein Atom ionisiert, d. h. sind Elektronen abgespalten (positives Ion) oder zugefügt (negatives Ion), so ist das Ausstrahlungsvermögen entsprechend herab- oder heraufgesetzt. Die Proportionalität mit Z ist nicht als strenges Gesetz anzusehen, sondern als Faustregel. In Wahrheit ist die Ausstrahlung, wie des öftern erwähnt, wegen der endlichen Ausdehnung der Elektronenwolke und ihrer besonderen Anordnung auch von der Richtung abhängig, und z. B. in den Richtungen, die dem Primärstrahl unmittelbar benachbart sind, besonders groß, indem sie nicht zu Z, sondern zu Z^2 proportional ist. Die Verbreiterung des Primärflecks ist z. T. auf dies überschüssige Streuvermögen in den Nachbarrichtungen des auffallenden Strahls zurückzuführen. Unter größeren Streuwinkeln, wie sie für die meisten Interferenzen gelten, ist die Richtungsabhängigkeit nicht so ausgesprochen, so daß die Braggsche Annahme praktisch in weitgehendem Maße genügt.

2. An zweiter Stelle sind die *Betrachtungen über Interferenz zu ergänzen.* Die Überlegungen von Kap. IV knüpften ganz an die bildlichen Darstellungen Abb. 24 bis 29 an und bedurften, um eine Welle zu charakterisieren, nur der Größe λ, des Abstandes zweier Wellenberge voneinander. In Wirklichkeit ist aber an einer Wellenlinie, von denen Abb. 59 zwei verschiedene zeigt, außer der Wellenlänge λ auch die Höhe der Welle, die »*Amplitude*« A kennzeichnend. Erst beide Größen bestimmen die Form der Wellenlinie.

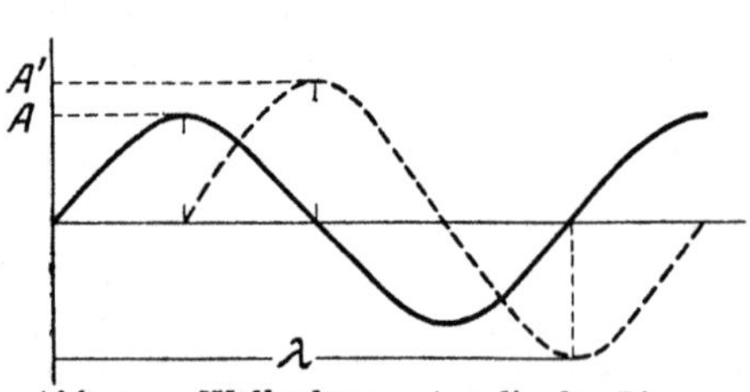

Abb. 59. Wellenlänge, Amplitude, Phase.

Die gestrichelte Wellenlinie der Abbildung hat gleiches λ, aber größeres A wie die ausgezogene. Zudem bemerkt man, daß dieser Wellenzug eine *Verschiebung* gegen den ersten aufweist. Die Verschiebung beträgt ein gewisses Vielfaches der Wellenlänge — aber sie ist aus der Abbildung, die beiderseits beliebig weit fortgesetzt zu denken ist, nicht eindeutig zu entnehmen. Zwar läßt sich feststellen, daß die Entfernung der *nächsten* Wellenberge beider Kurven $\lambda/4$ beträgt — aber die gestrichelte Kurve kann ebensogut noch dazu um eine beliebige Anzahl ganzer Wellenlängen verschoben worden sein, ohne daß sich das nachträglich feststellen läßt. Man nennt die tatsächliche Verschiebung zweier Wellenzüge gegeneinander ihren *Gangunterschied*. Als Vielfaches der Wellenlänge ausgedrückt, beträgt er $\gamma\lambda$, wo γ irgendeine positive oder negative Zahl ist. In allen uns bisher begegneten Fällen war γ ganzzahlig: das ist die Bedingung, daß »Berg auf Berg« fällt. Für viele Erscheinungen kann man von dem Gesamtwert der Verschiebung absehen, und es kommt nur auf die *kleinste* Verschiebung an, welche die Maxima beider Kurven untereinander rückt. Diese Verschiebung sei $\varphi\lambda$. φ ist kleiner als 1 und heißt die *Phase* der zweiten Welle gegen die erste. In der Abbildung ist $\varphi = {}^1/_4$. Der Zusammenhang zwischen γ und φ ist der: $\gamma =$ ganze Zahl $+ \varphi$. Das Produkt aus φ und dem Vollwinkel 2π heißt der *Phasenwinkel* $\varphi \cdot 2\pi$. Will man den Phasenwinkel in Grad ausdrücken, so ist zu bilden $\varphi \cdot 360^\circ$. Für die Abbildung ist der Phasenwinkel $\pi/2$ oder 90°. Die Bedingung für Interferenzstrahlen: »Berg auf Berg« oder $\gamma =$ ganzzahlig läßt sich jetzt auch aussprechen: die Wellen müssen sich *phasengleich* überlagern.

Amplitude und Phase der Welle bilden in der mathematischen Darstellung eine Einheit. Sie bestimmen zusammen eine komplexe Zahl, die man auch Amplitude schlechthin nennt. Ohne auf die Rechnung mit komplexen Zahlen einzugehen, die auch in der Elektrotechnik bei allen Wechselstromproblemen Anwendung findet, *sei hier durch eine geometrische Methode dargelegt, wie sich das Ergebnis der Überlagerung von 2 (oder mehr) gleichartigen Wellen von verschiedener Amplitude A und A' und der Phasendifferenz* φ *finden läßt.* Wie die elementare Physik lehrt (und wie auch aus der nachfolgenden Begründung hervorgeht), entsteht wieder eine einfache harmonische Welle von der gleichen Wellenlänge und Ausbreitungsweise, und es handelt sich um die Ermittlung ihrer Amplitude A^* und Phase φ^*.

Die *Konstruktion*, die diese beiden Angaben liefert, ist so: Man lege eine Strecke $\overrightarrow{01}$ hin, die ihrer Größe nach die Amplitude A repräsentiert (Abb. 60). Sodann füge man an ihrem Endpunkt eine Strecke $\overrightarrow{12}$ von der Länge A' an, die mit ihr den Phasenwinkel $360 \cdot \varphi^\circ$ bildet. Dann gibt die Länge der Verbindung $\overrightarrow{02}$ die Amplitude A^*, der Winkel von $\overrightarrow{02}$ gegen $\overrightarrow{01}$ den Phasenwinkel $\varphi^* \cdot 360^\circ$ der resultierenden Welle gegen die erste an.

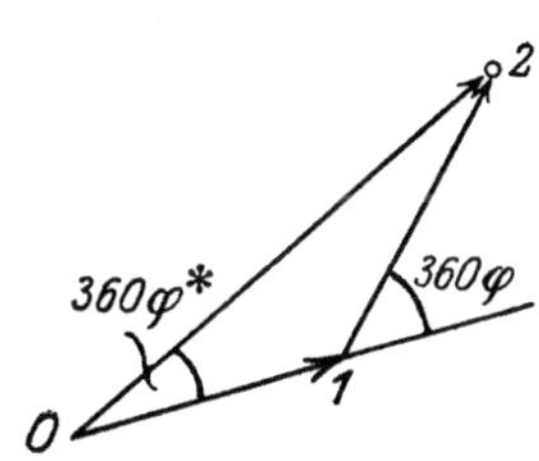

Abb. 60. Amplitudenzusammensetzung.

Man nennt ein derartiges Vereinen der Strecken $\overrightarrow{01}$ und $\overrightarrow{12}$ zu einer neuen $\overrightarrow{02}$ die *geometrische Addition* der Strecken. Es ist die Regel, nach der Geschwindigkeiten, Kräfte, Feldstärken, kurz alle Größen, die in der Physik *Vektoren* heißen, zusammengesetzt werden. Die Amplituden der einzelnen Wellen erscheinen hier als die Vektoren $(\overrightarrow{01}, \overrightarrow{12}, \overrightarrow{02})$, d. h. als Strecken von gewisser Länge und Richtung.

Zur Begründung des Verfahrens muß man auf die Natur der einfachen harmonischen Wellenbewegung eingehen. Jede der Kurven in Abb. 59 läßt sich in zweierlei Weise auffassen. Entweder als ein Momentbild der Welle (Zeit $t =$ konst.). Dann ist die Abszisse der Kurve die räumliche Koordinate x, d. h. die Kurve gibt den Schwingungszustand *verschiedener* Raumpunkte im selben Augenblick an. Derartige Momentbilder der Wellen lagen den bisherigen Betrachtungen über Interferenz zugrunde. — Die Wellenkurven lassen sich aber auch als die *zeitliche* Aufeinanderfolge des Bewegungszustandes im *gleichen* Raumpunkt deuten. Dann ist die Zeit t die Abszisse, und die Kurve bezieht sich auf einen einzigen Raumpunkt $x =$ konst. Diese Auffassung bevorzugen wir im folgenden.

Die Wellenbewegung ist *periodisch*. Sie ist überdies aber *harmonisch*. Dies ist eine kurze Bezeichnung dafür, daß sie im engsten Zusammenhang zu einem gleichförmigen Kreisumlauf steht. Der zeitliche Ablauf der Bewegung im Punkt x, wie er in Abb. 59 dargestellt ist, wird durch die Funktion

$$A \sin \omega t$$

wiedergegeben. Ebenso groß ist die η-Koordinate eines Punktes B, Abb. 61, der mit der gleichförmigen Winkelgeschwindigkeit ω einen Kreis vom Halbmesser A durchläuft. (ωt ist der von Punkt B zur Zeit t durchmessene Winkel, $A \sin \omega t$ die Projektion derStrecke OB auf die η-Achse.) Der gleichförmig um x umkreisende Fahrstrahl OB erzeugt sozusagen durch diese Konstruktion die Wellenbewegung im Punkte x.

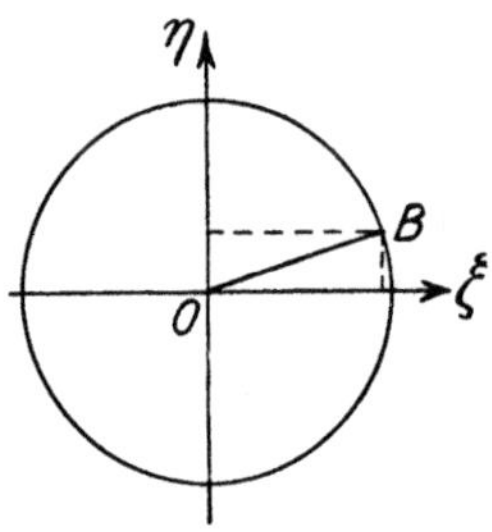

Abb. 61. Erzeugung einer harmonischen Welle durch gleichförmigen Umlauf.

Einer zweiten Welle von der Amplitude A' entspricht ein zweiter Punkt B', der im Abstand A' von O umläuft (Abb. 62). Beginnt er seinen Umlauf mit einem Winkelabstand $\varphi \cdot 360^0$ von B, so bedeutet dies die Phasendifferenz φ zwischen den Wellen. Nach dem Prinzip der einfachen Überlagerung wird aus den Einzelverschiebungen η und η', die der Punkt x unter dem Einfluß beider Wellen erleidet, die resultierende Verschiebung η^* durch *Addition* erhalten: $\eta^* = \eta + \eta'$. Statt der Projektionen können aber die Strecken $\overline{OB}$ und $\overline{OB'}$ geometrisch addiert werden zur Resultierenden $\overline{OB^*}$, und hiervon die Projektion η^* auf die η-Achse gewonnen werden. Wir erhalten so den Punkt B^*, der ebenfalls gleichförmig umläuft und ebenfalls eine harmonische Welle, die resultierende, repräsentiert, aber gegen die erste Welle um den Phasenwinkel $\varphi^* \cdot 360^0$ voreilt.

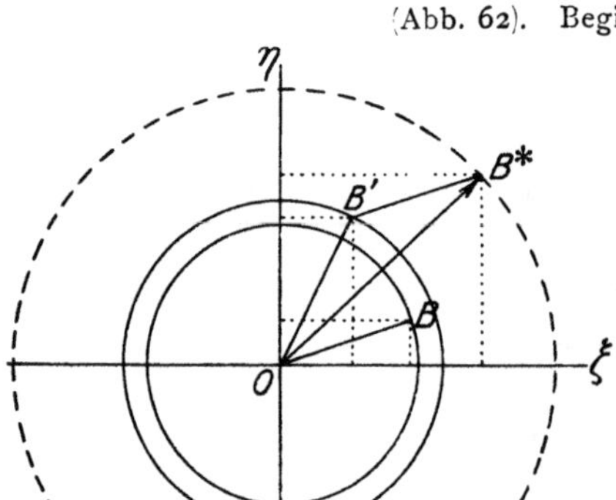

Abb. 62. Begründung der Amplitudenzusammensetzuug von Abb. 60.

Die gerichteten Strecken — Amplitudenvektoren —, die in der oben angegebenen Konstruktion geometrisch addiert werden, sind also eigentlich die gleichförmig umlaufenden Fahrstrahlen zu den Punkten B, deren jeder eine Welle bedeutet.

Zur Verdeutlichung betrachten wir *einige Spezialfälle* bei gleichen Amplituden beider Wellen.

1. Phasengleichheit, $\varphi = 0$ (»Berg auf Berg«).
   Resultierende Welle hat doppelte Amplitude, $2A$, gleiche Phase: $\varphi^* = 0$.
2. Entgegengesetzte Phasen, d.h. $\varphi = {}^1/_2$, $\varphi \cdot 360^\circ = 180^\circ$.
   Resultierende Welle hat Amplitude Null, die Wellen heben sich völlig auf (»Berg fällt auf Tal«), $\varphi^* = {}^1/_2$.
3. Phasenversetzung um 90°, $\varphi = {}^1/_4$.
   Amplitude der resultierenden Welle $\sqrt{2} \cdot A$, Phasenwinkel 45°, $\varphi^* = {}^1/_8$. (Abb. 63.)

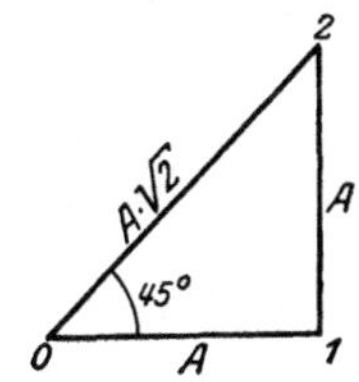

Abb. 63. Resultierende Amplitude bei 90° Phasendifferenz.

Die Konstruktion läßt sich unmittelbar auf den Fall von mehr als zwei Wellen ausdehnen, die zur Überlagerung kommen. Amplitude und Phasenwinkel jeder Welle wird durch einen Pfeil (von bestimmter Länge und Neigung) dargestellt, und die Größen für die resultierende Welle werden durch die Schlußseite des Linienzuges gegeben, der aus den aneinandergereihten Pfeilen besteht.

---

3. Mit dem Begriff der Phase und der Zusammensetzung phasenungleicher Wellen läßt sich ein *vertiefter Einblick in die Entstehung der Interferenzstrahlen* gewinnen, auf den schon S. 39 hingewiesen wurde. Der einfallende Strahl erregt die sehr große Zahl N von Atomen im Kristall zum Aussenden von Kugelwellen. In einer Beobachtungsrichtung, die einem Interferenzstrahl entspricht, überlagern sich die Kugelwellen alle mit ganzzahligem Gangunterschiede — Berg auf Berg, war die Bedingung, die wir stets benutzten. Die Pfeile sind also alle gleichgerichtet, und die resultierende Amplitude wird gleich dem N-fachen der Amplitude der einzelnen Kugelwelle. Beobachtet man jedoch in einer etwas abweichenden Richtung, in der die Kugelwellen, die von benachbarten Atomen stammen, mit kleinen Phasenunterschieden zusammentreffen, so summieren sich die Unterschiede von Atom zu Atom und man erhält zur Überlagerung Pfeile, die wie in Abb. 64 nach allen Richtungen weisen und sich größtenteils gegenseitig vernichten. Dies ist die Erklärung dafür (die in Kap. IV nicht gegeben wurde), warum *nur* in gewissen ausgezeichneten Richtungen Strahlen wahrgenommen werden, obwohl doch jedes Atom nach *allen* Seiten ausstrahlen soll. — Nur in jenen Richtungen, die den wahren Interferenzrichtungen *unmittelbar* benachbart sind, ist die Phasendifferenz zwischen Nachbaratomen so klein, daß bei der Überlagerung aller Kugelwellen noch ein wesentlicher Überschuß an Pfeilen vorhanden

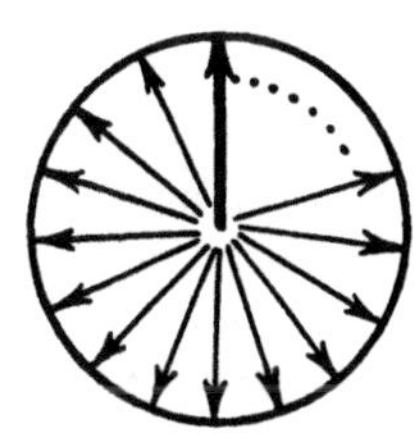

Abb. 64. Vernichtung der atomaren Kugelwellen abseits der Interferenzrichtungen.

ist, die nach einer Seite weisen und sich infolgedessen eine ansehnliche resultierende Amplitude ergibt. Für die Frage der Intensitäten (Lorentzscher Faktor, Kap. X) ist die genaue Untersuchung dieses Übergangs von voller Einseitigkeit zu voller Allseitigkeit von großer Wichtigkeit; hier würde sie zu weit führen.

4. Von der Amplitude einer Welle hängt ihre *Intensität* ab, wie sie bei Röntgenstrahlen, z. B. nach der Stärke der Ionisierung beurteilt wird. Die *Intensität* ist proportional dem *Quadrat der Amplitude*. Die Intensität allein ist der Messung zugänglich, nicht die Phase also äußert sich im experimentellen Befund, nur die *Länge* des resultierenden Pfeiles bei der obigen Konstruktion, nicht seine Neigung. Die Aufgabe der Strukturermittlung wäre bedeutend erleichtert, wenn man auch die Phasen der Interferenzwellen feststellen könnte.

Welcher Art ist nun die *Interferenzerscheinung in einem zusammengesetzten Gitter?* Wir wollen das Gitter aus einfachen Translationsgittern aufbauen und dabei die sehr anschauliche Braggsche Reflexionsauffassung benutzen. In einem einfachen Translationsgitter, sagen wir der Atomsorte A, ist die Geometrie sehr übersichtlich: alle Ebenen einer Schar haben gleiche Abstände. Beim Reflex I. Ordnung an dieser Ebenenschar liegt zwischen den Wirkungen von Nachbarebenen eine volle Wellenlänge Wegunterschied, beim Reflex II. Ordnung zwei usw., wie in Abb. 65 schematisch angedeutet ist.

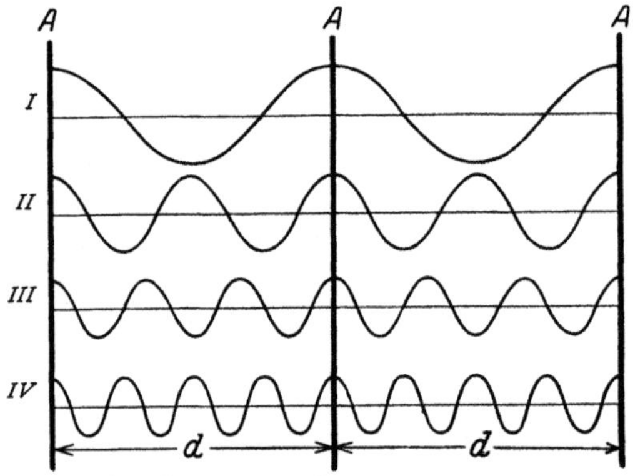

Abb. 65. Gangunterschiede bei Reflexion I. bis IV. Ordnung.

Setzen wir nun *in* das Gitter der Atomsorte A ein kongruentes und paralleles einer zweiten Atomsorte B ein. Es weist dieselbe Ebenenschar auf wie das erste, aber mit einer gewissen Verschiebung, die von der Verschiebung der Gitter gegeneinander abhängt: Zwischen die A-Ebenen, deren Abstand d sei, sind B-Ebenen im Abstand $\delta \cdot d$ eingeschoben, wo δ, das Abstandsverhältnis, eine Zahl kleiner als 1 ist.

Auch die B-Ebenen liefern Reflexe, da für sie die Reflexionsbedingung so gut wie für die A-Ebenen erfüllt ist. Aber während diese eine Welle von der Amplitude A' (proportional der Elektronenzahl des A-Atoms) zurückwerfen, ist sie für jene B'. Zudem ist die Phase der B-Welle eine andere als die der A-Welle. *Da nämlich zwischen den Wirkungen aufeinanderfolgender A-Ebenen für die Reflexion $n$ter Ordnung n volle Wellen-*

längen Wegunterschied bestehen, liegt zwischen jeder A- und der entsprechenden B-Ebene $n \cdot \delta$ Wellenlänge Wegunterschied; auch für die Summe aller B-Reflexe gilt deshalb, daß die B-Welle um den Gangunterschied $\gamma = n \cdot \delta$ gegen die A-Welle verschoben ist.

Die Abb. 66 erläutert den Fall von Ebenen, bei denen $\delta = {}^1/_4$ ist. Schematische Wellenlinien, aus denen das Zusammenwirken der Ebenen für die Reflexe I. bis IV. Ordnung zu sehen ist, sind eingezeichnet. Man erkennt, wie bei diesem Abstandsverhältnis in I. und III. Ordnung *A*- und *B*-Ebenen mit $^1/_4$ bzw. $^3/_4$ Wellenlänge Gangunterschied sich zwar gegenseitig verstärken, aber nicht so vollständig wie möglich. Dies ist vielmehr erst in IV. Ordnung erreicht, wo die *A*- und B-Wellen Berg auf Berg zusammentreffen. In II. Ordnung hingegen arbeiten die *A*- und *B*-Ebenen völlig gegeneinander (Berg auf Tal), so daß bei ungleichen Amplituden eine große Schwächung, bei gleichen Amplituden sogar völlige Aufhebung eintritt. Für den Fall gleicher Amplituden der *A*- und *B*-Ebenen läßt sich in Abb. 67 ein Idealbild der Reflexe aufstellen, wie es zu erwarten wäre, wenn keine weiteren Umstände die Intensitäten beeinflußten als die eben besprochenen. Die Zahlen ergeben sich als Quadrate der Amplituden, die aus den Angaben auf S. 89 zu entnehmen sind; dem Reflex bei völligem Zusammenwirken wurde die Zahl 100 gegeben. Die betrachtete Ebenenanordnung kommt bei den Oktaederebenen des Diamanten vor.

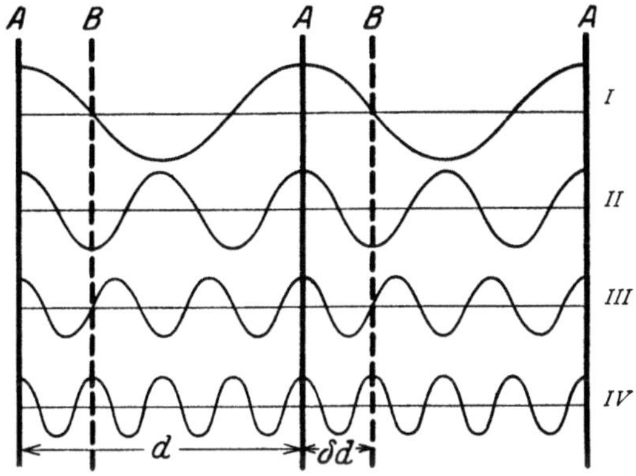

Abb. 66. Gangunterschied an eingeschobenen Ebenen.

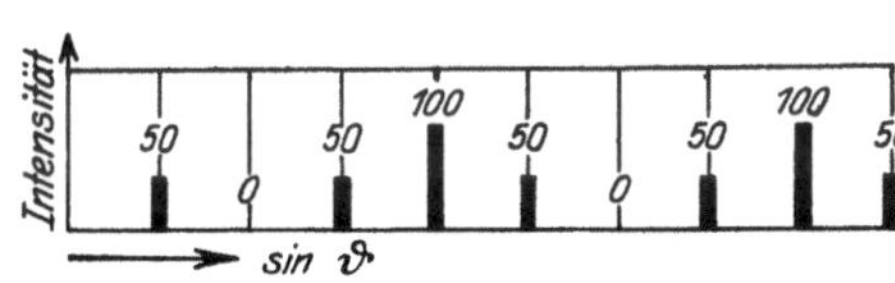

Abb. 67. Ideales Reflexschema zu Abb. 66.

Sind mehr als zwei Translationsgitter ineinander geschoben, so lassen sich die obigen Überlegungen ohne Schwierigkeit erweitern. Sie führen stets auf die Aufgabe, eine Anzahl Wellen von vorgeschriebenen Amplituden und Phasen zu überlagern, was durch die Konstruktion von S. 87 geschieht. *Niemals können durch das Einschieben von Gittern neue Interferenzrichtungen entstehen; höchstens können dadurch, daß Amplituden sich als Null ergeben, Interferenzstrahlen gelöscht werden.*

Eine etwas andere Betrachtung über den Einfluß des zusammengesetzten Gitters wird in Kap. X nötig werden.

Der phasenverschobene Zusammentritt der reflektierten Wellen ist nicht die einzige Ursache, die die Intensität bestimmt. Doch ist der Faktor, der infolge der Phasenzusammensetzung in der Intensität auftritt, der einzige, der deutlich den Einfluß der Struktureinzelheiten widerspiegelt. Man bezeichnet ihn deshalb auch als »*Strukturfaktor*«. Er gibt aber, wie Abb. 67 lehrt, keine Rechenschaft für die Erfahrungstatsache, *daß die Reflexe mit zunehmendem Abbeugungswinkel sehr viel schwächer werden*, wofür die Abb. 47 und 48 als Belege dienen mögen. Es war ein glücklicher Gedanke von W. H. und W. L. Bragg, daß sie die Frage nach der Ursache dieses Abklingens der Beugungserscheinung nach außen hin ausschalteten, indem sie auf Grund ihrer allgemeinen Erfahrung, insbesondere an Steinsalz und isomorphen Kristallen, einen *Normalabfall* aufstellten, wie ihn ein einfaches kubisches Translationsgitter zeigen würde. Sie gaben als Normalintensitäten für die Reflexe erster bis fünfter Ordnung die Zahlenverhältnisse an

$$100 : 20 : 7 : 3 : 1 .$$

Der Gründe für das Schwächerwerden der höheren Ordnungen sind mehrere, die unter den Stichworten Lorentzscher Faktor und Debyescher Faktor später kurz besprochen werden sollen. Eine eingehende Aufklärung würde zu weit führen; auch darf man an die Genauigkeit der obigen Zahlen keine zu hohen Anforderungen stellen, ja, in gewissem Sinne gibt es theoretisch gar nicht einen »Normal«abfall, da die individuellen Eigenschaften der Kristalle und sogar die Elektronenkonfigurationen der Kristallatome mitwirken. Aus diesem Grunde ist der Abfall neuerdings wieder Gegenstand experimenteller und theoretischer Untersuchung geworden.

Um so wichtiger ist es, daß durch die Einführung der obigen annähernd gültigen empirischen Zahlen der Weg zur Strukturbestimmung frei gemacht wurde, ohne daß die theoretische Deutung abgewartet werden mußte. Denn wenn diese Verhältniswerte beim einfachen kubischen Gitter bzw. auch bei jeder anderen *einfachen* Ebenenschar zu erwarten sind, verraten die Abweichungen davon den Einfluß der Struktur und die Mitwirkung eingeschobener Ebenen.

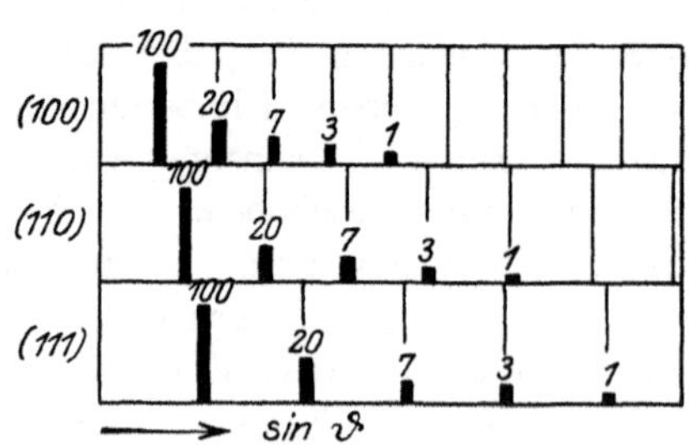

Abb. 68. Reflexschema für kub. Gitter.

Abb. 68 zeigt das *Reflexbild*, das nach diesen Ansätzen *für ein einfaches kubisches Gitter* zu erwarten ist[1]). Die Intensitäten an Würfel-, Dodekaeder- und Oktaederebenen fallen gleichmäßig ab; die ersten Reflexe treten bei Winkeln auf, deren

[1]) In diesem und den folgenden Reflexbildern bedeuten die Zahlen die Intensitäten der Reflexe. Als Ordinaten aufgetragen wurden die Wurzeln aus den Intensitäten (Größe der Amplitude), da der Maßstab Unterschiede wie 100 : 1 nicht zuließ.

Sinus sich wie $1 : \sqrt{2} : \sqrt{3}$ verhalten, da die Abstände der Netzebenen sich umgekehrt verhalten, nämlich wie Würfelkante zu halber Flächendiagonale zu drittel Körperdiagonale des Würfels. Bisher ist kein Stoff (Element) bekannt, der nach dem einfachen kubischen Gitter aufgebaut wäre. Von Sylvin, *KCl*, das in seiner Wirkung auf die Röntgenstrahlen diesem Gitter am nächsten kommt, sind keine guten Meßreihen nach dem Bragg-Verfahren veröffentlicht.

Es ist zweckmäßig, die Reflexbilder, die an kubischen Kristallen erhalten werden, in ein Netz einzutragen — das *Ordnungsnetz* — das für die (100)-, (110)- und (111)-Ebene Maschen enthält, deren Breiten sich wie $1 : \sqrt{2} : \sqrt{3}$ verhalten. Wählt man den Maßstab für $\sin \vartheta$ so, daß der kleinste der an einer der 3 Flächen gemessenen Winkel mit einem Strich des Ordnungsnetzes zusammenfällt, so muß dies auch für alle anderen Reflexe gelten. Man kann deren wahre Ordnung (im gewöhnlichen kubischen Gitter beurteilt) dann sofort ablesen. Die später folgenden Reflexbilder sind derart eingetragen.

Wir gehen nach diesen Vorbereitungen dazu über, die Handhabung der Braggschen Methode an einigen Beispielen von W. H. und W. L. Bragg zu zeigen und wählen dazu zunächst zwei Kristalle, die nur eine einzige Atomart enthalten, die Elemente *Kupfer* und *Diamant*. Beides sind kubische Kristalle der höchsten Symmetrieklasse[1]), sie besitzen alle Symmetrieeigenschaften des Würfels. Der Kupferkristall war äußerlich (wie viele Metallkristalle) schlecht ausgebildet, erwies sich aber nach Abätzen innerlich als einheitlich.

Abb. 69 ist das Reflexbild für Kupfer, wie es W. L. Bragg mit Palladiumstrahlung erhielt. Innerhalb jeder Reihe von Reflexen nimmt die Intensität regelmäßig ab, so weit man das bei der geringen Zahl von Reflexen beurteilen kann. Das spricht dafür, daß in dem Gitter lauter einfache Ebenenscharen vorhanden sind. Die Reflexionswinkel andrerseits schalten das einfache kubische Gitter aus. Denn sucht man die Sinus dieser Winkel in das Ordnungsnetz einzubeziehen, so darf man den Maßstab zum Eintragen des Sinus nicht so wählen, daß der erste Reflex an (100) mit dem ersten Strich des Netzes zusammenfällt. Dadurch würde nämlich der erste Reflex an (111) in die Mitte der ersten Masche für diese Ebene fallen. Erst der doppelte Maßstab für $\sin \vartheta$ bringt, wie in Abb. 69

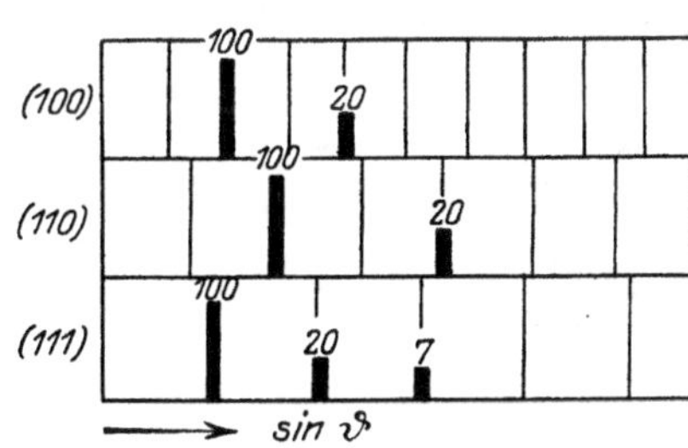

Abb. 69. Reflexschema für Kupfer.

[1]) Bei Diamant war das lange zweifelhaft. Die sehr sorgfältige Dissertation von v. d. Veen (Delft 1911) führte zur Einweisung in die kubische Holoedrie.

gezeichnet, alle Reflexe auf Maschen des Netzes. Es treten dann folgende Reflexe auf:

an (100)	2. u. 4. Ordnung,	während verschwunden sind:	1. u. 3. Ordnung
» (110)	2. » 4.	» » » »	1. » 3. »
» (111)	1. bis 3.	» » » »	keine.

Das Verschwinden der Reflexe erster und dritter Ordnung an (100) und 110) ist gemäß den Überlegungen von S. 91 offenbar so zu erklären, daß zwischen die (100)- bzw. (101)-Ebenen des einfachen kubischen Gitters gleichstark besetzte Ebenen *mitten* eingeschoben sind ($\delta = {}^1/_2$).

Die weitere Strukturermittlung wäre schwierig, hätte man nicht die *absolute* Messung der Ebenenabstände (100). Der erste Reflex an der Würfelfläche, den wir nun als von zweiter Ordnung ansprechen, trat unter dem Winkel $18^0\,50'$ auf, die Wellenlänge von Palladium-K-Strahlung ist 0,58 Å. Aus der Formel $2 \cdot \lambda = 2d \sin\vartheta$ berechnet man den Abstand d der Würfelflächen, der identisch ist mit der Würfelkante a:

$$a = \frac{\lambda}{\sin\vartheta} = 3{,}61\ \text{Å}.$$

Andrerseits ist die Dichte von Kupfer etwa 8,96, sein Atomgewicht 63,57, und es ergibt sich für die Zahl der Basisatome

$$X = \frac{8{,}96 \cdot (3{,}61 \cdot 10^{-8})^3}{63{,}57 \cdot 1{,}64 \cdot 10^{-24}} = 4{,}06,$$

das ist innerhalb der Meßgenauigkeit: vier. Es müssen demnach *vier* einfache kubische Gitter so ineinandergestellt werden, daß die Abstände von Würfel- und Dodekaederebenen halbiert werden, die der Oktaederebenen sowie die Gesamtsymmetrie erhalten bleiben. Wie dies zu erreichen ist, zeigt die Abb. 70: das *flächenzentrierte kubische Gitter* hat die verlangten Eigenschaften. Überdies hat dies Gitter, da es bei Einführung geeigneter Achsen auch als einfaches Translationsgitter aufgefaßt werden kann (Abb. 19b auf S. 28), nur Folgen von unter sich gleichartigen Ebenen. Der regelmäßige Intensitätsabfall im Reflexbild ist damit verbürgt.

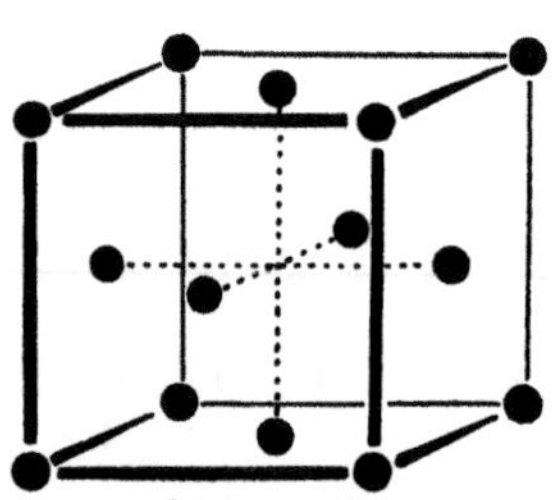

Abb. 70. Kupfer.

Wie *Kupfer* kristallisieren eine ganze Reihe anderer metallischer Elemente im flächenzentrierten kubischen Gitter. Davon sind die zu Kupfer isomorphen *Silber* und *Gold* von Vegard nach der Braggschen Methode untersucht worden. Bei anderen Metallen, die weniger gut kristallisieren, wurde die gleiche Struktur nach der Debye-Methode von Hull gefunden.

Überdies hat sich herausgestellt, daß das flächenzentrierte Gitter besonders häufig dem Aufbau auch bei komplizierten Strukturen zugrunde liegt. Es ist deshalb gut, sich das Reflexbild Abb. 69 mit den kennzeichnenden Abstandsverhältnissen der Reflexe einzuprägen.

Diamant gehört ebenfalls zu den ersten von den Braggs erforschten Kristallen. Sein Reflexbild zeigt Abb. 71. Die Messungen waren nicht sehr genau, da Lauebilder zur Kontrolle der Struktur benutzt wurden, die eine größere Sorgfalt überflüssig machten. Nur die beiden ersten Reflexreihen fallen regelmäßig ab; die (111)-Reflexe hingegen zeigen eine Abweichung, insofern die Intensität der zweiten Ordnung Null ist. Hier macht sich in charakteristischer Weise ein Struktureinfluß geltend. Wie aus dem Beispiel auf S. 91 hervorgeht, ist der Ausfall der zweiten Ordnung dadurch zu deuten, daß zwei Scharen gleichbelasteter (111)-Ebenen im Abstandsverhältnis $\delta = {}^1/_4$ vorhanden sind. Die Winkel der ersten Reflexe an (100), (110) und (111) sind: 20,3°, 14,35°, 8,3°; ihre Sinus 0,347, 0,251, 0,145 stehen nahezu im Verhältnis von $4 : 2\sqrt{2} : \sqrt{3}$. Die Einordnung in das Ordnungsnetz ist also nach Abb. 71 vorzunehmen; würde der Maßstab von $\sin\vartheta$ verkleinert, so träfe der erste Reflex an (111) nicht mehr auf einen Strich. Es sind mithin beobachtet:

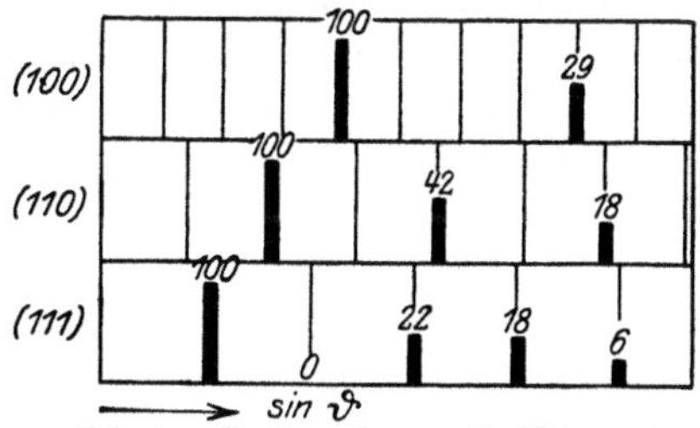

Abb. 71. Reflexschema für Diamant.

an {111}	Reflexe	1., –., 3., 4., 5.	Ordnung
» {110}	»	2., 4., 6.	»
» {100}	»	4., 8.	»

Der Ausfall der Reflexe ungerader Ordnung an (110) und (100) deutet wieder auf die eingeschobenen Ebenen, die beim flächenzentrierten Gitter vorhanden sind. Außerdem fällt aber zweite und sechste Ordnung an (100) und zweite Ordnung an (111) aus.

Hier hilft wieder die Untersuchung der Atomzahl der Basis weiter.

Aus dem ersten Reflexwinkel an (100) von 20,3° folgt (*RhKα* Strahlung, $\lambda = 0{,}607$ Å, Reflex vierter Ordnung) wegen $4 \cdot \lambda = 2a \sin\vartheta$

$$a = 3{,}35 \text{ Å}.$$

Daher wird mit dem spezif. Gewicht 3,50 und dem Atomgewicht 12

$$X = \frac{3{,}50}{12} \cdot \frac{(3{,}35)^3 \cdot 10^{-24}}{1{,}64 \cdot 10^{-24}} = 7{,}9,$$

also sehr nahe 8. Diese Zahl von Atomen für den Grundwürfel stimmt gut zu der oben gezogenen Folgerung, daß das flächenzentrierte Gitter zugrunde liegt, das 4 Atome zum Grundwürfel beiträgt: *zwei* solche Gitter müssen ineinander gestellt sein.

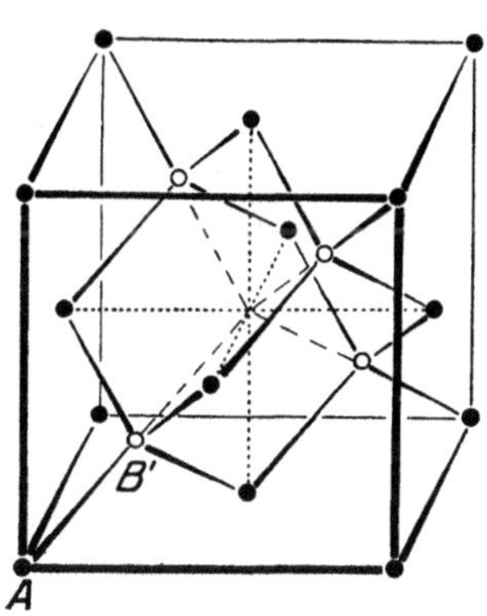

Abb. 72. Diamant (auch Zinkblende *ZnS*).

Nennen wir das eine flächenzentrierte Gitter das *A*-, das andere das *B*-Gitter. In

Abb. 72 sind die A-Punkte ausgefüllt, die B-Punkte leer. Aus dem Ausfallen der zweiten Ordnung an (100) ergibt sich, daß zwischen die Würfelebenen des A-Gitters, die den Abstand $a/2$ haben, die B-Punkte *mitten* eingeschoben werden müssen. Der Anfang des B-Gitters muß also in der Ebene liegen, die der linken Seitenfläche des Würfels im Abstand $a/4$ parallel läuft. Andrerseits dürfen nach Ausweis des Reflexschemas keine neuen (110)-Ebenen durch das Einschieben auftreten. Der Anfangspunkt B' muß also zugleich in einer schon durch das A-Gitter besetzten Dodekaederebene liegen, z. B. in derjenigen senkrechten Ebene, die durch die beiden A-Punkte geht, welche Vorder- und linke Seitenfläche des Würfels zentrieren. Beide geometrischen Örter zusammen binden B' an die Vertikale, die durch die Mitten der beiden linken vorderen Achtelwürfel der Abb. 72 geht.

Die kubische Symmetrie des Diamanten verlangt nun, daß in den Richtungen der vier Körperdiagonalen des Würfels dreizählige Symmetrieachsen vorhanden sind. Zum Beispiel ist die von A' ausgehende Körperdiagonale des angrenzenden Teilwürfels eine dreizählige Achse für das A-Gitter. Diese schneidet sich mit dem geometrischen Ort für B' im Mittelpunkt des Teilwürfels. Würden wir B' innerhalb dieses Teilwürfels an eine andere Stelle der vertikalen Geraden legen als in den Schnittpunkt mit der dreizähligen Achse, so müßten zugleich zwei weitere B-Punkte in diesen Würfel eingefügt werden. Das widerspricht der Forderung, daß die B-Punkte ein flächenzentriertes Gitter bilden sollen. Es bleibt also allein der Mittelpunkt als mögliche Lage für B', falls es überhaupt innerhalb des ersten Teilwürfels liegt, was aber, wie man leicht sieht, keine Beschränkung bedeutet. Das B-Gitter geht dann aus dem A-Gitter durch eine *Verschiebung von* $^1/_4$ *der Körperdiagonale* des großen Würfels (des Grundbereiches) hervor.

Die Abbildung 72 läßt die Lage der übrigen B-Punkte sehen, soweit sie zum Grundwürfel gehören (vergl. auch Abb. 73). Man erkennt die bedeutsame Eigentümlichkeit, daß *die Kohleatome im Diamant derart angeordnet sind, daß jedes Atom von vier Nachbarn umgeben ist, die wie die Ecken eines regulären Tetraeders zu dessen Mittelpunkt liegen.* Man vermag in dieser Struktur die unmittelbare Aneinanderkettung van 't Hoffscher Tetraederatome vor sich zu sehen.[1]) Als Abstand von Atom zu Atom ergibt sich mit dem oben bestimmten Wert für die Würfelkante

$$C \rightarrow C = \frac{\sqrt{3}}{4}\, a = 1{,}53\ \text{Å}.$$

[1]) In der Tat ist das Diamantgitter schon 1891 von A. Nold aus der Anschauung gefolgert worden, daß kristallisierte Elemente infolge der Valenzkräfte zusammenhalten. Unsere Kenntnisse über diese Kräfte sind aber so gering, daß die weitere Anwendung seines Prinzips Hrn. Nold zu Behauptungen über die Struktur anderer Elemente führte, die durch die neuen Untersuchungsmethoden völlig widerlegt sind. Infolgedessen blieb seine Arbeit ohne Einfluß auf die weitere Entwicklung. — Auch Schoenflies hat kurz vor der Braggschen Arbeit auf das richtige Gitter für Diamant hingewiesen (gelegentlich des Nernstschen Vortrags beim Göttinger Kongreß 1913).

Das ist der kleinste bisher festgestellte Abstand selbständiger, d. h. nicht zu einem »Radikal« verbundener Atome.

Abb. 73 zeigt ein Modell des Diamantgitters, das über den Grundwürfel etwas hinausgeht. Der Grundwürfel ist eingezeichnet worden; er steht auf der Spitze und die 111-Ebenen liegen horizontal. Man beachte ihre Abstandsfolge mit dem Verhältnis $\delta = {}^1/_4$.

Die Koordinaten der Basis des Diamantgitters, bezogen auf rechtwinklige kubische Achsen, sind:

$$A\text{-Atome:} \left\{ \begin{array}{ccc} 0 & 0 & 0 \\ 0 & {}^1/_2 & {}^1/_2 \\ {}^1/_2 & 0 & {}^1/_2 \\ {}^1/_2 & {}^1/_2 & 0 \end{array} \right.$$

$$B\text{-Atome:} \left\{ \begin{array}{ccc} {}^1/_4 & {}^1/_4 & {}^1/_4 \\ {}^1/_4 & {}^3/_4 & {}^3/_4 \\ {}^3/_4 & {}^1/_4 & {}^3/_4 \\ {}^3/_4 & {}^3/_4 & {}^1/_4 \end{array} \right.$$

Führt man hingegen die schiefwinkligen Translationen des flächenzentrierten kubischen Gitters ein (Abb. 19 b), so besteht die Basis nur aus den zwei Atomen

$$\left\{ \begin{array}{ccc} 0 & 0 & 0 \\ {}^1/_4 & {}^1/_4 & {}^1/_4 . \end{array} \right.$$

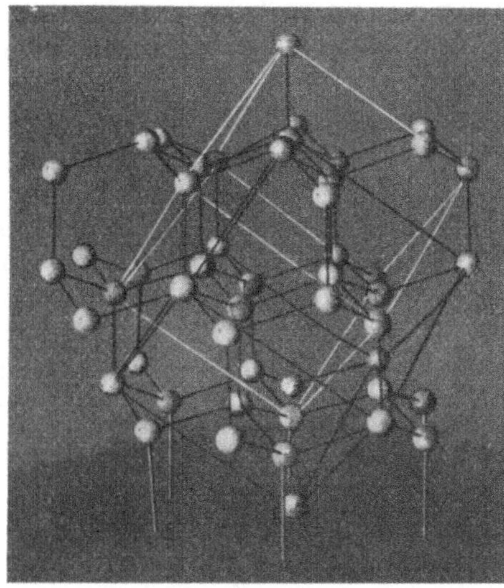

Abb. 73. Diamantmodell. Die eine Würfeldiagonale steht senkrecht, man blickt schräg von oben auf die Oktaedernetzebenen. Die langen weißen und schwarzen Fäden zeigen die gegeneinander um ${}^1/_4$ der Diagonale verschobenen Grundwürfel der beiden flächenzentrierten Gitter.

Eine gewisse Verwandtschaft mit dem Reflexbild von Diamant zeigt das von *Zinkblende*, *ZnS*. Zinkblende kristallisiert auch kubisch, gehört aber einer hemiedrischen Klasse an. Der Vergleich von Abb. 74 mit Abb. 71 läßt erkennen, daß an (100) das Spektrum zweiter Ordnung zwar nicht wie bei Diamant völlig unterdrückt, aber gegenüber dem Normalbild des flächenzentrierten Gitters (Abb. 69) stark herabgesetzt ist. Das gleiche Verhalten zeigt sich an der zweiten Ordnung von (111). Die Deutung ist die, daß in Zinkblende die Atomlagen zwar die gleichen sind wie in Diamant, doch kann das eingeschobene Gitter (B der Abb. 72), das hier aus Schwefelatomen besteht (wenn die A-Atome Zink sind),

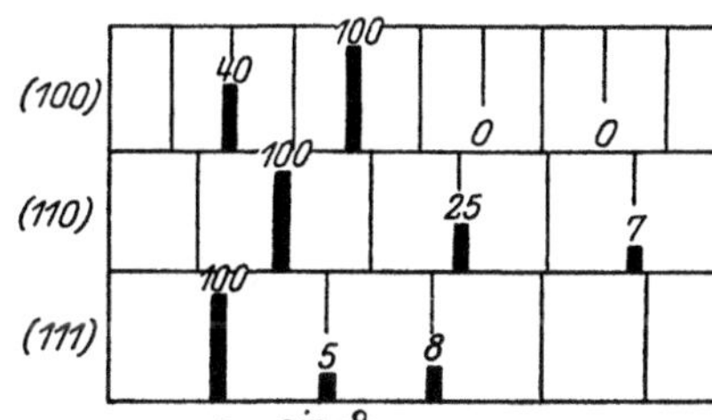

Abb. 74. Reflexschema für Zinkblende.

wegen des geringeren Streuungsvermögens seiner Atome die Wirkungen des A-Gitters nicht völlig aufheben. Die Reflexe in zweiter Ordnung an (100) und (111) stellen die Differenzwirkung der verschieden schweren — im übrigen aber kongruenten — Atomgitter aus Zn und S dar. In die Erklärung dieses Reflexbildes geht also der Ansatz über die Abhängigkeit des Streuungsvermögens von der Ordnungszahl der Atome ein. Hingegen findet sich von den ungeraden Ordnungen an (100) und (110) keine Spur, weil schon im einzelnen Zn- bzw. S-Gitter diese Ordnungen unterdrückt sind. Die Abb. 72 und 73 gelten auch für Zinkblende, sofern unter den hellen und dunklen Atomen die flächenzentrierten Gitter A und B aus Zn und S verstanden werden.

Das so erhaltene Gitter zeigt die kristallographische Symmetrie von Zinkblende. Ihr wesentlicher Unterschied von derjenigen des Diamant besteht darin, daß die dreizähligen Symmetrieachen bei ZnS »polar«, d. h. die beiden Fortschreitungsrichtungen auf solcher Achse nicht gleichwertig sind. In der Tat besteht die (111)-Netzebenenschar aus Ebenen, die abwechselnd nur Zn- oder nur S-Atome enthalten und die sich in ungleichen Abständen folgen:

$$— Zn — S ——— Zn — S ——— Zn — S ——— Zn — S — \ldots$$

Man kann an den Abständen zwischen den beiden Richtungen $\rightarrow$ und $\leftarrow$ unterscheiden. Physikalisch äußert sich die Polarität der Achse darin, daß bei Druck oder Erwärmung ein Ende (und zwar stets das gleiche) der Achse positiv, das andere negativ elektrisch wird. Das ist bei Diamant aus Symmetrie unmöglich, da alle C-Atome gleichartig sind.

Das Zinkblendegitter ist vom Standpunkt der Valenzkräfte so unerwartet wie möglich. Die Einlagerung jedes Zink- zwischen vier Schwefelatome und umgekehrt ist hier so unverträglich mit der ausgesprochenen Zweiwertigkeit von Zn und S, wie das Gegenstück bei den Kohleatomen einleuchtend ist. Es ist offenbar, daß nicht der alte chemische Valenzbegriff die Vorbereitung zum chemischen Verständnis solcher Strukturen schafft.

Wie irreführend vielmehr die Anwendung des Valenzbegriffes ist, dafür möge folgende Bemerkung dienen. Kohle wie Zinksulfid ZnS kristallisieren außer in der kubischen noch in einer hexagonalen Modifikation: diese als Graphit, jenes als »Wurtzit«. Nichts liegt bei Kohle näher als anzunehmen, daß sich mit Tetraederatomen auch eine hexagonale (bzw. rhomboedrische) Struktur aufbauen läßt, und daß nach dieser Graphit kristallisiert. In der Tat existiert eine solche Anordnung (Abb. 120). Aber *Graphit* hat diese Struktur nicht (vgl. Abb. 99), wohl aber liegen die Zn- und S-Atome des *Wurtzit* in dieser Anordnung!

Flußspat, CaF_2, welcher der kubischen Holoedrie angehört, zeigt ein Reflexbild, das sich von dem des Diamanten kaum unterscheidet. Die Würfelkante ergibt sich zu 5,45 Å, die Anzahl Moleküle im Würfel zu 4. Wegen der chemischen Formel sind hier außer den 4 Metallatomen 8 weitere

Atome unterzubringen — nicht nur 4, wie bei ZnS — und zwar wegen des Verschwindens zweiter Ordnung an (100) und (111) offenbar nach den gleichen Prinzipien, wie in den beiden vorangehenden Fällen. Als Lösung ist einleuchtend, daß in CaF_2 nicht nur 4 von den Teilwürfeln der Abb. 69 besetzt werden, sondern alle 8. Das führt zum Gitter Abb. 75.

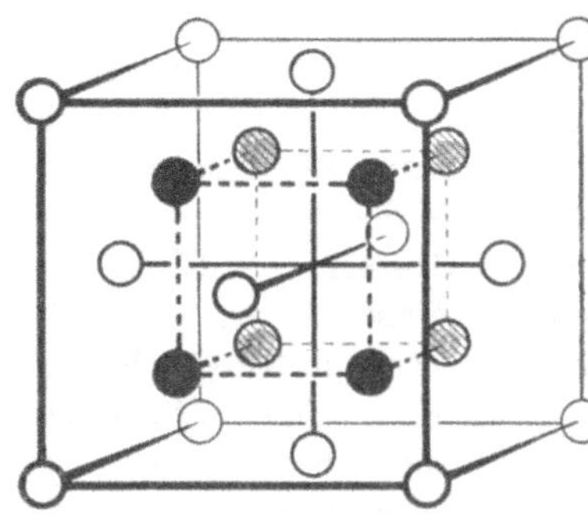

Abb. 75. Flußspat CaF_2.

Gegenüber Zinkblende besteht der Unterschied, daß die Struktur um jedes Metallatom zentrisch symmetrisch ist. Jedes *Ca* hat jetzt 8 gleich weit entfernte *F*-Nachbarn. Dementsprechend fällt die Polarität der dreizähligen Achse fort, obwohl Netzebenen mit verschiedenen Atomsorten sich folgen. Die Oktaederebenen haben nämlich die Anordnung

$$\ldots F - Ca - F - - F - Ca - F - - F - Ca \ldots;$$

jede *Ca*-Ebene ist rechts wie links von einer *F*-Ebene im Abstandsverhältnis $\delta = {}^1/_4$ begleitet. Diese Abänderung zugleich mit der Verschiedenheit des Ausstrahlungsvermögens von *Ca* ($Z = 20$) und *F* ($Z = 9$) bewirkt wieder das völlige Ausfallen der zweiten Ordnung an (111). Die *beiden* *F*-Ebenen, die bei der zweiten Ordnung mit $\lambda/2$ Gangunterschied *gegen* die *Ca*-Ebenen arbeiten (die eine mit $\lambda/2$ Voreilung, die andere um $\lambda/2$ später), heben deren Reflex gänzlich auf. Hierin erblicke man eine Bestätigung für die von Bragg aufgestellte Proportionalität zwischen Ausstrahlungsvermögen und Ordnungszahl des Atoms (S. 86).

Die bisher besprochenen Strukturen zeichnen sich durch eine Eigenschaft aus, die wir kurz so bezeichnen: sie sind »*parameterfrei*«. Darunter ist folgendes zu verstehen: Wenn beim Kupfer in das gewöhnliche kubische Gitter drei weitere eingeschoben werden, wenn bei Diamant und Zinkblende in ein flächenzentriertes ein weiteres solches, bei Flußspat deren zwei eingefügt werden, so sind die Verschiebungen durch die Symmetrie völlig bestimmt. Es ist sicher, daß die Verschiebung in den letzteren Fällen ${}^1/_4$ der Diagonale beträgt und nicht etwa 0,251. Zwar würde eine so kleine Abänderung der Verschiebung die im Reflexbild auftretenden *Intensitäten* nicht wesentlich beeinflussen, und aus den wenigen und nur mäßig genauen Intensitätsmessungen wäre der Abstand nicht mit derartiger Schärfe zu verbürgen. Aber die Symmetrieachsen, die in dem Gitter vorhanden sein müssen, würden bei anderm Verschiebungswert sofort eine Vervielfältigung der einzusetzenden Gitterpunkte über das wegen der Dichte zulässige Maß hinaus bedingen, die nur dann fortfällt, wenn der Gitterpunkt *genau* in den Schnittpunkt mehrerer Symmetrieelemente gelegt wird (vgl. S. 96). Auch wenn eine Temperaturerhöhung oder allseitiger Druck eine Gestaltsänderung des Gitters hervorruft, ohne ihm die Symmetrie zu nehmen, muß der relative Abstand $^1/_4$ erhalten bleiben.

Anders in einem Gitter, das einen »*Parameter*« enthält, d. h. eine Zahl (oder »Koordinate«), von deren Wert die Atomlage abhängt, die selbst aber nicht durch Rücksichten der Symmetrie festgelegt ist. *Der Wert eines solchen Parameters muß aus den Intensitäten der Interferenzen bestimmt werden.* Das ist verhältnismäßig einfach, wenn allein *ein* Parameter auftritt — wenn aber zwei und mehr Parameter gleichzeitig bestimmt werden müssen, steigen die Schwierigkeiten schnell an.

Als Beispiele für Gitter mit einem Parameter seien die beiden tetragonalen Kristallformen von TiO_2 angeführt, *Rutil* und *Anatas*, die von Vegard nach der Braggschen Methode bestimmt wurden. Beide Kristalle gehören ein- und derselben Klasse an, der tetragonalen Holoedrie, unterscheiden sich aber sehr ausgesprochen in ihren Achsenverhältnissen: Rutil ist flachgedrückt mit $c/a = 0{,}644$, Anatas mit $c/a = 1{,}778$ hochgestreckt (daher sein Name vom griech. ἀνάτασις = Ausstreckung nach oben). Den Strukturbildern Abb. 76 u. 77 liegen Achsen zugrunde, die dieselben Verhältnisse aufweisen. Im *Rutil* bilden die *Ti*-Atome ein »körperzentriertes tetragonales Gitter«, d. h. zwei einfache Gitter, von denen das eine seinen Anfangspunkt in einem Eckpunkt, das andere im Körpermittelpunkt der gezeichneten Grundzelle hat. Es stellt sich nun aus dem allgemeinen Charakter des Reflexbildes heraus, daß die Sauerstoffatome gegen die Titanatome in Richtung der Diagonalen der Basisfläche verschoben sein müssen, und wegen der Anzahl, die im Grundbereich untergebracht werden muß, ist schließlich nur die Anordnung von Abb. 76 möglich, nach der in aufeinanderfolgenden Netzebenen senkrecht zur c-Achse die beiden Diagonalenrichtungen abwechselnd besetzt sind. Die Symmetrie führt hier nur dazu, die *O*-Atome auf die gestrichelten Diagonalen zu binden (welche zweizählige Symmetrieachsen sind) —, aber ihr Abstand vom nächsten *Ti*-Atom, das auf derselben Geraden liegt, bleibt unbestimmt. Das eben ist der »Parameter«. Natürlich ist die genaue Lage der Sauerstoffatome von wesentlichem Einfluß auf die Intensitäten der Interferenzen — z. B. wird in Rutil die Folge der Netzebenen (100) wesentlich dadurch bestimmt und damit auch der Abfall der Reflexintensitäten an (100). So entnahm umgekehrt Vegard aus den Intensitäten als Wert für diesen Abstand 1,99 Å, das ist etwas weniger als $^1/_3$ der Flächendiagonale. Diese Verschiebung ist aber (im Gegensatz zu dem früher besprochenen) mit einer Meßungenauigkeit behaftet und kann bei Temperaturausdehnung ihren Wert ändern.

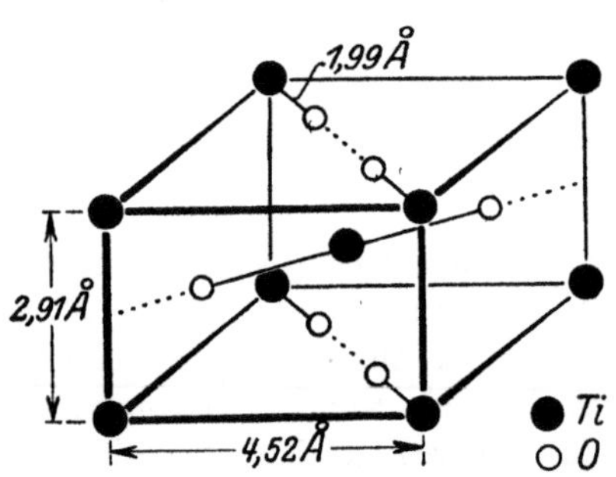

Abb. 76. Rutil TiO_2.

Ähnlich liegen die Dinge bei *Anatas*, Abb. 77. Die *Ti*-Atome bilden hier zwei flächenzentrierte Gitter, die wie bei Diamant ineinandergestellt sind. (In der Abbildung sind die vier Atome des »hineingestellten« Gitters durch Strichelung zu einem Tetraeder verbunden.) Die Sauerstoffatome befinden sich senkrecht über und unter jedem *Ti*. Sie sind durch Symmetrie und Anzahl an diese Geraden gebunden, aber ihr Abstand vom *Ti*, der von Vegard zu 1,95 Å oder etwa $^1/_5$ der Hauptachse *c* angegeben wird, ist der Parameter der Struktur, der aus den Intensitäten der Spektren entnommen werden muß.

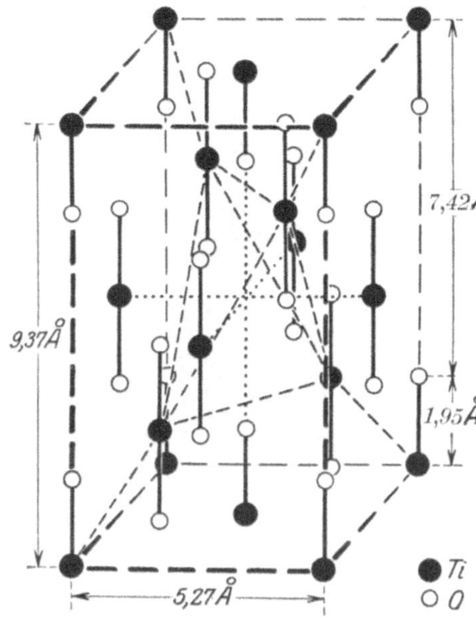

Abb. 77. Anatas TiO_2.

Ein zweiparametriges Strukturproblem liegt z. B. dann vor, wenn die Lage einer Atomsorte durch Symmetrie nur an eine Ebene gebunden wird — statt wie in den vorigen Beispielen an eine Gerade. Oder wenn zwei Atomarten je an eine Gerade gebunden sind, ohne daß ihre genaue Lage bestimmt wäre. Je höher die Symmetrie eines Kristalles, um so mehr einschränkende Bedingungen ergeben sich aus ihr und der Molekülzahl der Basis, und um so größer sind die Aussichten, bei der Strukturermittlung Erfolg zu haben.

Eine schärfere Bestimmung von Parameterwerten als aus Messungen nach der Braggmethode ist aus Laueaufnahmen möglich (vgl. übernächstes Kapitel).

Neuntes Kapitel.

Die Lauemethode und die Bezifferung der Lauebilder.

Die ursprüngliche Anordnung, die W. Friedrich und P. Knipping benutzt haben, um die von Laue vermutete Erscheinung nachzuweisen, ist in Abb. 78 abgebildet (vgl. die schematische Abb. 43). Das Original befindet sich jetzt im Deutschen Museum in München.

Man erblickt ganz links die Röhre, ihr gegenüber einen Schirm aus 5 mm dickem Blei, der den Hauptteil der Strahlen vom eigentlichen

Apparat fernhält und nur durch eine Durchbohrung einen Strahl auf die Doppelblende fallen läßt, welche dahinter auf einem eigenen Fuß steht. Sie besteht aus einem Messingkästchen von 6 cm Länge, dessen Vorderfläche durch Bleiblech mit einer Bohrung von 2 mm Durchmesser bedeckt ist, während die Hinterseite die Blende trägt, die die eigentliche Strahlenbegrenzung liefert: In einer Bleischeibe von 10 mm Dicke befinden sich drei Bohrungen von 1,5, 0,75 und 0,4 mm Durchmesser, die je nach Bedarf in den Strahlengang gedreht werden können. Durch drei Stellschrauben an der Scheibe ist dafür gesorgt, daß die Achse der Bohrung dem Strahl genau parallelgestellt werden kann, so daß sein Querschnitt kreisförmig wird. In etwa 4 cm Abstand von dem Austritt aus der Blende und etwa 35 cm von der Antikathode entfernt trifft der Strahl den Kristall, der auf einem Goniometer mit Klebwachs befestigt ist. In einiger Entfernung dahinter (2,5 bis 7 cm) steht, in einen schwarzen Umschlag oder in die Kassette mit Verstärkungsschirm gesteckt, die photographische Platte. Sehr wesentlich ist völlige Abschirmung von Streustrahlung. Die Bleiwand vor der Röhre genügt hierzu keineswegs, da ja die ganze Luft und die Zimmerwände solche Strahlung auf die Platte schicken würden. Darum ist über die ganze Einrichtung ein Bleikasten (Wandstärke 3 mm) herabzulassen, der mit Gegengewicht an einem Galgen hängt und dicht in die umgebörtelten Ränder der Grundplatte aus Bleiblech eingleitet.

Abb. 78. Apparat von LAUE-FRIEDRICH-KNIPPING.

Um die Einstellung bequem vorzunehmen, stand ein- für allemal ein Fernrohr am andern Ende des Zimmers, dessen optische Achse zum »Auffädeln« der Blenden diente. Dies konnte optisch ausgeführt werden, indem eine mattierte Glühlampe an die Stelle der Röhre gebracht wurde. Erst wenn die Blenden ausgerichtet waren, wurde die Röntgenröhre so eingestellt, daß der Brennfleck der Antikathode ebenfalls auf der Fernrohrachse lag. Zu dem Zweck wurde zwischen Fernrohr und Blenden ein kreisrundes Stückchen Leuchtschirm, das in der Mitte mit einer feinen Bohrung versehen war, ebenfalls auf die optische Achse aufgefädelt; sodann wurde die Röhre in Gang gesetzt und in ihrem Halter so lange verschoben, bis das von der Blende entworfene Bild auf dem Leuchtschirm ein zu der Bohrung konzentrischer Hof war. Außerdem diente das Fernrohr zur genauen Einstellung der Kristallplatte. Die Ablesung am Goniometer war nur für den Winkel in der Horizontalebene möglich und auch kaum genau genug, um exakt-symmetrische Bilder zu erzielen, wobei der Kristall auf Minuten genau ausgerichtet werden muß. Die Feineinstellung geschah, indem der Kristall vom Fernrohr her (durch ein vor der Mitte des Objektivs angebrachtes Spiegelchen) beleuchtet und der Reflex seiner Fläche im Fernrohr beobachtet wurde. Bei natürlichen Begrenzungsflächen war die richtige Einstellung hierdurch verbürgt; bei (meist mit Fehlern im Betrag von $1-3^0$) angeschliffenen Flächen konnte nach einer Probeaufnahme die Stellung gut verbessert werden.

Die Zinkblendeplättchen, die zu den klassischen Aufnahmen benutzt wurden, hatten eine Dicke von $^1/_2$ mm und eine Fläche von 1 cm^2. Doch lassen sich erheblich kleinere Kristalle benutzen — so gelang es mit diesem Apparat einen Graphitkristall von etwa 4 mm^2 Oberfläche und einer Dicke von schätzungsweise $^1/_{10}$ mm zu verwerten, freilich bei etwa 6000 Milli-Ampère-Minuten Belichtung. Die normale Belichtung betrug ohne Verstärkungsschirm etwa 1500—2000 M.A.M., dauerte also bei $4^1/_2$ M.A. 6—7 Stunden. Die Röhrenhärte wurde zwischen 4 und 10 cm Parallelfunkenstrecke (zwischen Spitzen) gewählt.

Der Friedrich-Knippingsche Apparat erlaubt zwar eine ausgezeichnet scharfe Einstellung und hat Bilder von einer Vollendung ergeben, die von keinem andern Apparat übertroffen worden ist (vgl. Abb. 44, 45, 82). Aber infolge der scharfen Ausblendung und der großen Abstände zwischen Antikathode und Kristall arbeitet er unökonomisch. Eine wesentlich bessere Ausnützung der Röntgenstrahlquelle hat F. Rinne in Leipzig erzielt. Bei seiner Anordnung, von der Abb. 79 einen Eindruck gibt, gruppieren sich 3 oder 4 Laueapparate oder Spektrographen um dieselbe Röhre — eine Lilienfeldröhre —, deren Antikathode von oben herunterragt und in einer horizontalen Ebene endet. Die Röhre ist mit Porzellanisolatoren in einen großen Bleikasten montiert, der nur durch Fenster Strahlen auf die Apparateblenden fallen läßt. Streustrahlung der Luft und schädliche Folgen der Bestrahlung für den Beobachter sind hierdurch möglichst unterdrückt. Die Interferenzapparate sind schräg aufgestellt, so daß als Hauptstrahl ein schräg abwärts streifend aus der Antikathode austretender Strahl benutzt wird. Der streifende Austritt bringt, wie S. 55 erwähnt, den Vorteil höherer Flächenhelligkeit mit sich und ist deshalb auch von anderen Forschern oft benutzt worden. Die Entfernung Antikathode—Kristall beträgt bei Rinne etwa 25 cm. Um die etwas lästige schräge Aufstellung eines Goniometers zu ersparen, werden die Kristallplättchen unmittelbar auf die sorgfältig abgeschliffene

Endfläche der Doppelblende angelegt und mit Wachs aufgekittet. Die Einfachheit dieser Aufstellung wird freilich mit der Unmöglichkeit erkauft, eine Korrektur an der Kristallstellung anders vorzunehmen, als durch Neuschleifen der Auflagefläche des Kristalls. Die meisten mit diesem Apparat hergestellten Aufnahmen sind daher nicht so exakt symmetrisch wie die Friedrichschen. Dafür ist die Herabsetzung der Belichtungszeit gegenüber der Friedrichschen Anordnung selbst bei der einzelnen Aufnahme bedeutend (abgesehen davon, daß mehrere gleichzeitig angefertigt werden können). Unter Verwendung eines Verstärkungsschirmes (vgl. S. 63) und bei Belastung der Lilienfeldröhre mit 8 M.A. genügen zu vollbelichteten, äußerst punktreichen Aufnahmen Belichtungszeiten von $^1/_4$ bis $^1/_2$ Stunde. ($^1/_4$ Stunde zu 8 M.A. gibt 120 M.A. Setzt man den Verstärkungsschirm mit dem Faktor 8, die Verringerung der Entfernung mit $(35/25)^2 = 2$ in Rechnung, so entspricht diese Belichtung einer Friedrichschen von 1900 M.A.M.)

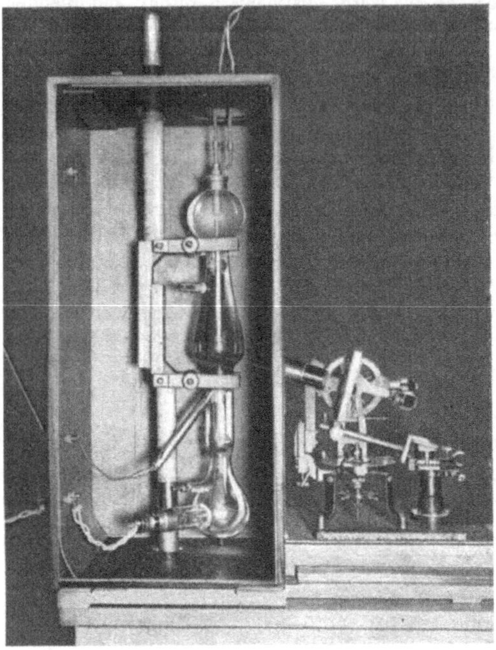

Abb. 79. Teil der Laue-Apparatur nach F. Rinne.

Sollen Laueaufnahmen quantitativ verwertet werden, so müssen vor allem die Ordnungen der auftretenden Interferenzen festgestellt werden: *Das Bild muß beziffert werden.* Hierbei bewährt sich die von W. L. Bragg eingeführte Vorstellung von der Reflexion an den (inneren) Netzebenen des Kristalls aufs beste. Es zeigt sich, daß die Reflexe sich auf Kreise (genauer Ellipsen) einordnen lassen, und daß *alle Reflexe auf dem gleichen Kreis von solchen Flächen herrühren, die eine »Zone« bilden*, d. h. eine Richtung, die *»Zonenachse«*, gemeinsam haben.

Um dies einzusehen, überlege man erst (Abb. 80), daß bei der Reflexion des Strahles P an einer Ebene E der Winkel, den eine beliebige Gerade ZZ' der Ebene mit dem einfallenden Strahl P einschließt, gleich dem Winkel zwischen ihr und dem reflektierten Strahl R ist. [$\sphericalangle (RZ) = \sphericalangle (R'Z') = \sphericalangle (PZ')$ aus Symmetrie.] Hält man die Richtungen P und Z und damit den Winkel zwischen beiden fest, dreht aber die Ebene um letztere, so muß also der reflektierte Strahl R auf einem Kreiskegel um Z liegen, dessen Öffnungswinkel gleich dem Winkel (P, Z') ist. Bei der Drehung um ZZ' nimmt die Ebene E aber alle Lagen an, die in der »Zone« Z vertreten sein können. Zur Zone gehört auch die Ebene durch Z und P, auf welche der Primärstrahl streifend einfällt und ohne Richtungsänderung

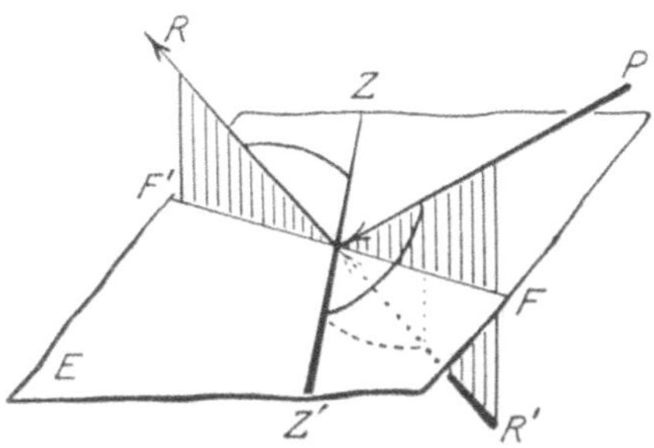

Abb. 80. Die Winkel von einfallendem und reflektiertem Strahl gegen eine beliebige Gerade in der Spiegelebene sind gleich.

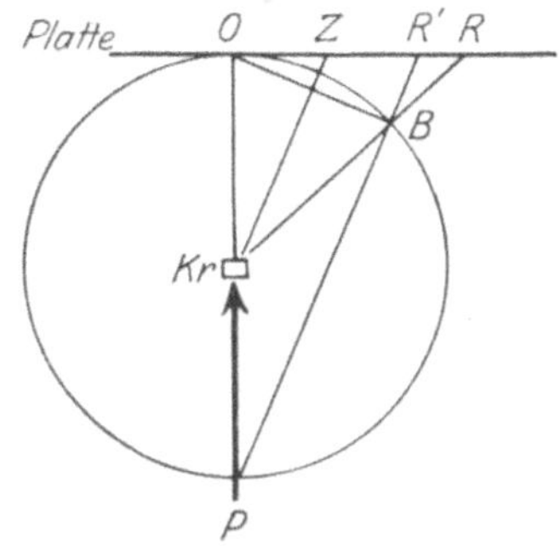

Abb. 81. Lage der Interferenzen auf der Platte: $KrOB$ Interferenzenkegel herrührend von der Zone mit KrZ als Achse. R wahre, R' durch Projektion aus P verzerrte Lage.

»reflektiert« wird. Der Kreiskegel um Z enthält also die Richtung des Primärstrahls, und hierdurch ist seine Öffnung bestimmt. Er schneidet (Abb. 81) die photographische Platte, die senkrecht zum einfallenden Strahl steht, in einer Ellipse, deren lange Achse OR ist. Nach O wird der Primärstrahl von der ihm selbst parallelen Fläche der Zone (also der Zeichenebene) »reflektiert«. Nach R kommt er bei Reflexion an derjenigen Fläche durch KrZ, die senkrecht zur Zeichenebene steht.

Jede fleckenreiche Aufnahme läßt deutlich die Zonenellipsen erkennen. Als Beispiel diene die Aufnahme Abb. 82 an Kalkspat längs der dreizähligen Achse. Wie ein Feuerwerk umgeben die Zonen von Reflexen den Primärfleck, manchmal fast ineinander verlaufend. Welch Schauspiel müßte solch ein Bild sein, könnten wir die Flecke in ihren spektral reinen Farben glitzern sehen!

Da es unbequem ist, Ellipsen zu zeichnen und die Abweichung von Kreisen meist recht gering ist, ersetzt man sie durch Kreise. Das läuft darauf hinaus, in Abb. 81 eine Projektion des Kreisschnittes OB statt vom Zentrum der Kugel von ihrem Pol P aus vorzunehmen. Punkt R rückt dabei nach R' und der Durchstoßpunkt der Zonenachse ist der Kreismittelpunkt.

Es ist leicht und lehrreich, sich diese Verhältnisse aus der Braggschen »Reflexionssprache« in die Lauesche Form zu übertragen. Die Zonenachse — als Schnitt zweier Netzebenen — ist im Gitter eine (meist dicht mit Punkten besetzte) Gittergerade, und zum Zonenverband gehören alle jene Netzebenen, welche diese Gitterrichtung enthalten. Wir können deshalb bei jeder dieser Ebenen die Zonenachse als die eine der Gittergeraden auffassen, nach denen bei der Berechnung der Kreuzgitterinterferenzen (Kap. IV, S. 45) das Netz der Ebene zerlegt wurde. Reflexion an der Ebene bedeutet Spektrum der Ordnung (0,0), und der Reflexionskegel *OB* von Abb. 81 ist nichts anderes wie der Kegel der Ordnung 0 um die eine Gittergerade, welche allen Flächen angehört. *Die Punkte der Zonenachse*

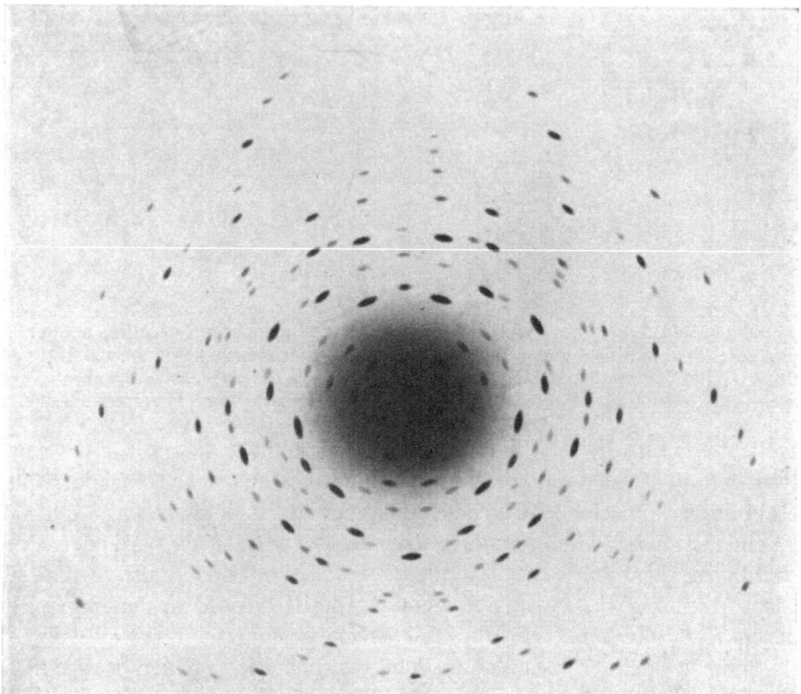

Abb. 82. Dreizählige Laue-Aufnahmean Kalkspat als Beispiel für Zonenkreise.

wirken bei allen Reflexen, die auf einem Zonenkreis liegen, ohne jeden Unterschied im Lichtweg (nicht nur mit gleicher Phase) *zusammen.*

Ist ein Interferenzpunkt als Schnittpunkt zweier Zonenkreise erkannt, so ist sein Ordnungstripel (h_1 h_2 h_3) leicht zu entnehmen, wenn die Richtungen der Zonenachse gegen das Achsensystem des Kristalls festgelegt sind. Denn das kommt darauf hinaus, die Indizes der reflektierenden Ebene zu finden, wenn zwei Gerade der Ebene bekannt sind. Um sich nicht auf kristallographisch gebräuchliche Formeln berufen zu müssen, kann man zweckmäßig den oben angefangenen Gedankengang gemäß der Laueschen Theorie an Hand von Abb. 83 wieder aufnehmen, die sich auf einen kubischen Kristall bezieht. Unten ist der Anfang eines kubischen Gitters gezeichnet, das man als Stück des Kristallgitters selbst in starker Vergrößerung auffassen möge. Von ihm gehen drei Gittergerade nach oben zu der Ebene der photographischen Platte. Die eine in Richtung der Würfelkante, welche zugleich die Richtung des einfallenden Strahls sei: Der Punkt P der Platte ist also der Primärfleck. Die beiden weiteren Gittergeraden bzw. Zonenachsen Z und Z' sind nach den Koordinaten der Gitterpunkte, die sie nächst O treffen, durch die »*Zonenindizes*« [103] und [023] zu bezeichnen

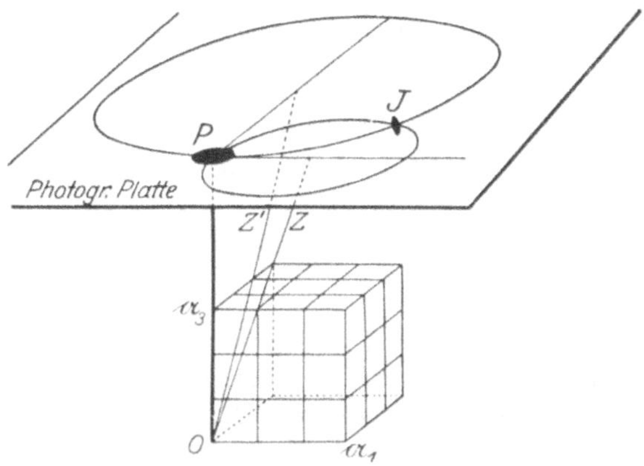

Abb. 83. Konstruktion der Zonenkreise.

(die erste entsprechend durch [001]). J sei ein Interferenzfleck, der den beiden um Z und Z' gelegten Zonenkreisen gleichzeitig angehört. Welches ist seine Ordnung $(h_1\, h_2\, h_3)$, wenn allgemein die Zonenachsen durch Gitterpunkte $[z_1\, z_2\, z_3]$ und $[z_1'\, z_2'\, z_3']$ gehen?

Die Tatsache, daß diese Punkte keinen Gangunterschied gegen Punkt O aufweisen drückt sich so aus:

$$z_1 h_1 + z_2 h_2 + z_3 h_3 = 0$$
$$z_1' h_1 + z_2' h_2 + z_3' h_3 = 0 .$$

Denn die linke Seite der oberen Gleichung ist nach der Definition der Ordnungszahlen $h_1\, h_2\, h_3$ von Seite 46 nichts anderes, als die Anzahl Wellenlängen Gangunterschied zwischen O und dem Nachbarpunkt auf der Gittergeraden OZ von Abb. 83, da dessen Abstand von O die Komponenten (längs den Achsenrichtungen) $z_1 a$ bzw. $z_2 a$, $z_3 a$ hat. Daß dieser Gangunterschied Null sein soll, bedeutet eine Einschränkung für die Zahlen $h_1\, h_2\, h_3$. Denken wir uns etwa h_1 und h_2 willkürlich, so wäre h_3 durch die obere Gleichung bestimmt. Die untere, auf die Zonenachse OZ' bezügliche Gleichung legt in derselben Weise eine weitere der Zahlen h_1 und h_2 fest, etwa h_2. Willkürlich bleibt somit h_1, während die Verhältnisse $h_1 : h_2$ und $h_1 : h_3$ bestimmt sind. Mehr als die Bestimmung der *Verhältnisse* der Ordnungszahlen h ist auch physikalisch nicht zu erwarten, da ja — ohne daß über die Wellenlänge etwas bekannt wäre — aus der bloßen Lage des Interferenzflecks nicht festzustellen ist, von welcher Ordnung die Reflexion an der Ebene ist. Um die kristallographisch übliche Bezeichnung der reflektierenden Fläche zu erhalten, sind die *kleinsten* ganzen Zahlen zu wählen, welche die beiden Gleichungen befriedigen, d. h. sich verhalten wie[1])

$$h_1 : h_2 : h_3 = (z_2 z_3' - z_3 z_2') : (z_3 z_1' - z_1 z_3') : (z_1 z_2' - z_2 z_1') .$$

Bei den in Abb. 83 gezeichneten Zonen [103] und [023] ist für den Interferenzfleck J:

$$h_1 : h_2 : h_3 = -6 : -3 : 2 ,$$

und da die drei Zahlen sich nicht kürzen lassen, ist $(\bar{6}\bar{3}2)$ das Millersche Symbol der reflektierenden Fläche und zugleich das kleinste Ordnungstripel, welches Punkt J beigelegt werden kann. (Man denke sich in Abb. 83 die reflektierende Fläche und bestätige nach Augenmaß die Richtigkeit der im Millerschen Symbol ausgedrückten Achsenabschnitte.)

Es sei nochmals betont, daß die geometrische Lage der Interferenzflecken keineswegs die gekürzten Kennziffern $h_1\ h_2\ h_3$ *erfordert* (die wir auf S. 50 mit $h_1^*\ h_2^*\ h_3^*$ bezeichneten). Nur das Verhältnis $h_1 : h_2 : h_3$ muß dasselbe sein, wie bei diesen, aber es bleibt offen, $(h_1\ h_2\ h_3) = n \cdot (h_1^*, h_2^*, h_2^*)$ zu setzen, wo n eine ganze Zahl ist. *In der Reflexionssprache* heißt dies: Die Lage der (inneren) Spiegelebene, d. h. das Millersche Symbol $(h_1^*\ h_2^*\ h_3^*)$ ist zwar allein durch den Ort des reflektierten Strahls bestimmt. Aber der absolute Gangunterschied hängt noch von der Ordnung der Reflexion ab, dem ganzzahligen Faktor n in der Braggschen Reflexionsbedingung. Der Reflex kann ebensogut in erster Ordnung von einer Wellenlänge λ, wie in zweiter Ordnung von $\lambda/2$ usw. erzeugt werden. Ohne Kenntnis der Wellenlänge läßt sich das nicht entscheiden.

Der *Vorteil des Aufsuchens der Zonen* für die Bezifferung der Lauebilder besteht darin, daß sich die Zonenindizes leicht feststellen lassen, wenn der Abstand Kristall — Platte ungefähr bekannt ist. Lassen wir in Abb. 83 das Kristallgitter um den Punkt O herum auf seine wahren Dimensionen — im Verhältnis zum Abstand Kristall — Platte — zusammenschrumpfen, so ändert sich nichts an den Richtungen der Zonenachsen. Macht man von der Röntgenaufnahme eine Pause, in welcher erst nach

---

[1]) Man prüfe die Richtigkeit dieser Lösung durch Einsetzen in die obigen Gleichungen. — Automatisch erhält man die Flächenindizes aus denen der Zonen, indem man an den 3 inneren Vierergruppen der Zahlen $\begin{array}{c|ccccc|c} z_1 & z_2 & & z_3 & z_1 & z_2 & z_3 \\ & & \times & \times & \times & & \\ z_1' & z_2' & & z_3' & z_1' & z_2' & z_3' \end{array}$ die drei angedeuteten kreuzweisen Multiplikationen vornimmt, wobei das Produkt in Richtung ╲ als +, in Richtung ╱ als — zählt: $\begin{array}{c|ccccc|c} 1 & 0 & 3 & & 1 & 0 & 3 \\ 0 & 2 & 3 & & 0 & 2 & 3 \\ \hline & -6 & & -3 & & 2 & \end{array}$. Ebenso erhält man aus zwei Tripeln von Flächenindizes die Indizes der Zone, der beide Flächen angehören.

Augenmaß, sodann unter Kontrolle mit dem Zirkel die Flecken durch Zonenkreise verbunden werden, so ist in Anlehnung an Abb. 83 leicht zu sehen, welche Zonenachsen in den Mittelpunkten dieser Kreise die Platte durchstoßen.

Abb. 84 zeigt für die vierzählige Friedrichsche Aufnahme von Zinkblende (*ZnS*, kubisch, längs der Würfelkante durchstrahlt, also wie Abb. 83) das Ergebnis dieser ersten Verarbeitung der Aufnahme, die selbst

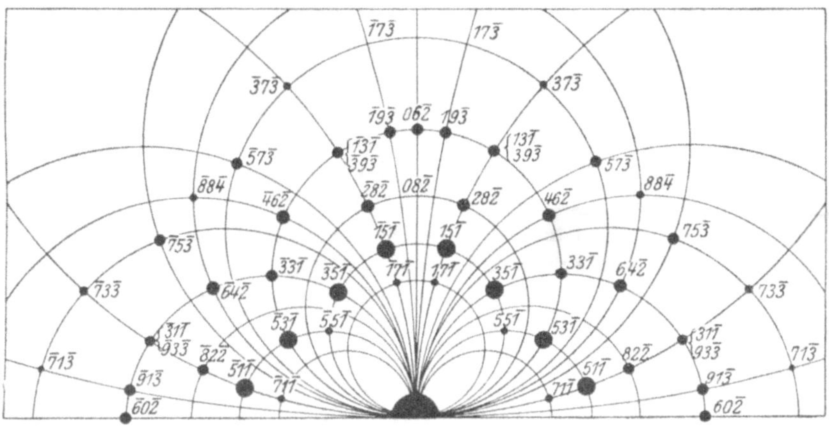

Abb. 84. Beziffertes Lauebild (vierzählige Zinkblendeaufnahme von Abb. 44).

in Abb. 44 reproduziert ist. Man erstaunt über die Fülle von Flächen, die bei einer einzigen Laueaufnahme zur Reflexion herangezogen werden; auf der vorliegenden Aufnahme sind es nahe an 200, von denen allerdings viele wegen der Symmetrie gleichwertig sind. Eine Neigung um etwa 3^0 zerstört die Symmetrie der Intensitätsverteilung, läßt jedoch die symmetrische *Lage* der Flecken im wesentlichen bestehen, so daß die Bezifferung ebenso leicht durchführbar ist, wie bei einer genau symmetrischen Aufnahme. Bei Bildern mit wenigen Flecken ist eine solche Neigung oft vorteilhaft.

Aus den Kennziffern der Spiegelebenen sind die *Wellenlängen* zu bestimmen, die in den Interferenzflecken enthalten sein können. — Man vgl. die Formeln in Kap. IV. Für den speziellen Fall, daß, wie in Abb. 83 und 84, $\alpha_0 = \beta_0 = 0$, $\gamma_0 = 1$ ist, geht die Formel über in:

$$\lambda/a = 2 \cdot \frac{h_3}{h_1^2 + h_2^2 + h_3^2} \quad \text{oder} \quad 2\,a/\lambda = \frac{h_1^2 + h_2^2 + h_3^2}{h_3}\,.$$

Schreibt man einem Fleck statt der niedrigsten teilerfremden Ordnungszahlen die doppelten zu, so wird dadurch die Wellenlänge halbiert, $2\,a/\lambda$ verdoppelt usw.

Der nächste Schritt nach der Bezifferung einer Laueaufnahme ist die *Aufstellung einer Tabelle*, welche von den Flecken neben den Ordnungszahlen die Wellenlänge, oder bequemer zu rechnen $2\,a/\lambda$, sowie die *Intensität* enthält. Die Intensität kann durch Photometrieren festgestellt werden; für viele Zwecke genügt es jedoch, mit dem Auge die Reihenfolge der Flecken nach ihrer Schwärzung abzuschätzen, indem man den stärksten Flecken die Zahl 100, den eben noch sichtbaren die Zahl 1 zuteilt und dazwischen an geeigneten Flecken eine Stufenfolge festlegt, in die man die übrigen Flecken einordnet. Natürlich darf die Diskussion dann nur an die qualitativen Aussagen heller und dunkler anknüpfen, die Zahlenwerte der Helligkeit haben nur sehr bedingten Wert.

Die weitere Bearbeitung beruht auf der Voraussetzung, daß das Lauebild durch »weißes« Röntgenlicht entworfen wird, d. h. daß im Primärstrahl alle Wellenlängen innerhalb gewisser Grenzen mit nahezu gleicher oder doch wenigstens langsam veränderlicher Stärke vorhanden sind. Am bequemsten und sichersten wird die Diskussion, wenn durch eine gleichzeitige Aufnahme mit einem erforschten Kristall (z. B. Steinsalz) das Spektrum der Strahlung ermittelt wird, so daß es als bekannt angesehen werden kann.

Zehntes Kapitel.

Die Entstehung der Lauebilder und die Strukturkontrolle mit ihnen.

Um zunächst die einfachsten Verhältnisse zu übersehen, machen wir die Annahme, die spektrale Energieverteilung des den Kristall durchsetzenden Röntgenlichts sei bekannt, und etwa durch die Kurve in Abb. 85 dargestellt. Als Abszisse ist nicht λ selbst, sondern $2\,a/\lambda$ aufgetragen, als Ordinate die Intensität. Nach rechts hin (kurze Wellen) entsteht durch die Maximalspannung mit der die Röhre betrieben wird, gemäß Kap. V, eine Grenze des Spektrums, nach links hin infolge der Absorption im Glase der Röhre und im Kristall. Bei einer gewissen mittleren Wellenlänge erreicht die Intensität ihr Maximum.

Abb. 85. Spektrale Energieverteilung.

Dies Strahlengemisch falle nun auf ein einfaches Gitter auf — etwa ein einfaches kubisches Gitter, dessen z-Achse dem Primärstrahl parallel ist. Für diesen Fall gelten die soeben angeschriebenen Formeln. Das Gitter *siebt* aus dem kontinuierlichen Spektrum gewisse Wellenlängen *heraus*, die in seine Netzebenenabstände *hineinpassen*, und reflektiert sie in die Interferenzpunkte. Man hat demgemäß alle jene Interferenzpunkte zu erwarten, deren Wellenlänge zwischen λ_{min} und λ_{max} liegt, andere nicht.

Dabei muß die Intensität der Interferenzen sich auf eine Kurve einordnen lassen, die der Kurve in Abb. 85 gleicht.

Dies ist in der Tat in groben Zügen das, was wirklich eintritt. Wir werden sofort auf die Verbesserungen einzugehen haben, die noch anzubringen sind, können aber von hier aus die Überlegungen verstehen, welche W. L. Bragg *zur ersten überhaupt gelungenen Strukturbestimmung* führten: von *Steinsalz NaCl* und *Sylvin KCl*, sowie *Kaliumbromid KBr.* Bragg ermittelte die Indizes der reflektierenden Flächen zunächst an *KCl* und fand, daß die Reflexe seiner Laueaufnahme sich in das folgende Schema bringen ließen, Abb. 86. h_1 und h_2 sind die beiden ersten Indizes, $h_3 = 1$ ist zu ergänzen. Die Größe der Kreise bedeutet die Intensität auf Grund einer groben Einreihung in drei Stufen. Das ganze Schema kann als »*Indexfeld*« bezeichnet werden. Man bemerkt, daß alle Interferenzen innerhalb eines gewissen ringförmigen Gebietes des Indexfeldes vorhanden sind, d. h. alle Flecke treten auf, für welche, da $h_3 = 1$ ist, $h_1^2 + h_2^2 + h_3^2$ zwischen gewissen Grenzen (9 und 21) liegt. Nach der Formel von S. 109 sind das alle Flecken, die von einem Spektrum erzeugt werden, das von $2a/\lambda = 9$ bis $2a/\lambda = 21$ reicht. Dabei zeigt sich aus den Intensitäten, daß die langen Wellen (innere Grenze des Indexfeldes) stark auftreten und die Intensität nach außen hin regelmäßig abfällt.

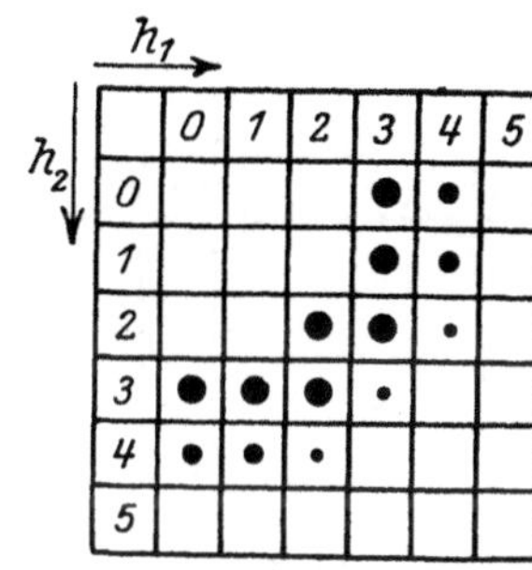

Abb. 86. Indexfeld von Sylvin.

Wir würden diesen Abfall vielleicht durch die Intensitätsverteilung im auffallenden Primärstrahl zu deuten versuchen. Bragg, dem die Verschiedenheit der Wellenlängen damals nicht so wichtig erschien, schloß vielmehr, daß das *Reflexionsvermögen der Netzebenen* des Kristalls mit dem Anwachsen der Summe $h_1^2 + h_2^2 + h_3^2$ systematisch abnehme, und da es für ein einfaches kubisches Gitter kennzeichnend sei, daß seine Eigenschaften (wie z. B. Netzebenenabstände, Belastung der Netzebenen) nur von der Quadratsumme der Indizes abhängen, so führte ihn dies zu der Behauptung, daß die Teilchen im *KCl*-Kristall ein einfaches kubisches Gitter bilden.

Die Laueaufnahme an *KBr* ergab kein gleichmäßig belegtes Indexfeld; gegenüber der Abb. 86 zeigte sich eine systematische Schwächung aller jener Interferenzen, für die h_2 und h_3 *gerade* sind. Die Ordnungen h_1, h_2, h_3 beziehen sich dabei auf rechtwinklige kubische Achsen; führt man die schiefwinkligen Achsen der Abb. 19b ein, die zum flächenzentrierten kubischen Gitter gehören, so ändern sich auch die Ordnungszahlen der Interferenzen, und das neue Indexfeld hat im wesentlichen denselben einfachen Charakter, wie das von *KCl.* Bragg schloß daraus, daß in *KBr* die schweren *Br*-Atome, die für die Beugung wesentlich sind, ein flächenzentriertes Gitter bilden. Da nach chemischer und kristallographischer Ähnlichkeit der Aufbau von KCl und KBr der gleiche sein muß, entsteht das scheinbar einfache kubische Gitter von KCl nur durch den Umstand, daß die Atomgewichte von K (= 39,1) und Cl (= 35,5) annähernd gleich sind. Überwiegt eine Atomsorte, so hat das Gitter im wesentlichen die Eigenschaften eines flächenzentrierten; sind die beiden Atomarten hinsichtlich ihres Streuungsvermögens gleich, so ergänzen sie sich zu einem einfachen Gitter. Hierdurch ist der Aufbau der Gitter für KCl, KBr und das isomorphe $NaCl$ bestimmt, wie ihn Abb. 87 darstellt:

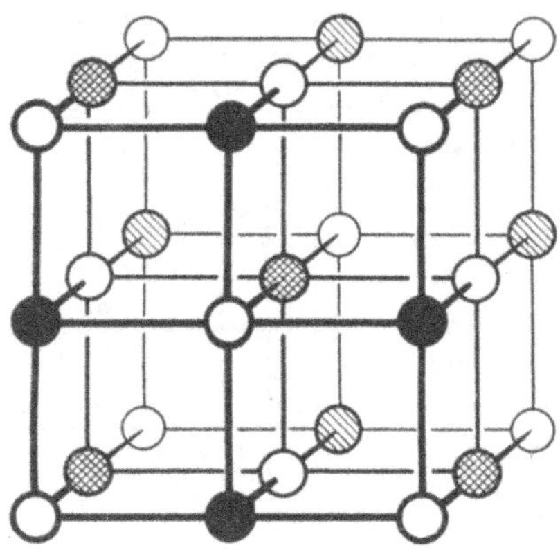

Abb. 87. Steinsalz $NaCl$.

Das »Steinsalzgitter« besteht aus zwei flächenzentrierten Gittern aus Na bzw. Cl, die um eine halbe Körperdiagonale des Grundwürfels gegeneinander verschoben sind. Insgesamt bilden die Atomlagen (ohne Rücksicht auf den Unterschied Na—Cl) ein einfaches kubisches Gitter von der halben Würfelkante.

Dieser Gittertyp war der erste, der gefunden wurde, und zwar auf Grund von Laueaufnahmen. Der Absolutwert der Würfelkante a folgte sofort aus dem spezifischen Gewichte $\sigma = 2{,}164$ zu $a = 5{,}628$ Å.

Wir kehren nun zu den allgemeinen Betrachtungen über das Lauebild zurück. Der Standpunkt, daß die Intensitäten der Interferenzflecken allein durch die spektrale Energieverteilung des einfallenden Strahls bestimmt werden, ist ebenso unhaltbar, wie die Voraussetzung bei der Braggschen Diskussion des Steinsalzgitters, daß sie allein durch eine Kristalleigenschaft, nämlich durch das »Reflexionsvermögen« der Netzebenen verursacht sind. Die Verbindung beider Anschauungen ist richtig. *Die Intensität ist das Produkt mehrerer Faktoren.*

Der *eine* ist die *Intensität*, mit welcher die den Interferenzfleck bildende Wellenlänge λ *im Primärstrahl* vertreten ist; sie heiße J_λ.

Der *zweite wichtige Faktor* ist der *»Lorentzsche Faktor«*, der für kubische Kristalle den Wert $\frac{1}{h_1^2 + h_2^2 + h_3^2} = \frac{1}{n^2} \frac{d^2}{a^2}$ hat. Ihn können wir einigermaßen mit dem Braggschen »Reflexionsvermögen der Netzebenen« identifizieren, das der Belastung der Netzebenen mit Atomen proportional sein sollte, wie in der Tat nach S. 26 die Atomdichte in den Netzebenen proportional zu d^2/a^2 ist. Doch kann man das Braggsche Argument so nicht gelten lassen. Denn da die Anzahl hintereinander geschalteter Netzebenen um so kleiner ist, je dichter die Ebenen belegt sind (die Gesamtzahl der bestrahlten Atome ist ja unabhängig von der Art der Aufteilung in

Netzebenen und die Wirkungen *aller* verstärken sich maximal in der Interferenzrichtung), so hebt sich der Einfluß der dichten Besetzung der Ebenen wieder heraus. Der gleiche Faktor entsteht aber, wie H. A. LORENTZ zeigte, aus einer andersartigen Überlegung, bei der die Wirkung untersucht wird, die abseits von jenen Richtungen noch übrig bleibt, in denen das Zusammenwirken aller Atome ein vollständiges ist. Man vergleiche die Ausführungen auf S. 89. Auch in Richtungen, welche den bisher von uns betrachteten eigentlichen Interferenzrichtungen genügend nahe benachbart sind, wird ja eine gewisse Intensität übrig bleiben, indem immerhin noch ein ansehnlicher Bruchteil der gesamten Atomzahl sich in der Wirkung einigermaßen verstärkt. Anders ausgedrückt sind für das Entstehen einer Interferenz bestimmter Ordnung nicht mathematisch scharf definierte Werte von Wellenlänge λ und Einfallswinkeln des Primärstrahls erforderlich, sondern es gibt — wie bei jeder physikalischen Erscheinung — einen gewissen Spielraum, einen — allerdings außerordentlich kleinen — *Bereich für das Ansprechen der Interferenz.* Dieser Bereich ist für verschiedene Ordnungen verschieden, und wie aus der Lorentzschen Berechnung folgt, im kubischen Kristall dem oben genannten Ausdruck proportional. Wir werden der Entstehung des Lorentzschen Faktors Rechnung tragen, wenn wir ihn nicht als »Reflexionsvermögen«, sondern als »*Ansprechungsvermögen*« bezeichnen.

Die Wirkung des Lorentzschen Faktors ist uns bereits bei dem »Normalabfall« der Braggschen Reflexe (100 : 20 : 7 : 3 : 1) begegnet, dessen wesentlicher Verlauf durch den Faktor $1/n^2$ verursacht wird. (n = Ordnungszahl der Reflexion, d. h. gemeinsamer Faktor der Ordnungszahlen h_1, h_2, h_3; $1/n^2$ gäbe die Intensitätsfolge 100 : 25 : 11 : 6 : 4, die etwas schwächer abnimmt.)

Ein dritter Faktor der Intensität ist durch das *Streuvermögen der Atome* bedingt. Dies ist nicht für alle Richtungen um das Atom gleich groß. Selbst wenn wir die einfachste Form der elektromagnetischen Kugelwelle nehmen, bleibt die in Abb. 42 dargestellte Abhängigkeit bestehen. Ein Interferenzstrahl unter der Richtung χ, der aus der Streuwirkung der einzelnen Atome hervorgeht, ist vom gleichen Faktor beeinflußt. Da aber der Kegel der Interferenzstrahlen beim Laueverfahren nicht sehr ausgedehnt zu sein pflegt, sind die Intensitätsunterschiede infolge des Streuvermögens meist nicht groß (anders beim Debye-Scherrer-Verfahren Kap. XI).

An dieser Stelle möge auch kurz auf den Einfluß hingewiesen werden, den die *Temperaturbewegung der Atome* auf die Interferenzen ausübt. Die Atome bilden ja gar nicht das ideal regelmäßige Gitter, das bisher für die Entstehung der Interferenzen vorausgesetzt wurde. Dies Gitter hat nur die Bedeutung einer Gleichgewichtskonfiguration der Atome, um welche herum sie in Schwingungen begriffen sind, und zwar je höher die Temperatur ist, um so heftiger. P. DEBYE hat den Einfluß der Unregelmäßigkeit der augenblicklichen Atomlage auf die Interferenzen untersucht und findet, daß hauptsächlich eine Schwächung der Intensität der Interferenzen stattfindet. Es nimmt wunder, daß überhaupt noch Interferenzen entstehen, obwohl häufig die mittlere Auschwingung der Atome aus ihren eigentlichen Gitterorten mehr als eine Röntgenwellenlänge beträgt. Die Tatsache ist so zu erklären, daß *wenn* eine Atomgruppe einmal einigermaßen an den Gitterorten liegt, sie infolge der Addition der Amplituden (nicht der Intensitäten) in dem Augenblick besonders stark in die Interferenzrichtung hineinstrahlt. Die Seltenheit dieser Ereignisse wird so durch ihre Wirksamkeit kompensiert. In Nichtinterferenzrichtungen hingegen kann eine solche Addition der Amplituden nicht eintreten.

Vom BRAGGschen Standpunkt aus kann man sagen, daß die Temperaturbewegung die reflektierenden Netzebenen »aufrauht«. Auf die Verschiebung der Atome innerhalb der Netzebene kommt es wegen der fundamentalen Eigenschaft der Spiegelebenen (S. 45) nicht an, sondern nur auf die Verschiebungskomponente senkrecht zur Ebene. Auch nicht auf den Absolutwert dieser Verschiebung, sondern auf sein Verhältnis zum Netzebenenabstand $d_{h_1 h_2 h_3}$, da hierdurch allein der Gangunterschied bestimmt wird, den das verschobene Atom gegenüber dem unverschoben gedachten hat. Macht man die einfachste Annahme, daß die mittleren Verschiebungen w der Atome in allen Richtungen um die Gleichgewichtslagen gleich groß sind, so kann die entstehende Intensität ebenfalls nur vom Verhältnis $w/d_{h_1 h_2 h_3} = \frac{w}{a}\sqrt{(h_1^2 + h_2^2 + h_3^2)}$ (im kubibischen Gitter) abhängen; d. h. beim Vergleich verschiedener Interferenzen kann die Intensität nur von der Quadratsumme des Ordnungstripels der Interferenz abhängen. Die DEBYEsche Rechnung zeigt weiter, daß die Intensität für kubische Kristalle dem Ausdruck

$$e^{-\alpha T(h_1^2 + h_2^2 + h_3^2)}$$

proportional ist, wo T die absolute Temperatur und α eine für den Kristall besondere Konstante ist. Die Intensitätsunterschiede infolge des Debyeschen Wärmefaktors sind meist erheblich geringer, als die durch den Lorentzschen Faktor entstehenden.

Indem wir die beiden letzten Faktoren gegenüber den beiden ersten vernachlässigen, *setzen wir die Intensität des Interferenzflecks* $(h_1 h_2 h_3)$ *zunächst gleich*

$$J_\lambda \cdot \frac{1}{h_1^2 + h_2^2 + h_3^2}.$$

Hieraus folgt sofort ein *Gesichtspunkt für die Einreihung der Intensitäten der Interferenzflecken auf die Spektralkurve.* Der erste Faktor J_λ ist nämlich für solche Flecke gleich, die gleiche Wellenlänge enthalten. Das sind die Flecke, für die der Bruch

$$2\,a/\lambda = \frac{h_1^2 + h_2^2 + h_3^2}{h_3}$$

mit $h_3 = 1, 2, 3, \ldots$ den gleichen Wert annimmt. (Beispielsweise (211), (222), (303) mit $2a/\lambda = 6$.)

Sehr oft wird es vorkommen, daß die Werte von $2a/\lambda$ für Flecken mit $h_3 = 1, 2, 3, \ldots$ so nahe zusammenfallen, daß, wenn selbst völlige Gleichheit der Wellenlängenwerte nicht eintritt, doch keine merklichen Unterschiede in den Werten J_λ vorhanden sein können, falls das Primärspektrum wirklich den einfachen stetigen Charakter der Abb. 85 hat. Trotzdem für solche Interferenzen der eine Faktor J_λ derselbe ist, können doch die Intensitäten nicht übereinstimmen. Denn mit den Werten $h_3 = 2, 3, \ldots$ sind in der obigen Formel die doppelten, dreifachen ... Werte von $h_1^2 + h_2^2 + h_3^2$ verbunden und mithin doppelte, dreifache ... Schwächung durch den zweiten Faktor in der Intensität, den Lorentzschen. Wegen dieses Faktors ist es also nicht angängig, Flecken mit verschiedenem Index h_3 zu ein und derselben Kurve zu vereinen. Vielmehr ist zu erwarten, daß nur jeweils Flecken mit gleichem h_3 eine »glatte« Intensitätskurve liefern; und weiter, daß die Kurven für die Fleckenscharen mit größeren h_3 ganz *unterhalb* der Kurven für kleinere h_3-Werte verlaufen.

Abb. 88 verdeutlicht diese Verhältnisse bei der *vierzähligen Aufnahme an Zinkblende*. Man sieht, wie durch die Interferenzen mit dem Index $h_3 = 1$

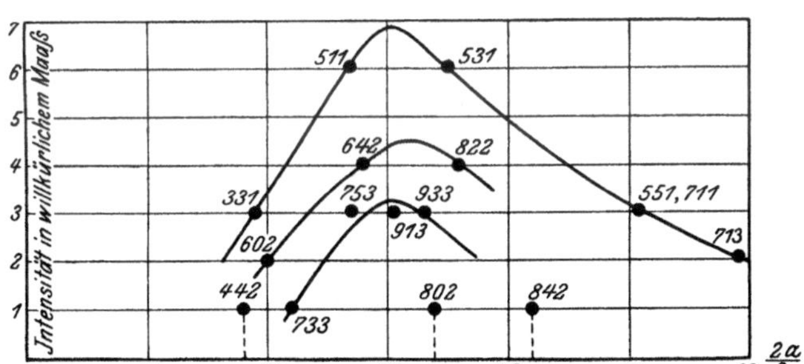

Abb. 88. Spektrale Energieverteilung im Lauebild.

sich zwanglos eine Kurve hindurchlegen läßt, welche den Typus der in Abb. 85 geforderten stetigen spektralen Energieverteilung besitzt. Das Spektrum erstreckt sich von etwa $2\,a/\lambda = 18$ bis $2\,a/\lambda = 55$, mit Maximum bei $2a/\lambda = 32$. Mit der Gitterkante von Zinkblende $a = 5{,}4$ Å, die sich aus der Struktur (S. 97) und der Dichte 4,06 ergibt, entsprechen diesen Werten Wellenlängen von

$$\lambda_1 = 0{,}2\ \text{Å}, \quad \lambda_2 = 0{,}6\ \text{Å}, \quad \lambda_{\max} = 0{,}34\ \text{Å}.$$

In eine zweite, der ersten ähnliche Kurve reihen sich die Flecke mit $h_3 = 2$ ein. Allerdings muß bemerkt werden, daß die Flecke 442,

802, 842 aus der Kurve herausfallen. Hierin werden wir jedoch ein Merkmal des besonderen Aufbaues von Zinkblende erkennen, so daß uns zunächst diese Ausnahme nicht stören soll.

Auch die Punkte mit $h_3 = 3$ geben eine ähnliche Kurve von noch kleinerer Höhe. Alle drei Maxima liegen um $2a/\lambda = 30$.

Es möchte scheinen, daß die Lage der Kurven in Abb. 88 durch allzu wenige Punkte bestimmt ist und zu sehr der Willkür überlassen bleibt. Es zeigt sich jedoch, daß auch andere gleichzeitig angefertigte Aufnahmen von 3- bzw. 2zähliger Symmetrie durch Spektralkurven der gleichen Form mit übereinstimmendem Bereich von $2a/\lambda$ erklärt werden können, so daß die Spektralkurven der verschiedenen Aufnahmen sich gegenseitig einigermaßen stützen. Würde man heute diese Diskussion vornehmen, so würde man für gleichzeitige Aufnahme des Spektrums etwa nach der Drehmethode sorgen. Es müßte sich auch bei genauerer Intensitätsschätzung am linken Ende der Spektralkurve die Erhöhung der Plattenempfindlichkeit bei Unterschreitung der Silberabsorptionskante $\left(\frac{2a}{\lambda} = 22\right)$ bemerken lassen. Aber auch so ist die Entstehung der Lauebilder durch Aussieben der »passenden« Wellenlängen aus dem kontinuierlichen Spektrum an den Kurven gut zu sehen.

Im Fall der 4-zähligen Aufnahme mußten alle jene Flecke zu einer Kurve zusammengefaßt werden, für welche h_3 den gleichen Wert hat. Bei andern Durchstrahlungsrichtungen tritt an Stelle von h_3 eine Kombination der drei Zahlen $(h_1\, h_2\, h_3)$, welche »*Aufzählungsindex*« genannt wird. Seine Bedeutung ist: Es ist die Anzahl Wellenlängen Gangunterschied, welche zwei *in der Primärstrahlrichtung* benachbarte Atome aufweisen. Bei Durchstrahlung längs der Diagonale des Würfels wäre $(h_1 + h_2 + h_3)$ der Aufzählungsindex, und nur solche Flecken, für die $h_1 + h_2 + h_3$ denselben Wert hat, sind auf einer und derselben Kurve zu erwarten. In der Sprache der Reflexionsauffassung bestimmt der Gangunterschied zwischen zwei in der Strahlrichtung benachbarten Atomen die Ordnung der Reflexion, und man kann sagen: *auf der gleichen Kurve dürfen nur Reflexe verschiedener Ebenen vereint werden, wenn sie von gleicher Ordnung sind.*

Inwieweit geben die Kurven der Abb. 88 wirklich Aufschluß über das Spektrum des Primärstrahls? Mit andern Worten: Stellen sie J_λ dar? Aus mehreren Gründen: nein. Erstens sind nach dem bisherigen die Ordinaten dem Produkt aus J_λ und dem Lorentzschen Faktor proportional. Auf einer Kurve $h_3 = \text{const.}$ nimmt $h_1^2 + h_2^2 + h_3^2$ nach rechts hin zu, wie $2a/\lambda$. Die Schwächung durch den Lorentzschen Faktor ist deshalb für die rechte Seite der Kurve größer als für den Kurvenanfang. Zweitens wird die Spektralkurve durch *Absorption* im Kristall verzerrt. Die Absorption ist für weiche Strahlen (kleine Abszisse) stärker; sie kann aber, je nach den Atomsorten, aus denen der Kristall besteht, in dem Spektralbereich der Aufnahme plötzlich springen — man vgl. das in Kap. V über die Absorption Gesagte. Bleiben wir selbst bei *einer* Wellenlänge stehen, so haben die Strahlen, deren Flecken auf verschiedenen Kurven liegen, verschiedene Neigung gegen den Primärstrahl, wie leicht auszurechnen ist (vgl. Formel (5), S. 49). Der Strahl mit größtem Aufzählungsindex hat die stärkste Neigung, also auch den längsten Weg im Kristall und erleidet die meiste Absorption. Die Absorption wirkt also bei konstanter Wellenlänge im gleichen Sinn wie der Lorentz-Faktor: sie drückt die Kurve mit großem Aufzählungsindex herab.

Schließlich aber ist es wichtig, zu beachten, daß die Intensitäten photographisch aufgezeichnet werden. Alle Strahlen, die auf der kurzwelligen Seite an die Silberbandkante 0,49 Å angrenzen, werden mit besonderer Stärke registriert. Bei den an Zinkblende gewonnenen Kurven Abb. 88 liegt diese kritische Stelle bei $2a/\lambda = 22{,}3$, also ziemlich am linken Ende der Kurven. Zur Zeit der Aufstellung der Intensitätskurven war diese Eigenschaft der photographischen Platte noch unbekannt, und auf Grund der groben Abschätzung der Intensitäten konnten die obigen glatten Kurven aufgetragen werden. Zweifellos würde eine sorgfältigere Diskussion den Sprung in der Plattenempfindlichkeit, der ja im Drehspektrum (z. B. Abb. 102) deutlich hervortritt, auch an den Intensitäten der Laueflecken erkennen lassen. Um den Sprung zu vermeiden, beschränken sich manche Autoren, wie E. Schiebold, bei der Diskussion von Laueaufnahmen ausdrücklich auf kurze Wellen $\lambda < 0{,}49$ Å. Ebenso wichtig ist es jedoch, vor der Untersuchung die stärkeren Eigenstrahlungen der Antikathode und die Absorptionssprünge, die durch den Kristall verursacht werden können, sich im fraglichen Wellenlängengebiet anzumerken. So wurden z. B. zahlreiche von Bragg, von Friedrich und von Laue stammende Aufnahmen an Diamant von E. Keller diskutiert, und dabei blieb nur die besonders große Intensität zweier Flecken unerklärlich, bis sich herausstellte, daß zur Aufnahme eine Röhre mit *Pt*-Antikathode benutzt worden war, und daß die Wellenlänge in den Interferenzflecken mit der Eigenwellenlänge der Antikathode übereinstimmte.

Die Diskussion der Laueaufnahmen liefert nicht nur den Beweis für die Richtigkeit der Ansicht, daß der Kristall aus dem — im wesentlichen — kontinuierlichen Spektrum sich gewisse zur Interferenz geeignete Wellenlängen aussiebt. Sondern die restlose Aufklärung der zahllosen Reflexe eines Lauebildes ist *die beste Bürgschaft für die Richtigkeit der Kristallstruktur*. An Hand der Zinkblendeaufnahmen wurde der Beweis erbracht, daß nicht nur alle beobachteten Interferenzen mit der Struktur im Einklang stehen, sondern daß auch umgekehrt *alle* auf Grund der Struktur und der auffallenden Primärstrahlung zu erwartenden Interferenzen wirklich da sind.

In welcher Weise machen sich nun die Eigenheiten der Struktur kenntlich? Wie äußert es sich in den Interferenzen, *wenn wir von einem gewöhnlichem Translationsgitter zu einem Gitter mit Basis übergehen*, indem wir mehrere Translationsgitter ineinandersetzen? Wir sind hier zu einer ähnlichen Erweiterung der bisherigen Theorie gezwungen, wie in Kap. VIII für die Braggsche Anordnung. Dort betrachteten wir ja auch die Änderungen, welche entstehen, wenn in eine einfache Netzebenenschar A eine oder mehrere weitere Scharen B, C eingeschoben werden: Das Ergebnis der Zusammensetzung der von A, B, C ... herrührenden Interferenzstrahlen gleicher Richtung, aber verschiedener Amplitude und Phase war eine Welle, deren Amplitude durch die Konstruktion von S. 89 zu ermitteln ist. Für das Lauebild ließen sich diese Überlegungen übernehmen, indem man für jeden Fleck die Schar der Spiegelebenen betrachtet. Man müßte dann aber ihre Abstandsfolgen — die ja sehr kompliziert sein können — für jeden Fleck erst ausrechnen — eine langwierige und kniffige geometrische Aufgabe, bei deren Behandlung erfahrungsmäßig leicht Fehler entstehen. Bei den Braggschen Aufnahmen tritt diese Schwierigkeit zurück, da es sich im ganzen nur um wenige Ebenen handelt, an denen viele Messungen vorgenommen werden — beim Lauebild gibt es umgekehrt viele Ebenen mit der Reflexion einer oder höchstens zweier Ordnungen an jeder.

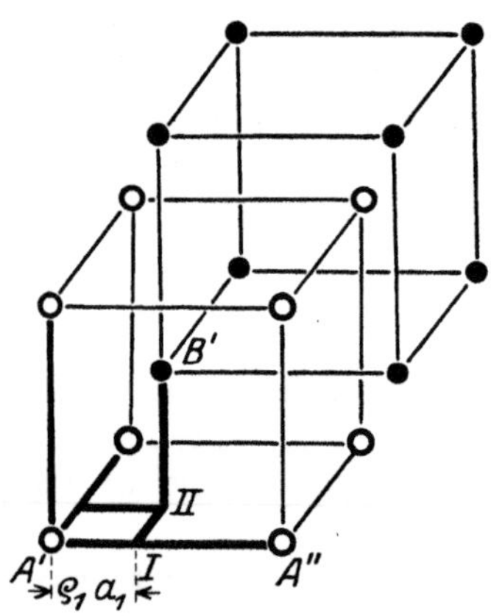

Abb. 89. Gangunterschiede im Gitter mit Basis.

Es ist deshalb zweckmäßig, die Aufgabe von Grund auf neu anzupacken und zu fragen: wie wird die Intensität der Interferenz der Ordnung $(h_1 h_2 h_3)$ beeinflußt, wenn in das Gitter aus der Atomsorte A kongruente und parallele Gitter aus den Atomsorten B, C, ... eingeschoben werden? Die Verschiebungen dieser Gitter gegen das erste werden durch die Lagen derjenigen Punkte B', C', ... bestimmt, die in die Grundzelle des A-Gitters fallen (Abb. 89); der Einfachheit halber betrachten wir zunächst nur das *eine* eingeschobene Gitter B. Seine Verschiebung betrage in den drei Achsenrichtungen ϱ_1 bzw. ϱ_2, ϱ_3 ganze Translationen, wo die »Basiskoordinaten« ϱ (s. S. 32) echte Brüche sind.

Wenn nun im A-Gitter eine Interferenz der Ordnung $(h_1 h_2 h_3)$ zustande kommt, so gilt das gleiche für das kongruente und parallele B-Gitter. Nur weist die Interferenzwelle, die von letzterem stammt, gegen die A-Welle einen Gangunterschied auf, herrührend von der Verschiebung der Gitter. Wir finden ihn aus der Definition der Ordnungszahlen h heraus. Läge nämlich B' im Punkt I im Abstand $\varrho_1 a_1$ zwischen A' und A'', so wäre sein Gangunterschied gegen A' $\varrho_1 h_1$, weil ja auf den ganzen Abstand a_1 zwischen A' und A'' h_1 ganze Wellenlängen Gangunterschied kommen. Läßt man nun B' von I nach II rücken, so tritt gegen A' noch hinzu der Gangunterschied $\varrho_2 h_2$ und schließlich, wenn B' in die gezeichnete Lage gelangt, von der dritten Achsenrichtung her ein dritter Anteil $\varrho_3 h_3$. Insgesamt drückt sich also der Gangunterschied von B' und damit der ganzen vom B-Gitter stammenden Interferenzwelle $(h_1 h_2 h_3)$ gegen die A-Welle so aus:

$$\gamma = (\varrho_1 h_1 + \varrho_2 h_2 + \varrho_3 h_3),$$

während die Amplitude der B-Welle proportional dem Atomgewicht oder der Atomzahl der B-Atome ist. Sie werde für den Augenblick durch $[B]$ bezeichnet.

In der Richtung der Interferenz $(h_1 h_2 h_3)$ überlagern sich mithin zwei, oder je nach der Anzahl der eingeschobenen Gitter auch mehr Wellen, von den Amplituden $[A]$, $[B]$, $[C]$, ..., deren Gangunterschiede sich nach obiger Formel durch die Verschiebungskoordinaten und die Ordnung der Interferenz ausdrücken.

Wie das Ergebnis einer solchen Überlagerung konstruiert wird, ist in Kap. VIII, S. 89 auseinandergesetzt. Das Quadrat der Länge der resultierenden Amplitude heißt der *Strukturfaktor* der Intensität. Denn das ist die Größe, welcher die Intensität der $(h_1 h_2 h_3)^{\text{ten}}$ Interferenz proportional ist und in der die Einzelheiten des strukturellen Aufbaus unmittelbar sich äußern. Man bemerkt, daß diese Definition des Strukturfaktors mit der auf S. 92 gegebenen übereinstimmt, welche gemäß der Braggschen Reflexionsauffassung sich nur an die Reflexe einer bestimmten Ebene anschloß.

Wir rechnen für einige Typen von Gittern den Strukturfaktor aus.

I. Körperzentriertes kubisches Gitter. Zwei einfache kubische Gitter aus derselben Atomsorte sind mit der Verschiebung $(^1/_2\ ^1/_2\ ^1/_2)$ ineinandergestellt (Abb. 19^c^). Der Gangunterschied ist also $\gamma = {}^1/_2 (h_1 + h_2 + h_3)$, die Amplituden beider Teilwellen gleich, etwa A. Ist $h_1 + h_2 + h_3$ gerade, so ist γ ganzzahlig, der Phasenwinkel ein Vielfaches von 360^0 und die Amplitudenpfeile gleichgerichtet (vgl. S. 89). Es resultiert die Amplitude $2A$, die Intensität $4A^2$. Ist jedoch $h_1 + h_2 + h_3$ ungerade, so sind die Amplitudenpfeile entgegengerichtet, die Amplitudensumme Null. *Im körperzentrierten Gitter (und zwar, wie man sieht, nicht nur im kubischen) fallen alle Interferenzen aus, für welche $h_1 + h_2 + h_3$ ungerade ist.*

II. Flächenzentriertes Gitter. Dies wird aus vier einfachen Gittern zusammengesetzt mit den *Basiskoordinaten* (Abb. 70)

$$\left\{\begin{matrix} 0 & 0 & 0 \\ ^1/_2 & ^1/_2 & 0 \\ ^1/_2 & 0 & ^1/_2 \\ 0 & ^1/_2 & ^1/_2 \end{matrix}\right. .$$

Amplituden und Gangunterschiede der zu überlagernden Wellen sind

$$\{A,\ 0\};\quad \{A,\ ^1/_2(h_1 + h_2)\};\quad \{A,\ ^1/_2(h_1 + h_3)\};\quad \{A,\ ^1/_2(h_2 + h_3)\}.$$

Hier sind nun verschiedene Kombinationen möglich, entsprechend den zwei Möglichkeiten für jede der drei letzten Wellen, mit ganzzahligem oder halbzahligem Gangunterschied zur Wirkung zu kommen.

1. Alle Teilwellen wirken in gleicher Phase zusammen, die resultierende Amplitude ist $4A$. Bedingung hierfür ist:

$$\left.\begin{array}{l} h_1 + h_2 \\ h_1 + h_3 \\ h_2 + h_3 \end{array}\right\} \text{gerade.}$$

D. h. h_1 und h_2 und h_3 zugleich entweder gerade oder ungerade, kürzer gesagt: *ungemischt.*

2. Sind dagegen $(h_1 h_2 h_3)$ *gemischt*, d. h. eines von ihnen gerade, die beiden andern ungerade, oder umgekehrt, so ist offenbar der eine der drei Gangunterschiede ganzzahlig, die beiden andern halbzahlig. Zwei Amplitudenpfeile der Teilwellen zeigen nach rechts, zwei nach links und die Summe ist Null. Mit den zwei Fällen sind alle Möglichkeiten erschöpft.

Das flächenzentrierte Gitter zeichnet sich also dadurch aus, daß nur ungemischte Ordnungen bestehen bleiben. Ihre Intensität ist $16\,A^2$.

Im Licht dieser Betrachtung kehren wir nochmals zu dem Reflexbild des flächenzentrierten Kupfergitters, Abb. 69, zurück. Wird nach S. 93 die Lage der Reflexe in ein Ordnungsnetz eingetragen, so sehen wir bestätigt, daß an der Würfelfläche die gemischten Interferenzen (100), (300), an der Dodekaederfläche (110), (330) fortfallen (0 ist gerade!), während die ungemischten, insbesondere alle Reflexe der (111)-Fläche, vorhanden sind.

III. Diamantgitter. Zwei Flächenzentrierte mit Anfangspunkten $A' = (000)$, $B' = (^1/_4\ ^1/_4\ ^1/_4)$. (Abb. 72.) Wegen (II) können nur ungemischte Ordnungen auftreten. Der Gangunterschied zwischen den Interferenzen der beiden flächenzentrierten Gitter ist $^1/_4\,(h_1 + h_2 + h_3)$, es sind also zwei Wellen

$$\{B,\ 0\};\quad \{B,\ {}^1/_4\,(h_1 + h_2 + h_3)\}$$

zu überlagern, wo B die von einem flächenzentrierten Gitter herrührende Amplitude ist (nach (II) ist $B = 4A$). Ist $h_1 + h_2 + h_3$ durch 4 teilbar ($h_1 + h_2 + h_3 = 4p$, p eine beliebige ganze Zahl), so tritt maximale Verstärkung ein: Amplitude $2B$. Läßt $(h_1 + h_2 + h_3)$: 4 den Rest 2 (also $h_1 + h_2 + h_3 = 4p + 2$), so ist der Phasenwinkel zwischen beiden Wellen 180^0, es tritt Auslöschung ein. Das ist z. B. der Fall bei der Reflexion 2ter Ordnung an der Oktaederfläche, (222), deren Ausfall für Diamant so charakteristisch ist. Sind schließlich die h ungerade, so tritt Fall 3 von S. 89 ein und die Amplitude wird $B \cdot \sqrt{2}$.

Diese Folgerungen aus der Struktur wurden von den Braggs, von Laue, sowie von E. Keller aufs eingehendste an Lauebildern bestätigt.

Für die geometrisch gleich aufgebaute *Zinkblende* ergeben sich ganz ähnliche Verhältnisse, nur haben die Wellen, die vom flächenzentrierten *Zn*- und vom flächenzentrierten *S*-Gitter herrühren, verschiedene Amplituden $[Zn]$ und $[S]$. Während also bestehen bleibt, daß die Interferenzen gemischter Ordnung völlig verschwinden (Kennzeichen des flächenzentrierten

Gitters), wird es nicht mehr wie bei Diamant zu einer vollen Vernichtung der Interferenzen der Form $(h_1 + h_2 + h_3) = 4p + 2$ kommen, sondern nur zu einer teilweisen Schwächung.

Beide Eigentümlichkeiten sind an der Zinkblendeaufnahme Abb. 44 u. 88 zu beobachten. Wir haben z. B. auf der Kurve $h_3 = 1$ die Fleckenreihe

511 (521) 531 (541) 551,

mit $h_3 = 2$:

622 (632) 642 (652) 662,

von denen die eingeklammerten »gemischten« Interferenzen fehlen. Zweitens sehen wir, daß die ungeraden Ordnungen mit $h_3 = 1$ und $h_3 = 3$ sich glatt auf je eine Kurve ordnen lassen; während bei den geraden Ordnungen zwar die Flecken 602, 642, 822 sich gut in eine Kurve einreihen, die zwischen der Kurve für $h_3 = 1$ und $h_3 = 3$ verläuft — das sind alles Flecken der Ordnungen $h_1 + h_2 + h_3 = 4p$ —, aber die andern Flecken der Form $4p + 2$ infolge geringerer Intensität herausfallen: 442, 802, 842.

Gerade darin, daß die Punkte von der Form $h_1 + h_2 + h_3 = 4p + 2$ *aus den Spektralkurven in Abb.* 88 *herausfallen, liegt die beste Bestätigung für den Zinkblendeaufbau.* Auch auf den Aufnahmen mit anderer Durchstrahlungsrichtung tritt dieselbe Erscheinung auf, welche die Schlüsse aus der vierzähligen Aufnahme stützt. Der Vergleich der experimentellen Ergebnisse des Lauebildes mit den Aussagen des Strukturfaktors über die Intensitäten ist so das vorzüglichste Mittel zur Struktur*kontrolle*.

Mit der Kontrolle läßt sich häufig eine *Berichtigung* verbinden, falls die Struktur noch nicht stimmt. Genauer gesagt: es läßt sich aus dem Lauebild *ein Parameter der Struktur* mit großer Genauigkeit bestimmen. Die Methode wird am deutlichsten werden, wenn wir am Diamant- oder Zinkblendegitter ein einfaches Beispiel dafür konstruieren.

Wir nehmen deswegen an, vom Diamantgitter sei bekannt, daß es aus zwei flächenzentrierten Gittern besteht, die längs der einen Körperdiagonale des Grundwürfels gegeneinander verschoben sind. Wie auf S. 96 gesagt, steht in Wirklichkeit aus Symmetriegründen fest, daß diese Verschiebung $^1/_4$ der Körperdiagonale betragen muß — aber wir wollen hier von der Symmetrie absehen und das Verschiebungsverhältnis als Parameter betrachten, der aus den Interferenzen zu entnehmen ist. Die Braggsche Messung über den Ausfall des Reflexes (222) zeigt, daß der Parameterwert *nahezu* $^1/_4 = 0{,}25$ sein muß. Ließe sich mit Sicherheit das völlige Fehlen das Reflexes 222 feststellen, so wäre der Wert 0,25 der einzig mögliche. Tatsächlich kann wegen der beschränkten Meßgenauigkeit aus dem Ausfall von 222 nur der Schluß gezogen werden, daß seine Intensität nur einen kleinen Bruchteil derjenigen Intensität betragen kann, die bei bestem Zusammenwirken der beiden ineinandergesetzten Gitter entstände. Für das Folgende nehmen wir an, daß ein Fleck von $^1/_{20}$ dieser Maximalintensität der Beobachtung nicht entgehen würde.

Lassen wir den Parameterwert noch offen, indem wir für das Verschiebungsverhältnis setzen

$$\beta = {}^1/_4 (1 + \alpha) .$$

Für $\alpha = 0$ beträgt die Verschiebung dann $^1/_4$ der Diagonale, für positive α mehr, für negative weniger.

Wie äußern sich nun die variabeln Verschiebungen α im Strukturfaktor?

Im Interferenzstrahl $(h_1 h_2 h_3)$ treffen die beiden Wellen der Überlegung von S. 118 nicht mehr mit dem Gangunterschied $^1/_4 (h_1 + h_2 + h_3)$ zusammen, sondern mit $^1/_4 (1 + \alpha)(h_1 + h_2 + h_3)$. Denn wenn wir auf den Anfangspunkt B' des eingeschobenen flächenzentrierten Gitters zurückgehen (Abb. 89), so sind dessen Koordinaten (β, β, β) statt $(^1/_4, {}^1/_4, {}^1/_4)$. Daher sind die Wellen

$$\{B, 0\}, \quad \{B, {}^1/_4 (1 + \alpha)(h_1 + h_2 + h_3)\}$$

zu überlagern.

Das Ergebnis wird von der Verschiebung α abhängen, aber bei verschiedenen Flecken in verschiedenem Grade. Nehmen wir Flecken, deren Ausfall beobachtet wird (entsprechend: Schwächung bei Zinkblende): 200, 222, 662 und tragen wir in Abb. 90 die resultierenden Intensitäten in ihrer Abhängigkeit von α auf, entsprechend den Zusammensetzungen der Welle $\{B, 0\}$ mit den Wellen

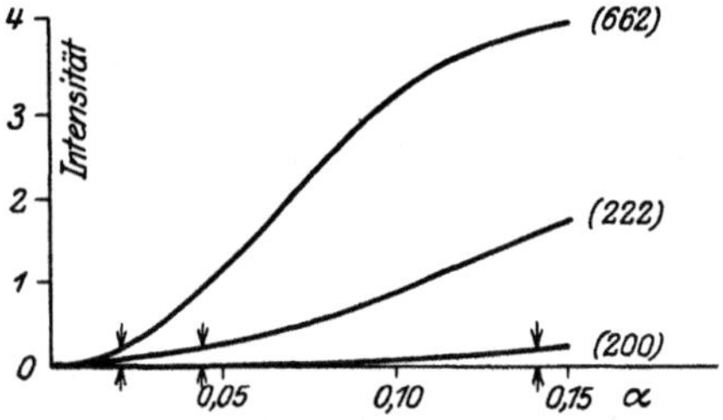

Abb. 90. Empfindlichkeit verschiedener Flecken gegen Parameteränderung.

$$\{B, {}^2/_4 (1 + \alpha)\},$$
bzw. $\{B, {}^6/_4 (1 + \alpha)\}$
und $\{B, {}^{14}/_4 (1 + \alpha)\}$.

Für $\alpha = 0$ entsteht Auslöschung, für andere Verschiebungen alle Zwischenwerte bis zur maximalen Verstärkung (Amplitudenwert 2, Intensität 4; B wurde für die Kurven gleich 1 gesetzt). Dabei tritt deutlich hervor, wie *unempfindlich* die Interferenz (200) gegen eine Änderung des Parameters ist: das Spektrum (200) auf dem Reflexschema Abb. 71 würde praktisch fehlen, selbst wenn die Abweichung vom Verschiebungswert $^1/_4$ fast 15% betrüge.

Besser steht es mit der Interferenz (222), die deshalb auf dem Schema Abb. 71 als Bestätigung der Struktur anerkannt werden kann [neben Reflex (600), der dieselbe Quersumme hat und sich gleich verhält]: innerhalb des Bereichs von $\alpha = 0$ bis $\alpha = 0{,}05$ ändert sich die Amplitude von 0 bis etwa 0,47, die Intensität von 0 bis 0,218. Da 4 der Maximalwert der Intensität ist (entsprechend bestem Zusammenwirken der zwei Amplituden $B = 1$), so wäre nach der obigen Annahme die Intensität

$^4/_{20} = 0,2$ sicher feststellbar. Durch die Interferenz 222 wird also α auf den Bereich von 0 bis kurz unterhalb 0,05 beschränkt.

Viel wirksamer ist jedoch der Fleck 662, dessen Intensität schon für α größer als 0,02 den Wert 0,2 übersteigen müßte. Man erfährt also aus diesem Fleck, daß das Verschiebungsverhältnis auf der Diagonalen beträgt

$$^1/_4 (1 \pm {}^1/_{50}).$$

Kurz zusammengefaßt läßt sich sagen: verschiedene Flecke sind gegen Änderungen im Parameterwert verschieden empfindlich. Im allgemeinen werden die empfindlichen Flecke solche hoher Ordnung sein; denn je verwickelter die Folge der zugehörigen Spiegelebenen, um so empfindlicher wird sie durch eine geringe Änderung der Basis betroffen. Während der Vorteil der Braggschen Methode darin besteht, die Messungen auf wenige übersichtliche Spiegelebenen zu beschränken und dadurch die Deutung zu erleichtern, ist das Lauebild die natürliche Ergänzung der Braggschen Aufnahmen, indem es die Richtigkeit der Struktur auch in bezug auf komplizierte Netzebenen zu kontrollieren bzw. mit Hilfe der »empfindlichen Netzebenen« zu verbessern gestattet.

Die hier an einem einfachen Beispiel skizzierte Methode wurde vom Verfasser an Aufnahmen des kubisch-hemiedrischen Pyrit (FeS_2) entwickelt. Sie ist dann von E. Schiebold, R. W. G. Wyckoff und anderen viel verwendet worden.

Elftes Kapitel.

Das Debye-Scherrer-Verfahren.

Mit dem Debye-Scherrer-Verfahren für Kristallpulver kehren wir zu einem Verfahren zurück, das einfarbiges Röntgenlicht benutzt. Wie in Kap. VI. auseinandergesetzt, ermöglicht nur die feinste Verteilung der Mikrokristalle über alle möglichen Richtungen das Zustandekommen der Interferenz. Denn damit irgendeine Netzebenenschar den Primärstrahl reflektieren kann, müssen sich in dem durchstrahlten Teil des Pulvers genügend viele Kriställchen vorfinden, die diese Ebenen dem Primärstrahl unter dem passenden Winkel — gemäß der Braggschen Reflexionsbedingung — darbieten.

So große Schwierigkeiten häufig die Beschaffung größerer Kristalle für Laue- und Braggaufnahmen bietet, so ist andrerseits genügend feines Pulverisieren manchmal ebenfalls schwer zu erreichen. Zerstampfen und Zerreiben im Mörser führt nicht immer zum Ziele, und man hat sich dann damit helfen müssen, durch Drehen des Pulvers während der Aufnahme für einen genügenden Ausgleich der Richtungen zu sorgen. Ganz besonderen Schwierigkeiten begegnete Hull beim Versuch, metallisches Natrium zu benutzen: Sowohl aus älteren wie aus frisch-destillierten Na-Klumpen entnommenes Material erwies sich als viel zu einheitlich, und bei der großen Plastizität blieb die Behandlung im Mörser ohne Erfolg. Schließlich preßte er das Natrium durch eine Diamantdüse zu einem feinen Fädchen, das er möglichst unregelmäßig aufgefaltet in ein Glasröhrchen stopfte und während der Aufnahme drehte.

Der Aufbau des Spektrographen von SCHERRER, dessen Gestalt Abb. 91 vorführt, zeichnet sich durch Einfachheit aus. Das »Gitter« dieses Spektrographen, das aus dem Kristallpulver gepreßte Stäbchen, hat etwa 2 mm Durchmesser und 10 mm Länge. Es hängt, an Schlitten genau justierbar, von oben her axial in der zylinderförmigen »Kamera«, einer aus Messingguß gedrehten Dose von 57 mm Durchmesser, an deren Innenwand der Film anliegt. Als Blende dient ein Bleirohr von 2,5 mm lichter Weite, das, um es gut fassen zu können, in ein Messingrohr eingegossen und an einem Ansatzstutzen der Dose befestigt ist. Diametral gegenüber trägt

Abb. 91. Scherrer-Spektrograph.

die Dose einen zweiten Stutzen, der dem Primärstrahl einen »Auslauf« bietet, ohne daß er auf Metall trifft.

Der Spektrograph war mit dem Blendenstutzen dicht vor das Aluminiumfenster einer von RAUSCH VON TRAUBENBERG angegebenen Spezialröhre gestellt, so daß der Abstand Antikathode — Kristallstäbchen nur 13 cm betrug. Belichtet wurde mit Kupfer-K-Strahlung während 2 bis 4 Stunden insgesamt etwa 600 M.-A.-Min.

Der sehr geringe Durchmesser der Scherrerschen Kamera ist der Erreichung großer Genauigkeit nicht eben förderlich. SCHERRER selbst hat auch gelegentlich größere Durchmesser benutzt. Am weitesten ging hierin A. W. HULL, s. unten.

Bei der Auswertung der D.-Sch.-Spektrogramme kommt es vor allem auf genaue Ausmessung der Abbeugungswinkel an. Die Genauigkeit der besten Aufnahmen an Graphit, die von Debye und Scherrer mit einer etwas größeren Kamera von 130 mm Durchmesser (Filmlänge 2 × 204 mm) hergestellt wurden, reichte gerade hin, um das — nicht sehr komplizierte — Gitter dieses Kristalls eindeutig zu entnehmen. Auch der kleinste Gewinn an Meßgenauigkeit bedeutet eine wesentliche Ersparnis an theoretischer Arbeit bei der Deutung und ist bei dieser Methode mehr als bei anderen notwendig, um neue, verwickeltere Strukturen der Erforschung frei zu geben.

Zwei Punkte sind deshalb von großer Wichtigkeit: genaue Zentrierung und Herstellung scharfer Linien.

Die hinreichende Schärfe der Spektrallinien ist erheblich schwerer zu erzielen, als die gute Zentrierung, die vor allem durch saubere Dreharbeit gewährleistet wird. Man kann deshalb sagen, daß in der unvermeidlichen Unschärfe die Grenzen der Anwendbarkeit des Verfahrens liegen. Bei leichtatomigen Kristallsubstanzen ist die Liniendicke annähernd gleich der Dicke des Stäbchens, weil bei *geringer Absorption* die Strahlen auch in das Innere des Stäbchens eindringen und von dort her reflektiert werden. Weist das Spektrogramm viele Linien auf, so überdecken sie sich teilweise, und dadurch werden ihre scheinbaren Mittelpunkte verschoben. Bei *starker Absorption* können nur aus solchen oberflächlichen Schichten des Stäbchens Reflexe kommen, wo sowohl einfallender wie reflektierter Strahl nur auf kurzen Wegen der Absorption ausgesetzt sind. Das gibt, zumal bei kleinen Ablenkungswinkeln, eine Verschiebung der Linie, die die Genauigkeit der Winkelbestimmung herabsetzt.

Abhilfe schafft für beides nur die Verringerung der Stäbchendicke im Vergleich zum Kameradurchmesser — also entweder die Benutzung feinster, mit Kristallpulver bestäubter Fäden statt der Stäbchen, oder Vergrößerung des Kameradurchmessers. A. W. HULL benutzt deshalb einen Spektrographen von 40 cm Durchmesser. Der Nachteil, durch den die Steigerung der Genauigkeit erkauft werden muß, ist die lange Belichtungsdauer. HULL belichtet mit einer Coolidgeröhre bei 30 M.-A. Belastung 15 Stunden (als 27000 M.-A.-M.!). Obwohl ihm die Zuverlässigkeit seines Apparates erlaubt, die Exposition unbeaufsichtigt des Nachts vorzunehmen, ist eine derartige Belichtungszeit ein großer Nachteil. Übrigens benutzt HULL nicht die — meist gebrauchte — Kupfer-$K\alpha$-Linie von der Wellenlänge 1,54 Å, sondern die mehr als doppelt so kurzen Molybdän-$K\alpha$-Strahlen mit $\lambda = 0{,}71$ Å.

Eine etwas andere Anordnung haben sich unabhängig voneinander H. SEEMANN und HELGE BOHLIN ausgedacht. Das kristalline Pulver ist dabei nicht zu einem Stäbchen geformt, sondern auf eine zu einem Kreissegment gebogene Platte aufgestäubt. Diese bildet einen Teil der zylindrischen Dosenwand der Kamera, der auch der Film *FF* anliegt (Abb. 92). Der Spalt *Sp* befindet sich ebenfalls auf dem Kreise. Das Entstehen scharfer Linien beruht auf der gleichen Fokussierungseigenschaft wie beim Braggschen Spektrographen. Denn ein und dieselbe Wellenlänge wird bei der Reflexion an der gleichen Fläche an denselben Ort auf dem Film reflektiert, einerlei wo das Kriställchen sitzt, das die Spiegelung besorgt.

Die Schärfe der Fokussierung gilt nur für die Zeichenebene. Man muß deshalb die Höhe des Spaltes begrenzen und vom Film allein den Mittelteil benutzen. In ihm weisen, wie die genauere Verfolgung der Spiegelungsbedingungen lehrt, die Linien

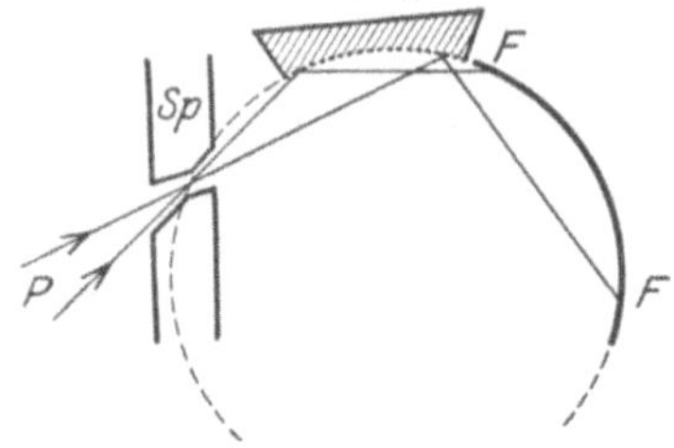

Abb. 92. Spektrograph von H. Bohlin.

eine *scharfe Kante* auf, während die andere Seite verwaschen ist. An den scharfen Kanten kann die Winkelbestimmung bequem erfolgen. Abb. 93 zeigt eine Aufnahme von Bohlin an Magnesium. (*Cu-K*-Strahlung.) An den stärksten Linien ist deutlich die Linienstruktur erkennbar.

Erwähnenswert ist, daß W. H. Bragg Pulveraufnahmen herstellt, indem er das auf einer ebenen Fläche aufgetragene Kristallpulver statt des einheitlichen Kristalls in dem gewöhnlichen Spektrometer mit Ionisierungskammer benutzt. Der Spalt kann dabei etwas erweitert werden und mit 1 M.-A. Strom in der Röhre dauert die Ablesung für jede Stellung nur wenige Sekunden. Abb. 94 zeigt die von W. H. Bragg mit Aluminiumpulver und *Rh-K-α-* und *-β*-Strahlen erhaltene Reflexionskurve.

Abb. 93. Aufnahme an Magnesium nach Bohlin.

Zwei Etappen sind, wie auch bei den anderen Verfahren, bei der Diskussion einer D.-Sch.-Aufnahme zu unterscheiden: die *Verwertung der geometrischen Ergebnisse*, also der Abbeugungswinkel, und die *Verwertung der Intensitäten*. Der erste Teil war beim Braggverfahren am leichtesten: er bestand für kubische Kristalle in der Einreihung der Reflexwinkel in das »Ordnungsnetz« von Kap. VIII. Auch bei nicht-kubischen Kristallen ließe sich leicht auf Grund der bekannten kristallographischen Achsenverhältnisse ein entsprechendes Ordnungsnetz entwerfen. Beim Laue- und Debyeverfahren sind außer den Ordnungen der Reflexe auch die Netzebenen, welche die Reflexion besorgen, unbekannt, und die geometrische Diskussion des Debyebildes entspricht durchaus der »Bezifferung« des Lauebildes, insofern sie beide Angaben zugleich liefern muß. Die zweite Etappe, die Intensitätsverwertung, beruht allemal auf der Abtrennung des »Strukturfaktors« von den anderen Faktoren, die die Intensität beeinflussen, (Lorentzscher Faktor und primäre Intensität J_λ beim Laue-, »Normalabfall«, beim Braggverfahren). Aus dem Strukturfaktor wird dann die Basis ermittelt.

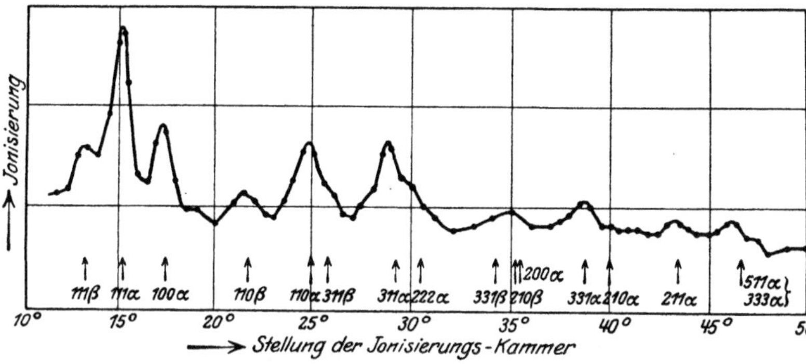

Abb. 94. Aluminiumpulveraufnahme von W. H. Bragg.

Sei in Abb. 95 P der Primärstrahl und χ der Abbeugungswinkel, der nach Streckung des Films FF gefunden wird, indem der Abstand symmetrisch rechts und links vom Zentralstrahl gelegener Linien ausgemessen wird. Der Winkel des einfallenden und reflektierten Strahls gegen die Spiegelebenen ist $\vartheta = \chi/2$. Die Braggsche Reflexionsgleichung

$$n\lambda = 2\,d \sin \vartheta$$

kann so geschrieben werden, daß auf der linken Seite nur der nach Ausmessen der Aufnahme als bekannt anzunehmende Winkel χ und die bekannte Wellenlänge λ vorkommt:

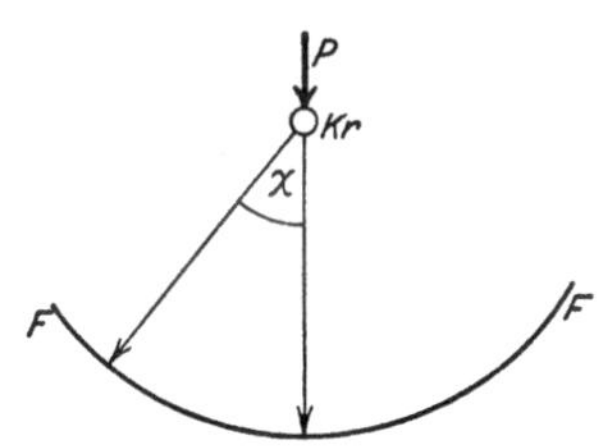

Abb. 95. Abbeugungswinkel χ.

$$2\,\frac{\sin \chi/2}{\lambda} = n/d\,.$$

Ordnung n der Reflexion und Art und Abstände d der Spiegelebenen sind aus den Werten der linken Seite, für welche wir die Abkürzung Q benutzen, für jede Linie des Films zu ermitteln.

Nehmen wir an, um die Aufgabe zu vereinfachen, es sei von dem Kristallpulver bekannt, daß es aus Kriställchen des kubischen Systems besteht. Dann ist nach S. 27 der Zusammenhang zwischen der Würfelkante a des Gitters, und dem Abstand d der Netzebenen des Millerschen Symbols $(h_1^*\, h_2^*\, h_3^*)$ (der * erinnert daran, daß die h teilerfremd sind):

$$d = \frac{a}{\sqrt{h_1^{*2} + h_2^{*2} + h_3^{*2}}}\,.$$

Setzen wir dies in die vorige Gleichung ein, erinnern uns, daß wie auf

S. 50 der Übergang von Braggscher zu Lauescher Auffassung dadurch geschieht, daß $n \cdot (h_1^*, h_2^*, h_3^*) = (h_1, h_2, h_3)$ gesetzt wird, und quadrieren schließlich noch die Gleichung, so entsteht:

$$Q^2 = 4 \frac{\sin^2 \chi/2}{\lambda^2} = \frac{1}{a^2} (h_1^2 + h_2^2 + h_3^2) .$$

Nennen wir die aus der Aufnahme entnommenen linken Seiten für die einzelnen Linien des Spektrogramms $Q_1^2, Q_2^2, \ldots Q_k^2 \ldots$, so behauptet diese Gleichung, daß diese Q^2-Werte sich in einfacher Weise aus den Quadraten dreier ganzer Zahlen zusammensetzen lassen, wenn anders das Pulver aus kubischen Kriställchen besteht. Man nennt einen solchen Ausdruck, der aus Quadraten oder zweifachen Produkten ganzer Zahlen aufgebaut ist, eine »*quadratische Form*« — speziell hier wegen der Dreizahl der Laufzahlen eine »*ternäre quadratische Form*«. Man kann sich eine solche Form am besten wieder durch ein Gitter deuten — ein Gitter, das mit dem Atomgitter nur in mathematischer Weise verwandt ist, das aber beim Studium der Interferenzen äußerst nützlich ist. Es heißt das »*reziproke Gitter*« und ist in mathematischer Hinsicht ein vollwertiges Gegenstück zum Atomgitter.

Wenn wir uns nämlich eine Übersicht über die Werte verschaffen wollen, die von Q^2 überhaupt angenommen werden können, so dient dazu die Bemerkung, daß die rechte Seite der letzten Gleichung das Quadrat des Abstandes vom Nullpunkt darstellt für einen Punkt, der die rechtwinkligen Koordinaten h_1/a, h_2/a, h_3/a hat. Q selbst ist also die Entfernung eines solchen Punktes vom Koordinatenanfangspunkt, und indem die $h_1\, h_2\, h_3$ alle ganzzahligen Werte durchlaufen, entstehen alle Punkte eines rechtwinkligen kubischen Gitters, dessen Würfelkante die Länge $1/a$, also das *Reziproke* der Kante der Atomgitters, hat. Wir übersehen durch diese geometrische Deutung mit einem Schlage die Beschränkung, die für die Q-Werte darin liegt, daß sie einer »quadratischen Form« angehören müssen: Nur die Abstände vom Nullpunkt zu den Gitterpunkten des reziproken Gitters sind als Q-Werte möglich. Es handelt sich nun darum, die Q-Werte den Gitterpunkten des reziproken Gitters zuzuordnen oder geometrisch gesagt: zu einer Reihe von *Abstands*werten die *Koordinaten* $(h_1\, h_2\, h_3)$ der Gitterpunkte zu finden. Das Tripel von Koordinaten im reziproken Gitter ist nach dem obigen nichts anderes als die »Ordnung« der Interferenzlinie, welche den betreffenden Q-Wert geliefert hat und die Bezifferung des Photogramms ist mit jener Zuordnung erledigt.

Daß die Aufgabe dieser Einordnung bei genügend genau gemessenen Q-Werten nicht schwer durchzuführen ist, erkennt man, indem man zunächst das übersichtlichere zweidimensionale Analogon, die »binäre quadratische Form«, betrachtet: ein quadratisches Netz (Abb. 96), für welches eine Reihe von Abstandquadraten Q_k^2 bekannt ist. Wir können im Prinzip die Abstandsquadrate für alle Gitterpunkte angeschrieben denken und die Werte ihrer Größe nach anordnen:

1, 2, 4, 5, 8, 9, 10, 13, 16, 17, ...

Bezeichnenderweise treten in dieser Reihe nicht *alle* ganzen Zahlen auf, sondern es fehlen diejenigen, die sich nicht in die Summe der Quadrate zweier anderer ganzen Zahlen zerlegen lassen. Bildet man von den Q_k^2-Werten die Verhältnisse (in diesen fällt der unbekannte Maßstabfaktor $1/a^2$ der Gleichung a. vor. Seite heraus), so müssen diese mit Verhältniswerten der obigen Zahlenreihe übereinstimmen, und das führt zur Identifizierung der »Abstände« Q mit Abständen bestimmter Gitterpunkte $(h_1 h_2)$.

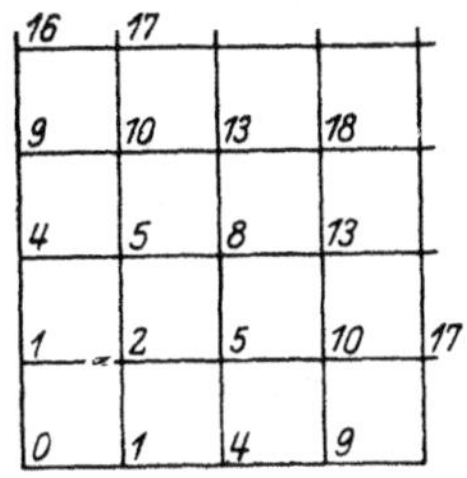

Abb. 96. Quadratnetz mit Q_k^2-Werten.

Im räumlichen Fall treten zu den oben hingeschriebenen Abstandswerten, die wir als zu der Ebene $h_3 = 0$ des reziproken Gitters gehörig betrachten können, weitere Werte dazu, die von Punkten in Parallelebenen zum oben betrachteten quadratischen Netz stammen. Man erhält folgende Tabelle über die Entfernungen:

Punkt	(001)	(101)	(111)	(002)	(102)	(112)	—	(202)	(212) (003)	(103)
Quadrat d. Entf.	1	2	3	4	5	6	—	8	9	10

Punkt	(113)	(222)	203)	(213)	—	(004)	(104) (223)	(114) (303)	(313)	(204)
Quadrat d. Entf.	11	12	13	14	—	16	17	18	19	20

Punkt	(214	(233)	—	(422)
Quadrat d. Entf.	21	22	—	24

Nehmen wir als Beispiel Messungen Debyes an *Wolframpulver*, welche für die Reflexionswinkel von 11 Linien die Werte lieferten:

$\sin \chi/2 = 0{,}302,\ 0{,}421,\ 0{,}512,\ 0{,}590,\ 0{,}658,\ 0{,}720,\ 0{,}777,\ 0{,}829$
$0{,}877,\ 0{,}923,\ 0{,}970.$

Die $\sin^2 \chi/2$ und mithin auch die Größen, die wir mit Q_k^2 bezeichneten, verhalten sich innerhalb der Beobachtungsgenautigkeit von rd. 1—2 °/₀ wie

$$1 : 2 : 3 : 4 : 5 : 6 : 7 : 8 : 9 : 10 : 11.$$

Man könnte geneigt sein, auf Grund der ersten Verhältniswerte 1 ... 6 die Zuordnung zur obigen Tabelle so vorzunehmen, daß der ersten Linie mit dem Wert $\sin \chi/2 = 0{,}302$ das Ordnungstripel (001) zukommt, der zweiten Linie (101) usw. Doch wäre dann die siebente Linie nicht zu erklären, da unter den Entfernungsquadraten der obigen Tabelle keines vorkommt, das zum ersten im Verhältnis 7 steht. Die Identifizierung der ersten Linie mit (001) ist deshalb unmöglich. Hingegen dürfen wir sie als (101) auffassen. Die Linie mit doppelt so großem $\sin^2 \chi/2$ bekommt dann nach der Tabelle die Ordnung (002); die nächste, deren $\sin^2 \chi/2$ zum ersten im Verhältnis 3 : 1 steht, ist als (112) zu bezeichnen; die siebente Linie, die vorher nicht hineinpaßte, wird (213); die letzte schließlich

(233). Auf diese Art sind sämtliche Linien in der quadratischen Form untergebracht. Nach der Identifizierung ist auch der Maßstabsfaktor $1/a^2$ bestimmbar. Die benutzte Platin L-α-Strahlung hatte eine Wellenlänge $\lambda = 1{,}316$ Å, so daß z. B. für die dritte Linie (112) gilt:

$$Q_3^2 = 4\,\frac{\sin^2\chi/2}{\lambda^2} = 4\cdot\left(\frac{0{,}512}{1{,}316}\right)^2 = \frac{1}{a^2}\,(1^2+1^2+2^2) \text{ oder } \frac{1}{a^2} = 0{,}101\,.$$

Die beobachteten Linien, bzw. ihre Q^2-Werte passen also in die Form — wenn λ in Å gemessen wird —:

$$0{,}101\;(h_1^2+h_2^2+h_3^2)\,.$$

Aus dem Wert von $1/a^2$ folgt für die Würfelkante $a = 3{,}15$ Å. Weiter ergibt sich mit dem Atomgewicht 184 und dem spezifischen Gewicht $\sigma = 18{,}7$ für die Molekülzahl der Basis

$$X = \frac{a^3\sigma}{\mu} = \frac{31{,}8\cdot 18{,}7}{184\cdot 1{,}64} = 1{,}97\,,$$

also nahezu 2.

Sollen im kubischen Gitter zwei Atome als Basis untergebracht werden, ohne daß die Symmetrie zerstört wird, so ist das nur möglich, indem die Anordnung des *körperzentrierten kubischen Gitters* (Abb. 19c auf S. 28) entsteht.

Die Strukturbestimmung könnte hiermit erledigt erscheinen. Tatsächlich aber besteht in der Schlußreihe noch eine Lücke, die immer dann auftritt, wenn *nur* das Geometrische der Interferenzen verwertet wird. Die Struktur selbst kann stets nur unter Mitbenutzung des Strukturfaktors erschlossen werden. Wir zeigen, worin die typische Schwierigkeit besteht.

Der Schluß auf das körperzentrierte Gitter ist eindeutig, sobald feststeht, daß die Basis zweiatomig ist. Diese Tatsache wurde aus der Länge der Würfelkante a bzw. aus dem numerischen Wert des Faktors der quadratischen Form $1/a^2$ gefolgert. Inwieweit ist dieser eindeutig bestimmt?

Lassen sich nicht andere Formen angeben, denen die beobachteten Q^2-Werte ebenfalls angehören? Offenbar ja! Z. B. genügt die Form [deren Laufzahlen zum Unterschied $(H_1\,H_2\,H_3)$ heißen mögen]

$$\frac{0{,}101}{p^2}\;(H_1^2+H_2^2+H_3^2)\,,$$

wo p eine ganze Zahl ist. Denn für die ganzzahligen Werte $(H_1\,H_2\,H_3) = p(h_1\,h_2\,h_3)$ hat diese Form ja dieselben Werte wie die vorige. Geometrisch heißt das: die beobachteten Abstände lassen sich auch in einem engeren reziproken Gitter auffinden, dessen Kante nur $\frac{1}{p}\cdot\frac{1}{a}$ statt $\frac{1}{a}$ ist. Damit hört die obige Überlegung auf, bindend zu sein. — Wenn freilich das körperzentrierte Gitter sich doch als das richtige herausstellen wird, dann finden sich die Abstände aller jener Gitterpunkte auf dem Photogramm *nicht* vor, deren Zahlen $(H_1\,H_2\,H_3)$ nicht ganze Vielfache von

p sind. Im Atomgitter bedeutet die zweite Zuordnung, daß zur Beschreibung des Gitters statt der Grundzelle von der Würfelkante a eine solche von der Kante pa genommen wird. Wegen der Dichte der Substanz wird die Basis entsprechend vielgliedrig. Ihr entspricht ein komplizierter Strukturfaktor, der das Verschwinden eben jener Interferenzen bewirkt, deren Ordnungen keine ganzzahligen Vielfache von p sind. Die Behauptung über den Absolutwert der Würfelkante und über die Molekülzahl der Basis spricht also nur eine von vielen Möglichkeiten aus und das körperzentrierte Gitter für Wolfram ist durch unsere bisherigen Überlegungen noch nicht endgültig bewiesen, sondern nur als mit dem Geometrischen verträglich befunden worden.

Ein Beispiel im Zweidimensionalen mag verdeutlichen, wie durch eine Verdoppelung der Translationen größere Freiheit für die Anordnung der Basis geschaffen wird. Abb. 97 zeigt von einem zentrierten quadratischen Gitter die vier ersten Zellen. Das Gitter enthält vier Arten von Symmetrieebenen (horizontal, vertikal und unter 45° geneigt), sowie 4zählige Achsen, die senkrecht auf der Zeichenebene stehen und, den Symmetrieebenen entsprechend, 2zählige in der Ebene gelegene Achsen. Die Translation ist a, die Basis besteht aus zwei Atomen. Mit einer zweiatomigen Basis ist dies die einzige Anordnung, die mit der quadratischen Symmetrie vereinbar ist. Wählen wir jedoch als Translation $b = 2a$, so sind acht Basisatome im Elementarbereich unterzubringen. Das kann natürlich in der Art der Abb. 97 geschehen und führt auf das alte Gitter, das nur

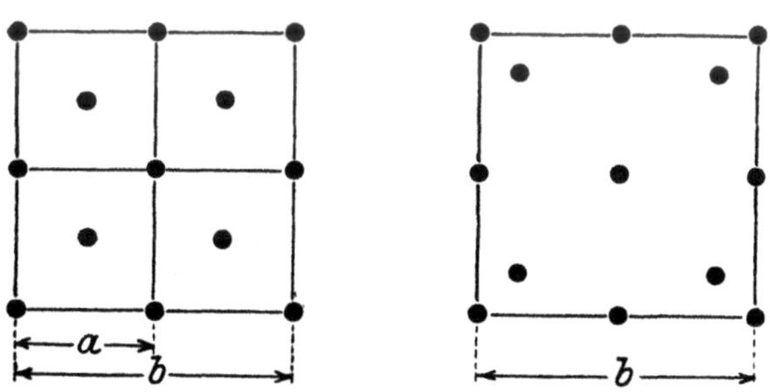

Abb. 97 u. 98. Quadratische Gitter als Beispiel für die Mehrdeutigkeit einer Strukturbestimmung ohne Intensitätsdiskussion.

umständlicher als vorher beschrieben wird. Doch haben wir durch die Verdoppelung der Translationen die Freiheit gewonnen, diese spezielle hochsymmetrische Lage aufzugeben, bei der durch *alle* Punkte *alle* Symmetrieelemente hindurchgehen; wir können etwa Abb. 98 als Basis nehmen, indem vier Atome der vorigen Abbildung auf den Diagonalen verschoben werden. Durch *diese* Atome gehen dann freilich keine 4zähligen Achsen, und nur je eine Symmetrieebene und 2zählige Achse — aber das Gitter im ganzen hat genau die gleichen Symmetrieeigenschaften, wie das der

Abb. 97. (Man vergleiche hiermit etwa das Pyritgitter Abb. 124, wo jedes der Eisenatome nur *eine* der vier 3-zähligen Achsen des Gesamtgitters trägt.)

Die Möglichkeit der Wahl einer größeren Grundzelle und entsprechender Basis liegt nicht nur beim Debye-Scherrer-Verfahren, sondern stets vor, und in dieser Unbestimmtheit liegen die typischen Schwierigkeiten der Strukturermittlung. Man darf aus diesem Grunde nicht aus den geometrischen Tatsachen der Interferenzen *allein* auf das Bestehen einer bestimmten Struktur schließen, sondern muß *stets eine Prüfung durch Diskussion des Strukturfaktors* folgen lassen. Andernfalls sind irgendwelche außerhalb der eigentlichen Methode der Röntgenerforschung liegende Annahmen unerläßlich, z. B. bei der Wolframstruktur die (naheliegende) Forderung, daß alle Atome dieselben Symmetrieelemente tragen, oder bei der Diamantstruktur (vgl. S. 96 sowie Anm. dazu) die Annahme der Tetraedersymmetrie der Atome. Es erscheint aber bei unserer heutigen geringen Kenntnis des Atombaus durchaus verfrüht, auf Grund derartiger mehr oder weniger transzendenter Forderungen Strukturen *bestimmen* zu wollen, vielmehr hat die gegenwärtige Forschung sich erst auf Grund sorgfältig und mit möglichst wenig Hypothesen erforschter Strukturen die allgemeinen Beziehungen zu erarbeiten, die zwischen Atom- und Kristallbau bestehen. Hierzu ist aber der einzige Weg die Benutzung der Intensitäten und des Strukturfaktors.

Am Anfang der zweiten Etappe einer Strukturbestimmung nach Debye-Scherrer muß deshalb zuerst die Wirkung des Strukturfaktors von den übrigen Faktoren, welche die Intensität bestimmen, abgetrennt werden. Da monochromatisches Licht benutzt wird, ist J_λ (vgl. S. 112) für alle Linien gleich. Der Lorentzsche Faktor ist schon aus Kap. X hinreichend bekannt.

Stärker als beim Laue- und Bragg-Verfahren tritt bei Debye-Scherrer die Abhängigkeit des *Streuvermögens* der Atome von der Richtung ins Spiel, der Streufaktor, dessen einfachsten Wert wir von S. 66 her als

$$\sigma = 1 + \cos^2\chi$$

kennen. Da χ, der Winkel zwischen Primär- und Interferenzstrahl, bei der Debye-Scherrer-Anordnung beliebige Werte zwischen 0 und 180° hat, können durch ihn die Intensitäten im Verhältnis 1 : 2 verändert werden, und es ist daher gut, ihn zu berücksichtigen.

Es kommt nun noch *ein dem Debye-Scherrer-Verfahren eigentümlicher Faktor* der Intensität dazu, der durch die *Häufigkeit* bedingt ist, mit der in dem Kristallpulver eine Flächensorte sich dem Primärstrahl darbietet. Im kubischen System z. B. gibt es sechs gleichwertige Würfelflächen — ihre Symbole sind (100), (010), (001), $(\bar{1}00)$, $(0\bar{1}0)$, $(00\bar{1})$ — acht gleichwertige Oktaederflächen (111), $(\bar{1}11)$, ..., $(\bar{1}\bar{1}\bar{1})$, zwölf Rhombendodekaederflächen (110), (101), ..., $(\bar{1}10)$, ..., $(0\bar{1}\bar{1})$ und von der allgemeinsten

Fläche mit drei untereinander und von Null verschiedenen Kennziffern (p, q, r) gar 48 gleichwertige Stellungen (sechs Vertauschungen der Reihenfolge von (p, q, r) und bei jeder von ihnen acht Kombinationen durch Vorzeichenänderung, wie bei den Oktaederflächen). Je mehr gleichwertige Stellungen einer Ebene in den Kriställchen vorhanden sind, um so häufiger wird diese Ebenensorte in die Lage kommen, zu reflektieren. Dieser *Flächenhäufigkeitsfaktor* W wird also im kubischen System folgende Werte haben (wir schreiben hier für die Flächensymbole $(p q r)$, statt $(h_1 h_2 h_3)$:

Fläche	(pqr)	(pqq)	(ppp)	$(pq0)$	$(p00)$	$(pp0)$
$W=$	48	$\frac{48}{2}=24$	$\frac{48}{6}=8$	$\frac{48}{2}=24$	$\frac{48}{8}=6$	$\frac{48}{4}=12$

Bei nicht-kubischen Kristallen führen natürlich nicht alle Vertauschungen der Kennziffern und alle Vorzeichenänderungen auf gleichwertige Flächen. Was nach Abspaltung dieser Intensitätsfaktoren übrig bleibt, ist als die Wirkung des Strukturfaktors anzusehen und dient zur Grundlage der Basisermittlung.

Es muß in diesem Zusammenhang erwähnt werden, daß beim Debye-Scherrer-Verfahren noch eine eigentümliche Schwierigkeit auftritt, welche die Strukturbestimmung mancher Klassen von hemiedrischen Kristallen besonders erschwert. Die Hemiedrie macht sich nämlich dadurch geltend, daß die Strukturfaktoren von Flächen, die in der holoedrischen Klasse gleich sind, verschieden groß sein können. (Im kubischen System z. B brauchen die Srukturfaktoren, die zu den 48 Flächen $\{pqr\}$ gehören, nicht alle gleich zu sein.) Die Abbeugungswinkel — die ja allein durch die Translationen bestimmt sind — sind für diese Flächen gleich, und sie geben auf dem Debye-Scherrer-Film *eine* Linie. Aus deren Intensität läßt sich also nicht der Strukturfaktor einer bestimmten Fläche entnehmen — wie bei den anderen Verfahren —, sondern nur eine gewisse, unter Berücksichtigung der Flächenhäufigkeit gebildete Summe verschiedener Strukturfaktoren. Gerade das wesentliche Merkmal der Hemiedrie kann so verdeckt werden.

Die Diskussion des Strukturfaktors läßt sich im Fall des Wolfram sehr kurz gestalten. Man wird zunächst das körperzentrierte kubische Gitter — als das Nächstliegende — prüfen. Der Strukturfaktor dieses Gitters ist von S. 119 bekannt: er hat die sehr einfache Eigenschaft, für alle Interferenzen mit *gerader* Summe $h_1 + h_2 + h_3$ den gleichen Wert zu haben, für alle *ungeraden* Interferenzen hingegen Ausfallen der Interferenz — Intensität Null — zu ergeben. In der folgenden Tabelle sind für die elf Linien des Debyeschen Photogramms die gemessenen und die nach der quadratischen Form berechneten $\sin \chi/2$ sowie die zugehörigen Ordnungen der Interferenzen zusammengestellt. Die vierte Spalte enthält den Wahrscheinlichkeitsfaktor W, die fünfte ist der beim angenommenen Gitter zu erwartenden Intensität proportional, indem sie das Produkt aus W, σ, und dem Lorentzschen Faktor $\frac{1}{h_1^2 + h_2^2 + h_3^2}$ ist. Die letzte Spalte schließlich enthält die von Debye geschätzte Intensität der Linien mit den Angaben st. = stark, s. = schwach, m. = mittel.

$\sin \chi/2$ beobachtet	$\sin \chi/2$ berechnet	$h_1 h_2 h_3$	W	Intensität berechnet	Intensität gemessen
0,302	0,293	011	12	1,0	st.
0,421	0,414	002	6	2,1	m.
0,512	0,507	112	24	4,9	st.
0,590	0,585	022	12	1,7	m.
0,658	0,654	013	24	2,4	st.
0,720	0,716	222	8	0,7	m.—s.
0,777	0,775	123	48	3,6	st.
0,829	0,828	004	6	0,4	s.
0,877	0,877	{114 033	{24 12	2,6	st.
0,923	0,925	024	24	1,8	st.
0,970	0,970	233	24	2,0	st.

Das Auffälligste an dieser Tabelle ist die Tatsache, daß von allen Ordnungen nur diejenigen mit gerader Quersumme vorkommen. *In dem Nichtauftreten der ungeraden Ordnungen liegt der Beweis für die Richtigkeit des angenommenen Strukturfaktors und des körperzentrierten kubischen Gitters.* Darüber hinaus sehen wir, daß die Intensitäten der vorhandenen Linien durch die bei der Berechnung berücksichtigten Faktoren und einen konstanten Wert des Strukturfaktors einigermaßen wiedergegeben werden: daß also diese Linien ebenfalls zur Bestätigung des Gitters beitragen.

Was wäre die Folge, wenn die zweite Art der Zuordnung von S. 130 vorgenommen, d. h. die Ordnungen sämtlicher Linien, verdoppelt würden? Wir müßten dann feststellen, daß von den Ordnungen [die wir $(H_1 H_2 H_3) = 2(h_1 h_2 h_3)$ nennen wollen] nur jene vorhanden sind, deren Quersumme durch 4 teilbar ist: $H_1 + H_2 + H_3 = 4m$, m eine ganze Zahl, während alle Interferenzen der Ordnungen

$$H_1 + H_2 + H_3 = \begin{cases} 4m + 1 \\ 4m + 2 \\ 4m + 3 \end{cases}$$

fortfallen. Zudem ist die Anzahl Basisatome, die zu den Ordnungszahlen (H) gehört, 16. Man kann sich vergewissern, daß das Verschwinden aller jener Interferenzen *nur* durch eine solche Anordnung der 16 Atome in dem Würfel der Kante $b = 2a$ möglich ist, daß sich das einfache körperzentrierte Gitter der Kante a reproduziert (vgl. das zu Abb. 97 und 98 S. 131 Gesagte). Man würde also, nur mit etwas anderer — umständlicherer — Beschreibung das gleiche Gitter bei der Diskussion der Intensitäten unter Zugrundelegung auch der zweiten Zuordnung wiedergefunden haben.

Zahlreiche, meist sehr einfach kristallisierende Substanzen sind von Debye und Scherrer sowie von Hull und seinen Schülern untersucht worden. Die Mehrzahl der metallischen Elemente ist nach dieser Methode erforscht worden, da große Kristalle von ihnen nicht zu erhalten sind.

Ein besonderes Interesse bot die Untersuchung von *Graphit*, die einer der ersten Erfolge von Debye und Scherrer war. Laue- und Bragg-Aufnahmen von Graphit begegnen wegen der starken Verwerfungen im Kristall den größten Schwierigkeiten. Die Diskussion der Debye-Aufnahmen ergab als Grundlage zwei rhomboedrische Gitter mit Flächenzentrierung — also Gitter, wie sie dem Diamantbau zugrunde liegen, nur längs einer Körperdiagonalen, der Hauptachse, gedehnt, so daß der Elementarkubus in ein Rhomboeder übergeht. Die beiden Gitter sind gegeneinander längs der Hauptachse verschoben um einen Betrag, der als Parameter in die Struktur eingeht. Aus den Intensitäten folgerten Debye und Scherrer als Verhältnis von

$$\gamma = \frac{\text{Länge der Hauptachse des Rhomboeders}}{\text{Verschiebung}} = \text{zwischen } 0{,}31 \text{ und } 0{,}37 .$$

Nimmt man den Wert $\gamma = {}^1/_3$, so wird die Struktur besonders übersichtlich. Die horizontalen Atomebenen des eingesetzten Gitters fallen dann nämlich mit denen des anderen Gitters zusammen, und die Struktur besteht aus Ebenen mit Sechseckteilung, die mit einer aus der Abb. 99 hervorgehenden Versetzung übereinander schweben. Zum Vergleich ist in Abb. 100 der Elementarbereich des Diamanten in ähnlicher Stellung wiederholt. Die Abbildungen sind maßstäblich vergleichbar.

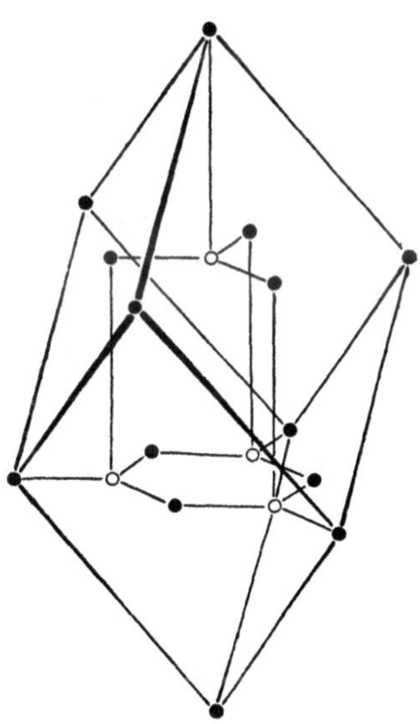

Abb. 99. Graphit.

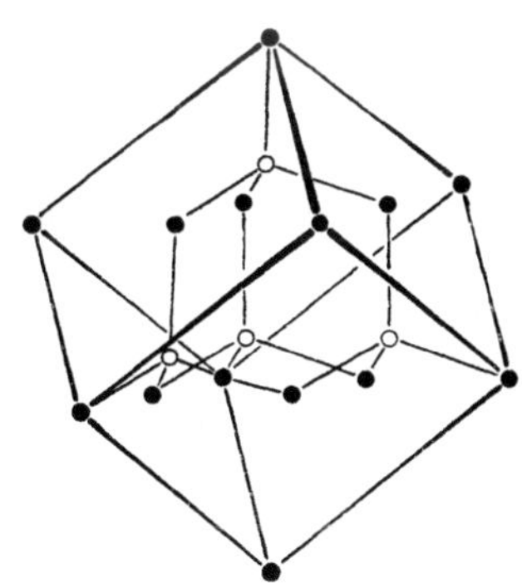

Abb. 100. Diamant.

Beim Diamant fallen infolge der geringeren Verschiebung (${}^1/_4$ statt ${}^1/_3$) die Ebenen der beiden Teilgitter nicht zusammen, und die Sechsecke haben die bezeichnende Knickung, die auch in Abb. 72 u. 73 hervortritt. Man sieht aus den obigen Abbildungen, daß wesentlich nur die Dimension längs der Hauptachse bei Graphit anders ist, als bei Diamant. Die Tetraedersymmetrie der C-Atome existiert im Graphit nicht mehr. Der Zusammenhalt innerhalb der Basisebenen ist entsprechend der engen Nachbarschaft der Atome als besonders fest, derjenige längs der Hauptachse als besonders locker zu vermuten. Hiermit steht das außergewöhnliche Spaltungs- und Gleitungsvermögen des Graphit in Einklang, daß ihn im Bleistiftstrich in feinste Schüppchen zerlegt und in der Technik als Schmiermittel Verwendung finden läßt. Debye und Scherrer wiesen nach, daß der Abstand der Basisebenen (111) sogar durch geringe mechanische Einwirkungen stark beeinflußbar ist: der Reflex (222) der Tabelle wurde dann verwaschen und unklar. Aus der Größe der Aufspaltung schätzen Debye-Scherrer, daß der Abstand dieser Ebenen mit Leichtigkeit um 15% abgeändert werden könne. Welch Unterschied gegenüber dem Diamantgitter, das sich vor allen anderen durch größte Starrheit auszeichnet! Im Graphit ist die Verbindung der Basisebenen untereinander so gering, daß nicht viel daran fehlt, daß Graphit in ein Haufwerk von 2-dimensionalen Kristallen zerfiele.

Eine weitere Gruppe von Stoffen, deren Erforschung von Scherrer erfolgreich in Angriff genommen wurde, waren die *Kolloide.* Der kolloide Zustand der Materie ist ein Zustand äußerst feiner Verteilung. Es gelingt, viele Substanzen, die für gewöhnlich fest sind, in einer Flüssigkeit so fein zu zerstäuben (»dispergieren«), daß sie sich im Gegensatz zu einer gewöhnlichen Aufschlämmung durch noch so langes Stehen nicht absetzen. Andererseits ist die Verteilung nicht so fein, wie in einer wahren Lösung: es gibt Filter, die den Stoff durchlassen, wenn er sich im wahren Zustand des Gelöstseins befindet, ihn aber im kolloidalen Zustand aus der Lösung herausholen. Man stellt z. B. kolloidale Lösungen der Metalle — Gold, Silber, Kupfer, Wismut — dar, indem man diese im elektrischen Bogen unter Wasser zerstäubt; es sind schöne, je nach der Herstellungsart lebhaft gefärbte Flüssigkeiten, in denen man oft selbst mit dem Ultramikroskop die Anwesenheit von festen Teilchen nicht mehr nachweisen kann. Dampft man eine kolloidale Metallösung ein, so tritt »Agglomeration« ein, d. h. ein Zusammenbacken der Teilchen zu größeren Klumpen und darauffolgend Absetzen aus der Flüssigkeit. Man kann jedoch das Zusammenbacken vermeiden und schließlich die Teilchen in getrenntem Zustand verdichten, indem man ein »Schutzkolloid« zusetzt, wie Gelatine, das die Teilchen umhüllt und an der Agglomeration hindert.

Derartig behandelte Kolloide durchstrahlte Scherrer und erhielt Linien wie bei gewöhnlichen Kristallpulvern, nur etwas weniger scharf. Die Linienmitten erschienen dabei unter den gleichen Winkeln, wie bei sichtbargroben Kristallpulvern des gleichen Metalls. Es zeigt sich also erstens, *daß auch in kolloider Verteilung die Metalle mikrokristallin sind* und zweitens, *daß sie genau dasselbe Gitter besitzen — einschließlich der absoluten Größe — wie in größeren Stücken.* Aus der Verwaschenhei der Linien konnte die Größenordnung der Teilchen festgestellt werden, die bis herab zu einigen 10^{-7} cm, also $^1/_{100}$ Wellenlänge des sichtbaren Lichtes ging. Die gleiche Größenordnung wurde schon früher auf Grund chemisch-physikalischer Messungen (osmotischer Druck) angegeben. *Solche Kristallstäubchen enthalten nur noch* 4—5 *Elementarbereiche in jeder Richtung und gegen* 100 *oder* 200 *Atome.* Wenn man bedenkt, daß manche Moleküle, z. B. von organischen Verbindungen, über 1000 Atome (in chemisch nachweisbaren Gruppen) enthalten, versteht man, daß der Zustand kolloidaler Dispersion viele Eigenschaften mit Lösungen, in denen die Moleküle ein selbständiges Dasein führen, gemein hat.

Von ähnlicher Art wie bei den Metallkolloiden ist der Zustand der *gewöhnlichen Kohle* (Ruß, Anthrazit). Breite Interferenzmaxima treten an Stelle der scharfen Linien der Graphitaufnahme, aber die Orte der Maxima stimmen mit denen der intensivsten Graphitlinien überein. Debye und Scherrer schlossen aus der Aufnahme, *daß »amorphe« Kohle nichts anderes sei als Graphit in so feiner Verteilung, daß nur etwa* 30 *Atome in engem Zusammenhalt stehen* — mag man diesen nun als Kohlemolekül oder als Graphitkriställchen bezeichnen. Je nach der Herkunft der Kohle war übrigens die Breite der Streifen — nicht die Lage der Maxima — verschieden.

Zu den interessantesten und technisch wichtigsten Kolloiden gehören die *Gläser.* Bei diesen, wie auch bei festgewordenen (gealterten) kolloiden Lösungen von Kieselsäure (SiO_2, Opal) fanden sich neben der Streuung wie bei amorphen Substanzen auch intensive kristalline Interferenzen: diese Stoffe sind offenbar *in einer sehr langsamen Kristallisation begriffen.* (Daß lange gelagertes Glas sich nicht mehr blasen läßt, hat man schon oft durch einen Kristallisationsvorgang erklärt.)

Hingegen zeigen nach Scherrer typische *organische Kolloide*, wie Leim (colla, nach ihm heißen die Kolloide), Eiweiß, Kasein, keine Anzeichen von Interferenzen, die durch kristallartige Gebilde zu erklären wären, sondern nur die Zerstreuung amorpher Stoffe mit flachem, breitem Maximum nicht weit von der Richtung des Primärstrahls — eine Richtungsabhängigkeit, die durch die Ausdehnung des einzelnen Moleküls und die sich hieraus ergebenden Interferenzen verständlich ist.

Zwölftes Kapitel.

Vollständige Diagramme, Faserstruktur, Metallbau.

Neben den 3 »großen« Verfahren von Laue, Bragg und Debye verdient ein weiteres von H. Seemann und von E. Schiebold (unabhängig voneinander) ausgebildetes eingehende Beachtung für die Erforschung der Kristallstruktur: die von Seemann als *»vollständige Diagramme«* bezeichneten Aufnahmen.

Die Braggschen Aufnahmen sind dadurch »unvollständig«, daß nur Wert auf die Reflexe jeweils einer Ebenenart gelegt wird. Fängt man die Reflexe steigender Ordnung von einer Steinsalzwürfelfläche auf einer photographischen Platte auf, ohne durch Abblenden die schräg nach oben und unten ausgehenden Interferenzstrahlen fernzuhalten, so findet man stets auch weitere Reflexreihen vor, die von anderen Flächen stammen. DE BROGLIE hat schon 1913 derartige Aufnahmen veröffentlicht. Von SEEMANN und SCHIEBOLD wurde die Methodik der Aufnahmen verbessert. SEEMANN benutzt meist die Reflexion an der Kristall*oberfläche*, SCHIEBOLD jene an inneren Netzebenen. Für den ersteren war der Ausgangspunkt die Braggsche Spektrographenanordnung, für den anderen die Lauemethode. Ein schematisches Bild der Seemannschen Anordnung ist in Abb. 101 gegeben. Darin kommt die von SEEMANN auch in seinen Spektrographen benutzte »*Schneidenmethode*« zur Anwendung. Kristall *Kr*, Schneide *S* und Platte *Pl* sind fest miteinander auf einem Tisch aufgebaut, der um die Schneide als Achse gegen die aus der Röntgenröhre *R* ausgeblendeten einfarbigen Strahlen gedreht wird. Die Wirkung ist die gleiche, als fiele auf das Kristall ein ebener Strahlenfächer. Bei der Reflexion wirksam ist infolge der Absorption der Strahlen und der Abblendung durch die Schneide nur das unmittelbar unter der Schneide gelegene Kristallstück. Ein sehr kleiner Kristall, bzw. ein sehr kleiner Bereich mit ungestörtem Gitterbau genügt also für die Aufnahme — ein Hauptvorteil der Schneidenmethode. Abb. 102 gibt eine Seemannsche Aufnahme mit Platin-L-Strahlung an Kaliumplatinzyanür — also einem sehr komplizierten Kristall — wieder. Der helle Fleck am rechten Rand der Abbildung (seine und seiner Umgebung Intensität wurde zur Reproduktion durch eine Maske künstlich herabgesetzt) ist die Einstichstelle des Primärstrahls, wenn der Einfall streifend geschieht. Von ihm gehen Reflexreihen radial aus. Jeder solche radiale Streifen enthält die Reflexe steigender Ordnung von einer Netzebenenart. Das Pt-L-Spektrum hebt sich mit seinem α-α'-Dublett und seiner ebenfalls starken β-Linie in zahllosen Wiederholungen scharf von dem geringen kontinuierlichen spektralen Hintergrunde ab. Der horizontale Reflexstreifen gehört zu den Flächen der Zone, deren Achse der Schneide des Apparates parallel war. In dem kontinuierlichen Spektrum ist die sprunghafte Herabsetzung der Empfindlichkeit der photographischen Platte zu bemerken, sobald die Wellenlänge den Wert von 0,49 Å überschreitet.

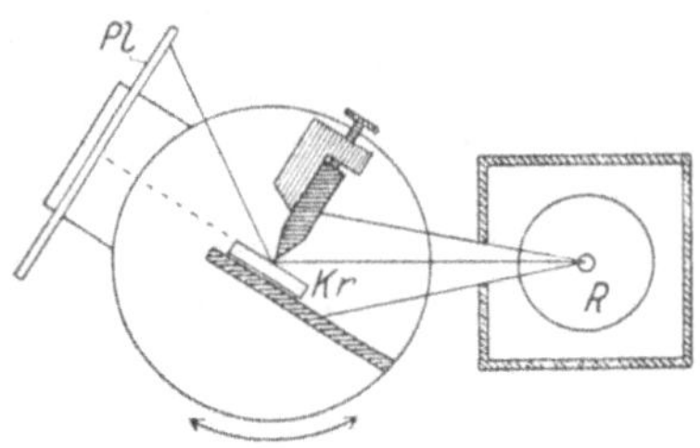

Abb. 101. Schema der Aufnahmeeinrichtung für vollständige Diagramme.

Außer der radialen Anordnung der Flecken fällt die Anordnung zu horizontalen Geraden und vertikal stehenden ellipsenähnlichen Kurven auf. Es ist offenbar, daß die eine Aufnahme bedeutend mehr Material zur Strukturbestimmung enthält, als die übliche Braggaufnahme, die sich auf die Reflexe einer Ebene beschränkt. Zugleich ist die Aufnahme wegen des Gebrauches einfarbiger Strahlung in der Deutung leichter, als die gewöhnliche Laueaufnahme, mit der sie die Benutzung zahlreicher Netzebenen des

Kristalls gemein hat. Die geometrische Verwertung der Aufnahme — ihre Bezifferung — ist der erste Schritt in der Diskussion. Sie wird erleichtert, wenn man (SCHIEBOLDsches Verfahren) die photographische Platte in

Abb. 102. Vollständiges Diagramm nach Seemann (Kaliumplatincyanür, *Pt-L*-Strahlung).

Abb. 101 senkrecht zu *R—Kr* festhält, statt sie zugleich mit dem Kristall zu drehen (SEEMANN). Solche Drehspektrogramme sind im Leipziger Institut zur Strukturbestimmung in zahlreichen Fällen herangezogen worden. Eine Schwierigkeit bietet unter Umständen die große Zahl der sich durchkreuzenden Spektren. Doch liegen die Verhältnisse immerhin günstiger, als bei Debye-Scherrer-Aufnahmen, da bei Kristallpulvern die Mannigfaltigkeit der Flächenlagen noch größer ist und die Spektren, die sich hier auf die ganze Ebene der Platte verteilen, dort in dem einen Filmstreifen zusammengedrängt sind.

Die vollständigen Diagramme leiten zu bemerkenswerten Interferenzerscheinungen über, die an teilweis geordneten Kristallhaufen gefunden werden. Schon 1913 fand FRIEDRICH, daß *Wachs* Anlaß zu Interferenzringen gibt, wenn es an Stelle eines Kristalls nach dem Laue-Verfahren unter Anwendung einer Röhre mit kräftiger Eigenstrahlung durchstrahlt wird. Die Vorbehandlung des Wachses war von großem Einfluß auf die Ringe: war das Wachs quer zur Durchstrahlungsrichtung kräftig gepreßt worden, so blieben von den sonst ringsum ausgebildeten Ringen nur einzelne Bögen bestehen. FRIEDRICH vermutete als Erklärung der Erscheinung die Existenz von kleinen Kriställchen im Wachs — oder, da die Beobachtung in erster Linie an sehr zusammengesetzten organischen Substanzen gelang, (Wachs, Paraffin, Bernstein) von langgestreckten regelmäßig gebauten Molekülen. Durch einseitigen Druck erhalten die Kristall- oder Molekülachsen eine Vorzugsrichtung und die volle Symmetrie der Erscheinung hört auf.

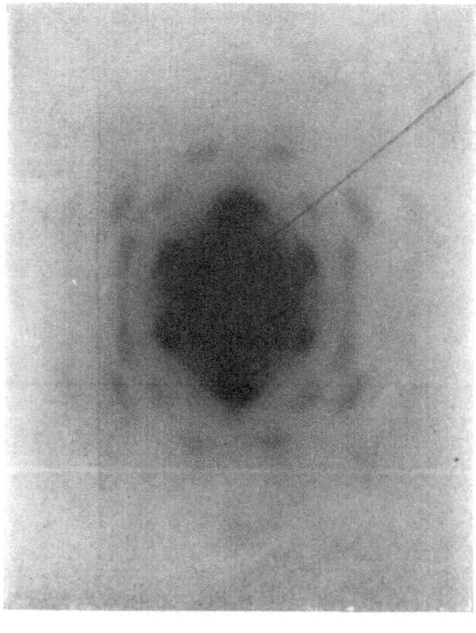

Abb. 103. Interferenzen an Zellulosefasern nach Herzog.

Neuerdings sind solche Interferenzerscheinungen besonders an *natürlichen Faserstoffen*, wie Seide, Sehne, Haar gefunden und untersucht worden (HERZOG-JANCKE-POLANYI-WEISSENBERG-ETTISCH im Kaiser-Wilhelm-Institut für Faserstoffe). Abb. 103 gibt das Bild wieder, das bei querer Durchstrahlung von entbasteter Seidenfaser erhalten wird, und das typisch für reine Zellulose ist. Der Aufbau der Flecken ist ähnlich, wie bei den vollständigen Spektraldiagrammen: horizontale und vertikale Fleckenreihen. In der Tat muß das räumliche Nebeneinander verschiedener Kristallorientierungen um eine bestimmte Faserachse herum ebenso wirken, als wenn ein einheitlicher Kristall während der Aufnahme des vollständigen Diagramms gedreht wird. Eine gewisse Streuung um die Faserachsenrichtung bewirkt die Verwaschenheit der Flecken gegenüber den scharfen Linien der Spektraldiagramme. Die Deutung der Faserdiagramme ist ganz ähnlich wie die von »vollständigen Diagrammen«.

POLANYI hat die Diskussion gerade des Zellulosebildes sehr eingehend betrieben und daraus unter gewissen Annahmen Schlüsse auf den chemischen Aufbau der Zellulose ziehen können. Er hat überhaupt das Verdienst, das nicht leichte Problem der Faserstrukturen als erster in Angriff genommen zu haben. Die von ihm entwickelte geometrische Methode ist der in Note V gebrauchten nahe verwandt. Es scheint, daß bei vielen Stoffen organischen Ursprungs nicht die *einfache Faser* zugrunde liegt, bei der die Lage einer gewissen Kristallrichtung vorgeschrieben, die Orientierung der Kristalle um diese Richtung aber nach Zufall verteilt ist. Sondern die genannten Forscher ziehen kompliziertere Faserungen, z. B. die Spiralfaser, zur Erklärung heran, in welchen die Faserrichtungen selbst gesetzmäßig wechseln. Je mehr die Anordnungen sich der völligen Regellosigkeit nähern, um so schwieriger wird es offenbar, die Abweichungen davon dennoch durch ein einfaches Bild wiederzugeben.

Bei *Laueaufnahmen an unvollkommenen Kristallen* gewahrt man oft Erscheinungen, die mit der Faserstruktur in enger Beziehung stehen: radiale und kreisförmig angeordnete Streifen von Schwärzung, die durch mehr oder weniger deutlich ausgeprägte Interferenzflecke hindurchgehen. Derartige Muster sind oft eine unangenehme Überraschung beim Entwickeln von Aufnahmen, von denen man sich ein schönes Lauebild erhofft hatte. Sie zeigen, daß das Kristalläußere vollendet sein kann und trotzdem das innere Gefüge grob gestört ist. Das kommt selbst bei ganz kleinen Kristallen mit tadellos ebenen und gut spiegelnden Flächen vor, so daß es immer bis zu einem gewissen Grade Glückssache ist, ob man an einen völlig gesunden Kristall gerät. Diese Erfahrungen müssen überall da berücksichtigt werden, wo Messungen über die physikalischen Eigenschaften von Kristallen vorgenommen werden sollen (z. B. die Richtungsabhängigkeit der elastischen oder elektrischen Eigenschaften). Um sicher zu gehen, daß der *innere Bau* einheitlich ist, sollte von den bei den Messungen benutzten Kristallstücken stets eine Laueaufnahme angefertigt werden.

Auch *künstliche Störung des Kristallgefüges* erzeugt ähnliche Bilder. Steinsalz z. B. läßt sich bei höherer Temperatur biegen. Dabei handelt es sich nicht um eine elastische Deformation, sondern um eine bleibende Gestaltsänderung infolge von »Schiebungen« (s. unten). Die innere Regelmäßigkeit leidet naturgemäß unter diesem gewaltsamen Eingriff. Abb. 104 zeigt nach F. RINNE das Lauebild einer sattelförmig gebogenen Steinsalzplatte.

Abb. 104. Laue-Aufnahme an einem sattelförmig gebogenen Steinsalzplättchen.

In weniger ausgesprochenem Maße finden sich radiale durch die Interferenzflecke gehende Streifen (vor allem von Primärfleck ausgehend) auf fast allen vollbelichteten Laueaufnahmen von weichen (plastischen) Kristallen, wie *Na Cl*, *K Cl*, u. a. m. Diese Erscheinung, die als *Asterismus* bezeichnet wird, hat wohl die gleiche Ursache, wie die gröberen Erscheinungen der Abb. 104. Die Art der »Faserung« ist aber bisher noch nicht diskutiert worden.

Auch an *Metallen* sind schon bald nach den Laueversuchen Interferenzen wahrgenommen worden, die eine gesetzmäßige Lage der Mikrokristalle verraten. Abb. 105 zeigt einen sternförmigen Primärfleck, den E. HUPKA 1913 beim Durchstrahlen von Platinblech von $^1/_{100}$ mm Dicke erhielt. Durch Ausglühen des Bleches wurde die strahlige Anordnung zerstört und es traten unregelmäßig gelegene Fleckchen statt ihrer auf.

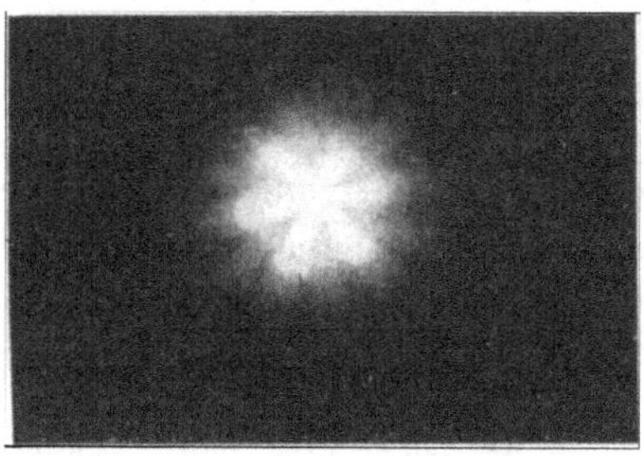

Abb. 105. Laue-Aufnahme an Platinfolie.

Dies ist die typische Erscheinung bei bearbeiteten Metallen. Um sie zu verstehen, schlage man zu Abb. 6 zurück und vergegenwärtige sich daran den kleinkristallinen Aufbau eines Metalls. Ein Metall ist kein starres Gefüge, sondern es »arbeitet«, genau so gut wie ein Stück Holz. Seine Mikrokristalle vereinen und trennen sich je nach der Behandlung, die das Metall erfährt und nach der Temperatur, bei der es lagert. Einheitliche reine Metallkristalle, wie sie z. B. von Gold, Silber, Kupfer auch in größeren Exemplaren gelegentlich in der Natur gefunden werden, zeichnen sich vor Kristallen wie Quarz, Kalkspat, Steinsalz durch große Weichheit aus. Sie führen bei mechanischer Beanspruchung besonders leicht »*Translationen*« aus, d. h. ein Teil des Kristallgitters schiebt sich als Ganzes auf dem Rest entlang, ohne inneren Zerfall und ohne daß der Zusammenhalt zwischen den beiden Körperhälften aufhörte. Solche Translationen treten auch an anderen Kristallen, z. B. Steinsalz, auf, und zwar stets nur mit bestimmten »*Gleitebenen*« und in diesen bei bestimmten »*Gleitrichtungen*«. Aber die Metalle, zumal soweit sie technisch verwertbar sind, zeigen die Erscheinung in besonderer Vollendung. Wird ein Metall zu Blech gewalzt, so bewirken die mechanischen Beanspruchungen, die sich von Mikrokristall zu Mikrokristall fortpflanzen, reichliche Translationen. Die Mikrokristalle werden sich unter dem Einfluß der Schubkräfte solange als Ganzes drehen, bis Richtungen geringsten Schubwiderstandes, eben die Gleitrichtungen, in die Richtung der größten Beanspruchung beim Walzen geraten und nun einsetzende Translationen weitgehende Veränderungen der Kriställchen herbeiführen. Das gewalzte Blech wird »Faserstruktur« haben, indem die Gleitrichtungen in die Walzrichtung fallen.

Bei den körperzentriert-kubischen Metallen *Cu*, *Ag*, *Al*, *Pt* wurde röntgenmäßig nachgewiesen (USPENSKI und KONOBEJEWSKI, sowie MARK und WEISSENBERG), daß die kristallographische Richtung [112] die Gleitrichtung ist, die sich der Walzrichtung parallel legt. In dünnen Blechen (0,1 mm) ist die »Faserung« um sie nicht gleichförmig, weil die Kriställchen ihre Rhombendodekaederebenen der Blechoberfläche parallel zu legen suchen.

Der zerkleinernden Tendenz mechanischer Beanspruchung wirkt ein anderes Bestreben der Metallkristalle entgegen: sich wieder zu größeren Kriställchen zu vereinen. Man nennt diesen Vorgang, der genau wie das Kristallwachstum in flüssigen Lösungen besonders bei höheren Temperaturen schnell vonstatten geht, die »*Rekristallisation*« Während die Kornzerkleinerung bei gewöhnlicher Temperatur mit einer Verfestigung des Metalles verbunden ist und eine Anwendung von größter technischer Bedeutung in den verschiedenerlei Verfahren des »*Kaltreckens*« findet, spielt bei der Herrichtung der Metalle zur Bearbeitung eine nicht minder wichtige Rolle das »*Anlassen*«, d. h. die Erwärmung bis zu einer bestimmten Temperatur und die darauf folgende langsame Abkühlung. Durch diese Behandlung wird eine einheitliche Größe des Metallkornes erzielt und die durch Walzen, Ziehen, Pressen erzeugte Faserstruktur wieder zerstört.

Man kann diese Veränderungen des Kornes mikroskopisch untersuchen, aber auch im Röntgenbild werden sie bemerkbar. Es zeigt sich das gleiche, wie bei Debye-Scherreraufnahmen mit gröberem und mit feinerem Kristallpulver. Ganz feines Korn gibt auf der Platte Ringe oder Streifen gleichmäßiger stetiger Schwärzung, während bei größeren Kriställchen sich die Lichtblitze abheben, die von den einzelnen Individuen herrühren. In HUPKAS Platinblech fand infolge des Ausglühens Rekristallisation statt und daher zerfiel sein Stern — in dem übrigens auch noch eine Körnelung zu sehen ist — in gröbere Flecken.

Eine lehrreiche Folge von Bildern haben S. NISHIKAWA und G. ASAHARO in Cornell University hergestellt. Abb. 106 zeigt die Aufnahmen an Zinn, a) gleich nach dem Walzen, b) nach 1 tägiger, c) nach 18 tägiger Lagerung bei Zimmertemperatur, d) nach 8 tägiger Lagerung im Kühlraum (5° C). Bild a) führt ein schönes Beispiel für den Einfluß des Walzens vor: die Ringsymmetrie um den Primärfleck ist zerstört, die Ringe selbst aufgelöst in Fleckengruppen, so daß nur die Symmetrie zwischen rechter und linker Hälfte gewahrt ist. Die Walzrichtung geht im Bild von unten nach oben. Selbst Vor- und Rückseite der Walzrichtung ist verschieden ausgebildet. Das Bild c darunter beweist, daß nach 18 Tagen nichts mehr von einer bevorzugten Lagerung zu spüren ist. Zudem hat eine wesentliche Kornvergröberung stattgefunden: man sieht statt der unscharf begrenzten, durch das Zusammenwirken vieler Mikrokristalle entstandenen Schwärzung einzelne scharfrandige Flecken, die Abbilder der Spiegelebenen an den individuellen Kriställchen. Den Übergang von Bild a zu Bild c bildet Bild b. Die verwaschene Rundung der Flecken auf a begrenzt sich schärfer, wird aber gleichzeitig zackig ausgefranst und auch abseits von den ursprünglichen Schwärzungen treten eigenmächtig frische Fleckchen auf. Der Vorgang der Rekristallisation findet also derart statt, daß

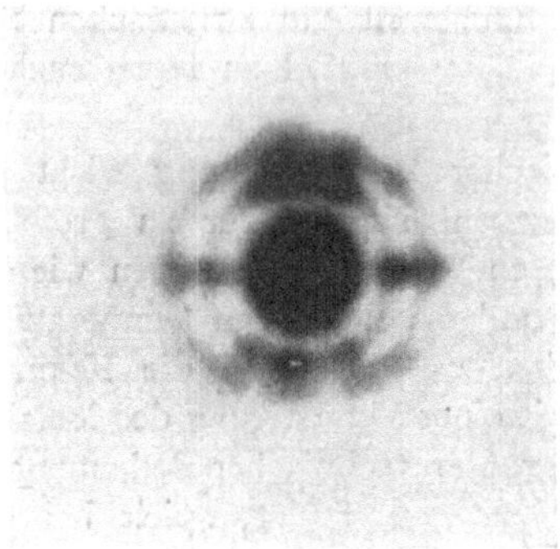

a) Nach dem Walzen.

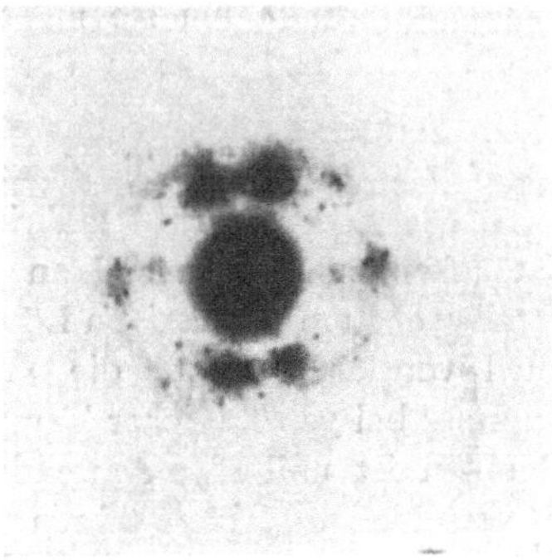

b) Nach 1 tägigem Lagern.

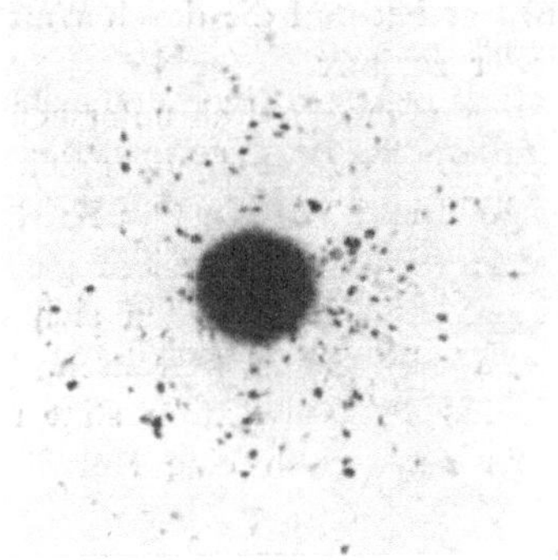

c) Nach 18 tägigem Lagern.

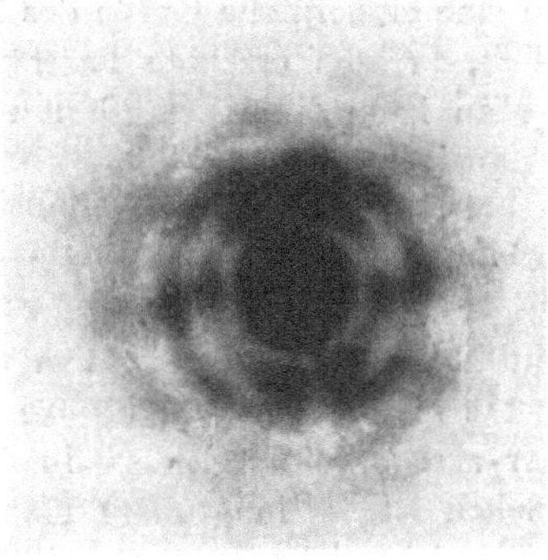

d) Nach 8 tägigem Lagern bei 5° C.

Abb. 106. Aufnahmen an Zinn.

zunächst bei der Vereinigung benachbarter Kristalliten die ausgezeichneten Lagen der Kristalle im wesentlichen erhalten bleiben. Erst in einem späteren Stadium des Zusammenschlusses entstehen nach Zufall orientierte größere Komplexe. Durch die Erniedrigung der Temperatur wird der Vorgang verzögert; zudem bleibt, wie die Verwaschenheit von Bild d lehrt, das Korn feiner. Die innere Zähigkeit des Metalles, die bei Abkühlung schnell anwächst, steht der Vereinigung der Kriställchen hindernd im Wege.

Bei derartigen Metallaufnahmen spielt die *Aufnahmetechnik* eine große Rolle. Die Strahlenart, mit der durchleuchtet wird, muß den besonderen Verhältnissen angepaßt sein, wenn günstige Bilder entstehen sollen. Bei zu harten Strahlen zieht sich nämlich die ganze Interferenzerscheinung ganz nahe um den Primärfleck zusammen und versinkt in dem Schleierhof, der ihn infolge der Überstrahlung und der allgemeinen starken Streuung der Strahlen im Metall umgibt. Zu weiche Strahlen hingegen dringen durch die Bleche aus Eisen, Kupfer u. ä. nicht durch. Aufnahmen an Aluminium sind aus diesem Grunde wesentlich leichter, als solche an schwereren Metallen. Von R. GLOCKER und E. SCHLECHTER ist die Aufnahmetechnik systematisch studiert und verbessert worden. Abb. 107a und 107b zeigen zwei Aufnahmen am gleichen Kupferblech (elektrolytisch nieder-

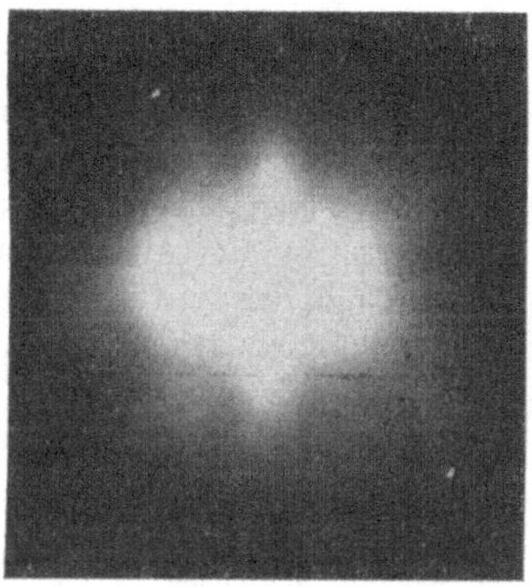

a.

b.

Abb. 107. Aufnahmen an Kupferfolie a. mit harter, b. mit weicher Strahlung.

geschlagen, Dicke 0,4 mm) mit harter und weicher Strahlung. Die Aufnahme mit weicher Strahlung ($\lambda_{min} = 0{,}30$ Å) enthält viel mehr Einzelheiten, als die andere, deren Spektralbereich bis 0,15 Å reichte. Der Interferenz»ring« um den Primärfleck ist infolge des Walzens auf einige Bogenstücke reduziert, wie bei Abb. 106a. Mit der harten Strahlung hebt sich aber der Ring überhaupt nicht scharf gesondert vom Primärfleck ab. Der scharfe innere Rand der Streifen auf Abb. 107b rührt von der Wellenlänge λ_{min} her (S. 57), die an den Oktaederflächen reflektiert wird.

Die Absorption im Metall spielt bei diesen Aufnahmen eine große Rolle. Die hervorragende Klarheit der Aufnahmen von NISHIKAWA und ASAHARO kommt davon, daß infolge der charakteristischen Absorption im Zinn (und dem ebenfalls untersuchten Cadmium) und des Empfindlichkeitssprungs der photographischen Platte bei der Wellenlänge 0,49 Å nur ein sehr kleiner wirksamer Spektralbereich übrig bleibt.

Einen tieferen Einblick in die Vorgänge bei der Deformation eines Metalles gestatten die *Untersuchungen an Einkristalldrähten*, die in den letzten zwei Jahren im Kaiser-Wilhelm-Institut für Faserstoffchemie in Dahlem durch M. POLANYI und Mitarbeiter ausgeführt worden sind. Einkristalldrähte sind »Drähte«, die ihrer ganzen Ausdehnung nach aus einem einheitlichen Kristallgitter bestehen. Man stellte sie in größerem Maßstab zuerst aus Wolfram her, da sie den gewöhnlichen Wolframdrähten bei der Verwendung in Glühlampen infolge geringerer Neigung zum Brechen überlegen gefunden wurden. Später untersuchte man Einkristalldrähte aus *Bi*, *Zn*, *Sn*, *Cd*, *Pb*, *Al* und es dürfte möglich sein, auch andere Metalle — und vielleicht auch sonstige kristallisierende Substanzen — in dieser Form zu erhalten. Die Herstellung beruht auf den Gesetzen des Kristallwachstums. In einer Schmelze, die sich abkühlt, bilden sich zuerst nach Zufall »Kristallisationskerne« und an diese lagern sich nun die weiteren Moleküle an. Hierdurch wachsen die ursprünglichen *Kerne* an, bis sie zu den *Körnern* werden, die man durch die Korngrenzen, d. h. Stellen des gestörten Gitterbaues, voneinander getrennt im fertigen Metall wahrnimmt. Zieht man nun während des Kristallisationsvorganges ein Kristallkorn mit der Geschwindigkeit, mit welcher es sich durch Anlagerung von Molekülen vergrößert, aus der Schmelze heraus, so kann das Aufeinandertreffen mit anderen Körnern vermieden werden und der Kristall wächst in der einen Richtung unbegrenzt fort. Auf diese Weise entstehen »Drähte« (mit unrundem Querschnitt) von vielen Dezimetern Länge und überall parallelem Raumgitter. Die Orientierung des Raumgitters gegen die Drahtachse hängt dabei von der Orientierung des herausgezogenen Kristallkornes ab. Man sieht daraus, daß die meisten Metalle nicht etwa deshalb mikrokristallin sind, weil sie eine zu *geringe* Kristallisationskraft haben, sondern eher, weil diese zu groß ist und sich zu viele Kerne ausbilden.

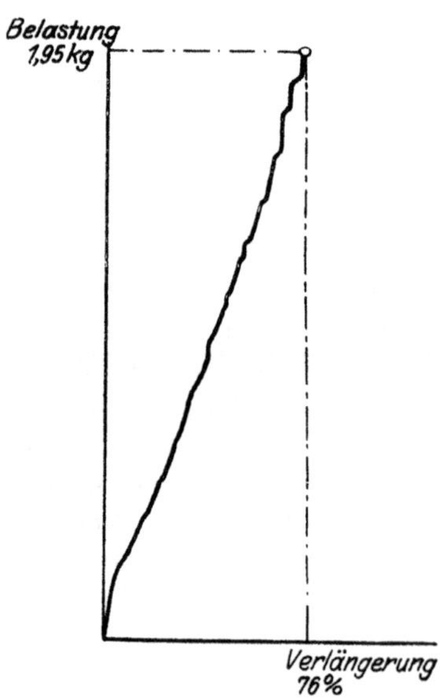

Abb. 108. Dehnungsdiagramm eines Einkristalldrahtes aus Zink.

An den Einkristalldrähten treten nun die elastischen Besonderheiten der Metalle in geradezu krassen Formen auf, insbesondere die Gleitung. Ergreift man einen solchen Draht von vielleicht 20 cm Länge und 3 mm Dicke mit den Händen und zieht, so spürt man deutlich ein ruckweises Nachgeben, hört auch oft dabei ein Knistern, ähnlich wie das »Zinngeschrei« beim Biegen einer Zinnstange. Auch ohne Messung sieht man die beträchtliche Verlängerung des Drahtes. Abb. 108 zeigt ein Diagramm der Dehnung an einem *Zn*-Kristall mittlerer Dehnbarkeit. Die ruckweise Längenänderung, entsprechend jeweils dem Übergang des Drahtes durch Gleitung in einen neuen Gleichgewichtszustand, tritt deutlich hervor. Bemerkenswert ist, daß die Belastung von noch nicht 2 kg den Draht vom Ausgangsquerschnitt 2,2 mm^2 zum Reißen bringt, obwohl bei gewöhnlichem (mikrokristallinen) *Zn*-Draht für den gleichen Querschnitt etwa die 10fache Last erforderlich wäre. An sehr dehnbaren Drähten liegen die Verhältnisse noch extremer: so wurde ein *Zn*-Draht von 1,57 mm^2 Querschnitt durch 120 g Belastung um 620% gedehnt, bevor er riß.

Bei dieser gewaltigen Deformation ändert sich die Form des Drahtquerschnittes wesentlich. War sie anfangs einigermaßen rund, so plattet sie sich völlig ab, so daß der »Draht« zum »Band« wird. Man sieht dies an den Abb. 109a u. b, welche denselben gedehnten Draht in zwei

a

b
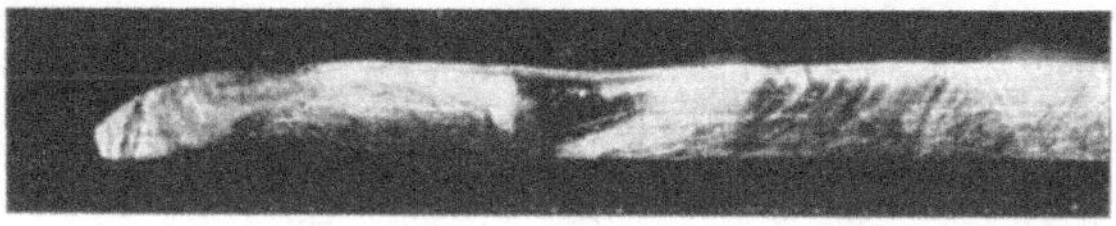

Abb. 109. Gedehnter *Zn*-Einkristalldraht in der Bandebene (a) und senkrecht dazu (b).

zueinander senkrechten Richtungen photographiert zeigen. Das linke Ende des Drahtes unterlag der Dehnung nicht; das rechte erscheint in der oberen Abbildung — Blick in der Bandebene — als feiner Strich, in der unteren — senkrecht zur Bandebene — ist von der Einschnürung überhaupt nichts zu sehen.

Wird die Dehnung zu weit getrieben, so erfolgt Reißen des Drahtes. Die Reißfläche ist nicht wie bei gewöhnlichen Metallen mikrokristallin gekörnt, sondernd hochglänzend und — bei weiterem Zerreißen der Bruchstücke des gleichen Drahtes — stets parallel. Außer den Rißflächen werden oft die Schiebungsflächen unmittelbar freigelegt. So in Abb. 110,

Abb. 110. Riß- und Gleitflächen an *Zn*-Einkristalldraht.

in der man folgendes beachte: rechtes und linkes Ende des Drahtes ist von Reißflächen begrenzt, deren Parallelität schön hervortritt. Am linken Ende hat eine besonders ausgedehnte Gleitung stattgefunden, so daß die Gleitebene beträchtlich freigelegt ist, — ohne daß der Zusammenhalt der Drahtstücke deshalb aufhörte. Außer dieser Gleitung hat aber auch eine Gleitung in den Ebenen stattgefunden, die parallel den Reißflächen sind. Man erkennt dies an der Streifung des Bandes, die den Reißflächen parallel läuft.

Die Struktur von *Zn* ist nach HULL bekannt: die hexagonale dichteste Kugelpackung. Welche Netzebenen sind die Gleit- und Reißebenen und wie geschieht das Gleiten? Die folgenden Abbildungen aus einer zu-

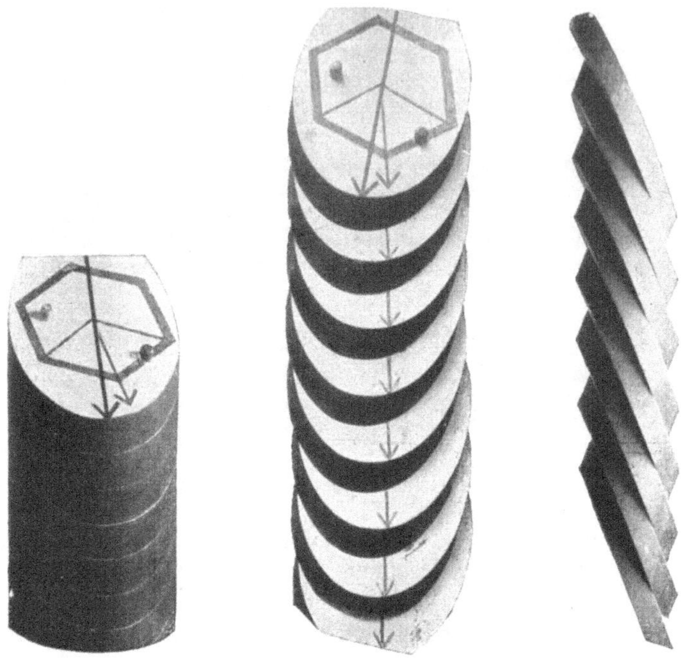

a. b. c.

Abb. 111. Modell eines Einkristalldrahtes: a. ungedehnt, b. gedehnt von vorn, c. gedehnt von der Seite.

sammenfassenden Arbeit von MARK, POLANYI und SCHMID erläutern die Ergebnisse dieser Forscher an einem Modell. Abb. 111 a zeigt den Draht

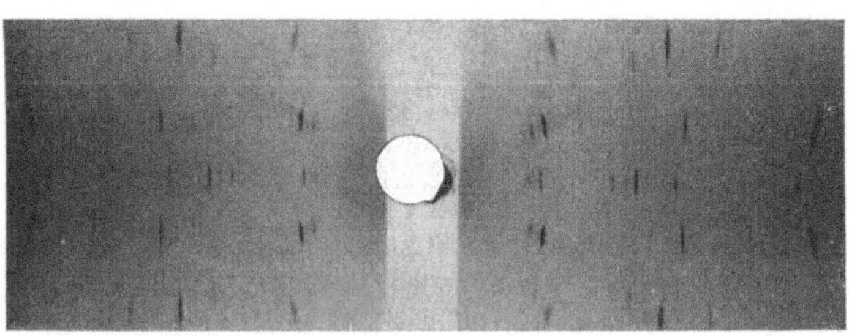

Abb. 112. Vollständiges Diagramm von *Zn*-Einkristalldraht.

mit seiner Reißfläche. Die Reiß- und Gleitfläche ist die Basisebene der Struktur; das Sechseck und der durch die eine Ecke desselben gelegte (kleinere) Pfeil geben die Orientierung des Gitters an. Bei der Dehnung gleiten die einzelnen Schichten in Richtung des großen Pfeiles aufeinander entlang (Gleitrichtung). Hierdurch plattet sich der Draht zum Band ab (Abb. 111b u. c), und es entstehen die elliptischen Gleitlinien, die auf den Photographieen Abb. 109b und 110 hervortreten. Man bemerke auf diesen, daß die Scheitel der Gleitellipsen nicht in der Mitte des Bandes liegen, wie es der Fall sein würde, wenn die Gleitrichtung mit der Richtung einer der Nebenachsen der Kristallstruktur übereinstimmte. Ein Draht ist um so dehnbarer, je spitzer der Winkel ist, den die Basis mit der Drahtachse bildet. Um die Orientierung der Struktur gegen die Drahtachse festzustellen, dienten Aufnahmen in einer Debye-Scherrer-Kamera, bei denen der Draht um seine Achse gedreht wurde. Dabei entsteht im wesentlichen ein »vollständiges Diagramm«, als fiele ein ebener Strahlenfächer auf einen einheitlichen Kristall auf. Abb. 112 zeigt eine der Aufnahmen.

Dreizehntes Kapitel.

Darstellung der erforschten Strukturen.

Die Beschreibung einer Struktur ist entweder mit Wort und Bild möglich, oder, mehr im Sinn der analytischen Geometrie, durch formelmäßige Angabe von Translationen und Basis, wie auf S. 32 auseinandergesetzt. Je nach dem Zweck wird man die eine oder andere Beschreibung vorziehen. Dem Leser, der sich mehr mit dem Gegenstand beschäftigt und der selbst Berechnungen ausführen will, wird oft die analytische Fassung willkommen sein. Er findet sie im Anhang, Note IX, wo zudem eine vollständigere Übersicht über die Strukturbestimmungen gegeben wird, als im Text. Hier sei im Gegenteil Wert darauf gelegt, die Strukturen in ihren Zusammenhängen beschreibend zu erfassen und Verwandtschaften zu bemerken.

Beginnen wir mit den *Elementen!* Die Mehrzahl von ihnen zeichnet sich durch hohe kristallographische Symmetrie aus, die sich in der Zugehörigkeit zum kubischen oder hexagonalen System zeigt. Dieser Umstand erleichtert nicht unwesentlich die Ermittelung der Struktur; doch sind auch einige Elemente von geringerer Symmetrie bereits erforscht. Viele Elemente sind *dimorph* oder *polymorph*, d. h. sie kristallisieren je nach der Temperatur, dem Druck, dem Lösungsmittel oder irgendwelchen chemisch kaum bemerkbaren Zusätzen in dem einen oder anderen Gitter. Ein Beispiel hierfür bietet das *Eisen*, von dem in der Metallographie mindestens 4 Modifikationen unterschieden werden: α-, β-, γ- und δ-Eisen. Die Röntgenuntersuchung zeigt, daß α-, β- und δ-Eisen nach dem körperzentriert-kubischen, γ-Eisen nach dem flächenzentriert-kubischen Gitter aufgebaut ist. Der Übergang von β- in γ-Eisen, der mit der völligen Umordnung des Gitters verbunden ist, findet unter gewöhnlichem Druck bei 906° C. statt und verbraucht pro 1 g Eisen 2,9 g-Kalorien »Umwandlungswärme«. Dies ist ein typischer Übergang von einer Modifikation zu einer anderen, wie er etwa auch beim Wechsel von Diamant in Graphit oder von Zinkblende in Wurtzit (S. 157) vorkommt. Von ähnlicher Art ist auch der Übergang $\gamma \rightarrow \delta$ bei 1400°. Die Umwandlung $\alpha \rightarrow \beta$ hingegen, die ohne Gitteränderung vor sich geht, verbraucht erheblich weniger Wärme. Es ist fraglich, ob die Bezeichnung des α- bzw. β-Eisens als eigne Modifikation überhaupt glücklich ist. Sie wurde eingeführt, weil eine ganze Reihe physikalischer Eigenschaften bei 765° eine Unstetigkeit aufweisen, so vor allem das magnetische Verhalten und die spezifische Wärme. Da aus den Röntgenuntersuchungen das Fortbestehen des körperzentrierten Gitters über 765° hinaus folgt, muß man wohl den Übergang $\alpha \rightarrow \beta$ als eine Lockerung der Bindungen zwischen den Atomen auffassen, ohne daß aber eine völlige Umordnung stattfindet. Wahrscheinlich werden die Atome leicht drehbar, während sie vorher mit annähernd festen Richtungen aufgebaut waren (Übergang von Ferro- zu Paramagnetismus). Da oberhalb 1400° das körperzentrierte Gitter wiederkehrt, so ist das Stadium des γ-Eisens nur als eine Art Unterbrechung in dem kontinuierlichen Zustand des α-, β-, δ-Eisens anzusehen. Damit stimmt überein, daß sich oberhalb 1400° auch die physikalischen Eigenschaften des β-Eisens einigermaßen stetig fortsetzen.

In der Erforschung des Zusammenhanges zwischen den verschiedenen Modifikationen desselben Stoffes bleibt noch sehr viel zu tun. Auch bei den Elementen sind nur wenige Fälle von Polymorphie geklärt, einige weitere auf Grund kristallographischer Indizien vermutet, aber sicherlich viel mehr vorhanden. Wären uns die sämtlichen Modifikationen der Elemente bekannt, so ließe sich auch leichter der Zusammenhang zwischen Kristallform und periodischem System überblicken.

Die 3 beliebtesten Gitter für Elemente sind: *das flächenzentrierte kubische, das körperzentrierte kubische und das Gitter der »hexagonalen dichtesten Kugelpackung«*.

Zwei dieser Gitter, das erst- und das letztgenannte, sind *»dichteste Kugelpackungen«*. Wir müssen sie von diesem Gesichtspunkt aus betrachten. Wenn unter möglichster Ausnutzung des Raumes gleich große Kugeln in einer Schicht angeordnet werden sollen, so entsteht, wie man auf Grund der täglichen Erfahrung sofort einsieht, eine regelmäßige ebene Dreiecksteilung. Abb. 113 gibt ein Bild der einzelnen Schicht und zeigt die gleichseitigen Dreiecke bzw. zentrierten Sechsecke des Netzes von Kugelmittelpunkten. Sind nun solche Schichten möglichst dicht aufeinanderzupacken, so muß zunächst eine zweite Schicht auf die erste gelegt werden; dabei legen sich ihre Kugeln in die Vertiefungen zwischen je drei Kugeln der ersten Schicht hinein, so daß sich ihre Mitten senkrecht über den Mitten der

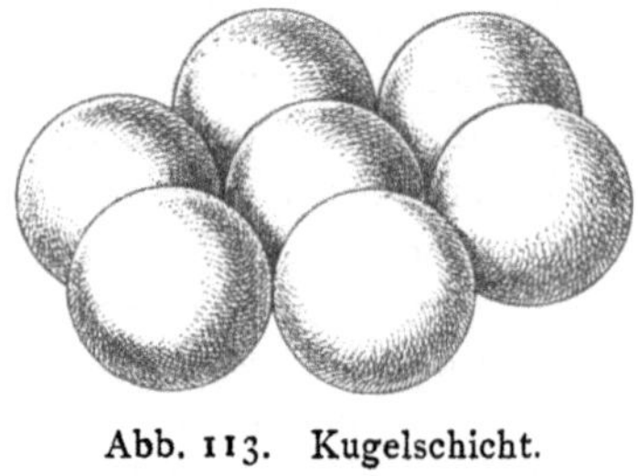
Abb. 113. Kugelschicht.

gleichseitigen Dreiecke der Schicht I befinden. Doch bemerkt man, daß nur ein um das andere Dreieck der unteren Schicht mit einer aufgelegten Kugel belastet wird. Man kann nun die dritte Schicht auf die zweite in doppelter Weise auflegen: entweder indem man den horizontalen Teil der Verschiebung rückgängig macht und Schicht III damit senkrecht über I bringt. Alsdann bleibt die eine Hälfte der Dreiecksschwerpunkte von Schicht I in allen Schichten unbelastet mit Kugelmitten. Dies Gitter hat hexagonale Symmetrie und wird als »*hexagonale dichteste Kugelpackung*« bezeichnet. — Oder aber Schicht III kann gegen II genau so verschoben sein, wie II gegen I. Dann liegen die Kugelmitten von Schicht III senkrecht über denjenigen Dreiecksmitten von I, die von II nicht belastet wurden, und erst die IV. Schicht legt sich so auf die III. auf, daß sie senkrecht über I ist. Dies Gitter ist identisch mit dem flächenzentrierten kubischen Gitter, aufgebaut auf der Oktaederfläche. Abb. 114 läßt den Zusammenhang erkennen. Das eine Eckatom ist fortgenommen und gibt den Blick auf die Oktaederfläche mit ihrer typischen Dreiecksteilung frei. Man findet das flächenzentrierte kubische Gitter auch als »*kubische dichteste Kugelpackung*« bezeichnet.

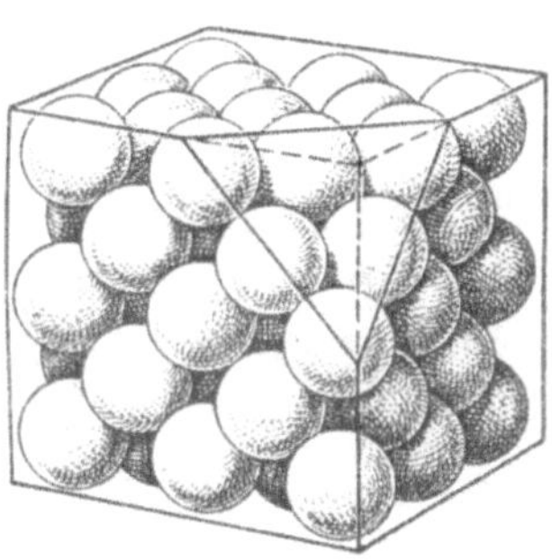

Abb. 114. Flächenzentriertes kubisches Gitter als dichteste Kugelpackung.

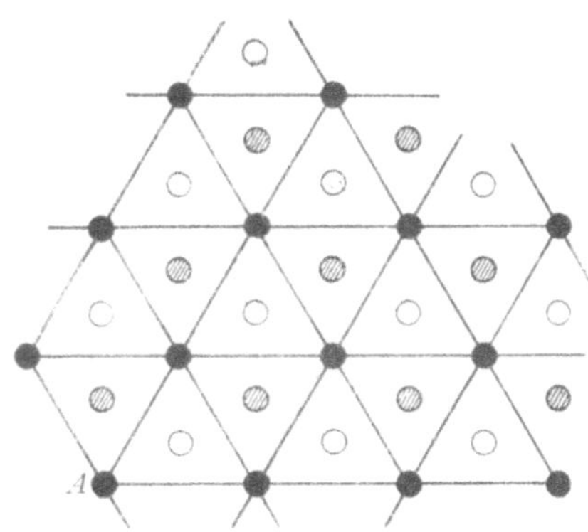

Abb. 115. Projektion der dichtesten Kugelpackungen.

Abb. 115 dient zur weiteren Verdeutlichung dieses wichtigen Gittertyps. Die schwarzen Kreise sind die Mittelpunkte der Kugeln von Schicht I; die weißen Kreise die Projektionen der Kugelmitten von Schicht II. Im kubischen Gitter treten hierzu die Projektionen der Kugelzentren der III. Schicht, die schraffiert sind. Im hexagonalen Gitter sind die schraffierten Kreise fortzudenken, da die Projektion von Schicht III sich mit der von I, die von IV mit der von II deckt usw. An Hand dieser Abbildung ist auch leicht die Basis des hexagonalen Gitters auszudrücken. Die hexagonalen Achsen *a* sind die beiden um 120° geneigten Translationen, die etwa vom Punkt *A* ausgehen; die *c*-Achse steht senkrecht auf ihnen und führt von *A* zum darübergelegenen Punkt der Schicht III. Die Basis besteht aus den Atomen in *A* (000) und dem in Schicht II gelegenen Atom mit den Koordinaten ($^2/_3$ $^1/_3$ $^1/_2$), dessen Projektion der zu A nächste helle Kreis ist.

Das Achsenverhältnis c/a des hexagonalen Gitters erhält man am bequemsten durch Vergleich mit dem kubischen Gitter. Führt man nämlich den Abstand s der Kugelschichten ein, so ist $c = 2s$, während $3s$ die Länge der Körperdiagonale des kubischen Gitters, also $a_w\sqrt{3}$ ist, wenn a_w die Würfelkante. Andererseits ist der Abstand der Kugeln innerhalb einer Schicht gleich dem a des hexagonalen und gleich der halben Flächendiagonale des kubischen Gitters, also gleich $^1/_2\, a_w\sqrt{2}$. Hieraus folgt

$$c/a = \frac{2s}{a} = 2 \cdot \sqrt{^2/_3} = 1{,}633.$$

Der Aufbau aus lauter gleichen Kugeln bedingt also ein ganz bestimmtes Achsenverhältnis des hexagonalen Gitters. Doch ist der genaue Wert in den Kristallen verhältnismäßig selten innegehalten: Meist ist bei den Elementen eine kleine Dehnung oder Stauchung des Gitters längs der Hauptachse eingetreten, als wäre das Gitter nicht mit Kugeln, sondern mit verlängerten, bzw. abgeplatteten Ellipsoiden aufgebaut.

Die nachstehende Tabelle zeigt die Größe der Würfelkante bei den kubischen, die Längen a, c und den Wert c/a bei den hexagonalen Elementen.

Tab. I. Flächenzentriert kubische Elemente.

Element	*Al*	*Ca*	*Fe*	*Co*	*Ni*	*Cu*	*Rh*	*Pd*	*Ag*	*Ce*
Würfelkante	4,04	5,56	3,61	3,554	3,54	3,60	3,82	3,95	4,06	5,12

Element	*Ir*	*Pt*	*Au*	*Pb*	*Th*
Würfelkante	3,80	3,93	4,08	4,91	5,04

Tab. II. Körperzentriert kubische Elemente.

Element	*Li*	*Na*	*Cr*	*Fe*	*Mo*	*Ta*	*W*	*K*	*V*
Würfelkante	3,50	4,30	2,89	2,86	3,14	3,27	3,15	5,20	3,04

Tab. III. Hexagonale Elemente mit »dichtester Packung«.

Element	*Be*	*Mg*	*Zn*	*Cd*	*Ti*	*Zr*	*Ce*	*Co*	*Ru*	*Os*
a	2,29	3,22	2,670	2,960	2,97	3,23	3,65	2,514	2,686	2,714
c	3,62	5,23	4,94	5,60	4,72	5,14	5,96	4,11	4,272	4,32
c/a	1,58	1,624	1,860	1,89	1,59	1,59	1,63	1,633	1,59	1,59

Ähnlich wie der Aufbau der letztgenannten Elemente als gestauchte oder gedehnte hexagonale Kugelpackung beschrieben werden kann, läßt sich die Struktur der trigonal kristallisierenden Elemente *Antimon*, *Wismut* als deformierter kubischer Aufbau auffassen. Wie Abb. 116 lehrt, handelt es sich um ein gewöhnliches kubisches Gitter, bei dem eine Körperdiagonale des Würfels ausgezeichnet ist, indem die Hälfte der Atome längs dieser Diagonalen (der trigonalen Hauptachse) um ein kleines Stück verschoben ist. Diese Atome bilden eines der beiden flächenzentrierten Gitter, aus denen sich das einfache kubische zusammensetzen läßt (wie *Na* und *Cl* in Steinsalz). Setzen wir im Antimon die Verschiebung im Verhältnis zur ganzen Diagonale mit dem Wert ($^1/_2 + \Delta$) an, so ist Δ *ein* Parameter der Struktur. Ein zweiter ist die kleine Deformation der Translationen, welche die Würfelkanten in die Kanten eines sehr würfelähnlichen Rhomboeders überführt. Den Winkel α zwischen den Achsen, sowie Δ findet man in folgender Tabelle ($\alpha = 90^0$ bedeutet den Würfel, $\Delta = 0$ das einfache kubische Gitter von der Würfelkante $a_w = {}^1/_2\, a$).

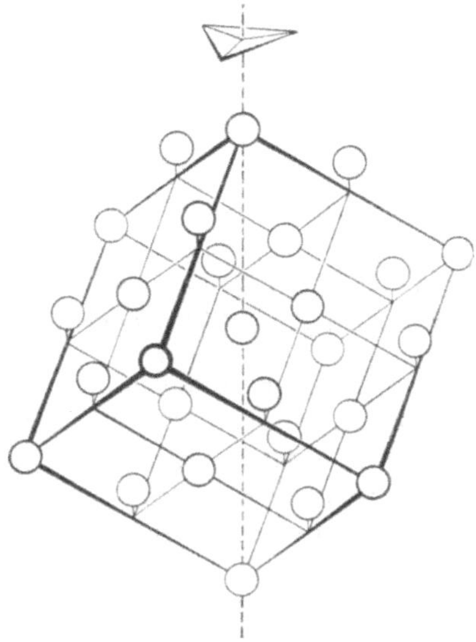

Abb. 116. Antimontyp.

Tab. IV. *Antimontyp.*

	a	α	Δ
Sb	6,20	86° 58′	0,04
Bi	6,56	87° 34′	0,027

Der stärkeren Verzerrung der Basis (gegenüber dem einfachen Gitter von halber Kantenlänge) entspricht bei *Sb* die stärkere Abweichung des Kantenwinkels α vom Wert 90°. Arsen kristallisiert ebenfalls nach diesem Schema, doch ist der Parameterwert nicht ermittelt.

Die bisher bekannten beiden tetragonalen Gitter von Elementen lassen sich ebenfalls als einfache Deformationen kubischer Gitter deuten: *Indium* entsteht durch Dehnung eines flächenzentrierten kubischen Gitters längs einer Würfelkante (die dadurch zur ausgezeichneten *c*-Achse wird) um 6 %. *Weißes Zinn* hingegen aus einem »seitenflächenzentrierten« Gitter durch eine starke Stauchung der *c*-Achse auf $^2/_7$ des ursprünglichen Wertes. Der Grundbereich für *Sn* hat dann die Dimensionen der Abb. 117. Die Richtigkeit dieser Struktur wird übrigens neuerdings angefochten.

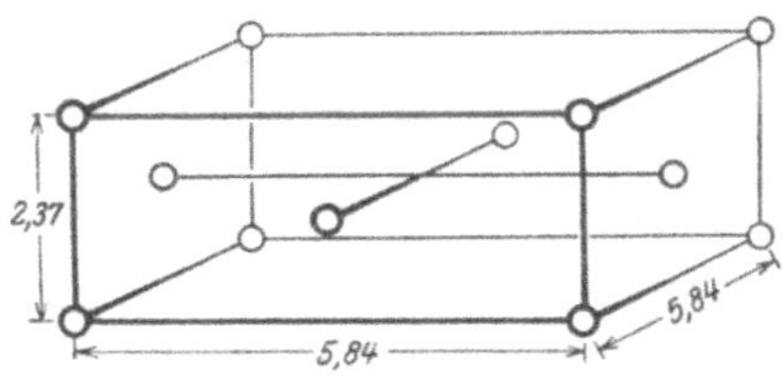

Abb. 117. Zinn (weiß) nach Bijl und Kolkmeyer.

Ein uns schon hinreichend bekannter Aufbau ist der des *Diamanten*: 2 flächenzentrierte, um $^1/_4$ der Würfeldiagonale verschobene kubische Gitter. Das gleiche Gitter hat u. a. die andere Modifikation von Zinn, das *graue Zinn*.

Tab. V. *Diamanttyp*.

	Würfelkante	Atomabstand
Diamant	3,55	1,54
Silizium	5,42	2,35
Germanium	5,63	2,44
Graues Zinn	6,46	2,80

Bei dieser Modifikation des Zinns macht sich die Vierwertigkeit, oder vorsichtiger gesagt, die Tetraedersymmetrie, die das Atom manchmal hat, geltend.

Die trigonale Modifikation von Kohle, der *Graphit*, ist bereits S. 135 besprochen worden. Ein Blick auf Abb. 99 und 100 mag genügen, um sowohl die Ähnlichkeit, wie die Verschiedenheit gegenüber dem Diamanten ins Gedächtnis zu rufen: ähnliche Dimensionen der Sechsecksringe — aber gänzliche Verschiedenheit in bezug auf die Bindung einer Ebene von Sechsecken an die Nachbarebene.

Es sei erwähnt, daß A. W. Hull eine Bestimmung der Graphitstruktur vorgenommen hat, die von den Debye-Scherrerschen abweicht. Das Gitter soll »ähnlich einer hexagonalen dichtesten Kugelpackung« sein — doch läßt sich ein genaues Urteil über den Hullschen Vorschlag nicht fällen, da die Angaben hierfür zu dürftig sind. Auch nach Hull fügen sich die *C*-Atome zu Sechseckringen zusammen, die aber wie in Diamant gewellt sind. (Vgl. auch die Braggschen Untersuchungen von Naphthalin, Kap. XVI.)

Hiermit ist unsere augenblickliche Kenntnis der Struktur von Elementen erschöpft. Der rhombische *Schwefel* ist Gegenstand verschiedener Untersuchungen gewesen, ohne daß man über die von W. L. Bragg stammenden Grundlagen des Aufbaus hinausgekommen wäre.

Zum Schluß sei in Erweiterung einer Hullschen Darstellung die Struktur der Elemente im Zusammenhang mit dem periodischen System vorgeführt (Abb. 118). Man erkennt in dieser Darstellung deutlich, wie die chemisch verwandten Elemente auch kristallographisch ähnlich sind. Dabei sind die Elemente der beiden Untergruppen, in die die Gruppen I—VII zerfallen, getrennt zu berücksichtigen. In der IV. Gruppe schließt sich Diamant an die rechte Nebengruppe (*Ge*, *Sn*) an, Graphit aber würde zu den hexagonalen Gittern von *Ti* und *Zr* besser passen, wenn die Hullsche Bestimmung zu Recht bestände. Auch die Tatsache, daß *CSi* (Carborund) eine Struktur ähnlich der hexagonalen dichtesten Kugelpackung hat, fügt sich diesem Zusammenhang gut ein. — Große Lücken bestehen in der VI. und VII. Gruppe, deren Ausfüllung recht erwünscht wäre. Schließlich ist unverkennbar ein gewisses Abwechslungsbestreben von einer Nebengruppe zur andern. Für eine systematische Übersicht wäre aber vor allem eine bessere Erforschung der Polymorphieen der Elemente erforderlich.

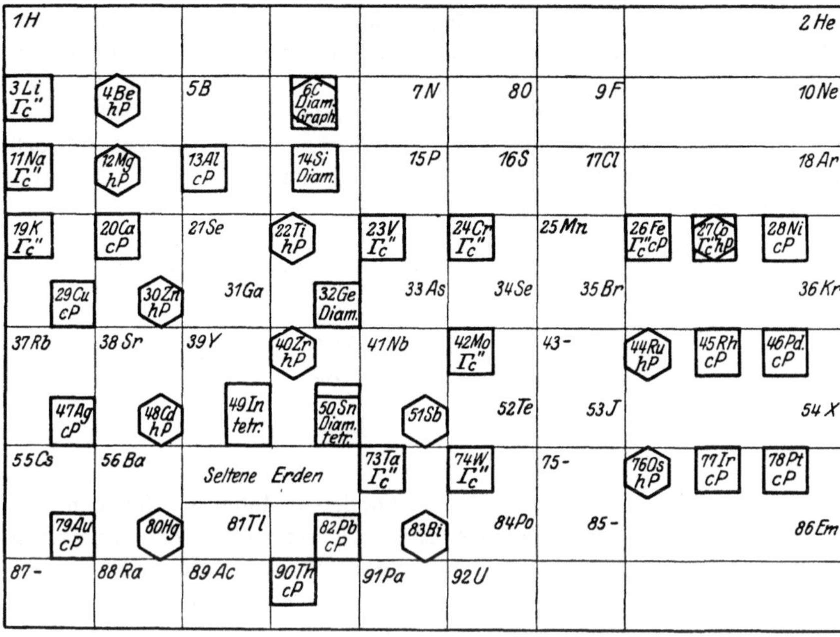

Abb. 118. Übersicht über die Struktur der Elemente.
Γ_c'' = körperzentr. kubisches Gitter,
cP = kubische dichteste Kugelpackung (= flächenzentr. kub. Gitter),
hP = hexagonale dichteste Kugelpackung.

Der einfachste und beliebteste Gittertyp für »binäre« Verbindungen ist der von *Steinsalz* (Abb. 87, S. 112). Die nachstehende Tabelle gibt über die mit Röntgenstrahlen erforschten Verbindungen dieses Typs und die Würfelkante a_w Auskunft.

Tab. VI. *Steinsalztyp.*

Mineral	Formel	a_w	Mineral	Formel	a_w
—	*LiF*	4,02	—	*RbJ*	7,31
—	*LiCl*	5,14	—	*CsF*	6,05
—	*LiBr*	5,49	Periklas	*MgO*	4,20
—	*LiJ*	6,00	Kalk	*CaO*	4,76
—	*NaF*	4,62	—	*SrO*	5,10
Steinsalz	*NaCl*	5,628	—	*BaO*	5,50
—	*NaBr*	5,95	—	*CdO*	4,72
—	*NaJ*	6,47	Bunsenit	*NiO*	4,14
—	*KF*	5,36	Oldhamit	*CaS*	5,70
Sylvin	*KCl*	6,26	—	*CaSe*	5,91
—	*KBr*	6,57	—	*SrSe*	6,23
—	*KJ*	7,05	—	*BaSe*	6,61
—	*RbCl*	6,60	Galenit	*PbS*	5,94
—	*RbBr*	6,93			

Man war geneigt, aus der Regelmäßigkeit, mit der die genannten Alkalihalogenide den Steinsalztypus bilden, den Schluß zu ziehen, daß es bei allen Alkalihalogeniden geschehe. Doch zeigt das Gitter von *Caesiumchlorid* ($CsCl$) einen anderen Aufbau, der durch Abb. 119 erläutert wird: ein einfaches kubisches Gitter aus Cs und ein ebensolches aus Cl, daß das erste zentriert. Es handelt sich hierbei um einen neuen Gittertyp, der auch dem Thalliumchlorid zugrunde liegt.

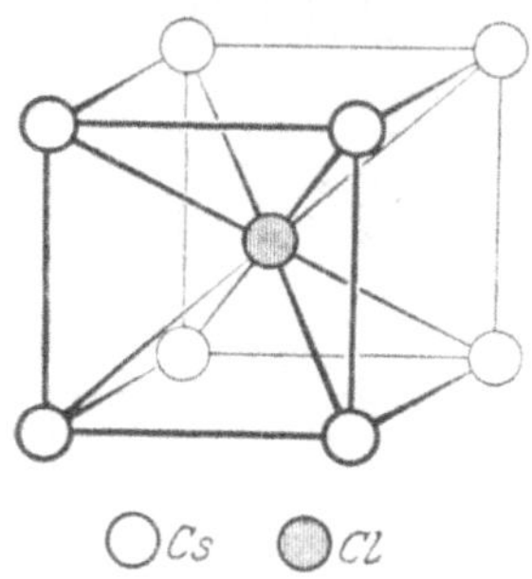

Abb. 119. Caesiumchloridtyp $CsCl$.

Tab. VII. *Caesiumchloridtyp.*

Formel	a_w
$CsCl$	4,12
$CsBr$	4,29
CsJ	4,58
$TlCl$	3,85

Von besonderem Interesse für den Zusammenhang zwischen den beiden Gittertypen der Alkalihalogenide ist die Struktur der *Halogensalze des Ammoniums.* In diesen Salzen tritt die Gruppe (NH_4) an Stelle des Alkalimetalls, macht sich aber für die Röntgeninterferenzen nur durch ihren Mittelpunkt N bemerkbar, weil der Wasserstoff, zumal wenn er sein Elektron an N abgegeben hat, auf die Röntgenwellen nicht anspricht. Diese Ammoniumsalze sind als dimorph bekannt. Es zeigt sich röntgenmäßig, daß bei tiefen Temperaturen die Struktur nach Art des $CsCl$, bei höheren nach Art des $NaCl$ aufgebaut ist. (Vgl. auch S. 179ff.)

Tab. VIII. *Ammoniumhalogenide.*

Formel	Temperatur	Struktur	Würfelkante	Übergangstemperatur
(NH_4Cl)	20°	Wie $CsCl$	3,86	184°, 3
»	250°	» $NaCl$	6,53	
(NH_4Br)	20°	» $CsCl$	3,99	137°, 8
»	250°	» $NaCl$	6,90	
(NH_4J)	—	» —	—	−17°, 6
»	20°	» $NaCl$	7,20	

Hiernach dürfte man wohl erwarten, daß auch die Halogensalze der Alkalien sich als dimorph herausstellen, wenn geeignete Temperatur und Druckbereiche aufgesucht werden. Bei den Caesiumsalzen liegen hierfür Anzeichen bereits vor.

Einem ähnlichen Wechsel des Aufbaues begegnen wir in der Reihe der *Halogensalze von Kupfer und Silber*, von denen ein Teil beim Steinsalztyp erwähnt wurde, ein anderer Teil gleichen Aufbau hat, wie *Zinkblende* (»Diamantgitter«, Abb. 72):

Tab. IX. *Zinkblendegitter.*

Mineral	Formel	Würfelkante
Zinkblende	ZnS	5,39
Nantockit	$CuCl$	5,36
—	$CuBr$	5,75
Marshit	CuJ	6,08

Von den Halogenverbindungen des *Cu* und *Ag* sind *CuJ* und *AgJ* als dimorph bekannt. Vielleicht läßt sich ein *NaCl*-Typus bei ihnen auffinden.

Auf die Eigentümlichkeit des Zinkblendegitters, ganz aus Tetraedergruppen zu bestehen, wurde auf S. 98 hingewiesen zugleich mit der Bemerkung, daß es noch ein zweites Gitter der Eigenschaft gebe, das sich in der *anderen Modifikation des Zinksulfids* dem *Wurtzit* verwirklicht finde. Abb. 120 zeigt diesen Aufbau, der hexagonal-hemiedrische Symmetrie besitzt. Der halbe Elementarbereich der Struktur, ein gleichseitiges Prisma vom Achsenverhältnis $c/a = 1{,}633$ (doppelte Tetraederhöhe zu Tetraederkante), ist gestrichelt in die Abbildungeingetragen. Die einzelnen Paare von Basisebenen bestehen aus gewellten sechseckigen Waben, wie die 111-Ebenenpaare bei Diamant. Aber die Ebenenpaare sind anders untereinandergesetzt: bei Diamant liegen auf den Mitten der Verbindungen der senkrecht untereinander befindlichen *C*-Atome Zentren der Symmetrie; hier hingegen gehen durch die gleichen Punkte horizontale Symmetrieebenen, wofern nur auf die Atomschwerpunkte, nicht auf die Verschiedenheit der Atomarten Rücksicht genommen wird. (Letztere zerstört die Symmetrieebenen und macht die *c*-Achse polar.) Die Zinkblendestruktur geht aus der Wurtzitstruktur hervor, wenn man jedes Ebenenpaar gegenüber dem Nachbarpaar um 60° um die *c*-Richtung dreht. Das Verhältnis von Wurtzit und Zinkblende ist das einer regelmäßigen besonders feinen Zwillingsverwachsung.

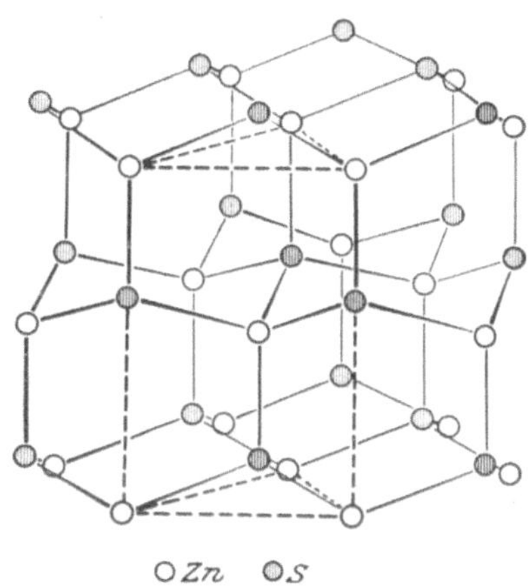

Abb. 120. Wurtzittyp, *ZnS*.

Es sind bisher 4 Kristalle mit diesem Aufbau bekannt geworden:

Tab. X. *Wurtzittyp.*

Mineral	Formel	*a*	*c*	*c/a*
Wurtzit	ZnS	—	—	1,635
Greenockit	CdS	—	—	1,622
Rotzinkerz	ZnO	3,22	5,16	1,608
Jodyrit	AgJ	4,59	7,53	1,639

Für Jodyrit ist von zwei Beobachtern der *CsCl*-Typ angegeben worden. Er ist aber unverträglich mit der hexagonalen Symmetrie des Kristalls, und die hier gegebene, auf der Bestimmung von G. AMINOFF beruhende Struktur dürfte die richtige sein.

Aus der Zinkblendestruktur ableitbar ist das *Flußspatgitter*, dessen Abbildung und Besprechung sich schon auf S. 99 befindet. Bei Flußspat sind von den 8 Teilwürfeln des Elementarwürfels aus Kalziumatomen alle 8 durch *F*-Atome besetzt, während von den entsprechenden Teilwürfeln bei Zinkblende nur einer um den andern besetzt war. Wie dort jedes Schwefelatom von einem Tetraeder aus *Zn*-Atomen umgeben war, so hier jedes *F*-Atom von 4 *Ca*'s; aber jedes *Ca*-Atom hat einen ganzen Kubus von *F*-Atomen um sich, während das *Zn* nur 4 *S*-Nachbarn aufweist. Eine andere Beschreibung des Gitters wäre: die *F*-Atome bilden ein gewöhnliches kubisches Gitter der halben Würfelkante $^1/_2\, a_w$ und die *Ca*-Atome zentrieren schachbrettartig ein um den anderen dieser kleinen Elementarbereiche.

Bekannt sind:

Tab. XI. *Flußspattyp.*

Mineral	Formel	Würfelkante
Flußspat	CaF_2	5,45
—	BaF_2	6,20

Ein weiterer kubischer Typ ist der von *Cuprit*, Cu_2O. Das Gitter (Abb. 121) läßt sich kurz als Ineinanderstellung eines körperzentrierten *O*- und eines flächenzentrierten *Cu*-Gitters beschreiben. Beide Gitter haben gleiche Würfelkante; ihre Verschiebung beträgt $^1/_4$ der Körperdiagonale des Grundwürfels. Wie die Abbildung zeigt, ist jedes *O*-Atom (sowohl die »Eckatome« wie die »zentrierenden«) von einem regulären Tetraeder aus *Cu*-Atomen umgeben. Die Kupferatome hingegen zeigen — ungleich den *Zn*-Atomen in Zinkblende — eine Bevorzugung *zweier* *O*-Atome, die in derselben kleinsten Entfernung von ihnen liegen. Von Silber existiert die analoge Struktur:

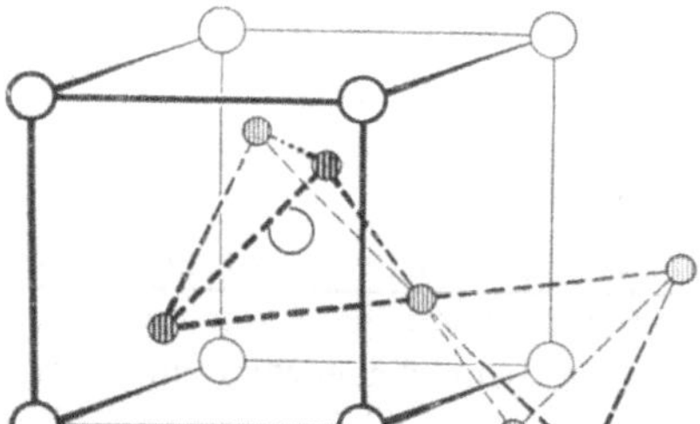

Abb. 121. Cuprittyp, Cu_2O.

Tab. XII. *Cuprittyp.*

Mineral	Formel	Würfelkante
Cuprit	Cu_2O	4,26
—	Ag_2O	4,76

Die bisher besprochenen Gitter waren mit Ausnahme der »deformierten kubischen Gitter« von *As*, *Sb*, *Bi* Strukturen ohne Parameter. Es folgen nun wichtige Gruppen von Stoffen, deren Gitter einen Parameter enthält: zunächst *Kalkspat* und die verwandten Karbonate.

Die übersichtlichste, aber wenig genaue Beschreibung knüpft an das Steinsalzgitter an: man stelle den Grundwürfel des Steinsalzes auf die Spitze, stauche die senkrechte Diagonale, bis der Würfel in ein Rhomboeder vom geeigneten, kristallographisch bekannten Flächenwinkel übergeht und ersetze die Halogenatome durch das Radikal CO_3. Wegen der dreizähligen Symmetrie um die *c*-Achse (die ehemalige Würfeldiagonale) muß das *C*-Atom auf der Achse selbst liegen, während sich die 3 *O*-Atome in Winkelabständen von 120° um die Achse gruppieren. Sie müssen, damit die Struktur den Anforderungen der kristallographisch ermittelten Symmetrie gerecht wird, auf den Verbindungen der nächstgelegenen *C*-Atome in den horizontalen Ebenen liegen. Der Abstand von *C* zu *O*, gemessen im Verhältnis zur Entfernung *C*—*O* in diesen Ebenen, bleibt jedoch als Parameter in der Struktur.

Man kommt also zu der in Abb. 122 abgebildeten Struktur. Der Blick des Beschauers fällt schräg von oben auf das Rhomboeder, dessen kurze

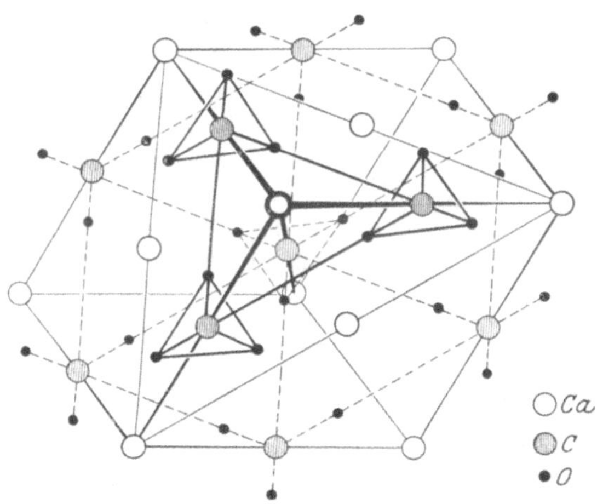

Abb. 122. Spaltungsrhomboeder von Kalkspat, $CaCO_3$.

Körperdiagonale senkrecht steht und stark verkürzt erscheint. Nur in der dem Beschauer zugekehrten Hälfte des Rhomboeders sind alle Atome eingezeichnet. Der gestauchte Würfel ist durch 3 Ebenen $\perp c$ geschnitten, die abwechselnd nur mit *Ca*- und CO_3-Gruppen besetzt sind, entsprechend der umschichtigen Besetzung der 111-Ebenen des *NaCl* mit *Na* und *Cl*. Der Schnitt der CO_3-Ebenen mit dem Gitter weist eine regelmäßige Dreiecksteilung auf, die durch die *C*-Atome gegeben ist. Man sieht, wie in den aufeinanderfolgenden Ebenen, die *O*-Atome gegenüber ihren *C*'s um je 60° gedreht sind.

Aus der Verdrehung der O-Dreiecke in aufeinanderfolgenden Ebenen folgt aber, daß der abgebildete Bereich nicht der Grundbereich der Struktur ist. Wäre er es nämlich, so wären die Rhomboederkanten die Gittertranslation. Wenden wir diese Translation auf die oberste CO_3-Ebene an, so rückt sie ersichtlich in die folgende CO_3-Ebene hinein. Während dabei die C-Atome an die richtigen Orte kommen, gelangen die O-Atome nicht mit den in dieser zweiten Ebene befindlichen O-Atomen zur Deckung. Also ist die Voraussetzung falsch und das abgebildete Rhomboeder, das die wohlbekannte Gestalt des Spaltungsrhomboeders von Kalkspat hat, ist nicht der Grundbereich. Die strukturtheoretisch einwandfreie Art, das Gitter zu beschreiben, besteht in der Einführung anderer Translationen, die ein sehr viel spitzeres Rhomboeder aufspannen. Bezeichnet man das Spaltungsrhomboeder, wie kristallographisch üblich, als $\{100\}$, so wäre das neue Rhomboeder $\{3\bar{1}\bar{1}\}$. Den Zusammenhang beider Achsen führt Abb. 123 vor Augen. Der Grundbereich enthält 2 Moleküle.

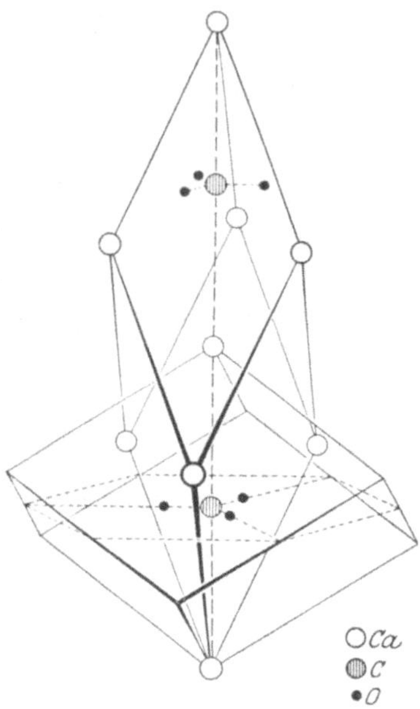

Abb. 123. Spaltungsrhomboeder und Grundbereich der Kalkspatstruktur, $CaCO_3$.

Den Wert des Parameters bestimmte W. L. Bragg, dem die Kenntnis der Struktur zu verdanken ist, zu

$$x = \frac{\text{Abstand } O - C}{\text{Abstand } C - C} = 0{,}3$$

und E. Schiebold, der eine eingehende Diskussion zahlreicher Laueaufnahmen von Kalkspat gegeben hat, bestätigte diesen Wert. Doch dürfte hierüber noch nicht das letzte Wort gesprochen sein. Sowohl R. W. G. Wyckoff in Washington wie der Verfasser haben den Parameterwert aus Laueaufnahmen zu bestimmen gesucht. Wyckoff gelangte zum Wert $x = 0{,}24$ (der auch aus zeichnerischen Gründen der Abb. 121 zugrunde gelegt wurde), während der Verfasser fand, daß sowohl bei $x = 0{,}3$ wie bei $x = 0{,}24$ zahlreiche Intensitäten in gutem Einklang mit dem Strukturfaktor stehen (andere Werte von x geben keine Übereinstimmung!), daß aber mit *beiden* Werten Unstimmigkeiten übrig bleiben. Vermutlich treten solche Unstimmigkeiten bei jeder sehr genauen Diskussion von Interferenzbildern auf und sind verschuldet durch die Nichtberücksichtigung der räumlichen Ausdehnung der Atome. Man sieht beim Kalkspat, daß die Präzisionsbestimmung von Kristallstrukturen ein Eingehen auf den Atombau selbst fordert. Unter diesen Umständen ist es nicht angängig, in der folgenden Tabelle die Parameterwerte als endgültig anzusehen. Auch die Länge der Rhomboederkanten wird ziemlich verschieden angegeben, wo mehrere Beobachtungen vorliegen.

Tab. XIII. *Kalkspattyp.*

Name	Formel	∢ α	a	(x Wyckoff)	x (Bragg)
Kalkspat	$CaCO_3$	46° 7′	6,36	0,25	0,30
Manganspat	$MnCO_3$	47° 46′	6,03	0,27	0,34
Eisenspat	$FeCO_3$	47° 56′	6,03	0,27	0,37?
Salpeter	$NaNO_3$	46° 7′	6,36	0,25	—

Von Interesse sind die Verhältnisse der Isomorphie bei dieser Gruppe, auf die R. W. G. Wyckoff aufmerksam macht: $MnCO_3$ und $FeCO_3$ bilden eine »lückenlose Mischreihe«, d. h. es lassen sich einheitliche Kristalle mit allen möglichen Gewichtsverhältnissen *Mn* : *Fe* herstellen. Das einzelne Eisenatom ersetzt dabei offenbar das Manganatom vollständig, auch in bezug auf den Parameterwert. Die Lauebilder der beiden reinen Salze sind nicht zu unterscheiden, ihre Strukturen sind einschließlich der Absolutgröße gleich. Hingegen weist die Reihe der Mischkristalle von $CaCO_3$ mit einem der genannten Salze Lücken auf. Aus demselben Grund, der die Abweichungen in den Strukturen der reinen Salze bedingt, vertreten sich *Ca* und *Fe* oder *Ca* und *Mn* nicht restlos. Andrerseits besteht zwischen den beiden chemisch gar nicht besonders nahestehenden Stoffen $CaCO_3$ und $NaNO_3$ ein immerhin recht enges Verwandtschaftsverhältnis, das durch die völlige Übereinstimmung in den Absolutdimensionen (und dem Parameterwert?) der beiden Salze bedingt sein dürfte: legt man ein Kalkspatstück in eine verdunstende Salpeterlösung, so setzt sich der auskristallisierende Salpeter *mit paralleler Orientierung* an den Kalkspat an. Dies gelingt nicht mit *Mn*- oder *Fe*-Spat statt Kalkspat. Wir kommen auf S. 199 auf die Isomorphie zurück.

Eine andere von W. L. Bragg aufgestellte wichtige einparametrige Struktur ist die von *Pyrit*, FeS_2. Dieser Kristall gehört einer kubischen Hemiedrie an; in seiner Struktur begegnet uns ein Beispiel für eine vom bisherigen abweichende Verteilung der 3 zähligen Achsen in kubischen Gittern. Die 4 3 zähligen Symmetrieachsen sind die charakteristischen Elemente für das kubische System, die in allen seinen hemiedrischen Klassen erhalten bleiben (während z. B. die 4 zähligen Achsen durch Beschneidung der Symmetrie zu 2 zähligen reduziert werden können; man vergleiche Würfel und Tetraeder). Über die Verteilung der 3 zähligen Achsen lehrt die Strukturtheorie, daß es entweder unendlich viele Gitterpunkte gibt, in denen sich *je 4* solche Achsen schneiden, wie die Diagonalen in der Würfelmitte. Das war bei den bisher besprochenen kubischen Strukturen der Fall. Oder aber *alle 3 zähligen Achsen gehen windschief aneinander vorbei.* Das letztere ist bei Pyrit der Fall.

Die Eisenatome bilden ein flächenzentriertes Gitter (Abb. 124), das wir in bekannter Weise aus 4 einfachen Gittern I bis IV aufgebaut denken. Diesen 4 Gittern sind die 4 Diagonalenrichtungen des Würfels zugeordnet: alle Punkte des gleichen Gitters tragen in *einer* dieser Diagonalenrichtungen ein Paar Schwefelatome. Nur bei dem einen Paar von Eckatomen der Abb. 124 ist die Diagonale (gestrichelt) ganz in dem gezeichneten Würfel unterzubringen. Bei den flächenzentrierenden Eisenatomen führen die 3zähligen Achsen von der Flächenmitte zu einer Kantenmitte; an der ersten Diagonalen und aneinander gehen sie windschief vorüber. Der Abstand, in dem die Schwefelatome voneinander liegen, ist durch die Symmetrie nicht bestimmt. Er ist der Parameter, der aus der Intensität der Interferenzen entnommen werden muß. Die Figur ist gezeichnet mit

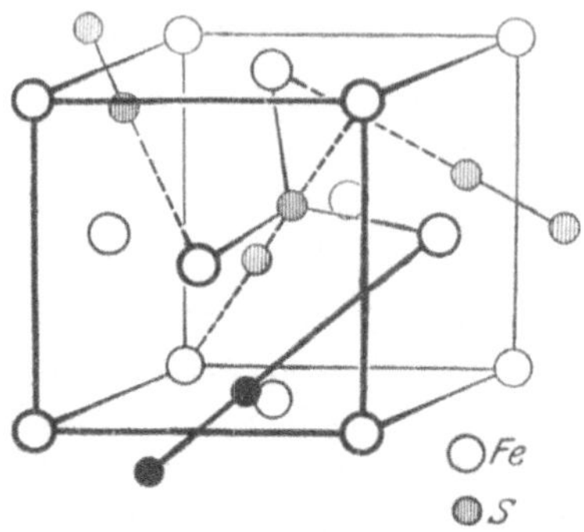

Abb. 124. Pyrittyp, FeS_2.

$$x = \frac{\text{halber kleinster Abstand } S\text{—}S}{\text{Länge der ganzen Diagonale}} = {}^1/_{10}.$$

Die Tab. XIV gibt näheren Aufschluß über den Parameterwert, der sich bei den beiden Kristallen FeS_2 und MnS_2 mit ungewöhnlicher Schärfe aus dem Lauebild entnehmen ließ.

Tab. XIV. *Pyrittyp.*

Name	Formel	a_w	x
Pyrit	FeS_2	5,38	0,111
Hauerit	MnS_2	—	0,10

Auch *Cobaltin CoAsS* und *Ullmannit NiSbS* besitzen im wesentlichen die gleiche Struktur, wie aus der unvollständigen Untersuchung von Bragg hervorgeht. Statt mit dem zweiten *S*-Atom steht sich auf der Diagonalen *S* mit *As* bzw. *S* mit *Sb* nah gegenüber. Die 3zähligen Achsen werden hierdurch polar, wie es die niedrigere Symmetrie dieser Kristalle verlangt. Zugleich kommt aber ein neuer Parameter in die Struktur, da ja die Abstände der verschiedenartigen Atome von den benachbarten Metallatomen nicht länger gleich zu sein brauchen. Diese Parameter wurden nicht bestimmt.

Aus der Pyritstruktur läßt sich der Aufbau von Bleinitrat $Pb(NO_3)_2$, sowie der Nitrate von *Ca*, *Sr*, *Ba* entwickeln, der von Vegard angegeben wurde. Die Metallatome bleiben im flächenzentrierten kubischen Gitter und tragen jedes nur *eine* dreizählige Achse. Auf diese wird statt jedes Schwefelatoms eine Gruppe NO_3 eingesetzt. Die Struktur enthält 3 Parameter:

einer legt die Lage des *N* auf der Diagonalen fest, zwei weitere bestimmen die Abstände der *O* vom *N* und voneinander. Da die *O*-Atome in den Symmetrieebenen parallel zu {011} liegen müssen, sind sie durch die zwei Angaben völlig festgelegt. Für Zahlenwerte sei auf Note IX verwiesen und hier nur darauf aufmerksam gemacht, daß — vorbehaltlich der Bestätigung der Parameterbestimmung — in den beiden auf der dreizähligen Achse benachbarten NO_3-Gruppen die *N*-Atome am nächsten liegen, während die O_3-Gruppen nach außen abgedrängt sind. Der halbe Abstand der *N*-Atome im Bleinitrat beträgt nur 0,086 der Würfeldiagonale, gegen den entsprechenden Wert 0,1 für *S* im Pyrit. Die einzelne NO_3-Gruppe weist in ihrem Aufbau eine gewisse Ähnlichkeit mit der von VEGARD angegebenen Gruppe ClO_3 aus $KClO_3$ (Abb. 129) auf.

Die einparametrigen Strukturen von *Anatas* und *Rutil* wurden schon auf S. 100 besprochen. Abb. 125, 126 zeigen Modelle dieser Kristalle, die nach dem Prinzip angefertigt sind, daß jeweils die nächstbenachbarten

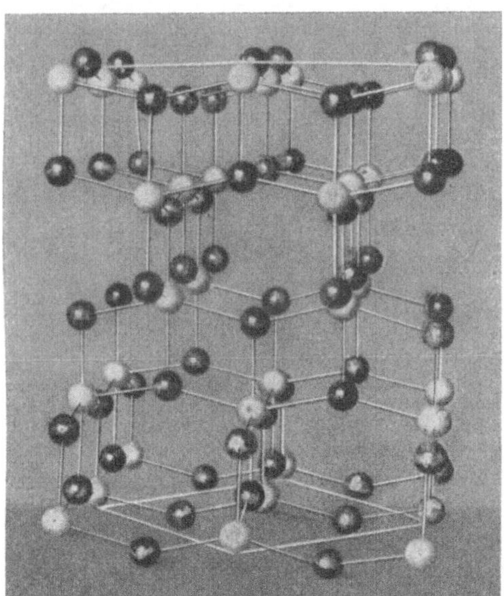

Abb. 125. Anatasmodell, TiO_2. (Helle Kugeln *Ti*, dunkle Kugeln *O*).

Atome miteinander verbunden werden. Es ist lehrreich, ein solches Gitter aus fertig gebohrten Kugeln und zugeschnittenen Drahtstücken selbst aufzubauen und sich zu überzeugen, wie die Verbindungen gerade hinreichen, um dem ganzen Fachwerk einen (erstaunlich großen) inneren Halt zu geben[1]).

[1]) Die Modelle dieser und anderer Kristalle wurden nach meinen Angaben von Institutsmechaniker K. SELMAYR in München, Universität, hergestellt. Sie können von ihm bezogen werden.

Gleichen Bau wie Rutil hat *Zinnstein*:

Tab. XV. *Rutiltyp.*

Name	Formel	c/a	a	c	x
Rutil	TiO_2	0,644	4,52	2,92	0,188
Zinnstein / Kassiterit	SnO_2	0,673	4,67	3,14	0,185

Der Parameter x bedeutet hierbei das Verhältnis des halben Abstands O—O zur Länge der Basisflächendiagonale (vgl. Abb. 76).

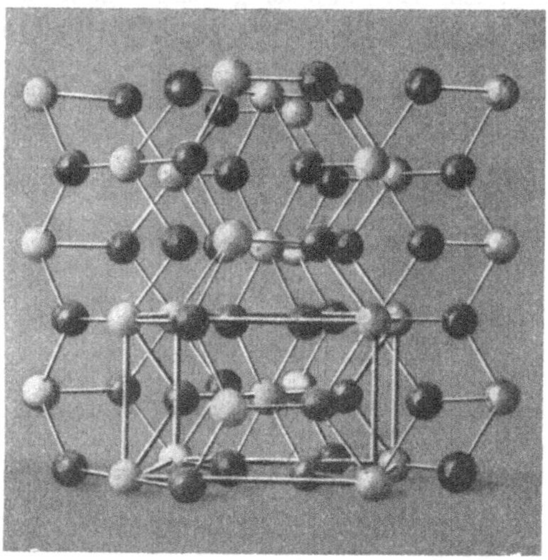

Abb. 126. Rutilmodell, TiO_2. (Helle Kugeln Ti, dunkle Kugeln O).

Vegard, dem die Kenntnis dieser Struktur zu verdanken ist, hat mit ihr die kristallographisch eng verwandten Minerale *Xenotim* (Ytterspat) YPO_4, und *Zirkon* $ZrSiO_4$ verknüpft. Die Atome, die in Abb. 76 den Eck- bzw. den körperzentrierenden Atomen Ti entsprechen, sind durch Y und P bzw. Zr und Si zu ersetzen. Die Folge ist, genau wie bei Cobaltin, daß die Lage der Sauerstoffatome den beiden Atomarten gegenüber nicht mehr gleichwertig ist und zwei Parameter notwendig werden: x gibt den Abstand der O's von den Y- bzw. Zr-, y den Abstand des O von den P- bzw. Si-Atomen an. Hier ist ein Fall, wo 2 Parameter bestimmt worden sind. Vegard gibt als Abstände in Xenotim an: $Y—O = 2,55$, $P—O = 1,42$ Å. Die Sicherheit dieser Bestimmungen dürfte aber nicht allzu groß sein.

Sowohl bei Rutil, wie bei Anatas fand der Verfasser Schwierigkeiten für die restlose Aufklärung des Lauebildes, die den gleichen Grund haben mögen, der bei Kalkspat besprochen wurde.

Schließlich möge noch das Gitter von *Natriumchlorat und -bromat* besprochen werden, welches deshalb besonders interessant ist, weil es der niedrigsten kubischen Symmetrieklasse angehört. $NaClO_3$ besitzt überhaupt keine Symmetrieebene und ist »optisch aktiv«, d. h. die Schwingungsebene von Licht muß sich beim Durchgang durch den Kristall in bestimmtem Sinne drehen. Da die Lösung von $NaClO_3$ nicht optisch aktiv ist, so entsteht das Drehungsvermögen allein durch die Besonderheit der Kristallstruktur. Auf S. 30 wurde ein entsprechendes zweidimensionales Beispiel gegeben und bereits auf $NaClO_3$ hingewiesen.

Abb. 127 führt den Strukturtyp vor Augen. Gegenüber der Kochsalzstruktur sind die *Na* und *Cl* auf den 3zähligen Achsen verschoben. Hiermit hängt es zusammen, daß durch jedes dieser Atome, wie bei Pyrit, nur *eine* 3zählige Achse geht, nicht wie im Steinsalzgitter deren 4. Die Verschiebungen von *Na* und *Cl* im Verhältnis zur Länge der ganzen Körperdiagonale des Grundbereichs seien u und v. Die Sauerstoffatome können beliebig — aber natürlich symmetrisch um die 3zähligen Achsen — liegen. Ihre Koordinaten sind durch die Koordinaten von einem unter ihnen bestimmt, die x, y, z seien. Insgesamt hat das Gitter also 5 Parameter.

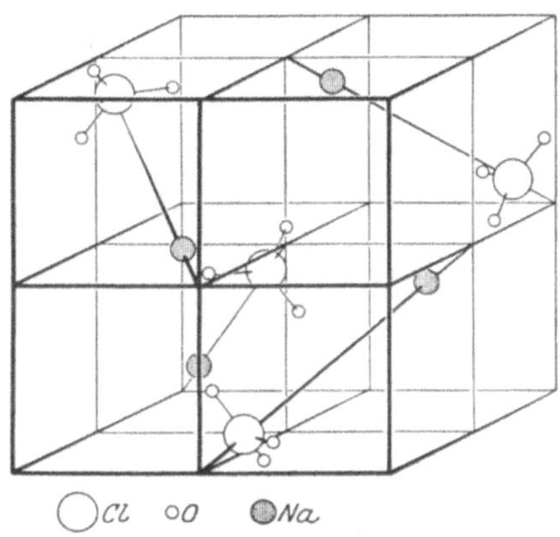

Abb. 127. Natriumchlorat, $NaClO_3$, nach Kolkmeyer.

In der Bestimmung der Parameter für die *O*-Atome gehen die Ansichten auseinander. Die holländischen Forscher Kolkmeyer, Bijvoet und Karssen geben die in Abb. 127 gezeigte Lage, sodaß die O_3-Gruppe eng um *Cl* herum ungefähr in der gleichen Höhe der Körperdiagonale, wie dieses, liegt. Diese Parameterbestimmung ist vermutlich falsch[1]) und durch eine andere zu ersetzen, die der Norweger Vegard ermittelt hat. Seine Zeichnung des Gitters ist in Abb. 128 wiedergegeben. Die Verteilung der 3zähligen Achsen ist die gleiche, ebenso annähernd die Verrückung der *Na*- und *Cl*-Aome auf ihnen. Die 3 *O*-Atome, die symmetrisch um die den Oktanten I durchsetzende 3zählige Achse liegen, sind aber nun jenseits von *Cl* geglitten und liegen daher schon nahe bei den anderen *Na*-Atomen. Die Vegardsche Parameterbestimmung ergibt folgende Lage für *O*: man denke die Gerade, welche die *Na*-Atome bei II und bei III miteinander verbindet, halbiert und verbinde das im I. Oktanten

[1]) Die holländischen Forscher halten ihre Bestimmung gegenüber der Vegardschen aufrecht. C. Hermann hat versucht die Kolkmeyersche Struktur zur Berechnung der optischen Aktivität der $NaClO_3$-Kristalle zu benutzen, findet aber mit den Kolkmeyerschen Parametern ein falsches Drehungsvermögen. Zeitschr. f. Phys. **16**, 1923.

gelegene *Cl*-Atom mit dem Mittelpunkt dieser Linie. Dann liegt eines der 3 gleichberechtigten *O*-Atome auf dieser (in Abb. 128 gestrichelten) Verbindungslinie. Abb. 129 zeigt, wie die Gruppe der *Na*-, *Cl*- und *O*-Atome aus Abb. 128 sich um die (senkrecht gestellte) 3zählige Achse schart, wenn die Atome im Gitter bis zur gegenseitigen Berührung aufgeblasen werden. Man erkennt an der Zeichnung des Gitters, in welcher Art die Verzerrung des aus den *Na*- und *Cl*-Atomen gebildeten Gitters gegenüber dem *NaCl*-Gitter die Lage der *O*-Atome beeinflußt: wären die *Na*-Atome II und III nicht aus den Oktantenecken verschoben, so würde die Mitte zwischen ihnen in die Mitte einer Oktantenfläche fallen und die *O*-Atome lägen in den Symmetrieebenen, den Rhombendodekaeder-

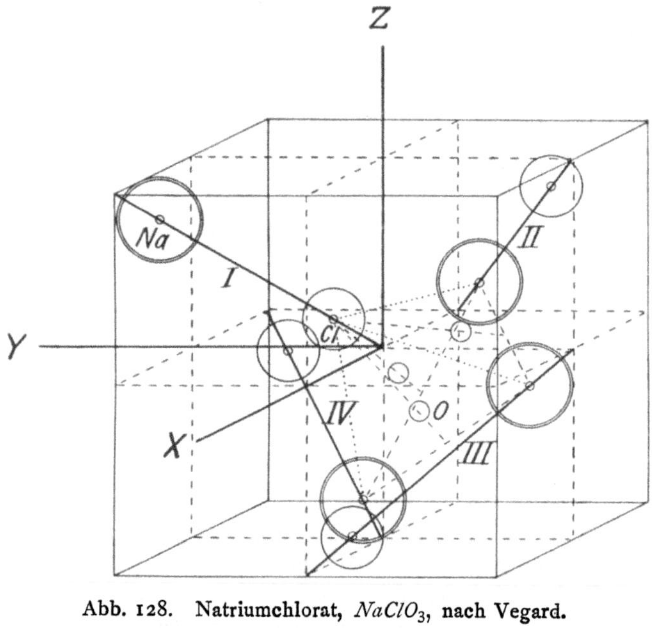

Abb. 128. Natriumchlorat, $NaClO_3$, nach Vegard.

ebenen. Da aber bei der Verzerrung längs den Diagonalen sowohl II wie III eine Verschiebungskomponente nach vorn erhalten, wird die ganze O_3-Gruppe aus den Rhombendodekaederebenen einseitig herausgedreht und die Struktur verliert ihre Spiegelebenen.

Die Verteilung der 3zähligen Achsen könnte unter Festhaltung der durch den Oktanten I gehenden Achse auch so erfolgen, daß z. B. Oktant II statt von hinten nach vorn wie in Abb. 128 von vorn unten rechts nach hinten oben links durchsetzt würde. Das in der Zeichnung am weitesten rechts gelegene *Na*-Atom wäre dann durch die Verzerrung nicht in Oktant III, sondern in II gelangt und dem würde es entsprechen, daß die O_3-Gruppe im umgekehrten Sinn wie vorher aus den Rhombendodekaederebenen herausgedreht worden wäre. Dem Unterschied beider

Strukturen, welche spiegelbildlich gleich sind, aber selbst keine Spiegelebenen zulassen, entspricht der Unterschied zwischen den rechts- und linksdrehenden Kristallen. Es läßt sich aber prinzipiell nicht mit Röntgenstrahlen feststellen, welche Struktur dem rechts-, welche dem linksdrehenden Kristall zukommt. Denn wie auf S. 70 bemerkt, weisen die Interferenzerscheinungen die Symmetrie auf, die aus der Symmetrie des Kristalles nach Hinzufügung eines Symmetriezentrums entsteht — und daher geben rechte und linke Kristalle die gleichen Bilder.

Abb. 129. *Na*-ClO_3-Gruppen nach Vegard.

$NaClO_3$ und $NaBrO_3$ sind unabhängig von den beiden andern Parteien auch von den Amerikanern Dickinson und Goodhue untersucht worden. Sie finden wieder andere Parameterwerte. Tabelle XVI gibt eine Übersicht über die Resultate, wobei die Koordinaten wie in Abb. 128 gelegt sind, und ein *Na* die Koordinaten (u, u, u), ein *Cl* (v, v, v) und ein *O* (x, y, z) hat.

Tab. XVI. $NaClO_3$ und $NaBrO_3$.

1. *Parameter* für $NaBrO_3$.

	u	v	x	y	z
Vegard	0,44	0,092	— 0,108	— 0,139	0
Dickinson	0,41	0,09	— 0,10	+ 0,20	0,03
Kolkmeyer	0,42	0,085	0,085	0,194	0

2. *Absolutdimensionen:*

		aw	$(Cl, Br) \rightarrow O$	$Na \rightarrow O$
$NaClO_3$	Vegard	6,58	—	—
	Dickinson	6,56	1,43	2,41
	Kolkmeyer	6,55	0,91	—
$NaBrO_3$	Vegard	6,72	1,89	2,36
	Dickinson	6,71	1,54	2,36
	Kolkmeyer	6,74	0,94	—

Trotz der mangelhaften Übereinstimmung in den Parameterwerten dürfte der Typ des Gitters immerhin feststehen. Wegen der Beziehung zur optischen Aktivität ist er von besonderem Interesse.

Die Aufzählung der erforschten Strukturen sei hiermit vorläufig abgeschlossen. Eine Reihe von »*Komplexverbindungen*« wird in Kap. XVI besprochen werden, ebenso einen der wenigen organischen Kristalle, die bisher bestimmt wurden, *Naphthalin*.

Abgesehen von diesen sind noch einige weitere Strukturen erforscht, sie stehen aber einstweilen ohne rechten Zusammenhang mit anderen Strukturen da. Zu nennen wären die trigonalen Hydroxyde *Bruzit* $Mg(OH)_2$ und *Pyrochroit* $Mn(OH)_2$; *Alabandin* MnS, das einen deformierten Steinsalztyp besitzen soll; auch *Zyankali* KCN, *Karborund* CSi. Wir übergehen diese und weitere Strukturen um so unbedenklicher, als die Sicherheit ihrer Bestimmung hinter der durch Untersuchung ganzer Kristallreihen gewährleisteten erheblich zurückbleibt.

Manche Kristalle, die nicht komplizierter sein dürften, als bereits gut bekannte, haben bisher den Bemühungen zahlreicher Forscher getrotzt. So von den Elementen vor allem *Schwefel*, dessen Struktur wegen seiner zahlreichen Modifikationen von großem Interesse wäre. *Quarz*, der verbreitetste Kristall an der Erdoberfläche, dessen Struktur wegen des optischen Drehungsvermögens von jeher Gegenstand der Untersuchungen war, ist noch unerledigt. Auch die *Kohlenstofftetrahalogenide* CCl_4, CBr_4, CJ_4 sind noch nicht enträtselt, obwohl sie wichtige Auskunft über die Art der Kohlenstoffbindung in den aliphatischen — an Methan CH_4 anschließenden — Verbindungen geben könnten. Zudem sind bisher fast nur hochsymmetrische Kristalle Gegenstand der Untersuchung gewesen, da diese durch die Symmetrie wesentlich erleichtert wird. Obwohl also die Liste der erforschten Strukturen schon ganz stattlich ist, bleibt noch ungeheuer viel interessante Forschungsarbeit zu leisten.

Vierzehntes Kapitel.

Gittergeometrie.

Durch die Röntgenuntersuchung sind uns, wie aus der Übersicht im vorigen Kapitel hervorgeht, zahlreiche Kristallstrukturen bekannt geworden und ihre Zahl wächst schnell weiter. Mit Befriedigung stellen wir fest, daß die Ergebnisse überall in vollem Einklang mit den Vorstellungen der Strukturtheorie stehen und daß diese je länger je mehr ein zuverlässiger Führer in dem vielgestalten Bau der Kristalle wird.

Insbesondere verdient hervorgehoben zu werden, *daß sich die erweiterte Definition der Symmetrieelemente bewährt*, die bei den Untersuchungen von Sohncke, Schoenflies und Fedorow Voraussetzung ist. Danach kommt das Gitter nicht unbedingt sofort nach Ausführung der Spiegelung oder Drehung mit der alten Lage zur Deckung, sondern es bedarf oft noch einer Verschiebung des Gitters, sei es längs der Symmetrieebene, sei es längs der Symmetrieachse. Eine solche Verschiebung braucht nie größer zu sein, als daß sie einen Punkt einer Zelle mit einem andern der *gleichen* Zelle zur Deckung bringt — denn von einem Punkt in einer fremden Zelle könnte man ja durch Hinzufügung geeigneter Gittertranslationen zu dem gleichgelegenen Punkt in der Ausgangszelle zurückkehren. Es handelt sich also immer um *Verschiebungen um atomare Entfernungen*, die nach der Anwendung der Symmetrieoperationen noch zuzufügen sind. Es ist begreiflich, daß sie physikalisch belanglos sind (Ausnahme siehe unten).

Als *Beispiel* möge das Cu_2O-Gitter (Abb. 121) angeführt werden. Es hat die Würfelebenen zu Symmetrieebenen. Für die Anordnung der O-Atome ist das klar. Die Cu-Atome jedoch bilden, wie aus der Abbildung ersichtlich, zweierlei Arten von Tetraedern: solche, bei denen die von links vorn nach rechts hinten gehende Kante oben bzw. unten liegt. Nennen wir diese Tetraeder T_o und T_u, so ist jedes Eckatom des gezeichneten Würfels von einem T_o, jedes zentrierende O-Atom von einem T_u umgeben. Bei der Spiegelung wird aus einem T_o ein T_u und umgekehrt. Wir müssen deshalb, damit das Gitter wieder mit der alten Lage zur Deckung kommt, eine Parallelverschiebung um die halbe Körperdiagonale des Grundwürfels vornehmen, so daß ein »zentrierendes« O-Atom in ein »Eck«atom verwandelt wird. — Die gleiche Bemerkung gilt, wie man an der Figur leicht sieht, für die Drehung um die 2zähligen Symmetrieachsen, die den Würfelflächendiagonalen parallel sind.

Ein *Beispiel* für Symetrieachsen, die mit einer Verschiebung zusammengefaßt werden müssen (*Schraubenachsen*), bietet der Diamant. Da er kubisch-holoedrisch ist, muß sein Gitter nach einer Vierteldrehung um die Richtung der Würfelkante in eine Lage kommen, die durch bloße Verschiebung mit der Ausgangslage zur Deckung zu bringen ist. Wir drehen etwa Abb. 72 unter Festhaltung des Atoms B' und unterscheiden die Atome des »ursprünglichen« flächenzentrierten Gitters von denen des »hineingestellten«. Erstere sind mit der eben benutzten Bezeichnung von einem T_o, letztere von einem T_u umgeben. Bei Drehung um 90° verwandeln sich die beiden Tetraederarten ineinander und dies muß durch eine Verschiebung von Richtung und Betrag eines Viertels der Würfelkörperdiagonale rückgängig gemacht werden, um volle Deckung zu erzielen. Bei Zinkblende würde diese Verschiebung Zn- in S-Atome überführen und unstatthaft sein; die Würfelkanten sind dort nur 2zählige Achsen, entsprechend der Hemiedrie der Zinkblende. Übrigens ist von der Verschiebung nur diejenige Komponente wesentlich, die der Drehachse parallel ist. Denn der zur Achse senkrechte Anteil der Verschiebung läßt sich durch eine Parallelveranlagerung der Drehachse stets zum Verschwinden bringen.

Bei den drei-, vier- oder sechszähligen *Schraubungsachsen* kann sich die Koppelung zwischen Drehung und Verschiebung auch physikalich bemerkbar machen. Führt man nämlich um diese Achsen die Drehung fortlaufend in einem Sinn aus und ist man infolge einer Ungleichwertigkeit der beiden Drehungsrichtungen längs der Drehaxe gezwungen, ein- und demselben Drehsinn stets denselben Verschiebungssinn zuzuordnen, so kann man die Kristallstruktur entweder mit einer Rechts- oder mit einer Linksschraube vergleichen. Spielt sich nun im Kristall ein Vorgang ab, der selbst einen Schraubencharakter besitzt, wie z. B. die Fortpflanzung von zirkular-polarisiertem Licht (Drehsinn des elektrischen Lichtvektors kombiniert mit Fortschreitungssinn der Welle) so wird er anders verlaufen, wenn seine »Schraubung« mit der der Kristallstruktur übereinstimmt, als wenn sie entgegengesetzt ist. Der Kristall ist dann »*optisch aktiv*«.

Ein Beispiel für derartige Schraubenachsen liefert die Struktur von $NaClO_3$. Die vorhin betrachtete Vierteldrehung des Diamant um die Richtung der Würfelkante kann aber nicht zu optischer Aktivität führen. Denn drehen wir im gleichen Sinn wie vorher um 90° weiter, so müssen wir die erste Verschiebung gerade wieder rückgängig machen, weil das Gitter Abb. 72 nach 180° Drehung um die durch B' gehende Würfelkante ohne jede Verschiebung mit sich zur Deckung kommt.

Es ist notwendig, sich genau klar zu machen, *wie weit die Gitterbestimmung nach der Röntgenmethode reicht.* Was wir aus den Interferenzen mit Hilfe der theoretischen Berechnung feststellen, sind die Orte, von denen die einzelnen Kugelwellen ausgehen. Wenn wir von der räumlichen Anordnung der Elektronen im Atom absehen, so werden wir diese Ausgangspunkte mit der Lage des Atomkernes oder des Atomschwerpunktes identifizieren dürfen und kurz sagen: *die Röntgenuntersuchung liefert das Schwerpunktsgitter einschließlich der Angabe der Massen*, d. h. der Angabe, welche Atomsorten in diesen Punkten gelegen sind. Weiter erfahren wir nichts — also nichts über die Kräfte und die Konfiguration der Atome und über ihren Zusammentritt zu Molekülen. Neben dies farblose geometrische »*Schwerpunktsgitter*« der Kristalle stellen wir mit bestimmter Ausdrucksweise das »*Atomgitter*«, dessen Teilchen Eigenschaften aufweisen, wie sie den Atomen zukommen müssen.

Die Strukturtheorie erlaubt gewisse Aussagen über die Atome aus dem empirisch bekannten Schwerpunktsgitter herzuleiten: es kann eine *Höchst- und Mindestsymmetrie der Atome* festgestellt werden.

Am ersten bietet sich der Begriff der *Höchstsymmetrie* dar. Er tritt überall dort in Kraft, wo das Schwerpunktsgitter eine höhere Symmetrie besitzt, als der Kristall nach der — als zuverlässig geprüften — kristallographischen Angabe. Ein solcher Fall liegt z. B. bei Sylvin vor. *Sylvin* kann nicht der Holedrie des kubischen Systems zugerechnet werden, weil er Ätzfiguren auf seinen Würfelflächen aufweist, die in unsymmetrischer Weise gegen die Würfelkanten gedreht sind. Seine Symmetrieklasse muß deshalb eine solche sein, daß die Würfelflächen nicht Spiegelebenen sind. Das gleiche Verhalten wurde neuerdings auch an Steinsalz einwandfrei beobachtet, das sonst meist der holoedrisch-kubischen Klasse zugeteilt

---

1) Sborník klubu Prirodovedeckeho v Praze, 1913, I. Ich verdanke den Sonderdruck der Arbeit, nach dem die obige Abbildung reproduziert ist, der Liebenswürdigkeit von Geh. Rat v. GROTH in München.

worden war. Abb. 130 zeigt nach V. Rosicky[1]) das vergrößerte Stück einer Steinsalzwürfelfläche — rechts ihre Kante — mit 2 schiefgestellten Ätzgrübchen. (Der durch das Gesichtsfeld gehende Strich ist ein unter 45° gegen die Würfelkante eingestellter Faden des Fadenkreuzes.)

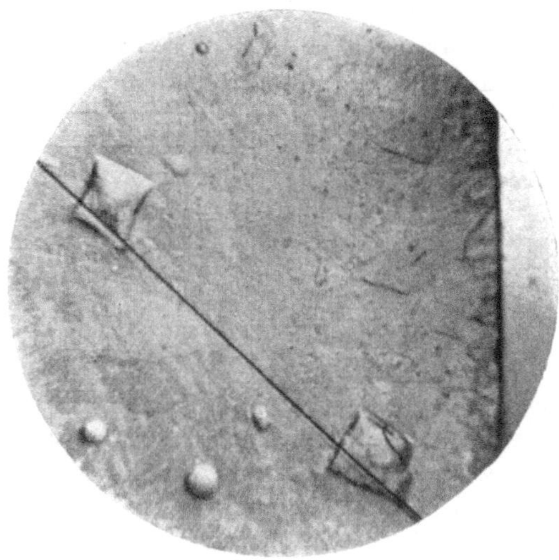

Abb. 130. Hemiedrische Ätzfiguren an Steinsalz.

Das Schwerpunktsgitter von Sylvin und Steinsalz, Abb. 87, weist unzweifelhaft holoedrische Symmetrie auf. Insbesondere geht es in sich über, wenn man es an einer der Netzebenen (100) spiegelt. Die ab weichende Symmetrie des Atomgitters läßt sich nur so verstehen, *daß die Massenteilchen des Gitters nicht die ganze holoedrische Symmetrie besitzen, sondern daß ihnen die Symmetrieebenen fehlen.* Denn dann kommen bei jener Spiegelung zwar die Schwerpunkte, nicht aber die Teilchen selbst zur Deckung. Dabei genügt es, diese geringe Symmetrie für *Na oder Cl*, bzw. *K oder Cl* anzunehmen. Der Körper, dem aus der Gruppe der sämtlichen

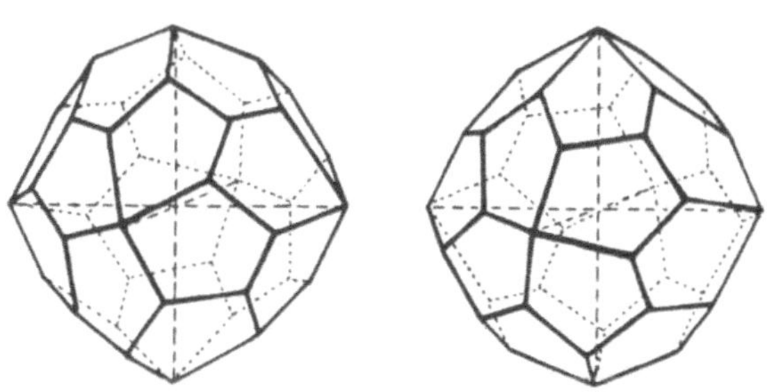

Abb. 131. Abb. 132.
Rechtes und linkes Pentagonikositetraeder.

möglichen kubischen Symmetrieoperationen die Spiegelebenen — und nur diese — genommen sind, ist das Pentagonikositetraeder (= Fünfseit-24-Flächner). Abb. 131 und 132 zeigen zwei solche Körper, die als rechtes und linkes Pentagonikositetraeder unterschieden werden: beim einen sind die Kanten der vordersten Ecke gegen die Ebenen (yz) und (xz) der kubischen Achsen nach rechts, beim andern nach links verdreht. Beide Körper sind nicht durch Verschiebungen und Drehungen, sondern nur durch Spiegelung miteinander zur Deckung zu bringen.

Die Aussage über die Höchstsymmetrie würde nun etwa lauten: In Sylvin muß *mindestens K oder Cl keine höhere Symmetrie* haben als die pentagonikositetraetrische. Oder kürzer: Es können nicht zugleich *K* und *Cl* holoedrische Symmetrie aufweisen.

Man sieht, daß dies eine sehr geringe Einschränkung der Symmetrie der Atome ist, aus der sich nicht einmal eine Erkenntnis gewinnen läßt, die für die eine Atomart unabhängig von der andern gilt.

Auch *Cuprit* gehört zur pentagonikositetraedrischen Symmetrieklasse, weil unter seinen natürlichen Begrenzungsflächen Pentagonikositetraeder vorkommen. Da, wie oben erwähnt, sein Schwerpunktsgitter die Würfelebenen als Spiegelebenen besitzt und überhaupt holoedrisch ist, tritt eine ähnliche Beschränkung der Atomsymmetrie ein, wie bei Sylvin.

Wenn bereits im Schwerpunktsgitter die kristallographisch geforderte Hemiedrie zum Ausdruck kommt, tritt für die Symmetrie der Atome nach oben keine Beschränkung ein. Ihre Höchstsymmetrie ist die holoedrische des betr. Kristallsystems, oder sogar jede höhere Symmetrie, wie die einer Kugel oder eines Ellipsoids, sofern nur die Symmetrieelemente der holoedrischen Klasse des betr. Systems in ihr enthalten sind.

Es ist natürlich, zu fragen, ob die Höchstsymmetrie der Atome *beliebig* unterschritten werden kann. Das ist nicht der Fall, insofern sich, auch wenn die Symmetrie des Schwerpunktsgitters mit der kristallographischen übereinstimmt, aus der Strukturtheorie eine *Mindestsymmetrie* der Atome ergibt.

Auf S. 32 wurde das Entstehen eines allgemeinen Punktsystems so beschrieben: das Primäre ist ein Gerüst von Symmetrieachsen und -ebenen, das in periodischer Wiederholung — infolge der Gittertranslationen — den Raum erfüllt. An eine Stelle im Raum wird ein Baustein gebracht und nun vervielfältigt sich dieser an den Symmetrieelementen wie im Kaleidoskop und ergibt alle Gitterpunkte. Bei diesem Prozeß darf der Baustein beliebig unsymmetrisch geformt sein: die Wiederholung schafft aus ihm automatisch höher-symmetrische Anordnungen, so daß die Gesamtsymmetrie des Gitters allein durch die ihm zukommende Gruppe von Symmetrieelementen bestimmt ist, ohne daß die Symmetrie des Ausgangsbausteins überhaupt von Belang wäre.

Unter gewissen Umständen wird aber umgekehrt die Symmetrie des Bausteins durch das Gitter, d. h. das Gerüst von Achsen und Ebenen, beeinflußt. Setzen wir nämlich den Ausgangsbaustein *in* eine Symmetrieebene ein, so muß er selbst symmetrisch sein. Denn bei der Spiegelung des gesamten Gitters vertauscht sich ja seine rechte mit seiner linken Hälfte und umgekehrt. Wir können uns auch ursprünglich einen unsymmetrischen Baustein denken, der hart neben der Spiegelebene liegt. Dann ist sein Spiegelbild ein anderes Teilchen des Gitters. Beide zusammen bilden eine symmetrische Anordnung, und sie verschmelzen zu dem einen notwendig symmetrischen Baustein, wenn wir sie in die Spiegelebene selbst einrücken lassen. *Allgemein muß offenbar der Baustein des Gitters mindestens diejenige Symmetrie aufweisen, welche den seinen Schwerpunkt durchsetzenden Symmetrieelementen des Gitters entspricht.* Die oben ausgesprochene völlige Unsymmetrie des Ausgangsteilchens ist nur möglich, wenn es die »allgemeinste« Lage hat, d. h. nicht an Ebenen oder Achsen der Symmetrie gebunden ist.

Die Röntgenuntersuchung zeigt, daß sehr häufig — tatsächlich bei fast allen bisher erforschten Kristallen — die Atome »spezielle« Lagen haben; sei es, daß sie direkt in bestimmten Punkten liegen müssen (kein Parameter, Beispiel *Zn* und *S* in Zinkblende), oder daß sie an Achsen (1 Parameter) oder Ebenen (2 Parameter) gebunden sind. Demgemäß kann man Listen über ihre *Mindestsymmetrie* aufstellen. Diese Bezeichnung erinnert daran, daß vom augenblicklichen Standpunkt aus keinerlei Grund dagegen besteht, daß die Atome über die durch das Symmetriegerüst des Gitters geforderten Symmetrieoperationen hinaus weitere Symmetrie aufweisen; ja, sie können die höchste Symmetrie, die allseitige Gleichheit der Kugel, haben, ohne daß dies zu einem ähnlichen inneren Widerspruch führen würde, wie unzureichende Atomsymmetrie.

Wenn die ganze Betrachtung überhaupt von Wert sein soll, ist es wichtig, die geringste Symmetrie festzustellen, die *überhaupt* mit der gegebenen Schwerpunktslage verträglich ist. Zu dem Zweck muß man sich volle Freiheit bewahren, welche Symmetrieelemente man in das Schwerpunktsgitter hineininterpretieren will — vorausgesetzt, daß sie mit der kristallographisch sichergestellten Symmetrie in Einklang stehen. (Z. B. würde man wohl nie das *NaCl*-Gitter als tetraedrisches, statt als kubisches Gitter interpretieren, obwohl dem röntgenmäßig nichts im Wege stünde. Man kann es aber je nach dem Wert, der den Ätzfiguren beigemessen wird, als kubisch holoedrisch oder als pentagonikositetraedrisch auffassen.) *Ebenso wie die Symmetrie ist auch die Größe der Grundzelle und der Basis bis zu einem gewissen Grade Auffassungssache — beide können im Atomgitter größer sein als im Schwerpunktsgitter.*

Ein *zweidimensionales Beispiel* wird den Einfluß dieser Wahl sofort erläutern. Es sei von einem Element ein »zentriertes quadratisches Gitter« röntgenmäßig gefunden worden (Abb. 133). In jedem Schwerpunkt schneiden sich 4 Symmetrieebenen und es möchte scheinen, daß jedes Atom die volle quadratische Symmetrie haben müßte, wie der beigesetzte 16-Punktner. Selbst wenn die Gesamtsymmetrie quadratisch-holoedrisch sein soll, ist das nicht erforderlich. Die Atome dürfen niedrigere Symmetrie haben, es dürfen z. B. rechte und linke Atome, $r =$ 卍 und $l =$ 卐, vorkommen — es genügt das immer noch zur Herstellung des holoedrischen Gitters. Nur wird dann die Basis des Atomgitters größer. Das Gitter ist dann gemäß Abb. 134 aufzubauen. Das einzelne Atom hat nur noch die Symmetrie des beigesetzten 4-Punkters. Trotz dieser geringeren Atomsymmetrie sind die notwendigen 2 Arten von Spiegelebenen vorhanden. Bei der Spiegelung geht ein *r* in ein *l* über und umgekehrt. Infolgedessen wird zwar eine Gruppe $\begin{smallmatrix} r & & r \\ & l & \\ r & & r \end{smallmatrix}$ zu $\begin{smallmatrix} l & & l \\ & r & \\ l & & l \end{smallmatrix}$; aber eine Verschiebung um eine halbe Quadratdiagonale bringt das Gitter zur Deckung mit der alten Lage. Während im Schwerpunktsgitter die kleinste Basis nur *ein* Atom enthielt, umfaßt sie im Atomgitter *zwei* Atome: *r* und *l*.

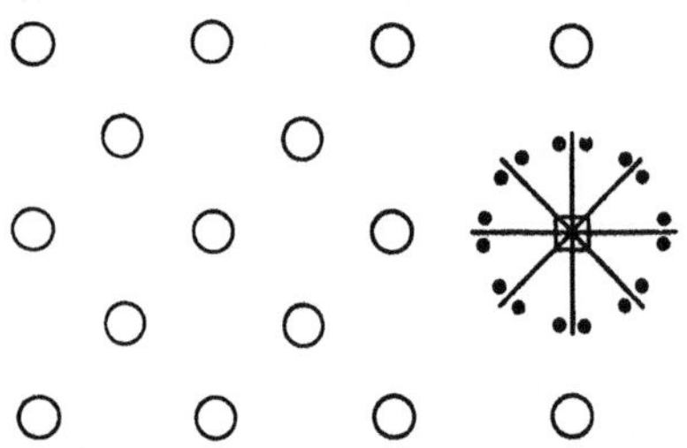

Abb. 133. Holoedrisches quadrat. Gitter. Jeder Gitterpunkt als Träger aller quadratischen Symmetrieelemente gedacht.

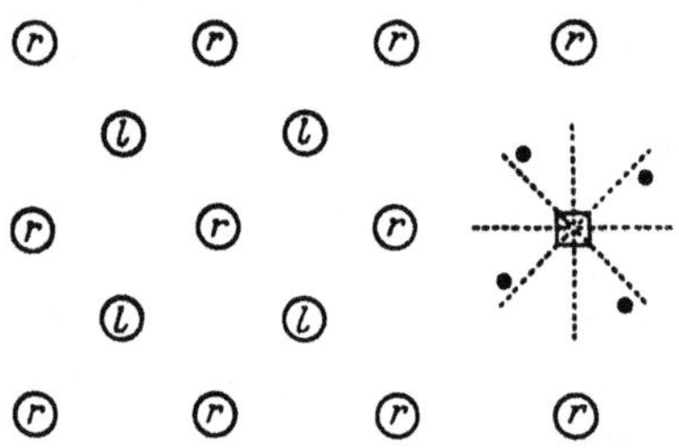

Abb. 134. In dasselbe Schwerpunktsgitter sind andere Symmetrieelemente gelegt. Grundzelle, Basis, Mindestsymmetrie anders wie links, Gesamtsymmetrie gleich.

Sind wir damit am Ende angelangt, oder könnte die Symmetrie der Atome in diesem fiktiven zweidimensionalen Gitter noch geringer sein — etwa volle Unsymmetrie / ? Ist es möglich, die Fähnchen /, \, / usw. derart anzuordnen, daß holoedrische Symmetrie entsteht? Und zwar mit den speziellen vorgeschriebenen Schwerpunktslagen?

Eine befriedigende Antwort auf diese Frage kann nur von einer allgemeinen Untersuchung geliefert werden, mit welchen Gruppen von Symmetrieelementen die gegebene Schwerpunktsverteilung überhaupt verträglich ist. Dann kann unter diesen jene herausgesucht werden, bei der am wenigsten Symmetrieelemente sich in den Schwerpunkten schneiden und dies liefert die Mindestsymmetrie der Atome. Im dreidimensionalen Fall wäre die Überlegung am einzelnen durch die Röntgenuntersuchung gegebenen Gitter wenig befriedigend, weil das Problem, alle möglichen Symmetriegruppen bei noch so großer Basis zu finden, ins Uferlose zu führen scheint. Ausgehend von den Ergebnissen der Strukturtheorie ist der umgekehrte Weg nicht allzu schwer. Man weiß bei gegebener Symmetriegruppe, wieviel Basisatome durch die Wiederholung eines Ausgangsatoms entstehen; man weiß auch, daß man diese Zahl halbieren, dritteln . . . kann, wenn man das Ausgangsatom in spezielle Lagen einrücken läßt. Die Zahl der Basisatome und die Symmetriegruppe stehen also in einer gewissen — nicht immer eindeutigen — Beziehung. Nun kann man, etwa bei Sylvin, abzählen, wieviele Molekeln *KCl* die Basis enthalten kann: eine, wenn die halben Würfel*flächendiagonalen* als Translationen genommen werden; oder 8, wenn ihre Länge verdoppelt wird; oder 27 bei Verdreifachung; nimmt man hingegen die Würfel*kanten* oder ihr Mehrfaches zu Translationen, so umfaßt die Basis 4 oder $4 \cdot 8 = 32$ oder $4 \cdot 27 = 108$ Molekeln usw. Es muß nun festgestellt werden, ob und mit welchen Symmetriegruppen diese Zahlen verträglich sind. Tabellen, die hierzu dienen, finden sich in den strukturtheoretischen neueren Untersuchungen von P. NIGGLI und R. W. G. WYCKOFF, sowie in der Neuauflage des SCHOENFLIESschen Buches. Schließlich fallen von allen Symmetriegruppen, in denen die richtige *Zahl* der Basisbestandteile unterkommen kann, alle jene weg, in denen die Atomschwerpunkte eine falsche *Anordnung* erhalten würden. Auf diese Art werden von der allgemeinen Strukturtheorie aus systematisch bei beliebig großer Basis die wenigen möglichen Anordnungen von Symmetrieelementen herausgeschält, die zum Schwerpunktsgitter gehören können und daraus ergiebt sich die Mindestsymmetrie.

Das *Gitter des Diamant* ist von A. JOHNSEN eingehend auf die Atommindestsymmetrie hin untersucht worden, freilich unter der Voraussetzung, daß alle *C*-Atome gleichartig sind (also nicht etwa »rechte« und »linke« Atome vorkommen. Wie man sich an der Abb. 72 des Schwerpunktsgitters von Diamant leicht klar macht, gehen durch jeden Schwerpunkt 4 3zählige Achsen (in Richtung der Körperdiagonalen des Würfels); ferner parallel den Würfelkanten 3 Achsen der 2zähligen Drehsymmetrie, die zugleich 4zählige »zusammengesetzte Symmetrie« ergeben, d. h. Drehung um 90^0 um die Achse gefolgt von einer Spiegelung an einer zur Achse senkrechten Ebene, die durch den Schwerpunkt des Atoms geht. (Die zweimalige Ausführung dieser »Drehspiegelung« ist gleich der einfachen Drehung um 180^0 [1]).) An Symmetrieebenen gehen durch jeden Schwerpunkt die durch gegenüberliegende Flächendiagonalen des Würfels gelegten Rhombendodekaederebenen, also 6 Ebenen. Die Würfelebenen hingegen, die für das Gesamtgitter auch Symmetrieebenen sind, gehen nicht durch die Atomschwerpunkte, sondern dazwischen hindurch. Auch muß nach der Spiegelung noch eine Verschiebung des Gitters parallel zu ihnen erfolgen, um das Gitter mit der alten Lage zur Deckung zu bringen (Gleitspiegelung). Sie sind deshalb für die Bestimmung der Mindestsymmetrie wirkungslos.

Diejenige kubische Gestalt, die 4 3zählige, 3 2zählige (bzw. zusammengesetzt-4zählige) Achsen, sowie die Rhombendodekaederebenen als Ebenen der Symmetrie hat, ist das *Hexakistetraeder* (= 6fach-Tetraeder), Abb. 135. Man erfaßt seine Gestalt am besten, wenn man es als Tetraeder betrachtet, dessen Flächen je 6fach facettiert sind. Je nach der Neigung

---

[1]) Unsere Auffassung von S. 169, daß die Achsen parallel den Würfelkanten 4zählig sind, wenn eine Verschiebung nach der Drehung zugelassen wird, wäre offenbar unzweckmäßig für die Bestimmung der Mindestsymmetrie, da man hierbei das Atom mit sich selbst zur Deckung bringen will.

der Facetten können einfachere Formen aus diesem Körper entstehen, so z. B. bei der Neigung Null das reguläre Tetraeder; oder, wenn je zwei auf verschiedene Tetraederflächen aufgesetzte benachbarte Facetten in eine Fläche zusammenfallen, das Rhombendodekaeder; oder auch, indem die Facetten den Würfelebenen parallel werden und je 4 benachbarte zusammenfallen, der Würfel. Dies alles sind Spezialfälle des Hexakistetraeders, die durch besonders symmetrische Lage der Facetten aus ihm entstehen und die eine *höhere* Symmetrie aufweisen als dieses. Wir fassen dies dahin zusammen:

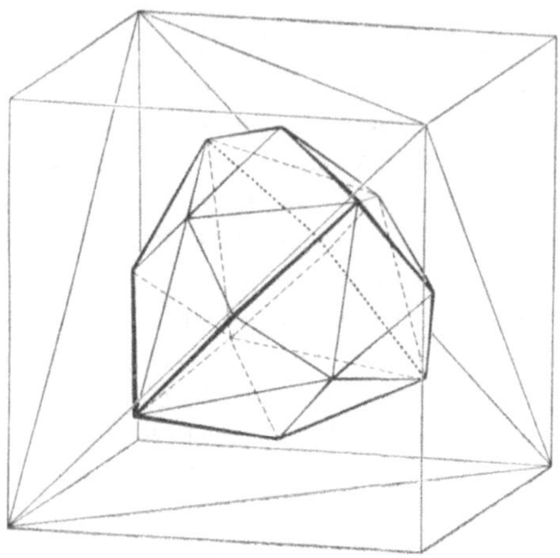

Abb. 135. Hexakistetraeder.

Die Mindestsymmetrie der Kohlenstoffatome im Diamant ist die hexakistetraedrische. Würden wir behaupten, im Diamant lägen »Tetraederatome« (wie es ungenau oft geschieht), so ginge diese Behauptung über dasjenige Maß an Symmetrie hinaus, das wir auf Grund der Struktur als notwendig

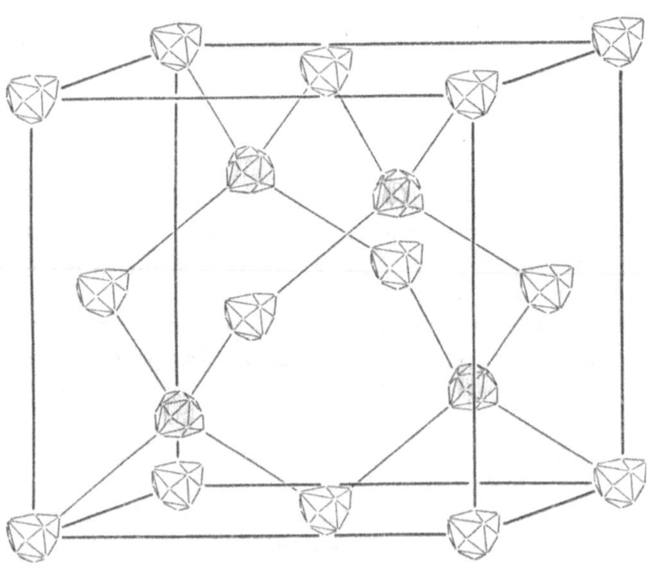

Abb. 136. Diamantgitter mit Minimalsymmetrie der Atome.

verbürgen können. Mit dem gleichen Recht könnten wir von Würfel-, Rhombendodekaeder, oder gar Kugelatomen im Diamant sprechen. Die

Existenz von »Tetraederatomen« kann aus dem Gitter allein nicht erschlossen werden, steht aber mit dem Gitterbau in keinem Widerspruch.

Abb. 136 zeigt im Anschluß an JOHNSEN die Verteilung der Hexakistetraeder, die die Atome symbolisieren, im Diamantgitter.

Bei Diamant läßt sich *röntgenmäßig* der Beweis erbringen, daß die wahre Atomsymmetrie von der Mindestsymmetrie nicht sehr weit entfernt sein kann. Genauer gesagt: auf Grund von neuen Messungen von Sir W. H. BRAGG lassen sich für die Atomsymmetrie alle jene Formen ausschließen, die eine Symmetrieebene parallel den Oktaederflächen besitzen. Hierdurch ist dann auch bei Diamant eine Höchstsymmetrie der Atome gegeben.

Es handelt sich bei diesen Messungen darum, daß nach langem Suchen Spuren des Reflexes 222 an der Oktaederfläche von Diamant festgestellt werden konnten. Abb. 137 gibt die Messungen wieder. Die Ordinate ist die Intensität in willkürlichem Maß, wie sie der Ionisierungsstrom angibt. Als Abszisse wurde $1/\sin\vartheta$ gewählt (ϑ = Winkel gegen die reflektierende Fläche = halber Ablenkungswinkel). Die Intensitäten sind, wie man sieht, $1/\sin\vartheta$ einigermaßen proportional und ordnen sich auf *zwei* Geraden von verschiedener Neigung an: die untere Gerade enthält die Reflexe mit nur ungeraden Ordnungszahlen. Die Intensität dieser Interferenzen ist nach S. 91 proportional zu $(\sqrt{2})^2 = 2$, wenn die Intensität der geraden Interferenzen, deren Quersumme durch 4 teilbar ist, proportional zu $2^2 = 4$ gesetzt wird. Man sollte demnach erwarten, daß die durch die geraden Interferenzen gezogene Kurve doppelt so große Neigung gegen die Abszissenachse hätte, wie die andere. Daß dies nicht der Fall ist, mag seine Gründe in der Absorption der Röntgenstrahlen im Kristall haben, wie BRAGG zu zeigen sucht. Uns interessiert jedoch hier viel mehr der *eine* Punkt, der abseits der beiden Kurven bei ganz geringer

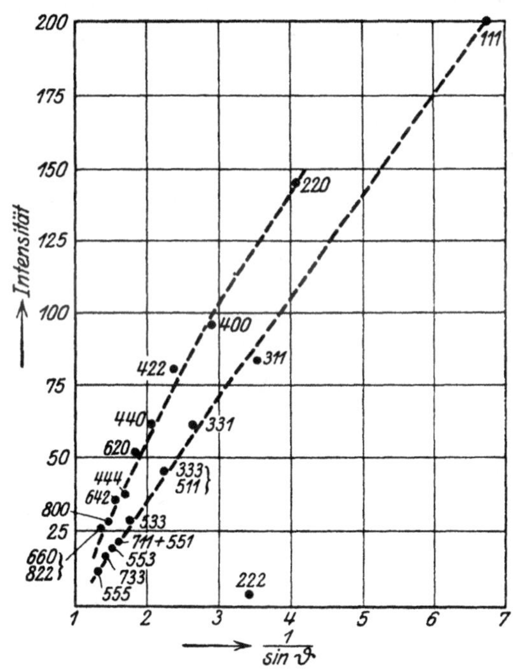

Abb. 137. Reflexe an Diamant.

Intensität liegt: 222. Um seine Bedeutung zu werten, müssen wir uns erst wieder ganz klar machen, daß in einem Gitter, wie dem Schwerpunktsgitter des Diamanten jener Punkt genau so exakt fortfallen muß, wie etwa die gemischten Interferenzen in einem flächenzentrierten Gitter. Seine Existenz ist ein Anzeichen dafür, daß nicht die Schwerpunkte der *C*-Atome als Ausgangspunkte der Kugelwellen angesehen werden dürfen, sondern daß die Ausdehnung des Atoms (und mithin seine Symmetrie) zu berücksichtigen ist. Die Vernichtung dieser Interferenz würde aber auch dann noch erfolgen, wenn man annimmt, daß die Kugelwellen von den einzelnen Elektronen in den Diamantatomen ausgehen, wofern diese eine Reihe von parallel ineinandergestellten Diamant-Schwerpunktsgittern bilden. Hieraus schließen wir: die Elektronenkonfiguration der Diamantatome darf sich in den beiden flächenzentrierten Gittern des Diamanten *nicht parallel* wiederholen. Da nun im Diamantgitter in der Mitte zwischen je zwei benachbarten Kohleatomen ein Zentrum der Symmetrie liegt, würde die Spiegelung an diesem Zentrum der Symmetrie immer dann den gleichen Erfolg wie eine parallele Wiederholung des Atoms haben, wenn das Atom selbst zentrisch-symmetrisch wäre. Dieser Fall ist mithin auszuschließen. *Auf Grund des Röntgenbefundes ergibt sich, daß das Kohleatom in Diamant kein Zentrum der Symmetrie hat.*

Die Hinzufügung eines Zentrums der Symmetrie würde die Mindestsymmetrie des Diamantatoms in die kubische Holoedrie überführen. Aus den 24 nicht zentrisch-symmetrischen Flächen des Hexakistetraeders würden nämlich die 48 Flächen des kubischen Vollflächners werden. Weitere Symmetrieelemente lassen sich dann überhaupt nicht mehr hinzufügen, es sei denn, daß man zur Kugelsymmetrie übergeht, die aber, weil zentrisch, ebenfalls ausgeschlossen ist. Deshalb darf man sagen: *Im Diamant fällt Höchst- und Mindestsymmetrie der Atome zusammen; die wahre Atomsymmetrie ist hexakistetraedrisch.*

Die systematische Untersuchung, welche Symmetrieelemente in ein gegebenes Schwerpunktsgitter gelegt werden können, ist auch von großer Wichtigkeit bei der Beurteilung der *Freiheitsgrade* einer Struktur, d. h. der *Frage, wieviele Parameter eine Struktur enthält.* Nehmen wir wieder das Steinsalzgitter. Es ist früher als null-parametrig bezeichnet worden. Die Symmetrie legt die Basis — bestehend aus je einem *Na* und *Cl* — völlig fest. Wie aber, wenn man zu einer größeren Basis übergeht? Wenn nicht mehr durch *jedes* Atom alle die Symmetrieelemente gehen, wie durch eine Würfelmitte? Dann fällt auch die starre Bindung an die Punkte des früheren Gitters weg. Die Röntgenuntersuchung, die ja wie jede physikalische Untersuchung mit einer Meßungenauigkeit behaftet ist, verträgt sich auch mit kleinen Verrückungen aus den alten Lagen. Ein Beispiel, wie derartige Verrückungen stattfinden könnten, sieht man aus Abb. 127 ($NaClO_3$-Gitter), wenn man sich die O_3-Gruppen fortdenkt. Die *Na*- und

Cl-Atome bilden *beinahe* das *NaCl*-Gitter; nur sind sie jeweils aus ihren Lagen um ein kleines Stück auf einer der Körperdiagonalen des Gitters verschoben worden. Die Gesamtsymmetrie dieser Anordnung ist die niedrigste kubische Symmetrie — noch eine Stufe geringer, als die durch die Ätzfiguren von Steinsalz geforderte. Dafür treten gleich 2 Parameter in der Struktur auf, nämlich die Verschiebung der *Na* und der *Cl* auf den Diagonalen. — Man sieht aus diesem Beispiel, daß die Angaben über die Parameterzahl nur mit Vorsicht zu benutzen sind. Einen exakten Sinn bekommen sie nur, wenn zugleich angegeben wird, welche Voraussetzungen über die Symmetriegruppe des Gitters ihnen zugrunde liegen. Das ist ohne eingehendere Beschäftigung mit der Strukturtheorie und Anwendung ihrer Bezeichnungsweise nicht möglich.

Noch ein weiteres Beispiel mag das Interesse zeigen, welches die Untersuchung der zu einem Schwerpunktsgitter möglichen Symmetriegruppen bietet. Für die *Struktur von Salmiak* — $(NH_4)Cl$ — wurde sowohl von den Braggs, wie von Bartlett und Langmuir der *CsCl*-Typus festgestellt (wenigstens bei niedriger Temperatur). An Stelle von *Cs* tritt die Gruppe (NH_4), von der sich jedoch nur *N* röntgenmäßig nachweisen läßt. Die Symmetrie von Salmiak ist sowohl nach der Art der Flächenausbildung, wie nach den Ätzfiguren die gleiche wie bei Sylvin, nämlich pentagonikositetraedrisch.

Das ist diejenige Symmetrieklasse, die aus der höchstsymmetrischen kubischen entsteht, wenn alle Spiegel*ebenen* unterdrückt werden. Das Schwerpunktsgitter von *Cl* und *N* ist kubisch holoedrisch, wie der Kristall *CsCl*. Die *H*-Atome müssen in dieses Gitter so eingesetzt werden, daß die Symmetrieebenen fortfallen, aber alle Symmetrie*achsen* der kubischen Holoedrie erhalten bleiben. Diese letztere Bedingung schließt die Möglichkeit aus, ein H_4-Tetraeder etwa irgendwie schief um jedes *N*-Atom herumzulegen. Ordnet man es aber in Übereinstimmung mit den Symmetrieachsen an, so weist sofort die ganze Struktur Symmetrieebenen auf, sofern man nur das Schwerpunktsgitter betrachtet. Im Grunde genommen liegt das an dem Zahlenverhältnis: 4 *H*-Atome pro *N*-Atom, das durch die chemische Konstitution gegeben ist. R. W. G. Wyckoff hat auf Grund der Schoenfliesschen Theorie eingehend untersucht, ob sich etwa Strukturen mit pentagonikositetraedrischem Schwerpunktsgitter angeben lassen, wenn man die Basis beliebig größer annimmt, als es zunächst durch den *CsCl*-Typ des Schwerpunktgitters von *N* und *Cl* erforderlich gemacht wird. Aber selbst dann gelangt er zu folgendem unbestreitbaren Ergebnis über die Möglichkeit, die *H*-Atome in das *N*-*Cl*-Gitter einzusetzen: Mit den Bedingungen, daß

a) die pentagonikositetraedrische Symmetrie entsteht,
b) die *Cl*- und *N*-Atome genau oder jedenfalls nur mit sehr geringer Abweichung den *CsCl*-Typ bilden,
c) jeweils alle Atome *Cl*, *N* oder *H* untereinander gleich sind,

ist überhaupt keine Struktur von der chemischen Zusammensetzung NH_4Cl denkbar. Hier scheint also die Röntgenbestimmung auf einen inneren Widerspruch zu führen.

Um dem zu entgehen, muß man offenbar eine der Voraussetzungen a), b) oder c) fallen lassen, und das gibt Anlaß zu Fragen, die über den Sonderfall des Salmiak hinaus Interesse besitzen.

a) WYCKOFF neigt dazu, a) aufzugeben, und führt die Untersuchung als Beweis dafür an, daß die Symmetrie der Kristallflächen eine andere sein kann, als die innere Symmetrie, die für die Entstehung der Interferenzen maßgebend ist. (Daß die Flächentwicklung und die Ätzfiguren eindeutig auf die pentagonikositetraedrische Symmetrie führen, läßt sich nicht bezweifeln.)

b) Die Richtigkeit des $CsCl$-Typus für das Gitter der N- und Cl-Atome steht außer Zweifel. WYCKOFF hat sie an besonders sorgfältig durchexponierten Laue-Aufnahmen bestätigt. Natürlich gilt die Aussage nur innerhalb der unvermeidlichen Fehlergrenzen, die aber beim Laue-Verfahren recht eng sind.

c) Diese Voraussetzung verlangt, daß aus irgend *einem* Cl-, N- und H-Atom der Basis infolge der Gittersymmetrie *alle* Cl-, N- und H-Atome der Basis entstehen. Denn gleichwertig sind im Sinne der Strukturtheorie nur solche Punkte, die sich durch Anwendung der Symmetrieoperationen ineinander überführen lassen.

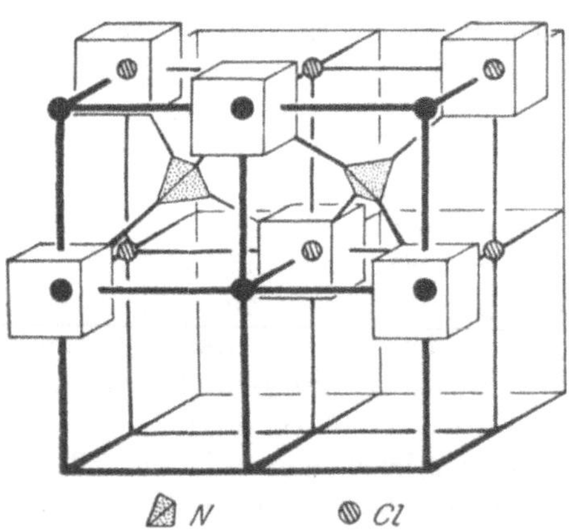

Abb. 138. Mögliche Deutung der Salmiakstruktur (NH_4Cl).

Zweifellos ist nun diese Voraussetzung c) sehr angreifbar. Wird sie fallen gelassen, so ergeben sich sofort eine Reihe von Möglichkeiten, um das Schwerpunktsgitter der N und Cl genau den $CsCl$-Typ bilden zu lassen und trotzdem die richtige Anzahl von H-Atomen unterzubringen, ohne gegen die geforderte Symmetrie zu verstoßen. Zur Illustration möge in Abb. 138 eine aus der SCHOENFLIESschen Gruppe $\mathfrak{O}^3$ folgende Struktur abgebildet werden. Die Cl-Atome sind als Kreise, die N-Atome als kleine Tetraeder gezeichnet. Die H-Atome liegen zunächst zu je 8 in Würfeln um die Cl-Atome herum. Die Kantenlänge $2u$ dieser Würfel ist ein Parameter der Struktur. Man sieht nun zweierlei: erstens gibt es in strukturtheoretischem Sinn zwei Arten von Cl-Atomen, nämlich die im Zentrum der H_8-Gruppen und die anderen. Eine solche Möglichkeit verwirft WYCKOFF »aus chemischen Gründen«. Es scheint aber gar nicht unwahrscheinlich, daß eine derartige Differenzierung als Resultat des Kampfes zwischen chemischen Anziehungskräften und Platzbedürfnis der Atome entstehen kann. Vielleicht ist es richtig, die Salmiakstruktur gerade als Beweis für eine solche Wirkung anzusehen. Zweitens aber bemerkt man, daß auch die angegebene Struktur Symmetrieebenen besitzen könnte. Genauer gesagt: wenn wir nur die Schwerpunkte der Atome betrachten, so ist selbst diese Struktur kubisch holoedrisch. Insbesondere besitzt das Schwerpunktsgitter die Würfelebenen als Symmetrieebenen. Wir haben aber die Freiheit — das zeigt eben die strukturtheoretische Untersuchung —, in die Schwerpunkte so niedrig-symmetrische Atome hineinzulegen, daß die Symmetrieebenen zerstört werden, obwohl die Achsen alle erhalten bleiben. (Die Chloratome würden dabei die Symmetrie eines Pentagonikositetraeders, die N-Atome die eines tetraedrischen Pentagondodekaeders haben müssen — beides Körper, die selbst keine Symmetrieebene aufweisen.)

Obwohl also in dieser Struktur zwei verschiedene Chloratome vorkommen, würde die Schwerpunktslage der Atome allein noch keine Erklärung für die geringe Symmetrie des Salmiak abgeben, sondern man müßte dafür letzten Endes die geringe Atomsymmetrie verantwortlich machen. Für eine der beteiligten Atomsorten würde — wie im Fall des Sylvin vielleicht für das Chlor — eine Höchstsymmetrie folgen, die nicht überschritten werden darf.

Läßt man den Parameter u der Struktur größer werden, so rücken um jedes N-Atom 4 H-Atome und bilden die Gruppe NH_4. Die Gleichberechtigung der 4 H-Atome in der Gruppe NH_4 — oder anders ausgedrückt die Frage, ob die Formel für Salmiak $(NH_4)Cl$ oder $NH_3 . HCl$ zu schreiben ist — ist in der chemischen Literatur oft erörtert worden. In der obigen Struktur werden die H (im Gegensatz zu den Cl) gleichberechtigt und es ist an der Symmetrie innerhalb der Gruppe NH_4 nicht zu zweifeln. Doch folgt hieraus keine Entscheidung der Frage, da sich (aus SCHOENFLIES' Gruppe $\mathfrak{D}^5$ z. B.) Anordnungen angeben lassen, die ebenfalls mit den Bedingungen a) und b) verträglich sind, aber (neben 2 Sorten Cl-Atomen) zwei verschiedenwertige Sorten von H-Atomen enthalten, wie es der Formel $NH_3 . HCl$ entspricht.

Schließlich sei unter den prinzipiellen Betrachtungen, die an Salmiak anschließen, noch die Möglichkeit erwähnt, daß die H-Atome überhaupt keine festen Plätze im Gitter haben. Es ist sehr möglich, daß sie nach Abgabe ihrer Elektronen an die N-Atome mit diesen zu einem dynamischen Ganzen zusammentreten. Denn das punktförmige H-Ion erfährt ja auch aus der Nähe Kräfte der gleichen Art wie ein Elektron — während bei anderen Ionen dieser Kraftanteil übertönt wird von den Kräften, die auf ihre Elektronenkonstellation ausgeübt werden. So wenig wie die Elektronen, wird sich deshalb H^+ an einzelnen Gitterpunkten einlagern können, sondern es ist wahrscheinlich auf den *dynamischen* Anschluß an andere Atome angewiesen. Aus der Salmiakstruktur würde dann — genau wie bisher für das *N*-Atom — eine gewisse Höchstsymmetrie für die *Gruppe* (NH_4) (oder für *Cl* oder für beides) folgen.

Soweit die Strukturtheorie in Verbindung mit der Röntgenuntersuchung. Eine andere Frage ist es, *wie* man die Atom- bzw. Gittersymmetrie *auffassen soll.* Kehren wir zum Fall des Diamant zurück, der die Schwierigkeiten dabei typisch hervortreten läßt. Man weiß mit großer Sicherheit, daß das Kohleatom aus einem Kern besteht und 6 Elektronen, von denen zwei sehr nahe dem Kern umlaufen, so daß sie für manche Zwecke als zum Kern gehörig betrachtet werden dürfen, während die 4 anderen Elektronen, die eigentlichen »Valenzelektronen« des Kohlenstoffs, bei ihren Umläufen bis in beträchtliche Entfernungen vom Kern vordringen und deshalb nach außen hin wirksamer sind. Ja, Schätzungen, die freilich recht unsicher sind, ergeben für diese Elektronen Abstände von den Kernen bis zu etwa $^1/_3$ des Atomabstandes im Diamant. Jedenfalls beruht der Zusammenhalt der Atome im Gitter wesentlich auf den Kraftwirkungen, die von diesen Außenelektronen herrühren. Über die Kräfte selbst, sowie über den räumlichen und zeitlichen Ablauf der Elektronenbewegungen wissen wir noch nichts Sicheres. Trotzdem sind wir berechtigt zu fragen, *was damit überhaupt gemeint ist, daß das Kohleatom eine bestimmte Symmetrie hat?*

Zwei Ansichten können dabei vertreten werden: daß diese Symmetrie *nur als Mittelwert* im Laufe verhältnismäßig großer Zeiten — z. B. vieler Umlaufszeiten der Elektronen — gilt; oder aber, daß sie *streng in jedem Augenblick* Geltung hat. Nehmen wir z. B. das Tetraederatom, daß von Landé im Hinblick auf Diamant aufgestellt wurde, so wird den 4 Außenelektronen die folgende künstliche Bindung auferlegt: ihre Koordinaten sind nicht unabhängig, sondern

$$x\,y\,z\,,\quad x\,\bar{y}\,\bar{z}\,,\quad \bar{x}\,y\,\bar{z}\,,\quad \bar{x}\,\bar{y}\,z\,.$$

Nur die Koordinate des ersten Elektrons ist beliebig $(x\,y\,z)$, die anderen 3 Elektronenlagen sind durch bloße Vorzeichenwechsel (die Schreibweise ist der bei Kristallflächen üblichen nachgebildet) fest bestimmt. Die 3 Koordinatenachsen sind zwar 2zählige Symmetrieachsen für die augenblickliche Anordnung (s. Abb. 139), aber das Atom hat nicht etwa in jedem Augenblick die für die Diamantstruktur notwendige, ja nicht einmal kubische, sondern nur »rhombisch bisphenoidische« Symmetrie. Die geforderte hexakistetraedrische Symmetrie kann jedoch im Laufe der Bewegung entstehen, wenn die Bahnen der Elektronen (oder diejenige des einen frei beweglichen Elektrons) selbst eine gewisse Symmetrie besitzen. Um hierfür das von Landé gegebene Beispiel heranzuziehen: man denke sich das erste Elektron irgendwo auf der oberen rechten schraffierten Fläche des Hexakistetraeders der Abb. 140 befindlich. Die 3 anderen Elektronen liegen dann an Punkten der anderen schraffierten Flächen entsprechend der bisphenoidischen Symmetrie. Läßt man nun das erste

Elektron eine Bahn durchlaufen, die die 6 Facetten der Tetraederfläche gleichartig — räumlich und zeitlich — berührt, so wird im Laufe der Bewegung von diesem und den anderen Elektronen jede der 24 gleichberechtigten Lagen angenommen werden. (Insbesondere können die Facetten in die Tetraederflächen

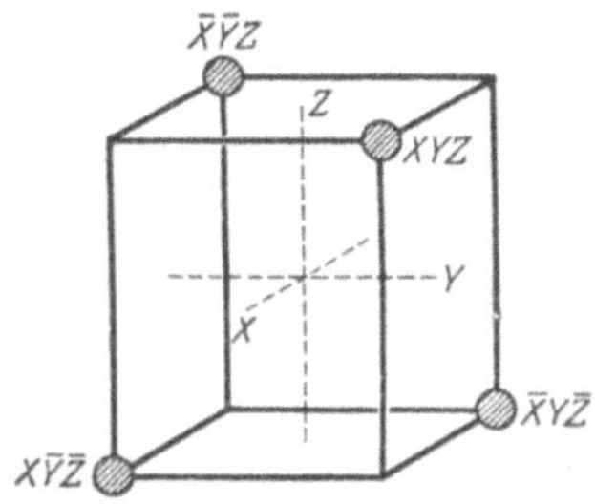

Abb. 139. Momentbild der 4 Außenelektronen des *C*-Atoms nach LANDÉ.

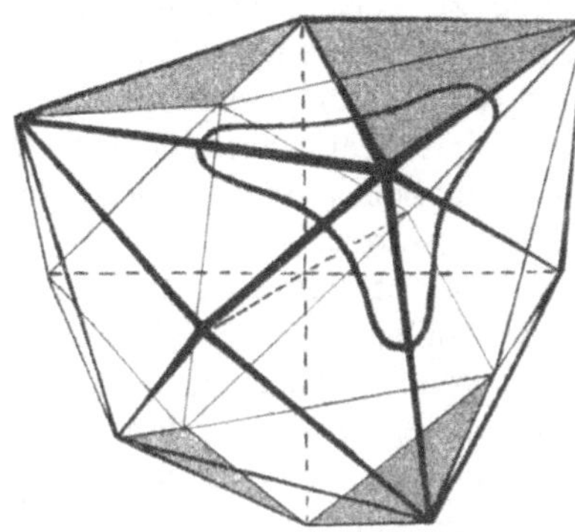

Abb. 140. Symmetrie des Kohleatoms.

selbst hineinsinken und die Elektronenbahnen können die 4 größten Kreise auf einer Kugel werden, sodaß die Bahnebenen wie die Tetraederflächen senkrecht zu den 4 Körperdiagonalen eines Würfels stehen. Diesen Fall hat LANDÉ näher berechnet.) Auch die Kraftäußerungen des Atoms werden dieselbe Symmetrie aufweisen, d. h. im Laufe der Zeit in allen 24 gleichberechtigten Richtungen den gleichen Wert annehmen.

Denkbar wäre im Gegensatz hierzu auch eine *strenge Erfüllung der Symmetrieforderungen in jedem Augenblik.* Ein in radialer Richtung pulsierendes reguläres Tetraeder aus den 4 Außenelektronen hätte stets die nötige Symmetrie. Abgesehen davon, daß das eine mechanisch nicht mögliche Anordnung wäre, stört bei der verschärften Symmetrieforderung ganz prinzipiell der folgende Gedanke: Die Symmetrieelemente, die sich im Atomschwerpunkt schneiden, bedingen (wenn wir den Gitteraufbau als das Gegebene ansehen) nicht nur die Symmetrie dieses einen Atoms, sondern sie verknüpfen auch eine Gruppe beliebig weit entfernter Atome miteinander. Sollte die Symmetrie z. B. um eine 3zählige Drehachse *stets streng* erfüllt sein, so müßten in je 3 beliebig weit von der Achse entfernten Atomen die Phasen der Elektronenumläufe die gleichen sein — und das ist offenbar eine ins Mathematische verzerrte, keine physikalische Forderung! In Wirklichkeit treten dauernd Störungen der gleichmäßigen Bewegung auf, allein schon infolge der Wärmebewegung. Deshalb ist es unmöglich, daß der Aufbau des Kristallgitters auf einer so künstlichen Verkettung und Verschlingung der Elektronenbahnen beruht, wie sie aus einer allzu wörtlichen Anwendung der Symmetrie auf das gesamte Kristallgitter folgt.

Immerhin entstehen aus der wörtlichen Auffassung der Symmetrieforderung anziehende, zunächst rein mathematische Probleme, die wohl durchdacht sein wollen: so wie das Kristallgitter eine räumliche Wiederholung gleichartiger Anordnungen ist, so wäre es auch eine zeitliche Wiederholung desselben Bewegungsablaufs. Das geometrische Meisterstück würde zu einem kinematischen Wunderwerk ergänzt. Es handelt sich darum, eine erweiterte Strukturtheorie in der raum-zeitlichen »Welt« aufzustellen, — in jenem vierdimensionalen Koordinatenraum, der seit der Relativitätstheorie auch dem Nicht-Physiker als Darstellungsmittel für den Bewegungsablauf bekannt ist. Ansätze dazu sind von N. H. KOLKMEYER gemacht worden.

Vielleicht sind aber gar nicht so strenge Anforderungen an die Symmetrie zu stellen? Möglicherweise bewahrt jedes Atom einen größeren Grad von Unabhängigkeit und wirkt durch einen *zeitlichen Mittelwert* seiner unregelmäßig wechselnden Lagen symmetrisch, ohne daß die weitgehende oben geschilderte Bindung mit anderen Atomen stattfindet?

Diese Alternative hat manches für sich. Aber wenn die Elektronenumläufe in den Kristallen die Ausmaße haben, wie sie zu erwarten sind, nämlich einen wesentlichen Bruchteil des Atomabstandes, so ist eine volle Unabhängigkeit von Atom zu Atom dennoch unwahrscheinlich. So wie die Bewegungsphasen der Elektronen eines und desselben Atoms künstlich geordnet sind, so daß Zusammenstöße auf den sich vielfach durchkreuzenden Bahnen vermieden werden, so muß auch eine von einem Atom zum andern sich erstreckende Phasenbeziehung den ungestörten Ablauf der Bewegungen sicherstellen. Trotzdem widerstrebt es, die mit der obigen strengen Symmetrieauffassung in Einklang stehende Konsequenz zu ziehen, daß *alle* Elektronenbahnen vom vordersten bis zum hintersten Atom starr gekoppelt sind.

Dem physikalischen Gefühl entspricht es vielmehr am meisten, den qualitativen *mathematischen Begriff der Symmetrie* in ähnlicher Weise *in einen quantitativen physikalischen umzuwandeln*, wie dies — vgl. die Fassung des HAÜYschen Grundgesetzes auf S. 21 — mit dem Begriff »rational« zu geschehen hatte. Der Physiker kann nur mit gewissen Fehlern messen und muß darauf Rücksicht nehmen. Er wird deshalb die Anordnung um ein Atom schon dann symmetrisch nennen, wenn sie innerhalb seiner Meßgenauigkeit genau symmetrisch *sein kann*. Die Nachbaratome um ein gegebenes üben auf dies die stärksten Kräfte aus. Daher wird sich bei ihnen eine kleinere Abweichung von der Symmetrie entdecken lassen als bei den zweitnächsten Atomen. Das betrachtete Atom kann wohl noch empfindlich gegen die Phasen der Elektronenbewegung bei seinen nächsten Nachbarn sein, aber eine Unsymmetrie in den Phasen entfernterer Atome wird nicht fühlbar werden. In der Kraftwirkung, die von entfernten Schichten des Körpers kommt, machen sich ohnehin nicht die *einzelnen* Atome bemerkbar, sondern es handelt sich dabei immer um *Mittelwerte* aus den Wirkungen vieler. In diesen Mittelwerten findet sich die Symmetrie auch wieder, die zwischen den einzelnen, durch weit entfernte Symmetrieelemente mit einander verbundenen Atomen nicht besteht. In einem Bilde können wir die Atome mit ihren Elektronenumläufen und ihre Beziehung zur Symmetrie so schildern: *der Kristall ist nicht ein Uhrwerk mit idealer Verzahnung, sondern die Zähne klappern etwas und eine feste Beziehung zwischen den Stellungen besteht nur bei verhältnismäßig nah benachbarten Zahnrädern.*

Je höher die Temperatur und je stärker durch die Wärmebewegungen die Symmetrie der augenblicklichen Schwerpunktslagen der Atome gestört ist, um so mehr wird sich die feste symmetrische Verknüpfung der Elektronenbewegung auf die nächsten Nachbarn beschränken. Ob bei sehr tiefen Temperaturen eine merkliche Zunahme der Ordnung stattfindet, und ob beim Nullpunkt der absoluten Temperatur die Kolkmeyersche Konstruktion gilt, läßt sich noch nicht entscheiden. Die starke Zunahme der kristallinischen Leitfähigkeiten für Wärme und Strom und das Durchlässigwerden für ultrarote Strahlen sind deutliche, wenn auch noch nicht rechnerisch verwertete Anzeichen für die bessere Ordnung bei tiefen Temperaturen, die sich aber vielleicht nur auf die Schwerpunktslagen der Atome, nicht auf die Elektronenphasen bezieht.

Mit der symmetrischen Lage der Atome steht das Aufhören des Molekülbegriffes in einem engen Zusammenhang. Die bevorzugte Nachbarschaft von Atomen in der richtigen Zahl zur Molekülbildung wird unmöglich — man denke an $NaCl$. Trotzdem zeigt sich in $CaCO_3$ sowie $NaClO_3$ und den analogen Gittern deutlich ein Rest von Zusammengehörigkeit, wenigstens für die CO_3- bzw. ClO_3-Gruppen. Es entsteht die Frage: *Gibt es ein geometrisches Kennzeichen, um in einem Gitter Gruppen zusammengehöriger Atome zu finden?*

Die Antwort muß offenbar von der genauen Lage der Basisatome, nicht allein vom Gittertyp abhängen. Denn denkt man sich im Kalkspat (Abb. 122) die O-Atome von den C-Atomen fortrückend — unter Innehaltung ihrer geometrischen Örter — so kommt ein Punkt, wo sie halbwegs zwischen 2 Kohleatomen liegen (Parameterwert $^1/_2$) und von CO_3-Gruppen nicht mehr die Rede sein kann.

Versucht man nun einen Unterschied zwischen Molekül- und Atomgittern allein aus den Schwerpunktslagen der Atome auf Grund einer geometrischen Regel zu konstruieren, so steht man wieder vor der Schwierigkeit, daß eine ganz beliebig kleine Verzerrung der Basis unter Umständen den Charakter des Gitters völlig ändern kann. Ziehen wir das oben S. 178 genannte Beispiel heran, bei welchem die $NaCl$-Struktur verzerrt wird, indem die Atome auf den trigonalen Achsen so verschoben werden, wie die Na- und Cl-Atome in $NaClO_3$. Nach der Verzerrung würde jedes Na- ein besonders nah benachbartes Cl-Atom besitzen und umgekehrt. Man würde also das Gitter aus solchen ($NaCl$)-Gruppen aufbauen und mit Recht von einem Molekülgitter sprechen können. Nun denke man sich die Verzerrung immer kleiner werdend. Hat es wirklich einen physikalischen Sinn, eine wichtige Unterscheidung einzuführen gegenüber dem

Fall völliger Symmetrie, bei dem *Na* von seinen 6 *Cl*-Nachbarn genau gleich weit entfernt ist, und das Gitter sicher *kein* Molekülgitter ist? Welches *Maß* der Bevorzugung des einen *Cl*-Atoms ist notwendig, um ein Molekül im Gitterbau abgrenzen zu können? Das Molekül soll doch ein physikalischer, kein rein geometrischer Gegenstand sein.

Auch hier stoßen wir wieder, wie bei der Symmetrie der Atome auf die Notwendigkeit, die Unterschiede nur zahl- nicht artgemäß aufzufassen. Deshalb ist es auch durchaus unfruchtbar geblieben, daß A. REIS eine »Wabenkonstruktion« angegeben hat, die geometrisch die »natürlichen Atomgruppen« heraussuchen sollte. In extremen Fällen ist die Natur der Gitter auch ohne die außerordentlich umständliche Konstruktion zu entscheiden und dann, wenn allein die Durchführung der Konstruktion Auskunft gäbe, ist die Antwort ohne große Bedeutung. Bei den wenigen bisher untersuchten organischen Kristallen — vgl. die Naphtalinstruktur in Kap. XVII — ist zwar der Molekül*rumpf* deutlich erhalten. Aber die Bindung der Molekülrümpfe aneinander vermitteln die Außenatome des Moleküls (die *H*-Atome), die selbst gleicherweise mehreren Molekülrümpfen zugehören. Hierdurch wird eine eindeutige Zerlegung des Gitters in vollständige chemische Moleküle auch dort vereitelt.

Fünfzehntes Kapitel.

Ionengitter; Isomorphie; Mischkristalle.

In den früheren Kapiteln wurden die Massenteilchen, deren Lage durch die Röntgenstrahlen nachgewiesen wird, schlechthin als Atome bezeichnet. Diese Ausdrucksweise ist unexakt, insofern, als es sich bei vielen Gittern um *positiv oder negativ einfach oder mehrfach elektrisch geladene Atome* handelt, also um Gebilde, für die von der Elektrolyse und den Kanalstrahlen her der Name *Ionen* gebräuchlich ist. Bei der Wichtigkeit, die eine elektrische Aufladung der Atome für den Krafthaushalt des Kristalls besitzt, erhebt sich als erste Frage: *woher weiß man, daß es Ionengitter gibt, wie entscheidet man, ob ein Kristall ein Ionen- oder ein Atomgitter hat?* (»Atomgitter« benutzen wir jetzt nur bei fehlender Ionisierung.)

Es sind hauptsächlich zwei experimentell feststellbare Erscheinungen, die bei der atomistischen Deutung, wie im Kap. XVII gezeigt wird, unmittelbar die Existenz von Ionen im Gitter dartun: die Fähigkeit des Kristalls, *Reststrahlen* auszusondern, sowie seine Erregbarkeit zu *Pyro- oder Piezoelektrizität*. Reststrahlen — wir kommen auf S. 235 auf ihr Wesen zurück — sind, vor allem von H. RUBENS an vielen Alkalihalogeniden: $NaCl$, KCl, KBr, KJ, ferner z. B. an Quarz SiO_2, an Rutil und Anatas TiO_2, an Flußspat CaF_2, an Kalkspat und Aragonit $CaCO_3$ nachgewiesen worden. Pyro- und Piezoelektrizität kann nur bei solchen Kristallen auftreten, die polare Achsen haben. In Zinkblende lernten wir ein Beispiel kennen; hier sind die 3zähligen Symmetrieachsen, die Normalen zu den Oktaederflächen mit ihren besonderen Abstandsfolgen (s. S. 98), polar.

Die Pyro- und Piezoelektrizität besteht darin, daß sich auf der Ober- und Unterseite einer parallel zu den Oktaederflächen geschnittenen Scheibe der Zinkblende bei Erwärmung oder Druck entgegengesetzte elektrische Ladungen abscheiden. Natriumchlorat $NaClO_3$ ist ein anderer kubischer, Quarz und Turmalin sind trigonale Kristalle mit Piezoelektriziät, von denen nach P. CURIES Vorgang die beiden letzten oft benutzt werden, um in einfachster Weise durch Belasten eines Stäbchens aus dem Kristall elektrische Ladungen von sehr gleichbleibender Größe herauszupressen. — Ist man im Zweifel, ob ein Kristall ein Ionen- oder ein Atomgitter bildet, so ist die Untersuchung auf Reststrahlen und des eng damit zusammenhängenden Absorptionsvermögens für ultrarote Strahlen, bzw. bei passender Symmetrieklasse des Kristalls der Nachweis der piezo- oder pyroelektrischen Erregbarkeit das zuverlässigste, wenn auch nur mit geeigneter Apparatur anwendbare Unterscheidungsmerkmal.

Auch durch die *Röntgenuntersuchung* allein kann in günstigen Fällen die Ionisierung der Atome festgestellt, ja — über das Vermögen der genannten anderen Methoden hinaus — die Frage entschieden werden, ob die Ionen einfach, doppelt oder noch stärker geladen sind. Der Ansatz, daß die Amplituden der Kugelwellen, die von den einzelnen Atomen ausgehen, proportional zu deren Elektronenzahlen sind, gibt hierzu die Handhabe. Wenn die Ausführung der Untersuchung meist sehr schwierig ist, so liegt dies einmal an der Ungenauigkeit der Intensitätsmessung und der Unsicherheit in der Korrektur infolge Lorentz- und Debye-Faktor (S. 112ff.), Absorption usw.; sodann in der bedingten Gültigkeit jener Proportionalität. Denn sobald man ein Atom nicht als verschwindend klein gegenüber der Röntgenwellenlänge ansehen kann, interferieren ja die von seinen einzelnen Elektronen ausgehenden Kugelwellen miteinander und verursachen eine Richtungsabhängigkeit des Streuvermögens, die von derjenigen (Abb. 42) des einfachen, Zfach geladenen Dipols abweicht und unbekannt ist. Die Amplitude proportional der Elektronenzahl Z ist strenggenommen nur in der Fortsetzung des einfallenden Strahls — im Primärstrahl — zu erwarten, da in dieser Richtung *unter allen Umständen* (bei großer Entfernung des Beobachtungsortes vom Atom) die Z Kugelwellen der einzelnen Elektronen ohne Gangunterschiede ankommen. Die Kunstgriffe, die DEBYE und SCHERRER anwandten, um die Ionisierung sicher nachzuweisen, waren erstens die Verwendung eines Kristalles, LiF, mit nur leichten Atomen, deren Elektronenzahlen durch eine Ionisierung prozentual stark verändert werden; und zweitens die Extrapolation der Amplituden auf den Abbeugungswinkel 0, für den allein die Proportionalität mit Z gilt. LiF hat Steinsalzstruktur und demgemäß zwei Sorten Flecken (mit gerader bzw. ungerader Indexsumme), bei denen das Li- und das F-Gitter sich maximal verstärken bzw. schwächen. Die Amplituden in diesen beiden Interferenzsorten sind $(F + Li)$ bzw. $(F - Li)$ proportional. DEBYE und SCHERRER stellten nun bei 3 Abbeugungswinkeln durch Photometrieren und gehörige

Reduktion wegen der sonstigen Faktoren, die von Einfluß auf die Intensität sind, das Intensitätsverhältnis beider Fleckenarten fest, soweit es allein von der Struktur herrührt, und erhielten so die 3 Punkte o (Abb. 141) einer Kurve, die dies Verhältnis der Amplituden (= Wurzel aus den Intensitäten) in Abhängigkeit vom Abbeugungswinkel zeigt. Durch diese 3 Punkte wurde als Interpolationskurve eine Parabel gelegt und so das Amplitudenverhältnis unter dem Abbeugungswinkel 0 zu 1,52 bestimmt. — Andrerseits läßt sich, von den Elektronenzahlen der neutralen Atome: $Li = 3$, $F = 9$, ausgehend, das Amplitudenverhältnis für ungeladene, einfach und doppelt geladene Atome aufstellen:

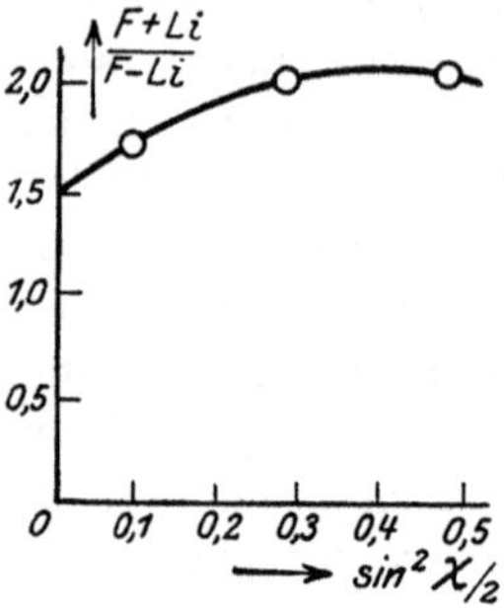

Abb. 141. Amplitudenverhältnisse bei *LiF*.

	ungeladen	einfach ionis.	doppelt ionis.
F	9 Elektronen	10 Elektronen	11 Elektronen
Li	3 »	2 »	1 »
$\frac{F+Li}{F-Li}$	$\frac{12}{6} = 2$	$\frac{12}{8} = 1{,}5$	$\frac{12}{10} = 1{,}2$

Der Vergleich mit dem experimentellen Wert spricht für einfache Ladung der Atome in *LiF*.

Als Gegenstück mag die GERLACHsche Beobachtung an Debye-Scherrer-Aufnahmen von *Periklas* (*MgO*, ebenfalls Steinsalztypus) genannt werden. Der Reflex der Flächen {111}, der durch niedrigen Lorentzschen Faktor, kleinen Abbeugungswinkel usw. sehr begünstigt ist, fehlt selbst auf überbelichteten Aufnahmen völlig, da *Mg* und *O* entgegenwirken (ungerade Indexsumme). Dies beweist, daß *Mg* ($Z = 12$) und *O* ($Z = 8$) je zweifach geladen sind (Mg^{++} mit $Z = 10$ und O^{--} mit $Z = 10$).

Die soeben besprochenen Ionengitter gehören Stoffen an, die in der Chemie mit einem von R. ABEGG stammenden und von W. KOSSEL wieder aufgegriffenen Ausdruck als *heteropolare Verbindungen* bezeichnet werden. Das sind Verbindungen mit sehr ausgesprochenem Salzcharakter, d. h. guter elektrolytischer Leitfähigkeit ihrer Lösungen. Die Atome, aus denen das Molekül besteht, gehören weitentfernten Gruppen des periodischen Systems an, wenn wir dieses, wie üblich, an der Gruppe der Edelgase aufgeschnitten denken. Ihnen stehen die *homöopolaren Verbindungen* gegenüber, z. B. die Elemente selbst, die Metalllegierungen, sowie Verbindungen zwischen Elementen, die derselben Gruppe angehören (z. B. Karborund *CSi*). Hier liegt von chemischer Seite kein Grund vor, eine ausgesprochene elektrische Polarität der Atome in der Molekel anzunehmen und auch physikalische

Anzeichen für das Haften von Ladungen an den Atomen des Kristalles fehlen. *Die homöopolaren Verbindungen haben Atomgitter, nicht Ionengitter.*

Besonders sorgfältig ist in dieser Hinsicht *Diamant* untersucht worden. Weder von Piezo- und Pyroelektrizität konnte eine Andeutung gefunden werden, noch von Reststrahlen. Das negative Ergebnis der ersten Untersuchung führte zu der endgültigen Einreihung von Diamant in die kubische Holoedrie, die nicht möglich wäre, wenn in ihm, wie in der gleichgebauten Zinkblende $+$- und $-$-Ladungen sich abwechselten. Die Reststrahluntersuchung kann bei Diamant trotz des negativen Ergebnisses deshalb als beweisend angesehen werden, weil aus dem abnormen Verhalten der spezifischen Wärme des Diamanten mit großer Sicherheit bekannt ist, bei welchen Wellenlängen Reststrahlen überhaupt nur erwartet werden dürfen.

Bei den heteropolaren Verbindungen oder Ionengittern sind nach A. Reis *Atomionengitter* von *Radikalionengittern* zu unterscheiden. Unter einem »Radikal« wird in der Chemie bekanntlich eine Atomgruppe — der Rest einer Säure oder Base — verstanden, die einen besonders festen Bau aufweist. Bei der Dissoziation des Stoffes in Ionen bleibt das Radikal als Ganzes mit einfacher oder mehrfacher Ladung erhalten und wirkt so als elektrolytischer Stromträger. Der Begriff »Radikal« ist nicht scharf abgegrenzt gegen den im nächsten Kapitel viel gebrauchten des »Komplexes«. In den Kristallstrukturen von $CaCO_3$, $NaNO_3$, $KClO_3$ treten die Radikale CO_3^{--}, NO_3^-, ClO_3^- infolge der engen Gruppierung ihrer Atome deutlich hervor. Das sind typische Radikalionengitter, im Gegensatz zu den typischen Atomionengittern $NaCl$, ZnS, $CsCl$, wo solche Gruppenbildung sich nicht durchführen läßt.

Der Unterschied zwischen Atomionen- und Radikalionengittern gibt zu ähnlichen Bedenken Anlaß, wie der im vorigen Kapitel erörterte zwischen Atom- und Molekülgittern. In ausgesprochenen Fällen, wie den oben genannten, ist er wertvoll und gibt eine treffende Charakterisierung. In zweifelhaften Fällen hingegen, wenn nämlich die Unterschiede zwischen den verschiedenen Atomabständen nur gering sind, entbehrt die Klassifikation des physikalischen Interesses.

Obwohl man bei der Elektrolyse nur nachweisen kann, daß ein Radikal als Ganzes eine Ladung trägt, kann aus anderen Erscheinungen mit Sicherheit geschlossen werden, daß auch seine Bestandteile, die einzelnen Atome, geladen sind, und zwar mit entgegengesetzten Ladungen. Es werden nämlich ultrarote Absorptionsstreifen — und bei anderer Untersuchungsmethode entsprechende Reststrahlgruppen — gefunden, die den Schwingungen der Atome im gleichen Radikal zuzuschreiben sind, da sie sich z. B. bei allen Karbonaten oder Sulfaten unabhängig von der Natur des Kations in gleicher Weise wiederfinden (Cl. Schaefer).

Man wird beim Anblick der Gitterstrukturen vor allem die Frage stellen: *Wie kommt es, daß ein Stoff gerade mit einer bestimmten Atomanordnung kristallisiert?* Wir müssen bei der Antwort sehr bescheiden erklären: das wissen wir nicht. Eine tiefere Begründung wird erst möglich sein, wenn genauere Vorstellungen über den Bau der Atome da sind. Die Diamantstruktur freilich ist von A. NOLD auf Grund der ausgesprochenen Vierwertigkeit des C-Atoms schon lange vor der Wiederentdeckung durch die Braggschen Arbeiten vorausgesagt worden, aber bei Graphit z. B. versagt dies Verfahren und bei einem in so vielen Gestalten vorkommenden Element wie Schwefel (monoklin, rhombisch, triklin) fehlt wohl sicher jede einfache Verknüpfung zwischen Wertigkeit und Struktur. Vor der Zeit der Röntgeninterferenzen versuchten die Kristallographen dieser Frage mit *statistischen Methoden* zu Leibe zu gehen: es stellte sich heraus, daß z. B. die hexagonalen Kristalle die Achsenverhältnisse $c/a = 1{,}633$, $1{,}225$ und $0{,}816$ bevorzugen. Das sind die Verhältnisse $2\sqrt{\frac{2}{3}}$, $\sqrt{\frac{3}{2}}$ und $\sqrt{\frac{2}{3}}$. Sie lassen sich mit einem aus lauter Kugeln bestehenden Aufbau in Beziehung setzen, wie es für den ersten Verhältniswert auf S. 152 geschehen ist. Die Kristallstatistik bildete so ein Argument für die von BARLOW und POPE in England im Anschluß an frühere Vorstellungen Lord KELVINS ausgeführte Lehre von dem *Kristallbau als Kugelpackung*. Was damit gemeint ist, erhellt sofort aus der Darstellung, die W. L. BRAGG vom Aufbau des Kalkspatgitters gegeben hat (Abb. 142). Die Atome beteiligen sich hierbei nur durch eine einzige Eigenschaft an der Bestimmung der Struktur: durch ihren allseitig gleichen Radius, der für jede Atomsorte einen bestimmten Wert hat. Es ist naheliegend, das durch die Röntgenuntersuchung gelieferte Material zum zahlenmäßigen Ausbau dieser Vorstellung zu benutzen und eine Tabelle von Atomradien anzugeben. Das hat zuerst W. L. BRAGG getan. Seine Art der Berechnung, in der nebeneinander neutrale, einfach und doppelt geladene Atome benutzt werden, ist mit Recht kritisiert worden. Immerhin gibt es bei den — nicht allzu zahlreichen — Kontrollen eine Reihe von Übereinstimmungen, die bei mäßigen Genauigkeitsansprüchen genügen. Und als eine gewisse »Faustregel«, die bei der Ermittlung unbekannter Strukturen gute Dienste leisten könne, stellte BRAGG die Sache hin. Die von ihm ermittelten Radien sind in Abb. 143 (S. 195) eingetragen. Daß die ganze Vorstellung der »kugelförmigen«, d. h. durch einen einzigen Radius bestimmten Atome nicht immer zureichend ist, erkennt man aus den zahlreichen »gedehnten« und »gestauchten« hexagonalen dichtesten Kugelpackungen der Elemente Tab. III (S. 152), deren Achsenverhältnis von dem theoretischen 1,633 mehr oder weniger abweicht.

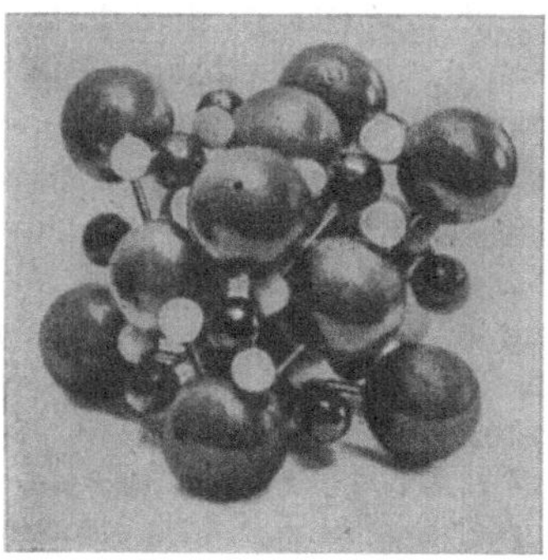

Abb. 142. Kalkspat ($CaCO_3$) als Kugelpackung nach W. L. BRAGG. Ansicht ähnlich wie in Abb. 122. Große Kugeln Ca, kleine schwarze C, kleine weiße O.

Von der größten Wichtigkeit für die systematische Aufklärung der Ionenradien bei den heteropolaren Verbindungen sind die Reihen chemisch und kristallographisch ähnlicher Substanzen, die häufig als isomorphe Reihen bezeichnet werden. Unter den röntgenmäßig bestimmten Substanzen gibt es die Reihen der Alkalihalogenide, der Erdalkalioxyde, und einige kleinere, die uns als Ausgangspunkte dienen müssen. Sie sind in der Einteilung der Tab. XVII kenntlich gemacht, die einiges Material über die *Abstände benachbarter Ionen* aus Kap. XIII zusammenstellt.

Tab. XVII. *Ionenabstände.*

a) Einfach geladene Ionen:

LiF	*NaF*	*NaCl*	*NaBr*	*NaJ*
2,02	2,34	2,82	3,01	3,25

KF	*KCl*	*KBr*	*KJ*	*RbBr*	*CsCl*	*CsJ*	*CuCl*	*CuBr*	*CuJ*
2,69	3,13	3,30	3,55	3,465	3,54	3,97	2,32	2,49	2,635

AgCl	*AgBr*	*AgJ*	$(NH_4)Cl$	$(NH_4)Br$	$(NH_4)J$
2,76	2,89	2,83	3,26; 3,34	3,45; 3,46	3,60; ?

b) Doppelt geladene Ionen:

ZnS (Z.bl.)	*ZnS* (Wzt.)	*CdS*	*ZnO*
2,34	1,95	2,565	1,95

CaF_2	BaF_2	Cu_2O	Ag_2O
2,36	2,68	2,03	2,06

MgO	*CaO*	*SrO*	*BaO*	*CdO*	*NiO*	*PbS*
2,09	2,38	2,55	2,75	2,36	2,07	2,97

Man bemerkt beim Betrachten der ersten Reihe, daß die Ionenabstände wachsen, wenn man ein Ion durch ein schwereres Ion aus der gleichen Gruppe des periodischen Systems ersetzt. Vgl. etwa *LiF*, *NaF*, *KF* oder *NaCl*, *KCl*, *CsCl*; oder unter Vertauschung der Halogene die Reihen der *Na*- bzw. *K*-halogenide; oder die Reihe *BeO*, *MgO*, *CaO*. Diese Tatsache legt die Vermutung nahe, daß jedes Ion seine eigene »*Größe*«, oder wie man wohl bezeichnender sagt, seine eigene »*Wirkungssphäre*« hat und *daß der Abstand der Ionen in einem Gitter durch Addition der beteiligten Wirkungsradien entsteht.* (Es könnte statt dessen sein, und ergibt sich aus theoretischen Beobachtungen, daß der Gitterabstand von beiden Ionenarten so abhängt, daß er nicht als Summe eines auf das Anion und eines auf das Kation allein bezüglichen Termes dargestellt werden kann. Die Additivität gilt danach nur annähernd.) Um ein reicheres Material zur Prüfung dieser Vermutung zur Verfügung zu haben, ergänzen wir die röntgenmäßig festgestellten Abstände Alkali-Halogen durch Hinzufügung der Gitterabstände der übrigen Verbindungen, die unter der — hier unbedenklichen —

Annahme gleichen Strukturtypus aus der Dichte gewonnen werden[1]). Immerhin setzen wir die nicht rein röntgenmäßig gewonnenen Daten in Klammern. So gelangen wir zu folgender Tabelle, aus welcher durch Differenzenbildung zu ersehen ist, welche Zuwächse in den Gitterabständen durch den Ionenersatz entstehen (nach H. Grimm):

Tab. XVIII. *Ionenabstände in den Alkalihalogeniden.*

	F		*Cl*		*Br*		*J*
Li	**2,02**	(0,55)	**(2,57)**	(0,175)	**(2,745)**	(0,265)	**3,01**
	0,32		(0,25)		(0,255)		0,24
Na	**2,34**	0,48	**2,801**	0,19	**3,01**	0,24	**3,25**
	0,35		0,31		0,29		0,30
K	**2,69**	0,44	**3,13**	0,17	**3,30**	0,25	**3,55**
	(0,19)		(0,16)		0,165		(0,15)
R	**(2,88)**	(0,41)	**(3,29)**	(0,175)	**3,465**	(0,235)	**(3,70)**
	(0,27)		(0,25)		(0,255)		(0,27)
Cs	**(3,15)**	(0,39)	**3,54**	(0,18)	**(3,72)**	(0,25)	**3,97**

Die Differenzen, die beim Wechsel z. B. von *Na* zu *K* oder von *Br* zu *J* entstehen, sind bei allen beteiligten Verbindungen nahezu die gleichen. Man muß bedenken, daß die Gitterabstände nicht nach einer einheitlichen Methode gewonnen wurden und die Fehler sich in den Differenzen besonders stark bemerkbar machen. Obwohl ein kleiner systematischer Gang der Differenzen nicht auszuschließen ist, dürfen wir doch aus dieser Tabelle den Schluß ziehen, *daß mit guter Annäherung für die Alkalihalogenide gilt:*

Gitterabstand = Wirkungsradius des Anions + Wirkungsradius des Kations.

Setzen wir die Prüfung fort, indem wir eine analoge Tabelle der *Cu*- und *Ag*-Halogenide aufstellen:

Tab. XIX. *Ionenabstände von Kupfer- und Silberhalogeniden.*

	Cl		*Br*		*J*
Cu	**2,32**	0,17	**2,49**	0,145	**2,635**
	0,44		0,40		0,20
Ag	**2,76**	0,13	**2,89**	— 0,06	**2,83**

[1]) Anm. b. d. Korr. Inzwischen sind Messungen über die hier als nicht beobachtet verzeichneten Alkalihalogenide bekannt geworden, die die vermuteten Abstandswerte bestätigen. Vgl. Tab. VI u. VII, sowie Note IX.

Es zeigt sich, daß hier *nicht* eine ähnliche Konstanz der Differenzen gilt wie bei den vorigen Salzen. Zwar ergibt sich aus den Kupfersalzen, daß der Übergang $Cl \rightarrow Br$ eine Erweiterung des Ionenabstandes von derselben Größe gibt, wie bei den Alkalien. Aber diese Übereinstimmung ist nur Zufall, denn schon beim Silbersalz ist die Änderung wesentlich kleiner. Der Ersatz von *Br* durch *J* bringt bei *Cu* eine Zunahme mit sich, die kleiner als die soeben betrachtete für $Cl \rightarrow Br$ ist, während sie in der vorigen Tabelle um 30% größer als diese war — zudem tritt für *AgJ* sogar eine Verkürzung gegenüber *AgBr* ein[1]). Auch wenn man die Verschiedenheit der Gittertypen beachtet — die übrigens bei den *Cs*-Salzen der vorigen Tabelle keine wesentliche Rolle zu spielen scheint — ergibt sich keinerlei Möglichkeit, den Satz *allgemein* aufrecht zu halten, daß der Ionenabstand durch Addition der Wirkungsradien entsteht.

Unter diesen Umständen wird man nicht umhin können, den zahlreichen Arbeiten über Ionenradien zweifelnd gegenüber zu stehen, in denen — teils aus Röntgenmessungen, teils unter Voraussetzung gewisser Strukturtypen aus Dichteangaben — Tabellen für eine große Zahl von Ionen aufgestellt werden, ohne daß aber die gehörige innere Kontrolle der Grundlage dieser Tabellen, der Additivität, im Sinn unserer obigen Diskussion möglich wäre. Trotzdem soll wegen der Wichtigkeit des Gegenstandes und der Rolle, die diese Arbeiten in der physikalisch-chemischen Literatur spielen, über sie berichtet werden.

Da aus den Kritstalldaten stets nur die Entfernungen zweier Ionen festzustellen sind, braucht man eine *neue Annahme*, um von der Summe auf die Wirkungsradien selbst zu kommen. Nur bei den Elementen — die aber als homöopolare Verbindungen gesondert betrachtet werden müssen — läßt sich der halbe Atomabstand direkt als Wirkungsradius ansprechen. Bei heteropolaren Verbindungen muß eine Annahme über das Verhältnis der Wirkungsradien in irgendeinem Salz hinzukommen, um weiter zu finden. Meist geht man dabei vom Verhältnis der Radien von K^+ zu Cl^- aus. Beide Ionen haben ja die gleiche Elektronenzahl und aus diesem Grunde jedenfalls sehr ähnliche Elektronenanordnung. Der Unterschied zwischen ihnen besteht darin, daß die Kernladung von *K* 19, die von *Cl* 17 beträgt. Die Elektronenhülle wird sich bei *K* entsprechend etwas enger um den Kern gruppieren, als bei *Cl*.

Indem wir W. P. Davey folgen, vernachlässigen wir diesen Unterschied und setzen für die Wirkungsradien

$$(K^+) = (Cl^-) = \tfrac{1}{2}(K^+ \rightarrow Cl^-) = 1{,}56\,\text{Å}.$$

Hiermit ergeben sich weiter aus *KBr*, *KJ*, *NaCl*, *CsCl* . . . die Wirkungsradien der anderen Ionen. Dabei ist es wegen der Additivität gleichgültig, aus welchen Verbindungen die Wirkungsradien entnommen werden.

---

[1]) Der gleiche Abstand *Ag—J* gilt auch nach der neueren abweichenden Strukturbestimmung von G. Aminoff.

Tab. XX. *Wirkungsradien der einwertigen Ionen.*

Li^+	Na^+	K^+	Rb^+	Cs^+	F^-	Cl^-	Br^-	J^-
0,89	1,26	1,56	1,72	1,98	1,13	1,56	1,74	1,99

Aus den Angaben ist ersichtlich, wie die Ionengröße mit der Ordnungszahl zunimmt. Der Ansatz, der für K^+ und Cl^+ gemacht wurde, findet sich — innerhalb der Genauigkeit der Bestimmungen — auch für die schwereren gleichgebauten Ionenpaare Rb^+ und Br^-, sowie Cs^+ und J^- erfüllt, für die er a fortiori gelten muß. Hingegen macht sich die prozentual höhere Verschiedenheit der Kernladungen in den sonst gleichgebauten Ionen Na^+ und F^- deutlich bemerkbar. Allerdings macht es keinen vertrauenerweckenden Eindruck, daß F^- trotz der geringeren Kernladung und der entsprechend größeren Ausdehnung der Elektronenhülle eine *kleinere* Wirkungssphäre haben soll, als Na^+.

Benutzen wir nun die Kenntnis der Radien von Cl^-, Br^-, J^-, um aus den *Cu*- und *Ag*-Verbindungen die Radien der Metallionen zu bestimmen, so werden wir je nach den benutzten Verbindungen verschiedene Radien erhalten:

aus:	Chlorid	Bromid	Jodid
(Cu^+)-Radius	0,76	0,75	0,64
(Ag^+)- »	1,20	1,15	0,48

Die Angaben aus dem Jodid sind beidemal wesentlich kleiner als die aus Chlorid und Bromid.

Man kann nun fortfahren, aus Cu_2O den Radius von O^{--}, aus ZnO, ZnS, CdS die Radien dieser Ionen zu gewinnen, wobei sich z. B. für O^{--} und Cd^{++} eine Kontrolle ergibt, indem man auch die Reihe $CaF_2 — CaO — CdO$ verfolgen kann usw. Man wird aber finden, daß die erhaltenen Werte stark von dem benutzten Wege abhängen — was eben an der nicht erfüllten Additivität liegt.

Es sei deshalb dieser Gegenstand abgetan, indem als Illustration eine Abbildung nach A. W. Hull wiedergegeben wird, die die Ergebnisse mehrerer Beobachter vereint (Abb. 143). In ihr beziehen sich die Kreise auf die oben erwähnten Berechnungen von W. L. Bragg, der vom Radius des metallischen Eisen ausgehend, aus Pyrit den Schwefelradius gewinnt und dann über Zinkblende, Zinkoxyd zu Sauerstoff und den Erdalkalien fortschreitet. (Die Diskrepanz zwischen den Daten aus Zinkblende und aus Wurtzit, ebenso der Unterschied zwischen dem homöopolaren Element *Fe* und dem Fe^{++} in FeS_2 bleiben unerörtert). — Die Kreuze der Abbildung bedeuten Angaben von Hull, die nur aus Elementen gewonnen wurden. Die ausgefüllten Kreise beziehen sich auf Daveys Berechnungen mit Berücksichtigung der Ionenwertigkeit, die leeren Kreise sind die von Bragg angegebenen Werte. Am Verhältnis von *Na* zu *Cl* erkennt man, daß die Aussagen über die Ionengröße oft noch ganz ungeklärt sind.

Die Vorstellungen vom Kristallbau als Kugelpackung und von den festen Ionenradien geben also nur eine gewisse Regel, deren Ausnahmen zahlreich und nicht vorherzusehen sind. Es erscheint aussichtsreicher, um zu einem gewissen Verständnis des Kristallaufbaues zu gelangen, die Hinweise, die die Bohrsche Theorie des Atombaues in bezug auf die Natur und Gestalt der Ionen liefert, mit der Verarbeitung physikalisch-chemischer Messungen zu kombinieren. Nächst W. Kossel ist hierin am erfolgreichsten H. Grimm gewesen, der in mehreren Arbeiten über »*Kristallochemie*« interessante Gesichtspunkte entwirft. Da immerhin diese Untersuchungen — z. T. infolge Mangels an erforschten Strukturen — noch nicht zu einem eigentlich befriedigenden Abschluß gelangt sind, so mögen hier nur zwei Folgerungen, die Grimm aus seinen Arbeiten zieht, aufgeführt werden.

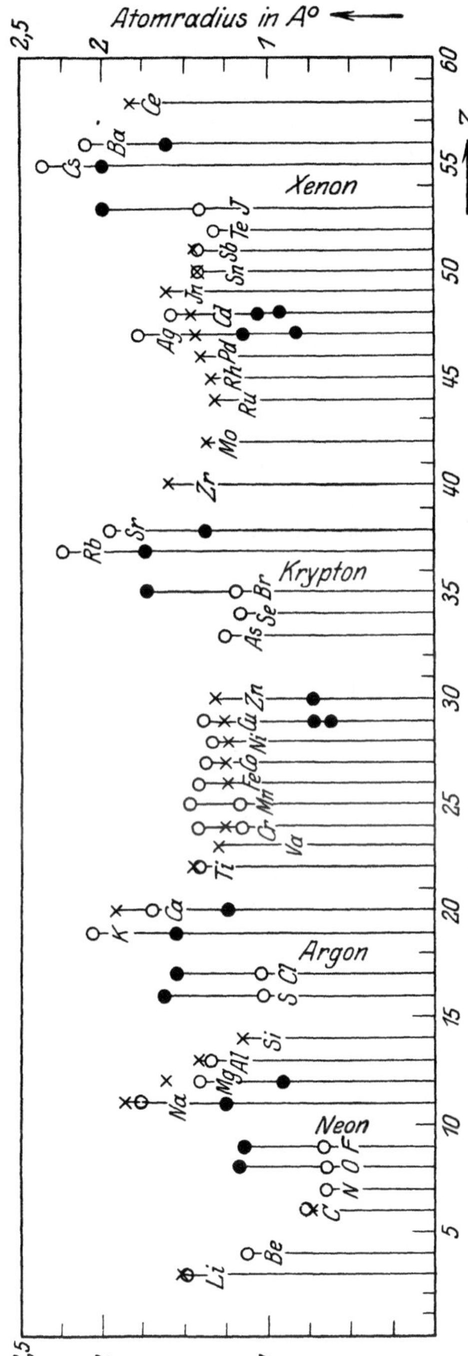

Abb. 143. Atom- und Ionenradien. ○ nach W. L. Bragg, × nach Hull (Elemente), ● nach Davey (Ionen).

Nach der Bohrschen Theorie enthält, wie im ersten Kapitel geschildert wurde, jedes neutrale Atom soviel Elektronen, als die Stellenzahl im periodischen System angibt, und zwar zusammengefaßt zu Gruppen, deren Bewegungsformen gewisse gemeinsame Züge aufweisen. Mit einem etwas schiefen, weil an statische Anordnungen anklingenden,

Ausdruck spricht man von verschiedenen Elektronen*schalen* des Atoms. Die »äußerste«, d. h. am schwächsten gebundene Schale ist es, die sich bei chemischer Verbindung ändert und nach den auf S. 12 genannten Kosselschen Anschauungen, die auch im nächsten Kapitel viel benutzt werden müssen, tritt eine heteropolare Bindung dann ein, wenn die beteiligten Atomsorten durch Elektronenaustausch — Ionisierung — gewisse besonders stabile Elektronenanordnungen herstellen können. Eine typische derartige stabile Anordnung ist diejenige, welche die Edelgase *He Ne A Xe Kr Em* im neutralen Zustand besitzen und die in der Außenschale 8 Elektronen aufweist. Dieser streben z. B. die Atome bei Alkali-Halogenverbindungen zu. Aber auch andere stabile Anordnungen sind bekannt und können von den Atomen bei der Ionisierung erreicht werden. Im periodischen System der Elemente machen sich nämlich besonders stabile Außenschalen an denjenigen Stellen bemerkbar, bei denen mehrere aufeinander folgende Elemente chemisch sehr ähnlich sind und deshalb (in Spalte VIII) zu »Triaden« *Fe Co Ni*; *Ru*, *Rh*, *Pd*; *Os*, *Jr*, *Pt* oder (von den Ordnungszahlen 57—71) zur Gruppe der seltenen Erden zusammengefaßt werden. Nach BOHR (sowie auch LADENBURG) ist diese Gruppenbildung so zu verstehen, daß die Außenschalen jener engverwandten Elemente aus der gleichen Elektronenzahl bestehen. Während normalerweise beim Fortschreiten im periodischen System um einen Schritt nach rechts ein Elektron in der Außenschale *an*gelagert wird, findet hier eine *Ein*lagerung in innere Schichten statt, so daß die Außenschicht und damit das chemische Verhalten an diesen Stellen sich sehr wenig ändert. Ein einwertiges Kupfer- und Silberion ist nun mit einem gleichfalls einwertigen Kalium- oder Rubidiumion durchaus nicht auf gleiche Stufe zu stellen. Denn während diese Atome durch Abgabe eines Elektrons auf die Edelgaskonfiguration (*A*, *Kr*) kommen, wird das Kupferion ebensoviele Elektronen zurückbehalten, wie das vorhergehende Element *Ni* in neutralem Zustand hat und wird also die Triadenaußenschale bilden. GRIMM weist an einer Reihe von Eigenschaften nach, daß die Ionen vom Triadentyp sich nicht in die Gesetzmäßigkeiten einreihen lassen, die für Ionen vom Edelgastyp gelten. *Es ist unumgänglich*, *außer der Ladung der Ionen auch ihre Struktur — zumindest ihren Typus — zu berücksichtigen*, *wenn man Gesetzmäßigkeiten im Kristallbau feststellen will.* Der Erfolg, der durch die Mitberücksichtigung des Ionentyps erzielt wird, bedeutet zugleich die Unhaltbarkeit der Auffassung des Kristallbaues als Kugelpackung. Insbesondere betrifft dies die »isomorphe Vertretbarkeit« der Ionen untereinander.

Als *isomorph* werden in der Kristallographie zwei Stoffe dann bezeichnet, wenn sie chemisch und kristallographisch sehr ähnlich sind. Diese Ähnlichkeit äußert sich z. B. in der annähernden Gleichheit der Achsenwinkel oder, wenn es sich um eine ganze Reihe isomorpher Stoffe handelt, in einer gesetzmäßigen Zunahme der Molekularvolumina. Bekannte Beispiele sind die Sulfate von *K*, *Rb*, *Cs*; oder die Elemente *As*, *Sb*, *Bi* und *Cu*, *Ag*, *Au*. Obwohl die genaue Festlegung des Begriffes der Isomorphie noch nicht stattgefunden hat, ist es doch sicher, daß die Fähigkeit zur *Bildung von Mischkristallen* dabei eine ausschlaggebende Rolle spielen muß. Die oben genannten Substanzen z. B. sind sich soweit ähnlich, daß sie sich jeweils in ein und demselben Kristall »*isomorph vertreten*«. So fällt aus einer Lösung von Kalium- und Rubidiumsulfat ein Kristall aus, dessen chemische Zusammensetzung die Atomarten nicht in einem festen Verhältnis enthält, wie es für eine einheitliche Verbindung notwendig der Fall ist, sondern dessen Formel sich nur als $(xK_2SO_4 + yRb_2SO_4)$ angeben läßt, wo das Verhältnis von x zu y durch irgendwelche äußere Umstände, etwa die Konzentrationen der beiden Sulfate in der Lösung, bestimmt ist. In bezug auf Dichte, Elastizität, Lichtbrechung steht der Mischkristall zwischen den beiden reinen Sulfaten, näher am einen oder am andern je nach der Zusammensetzung. — Es gibt nun eine isomorphe Vertretbarkeit von verschiedenem Grade. Am weitesten geht sie, wenn in einem Kristall *beliebig viele* Ionen eines Elementes durch solche eines andern ersetzt werden können. Alsdann gibt es eine »*lückenlose Mischreihe*«, d. h. das obige Verhältnis $x:y$ nimmt beliebige Werte an. Nur bei verhältnismäßig wenigen Mischreihen ist der Beweis erbracht, daß sie lückenlos sind, so z. B. bei KCl und $RbCl$ oder bei den homöopolaren Kristallen *Ag-Au* (nicht aber *Cu-Ag*).

Weitaus der gewöhnliche Fall ist jedoch die *lückenhafte Mischkristallbildung*. So bilden KCl und $(NH_4)Cl$ nur in ganz beschränkter Weise Mischkristalle, nämlich einerseits Kristalle vom Habitus des Sylvins mit sehr wenig Chlorammonium, andrerseits solche vom Habitus des Salmiak mit ganz geringen Mengen Kaliumchlorid. Solche Stoffe werden häufig noch als isomorph bezeichnet, obwohl ihre Verwandtschaft geringer scheint als diejenige von lückenlos mischbaren Stoffen. Doch darf bei dieser ganzen Begriffsbildung eines nicht übersehen werden: jede Stofform hat ihr ganz bestimmtes Existenzgebiet zwischen gewissen Drucken und Temperaturen. Es ist oft eine Frage der Auswahl geeigneter Druck- und Temperaturbereiche, ob Mischungslücken auftreten oder nicht. Deshalb wird man auch die lückenlose Mischbarkeit bei Zimmertemperatur nicht als einziges Kriterium für Isomorphie heranziehen dürfen. Die nähere Untersuchung der oben genannten Salze Sylvin und Salmiak lehrte beispielsweise, daß die beiden Arten von Mischkristallen — die an reines Sylvin bzw. Salmiak anschließen — allerdings keine lückenlose Reihe bilden können, weil sie verschiedene Strukturen haben. Dies liegt daran, daß die gewöhnlichen, d. h. bei normalen Drucken und Temperaturen stabilen Kristallgitter von Sylvin und Salmiak nicht übereinstimmen (vgl. Tab. VIII). Wie aus der Röntgenuntersuchung bekannt, wandelt Salmiak bei 184° C. sein Gitter in ein Sylvin-ähnliches um, und es ist zu erwarten, daß man oberhalb jener Umwandlungstemperatur eine lückenlose Mischreihe vom reinen $(NH_4)Cl$ bis zum reinen KCl herstellen könnte — was jedoch wegen der leichten Sublimation des Salmiaks experimentelle Schwierigkeiten hat. Andrerseits erscheint es nicht ausgeschlossen, daß auch für KCl in anderen Temperatur- und Druckbereichen eine Modifikation vom Typ des $CsCl$ (bzw. der gewöhnlichen NH_4Cl-Struktur) gefunden wird und von dieser Modifikation aus sich eine zweite lückenlose Mischreihe zum reinen $(NH_4)Cl$ verfolgen läßt. Anzeichen für eine derartige Vertretbarkeit zweier Ionenarten in *zwei* verschiedenen Strukturen des chemisch gleichen Stoffes liegen öfters vor. Man sagt dann, die Stoffe seien »*isodimorph*«. — Auch von $NaCl$ und KCl sind bei gewöhnlicher Temperatur keine vollständigen Mischreihen zu erhalten. Die Mischkristalle, die bei höherer Temperatur mit beliebiger Zusammensetzung hergestellt werden, entmischen sich beim Erkalten.

Die folgende Tabelle gibt nach Niggli einen Überblick über die Mischbarkeit der Alkalichloride, wobei + lückenlose Mischbarkeit bei gewöhnlicher Temperatur, — nicht mischbar, (+) Mischbarkeit bei höherer Temperatur mit darauffolgender Entmischung bei Abkühlung bedeutet.

Tab. XXI. *Mischbarkeit der Alkalichloride.*

$LiCl$	$NaCl$	KCl	$RbCl$	$CsCl$
$LiCl$	(+)	—	—	?
	$NaCl$	(+)	—	—
		KCl	+	+
			$RbCl$	+
				$CsCl$

Man erkennt aus dieser Tabelle, daß die Verwandtschaft der Ionen K, Rb, Cs enger ist als die von Kalium mit Na und Li. Dies ist ein Spezialfall der allgemeinen von Grimm aufgestellten Regel, daß die Unterschiede zwischen den Ionen der He-, Ne- und A-Typen größer sind als die Unterschiede zwischen den Ionen der Typen A, Kr, X. Grimm spricht diese Tatsache so aus, indem er sie mit den Ionengrößen in Zusammenhang setzt: *die Hinzufügung einer IV. und V. Elektronenschale verändert die Ionengröße weniger als die Hinzufügung der III. Schale zu den beiden ersten.* Auch die Unterschiede $F^- - Cl^-$; $Mg^{++} - Ca^{++}$ sind demnach größer als die entstprechenden Unterschiede $Cl^- - Br^- - J^-$; $Ca^{++} - Sr^{++} - Ba^{++}$. Die isomorphe Vertretbarkeit, die ein wichtiges Mittel zur Feststellung dieser Unterschiede ist, ist dann vorhanden, wenn die Ionen bei gleichem Typ gleiche Größe haben. Diese Forderung bedingt zugleich bei den reinen Kristallen, welche Anfang und Ende der Mischkristallreihe bilden, gleichen Strukturtyp und sehr ähnliche Absolutdimensionen — Bedingungen, die erfahrungsgemäß notwendig für Mischkristallisation sind.

Ionengröße und -typ haben beide Einfluß auf die Absolutdimensionen der Gitter. Das geht z. B. aus dem Paar NaF und CdO hervor, die beide im Steinsalztypus kristallisieren, mit fast gleichen Gitterabständen, obwohl Cd^{++} ein Ion vom Triadentyp, also ganz anders als Na^{+}, ist. Hier hat eine Kompensation der beiden Einflüsse stattgefunden; selbstverständlich gibt es trotz der geometrischen Gleichheit der Gitter keine Mischkristalle. Ebenso verhindert die Verschiedenheit des Ionentypus die Mischkristallbildung zwischen *Au* und *Al*, obwohl die Gitter der beiden reinen Elemente (Tab. I) nach Typ und Größe übereinstimmen.

Mit der Isomorphie, die sich in der Mischkristallisation äußert, ist nahe verwandt die *isomorphe Fortwachsung* zweier Substanzen aufeinander, die an dem Beispiel von Kalkspat und Natronsalpeter erläutert werde. Legt man in eine verdunstende $NaNO_3$-Lösung als Bodenkörper einen Kalkspatkristall, so setzt sich der Salpeter genau parallel orientiert auf diesem ab. Ein Blick auf Tab. XIII zeigt, daß beide Kristalle nicht nur gleichen Gittertyp, sondern auch kaum verschiedene Größe haben; zudem ist ihr chemischer Aufbau aus Ion und Radikal ähnlich. Diese Ähnlichkeit genügt hier, um die wesentlichen Unterschiede zwischen Ca^{++} und Na^{+}, und ebenso zwischen $(CO_3)^{--}$ und $(NO_3)^{-}$ bis zu einem gewissen Grade zu überbrücken; sie genügt aber nicht zur Herbeiführung von Mischkristallisation. Die Verwandtschaft findet sich unter etwas anderen Umständen auch bei der andern Formart von $CaCO_3$, dem rhombischen Aragonit, wieder: es scheint eine parallele Fortwachsung zwischen $CaCO_3$ (Aragonit) und KNO_3 (Kalisalpeter) vorzukommen. Jedenfalls ist die äußere Kristallform beider Salze (Röntgenbestimmungen liegen noch nicht vor) sehr ähnlich.

Für die Weiterentwicklung unseres Verständnisses vom Kristallbau ist es außerordentlich wichtig, daß der unbestimmte Begriff der Isomorphie ersetzt werde durch exakte zahlenmäßige Angaben, durch Zustands- und Mischbarkeitsdiagramme, wie sie in der physikalischen Chemie üblich sind. Ja, für die Entwicklung der gesamten Chemie kann man reiche Aufschlüsse über wichtige prinzipielle Fragen aus solchen Untersuchungen erwarten. Mit den Röntgenuntersuchungen zusammen lassen sich auf diesem Wege verhältnismäßig sichere Schlüsse über die Eigenarten der Ionen und Atome ziehen, die von der rein-physikalischen Forschung vielleicht erst viel später erreicht werden würden. Hier haben sich beide Richtungen, die physikalische und die chemische, zu ergänzen und zu fördern. Die Kristallographie bringt zu dieser Aufgabe die geschärfte Beobachtungsfähigkeit mit, die sie im Laufe ihrer allzulangen engen Verbindung mit den nur beschreibenden, sammelnden, klassifizierenden Wissenschaften erworben hat.

Über die *Konstitution der Mischkristalle* liegen übrigens Röntgenuntersuchungen vor. Es handelt sich um die Entscheidung, ob 1. die einander ersetzenden (»vikariierenden«) Ionen, z. B. *Cl* und *Br* in *K*(*Cl*, *Br*), sich *unregelmäßig* auf die vorhandenen Gitterplätze verteilen, oder ob 2. sich etwa *Bereiche* bilden, die nur die eine oder nur die andere Art von Ionen enthalten (wie bei einer feinen lamellenweisen Verwachsung) oder ob 3. ein *regelmäßiger* Austausch der Ionen stattfindet, in dem Sinn, daß im Mischkristall eine sehr große, aber sich regelmäßig wiederholende Basis entsteht. Die Aufnahmen von L. VEGARD an Mischkristallen von *KCl* und *KBr* sprechen entschieden zugunsten der wahllosen Verteilung der Ionen. Denn wenn eine Verwachsung kleiner homogener Kristalle aus den reinen Bestandteilen stattfände, müßten auf Debye-Scherreraufnahmen die Interferenzmuster von *beiden* Gitterarten zu sehen sein und die Linien würden wegen der etwas ungleichen Gitterabstände in beiden verdoppelt oder zumindest verbreitert erscheinen. Diese Möglichkeit scheidet nach dem Ergebnis der Aufnahmen aus. Es bleibt zu erörtern, ob sich durch einen Unterschied in der Interferenzwirkung zwischen den Annahmen 1 und 3 entscheiden läßt.

Zu dem Zweck denken wir uns in einem *KCl*-Kristall einige Chlorionen durch das schwerere Brom ersetzt. Von jenen Gitterpunkten geht dann eine verstärkte Streuwirkung aus, und wir können die betreffenden Kugelwellen in zwei Teile aufspalten, deren erster die gleiche Amplitude hat, wie die Kugelwellen, die vom *Cl* ausgehen, deren zweiter die Differenz der Wellen von *Br—Cl* darstellt. Dementsprechend gehen vom Mischkristall erstens die gleichen Interferenzen aus, wie vom reinen *KCl*, und zweitens die Summe aller Kugelwellen von der Amplitude *Br—Cl*, die aus den Orten entspringen, wo die Vertauschung stattfand. Nach Annahme 3 (regelmäßige Einlagerung) bilden diese Orte selbst ein Gitter, dessen Gitterkonstante natürlich um so größer ist, je weniger *Br* der Mischkristall enthält. Die Summe der Kugelwellen von einem solchen grobmaschigen Gitter gibt Interferenzstrahlen, die ein sehr enges Bündel bilden. Es müßte also zwischen die Interferenzen des *KCl* ein enges System von Interferenzen treten, das vom *Br* allein herrührt und das mit steigendem *Br*-Gehalt intensiver und weiter aufgespalten wird. Selbst wenn jedes zweite *Cl* durch *Br* ersetzt wäre, so würde das Gitter des Mischkristalls nur durch doppelt so große Translationen zu beschreiben sein, wie das einfache *KCl*-Gitter. Das bedeutet, daß in diesem Mischkristall, der von VEGARD untersucht wurde, *Br*-Interferenzen etwa bei den halben Ablenkungswinkeln zu erwarten wären, wie die Interferenzen gleichhoher Ordnung vom reinen *KCl*. Zudem wäre wegen des hohen Atomgewichts von *Br* die Intensität dieser Interferenzen fast von der gleichen Größe, wie die unter gleichem Winkel gelegene von *KCl*. Natürlich müßten auch dort Interferenzen des weitmaschigen *Br*-Gitters liegen, wo vom *KCl*-Gitter Interferenzen der Intensität Null infolge der Vernichtung der Wirkungen des *K*- und des *Cl*-Gitters entstehen. Aber über das Wiedererscheinen dieser »verloren gegangenen« Interferenzen hinaus müßten sich neue, dazwischen gelegene Interferenzen von *Br* allein zeigen.

In diesem letzten Punkt liegt der Unterschied in den Folgen der Annahmen 3 und 1. Nach 1 würden die überschüssigen, vom *Br* ausgehenden Kugelwellen von *irgendwelchen* Stellen des *Cl*-Gitters im *KCl* entspringen. Was ergibt nun die Zusammensetzung der Kugelwellen von Atomen, die ein Gitter der Kante *a in beliebiger Weise lückenhaft* erfüllen, anderes, als die eben betrachtete Zusammensetzung, in der jene Lücken so gleichartig sind, daß das Gitter als ein regelmäßiges Gitter von der größeren Kante $p \cdot a$ (p = ganze Zahl) betrachtet werden kann? Denkt man an die Zusammensetzung der Kugelwellen, wie sie in Kap. IV behandelt wurde, so sieht man, daß es auf die Bildung der gemeinsamen Wellenfronten und damit auf die Lage der Interferenzen ohne Einfluß ist, wenn aus dem vollbesetzten Gitter in unregelmäßiger Weise Kugelwellen fortgelassen werden. Denn in den Interferenzrichtungen fließen nach wie vor *alle* Kugelwellen »Berg an Berg« zusammen. Wären die Lücken im Gitter regelmäßig (Annahme 3), so gäbe es allerdings noch weitere Richtungen, in denen diese Bedingung erfüllt ist. Bei unregelmäßiger Besetzung jedoch würden in diesen Richtungen bald Berg bald Tal der Kugelwellen aufeinandertreffen, so daß keine ausgeprägte Verstärkung entstehen kann. Die einzige unterschiedliche Wirkung des lückenhaften gegenüber dem vollständig besetzten Gitter besteht darin, daß infolge der Lücken die Ausglättung der Kugelwellen zur gemeinsamen Wellenfront weniger leicht erfolgt, d. h. daß eine allseitig zerstreute Strahlung außer den ausgesprochenen Interferenzen entsteht. Doch ist sie, wenn die Lücken nicht sehr groß sind, von geringerer Intensität.

Demnach ist unter Annahme 1 auf den Aufnahmen von *K* (*Cl*, *Br*) zu erwarten, daß außer dem Wiedererscheinen »verlorengegangener« Interferenzen des *KCl* keine weiteren Interferenzen auftreten, sondern nur eine allgemeine Schwärzung.

Die Ergebnisse von VEGARD sind in Abb. 144 dargestellt. Man bemerkt die große Ähnlichkeit der Spektren von *KCl*, *K*(*Cl*, *Br*) und *KBr*.

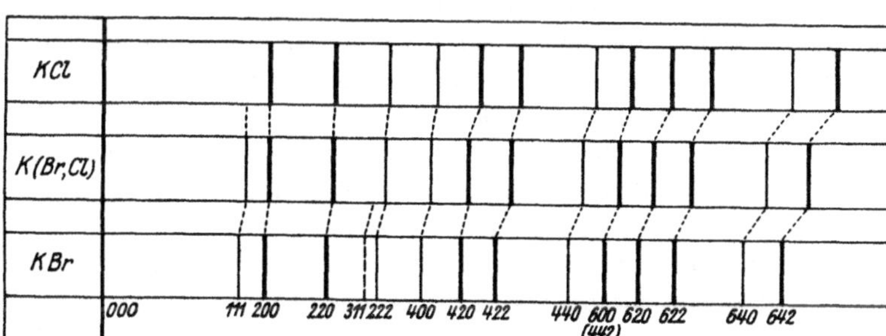

Abb. 144. Debye-Scherrer-Aufnahme von Mischkristall *K*(*Br*, *Cl*).

Infolge der größeren Gitterkonstante des letzteren rücken die Linien nach kleineren Winkeln, sonst aber sind die Spektren identisch bis auf die Linien (111) und (311). (111) ist in *KCl* »verloren gegangen«. Es erscheint im Mischkristall wieder. Das gleiche sollte von (311) gelten, doch ist die Intensität zu gering. Wäre die Einlagerung von Brom regelmäßig, so sollten weitere Interferenzlinien auftreten, die wie Reflexe niedrigerer

($^1/_2$, $^1/_3$ ...) Ordnungen an den gleichen Flächen zwischen (111) bzw. (311) und dem Nullpunkt liegen. Ob dies geschieht, ist schwer zu entscheiden, weil diese Linien schon in die allgemeine Primärstrahlschwärzung hineinfallen. VEGARDS Aufnahmen erlauben deshalb keine eindeutige Entscheidung zwischen den Annahmen 1 und 3, obwohl man gern 3 als recht künstlich verwerfen möchte. Doch bedarf der Gegenstand noch eingehenderer Untersuchung, da ein so bedeutender Forscher wie TAMMANN auf Grund zahlreicher Eigenschaften der Legierungen für diese homöopolaren Mischkristalle die regelmäßige Einlagerung bejaht.

Es ist von Interesse, daß VEGARD röntgenmäßig nachgewiesen hat, daß schon beim Zusammen*reiben* von pulverisiertem KCl und KBr Mischkristallbildung eintritt. Es entstehen Mischkristalle von allen Zusammensetzungen. Infolge der Verschiedenheit der Gitterkonstanten in ihnen sind die Linien des Debye-Scherrerbildes etwas diffus.

Sechzehntes Kapitel.

Chemische Gesichtspunkte zur Deutung der Kristallstrukturen.

Gelangt eine Wissenschaft an einen neuen Abschnitt in ihrer Entwicklung, so macht sich das häufig in der Unzulänglichkeit der bis dahin benutzten Grundbegriffe und -vorstellungen bemerkbar. Die Tatsachen fügen sich nicht mehr ganz dem gewohnten Schema; Ausnahmen treten auf, die zunächst zu Ergänzungen und geringfügigen Abänderungen der alten Vorstellungen führen, aber bald entsteht aus den ursprünglichen einfachen Grundvorstellungen ein unübersichtliches Flickwerk von Hilfs- und Zusatzhypothesen, welches aufs deutlichste beweist, daß die rationelle Erklärung der Vorgänge an einem andern Punkt ansetzen muß.

Eine solche Selbstauflösung erleidet zur Zeit der *Begriff der chemischen Valenz.* Sein Nutzen sollte sein: für jede Atomart eine charakteristische Zahl anzugeben, mit deren Hilfe die Formeln für alle Verbindungen aufgestellt oder wenigstens kontrolliert werden können. *Wie gut* dies Ziel in vielen Fällen erreicht wird, wissen wir aus der Schulchemie und der Chemie vieler gerade besonders wichtiger und häufiger anorganischer Verbindungen. Wir sehen es auch an dem weitverzweigten Astwerk der organischen Chemie, das sich wesentlich auf der Valenzvorstellung erhebt. Aber weniger weitverbreitet ist das Bewußtsein vom *Versagen* des Valenzbegriffes. Es macht sich namentlich in der systematischen Chemie geltend, wo sämtliche bekannte Verbindungen von einem einheitlichen Gesichtspunkt aus erklärt werden sollen. Dabei treten die Anzeichen für diese Selbstzersetzung des Valenzbegriffs bereits in der Schulchemie auf, wenn ein- und derselben Atomart mehrere Grade der Valenzbetätigung zugesprochen werden müssen, wie bei Stickstoff und Phosphor (beide 3- und

5-wertig). Sowie aber die Vieldeutigkeit der Valenzzahl nicht eine seltene Ausnahme bleibt, versagt die Valenz nicht nur als Führer durch die Welt der Verbindungen, sondern es muß sogar der ganze Begriff der Valenz als einer für die Atomsorte charakteristischen Zahl aufgegeben werden. Die Zahl der Fälle, in denen dem gleichen Atom verschiedene Valenzen erteilt werden müssen, sind nun sehr zahlreich, namentlich bei den anorganischen Verbindungen. Ja, die anorganische Chemie trug eben wegen jenes Nachteils gegenüber der Chemie des Kohlenstoffs eine Zeitlang das Odium, »unsystematisch« zu sein. Die Aufzählung einiger einfacher Formeln macht dies begreiflich:

$$NH_3,\ N_2H_4,\ N_3H;\quad N_2O,\ NO,\ N_2O_3,\ NO_2,\ N_2O_5;\quad FeS,\ FeS_2.$$

Aus ihnen geht hervor, daß man vielleicht niemals auf den Begriff der festen Valenzzahl gekommen wäre, wenn schon gleich die Fülle der tatsächlich existierenden Verbindungen bekannt gewesen wäre. Selbst wenn eine gewisse Bevorzugung einzelner Valenzstufen bei vielen Atomarten beobachtet wird, ändert dies nichts an der Notwendigkeit, die Valenzzahl und den ihr zugrundeliegenden Begriff der festen gerichteten chemischen Krafteinheit für die systematische Chemie durch bessere Vorstellungen zu ersetzen.

Welcher Art die Versuche sind, die von *physikalischer* Seite unternommen wurden, um die Molekülbildung nicht als einfaches Gesetz ganzer Zahlen, sondern als Frage des Atombaues zu verstehen, ist in der zweiten Hälfte des vorangehenden Kapitels angefangen worden auseinanderzusetzen. Hier möge gezeigt werden, welche Wandlung von *chemischer* Seite — vor allem durch A. Werner und seine Schüler — am Valenzbegriff vorgenommen wurde, um wieder Einheitlichkeit und Systematik in die Fülle des anorganisch-chemischen Tatsachenmaterials zu bringen.

Diese Betrachtungen stehen im engsten Zusammenhang mit den Kristallstrukturen. Denn es zeigt sich, *daß die Wernerschen Vorstellungen weit eher als die der alten Valenzlehre geeignet sind, uns das chemische Verständnis der beobachteten Strukturen zu erschließen.*

Die größten Schwierigkeiten wurden der alten Valenzauffassung durch die sog. *Molekülverbindungen* bereitet. Das sind solche Verbindungen, in denen zwei für sich existenzfähige Molekeln sich zu einer einzigen neuen vereinen. Als Beispiel:

$$\text{Ammoniak } NH_3 + \text{Salzsäure } HCl = \text{Salmiak } NH_4Cl.$$

Nach der Valenzauffassung sind in Ammoniak und Salzsäure als selbständig existierenden Molekeln $H-$ und $-Cl$, sowie $N\equiv$ und $\equiv H_3$ valenzmäßig abgesättigt, und es liegt keine Möglichkeit für ihre Vereinigung zu einem neuen Molekül vor, es sei denn, daß bei einem Atom ein Wechsel der Valenzzahl angenommen wird — hier beim N: $Cl{-}N{\lessgtr}^{H}_{H}{}^{H}_{H}$.

Gleiches gilt für die Vereinigung von

$$PtCl_4 + 2\,HCl = PtCl_6H_2:$$

auch hier müßte man einen Wechsel in der Valenz des Platins eintreten lassen, um die valenzmäßige Absättigung aller 3 Verbindungen zu erreichen. Wie künstlich diese Erklärung bald würde, geht aus den komplizierteren Verbindungen hervor, von denen eine Reihe Kobaltsalze angegeben werde:

$CoCl_3 \cdot (NH_3)_6$, | $CoCl_3 \cdot (NH_3)_5 \cdot H_2O$, | $CoCl_3 \cdot (NH_3)_4 \cdot (H_2O)_2$, | $CoCl_3 \cdot (NH_3)_3 \cdot (H_2O)_3$ | usw.

Hier sind in das Molekül $CoCl_3$ zunächst 6 fertige Moleküle Ammoniak »eingelagert«, die nun der Reihe nach durch fertige Wassermoleküle ersetzt werden. Statt des Wassers könnten dabei auch andere Molekeln, z. B. das viel kompliziertere CH_3NH_2 eintreten. Offenbar handelt es sich hier um eine andere Bindungsart, als mit gewöhnlicher »Valenz«.

Die Wernersche Auffassung des Molekülaufbaues ist nun diese:

In der eben aufgeschriebenen Verbindungsreihe existiert das Metallatom als »*Kern*« des Moleküls. Um es herum ordnen sich in möglichster räumlicher Nähe — »*in erster Sphäre*« — die eingelagerten Moleküle oder Atome an. Weiter vom Kern — »*in zweiter Sphäre*« — befinden sich

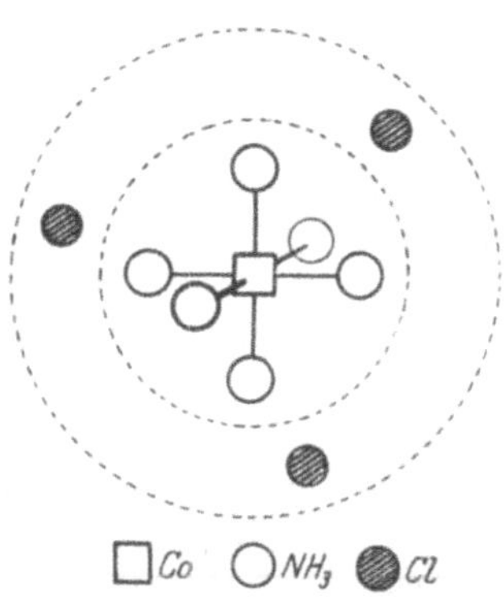

Abb. 145a. Schema des $Co(NH_3)_6Cl_3$-Moleküls.

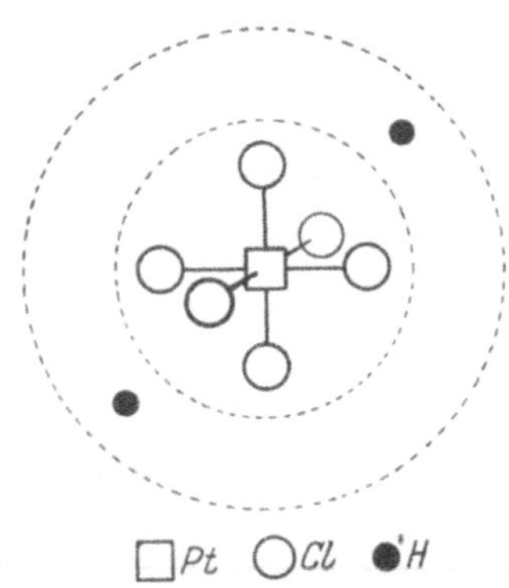

Abb. 145. Schema des $PtCl_6H_2$-Moleküls.

die 3 Chloratome. Die Wernersche Schreibweise der Formel $[Co(NH_3)_6]Cl_3$, sowie eine schematische Abbildung (145a) mögen diese Vorstellung einprägen. Diesem Schema sei sofort ein anderes an die Seite gestellt (Abb. 145b), bei dem die Vorstellung der Einlagerung auf einzelne Atome ausgedehnt wird und das Rechenschaft geben soll von dem Bau der oben erwähnten Platinsäure $[PtCl_6]H_2$.

Welches sind die *Gründe* für diese Auffassung?

Wesentlich ist zunächst das Verhalten der Verbindungen bei der Lösung in Wasser: sie zerfallen in Ionen und zwar in

$$[Co(NH_3)_6]^{+++} \text{ und } 3\,Cl^- \text{ bzw. in } [PtCl_6]^{--} \text{ und } 2\,H^+.$$

Diese Zerlegung zeigt, daß die außenliegenden Atome am leichtesten abgetrennt werden, daß aber der durch die Klammer zusammengefaßte »*Komplex*«, bestehend aus Zentralatom und eingelagerten Bestandteilen, auch nach der Abspaltung der Außenatome als Ion — genauer bezeichnet als »*Komplexion*« — zusammenhält. Zudem ist aus der Dissoziation zu entnehmen, daß Komplex und Außenatome geladen sind, genau wie die Atome in den typisch heteropolaren Verbindungen wie $NaCl$, $PtCl_4$ ....

Die Gesamtladung des Komplexes setzt sich aus den Ladungen seiner Bestandteile zusammen. Es ist durchaus anzunehmen, daß in der Verbindung

$$[Co(NH_3)_6]Cl_3$$

das Zentralatom dreifach geladen ist: Co^{+++}. Die 3 außenliegenden Cl-Atome haben ihm nämlich je ein Elektron entzogen, um selbst, gemäß den KOSSELschen Vorstellungen, ihre Außenschale auf Edelgasform zu ergänzen und dabei zu Cl-Ionen zu werden. Die valenzmäßig abgesättigten, d. h. elektrisch neutralen, in sich ausgeglichenen, eingelagerten Bestandteile beeinflussen die Zahl der ausgetauschten Elektronen gar nicht: schreiben wir die bereits oben genannte Verbindungsreihe jetzt mit WERNER

$$[Co(NH_3)_6]Cl_3; \quad \left[Co\begin{matrix}(NH_3)_5\\(H_2O)\end{matrix}\right]Cl_3; \quad \left[Co\begin{matrix}(NH_3)_4\\(H_2O)_2\end{matrix}\right]Cl_3; \quad \left[Co\begin{matrix}(NH_3)_3\\(HO_2)_3\end{matrix}\right]Cl_3,$$

so sind trotz der Verschiedenheit der eingelagerten Neutralteile jedesmal *drei* Cl^--Ionen an das Komplexion gebunden worden. Wird aber statt des elektrisch ungeladenen »*Neutralteils*« (H_2O) ein Bestandteil in den Komplex gebracht, der selbst das Bestreben hat, Elektronen an sich zu ziehen oder abzugeben, so ändert sich bei dieser Substitution die Wertigkeit des Komplexes. Benutzt man eben wieder Cl-Atome dazu, so entstehen Verbindungen

$$[Co(NH_3)_6]Cl_3; \quad \left[Co\begin{matrix}(NH_3)_5\\Cl\end{matrix}\right]Cl_2; \quad \left[Co\begin{matrix}(NH_3)_4\\Cl_2\end{matrix}\right]Cl; \quad \left[Co\begin{matrix}(NH_3)_3\\Cl_3\end{matrix}\right].$$

Die Wertigkeit des Komplexion beträgt bei diesen Stoffen 3, 2, 1 und der letzte Komplex, wo die 3 Elektronen des Zentralatoms noch in erster Sphäre untergebracht sind, tritt *als Ion* überhaupt nicht auf. Der experimentelle Nachweis dieser Art der Ionisierung bildet den Beweis für die obigen Formeln, die in der alten Schreibweise ausdruckslos als

$$CoCl_3 \cdot 6(NH_3),$$
$$CoCl_3 \cdot 5(NH_3),$$
$$— — —$$

bezeichnet wurden. Bei weiterer Substitution kann sogar der elektrische Charakter des Komplexions umgewandelt werden, wie aus folgender Fortsetzung der obigen Substitutionsreihe hervorgeht, bei der NO_2 die Affinität zum Elektron besitzt:

Komplexion positiv → negativ

$[Co(NH_3)_6]Cl_3$; $\left[Co\begin{matrix}(NH_3)_5\\(NO_2)\end{matrix}\right]Cl_2$; $\left[Co\begin{matrix}(NH_3)_4\\(NO_2)_2\end{matrix}\right]Cl$; $\left[Co\begin{matrix}(NH_3)_3\\(NO_2)_3\end{matrix}\right]$; $\left[Co\begin{matrix}(NH_3)_2\\(NO_2)_4\end{matrix}\right]K$; $\left[Co\begin{matrix}(NH_3)\\(NO_2)_5\end{matrix}\right]K_2$; $[Co(NO_2)_6]K_3$.

In den 3 letzten Verbindungen ist das Komplexion noch »ungesättigt« in bezug auf Elektronen und zieht daher *K*-Atome an sich, die ihm willig je ein Elektron abtreten, um selbst auf die Edelgasform zu kommen.

Während für die Wernersche Behauptung über die Bindung in erster und zweiter Sphäre die Ionisierung und die Untersuchung der elektrischen Leitfähigkeit der Salze wesentlich ist, wird die *Symmetrie der Atomanordnung in der ersten Sphäre* ähnlich bewiesen, wie es im ersten Kapitel für die Gleichartigkeit und räumliche Anordnung der 4 Kohlestoffvalenzen skizziert wurde: man bemerkt, daß es oft mehrere Substitutionsprodukte der gleichen Gesamtformel gibt — also »Isomere«, die sich nur durch die Anordnung der verschiedenartigen Atomgruppen um das Zentralatom unterscheiden können. Aus der Anzahl der Isomerien schließt man, daß 6 gleichartige Atome um den Kern auf einem regulären Oktaeder, 4 auf einem regulären Tetraeder liegen: (Abb. 146, 147).

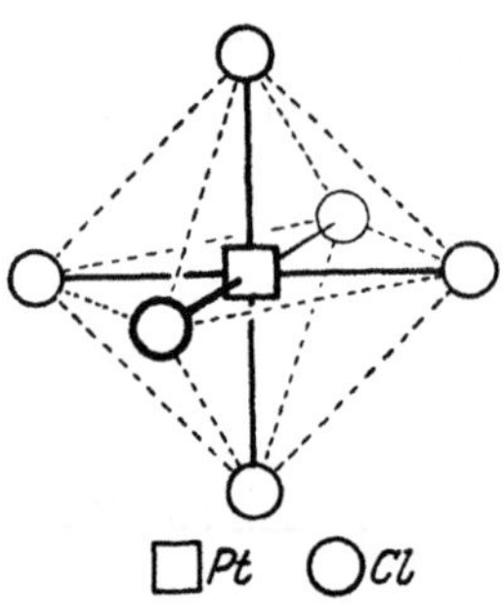

Abb. 146. Komplex $[PtCl_6]$ aus $[PtCl_6]K_2$ (nach Röntgenbestimmung).

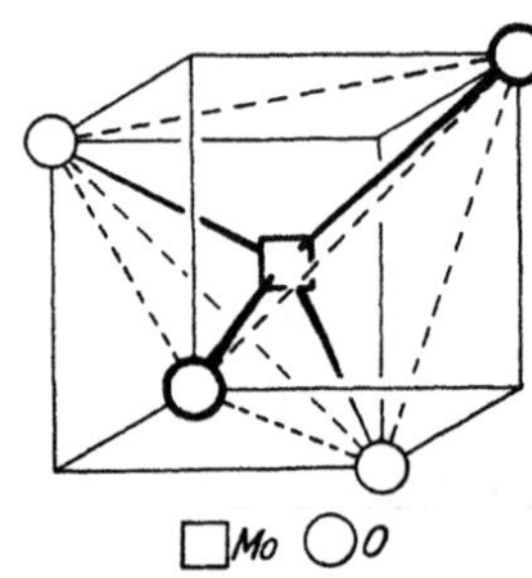

Abb. 147. Komplex $[MoO_4]$ aus $[MoO_4]Ag_2$ (nach Röntgenbestimmung).

Es sei aber bemerkt, daß diese hohe Symmetrie eigentlich nur im Komplex*ion* besteht und — da die Substitutionen erst ausgeführt werden können, nachdem das Molekül in Ionen zerlegt ist — auch nur für das Ion bewiesen wird. Lagern sich an $[PtCl_6]^{++}$ 2 Wasserstoff- oder Kaliumatome an, so werden sie sich vermutlich zweien der *Cl*-Atome eng anschließen und diese ungleichwertig den anderen machen, so daß die volle Gleichwertigkeit aller 6 Oktaederecken *im Molekül* nicht in Strenge besteht.

Wieviel Einzelatome oder Atomgruppen ein Zentralatom in erster Sphäre um sich scharen kann, hängt von den Atomarten ab. Man nennt diese Zahl die *Koordinationszahl* mit der das Atom auftritt, ihren Höchstwert die *maximale Koordinationszahl.* Als Höchstwert findet man bei den meisten Atomen 6, bei einigen 8, bei manchen leichten (*C*, *B*, *N*) vier. Die Zahl 4 beim Kohlenstoff ist besonders wichtig: dem Zusammenfallen der maximalen Koordinationszahl mit der Valenz ist der besondere Erfolg der Valenzvorstellung in der Chemie des Kohlenstoffes zu verdanken. Die Beschränkung der Koordinationszahl nach oben hin ist wohl direkt als eine Platzfrage anzusehen. Deshalb ist es nicht erstaunlich, daß in den Kristallstrukturen, wo infolge der regelmäßigen Einwirkung der Nachbaratome kein so enges Zusammendrängen der Komplexatome um ihr Kernatom stattfindet, oft höhere Koordinationszahlen gefunden werden, als bei den Einzelmolekülen in Lösung oder Schmelze, die der Gegenstand der meisten chemischen Untersuchungsmethoden sind. — Daß die Entscheidung, ob Koordination eintritt oder nicht, von der einzulagernden Gruppe ebensosehr wie vom Zentralatom abhängt, möge das Beispiel belegen, daß es

$$\text{zwar } \left[Pt\,{}^{Cl_5}_{NH_3}\right]Cl, \text{ nicht aber } \left[Pt\,{}^{Cl_5}_{OH_2}\right]Cl$$

gibt. Die Gruppe (NH_3) ist also wirksamer als (H_2O), wenn es gilt, ein *Cl* aus dem Komplex $[PtCl_6]$ zu verdrängen.

Andererseits mögen Formeln wie

$$\left[Mo\,{}^{O}_{F_5}\right](NH_4),\quad \left[Mo\,{}^{O_2}_{F_4}\right](NH_4)_2,\quad \left[Mo\,{}^{O_3}_{F_3}\right](NH_4)_3$$

beweisen, daß die Koordinationszahl die gleiche bleibt, auch wenn der zweiwertige Sauerstoff das einwertige Fluor ersetzt. Nur manche Radikale können zwei Koordinationsstellen besetzen.

Der Vorgang der chemischen Bindung beruht also wesentlich auf zwei Tatsachen: 1. die Atome sind geladen und wirken aufeinander mit Anziehung und Abstoßung wie alle elektrischen Ladungen; 2. die Atome gewinnen diese Ladungen, weil sie durch Elektronenaustausch in besonders stabile Konfigurationen überzugehen suchen. Bei den Atomen von ausgesprochenem elektrischem Charakter — d. h. solchem, die im periodischen System am Anfang und Ende einer jeden Periode stehen — ist diese stabile Konfiguration die Achterschale von Außenelektronen, wie beim nächsten Edelgas. Bei diesen Atomen hat auch die Valenz einen festen Wert und zwar ist die Valenzzahl gleich der Anzahl der ausgetauschten Elektronen. Bei anderen Atomen sind auch andere Außenschalen bevorzugt, vor allem bei den Triaden, die die Mitten der großen Perioden bilden. Daher ihre besondere Befähigung, in verschiedenster Weise als Kernatome zu fungieren. Im übrigen bleibt die genauere Bestimmung der stabilen Konfigurationen den vereinigten Bemühungen der chemisch-anorganischen und physikalisch-quantentheoretischen Forschung vorbehalten.

Wie fügt sich aber in diese Vorstellung die Tatsache ein, daß ganze Moleküle in einen Komplex eintreten können, ohne daß ein Elektronenaustausch stattfindet? Z. B. (NH_3) in $\left[Pt\,{}^{Cl_5}_{NH_3}\right]Cl$? Auch hier genügen für den Zusammenhalt die elektrischen Kräfte. NH_3 hat zwar keine Gesamtladung, aber wohl noch ein elektrisches Moment. Ob geradezu die 3 Wasserstoffatome ihre Elektronen an N abgetreten haben, und also $N^{---}(H^+)_3$ zu schreiben ist, oder ob nicht vielmehr die H-Atomkerne mit dem N und alle Elektronen zusammen ein einziges dynamisches System bilden, in welchem eine Selbständigkeit der einzelnen Bestandteile auch annäherungsweise aufgehört hat — das bleibe unentschieden (vgl. S. 181). Jedenfalls aber wirkt nach allgemeinen elektrostatischen Sätzen NH_3 nach außen hin in erster Annäherung mit einem »Moment«, am einfachsten wie eine positive und negative Punktladung $\oplus$—$\ominus$. Kommt dies Gebilde in das räumlich ungleichmäßige elektrische Feld des Zentralatoms, so erleidet es eine Anziehung. (Im gleichförmigen, »homogenen« Felde wären die Kräfte auf $+$ und $-$-Ladung entgegengesetzt und es entstünde höchstens eine Drehkraft, keine Anziehung). Wenn nun beobachtet wird, daß NH_3 imstande ist, aus $PtCl_6$ ein Cl^- in die zweite Sphäre zu verdrängen, H_2O aber nicht, so ist das ein Anzeichen dafür, daß infolge des größeren Momentes von NH_3 oder weil es sich dem Pt mehr nähern kann und deshalb einem inhomogeneren Feld ausgesetzt ist, die Anziehung des Pt^{++}_{++} auf NH_3 größer ist, als auf das einfach geladene Cl^-.

Nachdem somit auch zur Erklärung der Einlagerung neutraler Moleküle in einem Komplex im wesentlichen die elektrostatischen Kräfte ausreichen, bleiben an völlig unverstandenen chemischen Bindungskräften nur die typisch *homöopolaren* Kräfte zwischen gleichen oder im periodischen System nah verwandten Atomen übrig. Für das Zustandekommen von Verbindungen wie H_2, O_2, Cl_2 fehlt uns noch das Verständnis. Wir vermuten nur, daß die beiden Atome mit ihren Elektronen zu einem einzigen System verschmelzen, das dynamisch nicht in wesentliche selbständige Untergruppen trennbar ist. Dabei ist nicht an eine Verschmelzung der Kerne zu denken, aber an eine derart starke gegenseitige Beeinflussung der vorher selbständigen Planetensysteme von Elektronen, daß die Bahnen wesentlich andere Formen angenommen haben. Um ein Maß für die Stabilität und damit die Gründe für die Existenz dieses Gebildes zu erfahren, sind wir auf die bevorstehende Weiterentwicklung der Quantentheorie angewiesen.

Fassen wir zusammen, so ergibt sich *folgendes Bild von den chemischen Bindungskräften:*

1. Ausgesprochen heteropolare Atome treten ionisiert zusammen, nachdem sie sich durch Elektronenaustausch auf die stabilen Edelgasformen ergänzt haben. Beispiel: HCl, MgO. In diesen einfachen Fällen stimmt die alte Valenzlehre. Die Valenzzahl ist die Anzahl Elektronen, die das Atom mehr oder weniger als das nächste Edelgas hat.

2. Atome des gleichen Elementes treten nach Gesetzen, die uns auch in ihren Grundzügen noch nicht klar sind, zum Molekül des Elementes zusammen (Quantengesetze). Beispiel: Cl_2, Diamant.

3. Auch bei der Bildung von »Radikalen« und »Komplexen« findet ein weitgehender Austausch von Elektronen statt in dem Sinn, daß stabile Atomkonfigurationen geschaffen werden. Die elektrostatischen Kräfte zwischen den geladenen Atomen spielen auch hier die wesentliche Rolle für den Zusammenhalt des Moleküls (KOSSEL). Auch ungeladene Gruppen (NH_3, H_2O) können sehr fest eingebaut werden, wenn sie wenigstens ein elektrisches Moment haben: $\left[Pt\,{}^{Cl_5}_{NH_3}\right]Cl$.

4. Infolge der Tendenz zur Elektronenaufnahme bzw. -abgabe und den daraus folgenden elektrostatischen Kräften haben die Atome in den Verbindungen das Bestreben, sich rings herum andere Atome anzulagern, soweit die Raumerfüllung dies erlaubt (WERNER). Maximale Koordinationszahl der »koordinativ gesättigten« Atome, häufig 6, z. B. $[PtCl_6]K_2$.

5. Die chemischen Bindungskräfte beruhen auf dem Elektronenaustausch und dem elektrischen Feld der Atome. Sie sind keine nach Richtung und Größe unzerlegbaren Einheiten. Wird in $[PtCl_6]$ eine NH_3-Gruppe oder ein anderes Atom eingelagert, so hört deshalb der Zusammenhalt mit dem nach außen verdrängten Cl-Atom nicht auf, vielmehr behält es seine vom Platin stammende Ladung und es kann sogar in dem nach der Einlagerung entstandenen elektrisch-chemischen Kraftfeld stärker an den Rest des Moleküls gebunden sein als vorher. (Zu entscheiden am Dissoziationsgrad in Lösung.)

Die erste Diskussion der röntgenmäßig gefundenen Strukturen vom Standpunkt der Koordinationslehre gab A. PFEIFFER 1916. Damals war das Material noch etwas dürftig, um von dieser Seite aus einen wirklich überzeugenden Beweis zu erbringen, daß der Gesichtspunkt der Koordination tatsächlich auf den chemischen Aufbau der Gitter angewandt werden darf. Diese Überzeugung fehlte dem Chemiker nicht, der die Koordinationslehre täglich aufs neue im Laboratorium erprobte. Heute stehen uns aber eine Reihe von Kristallbestimmungen zur Verfügung, die an sich schon, ohne Hinzuziehung chemischer Erfahrung, die Richtigkeit der WERNERschen Anschauungen und ihre unmittelbare Anwendbarkeit für den Kristallbau erkennen lassen und die geeignet sind, die in der Koordinationslehre entwickelten Anschauungen weiter auszubauen.

Ausgesprochene Komplexionengitter sind von R. W. G. WYCKOFF und Schülern, sowie von P. SCHERRER und P. STOLL bestimmt worden.

Über die Methode von WYCKOFF sei nur kurz bemerkt, daß die Strukturermittlung ganz auf Röntgenaufnahme und Dichtebestimmung beruht unter ausgiebiger Anwendung der Schoenfliesschen Strukturtheorie, deren Ergebnisse WYCKOFF in übersichtlichen Tabellen zusammengestellt hat[1]). Aus wenigen Braggaufnahmen wird die Größe der Grundzelle und die Anzahl der Basis-

[1]) The analytical expression of the Results of the Theory of Space-Groups. Published by the Carnegie Institution of Washington, October 1922.

molekeln bestimmt. Dann ergeben die Tabellen über die Koordinaten der allgemeinen und speziellen Lagen in den Schoenfliesschen Punktsystemen aus der Anzahl gleichberechtigter Atome der Basis meist sofort wenige zur Auswahl stehende Strukturen, eventuell mit Parametern, und zwischen diesen wird durch ein oder mehrere Lauebilder entschieden. Durch die äußerste Systematik ist es möglich, ja nicht besonders schwierig, viele selbst komplizierte Strukturen mit Sicherheit zu entziffern. Als Annahme wird bei diesem Verfahren an manchen Stellen benutzt, daß alle gleichartigen Atome kristallographisch gleichwertige Plätze im Gitter einnehmen. Daß diese Annahme nicht immer unbedenklich ist, wurde in Kap. XIV bei der $(NH_4)Cl$-Struktur hervorgehoben, wo sie auf einen Widerspruch mit der kristallographisch genau erprobten Symmetrie führte. Doch dürfte in den nachfolgenden Strukturen, wo eine vielfache nachträgliche Kontrolle der Annahme durch die Diskussion des Lauebildes erfolgt ist, kein Bedenken gegen die Richtigkeit der Strukturen zu äußern sein.

Am deutlichsten tritt die Eigenart der Komplexverbindungen in den Salzen mit den Formeln

$$[PtCl_6]K_2, \quad [SnCl_6]K_2, \quad [Ni(NH_3)_6]Cl_2, \quad [SiF_6](NH_4)_2, \text{ usw.}$$

hervor, also in Verbindungen, deren Kernatom mit der Koordinationszahl 6 auftritt, während außen 2 einfach geladene Atome oder Gruppen stehen. Wir benennen diese Gruppe nach dem bekannten Platinkomplexsalz, dem *hexachloroplatinsauren Kalium* $[PtCl_6]K_2$, das in der Entwicklung der Wernerschen Ideen eine große Rolle gespielt hat. Eine Übersicht über die bisher untersuchten Verbindungen gibt unten Tab. XXII.

Der Aufbau dieser Stoffe schließt eng an den von Flußspat CaF_2 an, auf den sich Abb. 75, S. 99 bezieht. Nur ist das Fluor durch Kalium, das Calcium durch den Komplex $[PtCl_6]$ zu ersetzen, den Abb. 146 zeigt. In den Komplexen $[PtCl_6]$ erblickt man unmittelbar die Bestätigung der Wernerschen Angaben über die regelmäßige oktaederförmige Koordination um das Kernatom. Der Abstand $Pt \rightarrow Cl$ ist der kleinste Atomabstand im Gitter; er wird durch den Parameter φ der Struktur geregelt. Da er von $a_w/4$ (a_w = Kantenlänge des Würfels) oft nicht wesentlich abweicht, setzen wir den Abstand $Pt \rightarrow Cl = \varphi \cdot \frac{a_w}{4}$. Dann wird bei den meisten Stoffen φ eben unter 1 gefunden — wobei der Wert $\varphi = 1$ jedoch durch die Genauigkeit der Bestimmung ausgeschlossen ist.

Tab. XXII. *Typus des* $[PtCl_6]K_2$.

Formel	Beobachter	Würfelkante	Parameter	$Pt \rightarrow Cl$
$[PtCl_6]K_2$	Scherrer-Stoll	9,07	0,66	1,50
$[PtCl_6](NH_4)_2$	Wyckoff	9,84	0,88—0,96	2,16—2,36
$[SnCl_6]K_2$	Dickinson	9,96	0,98	2,44
$[SnCl_6](NH_4)_2$	Dickinson	10,05	—	—
$[PdBr_6]Rb_2$	Scherrer-Stoll	—	—	—

Formel	Beobachter	Würfelkante	Parameter	$Pt \rightarrow Cl$
$[Ni(NH_3)_6]Cl_2$	WYCKOFF	10,09	0,96	2,42
$[Ni(NH_3)_6]Br_2$	»	10,48	»	—
$[Ni(NH_3)_6J_2$	»	11,01	»	—
$[Co(NH_3)_6]Cl_2$	SCHERRER-STOLL	?	?	—
$[SiF_6](NH_4)_2$	BOZARTH	8,38	0,82	1,72

Der geringe Abstand zwischen Kernatom und Atomen der ersten Sphäre, der hier zum ersten Mal zahlenmäßig festgestellt ist, spricht sehr zugunsten der im vorigen Abschnitt schon benutzten Annahme, daß das Kernatom stark — hier 4fach — ionisiert ist. Diese hohe Ladung drückt die negativen Halogenionen fest an den Kern.

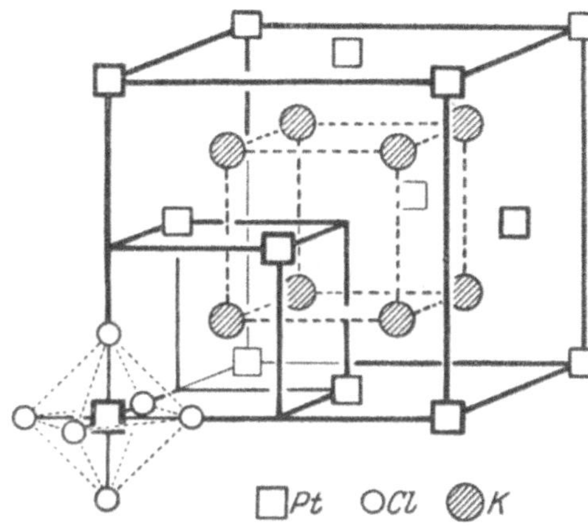

Abb. 148. Hexachloroplatinsaures Kalium $[PtCl_6]K_2$.

Die Betrachtung der Strukturabb. 148 lehrt, daß nicht nur eine regelmäßige Koordination der 6 *Cl*-Atome um *Pt* stattfindet, sondern ebenso eine Gruppierung von $4 \times 3 = 12$ *Cl*-Atomen um jedes *K*. Denn jedes *K* liegt im Mittelpunkt eines Achtelwürfels, von welchem 4 Eckpunkte mit $PtCl_6$-Gruppen besetzt sind (Abb. 149a u. b). Je 3 *Cl* in einer solchen Gruppe sind von dem *K* gleich weit entfernt. Für $\varphi = 1$ würden die 12 *Cl*-Atome um das *K* ein Cubooktaeder bilden (Abb. 149a). Bei $\varphi = 0{,}66$

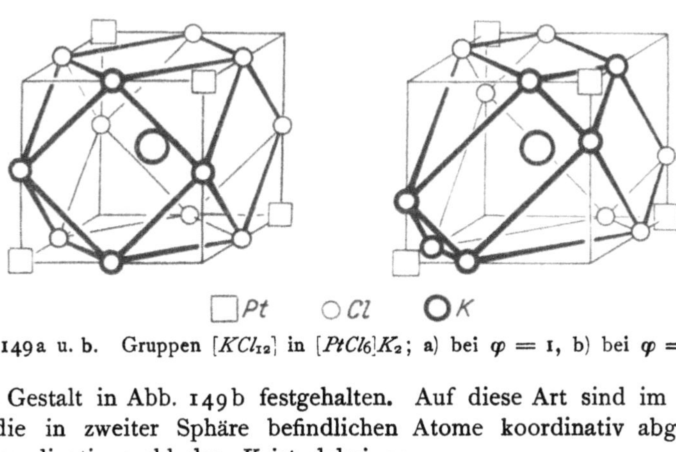

Abb. 149a u. b. Gruppen $[KCl_{12}]$ in $[PtCl_6]K_2$; a) bei $\varphi = 1$, b) bei $\varphi = 0{,}66$.

ist die Gestalt in Abb. 149b festgehalten. Auf diese Art sind im Kristall auch die in zweiter Sphäre befindlichen Atome koordinativ abgesättigt. Die Koordinationszahl des *K* ist dabei 12.

Ein weiterer wichtiger Gittertypus ist das *Spinellgitter*, das von W. H. BRAGG und gleichzeitig auch von S. NISHIKAWA für Spinell ($MgAl_2O_4$), und Magnetit (Fe_3O_4) gefunden wurde. Nach diesem Typ ist eine Reihe von Stoffen aufgebaut, in deren Komplex das Kernatom von 4 Atomen oder Gruppen in erster Sphäre umgeben ist, während die zweite Sphäre wieder 2 Atome enthält. Als Beispiel wählen wir das von WYCKOFF untersuchte $[MoO_4]Ag_2$. Die Komplexkerne *Mo* bilden ein Diamantgitter. In Abb. 150 ist in den Würfel von der Kante a_w die zu den Achsen des flächenzentrierten kubischen Gitters gehörende Grundzelle eingetragen. Sie enthält die beiden um $^1/_4$ der Diagonale verschobenen *Mo*-Atome ▥ (unten links). Jedes *Mo* ist von 4 *O*-Atomen tetraederförmig umgeben. Die Tetraeder liegen in bezug auf das Symmetriezentrum, das mitten zwischen benachbarten *Mo*-Atomen — wie bei Diamant — vorhanden ist, zentrisch-symmetrisch, indem sie sich die Seitenflächen, nicht die Ecken, zukehren. Dort, wo die Diamantstruktur die größeren Baulücken aufweist (vgl. Abb. 72), sammeln sich die Außenatome *Ag* des Moleküls an. Auch die *Ag* »koordinieren« miteinander und mit den Sauerstoffatomen. Es bilden sich nämlich Tetraeder aus *Ag*-Atomen, die von Tetraedern aus *O*-Atomen durchsetzt werden (siehe die Mitte der Abb. 150). Die ganze Anordnung der *Ag* und *O* besetzt umschichtig die Ecken eines Würfelgitters von der Kante $^1/_4\ a_w$. Zur Basis gehören übrigens (unter Zugrundelegung der flächenzentrierenden Achsen $\mathfrak{a}_1\ \mathfrak{a}_2\ \mathfrak{a}_3$) nur die beiden schraffierten *Mo*-Atome links unten mit ihren nah benachbarten Gruppen O_4 und die 4 Silberatome, die das Tetraeder in der Mitte des Grundbereichs bilden. Die weiteren Sauerstoffatome und die oberen 4 *Ag*-Atome stammen bereits von Wiederholungen der Basis her. Nicht alle Eckpunkte einer Würfelteilung von der Kante $a_w/4$ werden besetzt, wie an den freibleibenden Ecken der kleinen Würfel um die *Mo*-Atome zu sehen ist. Die Koordinationszahlen sind folgende: Jedes *Mo* (vgl. Abb. 147) hat 4 Nachbarn *O* im Abstand $\frac{a_w}{8}\sqrt{3}$; jedes *Ag* (vgl. das auf $^5/_8$ der Körperdiagonale gelegene) hat

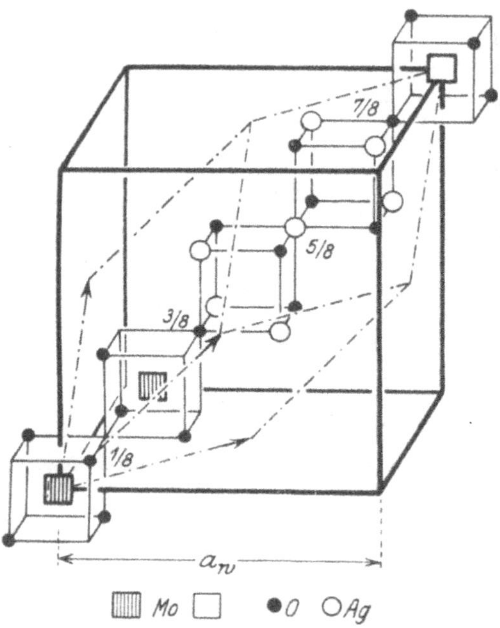

Abb. 150. $[MoO_4]Ag_2$ als Beispiel für den Spinelltyp.

6 O-Nachbarn im Abstand $\frac{a_w}{4}$; jedes O gehört in gleicher Weise zu 3 Ag-Atomen (vgl. das auf $^3/_8$ der Diagonale gelegene O) und, mit besonders kleinem Abstand, zu einem Mo-Atom. Übrigens ist die Abb. 150 insofern nicht exakt, als die Struktur einen Parameter φ enthält, nämlich die Größe der O_4-Tetraeder um die Mo-Atome. Es ist nicht erforderlich, daß die O-Tetraeder genau so groß sind wie die Ag-Tetraeder, vielmehr sind sie φ-mal so groß. φ ergibt sich aber bei $[MoO_4]Ag_2$ innerhalb der Meßgenauigkeit gleich 1, so daß die Zeichnung stimmt.

Die folgende Tabelle gibt eine Übersicht über die Verbindungen dieses Typs:

Tab. XXIII. *Spinelltyp.*

Formel	Beobachter	a_w	φ	$Mo \rightarrow O$	$Ag \rightarrow O$	$Mo \rightarrow Ag$
$[MoO_4]Ag_2$	Wyckoff	9,26	$\sim$1	2,00	2,31	4,02
$[Zn(CN)_4]K_2$	Dickinson	12,54	0,96	2,61	3,20	—
$[Cd(CN)_4]K_2$	Dickinson	12,84	0,96	2,67	3,28	—
$[Hg(CN)_4]K_2$	Dickinson	12,76	0,96	2,65	3,25	—
$[FeO_4]Fe_2$	Bragg	8,30	—	—	—	—
(Magnetit)	Nishikawa	—	—	—	—	—
$[MgO_4]Al_2$	Bragg	—	—	—	—	—
(Spinell)	Nishikawa	—	—	—	—	—

Im Magnetit kommt das Eisen in zweifacher Weise vor: als Kernatom des Komplexes mit der Valenz 2 und als leichtabtrennbares Außenion von dreifacher Wertigkeit. Man hat sich vorzustellen, daß das zentrale Eisen an die nahbenachbarten Sauerstoffatome 2 Elektronen abgetreten hat, daß hiermit aber ihr Elektronenbedürfnis von $4 \times 2 = 8$ Elektronen noch nicht befriedigt ist, und sie die restlichen 6 Elektronen den zwei Außenatomen Fe entzogen haben. In den Komplexsalzen mit Zyangruppe ist die genaue Lage von C und N nicht bestimmt worden; die Angaben über den Abstand beziehen sich auf die Mitte der Gruppe (CN). Die obige Reihe bietet ein gutes Beispiel dafür, daß die Koordination weitgehend die gleiche sein kann, auch bei verschiedener Valenz der Außenatome.

Diese Beispiele überzeugen von dem Koordinationsstreben der »in erster Sphäre« um die Kernatome gebundenen Atome oder Atomgruppen. Sie zeigen aber weiter, *daß auch die in zweiter Sphäre gebundenen Atome das gleiche Bestreben der Anlagerung an andere Atome besitzen.* Dies ist an sich eine sehr befriedigende Erweiterung der Wernerschen Vorstellungen. Denn es wäre im andern Fall nicht einzusehen, warum ein Atom nur deswegen, weil es als Kernatom fungiert, Fähigkeiten gewinnen sollte, die ihm in der Außenstellung abgehen würden. Mag auch bei den bisher geschilderten typischen Komplexgittern infolge der geringeren Ladung der Außenatome das Koordinationsstreben bei ihnen geringer sein als bei den

Kernatomen, so gelangen wir doch zu der Auffassung, daß *stets* die »*Kristallisations*kraft«, d. h. das Streben der Moleküle aus dem Einzeldasein in der Lösung oder dem Gase heraus und in den Gitterverband einzutreten, auf nichts anderem beruht, als auf der »*Koordinations*kraft« ihrer Außenatome. Wenn ein Kristall das Bestreben hat, weiterzuwachsen, so rührt das daher, daß seine Randatome nicht koordinativ abgesättigt sein können. Auch auf Grund der WERNERschen Auffassung ist die Kristallisation nichts anderes als die Bildung eines riesenhaften und beliebig erweiterungsfähigen Moleküls.

Zum Bestehen einer ausgesprochenen Komplexverbindung gehört die Existenz von mindestens *drei* der Art — oder doch der Betätigung — nach durchaus verschiedenen Atomsorten: Zentralatome, Atome in erster Sphäre und Außenatome. Koordinativ gesättigt ist dabei wohl immer nur das Kernatom. Die regelmäßige Lagerung im Kristallgitter gibt die Möglichkeit, daß *auch in binären*, d. h. aus zwei Atomsorten bestehenden Verbindungen, *alle* Atome sich weitgehend koordinativ betätigen. Ein so ausgesprochenes, auf den ersten Blick durch das Herandrängen anderer Atome kenntliches Koordinationszentrum, wie bei den typischen Komplexverbindungen, kann in den binären Stoffen natürlich nicht existieren, wofern beide Atomsorten einigermaßen gleich stark koordinierend wirken sollen. Daher ist der ganze Bau der Gitter ein gleichmäßig offener ohne auffallende Massenanhäufungen.

Betrachten wir daraufhin die in Kap. XIII geschilderten Gitter. Beim *Steinsalztyp* (Abb. 87) mit seinen beiden in bezug auf die kritische Edelgaskonfiguration gleichberechtigten Atomsorten (Na^+Cl^-, $Mg^{++}O^{--}$) ist das Koordinationsstreben aller Atome gleich. So kommt die außerordentlich hohe Symmetrie der Schwerpunktslagen zustande, die es gleich willkürlich erscheinen läßt, von *Na* wie von *Cl* als »Koordinationszentrum« zu reden. Die Koordinationszahl ist für beide Atomsorten 6.

Gleiches Koordinationsstreben besitzen auch die beiden Atomsorten des anderen Gittertyps, in welchem Alkali-Halogenide auftreten; des *Caesiumchloridgitters* (Abb. 119). Die Koordinationszahl ist jedoch gegenüber dem vorigen Typ von 6 auf 8 erhöht. Bezeichnenderweise kommt dieser Typ bei gewöhnlicher Temperatur nur bei den schwersten in Betracht kommenden Atomen vor, in Übereinstimmung mit einer allgemeinen Tendenz, daß hohe Koordinationszahlen bei schweren, niedrige bei leichten Elementen bevorzugt sind.

Für diese letztgenannte Erscheinung ist ein oft genanntes Beispiel der *Kohlenstoff*, dessen maximale Koordinationszahl 4 beträgt. Das Diamantgitter wäre demnach als koordinativ abgesättigtes Gitter aufzufassen, während im Debye-Scherrerschen Graphitgitter der Kohlenstoff koordinativ ungesättigt auftritt.

Gleiche Koordinationszahl aller Atome, und zwar der niedrige Wert 4 ist beim *Zinkblende-* und ebenso beim *Wurtzittyp* festzustellen (Abb. 72 u. 120). Für die Halogenionen in *CuCl* usw. bedeutet dies, daß zu

8 und 6 der neue Wert 4 als Koordinationszahl tritt. Von Interesse ist, daß beim Übergang Zinkblende-Wurtzit die Koordinationszahlen erhalten bleiben, während bei Diamant-Graphit, sowie beim Wechsel in den Strukturen der Ammoniumhalogenide (Tab. VIII) eine Änderung statthat. Erst ein umfangreiches Material wird lehren können, inwieweit sich eine »*Permanenz der Koordinationszahlen*« beim Übergang eines Stoffes in eine andere Modifikation wird behaupten lassen.

Die Gitter des *Kalkspattyps* (Abb. 122) lassen sich als deformierte $NaCl$-Gitter auffassen. In der CO_3-Gruppe tritt der Kohlenstoff mit 3 eng gebundenen Atomen auf. Im Gegensatz zum Graphit ist der Kohlenstoff bei dieser Koordinationsfähigkeit — vermutlich vierfach — ionisiert (S. 189). Die Kalziumatome würden, wenn das Gitter kubisch wäre, in gleicher Weise zu je 6 (CO_3)-Gruppen gehören. Infolge der trigonalen Symmetrie der (CO_3)-Gruppe, die dem ganzen Gitter den Habitus aufprägt, ist die Nachbarschaft des Ca zu 2 (CO_3)-Gruppen nicht nur etwas enger, als zu den 4 anderen, sondern die Orientierung gegenüber der Ebene der Gruppe CO_3 ist auch verschieden. Soll man deshalb hier das Kalzium als nur zweifach koordinierend ansehen? Übrigens bildet der Kalkspattyp als Radikalionengitter den Übergang zu den oben geschilderten typischen Komplexionengittern.

In einer Reihe von Atomionengittern treten die Atomsorten koordinativ ungleichwertig auf. So bei *Flußspat* CaF_2 (Abb. 75), dessen Gitter ja die Grundlage für die Komplexionengitter vom Typus $[PtCl_6]K_2$ abgab. Jedes Ca ist von 8 nächsten F-Atomen, jedes F aber nur von 4 Ca-Atomen umgeben.

Bei Cu_2O, *Cuprit* (Abb. 121), wirkt O koordinativ vierfach, Cu aber nur zweifach, da es von den beiden nächsten Sauerstoffatomen wesentlich weniger weit entfernt ist als von den sonstigen Atomen des Gitters.

Die beiden Formen von TiO_2, *Rutil* und *Anatas*, deuten wieder auf eine Permanenz der Koordinationszahlen hin. In beiden Gittern (Abb. 76 u. 77) ist ein Ti-Atom von 6 Sauerstoffen, jedes Sauerstoffatom von 3 Ti umgeben. Freilich ist die Anordnung der Gruppe $[TiO_6]$ in beiden Gittern verschieden und nicht die des regulären Oktaeders wie bei $[PtCl_6]$. Die Abb. 151a u. b zeigen die Gruppen, wie sie aus den Modellen (Abb. 125 u. 126) herauszuschneiden sind. Die eingetragenen Maße lassen die geringen Abweichungen der Gestalten voneinander und von regulären Oktaedern erkennen.

Eine besonders schwer zu deutende Struktur ist die von *Pyrit* (Abb. 124). Läßt doch die enge Nachbarschaft der beiden gleichartigen Schwefelatome auf der dreizähligen Achse ($S — S$ = 2,07 Å gegenüber dem kleinsten Abstand $Fe — S$ = 2,26 Å) die S_2-Gruppen als markante Bausteine des Gitters heraustreten. Ob unter diesen Umständen die Schwefelatome als einzelne Ionen aufgefaßt werden dürfen, die sich wegen ihrer gleichen Ladung ja stark abstoßen müßten, ist höchst zweifelhaft. Andrerseits ist sicherlich das ganze Gitter als Ionengitter, nicht als homöopolarer Aufbau anzusehen. Man muß also an eine homöopolare Verschmelzung der benachbarten Schwefelatome zu einer S_2-Gruppe und an deren gemeinsame Ionisierung denken. Dies kann auch so ausgedrückt werden: die zwei

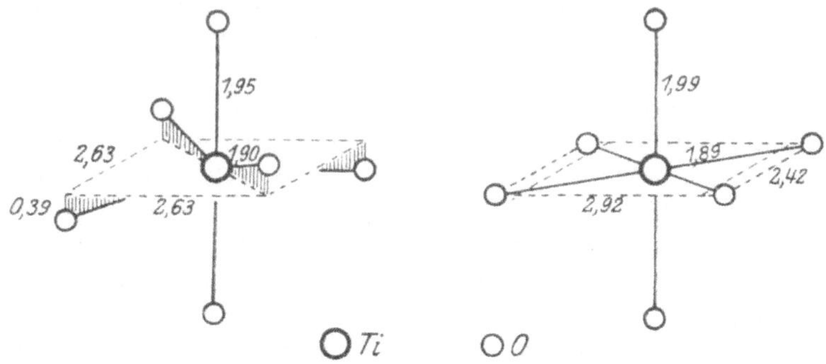

Abb. 151 a. Abb. 151 b.
TiO_6-Gruppe aus a) Anatas; b) Rutil.

benachbarten *S*-Ionen (oder ein *S*-Ion und ein *S*-Atom) beeinflussen sich so stark, daß sie ein gemeinsames Elektronensystem bilden und daher die COULOMBschen Abstoßungskräfte zwischen ihren Gesamtladungen zurücktreten gegenüber den quantenmäßig regulierten Kräften der speziellen Elektronenanordnungen. Man wird gerade bei Schwefel geneigt sein, diese Möglichkeit ins Auge zu fassen, weil die Untersuchung des *elementaren rhombischen Schwefels* durch W. L. BRAGG mit großer Wahrscheinlichkeit ergeben hat, daß sein Gitter nicht aus lauter gleichen *S*-Atomen bestehen kann, sondern daß Gruppen aus mehreren strukturell ungleichwertigen *S*-Atomen darin vorkommen müssen. Auch dem Chemiker ist ja am Schwefel eine besonders große Neigung zur Bildung umfangreicher Moleküle bekannt. So wird durch die Methoden der Gefrierpunktserniedrigung nachgewiesen, daß der aus der rhombischen und monoklinen Modifikation gelöste Schwefel dem Molekül S_3 entspricht, während auch S_6 und S_4 bekannt sind.

Faßt man eine S_2-Gruppe ins Auge, so sammelt sie im Pyrit 6 Eisenatome um sich (s. Abb. 152), die merkwürdigerweise ein reguläres Oktaeder bilden, obwohl die Zentralgruppe S_2 eine Richtung (die dreizählige Achse, die durch sie hindurchgeht) auszeichnet. Jedes Eisenatom andrerseits ist von 6 nächsten Schwefelatomen umgeben — Hälften der S_2-Gruppen — die ihrerseits ein fast reguläres Oktaeder um das *Fe* bilden. Abb. 153 zeigt die Anordnung der Schwefelatome um das in der vorigen Abbildung an der oberen vorderen rechten Ecke befindliche Eisenatom. Man erkennt die durch die Kantenmitten des Würfels gelegten schwefeltragenden Körperdiagonalen (vgl. Abb. 124) und das Eisen inmitten von 6 Schwefelatomen, die nach Abb. 152 im Abstand 2,26 Å liegen. Würden (beim Parameterwert 0) die beiden Atome einer S_2-Gruppe in den Oktantenecken zusammenfallen, so wäre das Oktaeder regulär. Bei dem tatsächlich beobachteten Parameterwert $^1/_9$ (Tab. XIV) macht sich eine geringe Deformation bemerkbar unter Aufrechthaltung der durch das zentrale Eisenatom gehenden drei-

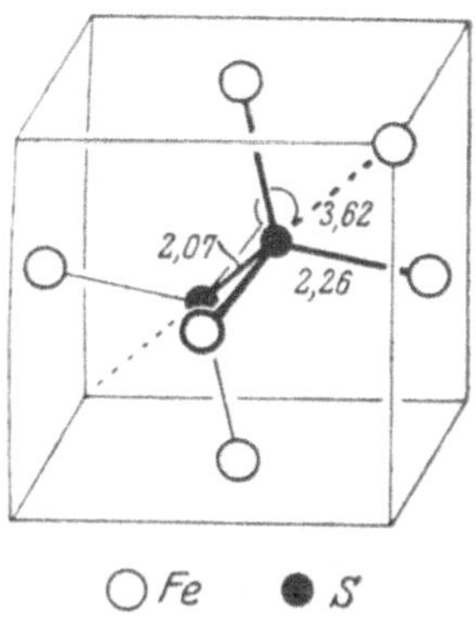

Abb. 152. Gruppen S_2Fe_6 aus Pyrit.

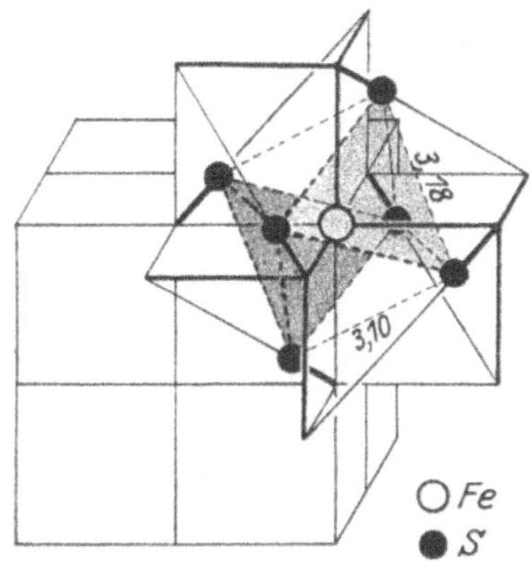

Abb. 153. Gruppen FeS_6 aus Pyrit.

zähligen Achse: das Oktaeder ist längs dieser Achse etwas zusammengepreßt. Man erkennt dies aus den in Abb. 153 eingetragenen Abständen.

Ähnliche Verhältnisse von teilweiser homöopolarer Verschmelzung der Atome oder Ionen in einem sonst heteropolaren Gitter liegen möglicherweise bei dem von WYCKOFF untersuchten Caesiumdichlorojodid $Cs[JCl_2]$ vor. Es ist eines der zahlreichen »Polyhalogenide«, die eine schöne isomorphe Reihe bilden — allerdings fällt gerade die von WYCKOFF untersuchte trigonale Modifikation dieses Stoffes aus der im übrigen rhombischen Reihe heraus. Da (wegen der gleichen Elektronenzahlen von Cs^+ und J^-) zwischen Cs und J nicht unterschieden werden kann und daher die Abstände im Gitter nicht eindeutig festgelegt sind, möge von der näheren Besprechung dieses Gittertyps hier abgesehen werden.

Beurteilt man das zur Zeit vorliegende Material an bekannten Strukturen vom chemischen Standpunkte aus, *so ergibt sich zusammenfassend etwa folgendes:*

Überall findet sich die Tendenz der Atome zur Koordination. Soweit es sich um typische, koordinativ gesättigte Komplexe handelt, wie $[PtCl_6]$, sind von chemischer Seite bestimmte Vorstellungen über die Anordnung angegeben worden, die sich bestätigen. Gegenüber der WERNERschen Lehre neu ist die Verwirklichung der koordinativen Tendenzen der *Außenatome* beim Gitterbau. Diese koordinative Tendenz kann sich auch bei binären Verbindungen im Kristallzustand auswirken. Die Koordinationszahl, mit der eine Atomsorte auftritt, ist nicht fest, sondern wechselt je nach den Außenatomen und wahrscheinlich auch — bei Stoffen, die in verschiedenen Modifikationen auftreten — infolge anderer Einflüsse, wie

Temperatur. Die Koordinationszahlen sind im Durchschnitt etwas höher, als sie in der Chemie sonst angetroffen werden. Dies läßt sich zwanglos dadurch erklären, daß im Gitterverband infolge der regelmäßigen Einwirkung der Nachbarmoleküle die Lagerung um das Kernatom weniger dicht ist als beim isolierten Molekül, z. B. in Lösung. Es erscheint nicht aussichtslos, auf Grund reicheren Materials und eingehenden Studiums des koordinativen Verhaltens »Strukturprognosen« für unbekannte Stoffe aufzustellen, die freilich zu ihrer Bestätigung einer sorgsamen Röntgenuntersuchung des Kristalles bedürfen.

Einfacher als bei den anorganischen Kristallen sind die Beziehungen der *organischen Kristalle* zu ihrer chemischen Natur. Der größere Erfolg ist wohl direkt auf die genaueren Vorstellungen zurückzuführen, welche die organische Chemie sich — seit Kekulé, van't Hoff, Le Bel — von dem Molekülbau machen konnte. Vor allem ist man zu der Überzeugung gekommen, *daß in organischen Kristallen die Moleküle häufig unverändert aus der Lösung übernommen und parallel aneinandergelagert werden* und daß die Bindung von Molekül zu Molekül erheblich zurücktritt gegenüber der Bindung der Atome innerhalb des Moleküls. Die große Weichheit der meisten organischen Kristalle und ihr niedriger Schmelzpunkt sprechen schon dafür, daß die Moleküle sich verhältnismäßig leicht voneinander trennen können und nicht etwa wie bei Steinsalz im Gitterbau völlig aufgehen. Für die parallele Lagerung aber sind beweisend die Untersuchungen über »Morphotropie«.

Unter *Morphotropie* wird die Tatsache verstanden, die namentlich an größeren Reihen verwandter Verbindungen zu erkennen ist, daß zwei Stoffe, deren Moleküle sich durch den Einbau gewisser Atomgruppen unterscheiden, ganz bestimmte Unterschiede in dem kristallographischen Verhalten, insbesondere in den Achsenlängen zeigen, die mit der eingebauten Gruppe eng zusammenhängen. Da diese Untersuchungen zeitlich vor der Laueschen Entdeckung liegen, ließ sich noch keine Rücksicht auf die eigentliche Gitterstruktur nehmen. Doch benutzte P. v. Groth — dessen 5bändige umfassende »Chemische Kristallographie« das ungeheure Material der chemischen und kristallographischen Literatur unter besonderer Berücksichtigung der Morphotropie verarbeitet — die *»topischen Parameter«*, um wenigstens innerhalb einer Kristallreihe eine *einheitliche* Beurteilung der Achsenlängen zu erreichen. Die topischen Parameter φ, ψ, χ sind die Kanten desjenigen mit den kristallographisch festgestellten Achsenverhältnissen und -winkeln aufgeführten Parallelepipeds, das ein Mol der Substanz enthält (d. h. so viel Gramm, als das Molekulargewicht angibt). Oder aber, wenn man vom Mol zum Molekül übergeht, indem man mit der dritten Wurzel aus dem Gewicht eines Wasserstoffatoms multipliziert ($\sqrt[3]{1{,}64 \cdot 10^{-24}} = 1{,}182 \cdot 10^{-8}$): *die »topischen Parameter« χ, ψ, ω multipliziert mit $1{,}182 \cdot 10^{-8}$ sind die drei Translationen,* *die das Kristallgitter haben muß, unter der Voraussetzung, daß seine Basis nur von einem Molekül gebildet wird.* — Wenn auch diese Voraussetzung im allgemeinen nicht erfüllt sein wird, so spielt sie beim Vergleich chemisch und kristallographisch ähnlicher Stoffe so lange keine Rolle, als die wahre Molekülzahl der Basis bei ihnen übereinstimmt.

Als *Beispiel für Morphotropie* sei etwa die Reihe folgender Substanzen angeführt, die sich aus der ersten, nämlich Harnstoff ableitet, indem für 1 bzw. 2 H-Atome die Gruppe CH_3 (Methyl) eingesetzt wird:

	Harnstoff		Methylharnstoff		Dimethylharnstoff	
	$OC\begin{matrix} NH_2 \\ NH_2 \end{matrix}$		$OC\begin{matrix} NH \cdot CH_3 \\ NH_2 \end{matrix}$		$OC\begin{matrix} N \cdot (CH_3)_2 \\ NH_2 \end{matrix}$	
$V =$	44,94		61,46		70,12	
$\chi =$	3,778	(3,778)	3,676	(3,685)	3,920	(3,560)
$\psi =$	3,778		3,713		3,241	
$\omega =$	3,148		4,502		5,531	

V ist hierbei das Molvolumen. Es nimmt entsprechend der Vergrößerung des Moleküls bei der Substitution zu. Aus den Angaben von χ, ψ, ω läßt sich nun feststellen, daß an dieser Volumzunahme wesentlich die c-Achse bzw. ω beteiligt ist. Wie die eingeklammerten (geometrischen) Mittelwerte von χ und ψ noch besser als ihre Einzelwerte zeigen, verändern sich diese beiden Parameter nur wenig, während ω um 45% bzw. 75% zunimmt. Jede angehängte (CH_3)-Gruppe streckt also die Struktur in der Richtung der c-Achse. Interessant ist ferner die Beziehung zwischen Methylharnstoff und dem Stoff, in welchem die zweite Methylgruppe an das zweite N-Atom angehängt ist, also $CO\begin{matrix} NH \cdot CH_3 \\ NH \cdot CH_3 \end{matrix}$ (α-a-Dimethylharnstoff). Alsdann lehrt der Vergleich der topischen Parameter, daß diese Substitution die beiden kleineren Parameter dehnt, den großen Parameter ω aber verkleinert. Die Substitution wirkt also, wenn sie das bereits einmal betroffene N-Atom angreift, weiter dehnend in der c-Richtung, wenn sie aber am andern N-Atom erfolgt, dehnend quer zu c.

In dieser Art ist schon vor den Röntgenuntersuchungen festgestellt worden, daß offenbar die Molekeln in vielen, und namentlich in den komplizierten organischen Kristallen als Ganzes in die Gitter eingebaut werden und daß sie parallele Stellungen dabei einnehmen. Besonders häufig ließ sich dies bei den »aromatischen« Verbindungen, weniger gut an den »aliphatischen« feststellen. Für die »aromatischen« Verbindungen ist das charakteristische Merkmal, daß sich das Molekül aus geschlossenen Ringen von Kohleatomen aufbaut — Sechsecken, wie sie in der Diamantstruktur und in der Graphitstruktur auftreten. In den aliphatischen (= Fett-)Verbindungen hingegen bilden sich lange Ketten von Kohlestoffatomen aus. Die Kohlenstoff*ringe* erweisen sich demnach als besonders stabil beim Einbau in die Kristallgitter.

Die Röntgenmessungen gestatten die Absolutdimensionen der Netzebenenabstände festzustellen und damit ein Urteil über die Zahl der Basisatome abzugeben; hierdurch ist in verschiedenen Fällen der Vergleich der »topischen Parameter« in einem wesentlichen Punkt gesichert bzw. berichtigt worden (z. B. beim Vergleich der Alkalihalogenide). Aber darüber hinaus hat neuerdings Sir W. H. Bragg die aus den Untersuchungen über Morphotropie entstandene Vorstellung von dem Weiterbestehen der Diamant- oder Graphitringe im Bau der aromatischen Kristalle in sehr beachtenswerter Weise benutzt, um zu einer vollen *Strukturbestimmung von Naphtalin* zu gelangen. Dadurch, daß die Atome zu festen Ringen von bestimmter Größe verbunden, nicht einzeln, in die Basis gesetzt werden, tritt eine genügende Vereinfachung ein, um die Lagerung auf Grund der Röntgendaten angeben zu können. Hiermit ist ein Weg gewiesen, wie chemische Gesichtspunkte bei der Strukturermittlung organischer Kristalle die rein physikalische Methode unterstützen können — ein Weg, auf dem man hoffen kann, auch sonst aussichtslos scheinender Strukturen Herr zu werden.

Das Naphtalinmolekül besteht aus 2 Kohlenstoffringen (»Benzolringen«) mit angehängtem Wasserstoff:

Naphtalin $C_{10}H_8 =$ 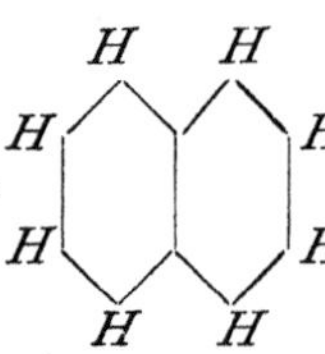

Von solchen Molekülen liegen, wie die Röntgenmessung der absoluten Netzebenenabstände lehrt, 2 in einer Zelle, deren Form mit den Angaben

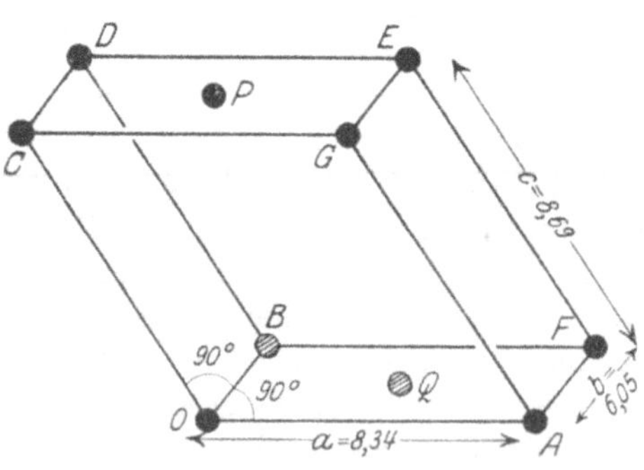

Abb. 154. Grundbereich des Naphtalin.

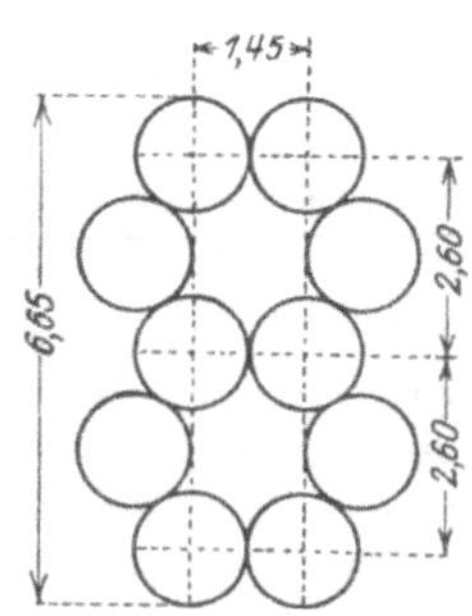

Abb. 155. Dimensionen des Naphtalinmoleküls (vorläufig).

über die kristallographischen Achsen übereinstimmt. Diese Zelle ist basiszentriert (Abb. 154). Für das Folgende sind die absoluten Längen dieser Zelle das wichtigste.

Es zeigt sich nämlich bei der Untersuchung der analogen, aus 3 Benzolringen zusammengesetzten Verbindung, des Anthracen

Anthracen $C_{14}H_{10}$ = 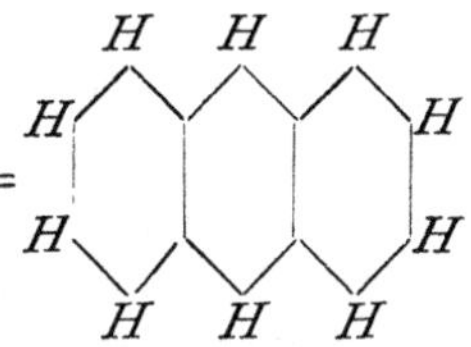

daß bei ihm ebenfalls zwei Moleküle die Basis bilden, und daß die Dimensionen der Grundzelle gegenüber der des Naphtalin fast ausschließlich in der c-Richtung abgeändert sind. Durch das Einschieben des einen vollständigen Benzolringes in jedes Molekül hat eine Dehnung der c-Achse um 2,9 Å stattgefunden und sonst keine Änderung. Das ist aber fast genau die Größe, die zu erwarten ist, wenn man den Benzolring mit den Kohlestoffringen aus der Diamant- oder Graphitstruktur identifiziert. Denn der Atomabstand in den c-Ebenen des Graphit ist 1,45 Å, die Höhe eines Sechseckes also 2,60 Å. Durch diese Übereinstimmung wird zugleich erwiesen, daß die Moleküle in Naphtalin und Anthracen mit der Längsausdehnung parallel der c-Achse liegen.

Wenn nun die zwei Benzolringe im Naphtalin die gleichen Ausmaße wie die Graphitsechsecke haben, so ist unter Berücksichtigung der Atomdurchmesser als Länge der c-Kante der Grundzelle etwas mehr als folgender Wert zu erwarten (Abb. 155)

$$2 \cdot 2{,}60 + 1{,}45 = 6{,}65 \text{ Å}.$$

Da aus den Messungen für die c-Achse 8,49 Å folgt, so bleibt pro H-Atom an den Enden des Moleküls die Länge 1 Å verfügbar, die einleuchtend ist.

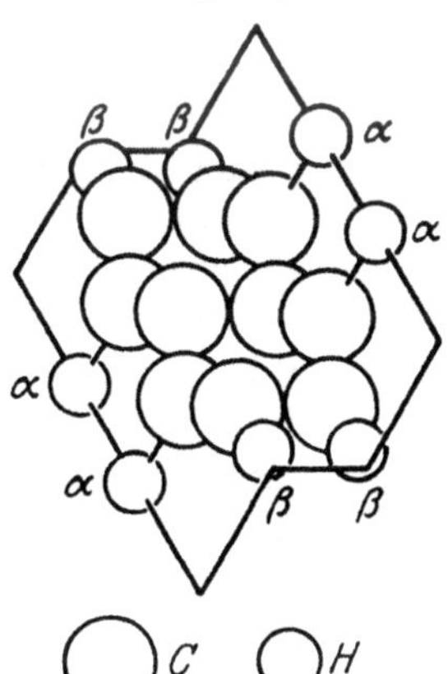

Abb. 156 Naphtalinmolekül.

Dies Ergebnis zeigt, daß die Grundzelle der Naphtalinstruktur gerade die Länge hat, die man zur Unterbringung der Moleküle braucht, wenn sie parallel der c-Achse stehen. Die weitere Frage ist, in welchen Ebenen die Ringe angeordnet sind. Schon die Tatsache, daß in einem monoklinen Gitter vom Aufbau der Abb. 154 die einzige vorhandene Symmetrieebene senkrecht zur b-Achse, also parallel der Ebene (a, c) liegt, spricht dafür, diese Ebene als Ringebene zu wählen. Zudem ist die Dimension der Zelle längs b die kleinste und man erhält daher die beste Raumerfüllung mit dieser Orientierung. Wollte man die Ringebene senkrecht zu a stellen, so wären die Abstände der (100)-Ebenen sehr groß, und die Ebenen selbst sehr dicht besetzt, so daß man gute Spaltbarkeit ‖ (100) erwarten sollte, während die Spaltung nach (001) erfolgt.

Auf diese Weise erhält man die Bilder 157 u. 158 für die Struktur. Es sollte bemerkt werden, daß BRAGG, der HULLschen Bestimmung des

Graphit folgend, die Sechsecke von *c*-Atomen nicht eben, sondern wie auch in Diamant gewellt annimmt. Dadurch erhält das Naphtalinmolekül die Gestalt der Abb. 156. Für die Kristallstruktur ergibt sich durch die Wellung eine sehr einnehmende Verzahnung der Moleküle gegeneinander. Abb. 157 zeigt 3 vollständige Moleküle, entsprechend den 2 Eckmolekülen *B* und *F* der Abb. 154 und dem basiszentrierenden *Q*. Letzteres ist, da um *b*/2 *vor* den anderen liegend, nicht schraffiert. Wie aus der Zeichnung

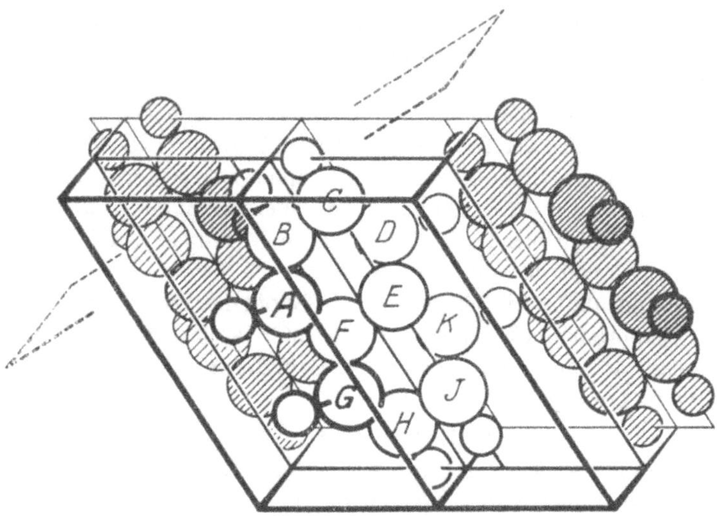

Abb. 157. Naphtalin. Die 3 gezeichneten Moleküle entsprechen den Molekülen *B*, *O*, *F* der Abb. 154.

hervorgeht, sind zwei Arten von Molekülagen vorhanden: bei der »zentrierenden« Molekülsorte sind die Atome *A* und *G* nach vorn, *K* und *D* nach hinten aus der Ringebene *BCEFHI* herausgeklappt, bei den »Eckatomen« ist die Wellung der Sechsecke gerade umgekehrt. Dieser Unterschied ist auf Grund der Röntgenbeobachtung eingeführt worden. Denn die Reflexe an der (100)-Fläche und an einigen höheren Flächen zeigten, daß die Wirkungen der Eck- und der zentrierenden Molekeln sich nicht *völlig* kompensieren. Ob freilich die geschilderte Lagenverschiedenheit eine quantitativ befriedigende Erklärung abgibt, könnte nur die Diskussion mit dem Strukturfaktor zeigen, die wohl bei der Komplikation des Aufbaus noch verfrüht wäre. — Die kleinen Kreise bedeuten die Wasserstoffatome. Von ihnen sind in Naphtalin zwei Arten zu unterscheiden (s. Abb. 156): die α-Atome sitzen quer zur Verbindungslinie der Kohlenstoffringe, die β-Atome an den Molekül»enden«. Wie man sieht, legen sich die α-Atome eines Moleküls an die *C*-Atome des Nachbarmoleküls an und bilden so Verbindungsglieder zwischen den Molekeln. Die β-Wasserstoffatome hingegen stehen ihresgleichen unmittelbar gegenüber. An diesen Stellen hat der Kristall den schlechtesten Zusammenhalt und deshalb tritt nach (001)

Spaltung ein. Abb. 158 gibt einen Anblick des Kristalls in Richtung der *c*-Achse, also eine Projektion auf die in Abb. 157 punktiert angedeutete Ebene. Die Strecke 6,05 Å ist die *b*-Achse, 7,0 Å ist die *a*-Achse, die wegen ihrer Neigung gegen *c* verkürzt erscheint. Die Atome der 3 auch in Abb. 157 vorhandenen Moleküle sind durch die gleichen Buchstaben bezeichnet wie dort; *B* und *C* überdecken sich bei diesem Anblick mit *F*, *E* und *H*, *I*. Man sieht, in welcher Weise die Verzahnung der Moleküle eintritt und daß die Ebene senkrecht zur *b*-Achse eine (Gleit-) Spiegelebene ist.

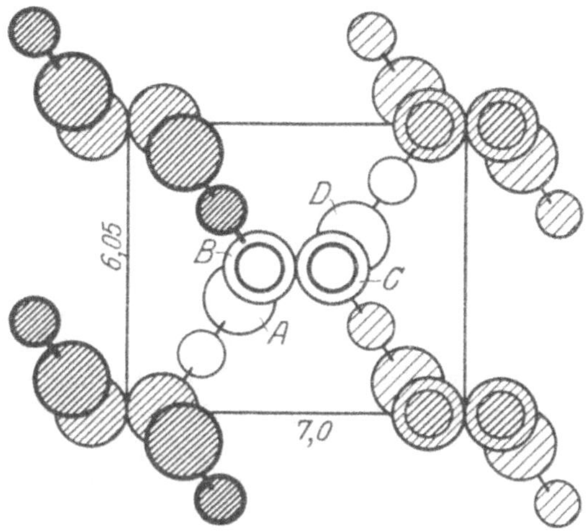

Abb. 158. Naphtalin. Projektion längs *c* auf die in Abb. 157 gestrichelt angedeutete Ebene.

Die Braggsche Untersuchung fußt auf der Vorstellung von der unveränderten Gestalt der Moleküle im Kristall, und legt die Molekülgröße absolut fest. Die Übereinstimmung in den Ringgrößen bei Naphtalin, Anthrazen und Graphit-Diamant läßt es aussichtsreich erscheinen, auch in anderen aromatischen Verbindungen Voraussagen über die Molekülgröße auf Grund der stereochemischen Formel zu wagen und damit ihre Strukturermittlung in den Bereich der Möglichkeiten zu bringen. Wie für die anorganischen Kristalle eine nur sehr ungenau geltende Regel über die »Ionenradien« bei der Strukturermittlung viele nützliche Fingerzeige gibt, so eröffnet sich für organische Kristalle die Aussicht, ähnliches durch die Kenntnis der absoluten Größen typischer Bauteile der organischen Moleküle (wie z. B. des Benzolringes) zu erreichen. Das ist, über den sachlichen Befund hinaus, der methodische Wert des kühnen Vorstosses von Sir W. H. Bragg ins Reich der organischen Kristalle.

Siebzehntes Kapitel.

Gitterkräfte und stoffliche Eigenschaften.

Wie man aus den Überlegungen der vorangehenden beiden Kapitel erfahren haben wird, geben sowohl die Gesichtspunkte der Ionenradien wie der Koordination nur sehr unbestimmte Aussagen über die Gitterkräfte und über den Grund, weshalb ein Stoff ein bestimmtes Gitter für den Aufbau bevorzugt. Man darf diese und weitere chemische Gesichtspunkte nicht unterschätzen als Wegweiser beim Erforschen neuer Stoffe und bei der Systematik von Strukturen. Aber zahlenmäßig-exakte Aussagen sind wohl kaum aus ihnen zu gewinnen und der Versuch dazu hat bisher jedenfalls stets auf die Notwendigkeit geführt, den Atombau selbst mit zu berücksichtigen und von chemischen zu physikalischen Gedankengängen zu wechseln. Da unsere Ansichten über den Bau der Atome und über die bei ihnen geltenden Quantengesetze erst im Ausbau begriffen sind und das Problem der gegenseitigen Beeinflussung der Atome im Kristallgitter offenbar noch schwieriger ist als das des isolierten Atoms, so sind die Versuche einer direkten modellmäßigen Verbindung von Gitterbau und Atomstruktur — wie sie z. B. für das Diamantgitter von mehreren Forschern unternommen wurden — ohne eigentlichen Erfolg geblieben.

Hingegen gibt es eine andere Möglichkeit, zahlenmäßige und experimentell prüfbare Aussagen über die Gitterkräfte zu gewinnen: *durch die Erklärung der stofflichen Eigenschaften der Kristalle auf der Grundlage ihrer (als gegeben betrachteten) Struktur.* Unter den »stofflichen Eigenschaften« werden dabei elastische, thermische, optische, elektrische Eigenschaften verstanden, soweit sie sich am großen Kristallindividuum beobachten lassen — jene Eigenschaften, für welche die voratomistische, »phänomenologische« Physik auf Grund ihrer Messungen die Gesetzmäßigkeiten aufstellen konnte, indem sie Gleichungen ausfindig machte, welche das »Phänomen« zu *beschreiben* geeignet waren. (Die nächste *Erklärung* des Phänomens erblicken wir heute in seiner Zurückführung auf das Wirken der Atome.)

An phänomenologischen Gesetzen ist zweierlei zu unterscheiden: die *Gesetzesform* und die *individuellen Konstanten.* Nehmen wir als Beispiel die von FRESNEL angegebene Gesetzmäßigkeit der Lichtfortpflanzung in einem doppelbrechenden Kristall. Die Gesetzes*form* besagt, daß in *jedem* solchen Kristalle die Geschwindigkeiten der Fortpflanzung des Lichtes in verschiedenen Richtungen auseinander entwickelt werden können, vermöge eines im Kristall gedachten Ellipsoids. Die Anpassung dieser allgemeinen Form an die Beobachtungen *mit einem bestimmten Kristall* hat nun noch durch Angabe der individuellen Konstanten dieses Kristalls — hier der 3 Hauptachsen des Ellipsoids und ihrer Orientierung gegenüber dem Kristall — zu geschehen.

Diesem doppelten Inhalt der phänomenologischen Gesetze entsprechend, zerfällt auch die Aufgabe, sie mit dem Atombau in Beziehung zu setzen, in zwei Teile: 1. Erklärung der Gesetzesform, 2. Erklärung des individuellen Verhaltens durch Berechnung der individuellen Konstanten. Der erste Teil muß dem zweiten aus logischen und formalen Gründen vorangehen: denn ohne den Nachweis erbracht zu haben, daß aus Atomistik und phänomenologischer Beschreibung die gleichen — oder wenigstens innerhalb des Beobachtungsbereichs gleichen — Gesetzes*formen* folgen, wäre ein Vergleich der berechneten mit den gemessenen individuellen Konstanten gar nicht sinnvoll. Aber auch physikalische Gründe tragen dazu bei, daß man in der Begründung der Gesetzesformen weiter vorangekommen ist als in der Berechnung individueller Konstanten: weil für diese die gleiche tiefere Kenntnis des Atombaues erforderlich wäre, die uns auch den Grund für den bestimmten Strukturtyp jeder Substanz offenbaren würde; während für die Erklärung der Gesetzesformen vieler Eigenschaften sehr allgemeine Voraussetzungen genügen.

Die systematische Bearbeitung des Gebietes ist das Verdienst von M. Born. Das Gitter, das er seinen Untersuchungen zugrunde legt, ist das allgemeinste trikline mit beliebiger Basis, aus dem alle anderen durch Spezialisierung gewonnen werden können. Und die wesentliche und einzige *Voraussetzung* diese: *das regelmäßige Gitter ist die stabile Gleichgewichtsanordnung für die Atome.* Man versteht, wieso diese Voraussetzung, die fast trivial scheint, die Kenntnis der Atomkräfte zum großen Teil ersetzt: die stabile Gleichgewichtslage ist nämlich jene, in welche die Atome bei einer kleinen Verzerrung sofort zurückzukehren suchen, indem durch die Verzerrung selbst rücktreibende Kräfte geweckt werden, die ihr entgegengesetzt und proportional sind. Solange nun die Störungen aus der Gleichgewichtslage klein bleiben — eine Voraussetzung, die für die Erklärung vieler Erscheinungen durch den Erfolg bestätigt wird — braucht man gar nicht das Kraftgesetz von Atom zu Atom für alle Entfernungen und Orientierungen der Atome zu kennen. Denn die Kraftsumme an jedem Atom im Gitterpunkt ist ja doch Null (Gleichgewicht!) und wenn selbst das Atom aus seinem Gitterpunkt herausgezerrt wird, so liefert eben die Kraftsumme aller übrigen Atomkräfte insgesamt eine Resultierende, die es wieder in den Gitterpunkt zurücktreibt (Stabilität der Gleichgewichtslage!). Die Kraftsumme ist also einfacher zu übersehen als die Einzelkräfte. Sie läßt sich durch wenige Koeffizienten charakterisieren und diese bleiben als Rudimente der atomaren Kraftgesetze in den Rechnungen stehen. Sie wären zwar nur bei einer vollen Kenntnis jener Gesetze zu berechnen. Aber sie fallen aus manchen Zusammenhängen zwischen stofflichen Konstanten fort, wodurch diese dann experimentell prüfbar werden.

Es ist ein wesentlicher Fortschritt gegenüber den qualitativen Vorstellungen der beiden vorangehenden Kapitel über Kristallchemie, wenn die Kristallphysik in dieser Art eine *zahlenmäßige* Verbindung herstellt zwischen anscheinend so wesensfremden Größen wie Elastizitätsmodulen, spezifischer Wärme, Reststrahlfrequenzen und piezoelektrischen Konstanten. Im folgenden wird, wenn auch nur flüchtig, der eine oder andere Zusammenhang angedeutet werden können.

In den jungen Tagen der *Elastizitätstheorie* haben die Forscher (Navier, Poisson, Cauchy) bei der Aufstellung der Gesetze der Elastizitätstheorie reichlich Gebrauch von atomistischen Vorstellungen gemacht und auch die durch Bravais' bald folgende Arbeiten präzisierte Vorstellung vom Gitteraufbau der Kristalle benutzt, um aus ihr die phänomenologische Gesetzesform zu entwickeln. Dabei stellte sich aber ein *unerwartetes Versagen der Gittervorstellung* heraus. Denn Cauchy bewies, vom einfachen Translationsgitter ausgehend, daß zwischen den verschiedenen Elastizitätskonstanten eines Gitters Beziehungen bestehen, durch welche die Zahl der unabhängigen Konstanten im allgemeinen Fall von 21 auf 15, bei kubischen Gittern von 3 auf 2 berabgesetzt werden. Das Experiment aber bestätigte die »CAUCHYschen Relationen« zwischen den Elastizitätskoeffizienten nicht und verlangte zur Beschreibung der Vorgänge die freie Verfügbarkeit über alle Koeffizienten (»Multikonstantentheorie« siegt gegen die »Rarikonstantentheorie«). Dies Versagen der Gittervorstellung bei der unmittelbar sich darbietenden Erklärung des elastischen Verhaltens versetzte dem Glauben an die ganze Gittertheorie einen solchen Stoß, daß sie auf lange hinaus diskreditiert war und einem Dornröschenschlaf verfiel, aus dem sie erst eigentlich durch die Entdeckung der Röntgeninterferenzen erlöst wurde.

Eine Gitterdynamik mußte aus diesem Grunde damit beginnen, *die Elastizitätstheorie mit der Gittervorstellung zu versöhnen.* BORN zeigte, daß der CAUCHYsche Schluß nur in einfachen Translationsgittern gilt, daß aber in dem Augenblick, wo man eine zusammengesetzte Basis des Gitters zuläßt, die störenden Beziehungen zwischen den Elastizitätskoeffizienten fortfallen können. Denn diese Beziehungen sind die Folge einer besonders hohen »inneren« Gittersymmetrie, die von der »äußeren« oder Gesamtsymmetrie des Gitters unterschieden werden muß. Letztere setzt z. B. die Zahl der verschiedenen bzw. unabhängigen elastischen Koeffizienten von 21 beim triklinen auf 3 beim kubischen Kristall herab. Für die CAUCHYschen Relationen hingegen ist es wichtig, ob die Struktur um *jedes* Atom herum zentrisch-symmetrisch ist, — eine innere Symmetrieforderung, die natürlich auch dann *nicht* erfüllt zu sein braucht, wenn der Kristall als solcher ein Zentrum der Symmetrie besitzt (man denke an Diamant!). In einem einfachen Translationsgitter ist nun stets jeder Atomschwerpunkt Zentrum der Symmetrie für die ganze Struktur und daher ergeben sich die CAUCHYschen Relationen. Ebenso wären sie für alle jene Elemente zu erwarten — wie Eisen, Kupfer, Wolfram usw. — die kubisch flächen- oder körperzentriert kristallisieren. Da Kristall*individuen* dieser Stoffe nicht untersucht werden konnten, war eine direkte Bestätigung an ihnen nicht möglich; aber schon CAUCHY hatte die elastischen Eigenschaften eines Mediums berechnet, das mikrokristallin aus Kriställchen aufgebaut ist, deren jedes die CAUCHYschen Relationen erfüllt und war zu dem Ergebnis gelangt, daß in einem solchen Medium eine der charakteristischen elastischen Größen, das »POISSONsche Verhältnis der Querkontraktion zur Längsdilatation«, den Wert $^1/_4$ haben muß. Dies war experimentell an einigen Metallen bestätigt worden; Abweichungen von dem Wert $^1/_4$ zeigten die Ungültigkeiten der CAUCHYschen Relationen in anderen Fällen an. Spätere zuverlässige direkte Bestimmungen an Einzelkristallen durch W. VOIGT in Göttingen — einem der fruchtbarsten Förderer der gesamten Kristallphysik — ergaben, daß auch bei Steinsalz die CAUCHYschen Relationen erfüllt sind. Im Steinsalztyp ist ja wie im einfachen Translationsgitter jedes Atom Zentrum der Symmetrie für die gesamte Struktur; wird ein einseitiger Druck ausgeübt, so wird zwar die Gitterzelle verzerrt (vgl. die Verzerrung des zweidimensionalen Gitters in Abb. 159), aber die *Basiskoordinaten* bleiben unverändert und auch nach der Deformation ist noch jeder Atomschwerpunkt Symmetriezentrum. Auch für Sylvin folgt die CAUCHYsche Beziehung, wie kürzlich FÖRSTERLING durch erneute Diskussion der VOIGTschen Messungen nachgewiesen hat, und so sollte es für alle nach dem Steinsalztyp gebauten Kristalle sein.

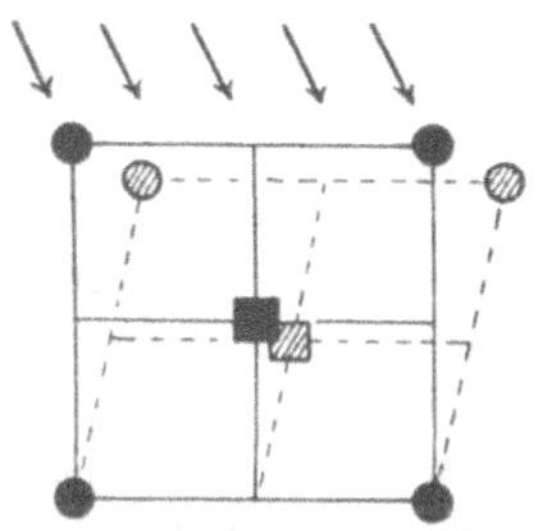

Abb. 159. Steinsalztyp. Deformation durch äußeren Druck ohne Basisverzerrung.

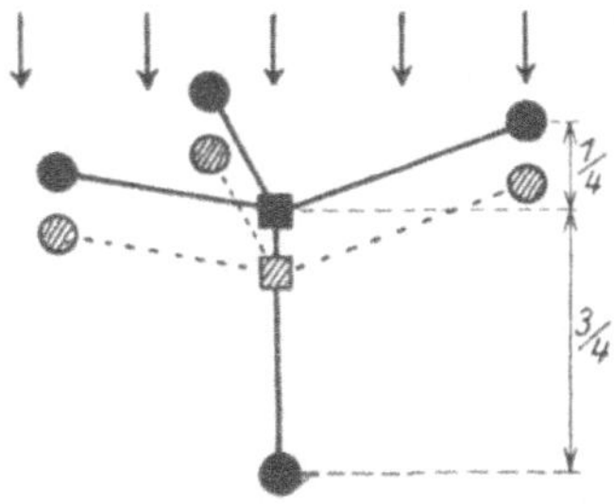

Abb. 160. Zinkblendetyp. Äußerer Druck erzeugt Deformation mit Basisverzerrung.

Andrerseits stelle man sich Zinkblende vor, in der die Schwerpunkte von *Zn* und *S* nicht Symmetriezentra sind (und auch der ganze Kristall keines hat). Abb. 160 gibt einen Ausschnitt aus dem Gitter vor und nach der Verzerrung durch den senkrecht von oben wirkenden Druck. Keine Symmetriebedingung bürgt mehr dafür, daß während der Anwendung des Druckes die Abstandsverhältnisse 1 : 3 erhalten bleiben, welche für die Oktaederebenen charakteristisch und eine unmittelbare Folge der (durch den Druck nun aufgehobenen) Existenz der 4 dreizähligen Achsen der kubischen Struktur waren (vgl. S. 96). Die Abbildung ist so gezeichnet, als bliebe der im unverzerrten Zustand mit $^1/_4$ bezeichnete Abstand zwischen den Doppelebenen erhalten, entsprechend einer besonders großen Versteifung dieser Netzebenen gegeneinander, und als käme die Verkürzung in der Druckrichtung wesentlich von der Verkleinerung des Abstandes »$^3/_4$« her. Wie dem auch sei, es liegt kein Symmetriegrund vor, warum nicht eine »*Basisverzerrung*«, d. h. eine Änderung des Basiskoordinaten in bezug auf die jeweiligen Gittertranslationen, stattfinden sollte. Infolge der Basisverzerrung fallen nach BORNS Rechnungen die CAUCHYschen Beziehungen zwischen den elastischen Konstanten fort und der frühere Widerspruch löst sich auf.

Es wäre sehr schön, wenn sich *aus der Intensität der Röntgeninterferenzen die Basisverzerrung bei Druck* unmittelbar feststellen ließe. Bei der großen Empfindlichkeit des Lauebildes erscheint der Nachweis nicht ausgeschlossen; er ist bisher aber noch nicht erbracht worden. Er wäre deshalb von großem Interesse, weil er einen unmittelbaren, auch quantitativ verwertbaren Hinweis auf die Atombindungen enthalten würde.

Die gewöhnlichen Methoden zur Untersuchung der elastischen Deformationen von Kristallen sind sehr mühsam und kostspielig auszuführen, weil zur Messung eines jeden der zahlreichen Koeffizienten im allgemeinen ein besonders orientiertes Stäbchen aus einem gesunden Kristall herausgeschliffen werden muß. A. JOFFÉ und M. V. KIRPITCHEVA haben mit Erfolg angefangen, die Verzerrung des Gitters durch die Änderung der Reflexwinkel an den inneren Netzebenen des Kristalls im Lauebild nachzuweisen. Läßt sich die nötige Präzision erreichen, so wird diese Methode eine wertvolle Ergänzung der bisherigen Meßarten des elastischen Verhaltens bilden. Eine direkte Beobachtung der Basisverzerrung ist wohlverstanden nur an den Intensitäten (Änderung des Strukturfaktors), nicht an den geometrischen Daten möglich.

Die soeben besprochene Basisverzerrung äußert sich sehr handgreiflich in der *Piezoelektrizität*. Legt man z. B. ein Zinkblendeplättchen, das nach den Oktaederebenen abgespalten ist, zwischen die Platten eines Kondensators, dessen eine Belegung mit einem Elektrometer verbunden, dessen andere geerdet ist, so erhält man einen Elektrometerausschlag, sobald durch die Kondensatorplatten ein Druck auf die Zinkblende ausgeübt wird. Der Ausschlag wechselt das Vorzeichen, je nachdem ob be- oder entlastet wird und wenn die Kristallplatte umgedreht wird. — Was geht bei der Belastung vor sich? Die Netzebenen (111) der Zinkblende bestehen abwechselnd aus Zn^{++}- und S^{--}-Ionen. Jede solche Netzebene trägt pro Flächeneinheit die gleiche positive bzw. negative Ladung und sendet eine bestimmte Anzahl Kraftlinien aus, die auf den Ladungen der Nachbarebenen enden. Werden durch den Druck und die Basisverzerrung die Abstände der Netzebenen geändert, so dehnen oder verkürzen sich diese Kraftlinien. Das bedeutet aber, daß elektrische *Spannung* zwischen je zwei Ebenen erzeugt wird und diese Spannungen addieren sich von Ebene zu Ebene, bis sie schließlich zwischen Ober- und Unterfläche des Kristalls merklich und meßbar werden.

Auch im ungepreßten Zustand wächst das Potential von einer Schwefelebene (111) zur benachbarten Zinkebene an, entsprechend den Kraftlinien, die den Zwischenraum zwischen den Ebenen überbrücken. Aber von jener Zinkebene bis zur nächsten, der ersten strukturell gleichwertigen, Schwefelebene fällt das Potential um ebenso viel, da sonst auch im unbelasteten Zustand eine Potentialdifferenz zwischen Ober- und Unterfläche des Kristalls entstehen würde. Würde nun durch Druck eine Deformation des Kristalls *ohne* Basisverzerrung vorgenommen, so würden zwar infolge der allgemeinen Verkürzung der Abstände die Potential*schwankungen* von Netzebene zu Netzebene etwas stärker werden, aber der Anstieg und Abfall der Potentiale würde sich nach wie vor zwischen strukturell gleichwertigen Ebenen kompensieren. Die Kompensation kann aber dann nicht eintreten, wenn infolge einer Basisverzerrung die relativen Abstände zwischen + und —-Ebenen abgeändert werden.

Aus dieser atomistischen Erklärung ist ersichtlich, warum die Piezoelektrizität ein sicheres Zeichen für die Ionisierung der Atome im Gitter ist.

Das elastische und piezoelektrische Verhalten der Kristalle gehört streng genommen nicht in die Gitter*dynamik*, sondern in die Gitter*statik*. Dorthin ist auch noch die *Schallausbreitung* zu verweisen. Denn Schallwellen sind — für den atomaren Maßstab — Bewegungen, die örtlich und zeitlich so langsam veränderlich sind, daß sie noch wie völlig gleichförmige Gleichgewichtszustände behandelt werden können. Gemäß der sehr ausgesprochenen Richtungsabhängigkeit (»Anisotropie«) der elastischen Eigenschaften ist die Schallausbreitung im Kristall erheblich verwickelter, als etwa die des Lichtes.

Zur *eigentlichen Dynamik* und zur Erzeugung neuartiger Basisverzerrungen gehört ein ausgesprochenes *Wechselspiel* einerseits zwischen den *Gitterkräften*, die die Atome in die Gleichgewichtslagen zurücktreiben und den *Trägheitskräften* der einzelnen Atome andrerseits. Dies tritt bei Schwingungen von hoher Frequenz ein.

Ein *jedes mechanische System* — ein Pendel, eine Brücke, eine gespannte Saite, ein Kristallgitter — hat gewisse ausgezeichnete Schwingungsweisen, die *Eigenschwingungen*, welche es, wenn es einmal aus der Gleichgewichtslage gestoßen ist, ohne andauernde Einwirkung äußerer Kräfte ausführen kann, bis es durch die Reibung nach längerer oder kürzerer Zeit allmählig zur Ruhe gebracht wird. Je komplizierter das System ist, um so mehr Eigenschwingungen hat es, deren jede mit einer bestimmten Frequenz, der *Eigenfrequenz*, und einer bestimmten Schwingungs*form*, d. h. einem bestimmten Amplitudenverhältnis der einzelnen Teile des Systems vor sich geht. Das Pendel, als einfaches System, hat nur *eine* Eigenschwingung und *eine* Eigenfrequenz, die Saite, als Kontinuum gedacht, unendlich viele, nämlich die Schwingung im Grundton (ohne inneren Schwingungsknoten) und in allen Obertönen (mit zunehmender, in der Grenze unendlicher Anzahl von inneren Schwingungsknoten). Die Kenntnis der Eigenfrequenzen ist von besonderer Wichtigkeit für die Beherrschung der mechanischen Eigenschaften eines Systems. Denn es sind kritische Frequenzen insofern, als selbst eine ganz kleine äußere periodische Kraft, die an dem System angreift, sehr große Schwingungen des Systems hervorbringen kann, wenn ihre Frequenz hinreichend nahe mit einer seiner Eigenfrequenzen übereinstimmt (*Resonanz*). Die Brücke, die unter dem taktgemäßen Schritt der Soldaten, der federnde Baumstamm, der durch das rhythmische Wiegen der Kinder in Schwingung gerät, sind Beispiele, wie kleine Kräfte, die einen kaum merklichen *statischen* Ausschlag hervorbringen würden, infolge der »*Resonanz*« große dynamische Wirkungen haben.

Es ist einer der wichtigsten Sätze der Mechanik, daß man *jede beliebige Bewegung* eines Systems um seine Gleichgewichtslage herum stets auflösen kann in eine Reihe harmonischer Schwingungen — der Eigenschwingungen, — die mit entsprechender Stärke zur Überlagerung gelangen. Die Energie der Bewegung des Systems ist die Summe der Energien, die in den einzelnen Eigenschwingungen stecken.

In einem *Kristallgitter*, das man sich, um den störenden Rand zu vermeiden, allseits bis ins Unendliche fortgesetzt denkt, sind die Eigenschwingungen nichts anderes als ebene elastische Wellen — die meisten von sehr hoher Frequenz — die das Gitter in allen Richtungen mit allerlei verschiedenen Wellenlängen und Fortpflanzungsgeschwindigkeiten durchsetzen. Abb. 161 stellt das Momentbild einer solchen Wellenbewegung für eine Gittergerade schematisch dar. Es ist dabei eine locker und eine fest gebundene Atomsorte angenommen (○ und ●); beide zusammen bilden die »Basis« des eindimensionalen Gitters. Amplitude und Phase beider Atomsorten können verschieden sein — sie

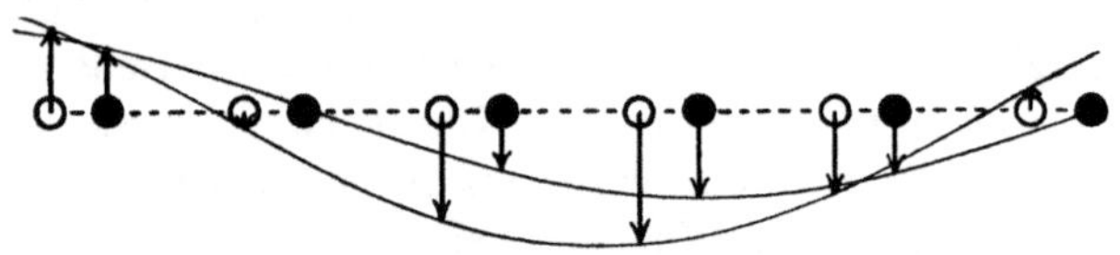

Abb. 161. Eigenschwingung mittlerer Frequenz im linearen Gitter.

bestimmen zusammen die Schwingungs*form* der Eigenschwingungen. Hingegen sind Wellenlänge und Frequenz (mithin auch Fortpflanzungsgeschwindigkeit) für die Schwingungen der beiden Atomsorten gleich, weil andernfalls nicht alle Atompaare im ganzen Kristall mit der gleichen Schwingungsform schwingen könnten.

Dem obengenannten allgemeinen Satze gemäß wird sich aus den Eigenschwingungen auch die völlig unregelmäßige Bewegung aufbauen lassen, die als *Wärmebewegung* von den Atomen eines festen Körpers ausgeführt wird. Um einen Körper um 1° C. zu erwärmen, muß ihm pro Gramm eine Wärmemenge (Kalorien) zugeführt werden, die seiner »*spezifischen Wärme*« zahlenmäßig gleich ist. Die Energie, die er dabei erhält, steigert die Intensität seiner Eigenschwingungen. In diesen Schwingungen liegt der Energiespeicher des festen Körpers, so wie für das Gas in der Energie der fortschreitenden und der drehenden Bewegung der umherfliegenden Moleküle. Obwohl jede einzelne Eigenschwingung ein wohlgeordneter, einfacher, mechanischer Vorgang ist, läßt sich nichts unregelmäßigeres ausdenken, als die Überlagerung der zahllosen Eigenschwingungen mit stets wechselnden Richtungen, Amplituden, Phasen, Frequenzen.

Die Berechnung der spezifischen Wärmen war einer der ersten großen Triumphe der Gittervorstellung, noch vor ihrem endgültigen Beweis durch v. Laue. Die reine Mechanik muß dabei unterstützt werden durch die *statistische Mechanik*. Denn wir können uns zwar in einem Augenblick die Lagen und Bewegungen aller Atome des Kristalls genau gegeben denken und dann auf Grund der Mechanik voraussehen, wie dieser Zustand sich weiter entwickeln wird. Aber wie oft man vermutlich die gleichen Anfangsbedingungen verwirklicht finden wird, wenn man an einer großen Reihe von Kristallen Stichproben vornimmt, das ist eine statistische, eine Wahrscheinlichkeitsaussage, die der Mechanik fremd ist. Und doch hängt sie mit der Mechanik zusammen, denn was bei den Stichproben an den vielen unabhängigen Kristallen gefunden wird, muß sich mit der gleichen Wahrscheinlichkeit bei Stichproben ergeben, die nacheinander am gleichen Kristall ausgeführt werden, obwohl hierbei die aufeinanderfolgenden Zustände durch die mechanischen Gesetze auseinander zu entwickeln sind. Aus diesem Grunde ist die Aussage über den Zustand, in welchem man wahrscheinlich ein System antrifft, Gegenstand einer eignen Disziplin, der statistischen Mechanik, deren Grundelemente aus ihrem Namen hervorgehen.

Neben die statistische Mechanik tritt eigentlich eine statistische Elektrodynamik. Denn wie der Wärmeinhalt eines festen Körpers durch die mechanischen Wellen bestimmt ist, die ihn durchsetzen, so besteht der Wärmeinhalt eines leeren Raumes, der von gleichmäßig temperierten Wänden begrenzt ist (des sog. Hohlraumes), in der Energie, die die elektromagnetischen Wärmestrahlen und Lichtstrahlen besitzen, welche von den Wänden ausgehend, den Raum in allen Richtungen durchkreuzen. Mit der erfolgreichen Behandlung dieses Problems der »*Wärmestrahlung*« durch M. PLANCK setzt die moderne Atomphysik ein, indem aus diesem Problem die Vorstellung der »Quanten« stammt, welche sich später als beherrschendes Gesetz für die Welt der Atome herausstellte.

Die Vorstellungen über den Wärmeinhalt des Hohlraums und des festen Körpers sind so ähnlich, daß es nahe lag, die von PLANCK gefundene statistische Energieverteilung von der Hohlraumstrahlung auf die elastischen Wellen des Körpers zu übertragen. Danach hängt die Energie, welche wahrscheinlich in einer Eigenschwingung von der Frequenz ν Schwingungen pro Sekunde angetroffen wird, von ν, besser gesagt, von ν und T ab, wo T die absolute Temperatur des Körpers ist. Und zwar ist die Energie gleich $T \cdot P$, wo die Funktion P *allein* von dem Verhältnis ν/T abhängt, welches auch der untersuchte Körper sei: seine Natur kommt überhaupt nur darin zum Vorschein, daß seine Eigenfrequenzen bestimmte, von den Gitterkräften abhängende Werte ν haben. Abb. 162 zeigt die »Plancksche Funktion« P, welche bis auf den Faktor T die Energie der einzelnen Eigenschwingungen angibt.

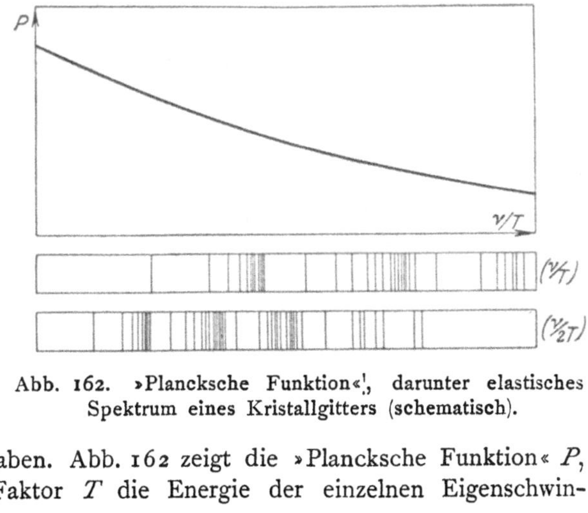

Abb. 162. »Plancksche Funktion«!, darunter elastisches Spektrum eines Kristallgitters (schematisch).

Unter der Abszissenachse ist schematisch die Gesamtheit der Eigenfrequenzen eines Kristalls, oder vielmehr der ν/T-Werte bei einer gewissen, nicht zu hohen Temperatur T aufgetragen. Die Gesamtheit der Eigenfrequenzen heißt auch das »*elastische Spektrum*« des Kristalls. In dem Schema lassen sich, wie es bei mehratomiger Basis meist der Fall ist, mehrere Häufungsstellen von Eigenfrequenzen erkennen. Da jede Eigenschwingung so viel Energie enthält, wie aus der Ordinate zur PLANCKschen Kurve (multipliziert mit T) hervorgeht, ist der Hauptteil des gesamten Wärmeinhalts des Kristalls in Schwingungen enthalten, deren Frequenzen sehr nahe bei den Häufungsstellen liegen. — Wird die Temperatur erhöht, so rücken die ν/T-Werte enger zusammen (zweite Skala unter der Abszissenachse, in Abb. 162 mit $\nu/2\,T$ bezeichnet) und es erhalten mehr und mehr Eigenschwingungen gemäß der Planckschen Kurve größere Energieanteile. Die spezifische Wärme ist demnach die Wärmemenge, welche zugeführt werden muß, damit bei der Verkürzung des elastischen Spektrums im ν/T-Maßstab gleichwohl jede Eigenschwingung die gebührende Energie bekommt. Bei sehr hohen Temperaturen liegt das elastische Spektrum ganz unter dem Anfang der PLANCKschen Kurve und alle Eigenschwingungen erhalten annähernd gleich viel Energie. Der Wärmeinhalt des Kristalls ist dann proportional zu T und der Anzahl überhaupt vorhandener Eigenschwingungen, die spezifische Wärme also einfach proportional der Zahl der Eigenschwingungen, unabhängig von der Temperatur. Bei vielen Körpern sind die Gitterkräfte so gering und die Eigenfrequenzen daher so niedrig, daß dieser Zustand sich bei gewöhnlicher Temperatur verwirklicht findet. Die großzügigen Messungen NERNSTS und seiner Schüler haben aber gezeigt, daß bei genügender Senkung der Temperatur stets eine Temperaturabhängigkeit der spezifischen Wärme eintritt, wie sie gemäß der Ausdehnung des ν/T-Spektrums und dem Wandern entlang der PLANCKschen Kurve erwartet werden muß. Besonders feste Gitterbindungen besitzen Diamant und Silizium, wie auch aus ihrer außerordentlich geringen Kompressibilität hervorgeht. Bei diesen Körpern reicht auch bei gewöhnlicher Temperatur das ν/T-Spektrum weit über das Gebiet der großen P-Werte hinaus und daher ist die spezifische Wärme abnorm klein und auch bei gewöhnlicher Temperatur nicht konstant.

Da die gleichen Atomkräfte das statische elastische und das dynamische Verhalten (elast. Spektrum) bedingen, so verbindet die hier skizzierte atomistische Theorie die elastischen mit den thermischen Eigenschaften der Kristalle. Diesen Zusammenhang zwischen den vorher ganz beziehungslosen Materialkonstanten hat als erster E. MADELUNG aufgedeckt.

Daß die unregelmäßigen Ausschwingungen der Gittermassen infolge der Wärmebewegung nicht ohne Einfluß auf die *Röntgeninterferenzen* sind, wurde bereits auf S. 113 berührt. Die nach DEBYE aufgestellte Theorie sagt eine Schwächung der Intensitäten der Interferenzflecken unter Beibehaltung ihrer Schärfe voraus. Die DEBYEsche Theorie wurde durch

M. v. LAUE sowie W. H. BRAGG und neuerdings durch seinen Schüler BACKHURST geprüft, namentlich um die Frage zu entscheiden, ob die Atome beim absoluten Nullpunkt der Temperatur tatsächlich still liegen, oder ob sie auch da noch eine kinetische »Nullpunktsenergie« besitzen. Die Versuche sprachen gegen eine Nullpunktsenergie, zeigten aber wie alle Intensitätsmessungen keine gute Übereinstimmung mit der Theorie. Es wird vielleicht nötig sein, die Frage auch von der theoretischen Seite her wieder aufzunehmen.

Von auffallender Art ist das Verhalten der nicht-kubischen Kristalle gegenüber *Lichtwellen* infolge des Auftretens der Doppelbrechung. Sie besteht kurz gesagt darin, daß eine Lichtwelle sich mit verschiedenen Geschwindigkeiten fortpflanzt, je nachdem, in welcher Richtung gegenüber dem Kristall die Lichtschwingung, d. h. die Schwingung des Vektors der elektrischen Feldstärke stattfindet. Um das Zustandekommen der Doppelbrechung zu verstehen, muß man sich über den Grund klar werden, *warum überhaupt die Fortpflanzungsgeschwindigkeit des Lichtes im Innern eines durchsichtigen Körpers von der Lichtgeschwindigkeit* $c = 3 \cdot 10^{10}$ *cm/sec im Vacuum abweicht.* Wir beginnen daher mit der Erklärung der einfachen Brechung in einem kubischen Kristall, wie sie von der »*Dispersionstheorie*« geliefert wird. (So genannt, weil zugleich mit der »Refraktion« oder Brechung auch die »Dispersion« oder Wellenlängenabhängigkeit des Brechungsindex erklärt wird).

Wie eine einzelne Netzebene auf eine einfallende Lichtwelle reagiert, ist in Kap. IV behandelt worden. Sind die Größenverhältnisse wie bei optischem Licht im Kristall, so bleiben von den beiderseits von der Netzebene ausstrahlenden Kreuzgitterspektren nur die Spektren (oo) übrig, von denen das eine die Richtung des Primärstrahls hat, des andern sein Spiegelbild an der Netzebene ist. Die Amplitude und Phase der von der Netzebene ausgehenden Wellen ist durch die Amplitude und Phase der Schwingung der Netzebenenteilchen bestimmt. Für kurzwelliges — sichtbares — Licht ergibt sich aus der Dispersionstheorie, daß im wesentlichen die Außenelektronen der Atome — also die chemisch wirksamen »Valenzelektronen« — in Schwingung geraten; für langwellige ultrarote Strahlung sind es die ganzen Ionen selbst, die erregt werden, wie später bei den Reststrahlen besprochen wird.

Wären keine schwingenden Elektronen oder Ionen da, so wäre der Raum in optischer Hinsicht »leer« und die Lichtwelle würde die Geschwindigkeit c wie im Vacuum haben. Durch das Hinzutreten der Netzebenenwellen muß ihre Geschwindigkeit auf den Wert $q = c/\nu$ herabgedrückt werden, den sie gemäß dem Brechungsindex ν im Körperinnern hat. Dabei ist zu bemerken, daß in dem (tatsächlich leeren) Zwischenraum *zwischen* den Netzebenen die Wellengeschwindigkeit gemäß den Grundgleichungen der elektromagnetischen Lichttheorie jedesmal wieder c sein muß. Wie ist das möglich?

Wir müssen zunächst bei der einzelnen Netzebene stehen bleiben, auf welche Licht einfällt, und insbesondere die *Phase* untersuchen, mit der beide Netzebenenwellen unter dem Einfluß der »primären« Lichtwelle die Netzebene verlassen. Die Dispersionstheorie verfährt dabei so, daß sie die Schwingungen der Netzebenenteilchen berechnet. Da ein Teilchen nicht nur unter dem Einfluß der primären Welle, sondern auch angeregt durch die sämtlichen ihm von den andern Teilchen des Körpers zugestrahlten »sekundären« Kugelwellen ausschwingt, braucht seine Phase nicht die der Primärwelle zu sein. Statt der weitläufigen Berechnung dieser Schwingungen benutzen wir die Tatsache, daß *im Innern* eines homogenen Körpers keine Reflexion der Primärwelle stattfindet. Die von den einzelnen Netzebenen *reflektierten* Spektren (00), in Abb. 163 gestrichelt, transportieren also eine verschwindend geringe Energie zurück, und die Energie der Primärwelle wird nicht geschwächt. Auch die Amplitude dieser Welle in dem Zwischenraum I/II muß daher den gleichen Betrag haben, wie im nächsten Zwischenraum II/III, *obwohl* die in II/III verlaufende Welle 2 aus der Überlagerung der Welle 1 mit der in der gleichen Richtung ausgesandten Welle (00) der Netzebene II besteht. Vergegenwärtigen wir uns die geometrische Konstruktion von S. 89 zur Ermittlung von Amplitude und Phase einer durch Überlagerung entstehenden Welle, so ist wegen der Konstanz des Amplitudenbetrags nötig, daß der Amplitudenvektor der Welle 2 durch eine bloße Drehung aus dem Amplitudenvektor 1 entstehen muß. Ist die von der einzelnen Netzebene ausgesandte Amplitude (00) sehr klein gegen die Amplitude der gesamten Welle 1 oder 2, so muß sie (Abb. 164) 90° Phasendifferenz gegenüber der Primärwelle haben. Die Überlagerung läuft also darauf hinaus, daß durch das Hinzutreten einer jeden Netzebenenwelle die Phase der im Kristall sich ausbreitenden Lichtwelle ein wenig zurückgehalten wird. *Obwohl in den Zwischenräumen zwischen den Netzebenen die Wellenausbreitung mit der Vakuumsgeschwindigkeit c erfolgt, wird die »stofflich«, d. h. im groben betrachtete Geschwindigkeit geringer infolge der ständig sich wiederholenden kleinen Phasensprünge beim Durchgang durch die einzelnen Netzebenen.*

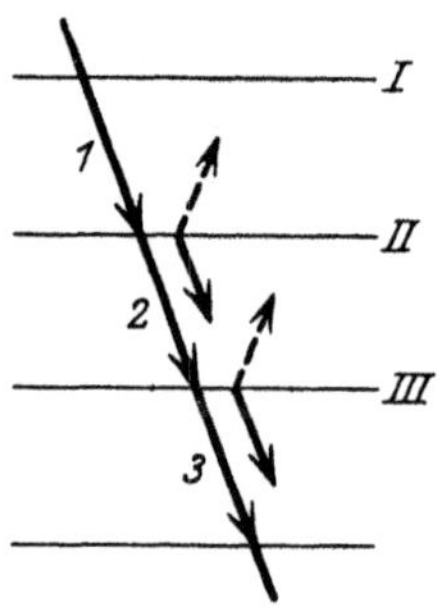

Abb. 163. Zur Dispersionstheorie. I, II, III Netzebenen, 1, 2, 3 die auf sie einfallenden Lichtstrahlen. Daneben die von den Netzebenen ausgehenden Wellen.

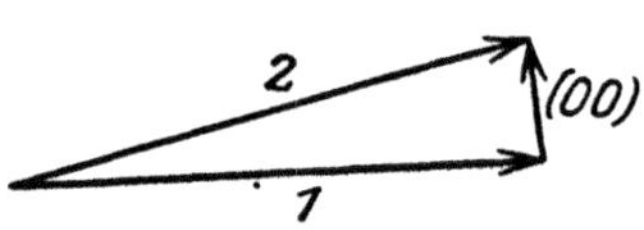

Abb. 164. Amplituden vor (1) und nach (2) Durchsetzung einer Netzebene.

Dispersion und Doppelbrechung sind nun ihrem Wesen nach leicht verständlich. Je größer nämlich die Amplituden (00), um so größer die einzelnen Phasensprünge und damit auch der Brechungsindex. Die Amplituden (00) sind aber den Amplituden der schwingenden Netzebenenteilchen proportional. Eine starke *Veränderlichkeit der Brechung* tritt bei solchen Frequenzen ein, die den Eigenfrequenzen (s. S. 229) der schwingenden Teile benachbart sind und deshalb Resonanz hervorrufen. Darum gibt der Verlauf des Brechungsindex ein Mittel in die Hand, solche Eigenfrequenzen aufzufinden.

Die *Doppelbrechung* tritt nur in nicht-kubischen Kristallen auf. Abb. 165 möge die Netzebene eines rhombischen Kristalls bedeuten, welche durch eine senkrecht zur Zeichnungsebene einfallende Lichtwelle zu Schwingungen erregt ist. Und zwar falle in der linken und rechten Hälfte verschieden polarisiertes Licht ein, so daß die Schwingungen links im Sinn der größeren, rechts der kleineren Maschenkanten erfolgen. Es ist begreiflich, daß die Schwingungsrichtung von erheblichem Einfluß auf die Stärke der Wechselwirkung der schwingenden Teilchen, somit auf die Amplitude der Schwingungen selbst sein wird. Damit sind aber auch die Amplituden

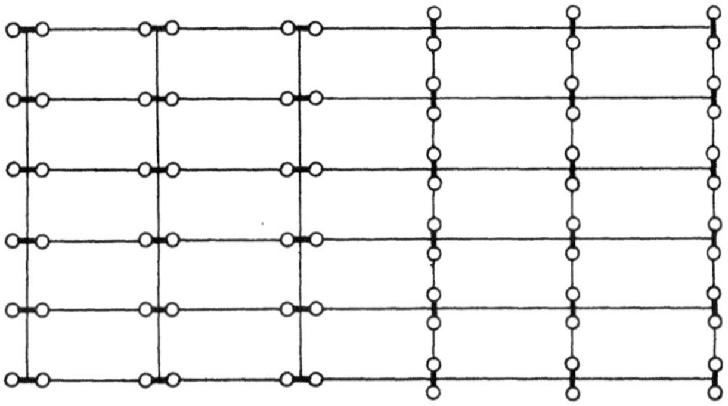

Abb. 165. Zur Erklärung der Doppelbrechung.

der Wellen (oo) in beiden Fällen verschieden und nach obigem die Fortpflanzungsgeschwindigkeiten der Wellen. Zahlenmäßig ergibt sich auch die richtige Größenordnung der Doppelbrechung.

Die Doppelbrechung wurde zuerst vom Verfasser mit der Kristallstruktur in Verbindung gesetzt. M. Born hat darüber hinaus auch das strukturelle Drehungsvermögen der optisch aktiven Kristalle berechnet.

Reststrahlen sind Wärmewellen von fast einheitlicher Wellenlänge. Sie sind der Rest, der von der Strahlung eines Auerbrenners oder einer Quarz-Quecksilberlampe übrig bleibt, wenn man die Strahlung mehrmals zwischen den parallelen Oberflächen zweier gleicher Kristallstücke reflektieren läßt. Man kennt dank den Untersuchungen von H. Rubens Reststrahlen von Steinsalz, Sylvin, Bromkalium, Quarz, Kalkspat, Rutil, Anatas und weiteren Kristallen. Die Wellenlänge der Reststrahlen, die mit verschiedenen Kristallen erhalten werden, bilden für diese charakteristische Gruppen, welche meist zwischen 20 und 100 μ gelegen sind — also rund dem Hundertfachen der Wellenlänge von sichtbarem und dem Millionenfachen von Röntgenlicht.

Die Entstehung der Reststrahlen beruht auf der Gitterstruktur und der Resonanz mit den Eigenschwingungen des Gitters. Sie ist daher nach den im letzten und vorletzten Abschnitt gegebenen Prinzipien verständlich.

Ihrer experimentellen Verwirklichung nach sind die Reststrahlen Strahlen von solchen Frequenzen, für welche der Kristall ein abnorm hohes Reflexionsvermögen besitzt. Soll der Kristall gut reflektieren, so muß er sich möglichst vom »optisch leeren« Zustand unterscheiden, d. h. auch sein Brechungsvermögen muß für die Reststrahlfrequenzen sehr groß sein, und ebenso die Ausschwingung seiner schwingungsfähigen geladenen Teilchen. Die Reststrahlen eines Kristalls werden also gleiche Frequenzen haben, wie diejenigen seiner Eigenschwingungen, die durch Resonanz verstärkt und optisch wirksam werden.

Nicht alle Eigenschwingungen werden durch eine auf den Kristall fallende ultrarote Welle angeregt, selbst wenn ihre Frequenzen mit der einfallenden Welle übereinstimmen. Vielmehr gehört dazu noch die geeignete Schwingungs*form*. Die ultrarote Welle kann als ein zeitlich schnell wechselndes elektrisches Feld angesehen werden. Der Phasenunterschied von Zelle zu Zelle im Gitter ist dabei unwesentlich, da ja die Wellenlänge einige hunderttausend Gittertranslationen beträgt. Dieses Wechselfeld greift nun an den positiven und negativen Ionen des Kristalls an und zerrt sie nach entgegengesetzten Richtungen. Hierin ist es nur dann besonders wirksam, wenn es sich in Resonanz befindet mit einer Eigenschwingung, *bei der ebenfalls entgegengesetzte Ionen entgegengesetzt ausschwingen.*

Auch wenn die beiden Atomarten der Abb. 161 verschiedene Ladungen trügen, würde die in dieser Abbildung dargestellte Eigenschwingung durch eine ultrarote Welle nicht angeregt werden können. Denn weder ist die Schwingungsphase im Bereich vieler hundert Gitterabstände merklich konstant, noch schwingen positive und negative Ladungen entgegengesetzt aus. Die Schwingungsform der Eigenschwingung, die durch Wärmewellen stark erregt wird, ist vielmehr die von Abb. 166.

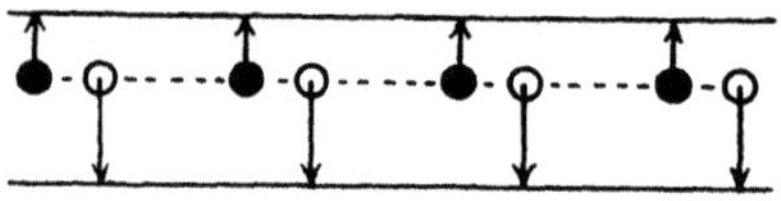

Abb. 166. »Reststrahlschwingung« eines linearen Gitters.

Solche Eigenschwingungen, bei denen entgegengesetzte Ladungen entgegengesetzt ausschwingen, gehören zu den schnellsten, die im Kristallgitter vorkommen. Denn bei der entgegengesetzten Bewegung der Ionen verschiedenen Vorzeichens, die ja in den meisten Strukturen die zunächst benachbarten sind, werden viel stärkere rücktreibende Kräfte geweckt, als wenn sich etwa die ganze Basis annähernd parallel verschiebt, wie das bei Schallwellen oder sonstigen längeren elastischen Wellen der Fall ist. Aus diesem Grunde liegen die Reststrahlfrequenzen am Ende des elastischen Spektrums des Gitters. Sie haben etwa gleiche Größe mit den für die spezifische Wärme wirksamen Häufungsstellen der Frequenzen. Daher läßt sich die spezifische Wärme mit guter Annäherung aus den Reststrahlfrequenzen berechnen und umgekehrt diese (wenn vorhanden) aus dem Verlauf der spezifischen Wärme. Hierdurch wurde das Gebiet bestimmt, in dem nach den Reststrahlen des Diamanten gesucht werden mußte (vgl. S. 189). Daß der Nachweis von Reststrahlen entscheidend für die Ionisierung der Atome ist, beruht auf der Erfahrungstatsache, daß die Schwingungen zwischen einem Atomkern und seiner Elektronenhülle von viel höherer (ultravioletter) Frequenz sind. Als schwingungsfähige (+ —)-Gebilde für Ultrarot bleiben somit nur die ganzen Ionen übrig.

Die starke Erregung der Ionenschwingungen bei Reststrahlfrequenz äußert sich in einer erhöhten *Absorption* des Kristalls für jene Frequenzen. Auch aus dem Absorptionsspektrum läßt sich daher der Beweis der Ionisierung erbringen. Diese Methode ist in der letzten Zeit viel von CLEMENS SCHÄFER benutzt worden und hat insbesondere ergeben, daß Radikale wie CO_3, SO_4 NO_3 gewisse Gruppen von Eigenschwingungen haben, die nur sehr wenig von den anderen Gitteratomen abhängen und deshalb in vielen Karbonaten, Sulfaten, Nitraten wiederzufinden sind. Hierdurch ist der Nachweis der Ionisierung innerhalb dieser Gruppen erbracht (S. 189, 205).

Die systematische Erforschung der ultraroten Schwingungen der festen Körper kann noch viel Licht auf die Atomkräfte werfen, weil dabei ganz andere Basisverzerrungen hervorgerufen werden, als durch elastische Deformationen. Sie offenbart gerade den inneren Zusammenhang festgefügter Atomgruppen und ergänzt so die aus der spezifischen Wärme und den elastischen Untersuchungen zu entnehmende Kenntnis der Gitterkräfte.

Alle bisher aufgezählten Eigenschaften beruhen auf dem Ansatz, daß die Gitterlage die stabile Gleichgewichtslage der Atome ist, und sie werden durch die Gesetze der »klassischen« Mechanik und Elektrodynamik gewonnen. Dies gilt auch noch für einige weitere stoffliche Eigenschaften, die hier übergangen werden. Es soll aber betont werden, daß es sowohl mechanische, wie thermische, wie elektrische Eigenschaften der Kristalle gibt, für welche bisher noch keine befriedigende Theorie hat aufgestellt werden können. An mechanischen Eigenschaften seien alle »überelastischen« Vorgänge genannt, wie *Zerreißfestigkeit*, *Schiebungen* und *Translationen* (s. S. 142); an thermischen vor allem die *Wärmeleitfähigkeit;* an elektrischen die *Leitfähigkeit für den Strom.* Zwar liegen für diese fundamentalen Eigenschaften mehr oder weniger plausibel erscheinende Ansätze vor, aber noch keine quantitativ bewährte Theorie, wie in den anderen Teilen der Gitterdynamik. Es ist auch wahrscheinlich, daß die »klassische« Physik zur Erklärung mancher von ihnen, z. B. der elektrischen Leitfähigkeit, gar nicht ausreicht, sondern daß hier die Quantengesetze in ähnlicher Weise ergänzend eingreifen, wie im Atombau. Von einer erfolgreichen Bearbeitung jener Eigenschaften ist daher ein wesentlicher Fortschritt in unserer Kenntnis der atomaren Gesetzmäßigkeiten zu erwarten, der sich auch auf die bisher so dunkle Natur der homöopolaren Bindung erstreckt. Man erkennt diesen Zusammenhang, wenn man etwa der Frage nachgeht, warum Diamant ein vollkommener Isolator, Graphit hingegen ein guter Leiter ist. Hier ist ein Punkt, wo die Erforschung von Gitterbau und Atombau untrennbar verknüpft ist.

Zum Schluß sei noch über eine Gruppe von Arbeiten berichtet, die unter Anführung von M. Born entstanden sind mit dem Zweck, weitere Auskunft über die Atomkräfte zu gewinnen, ohne die Einzelheiten des Atombaues erörtern zu müssen. Diese Arbeiten nehmen den Gitter*typ* einer Substanz als gegeben hin und suchen damit die *Absolutdimensionen*, also auch die *Dichte* zu berechnen. Über die Entstehung eines bestimmten Atomabstands ist folgendes zu überlegen: Zwei Gitteratome, die sich *in großer Entfernung* befinden, wirken nur mit ihren Gesamtladungen aufeinander; also anziehend oder abstoßend, je nachdem es entgegengesetzte oder gleiche Ionen sind. In großer Nähe hingegen müssen die benachbarten Ionen sich abstoßen — denn sonst würden sie sich bis zur Verschmelzung nähern. Die Abstoßung entsteht dadurch, daß die Kräfte zwischen den Elektronenschalen der Atome von einer gewissen Kernnähe ab sehr groß werden, weil die negativen Ladungen der Außenschalen sich sehr nahe kommen. Die Entfernung, in der die Anziehung in Abstoßung übergeht, ist für zwei Ionen offenbar die stabile Gleichgewichtsentfernung. Statt nun von einem vorgefaßten Atommodell auszugehen und daraus die Kräfte zu berechnen, hat Born in den späteren Arbeiten für die Atomkräfte selbst einen möglichst einfachen Ansatz gemacht, der den geschilderten wesentlichen Anforderungen gerecht wird. Er läßt nämlich ein Ion auf ein anderes entgegengesetzt geladenes in der Entfernung r mit der Kraft $\frac{e e'}{r^2} - \frac{b}{r^m}$ wirken. Der erste Bestandteil ist die Coulombsche Anziehungskraft zwischen den Gesamtladungen e und e' der Ionen; der zweite stellt, wenn m hinreichend groß ist, eine mit der Entfernung schnell abnehmende Abstoßung dar. Natürlich soll durch diesen Ansatz nicht gesagt sein, daß nicht in Wirklichkeit die Kräfte zwischen zwei Atomen außer von ihrer Entfernung auch von ihrer gegenseitigen Orientierung abhängen. Indem man diese Richtungsabhängigkeit vernachlässigt, begeht man Fehler von der gleichen Art, wie bei der Einführung eines »Ionenradius« auf Grund der Vorstellung von der Kugelgestalt der Ionen. Wie für die Ionenradien sind daher für die Dichteberechnung die geeigneten Objekte die Alkalihalogenide, während bei andern Kristallen (wie z. B. Zinkblende) das Verfahren versagt.

Die Annahme über die Form des Kraftgesetzes ermöglicht es, die resultierende Kraft, die auf ein Atom von allen andern ausgeübt wird, tatsächlich auszurechnen, d. h. durch die beiden unbekannten Koeffizienten b und m des Kraftgesetzes und die Absolutdimensionen des Gitters auszudrücken. Man denke sich den Gittertyp, etwa den Steinsalztyp, gegeben, die Länge der Würfelkante a aber zunächst noch veränderlich. Dann werden die einzelnen Coulombschen Kräfte proportional zu $(1/a)^2$, die abstoßenden zu $(1/a)^m$ seien, und demgemäß ist die Gesamtkraft auf ein Atom von der Form

$$C/a^2 - B/a^m,$$

wo C und B Größen sind, die durch Ausführung der Summe über alle Einzelkräfte entstehen. C ist zahlenmäßig auf Grund des Gittertyps auszurechnen und daher als bekannt anzusehen (sog. MADELUNGsche Zahl); in B aber bleibt die unbekannte Konstante b des Abstoßungsgesetzes stehen. Die Gleichgewichtsbedingung ist, daß diese Kräfte für alle Gittermassen verschwinden. Wir bekommen also Gleichungen von der Form

$$a^{m-2} = B/C.$$

Hieraus könnte die Würfelkante für den Gleichgewichtszustand, d. h. bei Fehlen eines äußeren Druckes, entnommen werden, wenn m und B bekannt wären. Da dies nicht der Fall ist, muß mit dem Abstoßungsgesetz eine andere physikalisch meßbare Größe verknüpft werden. Das ist die *Kompressibilität* $\varkappa$. Je größer nämlich b (und daher auch B) und m sind, d. h. je plötzlicher die abstoßende Wirkung einsetzt, um so geringer muß die Zusammendrückbarkeit des Kristalls sein. Durch Benutzung der experimentell bekannten Werte von Würfelkante und Kompressibilität läßt sich so umgekehrt das Kraftgesetz der Abstoßung angeben. Man findet für die Alkalihalogenide (Na, K) (Cl, Br, J) Werte des Exponenten zwischen 8,84 und 10,31, im Durchschnitt 9,81, also beinahe 10. Abb. 167 verdeutlicht dies Kraftgesetz: Die Verschiedenheit der Potenzen 2 und 10 bringt es mit sich, daß das Ion die andern Ionen zwar auf größere Entfernung anziehen kann, dann aber ihrer Annäherung eine praktisch völlig scharfe Grenze entgegensetzt.

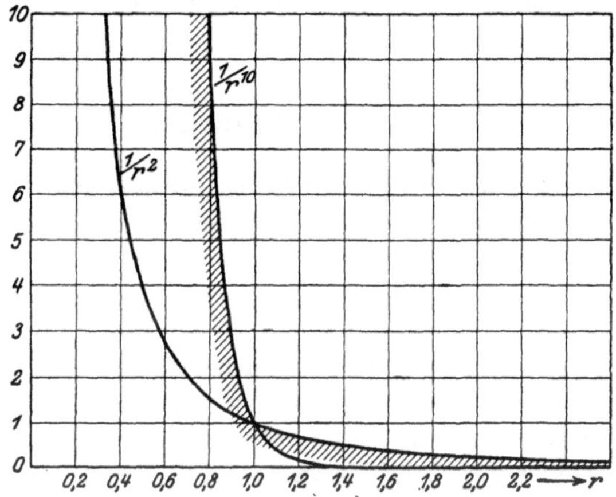

Abb. 167. Kraftgesetz zwischen Na^+- und Cl^--Ionen, zusammenzusetzen aus Anziehung prop. $1/r^2$ und Abstoßung prop. $1/r^{10}$.

Nicht bei allen Ionenarten haben die Rechnungen auf den gleich hohen Abstoßungsexponenten geführt, z. B. nicht bei Zinkblende (m etwa 6); doch führen sie dann meist bezüglich anderer Eigenschaften auf Widersprüche. Der hohe Exponent deutet nach BORN auf eine besonders hohe Symmetrie des Ions hin. Zwei gleichgroße Ionen, deren jedes aus einer Kernladung (eventuell teilweise durch kernnahe Elektronen kompensiert) und einem umgebenden Würfel aus 8 Elektronen besteht, stoßen sich im Mittel wie r^{-10} ab. »Im Mittel« bedeutet dabei: wenn man alle gegenseitigen Orientierungen als gleichwahrscheinlich betrachtet. Je nach der Orientierung kann bei festem Kernabstand die Kraft anziehend oder abstoßend sein, aber bei kleinen Abständen tritt die Abstoßung öfter ein.

Es ist in erfreulicher Übereinstimmung mit den Forderungen der Mindestsymmetrie für die Kristallatome (Kap. XIV), wenn sich für den

Steinsalztyp die Notwendigkeit räumlich und hochsymmetrisch aufgebauter Ionen ergibt.

Erwähnt möge noch werden, daß es auf Grund der Kenntnis des Kraftgesetzes möglich ist, die »*Gitterenergie*« zu berechnen, d. h. die Arbeit oder Wärme, die frei werden würde, wenn die Ionen sich aus unendlichen gegenseitigen Entfernungen bis auf ihre wahren Abstände nähern würden. Diese Größe ist einer der Bestandteile der Wärmetönungen beim Auskristallisieren von Salzen aus der Schmelze oder Lösung und beim Übergang von einer Modifikation zur andern. H. GRIMM hat die Gitterenergien bei isomorphen Substanzen verglichen und im Sinne seiner in Kap. XV besprochenen Arbeiten gesetzmäßige Zusammenhänge zwischen Gitterenergie und Ioneneigenschaften aufgedeckt.

Ergänzendes Schlußwort.

Die *Untersuchung der Röntgenstrahlen durch Kristalle* ist ein mindestens so erfolgreich bearbeitetes Gebiet geworden, wie die Untersuchung der Kristalle durch Röntgenstrahlen. Erst unter Berücksichtigung dieser *beiden* Gruppen von Arbeiten wäre es möglich, die Bedeutung der LAUEschen Entdeckung von 1912 für die Entwicklung der Physik voll zu würdigen. Die fundamentale Eigentümlichkeit der Röntgenstrahlen, aus dem Atom*innern* zu stammen, macht sie zum wichtigsten Hilfsmittel bei der Aufklärung des Atombaues. Durch die Deutung, die N. BOHR in seinen letzten Arbeiten den Ergebnissen der sehr genauen röntgenspektralen Messungen gegeben hat, ist zwischen den aufeinanderfolgenden Atomsorten des periodischen Systems eine Art genetischen Zusammenhangs entwickelt worden, so daß man eine fortschreitende Entwicklung des Atomtyps durch das ganze System hindurch verfolgen kann. Hierdurch ist ein völlig neuer und vielversprechender Gesichtspunkt gewonnen, um der großen Schwierigkeiten Herr zu werden, die der Erforschung der schwereren Atome mit dem »Vielkörperproblem« ihrer Elektronenbewegungen im Wege stehen.

Hätte die Erforschung der Röntgenstrahlen in diesem Buche behandelt werden sollen, so wäre ein tiefes Eingehen auf den Atombau und die Quantentheorie unumgänglich gewesen. Es war aber um so weniger notwendig, als dies Gebiet in dem SOMMERFELDschen Buche »Atombau und Spektrallinien« ausführlich, und, soweit möglich, allgemeinverständlich dargestellt ist.

Auch eine andere Anwendung der Röntgenmessung ist nicht berührt worden: die eigentliche *spektrale Analyse* im Sinne der von BUNSEN und KIRCHHOFF so genannten Methoden, um die chemische Zusammensetzung von Stoffen aus ihren Strahlungen abzulesen. Wie beim sichtbaren Licht sind auch mit Röntgenstrahlen zwei spektralanalytische Methoden möglich: in Emission oder Absorption. Bei der ersten Methode wird der zu untersuchende Stoff zum Leuchten gebracht, sei es, daß er als Antikathode verwendet oder als Sekundärstrahler durch anderes auffallendes Röntgenlicht erregt wird. Die spektrale Zerlegung seiner Strahlung läßt bei dem engen Zusammenhang zwischen Röntgenspektrum und Ordnungszahl des Atoms eine viel direktere Deutung der Ergebnisse zu, als bei der Analyse mit sichtbarem Licht. Auf diese Weise ist vor kurzem von D. Coster und G. v. Hevesy in Zirkon-haltigen Mineralien das Element 72 entdeckt worden (es wurde Hafnium getauft). Es gehört seinen chemischen Eigenschaften nach nicht mehr in die benachbarte Gruppe der seltenen Erden, sondern hat schon eine selbständige Stellung und daher die übliche verwandtschaftliche Beziehung zu dem im periodischen System über ihm stehenden Element 40 Zirkon. Diese verwandtschaftliche Beziehung konnte auf Grund der Bohrschen Atomtheorie vorausgesagt werden und insofern ist die Entdeckung dieses Elementes als ein Triumph der modernen Atomforschung zu betrachten. Sie macht es notwendig, an dem periodischen System auf S. 4 eine Korrektur anzubringen, indem a) das nicht sicher bestimmte Element *TuII* von Stelle 72 gestrichen und durch *Ha* ersetzt wird, und b) die Gruppe der seltenen Erden um eine Stelle früher abgeschlossen wird, als dort.

Wie *stark* die verschiedenen Atome auf die gleiche Anregung mit Röntgenstrahlen durch Aussenden ihrer Eigenstrahlung reagieren, ist noch unbekannt; darum eignet sich die Spektralanalyse in Emission zur *quantitativen* Analyse vielleicht weniger gut, als die Analyse des Absorptionsspektrums eines Stoffes, die von R. Glocker ausgebildet wird. Hier kommt es darauf an, aus der Lage der Absorptionskanten die Atomnummer, aus der Größe des Absorptionssprunges den Prozentsatz der von einer Sorte vorhandenen Atome zu entnehmen.

Der enge Zusammenhang zwischen Kristallstruktur und Atombau tritt auf dem ganzen behandelten Gebiet hervor, sobald man in die Tiefe zu dringen sucht. So wie die Bornsche Gitterdynamik vor manchen Eigenschaften haltmachen muß, die erst auf Grund eingehenderer Vorstellungen über Atombau geklärt werden können, so ist es sogar bei der restlosen Deutung der Interferenzen selbst: die Ausdehnung und Konfiguration der Atome muß zur Intensitätsberechnung eigentlich mitberücksichtigt werden, wie sich aus kleinen, aber sicher vorhandenen Widersprüchen in den Intensitäten der Laue-Bilder ergibt. Wenn sich bei Kalkspat, bei Rutil, Anatas und weiteren Kristallen, trotz systematischen Suchens, kein Parameterwert hat feststellen lassen, für den *alle* Intensitäten, nicht bloß die überwiegende Mehrzahl, auf Grund des Strukturfaktors erklärbar werden, so liegt dies wohl kaum an einem falschen Strukturtyp, sondern an der zu sehr vereinfachten Vorstellung, daß von einem Atom eine einfache Kugelwelle ausgesandt wird. In der ursprünglichen, von Laue gleichzeitig mit den ersten Aufnahmen veröffentlichten Theorie wurde übrigens eine unbekannte Richtungsabhängigkeit des Ausstrahlungsvermögens — die Funktion ψ — mitgeführt. Erst durch den Erfolg der Braggschen Kristalldeutungen auf Grund einfacher Kugelwellen gewöhnte man sich daran, diese Richtungsabhängigkeit als unwesentlich anzusehen. Gerade W. L. BRAGG hat aber in neueren Arbeiten über die Intensitäten der Interferenzstrahlen die Frage des atomaren Streuungsvermögens wieder aufgenommen, mit der Absicht, Auskunft über den Atombau auf diesem Wege zu gewinnen. Die experimentelle und theoretische Behandlung dieser Frage ist noch nicht genügend weit durchgebildet, aber sicherlich öffnet sich hier ein gangbarer Weg zur »Ultrastrukturermittlung« der Kristalle.

Man darf aber dabei auf keinen leichten Erfolg hoffen. Denn alles, was mit den *Intensitäten der Röntgeninterferenzen* zu tun hat, ist auch theoretisch noch schlecht erforscht. Man wird vielleicht mit Erstaunen bemerkt haben, daß in diesem Buch den Intensitäten der Interferenzen kein eigenes Kapitel gewidmet ist, sondern nur in Kapitel X über den Strukturfaktor länger davon die Rede war. Dort wurden der LORENZsche und der DEBYEsche Faktor besprochen und ihr physikalisches Wesen erläutert. — Die Versuche, eine geschlossene Formel für die Intensitäten auf ebenso einfacher Grundlage zu entwickeln, wie die Geometrie der Interferenzen, sind gescheitert. Es scheint, daß die Unvollkommenheit der meisten Kristalle für die Intensität ebenso wichtig ist, wie ihre vollkommene Regelmäßigkeit: bestehen Verwerfungen im Kristall, so sind mehr Volumelemente in der Lage, nach der Reflexionsbedingung Strahlen zurückzuwerfen, und die Intensität wird deshalb größer gefunden, als den Formeln entspricht, die ein völlig regelmäßiges oder nur durch Wärmebewegung gestörtes Gitter voraussetzen. Das hat C. G. DARWIN schon 1914 erkannt. Seine und eine ähnliche von dem Amerikaner COMPTON aufgestellte Formel sind am brauchbarsten zur praktischen Intensitätsberechnung. Aber ihre Begründung und Prüfung hätte den Rahmen dieser Darstellung überschritten, und durfte übergangen werden, weil zur Strukturbestimmung doch stets ein praktisch erprobter »Normalabfall« benutzt wird, der die theoretische Berechnung an Sicherheit und Bequemlichkeit übertrifft.

Werden hervorragend gute Kristalle benutzt, so bleibt das auf die Intensitäten nicht ohne Einfluß. Am meisten nähern sich unberührte, frische Spaltflächen von gut spaltenden, harten Kristallen, wie Kalkspat, dem vollkommenen Zustand. Daß bei ihnen das Reflexionsvermögen recht hoch werden kann, haben BERGEN DAVIS und W. H. STEMPEL in einer sehr schönen Arbeit gezeigt. Sie sondern durch Reflexion an der einen Fläche eines zerspaltenen Kalkspats einen einfarbigen Röntgenstrahl aus. Lassen sie ihn auf das parallel gestellte zweite Spaltstück auffallen, so werden von diesem bis zu 50% der Intensität reflektiert. Die geringe Intensität der Interferenzen unter gewöhnlichen Bedingungen liegt also nicht so sehr an einem schwachen »Reflexionsvermögen« des Kristalls, als an dem sehr geringen spektralen Bereich, der dem Primärstrahl entnommen wird. Übrigens kommt es wesentlich auf die Definition dessen an, was man »Reflexionsvermögen« nennt und ob man z. B. die Eigenstrahlung bei der Deutung der Messungen als streng einfarbig ansieht oder ihr einen zwar kleinen, aber bei der scharfen Auswahl durch die Reflexionsbedingung schon merklichen spektralen Bereich zubilligt. Wie soll überhaupt die Reflexionsbedingung, wie das LAUEsche Gleichungssystem (S. 46), aufgefaßt werden? Als Forderung, die *mathematisch scharf* erfüllt sein muß (der Standpunkt, den wir im Buch eingenommen haben), oder gibt es nicht *einen kleinen Spielraum*, wie bei allen physikalischen Forderungen? Und wenn ja, wie groß ist er? Hängt er von der Ordnung der Interferenz ab und liefert er vielleicht einen neuen Beitrag zur Bestimmung der Intensitätsverhältnisse? Wenn ein solcher Spielraum existiert, liegen dann die nach der BRAGGschen Bedingung berechneten Winkel gerade in der Mitte dieses Spielraumes, oder gilt für die Mitten der Reflexionsbereiche etwa ein korrigiertes BRAGGsches Gesetz?

Ich bin diesen Fragen in einer Arbeit nachgegangen, welche an die Methoden der optischen Dispersionstheorie (s. Kap. XVII, S. 233) anschließt und im Ansatz etwas über die LAUEsche Theorie hinausgeht. Es scheinen sich auch durch die Präzisionsmessungen im Institut in Lund die kleinen Abweichungen vom BRAGGschen Gesetz zu ergeben, die als geometrische Folgerung aus der Theorie vorausgesagt wurden. Findet sich hier eine Bestätigung, so wird man die Intensitäten für den idealen Kristall auf Grund dieser Theorie berechnen und vielleicht damit für den gestörten Kristall, der praktisch oft wichtiger ist, den geeigneten Ausgangspunkt gewinnen. Da aber diese Fragen noch zu ungeklärt sind, habe ich sie aus der Darstellung dieses Buches ausgeschaltet.

Der Zusammenhang mit dem Atombau tritt ganz besonders hervor bei der Besprechung der Ergebnisse der Strukturerforschung in den Kapiteln über Ionenradien und über Koordinationstheorie. Ich habe geglaubt, in diesen Kapiteln lieber zu wenig als zuviel sagen zu sollen. Es handelt sich bei den dort besprochenen Begriffen mehr um art- als um zahlgemäße. Sie werden durch Hervorkehrung des Typischen gewonnen, ohne daß damit gesagt sein soll, daß nicht in Wirklichkeit häufig Übergänge zwischen Valenz- und Koordinationsbetätigung, zwischen hetero- und homöopolar, zwischen der Vorstellung fester, kugelförmiger Ionen und lose ineinandergreifenden Wechselspiels der Elektronen auftreten. Diese Übergänge verbieten eine allzu strenge Fassung.

Wollte man feste Schranken zwischen den einzelnen Begriffsbildungen der chemischen Atomistik errichten, so hieße das gegen den ganzen Geist dieser Wissenschaft verstoßen, welcher es auf das qualitative Verständnis von Erscheinungen ankommt, denen die auf Quantitäten gerichtete Atom*physik* noch machtlos gegenübersteht. Die zahlenmäßigen Beziehungen, die sich gelegentlich zwischen diesen Begriffen aufstellen lassen, haben daher ein auf die typischen Fälle beschränktes Anwendungsgebiet, und es ist nicht tunlich, sie auf andere Verhältnisse zu übertragen. Ein Beispiel ist die Theorie der festen Ionenradien. Je mehr Strukturen erforscht werden, die eine Kontrolle dieser Theorie gestatten, um so weniger läßt sie sich als zahlenmäßig-exakte Aussage halten. Trotzdem ist ihre Behauptung in vielen Fällen mit guter Genauigkeit erfüllt — am besten bei den Alkalihalogeniden, wo sie ihr quantitatives physikalisches Gegenstück in der BORNschen Untersuchung über das Abstoßungsgesetz (Abb. 167) findet. Der unleugbare praktische Erfolg dieser Vorstellung als Wegweiser für die Strukturbestimmung hängt nicht an den genauen Zahlenwerten, sondern an dem gesunden Kern, daß jedes Atom einen gewissen minimalen Platz in der Struktur beansprucht, der von der Art der Nachbaratome erst in zweiter Linie abhängt.

Bei der Besprechung der chemischen Tatsachen habe ich geglaubt, die in Amerika viel verbreitete Theorie der Molekülbildung von G. N. LEWIS und I. LANGMUIR übergehen zu können und habe mich auf die von W. KOSSEL ausgearbeitete Theorie gestützt. KOSSELS Theorie mit ihrer vorherrschenden Betonung der elektrostatischen Kräfte zwischen den Ionen ist auf typische heteropolare Stoffe zugeschnitten und mit solchen haben wir es bei den meisten bisher bestimmten Kristallstrukturen zu tun. Sie ist die einfachere, insofern sie nur die Tatsache besonders stabiler Elektronenkonfigurationen benutzt, die sie dem periodischen System und den Grundvorstellungen der BOHRschen Atomtheorie entnimmt. LEWIS-LANGMUIR setzen ebenfalls die Existenz besonders stabiler Elektronenkonfigurationen voraus, erkennen aber den Akt der Molekülbildung, insbesondere der homöopolaren, in einem Aneinanderlegen der Atome derart, daß je zwei ihrer Elektronen sich zu einem »Elektronenpaar« vereinen, für welches ein besonders hoher Grad von Stabilität postuliert wird. Der statischen Auffassung der stabilen Anordnungen wird man im Hinblick auf die BOHRsche Theorie kein Vertrauen schenken. Es ist möglich, daß die LEWIS-LANGMUIRsche Theorie trotzdem manche Züge der Molekülbildung, namentlich der homöopolaren Bindung, gut wiedergibt, und daß sich ihre Grundzüge statt statisch auch dynamisch deuten ließen — aber bis das geschehen ist, hat sie keinen höheren Wert als eine beliebige, geschickte, graphische Darstellung gewisser Zusammenhangsverhältnisse zwischen den Atomen des Moleküls — denn das *Wesen* der homöopolaren Bindung bleibt nach wie vor unbekannt. Allein schon der engere Zusammenhang des KOSSELschen Vorstellungskreises mit den Anschauungen der BOHRschen Atomlehre spricht für die Weiterverfolgung der KOSSELschen Theorie.

Kaum daß die physikalische Forschung den Nachweis von der wunderbaren inneren Regelmäßigkeit des Kristallbaues erbracht hat, so strebt sie schon darüber hinaus. Die *Unregelmäßigkeit der Struktur* dürfte für die kommenden Untersuchungen ebenso wichtig werden, wie ihre Regelmäßigkeit. Die Kristallmodelle mit ihren ruhenden Atomkugeln stellen ein erstarrtes Gebilde dar, das höchstens am Nullpunkt der absoluten Temperatur existenzfähig wäre. Die Wärmebewegung und auch ihr Einfluß auf die Interferenzen wurde im Kap. X besprochen. Aber selbst sie ist idealisiert und gilt streng genommen, nur bei sehr tiefen Temperaturen. Schon bei gewöhnlicher Temperatur kommt es hier und da vor, daß ein Atom sich gänzlich von seinem Gitterort losreißt und mit anderen den Platz wechselt. Die Fähigkeit hierzu ist ja nach der Struktur des Gitters verschieden groß. Damit hängt aufs engste die sog. elektrolytische Leitfähigkeit der Kristalle (z. B. Steinsalz) zusammen, so genannt im Gegensatz zu der elektronischen Leitung der Metalle, weil wie in Lösungen Ionen die Träger des Stromes sind. Entsprechend der Auflockerung, die das Gittergefüge durch Erhöhung der Temperatur erfährt, nimmt diese Art von Leitfähigkeit mit gesteigerter Temperatur außerordentlich zu. Selbst ganz fremde Ionen können die Kristallgitter durchwandern, wie vor kurzem A. Joffé gezeigt hat. Es gelang ihm, durch Quarz, einen der besten Isolatoren, bei hoher Temperatur in Richtung der Hauptachse Lithium- und Natriumionen durchwandern zu lassen. Die schwereren Kalium- und Kupferionen hingegen taten es nicht. Quer zur Achse versagten auch *Na*-Ionen, und allein die kleinsten Lithiumionen fanden noch den Weg durch die Struktur.

Daß der Strom nicht notwendig ist, um einen Platzwechsel zu veranlassen, geht aus den älteren Versuchen über die Diffusion von festen Stoffen ineinander, z. B. von Kupfer in Gold, hervor. Auch die auf S. 202 erwähnte Bildung von Mischkristallen durch bloßes Verreiben beruht auf der Fortführung der Vermengung durch Diffussion.

Aber auch im homogenen Stoff findet Platzwechsel und eine »Selbstdiffusion« statt. G. v. Hevesy hat das auf geistreiche Art bewiesen, indem er unter einen Klotz gewöhnlichen einen zweiten Klotz radioaktiven Bleies schmolz und an dem empfindlichen Reagens der von Schicht zu Schicht langsam aufsteigenden Radioaktivität den Austausch der Atome zwischen unterer und oberer Hälfte verfolgen konnte. Die Ruhe und Starrheit eines Kristalls ist also etwas Äußerliches, »Stoffliches«; sein Inneres lebt.

Noten.

Note I. Zur Gittergeometrie: Das reziproke Gitter[1]).

Das Gitter der Atomschwerpunkte sei ein einfaches Translationsgitter, das wir der Allgemeinheit wegen triklin wählen. $\mathfrak{a}_1\ \mathfrak{a}_2\ \mathfrak{a}_3$ seien die Gittertranslationen. Der Ort eines Atomes ist durch den Fahrstrahl

$$(1)\qquad \mathfrak{R}_l = l_1\,\mathfrak{a}_1 + l_2\,\mathfrak{a}_2 + l_3\,\mathfrak{a}_3$$

(l_i ganzzahlig) bestimmt, wenn der Ursprung des Fahrstrahls in einen Gitterpunkt selbst gelegt wird. Der Index l bedeutet dabei das Zahlentripel $(l_1\, l_2\, l_3)$.

Die Atomlagen sind also bei Kenntnis der Achsen $\mathfrak{a}_i$ leicht zu erhalten. Nicht so leicht ein Überblick über die Stellungen der Netzebenen und über ihre Abstände. Da die Röntgenerscheinungen durch Spiegelung an den Netzebenen entstehen und daher die Rückschlüsse aus den Interferenzaufnahmen in erster Linie die Netzebenen betreffen, ist es dringend erwünscht, *eine möglichst einfache Übersicht über die Netzebenen zu gewinnen. Hierzu dient ein zweites Gitter, das wir uns stets als Gegenstück zum Atomgitter hinzudenken: das reziproke Gitter.*

Es ist ebenfalls ein einfaches Translationsgitter, aber aufgeführt mit den zu den $(\mathfrak{a}_1\ \mathfrak{a}_2\ \mathfrak{a}_3)$ »reziproken« Vektoren $(\mathfrak{b}_1\ \mathfrak{b}_2\ \mathfrak{b}_3)$.

Drei im allgemeinen ungleich lange, schiefwinklig geneigte, aber nicht in einer Ebene gelegene Vektoren bilden insofern eine Einheit, als sie *ein* Koordinatensystem bestimmen. Solchem System von 3 Vektoren $\mathfrak{a}_i$ wird das System der 3 reziproken Vektoren $\mathfrak{b}_i$ zugeordnet durch folgende *Definitionsgleichungen:*

$$(2')\qquad \begin{array}{l} (\mathfrak{a}_1\mathfrak{b}_1) = (\mathfrak{a}_2\mathfrak{b}_2) = (\mathfrak{a}_3\mathfrak{b}_3) = 1 \\ (\mathfrak{a}_1\mathfrak{b}_2) = (\mathfrak{a}_1\mathfrak{b}_3) = (\mathfrak{a}_2\mathfrak{b}_1) = (\mathfrak{a}_2\mathfrak{b}_3) = (\mathfrak{a}_3\mathfrak{b}_1) = (\mathfrak{a}_3\mathfrak{b}_2) = 0 \end{array}$$

oder kürzer:

$$(2)\qquad \begin{array}{l} (\mathfrak{a}_i\mathfrak{b}_i) = 1 \\ (\mathfrak{a}_i\mathfrak{b}_k) = 0 \end{array} \qquad \left(\begin{array}{l} i, k = 1,\ 2,\ 3 \\ i \neq k \end{array}\right)$$

Die zweite Reihe von Gleichungen besagt, daß jeder Vektor $\mathfrak{b}_k$ senkrecht steht auf den beiden Achsen $\mathfrak{a}_i$, deren Indizes $\neq k$ sind. Die $\mathfrak{b}_k$ bilden also die *Polarecke* zur Ecke der $\mathfrak{a}_i$. Die ersten Gleichungen *normieren* die $\mathfrak{b}_i$, deren Richtungen ja nun festliegen: die Projektion von $\mathfrak{b}_i$

---

[1]) Die Vektorschreibweise ist die in der Enzyklopädie der mathematischen Wissenschaften gebräuchliche: skalares Produkt $(\mathfrak{a}\mathfrak{b})$, Vektorprodukt $[\mathfrak{a}\mathfrak{b}]$. Lehrbücher der Vektorrechnung: R. Gans (Verlag Teubner), C. Runge (Verlag Hirzel), J. Spielrein (Verlag Wittwer, Stuttgart).

auf die Richtung $\mathfrak{a}_i$ soll die Länge $1 : a_i$ haben, wenn a_i die Länge von $\mathfrak{a}_i$ ist.

Die reziproken Vektoren haben nicht nur Bedeutung für die Kristallographie, sondern sind immer dann unumgänglich, wenn man schiefwinklige Koordinaten zugrunde legt. Das Rechnen in schiefwinkligen Koordinaten wird unter Benutzung des reziproken Achsensystems genau so bequem, wie in dem — häufig fälschlich bevorzugten — rechtwinkligen Bezugssystem. Man findet daher in den ausführlicheren Lehrbüchern der Vektorrechnung die reziproken Vektoren besonders betont.

Sind die ursprünglichen Achsen $\mathfrak{a}_i$ rechtwinklig, so sind es auch die $\mathfrak{b}_i$, und der Unterschied besteht nur in der Länge. Daher fällt bei einem rechtwinkligen Bezugssystem der Vorteil der reziproken Achsen nicht auf.

Aus den Definitionsgleichungen (2) folgt sofort *die explizite Darstellung der* $\mathfrak{b}_i$ durch die — als gegeben anzusehenden — $\mathfrak{a}_i$. Denn da $\mathfrak{b}_k$ auf $\mathfrak{a}_i$ und $\mathfrak{a}_j$ senkrecht steht, muß es von der Form

$$\mathfrak{b}_k = \beta_k [\mathfrak{a}_i \mathfrak{a}_j]$$

sein, wo β_k noch unbestimmt ist. Zufolge der Normierungsgleichung ist aber

$$(\mathfrak{a}_k \mathfrak{b}_k) = \beta_k (\mathfrak{a}_k [\mathfrak{a}_i \mathfrak{a}_j]) = 1,$$

woraus β_k zu entnehmen ist und sich endgültig $\mathfrak{b}_k$ ergibt als

$$(3) \qquad \mathfrak{b}_k = \frac{[\mathfrak{a}_i \mathfrak{a}_j]}{(\mathfrak{a}_k [\mathfrak{a}_i \mathfrak{a}_j])}, \quad \text{also z. B.} \quad \mathfrak{b}_1 = \frac{[\mathfrak{a}_2 \mathfrak{a}_3]}{(\mathfrak{a}_1 [\mathfrak{a}_2 \mathfrak{a}_3])}.$$

Das dreifache Produkt im Nenner hat dabei bekanntlich die einfache geometrische Bedeutung des *Volumens* der von den drei Vektoren $\mathfrak{a}_i$ aufgespannten Zelle (Parallepiped). Wir bezeichnen es auch mit v_a:

$$(3') \qquad v_a = (\mathfrak{a}_1 [\mathfrak{a}_2 \mathfrak{a}_3]), \qquad \mathfrak{b}_k = \frac{[\mathfrak{a}_i \mathfrak{a}_j]}{v_a}.$$

Wie die Benennung angibt, sind die Vektorensysteme $\mathfrak{a}_i$ und $\mathfrak{b}_i$ *reziprok*, das heißt: die $\mathfrak{a}_i$ stehen im selben Verhältnis zu den $\mathfrak{b}_i$, wie die $\mathfrak{b}_i$ zu den $\mathfrak{a}_i$. Man erkennt dies ohne Rechnung aus den Definitionsgleichungen (2), die in $\mathfrak{a}_i$ und $\mathfrak{b}_i$ völlig symmetrisch sind. Wären wir oben von den $\mathfrak{b}_i$ als gegebenen Vektoren ausgegangen, so hätten wir die $\mathfrak{a}_i$ durch sie wie folgt ausgedrückt erhalten:

$$(4) \qquad \mathfrak{a}_k = \frac{[\mathfrak{b}_i \mathfrak{b}_j]}{(\mathfrak{b}_k [\mathfrak{b}_i \mathfrak{b}_j])} = \frac{[\mathfrak{b}_i \mathfrak{b}_j]}{v_b}.$$

v_b ist dabei das Volumen der reziproken Zelle. Es ist selbst reziprok zu v_a,

$$(5) \qquad v_b = \frac{1}{v_a},$$

wie man sieht, wenn man bildet

$$(\mathfrak{a}_k \mathfrak{b}_k) = 1 = \frac{([\mathfrak{b}_i \mathfrak{b}_j][\mathfrak{a}_i \mathfrak{a}_j])}{v_b v_a} = \frac{1}{v_b v_a} \{(\mathfrak{a}_i \mathfrak{b}_i)(\mathfrak{a}_j \mathfrak{b}_j) - (\mathfrak{a}_i \mathfrak{b}_j)(\mathfrak{a}_j \mathfrak{b}_i)\} = \frac{1}{v_b v_a}.$$

Bezeichnet man symbolisch das System der drei Vektoren $\mathfrak{a}_i$ mit $\mathfrak{S}_a$, das reziproke Tripel mit $\mathfrak{S}_b$ und mit R den Übergang vom einen zum anderen, so hat man

$$\mathfrak{S}_b = R\mathfrak{S}_a, \qquad \mathfrak{S}_a = R\mathfrak{S}_b. \tag{6}$$

Für uns ist wichtig: es ist völlig belanglos, ob uns durch die Röntgeninterferenzen die Achsen $\mathfrak{a}_i$ des Atomgitters geliefert werden, oder die $\mathfrak{b}_i$ des reziproken Gitters: denn wir können durch eine einfache vektoralgebraische Operation R von den einen zu den anderen übergehen.

Der Nutzen der reziproken Vektoren springt in die Augen, wenn man *einen beliebigen Vektor* $\mathfrak{r}$ *in 3 Komponenten zerlegen will, die den schiefwinkligen Achsen* $\mathfrak{a}_i$ *parallel sind.* Das heißt, man setzt an:

$$\mathfrak{r} = \varrho_1\mathfrak{a}_1 + \varrho_2\mathfrak{a}_2 + \varrho_3\mathfrak{a}_3,$$

und sucht die Zahlwerte ϱ_i zu bestimmen. Man braucht zu dem Zweck die Gleichung nur beiderseits mit $\mathfrak{b}_1$ skalar zu multiplizieren, dann verschwinden rechts die letzten beiden Produkte, während das erste 1 ist, und es bleibt die Bestimmung der Zahl ϱ_1 übrig; $\varrho_1 = (\mathfrak{b}_1\mathfrak{r})$. Ebenso erhält man ϱ_2 und ϱ_3 und im ganzen:

$$\mathfrak{r} = \mathfrak{a}_1(\mathfrak{b}_1\mathfrak{r}) + \mathfrak{a}_2(\mathfrak{b}_2\mathfrak{r}) + \mathfrak{a}_3(\mathfrak{b}_3\mathfrak{r}). \tag{7}$$

In Worten: Wird ein beliebiger Vektor in 3 Komponenten nach dem System $\mathfrak{S}_a$ aufgespalten, so sind die Zahlwerte der Komponenten zu erhalten, indem man den Vektor mit den 3 *reziproken* Vektoren $\mathfrak{b}_i$ skalar multipliziert. Die Gl. (7) stellt eine Identität dar, die für jeden beliebigen Vektor $\mathfrak{r}$ gilt. Wegen der Gleichwertigkeit der $\mathfrak{a}_i$ und $\mathfrak{b}_i$ gilt ebenso für die Aufspaltung von $\mathfrak{r}$ in 3 zu den $\mathfrak{b}_i$ parallele Anteile:

$$\mathfrak{r} = \mathfrak{b}_1(\mathfrak{a}_1\mathfrak{r}) + \mathfrak{b}_2(\mathfrak{a}_2\mathfrak{r}) + \mathfrak{b}_3(\mathfrak{a}_3\mathfrak{r}). \tag{7'}$$

Wir benutzen diese Gleichung in der nächsten Note zur Elimination aus den Laueschen Gleichungen.

Soweit haben wir nur die Eigenschaften der reziproken *Achsen* $\mathfrak{b}_i$ und ihre Beziehung zu den $\mathfrak{a}_i$ betrachtet. Wir benutzen nun die $\mathfrak{b}_i$ als Translationen und führen aus ihnen ein Gitter auf, *das reziproke Gitter. Welches ist sein Verhältnis zum Atomgitter?*

Indem wir einen Gitterpunkt des reziproken Gitters durch die 3 ganzen Zahlen $(h_1h_2h_3)$, abgekürzt h, bezeichnen, schreiben wir den *Fahrstrahl im reziproken Gitter* vom Ursprung zu ihm;

$$\mathfrak{h}_h = h_1\mathfrak{b}_1 + h_2\mathfrak{b}_2 + h_3\mathfrak{b}_3. \tag{8}$$

Die Bezeichnung ist im Hinblick auf die wichtigste Eigenschaft gewählt: *Der Fahrstrahl* $\mathfrak{h}_h$ *im reziproken Gitter steht senkrecht auf der Netzebenenschar des Atomgitters, deren Millersche Indizes* $(h_1h_2h_3)$ *sind.* (Definition der Millerschen Indizes s. S. 20.)

In der Tat: die Ebene mit den Millerschen Indizes $h_1 h_2 h_3$ schneidet im Atomgitter auf den Achsen die Abschnitte $\frac{\mathfrak{a}_1}{h_1}, \frac{\mathfrak{a}_2}{h_2}, \frac{\mathfrak{a}_3}{h_3}$ ab. Infolgedessen gehören die Verbindungen zwischen je zwei Durchstoßpunkten mit den Achsen, also die Vektoren

$$\frac{\mathfrak{a}_1}{h_1} - \frac{\mathfrak{a}_2}{h_2} \quad \text{und} \quad \frac{\mathfrak{a}_1}{h_1} - \frac{\mathfrak{a}_3}{h_3}$$

der Ebene an. Bildet man aber die skalaren Produkte dieser Vektoren mit $\mathfrak{h}_h$, so sieht man, daß sie Null sind. $\mathfrak{h}_h$ steht also auf der Ebene senkrecht.

Unter den Millerschen Indizes einer Ebene versteht man eigentlich die kleinsten, teilerfremden Zahlen h_i, deren Verhältnis gleich den reziproken Achsenabschnitten ist. Wir bezeichnen sie wie im Text durch $h_1^* h_2^* h_3^*$. Für $\mathfrak{h}_h$ bedeutet Teilerfremdheit der h_i, daß es der Fahrstrahl bis zum *ersten* Gitterpunkt ist, der vom Ursprung aus in der durch das Verhältnis $h_1 : h_2 : h_3$ angegebenen Richtung angetroffen wird. Wir bezeichnen ihn durch $\mathfrak{h}_{h^*}$, seine Länge durch $|\mathfrak{h}_{h^*}|$ und behaupten, *daß die Länge des Fahrstrahls im reziproken Gitter vom Ursprung bis zu dem in einer Richtung benachbarten Gitterpunkt gleich dem reziproken Netzebenenabstand der entsprechenden Netzebenen im Atomgitter ist*[1]*):*

(9) $$|\mathfrak{h}_{h^*}| = \frac{1}{d_h}.$$

Das reziproke Gitter verschafft uns also nicht bloß über die *Richtungen* der Netzebenen, sondern auch über ihre für die Röntgeninterferenzen so wesentlichen Abstände eine klare Übersicht.

Der Beweis verläuft so: Die Gleichung einer Ebene in Vektorschreibweise lautet

$$(\mathfrak{n}\,\mathfrak{r}) = d$$

$\mathfrak{r}$ ist dabei die laufende Koordinate, d. h. der Fahrstrahl zu einem beliebigen Punkt der Ebene, $\mathfrak{n}$ ein Vektor von der Länge 1 in Richtung der Normalen und d der Abstand der Ebene vom Ursprung. Die Gleichung definiert die Ebene dadurch, daß für alle ihre Punkte der Fahrstrahl die gleiche Komponente in Richtung der Ebenennormalen hat. Für uns ist die Frage: welches ist der *kleinste* Wert von d, der vorkommen kann, wenn $\mathfrak{n}$ in die Richtung $\mathfrak{h}_h$ gelegt wird und zugleich die Ebene durch einen Gitterpunkt des Atomgitters geht, d. h. wenn $\mathfrak{r}$ gleich einem der $\mathfrak{R}_l$ [Gl. (1)] wird? Der Einheitsvektor $\mathfrak{n}$ in Richtung $\mathfrak{h}_h$ kann geschrieben werden $\frac{\mathfrak{h}_{h^*}}{|\mathfrak{h}_{h^*}|}$, und die linke Seite der Ebenengleichung wird

---

1) Dieser Satz ist ein Spezialfall der allgemeinen Dualität zwischen Punkten und Ebenen im reziproken und Atomgitter. Er läßt sich auch kurz so aussprechen: die Abstände, unter denen eine Gerade im reziproken Gitter auf Punkte trifft, sind reziprok zu den Abständen, unter denen die gleiche Gerade im Atomgitter auf Netzebenen trifft.

$$\left(\frac{\mathfrak{h}_{h*}}{|\mathfrak{h}_{h*}|}\mathfrak{R}_l\right) = \frac{1}{|\mathfrak{h}_{h*}|}(\{h_1^*\mathfrak{b}_1 + \cdots\}\{l_1\mathfrak{a}_1 + \cdots\}) = \frac{1}{|\mathfrak{h}_{h*}|}(l_1h_1^* + l_2h_2^* + l_3h_3^*).$$

Welches ist der kleinste Wert, den dieser Ausdruck annehmen kann, der ja die Bedeutung des Abstandes der Netzebene vom Ursprung — und somit von der durch ihn hindurchgehenden parallelen Netzebene — hat? Da die h_i^* teilerfremd, die l_i völlig beliebig sind, ist die runde Klammer im letzten Glied befähigt, alle ganzzahligen Werte — einschließlich 0 und 1 — anzunehmen. Man erhält also, indem man den l_i geeignete Werte gibt, die ganze Folge von äquidistanten Netzebenen, und ihr Abstand ist

$$d_h = \frac{1}{|\mathfrak{h}_{h*}|}. \tag{9'}$$

Auch die *Zonenzusammengehörigkeit* von Ebenen ist im reziproken Gitter einfach zu sehen. Da nämlich die Normalen zu allen Flächen einer Zone senkrecht zur Zonenachse stehen, so müssen auch die $\mathfrak{h}_h$ im reziproken Gitter senkrecht zu dieser Richtung sein; das heißt, alle Punkte des reziproken Gitters, die in der gleichen, durch den Ursprung gehenden Ebene gelegen sind, stellen die sämtlichen Flächen der Zone dar. Die Zonenachse steht senkrecht zu jener Ebene des reziproken Gitters.

Will man im Einzelfall vom reziproken Gitter Gebrauch machen, so muß man es durch die kristallographischen Daten des Atomgitters ausdrücken. Ein Gitter ist gegeben, wenn seine 3 Achsenlängen $\mathfrak{a}_i^2$ bzw. $\mathfrak{b}_i^2$ und seine 3 skalaren Produkte $(\mathfrak{a}_i\mathfrak{a}_k)$ bzw. $(\mathfrak{b}_i\mathfrak{b}_k)$ bekannt sind: Längen und Neigungen der Achsen.

Setzen wir also voraus, es seien am Atomgitter die kristallographischen Daten a, b, c, α, β, γ oder in etwas anderer Form

$$\mathfrak{a}_1^2,\ \mathfrak{a}_2^2,\ \mathfrak{a}_3^2,\ (\mathfrak{a}_1\mathfrak{a}_2),\ \mathfrak{a}_2\mathfrak{a}_3),\ \mathfrak{a}_3\mathfrak{a}_1) \tag{10}$$

gegeben. Wie groß sind dann die $\mathfrak{b}_i^2$, $(\mathfrak{b}_i\mathfrak{b}_k)$?

Wir berechnen:

$$\mathfrak{b}_1^2 = \frac{[\mathfrak{a}_2\mathfrak{a}_3]^2}{(\mathfrak{a}_1[\mathfrak{a}_2\mathfrak{a}_3])^2} = \frac{1}{v_a^2}\{\mathfrak{a}_2^2 \cdot \mathfrak{a}_3^2 - (\mathfrak{a}_2\mathfrak{a}_3)^2\}. \tag{11}$$

$$(\mathfrak{b}_1\mathfrak{b}_2) = \frac{([\mathfrak{a}_2\mathfrak{a}_3][\mathfrak{a}_3\mathfrak{a}_1])}{v_a^2} = \frac{1}{v_a^2}\{(\mathfrak{a}_1\mathfrak{a}_3)(\mathfrak{a}_2\mathfrak{a}_3) - \mathfrak{a}_3^2(\mathfrak{a}_1\mathfrak{a}_2)\}. \tag{12}$$

In den geschweiften Klammern stehen nur gegebene Größen. Aber es muß noch v_a^2 durch die $\mathfrak{a}_i^2$ und $(\mathfrak{a}_i\mathfrak{a}_k)$ ausgedrückt werden. Man hat

$$\begin{aligned} v_a^2 &= (\mathfrak{a}_1[\mathfrak{a}_2\mathfrak{a}_3])^2 = \mathfrak{a}_1^2[\mathfrak{a}_2\mathfrak{a}_3]^2 - [\mathfrak{a}_1[\mathfrak{a}_2\mathfrak{a}_3]]^2 \\ &= \mathfrak{a}_1^2\mathfrak{a}_2^2\mathfrak{a}_3^2 - \mathfrak{a}_1^2(\mathfrak{a}_2\mathfrak{a}_3)^2 - \mathfrak{a}_2^2(\mathfrak{a}_3\mathfrak{a}_1)^2 - \mathfrak{a}_3^2(\mathfrak{a}_1\mathfrak{a}_2)^2 + 2(\mathfrak{a}_1\mathfrak{a}_2)(\mathfrak{a}_2\mathfrak{a}_3)\mathfrak{a}_2\mathfrak{a}_1). \end{aligned} \tag{13}$$

Aus (11) bis (13) erhält man die gewünschten Größen.

Als *Beispiel* seien die reziproken Achsen zu den rhomboedrischen Achsen

$$\mathfrak{a}_1^2 = \mathfrak{a}_2^2 = \mathfrak{a}_3^2 = a^2, \quad \alpha = 39^\circ\,45', \quad \text{somit } \cos\alpha = 0{,}7688$$

berechnet. Es ist

$$(\mathfrak{a}_i \mathfrak{a}_k) = a^2 \cdot \cos\alpha = a^2 \cdot 0{,}7688\,.$$

Also das Volumen der Grundzelle

$$v_a^2 = a^6 (1 - 3\cos^2\alpha + 2\cos^3\alpha) = a^6 \cdot 0{,}1358$$
$$v_a = a^3 \cdot 0{,}3686\,.$$

Hiermit wird nach (11) bzw. (12)

$$\mathfrak{b}_1^2 = \frac{1}{a^2}\frac{\{1 - \cos^2\alpha\}}{0{,}1358} = \frac{1}{a^2}\frac{0{,}40895}{0{,}1358} = \frac{1}{a^2}\cdot 3{,}010\,,$$

$$(\mathfrak{b}_i \mathfrak{b}_k) = \frac{1}{a^2}\frac{\{\cos^2\alpha - \cos\alpha\}}{0{,}1358} = -\frac{1}{a^2}\frac{0{,}17775}{0{,}1358} = -\frac{1}{a^2}\cdot 1{,}309\,,$$

$$v_b = \frac{1}{v_a} = \frac{1}{a^3}\,2{,}713\,.$$

Schließlich erhält man für den Winkel β zwischen den Achsen $\mathfrak{b}_i$

$$\cos\beta = \frac{(\mathfrak{b}_i \mathfrak{b}_k)}{\mathfrak{b}_i^2} = -\frac{1{,}309}{3{,}010} = -0{,}4348\,; \quad \beta = 115^\circ\,46'.$$

Note II. Die Interferenzbedingungen im Translationsgitter.

Um allein die Richtungen der Interferenzstrahlen — nicht ihre Intensität — festzustellen, genügt auch beim allgemeinen Translationsgitter das in Kap. IV verwandte Verfahren: zu fordern, daß die Wirkungen aller Atome sich phasengleich, d. h. mit einer ganzen Anzahl Wellenlängen Gangunterschied überlagern. Ist diese Bedingung für die drei nächsten Atome erfüllt, die durch die Translationen $\mathfrak{a}_1\,\mathfrak{a}_2\,\mathfrak{a}_3$ aus dem Atom im Ursprung O hervorgehen (Abb. 168), so gilt sie allgemein für alle.

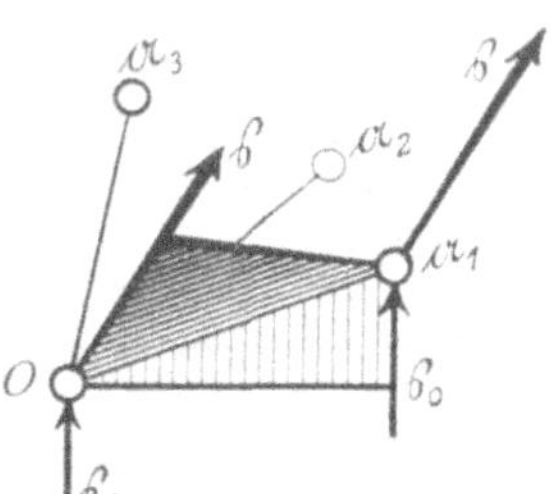

Abb. 168. Interferenzbedingung für zwei auf der $\mathfrak{a}_1$-Achse benachbarte Atome eines triklinen Gitters.

Die Richtung der einfallenden Welle sei im Raum durch den Einheitsvektor $\mathfrak{s}_o$, die der Beobachtung durch den Einheitsvektor $\mathfrak{s}$ festgelegt. Dann ist, wie auf S. 42, der Lichtweg durch Atom $\mathfrak{a}_1$ kleiner als durch O um: Projektion von $\mathfrak{a}_1$ auf $\mathfrak{s}$ minus Projektion von $\mathfrak{a}_1$ auf $\mathfrak{s}_o$ also um $(\mathfrak{a}_1\,\mathfrak{s}) - (\mathfrak{a}_1\,\mathfrak{s}_o)$. Die Interferenzbedingung für das lineare Gitter von der Richtung $\mathfrak{a}_1$ heißt also $(\mathfrak{a}_1, \mathfrak{s} - \mathfrak{s}_o) = h_1\,\lambda$. Zusammen mit den Bedingungen, die sich auf die beiden anderen Gitterrichtungen beziehen, folgt als Interferenzbedingung im dreidimensionalen Gitter:

$$(14') \qquad \begin{aligned} (\mathfrak{a}_1, \mathfrak{s} - \mathfrak{s}_o) &= h_1\,\lambda \\ (\mathfrak{a}_2, \mathfrak{s} - \mathfrak{s}_o) &= h_2\,\lambda \\ (\mathfrak{a}_3, \mathfrak{s} - \mathfrak{s}_o) &= h_3\,\lambda\,. \end{aligned}$$

Es sind dies, vektoriell geschrieben, die LAUEschen Interferenzbedingungen von S. 46. Ihre geometrische Deutung als Durchdringung von 3 Kreiskegeln ist in Kap. IV angegeben. Hier verfahren wir vektoralgebraisch, indem wir die Gleichungen nach dem Vektor $\mathfrak{s} - \mathfrak{s}_o$ auflösen. Ist die Einfallsrichtung $\mathfrak{s}_o$ gegeben, so gewinnen wir damit die Interferenzrichtung $\mathfrak{s}$.

Nach der Identität Gl. (7′) der vorigen Note erreichen wir die Auflösung, indem wir die Gleichungen mit $\mathfrak{b}_1 \mathfrak{b}_2 \mathfrak{b}_3$, den reziproken zu $\mathfrak{a}_1 \mathfrak{a}_2 \mathfrak{a}_3$, multiplizieren und addieren:

$$\mathfrak{s} - \mathfrak{s}_o = \lambda(h_1 \mathfrak{b}_1 + h_2 \mathfrak{b}_2 + h_3 \mathfrak{b}_3) = \lambda \mathfrak{h}_h .$$

Aus der vorigen Note ist dabei die Bedeutung von $\mathfrak{h}_h$, des Fahrstrahls im reziproken Gitter, übernommen worden (Gl. (8)).

Die Gleichung

$$\mathfrak{s} - \mathfrak{s}_o = \lambda \mathfrak{h}_h \tag{14}$$

ist die Zusammenfassung der gesamten Geometrie der Interferenzstrahlen in eine einzige Formel. Sie ist der bequemste Ausgangspunkt um sämtliche Verfahren: LAUE, BRAGG, DEBYE-SCHERRER, Faserdiagramme für alle Kristallsysteme von einem einheitlichen Standpunkt aus zu übersehen.

Wir deuten die Gleichung geometrisch im reziproken Gitter. Dividieren wir durch λ, so heißt sie: soll $\mathfrak{s}$ in eine Interferenzrichtung weisen, so muß der Differenzvektor zwischen den gleich langen Vektoren $\mathfrak{s}/\lambda$ und $\mathfrak{s}_o/\lambda$ gleich einem Vektor $\mathfrak{h}_h$ im reziproken Gitter sein. Denken wir nun die Einfallsrichtung $\mathfrak{s}_o$ und Wellenlänge λ gegeben und tragen wir $\mathfrak{s}_o/\lambda$ von einem solchen Anfangspunkt P aus in das reziproke Gitter ein, daß das Ende von $\mathfrak{s}_o/\lambda$ in den Ursprung O fällt (Abb. 169), so muß der Vektor $\mathfrak{s}/\lambda$ vom gleichen Anfangspunkt P aus in einen Gitterpunkt $(h_1 h_2 h_3)$ reichen. Wegen der gleichen Länge beider Vektoren müssen ihre Endpunkte auf der Kugel liegen, die um P mit dem Radius $1/\lambda$ gelegt ist, so daß sie durch O hindurchgeht. Sie heißt die *Ausbreitungskugel*, P der *Ausbreitungspunkt*. Die Ausbreitungskugel gibt mit einem Schlage den Überblick über die gesamte Interferenzerscheinung: alle Gitterpunkte des reziproken Gitters, die auf der Oberfläche der Ausbreitungskugel liegen — und nur diese — geben Anlaß zu Interferenzstrahlen. Die Fahrstrahlen vom Ausbreitungspunkt P zu ihnen geben das ganze Bündel von gleichzeitig entstehenden Interferenzrichtungen.

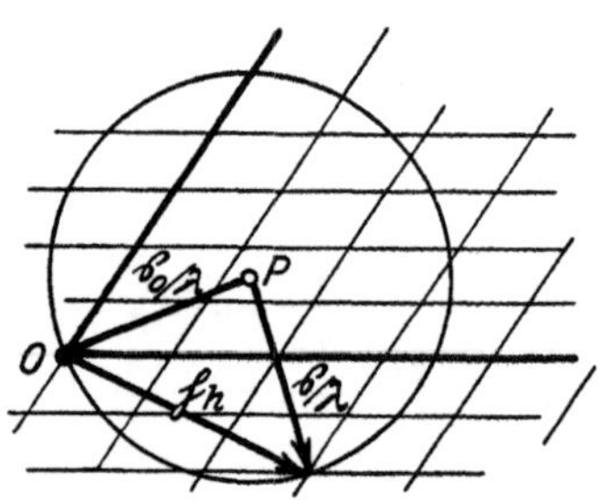

Abb. 169. Reziprokes Gitter mit Ausbreitungspunkt P, Ausbreitungskugel, Primärstrahl PO, Interferenzstrahl $\mathfrak{s}/\lambda$ und Normale auf Spiegelebene $\mathfrak{h}_h$.

Da das Dreieck aus $\mathfrak{s}_o/\lambda$, $\mathfrak{s}/\lambda$ und $\mathfrak{h}_h$ gleichschenklig ist, halbiert $\mathfrak{h}_h$ den Außenwinkel zwischen $\mathfrak{s}_o$ und $\mathfrak{s}$. Daher ist die — zu $\mathfrak{h}_h$ ja senkrechte — Netzebene $(h_1 h_2 h_3)$ des Atomgitters diejenige Ebene, welche aus dem einfallenden Strahl durch Spiegelung den Interferenzstrahl abspaltet. (BRAGGsche Auffassung. Auf S. 42 ein anderer Beweis.) Ist χ der Abbeugungswinkel (d. h. Winkel $(\mathfrak{s}, \mathfrak{s}_o)$), $\vartheta = \chi/2$ also der »Reflexionswinkel« gegen die spiegelnde Netzebene gemessen, so erhält man aus dem gleichschenkligen Dreieck als Länge von $\mathfrak{h}_h$:

$$(16') \qquad |\mathfrak{h}_h| = 2 \cdot \frac{|\mathfrak{s}|}{\lambda} \sin \vartheta .$$

Auf dem Fahrstrahl $\mathfrak{h}_h$ können schon Gitterpunkte näher an O liegen als der Punkt $(h_1 h_2 h_3)$. Dann haben $(h_1 h_2 h_3)$ einen gemeinsamen Faktor n und wir können unter Benutzung der teilerfremden $(h_1^* h_2^* h_3^*)$ setzen

$$(15) \qquad (h_1 h_2 h_3) = n\,(h_1^* h_2^* h_3^*), \quad \mathfrak{h}_h = n\,\mathfrak{h}_h^* .$$

Da schließlich $|\mathfrak{h}_h^*| = 1 : d_h$ ist (s. Note I), und $|\mathfrak{s}| = 1$, erhält man aus (16') *die Braggsche Interferenzbedingung*

$$(16) \qquad n\lambda = 2\, d_h \sin \vartheta .$$

Der Vorteil der Kugelkonstruktion im reziproken Gitter ist, daß man *nicht* die einzelnen Abstände d_h und Winkel ϑ für jede Ebenenschar berechnen muß, wie es notwendig ist, um bei Anwendung der BRAGGschen Bedingung einen Überblick über die gesamte Interferenzerscheinung zu erhalten.

Algebraisch entnehmen wir durch Quadrieren der Gl. (14), so wie es bei rechtwinkligen Bezugsachsen im Text S. 48 geschah, *für den Abbeugungswinkel* χ:

$$(17) \qquad \lambda^2 \mathfrak{h}_h^2 = (\mathfrak{s} - \mathfrak{s}_o)^2 = 2 - 2\,(\mathfrak{s}\,\mathfrak{s}_o) = 2\,(1 - \cos\chi) = 4 \sin^2 \chi/2 ,$$

in Übereinstimmung mit dem am reziproken Gitter soeben abgelesenen (Gl. 16'). Andrerseits erhält man *für die Wellenlänge*:

$$(18) \qquad \mathfrak{s}^2 = (\lambda \mathfrak{h}_h + \mathfrak{s}_o)^2; \quad 1 = \lambda^2 \mathfrak{h}_h^2 + 2\lambda\,(\mathfrak{h}_h \mathfrak{s}_o) + 1; \quad \lambda = -2\,\frac{(\mathfrak{h}_h \mathfrak{s}_o)}{\mathfrak{h}_h^2} .$$

Dies geht für kubische Kristalle in die auf S. 48 gebrauchte Formel

$$\lambda/a = -2\,\frac{h_1 \alpha_o + h_2 \beta_o + h_3 \gamma_o}{h_1^2 + h_2^2 + h_3^2}$$

über, da $\left(\frac{h_1}{a}, \frac{h_2}{a}, \frac{h_3}{a}\right)$ die Zahlwerte der Komponenten von $\mathfrak{h}_h$, $(\alpha_o \beta_o \gamma_o)$ die von $\mathfrak{s}_o$ sind. $(\mathfrak{h}_h \mathfrak{s}_o)$ ist der »*Aufzählungsindex*« von S. 116. Man erkennt aus Gl. (18) seine dort ausgesprochene Bedeutung.

Gemäß der Konstruktion der Ausbreitungskugel liegt der Punkt $O = (000)$ stets auf ihr. Daher tritt, wie auf S. 47 bemerkt, der Strahl 000, der Primärstrahl, *stets* unter den Interferenzstrahlen auf. Aber sonst ist die Wahrscheinlichkeit gering, daß die Kugel um einen beliebigen Punkt P auch noch andere Gitterpunkte enthält. Beim Einfall einer monochromatischen und ebenen Welle (λ und $\mathfrak{s}_o$, mithin auch P, fest gegeben) ist eine Interferenzwirkung unwahrscheinlich. Man muß vielmehr die Ausbreitungskugel systematisch ein ganzes Gebiet des reziproken Gitters überstreichen lassen, um sicher zu sein, daß Gitterpunkte sie durchsetzen. Dies geschieht bei den verschiedenen Verfahren in verschiedener Weise.

1. Laue-Verfahren.

Die Einfalls*richtung* wird durch die Ausblendung gegenüber dem ruhenden Kristall zwar festgehalten. Es fällt aber *weißes* Röntgenlicht auf: λ variiert. Daher verschiebt sich der Ausbreitungspunkt P auf der durch $\mathfrak{s}_0$ gegebenen Richtung von $\mathfrak{s}_0/\lambda_{\max} = P'$ bis $\mathfrak{s}_0/\lambda_{\min} = P''$. Die Ausbreitungskugel erweitert sich, dem größeren Radius entsprechend und überstreicht das in Abb. 170 schraffierte Gebiet des reziproken Gitters. Die Abb. 170 entspricht etwa den Verhältnissen bei der in Kap. X besprochenen Zinkblendeaufnahme, wo $2\,a/\lambda$ von 20 bis 60 variierte. Im kubischen System ist nämlich die Maschenweite des reziproken Gitters $|\mathfrak{b}_i| = \frac{1}{a_i}$ so, daß das Verhältnis: Radius der Ausbreitungskugel zu Maschenweite $= a/\lambda$ wird und sich von 10 bis 30 ändert.

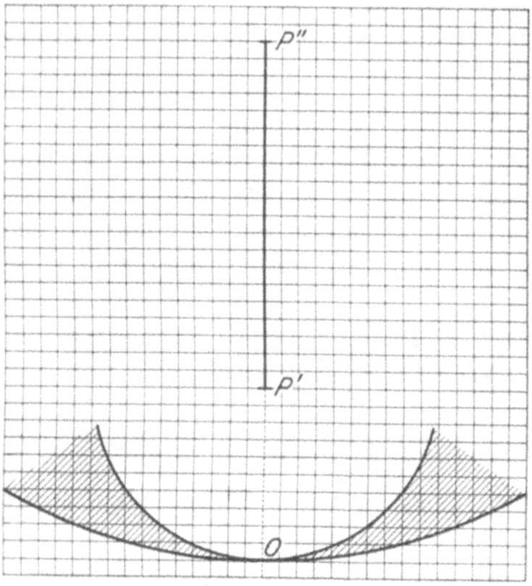

Abb. 170. Reziprokes Gitter mit Aubreitungskugeln um P' und P'', entsprechend der vierzähligen Zinkblendeaufnahme von Abb. 44.

Wie aus Abb. 88 hervorgeht, treten auf der vierzähligen Zinkblendeaufnahme nur Interferenzen mit Ordnungen $(h_1\, h_2\, h_3)$ auf, bei denen $h_3 = 1$, 2 oder 3 ist. In Abb. 170 heißt dies: nur Punkte aus den untersten 3 Netzebenen des reziproken Gitters werden tatsächlich beobachtet. Die anderen Strahlen gehen teils an der Platte vorbei, teils sind die Intensitäten infolge der allgemeinen Abnahme mit wachsendem Abbeugungswinkel χ zu schwach. An der Lage der Ausbreitungskugel für verschieden harte Strahlen ist sofort abzulesen, daß der Abbeugungswinkel für harte Strahlen im allgemeinen geringer sein wird, als für weiche. Es gilt offenbar in der Regel, wenn der Primärstrahl senkrecht zu einer wichtigen Netzebene steht, daß die kurzwelligsten Bestandteile der Strahlung in den innersten Interferenzflecken zu suchen sind.

II. Debye-Scherrer-Verfahren.

Die Gewähr für das Auftreten von Interferenzen liegt hier in der statistisch-regellosen Orientierung der Einzelkriställchen gegen den einfallenden Strahl. Da eine feste Wellenlänge λ verwandt wird, hat die Ausbreitungskugel den Radius $1/\lambda$ und man muß, um die Interferenzrichtungen $\mathfrak{s}$ zu erhalten, das reziproke Gitter unter Festhaltung der Ausbreitungskugel und des Anfangspunktes O nach allen Richtungen drehen, wobei die Gitterpunkte die Kugel durchstoßen. Der Vektor vom Kugelmittelpunkt P nach dem Durchstoßpunkt gibt wie oben die Richtung $\mathfrak{s}$ der Interferenz. Liegt einmal ein Gitterpunkt auf der Kugel, so ändert eine Drehung um OP hieran nichts: die Interferenzrichtungen bilden Kreiskegel, die vom Präparat ausgehen. Sämtliche überhaupt möglichen Ordnungstripel bzw. Gitterpunkte des reziproken Gitters erfüllen die Kugel vom Radius $2/\lambda$, die um O beschrieben wird; denn das ist bei der relativen Bewegung von Ausbreitungskugel und Gitter der von ersterer überstrichene Raum. Sein Volumen ist $\frac{4\pi}{3}\left(\frac{2}{\lambda}\right)^3$ und die Anzahl Gitterpunkte, die in ihm liegen, ungefähr gleich der Anzahl der in ihm gelegenen Gitterzellen, also $\frac{4\pi}{3}\left(\frac{2}{\lambda}\right)^3 \frac{1}{v_b} = \frac{4\pi}{3}\left(\frac{2}{\lambda}\right)^3 v_a$. Ebenso groß wäre die Linienzahl auf dem Film, wenn jeder Gitterpunkt $(h_1 h_2 h_3)$ eine eigene Linie verursachen würde. Bei triklinen Kristallen werden Überdeckungen selten sein, weil im triklinen reziproken Gitter die Abstände von 2 oder mehr Gitterpunkten vom Ursprung selten den gleichen Wert haben. Nur die gegen den Ursprung symmetrisch gelegenen Punkte $(h_1 h_2 h_3)$ und $(-h_1, -h_2, -h_3)$ haben stets gleichen Abstand von O. Daher gibt die Hälfte der obigen Zahl tatsächlich eine Abschätzung für die Linienzahl trikliner Kristalle — vorausgesetzt, daß sie so groß ist, daß die angenäherte Berechnung für die Zahl der Gitterpunkte schon erlaubt ist. Bei Kristallen mit höherer Symmetrie wird aber systematisch Überdeckung eintreten müssen und die Linienzahl ist erheblich geringer. Deshalb läßt sich aus dem Linienreichtum der Debye-Scherreraufnahmen bereits ein Wahrscheinlichkeitsschluß auf das Kristallsystem ziehen. Im monoklinen System müssen wegen der Symmetrieebene z. B. je zwei Punkte: $(h_1 h_2 h_3)$ und sein Spiegelbild, gleichen Abstand $|\mathfrak{h}_h|$ haben und die Linienzahl muß nochmals ungefähr halbiert werden. (Sie wäre genau zu halbieren, wenn man von denjenigen Punkten absehen dürfte, die auf der Spiegelebene selbst liegen.) Im kubischen System haben sämtliche 48 Punkte, die aus allen Kombinationen von $(\pm h_1, \pm h_2, \pm h_3)$ entstehen, gleichen Abstand und geben nur eine einzige Linie. Ist eines der h_i Null oder sind zwei von ihnen gleich, so gibt es nur noch 24, sind alle 3 h_i gleich, nur 8 und schließlich wenn zwei von ihnen Null sind, nur 6 gleichwertige Punkte (vgl. S. 133). Dem entsprechend kommen im kubischen System systematisch 6- bis 48fache Überdeckungen vor und die oben ausgerechnete Linienzahl wird mit einem mittleren Faktor, etwa

$8\pi = 25$ zu kürzen sein. Da für kubische Kristalle $v_a = a^3$ (a = Kante des Elementarwürfels), erhält man zur ungefähren Bestimmung der Linienzahl im Debye-Scherrerfilm eines kubischen Kristalls die Formel

$$\frac{4\pi}{3 \cdot 8\pi} \cdot \left(\frac{2a}{\lambda}\right)^3 = \frac{4}{3}\left(\frac{a}{\lambda}\right)^3.$$

Da aber der Kristall als einfaches Translationsgitter angesetzt worden ist, so ist unter a die Kante desjenigen Würfels zu verstehen, auf dessen Volumen ein Molekül entfällt. Würde die zur wahren Basis gehörende größere Würfelkante a_w eingesetzt, so fallen durch Wirkung des Strukturfaktors entsprechend viele Linien ganz oder fast ganz aus. Zum Beispiel ist für *NaCl*, in dessen Grundwürfel von der Kante $a_w = 5{,}63$ 4 Moleküle liegen (S. 112), $a^3 = {}^1/_4 \cdot (5{,}63)^3$ zu setzen. Mit CuK_α-Strahlung, $\lambda = 1{,}54$, gibt die obige Formel als Linienzahl $\frac{1}{3}\left(\frac{5{,}63}{1{,}54}\right)^3 = 16$, was ungefähr stimmen dürfte.

Die Vorausbestimmung der Linienzahl ist bei der Auswahl der zu den Aufnahmen zu benutzenden Wellenlänge bzw. bei der Dimensionierung des Spektrographen wichtig.

III. Bragg-Verfahren; vollständige Spektraldiagramme; Faseraufnahmen.

Auch bei diesen Verfahren wird einfarbiges Röntgenlicht benutzt und der Ausbreitungspunkt P ist fest gegeben. Infolge der Schwenkung des Kristalls bzw. bei Faserbündeln infolge der gleichen Wahrscheinlichkeit der Orientierung um die Vorzugsrichtung muß das reziproke Gitter durch die Ausbreitungskugel hindurchgedreht werden. Zum Unterschied gegenüber Debye-Scherrer findet die Drehung jedoch um eine feste Achse und eventuell nur über einen beschränkten Winkelbereich statt. Bei den üblichen Ausführungen des Braggverfahrens und der vollständigen Diagramme liegt die Drehachse quer zum einfallenden Strahl; bei Faseraufnahmen wird die Faserrichtung auch oft geneigt eingestellt sein. Ausführungen hierzu siehe in Note V.

Note III. Die Bezifferung der Laue-Aufnahmen mittels gnomonischer Projektion.

Zur Bezifferung der Laue-Aufnahmen ist das im Text S. 108 und Abb. 83 angedeutete Verfahren häufig das übersichtlichste und einfachste. Daneben wird aber auch viel Gebrauch gemacht von einer direkten Umzeichnung des Laue-Diagramms in eine »gnomonische Projektion«.

Sei, Abb. 171, PO der einfallende Strahl, O der Ort des Kristalls, OS die Richtung einer reflektierenden Netzebene und OR der reflektierte Strahl, Pl die photographische Platte, die den Abstand D vom Kristall haben möge. Wir erhalten ein Bild der reflektierenden Netzebenen, wenn wir die Normale ON auf der Netzebene errichten und zum Durchstoßen mit der Platte bringen. Jeder Punkt R des Lauebildes ist eine »*Reflexprojektion*« seiner Spiegelebene; das dazugehörige N heißt die »*gnomonische Projektion*« der gleichen Ebene.

Es ist leicht, Punkt für Punkt das Lauebild in die gnomonische Projektion zu übertragen. R, N und der Primärfleck O' liegen in der Platte auf einer Geraden. Ist der Einfallswinkel der Strahlen gegen die Spiegelebene ϑ, so ist

$$O'R = D \operatorname{tg} 2\vartheta,$$
$$O'N = D \operatorname{tg}(90 - \vartheta)$$
$$= D \operatorname{cotg} \vartheta.$$

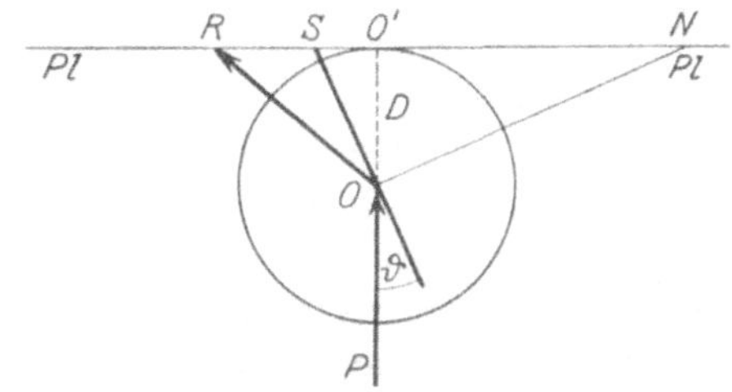

Abb. 171. Zusammenhang zwischen Lauebild (Reflexprojektion) und gnomonischer Projektion.

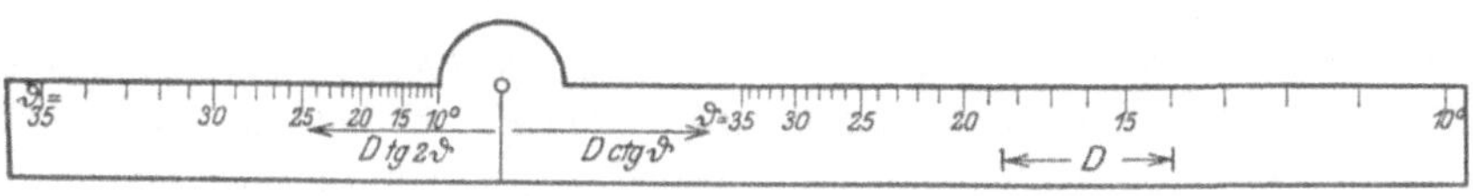

Abb. 172. Gnomonisches Lineal.

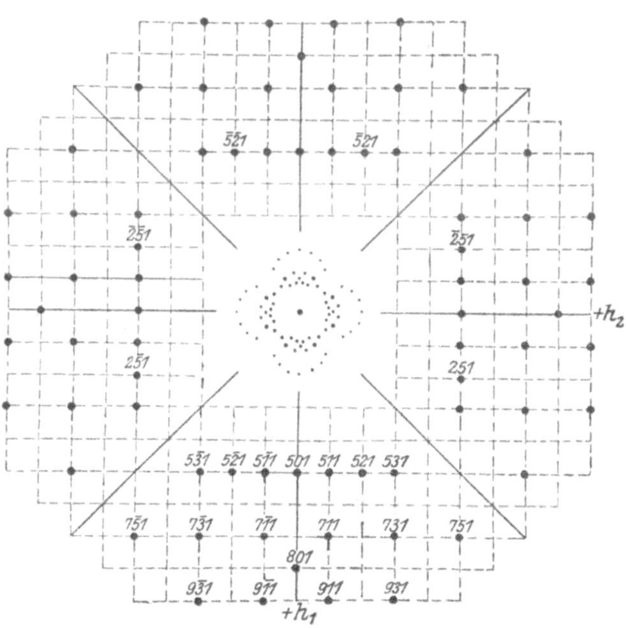

Abb. 173. Gnomonische Umzeichnung einer Rutilaufnahme || *c*-Achse.

Um die Übertragung vorzunehmen, kann man sich ein *gnomonisches Lineal* anfertigen (Abb. 172), das (für bestimmten Abstand D) auf der einen Seite eine Teilung $D \operatorname{tg} 2\vartheta$ trägt und beim Anlegen an einen Interferenzpunkt

ϑ abzulesen gestattet. Seine andere Seite hat die Teilung $D \cot \vartheta$ und läßt daher den zum gleichen ϑ-Wert gehörenden gnomonischen Punkt N aufzeichnen, wenn die Mitte des Lineals in O' mit einer Nadel drehbar festgespießt wird.

Abb. 173 zeigt nach WYCKOFF die gnomonische Umzeichnung der vierzähligen Aufnahme von Rutil (längs der c-Achse). In der Mitte der Figur befindet sich die Laue-Aufnahme selbst angedeutet. Man erkennt die wichtige Eigenschaft der gnomonischen Projektion: *die gnomonischen Punkte der Flächen einer Zone liegen auf einer Geraden.* Die Umzeichnung des Lauebildes in ein gnomonisches erleichtert das Erkennen der Zonenzusammengehörigkeit und damit die Feststellung der Flächenindizes.

Den Beweis des Satzes lesen wir im reziproken Gitter sofort ab. Die gnomonische Projektion besteht ja darin, daß wir die Normalen der Netzebenen, also unsere Fahrstrahlen $\mathfrak{h}$, zum Durchstoß mit einer Projektionsebene bringen, die in der Entfernung D vom Ursprung senkrecht zum einfallenden Strahl liegt. Die zu einer *Zone* gehörenden Fahrstrahlen $\mathfrak{h}$ liegen alle in der zur Zonenachse senkrechten Ebene und ihr Schnitt mit der Projektionsebene liegt auf einer Geraden quer zur Zonenachse.

Aus der gnomonischen Projektion lassen sich die Indizes ablesen, sowie für einen Punkt eine Annahme gemacht ist. Betrachten wir nämlich (Abb. 174)

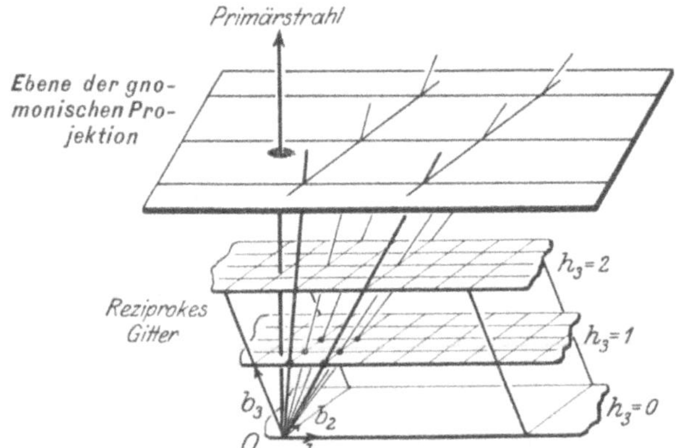

Abb. 174. Zusammenhang zwischen gnomonischer Projektion und reziprokem Gitter.

im reziproken Gitter die Fahrstrahlen $\mathfrak{h}$ zu den Punkten der Ebene $h_3 = 1$. Sie werden bei der Verlängerung zur Projektionsebene äquidistante gnomonische Punkte liefern, die ein Abbild der Netzebene $h_3 = 1$ des reziproken Gitters sind. Zwischen sie hinein schieben sich die Punkte mit $h_3 = 2$, 3 usw. Man wird deshalb zunächst die gnomonischen Punkte der stärksten Reflexe in ein Netz einordnen, dessen Maschenweite sich durch den größten gemeinsamen Abstand der Zonengeraden in der gnomonischen Projektion bestimmt. Sind die Koordinaten des Netzpunktes $(h_1\ h_2)$, so ist die Ordnung der Interferenz $(h_1 h_2\ 1)$. In Abb. 173 treten nur derartige Punkte auf. Gäbe es noch weitere gnomonische Punkte, deren Abstand von den schon eingeordneten in keinem einfachen Verhältnis steht, so wären sie als Interferenzen mit $h_3 = 2$ oder $3 \ldots$ zu deuten. — Die Annahme, die nach der Bemerkung auf S. 130 bei jeder Indexbestimmung auf alleiniger Grundlage der geometrischen Tatsachen der Interferenzbilder eintreten muß, liegt hier darin, daß auch Netzteilungen von $^1/_2$, $^1/_3 \ldots$ der notwendigen Maschenweite alle gnomonischen Punkte aufnehmen. Wegen der Meßunsicherheit kann man im Zweifel sein, ob nicht das feinere Netz auch die vorher mit $h_3 = 2, 3 \ldots$ gedeuteten Punkte aufzunehmen imstande wäre. Abgesehen davon würde die Verfeinerung der Netzteilung auf eine bloße Verdoppelung, ..., der Indizes hinauslaufen.

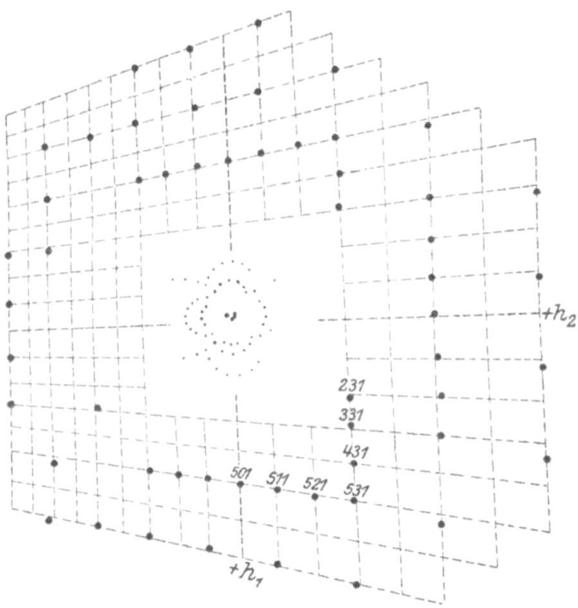

Abb. 175. Gnomonische Umzeichnung einer schrägen Rutilaufnahme.

Abb. 175 zeigt ebenfalls nach WYCKOFF die unsymmetrische Laue-Aufnahme an Rutil und ihre gnomonische Umzeichnung bei gegen die c-Achse geneigtem Einfall der Röntgenstrahlen. Wir verstehen die Einzelheiten des Bildes unschwer, wenn wir die Projektionsebene Pl der Abb. 174 mit dem Primärstrahl gegenüber dem reziproken Gitter gedreht denken. Die Fahrstrahlen zur Ebene $h_3 = 1$ bilden diese Ebene durch Zentralprojektion vom Punkte O aus auf die nunmehr geneigte Projektionsebene ab und liefern dabei die Durchschnittspunkte der Abb. 175. Die Koordinaten lassen sich noch gut feststellen. — Wie bei größerer Neigung die gnomonische Projektion des Bildes bis in eine symmetrische, zur Koordinatenfeststellung geeignete Lage mittels eines von HILTON entworfenen Netzes gedreht werden kann, lese man bei R. W. G. WYCKOFF (Americ. journ. of science 50. 1920. p. 317) nach.

Note IV. Debye-Scherrer-Verfahren und quadratische Form.

Der Radius der zylindrischen Kamera sei ϱ, der Abstand zweier gleicher, nach rechts und links abgebeugter Linien auf dem Film sei gleich 2δ, χ der Abbeugungswinkel. Die Ausmessung der Abstände 2δ ergibt den Winkel χ aus

$$2\varrho\chi = 2(\delta - \varepsilon).$$

ε ist dabei eine Korrektur, die von der Stäbchendicke und der Absorption der Strahlen im Stäbchen herrührt und namentlich bei kleinen Abbeugungswinkeln einige Prozent betragen kann. Man ermittelt ε am besten empirisch durch die Aufnahme eines bekannten Kristalls mit etwa gleichem Absorptionsvermögen und gleicher Stäbchendicke.

Aus der Fundamentalgleichung folgt durch Quadrieren wie auf S. 254

$$\mathfrak{h}^2 = \frac{4}{\lambda^2}\sin^2\chi/2,$$

also unter Benutzung des obigen Wertes

$$\mathfrak{h}^2 = \frac{4}{\lambda^2}\sin^2\frac{\delta-\varepsilon}{2\varrho}. \tag{19}$$

Die rechte Seite der Gleichung ist für jede Linie bekannt. Wir bezeichnen sie abkürzend durch Q_k, wobei k die Nummer der Linie auf dem Film ist. Auf der linken Seite steht im allgemeinen triklinen Fall:

$$\begin{aligned}\mathfrak{h}^2 = h_1^2\mathfrak{b}_1^2 + h_2^2\mathfrak{b}_2^2 + h_3^2\mathfrak{b}_3^2 + 2h_1h_2(\mathfrak{b}_1\mathfrak{b}_2) + 2h_2h_3(\mathfrak{b}_2\mathfrak{b}_3)\\ + 2h_3h_1(\mathfrak{b}_3\mathfrak{b}_1).\end{aligned} \tag{19'}$$

Man nennt in der Algebra einen solchen Ausdruck aus drei ganzen Zahlen $(h_1h_2h_3)$, der sich zusammensetzt aus den Produkten von je zweien multipliziert mit Koeffizienten, eine quadratische Form (und zwar wegen der Dreizahl der h: eine »ternäre« qu. F.). Im Text (S. 128) wurde der spezielle Fall eines kubischen Kristalls vorgeführt, bei dem die Produkte $(\mathfrak{b}_i\mathfrak{b}_k)$, $i \neq k$, verschwinden. Es wurde gezeigt, wie die Tatsache, daß die Q_k sich einer quadratischen Form einpassen, eine Beschränkung für sie bedeutet, die man durch das reziproke Gitter gut veranschaulichen kann.

Wir sehen hier, daß die gleiche Beschränkung auch im triklinen Fall statthat und sehen zugleich die volle Bedeutung der Koeffizienten der quadratischen Form: es sind die Quadrate und Produkte der Achsenvektoren des reziproken Gitters. Durch die Aufstellung der quadratischen Form wird das Achsensystem $(\mathfrak{b}_i)$ ermittelt und das System $(\mathfrak{a}_i)$ der Kristallachsen folgt automatisch nach Note I.

Die Bestimmung der Kristallaxen ist also gelöst, wenn es gelungen ist, die Q_k-Werte durch Wahl der Koeffizienten $\mathfrak{b}_i^2$, $(\mathfrak{b}_i\mathfrak{b}_k)$ in einer Form

(19′) unterzubringen. Dabei spielt, wie im Text betont, die Unsicherheit der Messungen eine peinliche Rolle, und es ist ein ungeheurer Gewinn, wenn sich durch eine genaue Kritik der Q_k-Werte von vornherein ihre Sicherheit auch nur um etwas erhöhen läßt. Das kann z. B. dadurch geschehen, daß neben den Linien, die von der K-α-Strahlung herrühren, auch die von K-β erzeugten berücksichtigt werden. Beide Arbeiten, die sich mit der systematischen Aufstellung der Form $\mathfrak{h}^2$ befassen, die von C. RUNGE und die von A. JOHNSEN und O. TOEPLITZ, legen den größten Wert auf eine genaue »Textkritik«. Die Einzelheiten sind dort nachzulesen (Phys. Zs. **18**, 509 (1917) und **19**, 47 (1918)).

Das Rungesche Verfahren, die Koeffizienten zu finden, hat vor dem Johnsen-Toeplitzschen den Vorteil leichterer Deutbarkeit im reziproken Gitter voraus. Der schematische Vorgang bei der Ermittelung ist nach RUNGE etwa folgender.

Sei Q_1 der kleinste der beobachteten Q-Werte. Er entspricht dem kleinsten Fahrstrahl, $\mathfrak{h}_1^2$. Indem wir diesen als Vektor $\mathfrak{b}_1$ zur Beschreibung des Gitters benutzen, haben wir $\mathfrak{b}_1^2 = Q_1$. Unter den Q-Werten wird es dann vermutlich auch die Werte $(2\,\mathfrak{b}_1)^2 = 4\,Q_1$; $(3\,\mathfrak{b}_1)^2 = 9\,Q_1$ usw. geben, die wir herausnehmen. Von den andern Q-Werten sei der nächstgrößere Q_2. Wir setzen ihn gleich $\mathfrak{b}_2^2$ und kennen somit die *Länge* des zweiten $\mathfrak{b}$-Vektors. Nun ist seine Neigung gegen $\mathfrak{b}_1$ zu bestimmen. Da auch $\mathfrak{b}_1 + \mathfrak{b}_2$ und $\mathfrak{b}_1 - \mathfrak{b}_2$ Fahrstrahlen $\mathfrak{h}$ sind, müssen unter den Q die Werte

$$Q_{12} = (\mathfrak{b}_1 + \mathfrak{b}_2)^2 = \mathfrak{b}_1^2 + \mathfrak{b}_2^2 + 2\,(\mathfrak{b}_1\mathfrak{b}_2) = Q_1 + Q_2 + 2\,(\mathfrak{b}_1\mathfrak{b}_2)$$
$$Q_{1\bar{2}} = (\mathfrak{b}_1 - \mathfrak{b}_2)^2 = \mathfrak{b}_1^2 + \mathfrak{b}_2^2 - 2\,(\mathfrak{b}_1\mathfrak{b}_2) = Q_1 + Q_2 - 2\,(\mathfrak{b}_1\mathfrak{b}_2)$$

vorkommen, welche dadurch kenntlich sind, daß ihre Summe gleich dem doppelten der Summe $(Q_1 + Q_2)$ ist. Hat man zwei solche Werte, so folgt als Koeffizient der Form

$$2\,(\mathfrak{b}_1\mathfrak{b}_2) = \frac{Q_{12} - Q_{1\bar{2}}}{2}\,. \tag{20}$$

Es sind nunmehr unter den Q-Werten alle jene erklärt, welche zu der aus $\mathfrak{b}_1$ und $\mathfrak{b}_2$ gebildeten Netzebene des reziproken Gitters gehören. Wir streichen in der Liste der Q_k alle diese:

$$Q_k = (m\,\mathfrak{b}_1 + n\,\mathfrak{b}_2)^2, \quad m \text{ und } n \text{ ganzzahlig.}$$

Unter den übrigen Q-Werten sei Q_3 wieder der kleinste. Setzen wir ihn gleich $\mathfrak{b}_3^2$, so ist die Länge von $\mathfrak{b}_3$ bestimmt. Seine Neigungen gegen die andern Achsen, $(\mathfrak{b}_3\mathfrak{b}_1)$ und $(\mathfrak{b}_3\mathfrak{b}_2)$, sind analog wie $(\mathfrak{b}_2\mathfrak{b}_1)$ zu erhalten, indem man die Werte

$$Q_{13} = (\mathfrak{b}_1 + \mathfrak{b}_3)^2; \quad Q_{23} = (\mathfrak{b}_2 + \mathfrak{b}_3)^2$$
$$Q_{1\bar{3}} = (\mathfrak{b}_1 - \mathfrak{b}_3)^2; \quad Q_{2\bar{3}} = (\mathfrak{b}_2 - \mathfrak{b}_3)^2$$

benutzt, die an ihren Summen kenntlich sind.

Nach Bestimmung der 6 Koeffizienten müssen alle weiteren Q-Werte sich in die Form einordnen. Abweichungen dienen zur Verbesserung der Koeffizientenwerte durch Ausgleichsrechnung.

Als *Beispiel* sei die *Berechnung der quadratischen Form für die Graphitmessungen* DEBYES angegeben. Wir gehen der Abkürzung wegen sofort von den durch Textkritik verbesserten Werten von $\sin\chi/2$ aus:

$$\sin\chi/2 = 0{,}2273;\ 0{,}360;\ 0{,}383;\ 0{,}4546;\ 0{,}466;\ 0{,}521;\ 0{,}616;\ 0{,}635;\ 0{,}655;\ 0{,}683;\ 0{,}697;\ 0{,}719\,D;\ 0{,}766\,D;\ 0{,}806;\ 0{,}834;\ 0{,}889;\ 0{,}910\,D;\ 0{,}919;\ 0{,}934;\ 0{,}946;\ 0{,}951.$$

D heißt dabei, daß die Linie doppelt ist, aber nicht mehr in zwei selbständige getrennt werden kann.

Diesen 21 Linien entsprechen nach Multiplikation mit einem geeigneten Faktor die 21 Werte $Q_k = \text{const.}\sin^2\chi/2$:

$$Q_k = 52;\ 130;\ 147;\ 207;\ 217;\ 271;\ 379;\ 403;\ 429;\ 466;\ 486;\ 517\,D;\ 587\,D;\ 650;\ 696;\ 790;\ 828\,D;\ 845;\ 872;\ 895;\ 904.$$

Man hat also $Q_1 = \mathfrak{b}_1^2 = 52$ und streicht 207, 466 und eine Komponente von 828 als 4-, 9-, 16faches davon fort. Es bleibt $Q_2 = \mathfrak{b}_2^2 = 130$, dessen 4facher Wert die eine Komponente von 517 ist.

Es ist

$$2(Q_1 + Q_2) = 364 = 147 + 217 = Q_{12} + Q_{1\bar{2}}.$$

Daher folgt

$$2(\mathfrak{b}_1\mathfrak{b}_2) = \frac{Q_{12} - Q_{1\bar{2}}}{2} = -35.$$

$\mathfrak{b}_1$ und $\mathfrak{b}_2$ bilden also einen stumpfen Winkel β_3 miteinander, dessen Kosinus ist:

$$\cos\beta_3 = -\frac{35}{\sqrt{52\cdot 130}} = -0{,}44,\quad \beta_3 = 116^\circ.$$

Streicht man die Q_k-Werte, welche durch Netzpunkte in der Ebene $(\mathfrak{b}_1\mathfrak{b}_2)$ entstehen, fort, so bleiben noch unerklärt die Werte

$$Q = 379;\ 429;\ 587;\ 845;\ 895;\ 904.$$

Unter ihnen wird der kleinste gleich $\mathfrak{b}_3^2$ gesetzt:

$$Q_3 = \mathfrak{b}_3^2 = 379.$$

Die Neigung von $\mathfrak{b}_3$ gegen $\mathfrak{b}_1$ folgt vermittels

$$2(Q_1 + Q_3) = 2(52 + 379) = 862 = Q_{13} + Q_{1\bar{3}}.$$

Von den noch unerklärten Werten Q darf 429 als genügend genau gleich $^1/_2 \cdot 862$ angesehen werden, um $Q_{13} = Q_{1\bar{3}} = 429$ zu setzen. Die Gleichheit beider Werte bedeutet, daß $\mathfrak{b}_3$ auf $\mathfrak{b}_1$ senkrecht steht.

Von der Form $(m\mathfrak{b}_1 + n\mathfrak{b}_3)^2$ sind unter den obigen Q-Werten 379, 429, 587, 845. Hingegen bleiben 895 und 904 noch unerklärt. Wir teilen demgemäß versuchsweise $2(Q_2 + Q_3) = 1018$ in die Teile $Q_{23} + Q_{2\bar{3}} = 895 + 123$ auf, von denen 123 mit dem bereits oben benutzten

Wert $Q = 130$ hinreichend nahe zusammenfällt, um nur eine einzige Linie auf dem Film zu geben. Es folgt unter Benutzung des Wertes 130:

$$2(\mathfrak{b}_2\mathfrak{b}_3) = \frac{Q_{23} - Q_{2\bar{3}}}{2} = 379, \quad \cos\beta_1 = \frac{379}{2\sqrt{130\cdot 379}} = 0{,}853, \; \beta_1 = 31\,{}^1\!/_2{}^{\circ}.$$

Schließlich erklärt sich der letzte Wert 904 als

$$904 = (\mathfrak{b}_1 + \mathfrak{b}_2 - 2\,\mathfrak{b}_3)^2.$$

Die quadratische Form heißt nach dieser Bestimmung zunächst

$$(21) \qquad Q = 52\,h_1^2 + 130\,h_2^2 + 379\,h_3^2 - 35\,h_1h_2 + 379\,h_2h_3.$$

Durch sie werden alle beobachteten Werte hinreichend genau dargestellt.

Die Achsen $\mathfrak{b}_i$ sind nach diesem Verfahren noch nicht so übersichtlich wie möglich bestimmt. Z. B. dienen die soeben festgelegten $\mathfrak{b}_i$ tatsächlich zur Beschreibung eines rhomboedrischen Gitters. Um dies zu erkennen, hat man eine Liste aller vorkommenden Abstände $(m\,\mathfrak{b}_1 + n\,\mathfrak{b}_2 + p\,\mathfrak{b}_3)^2$ aufzustellen, und findet, auf wieviele Weisen jeder Abstand dargestellt werden kann und schließt so auf die Symmetrie des reziproken Gitters. Daraufhin kann man diese zum Ausdruck bringen, wenn man statt der $\mathfrak{b}_i$ solche Gitterfahrstrahlen als neue Achsen $\mathfrak{B}_i$ wählt, die dem Kristallsystem entprechen und den gleichen Zelleninhalt ergeben, wie die $\mathfrak{b}_i$. Im Fall des Graphit ist das

$$(22) \qquad \mathfrak{B}_1 = \mathfrak{b}_2; \; \mathfrak{B}_2 = \mathfrak{b}_2 - \mathfrak{b}_3; \; \mathfrak{B}_3 = -\mathfrak{b}_1 - 2\,\mathfrak{b}_2 + \mathfrak{b}_3.$$

Die Bedingung der Volumgleichheit $(\mathfrak{B}_1[\mathfrak{B}_2\mathfrak{B}_3]) = (\mathfrak{b}_1[\mathfrak{b}_2\mathfrak{b}_3])$ bedeutet, wie man bei Einsetzen der $\mathfrak{B}_i = \sum_k c_{ik}\mathfrak{b}_k$ leicht findet, daß die Determinante aus den ganzzahligen Transformationskoeffizienten c_{ik} gleich 1 ist. In unserm Beispiel lautet sie:

$$\begin{vmatrix} 0 & 1 & 0 \\ 0 & 1 & -1 \\ -1 & -2 & 1 \end{vmatrix} = - \begin{vmatrix} 0 & -1 \\ -1 & 1 \end{vmatrix} = 1.$$

Berechnet man mittels der Gleichungen (22) die Längen $\mathfrak{B}_i^2$, so findet man innerhalb der Genauigkeit der Bestimmung den gleichen Wert $\mathfrak{B}_i^2 = 130$ und für die skalaren Produkte den ebenfalls gemeinsamen Wert $(\mathfrak{B}_i\mathfrak{B}_k) = -55$. Die Achsen $\mathfrak{B}_i$ bilden also die Kanten eines Rhomboeders vom Kantenwinkel $\cos\beta = -\frac{55}{130} = -0{,}43$, $\beta = 115^{\circ}\,30'$. Der entsprechende Grundbereich des Atomgitters ist ebenfalls ein Rhomboeder, und zwar — gemäß dem Beispiel am Schluß von Note I — vom Kantenwinkel $\alpha = 39^{\circ}\,45'$ (annähernd).

Wäre das Kristallgitter ein einfaches Translationsgitter, in dem der Intensitätsabfall wesentlich durch den Lorentzschen Faktor $1/\mathfrak{h}^2$ entsteht, so sollten alle Interferenzen, die zu Gitterpunkten (h_i) nahe beim Ursprung gehören, auch auftreten. Werden Lücken beobachtet, so müssen diese auf den Strukturfaktor und das Vorhandensein einer Basis zurückgeführt werden. Die Lücken erschweren unter Umständen die Aufstellung der quadratischen Form erheblich.

Neben dem mehr algebraischen Verfahren der quadratischen Form gibt es ein graphisches Verfahren, um bei trigonalen und tetragonalen Gittern — also bei Gittern mit *einem* Kennwert c/a bzw. α (vgl. Abb. 14) — das Gitter schnell zu ermitteln. Es wurde zuerst — in etwas abweichender Form — von A. W. Hull und W. P. Davey benutzt (Phys. Rev. 17, (1921), 549).

Die Pulveraufnahmen aller kubischen Kristalle unterscheiden sich nur durch den Maßstab, wenn wir von der Intensität der Linien absehen. Dies ist aus Gl. (19) abzulesen, wenn für $\mathfrak{h}^2$ sein Wert $\frac{1}{a^2}(h_1^2+h_2^2+h_3^2)$ eingesetzt wird. Man kann die Identifizierung der Linien erleichtern, indem man sich durch Logarithmieren vom Maßstab ganz unabhängig macht:

$$\log \sin \frac{\delta-\varepsilon}{2\varrho} = \tfrac{1}{2}\log (h_1^2+h_2^2+h_3^2) + \log \frac{\lambda}{2a}. \tag{23}$$

Der Maßstab geht jetzt allein in das letzte Glied, das von den h_i unabhängig ist, ein. Trägt man also auf Grund der Messungen $\log \sin \frac{\delta-\varepsilon}{2\varrho}$ auf einem Streifen Papier ab, so muß diese Umzeichnung des Debye-Scherrer-Bildes *durch bloßes Verschieben* mit einer Darstellung von $\frac{1}{2}\log (h_1^2+h_2^2+h_3^2)$ zur Deckung gebracht werden können — wenn anders der Kristall kubisch ist. Man erhält unmittelbar die Bezifferung der Aufnahme und aus der Verschiebung des Streifens die Gitterdimensionen.

Dieser Kern des Hullschen Gedankens, durch Logarithmieren den absoluten Maßstab der Aufnahme unschädlich zu machen, findet sich wieder, wenn $\mathfrak{h}^2$ außerdem von einem Kennwert des Gitters abhängt:

trigonal: $\mathfrak{h}^2 = \mathfrak{b}_i^2 (h_1^2+h_2^2+h_3^2) + 2(\mathfrak{b}_i\mathfrak{b}_k)(h_1h_2+h_2h_3+h_3h_1)$;

tetragonal: $\mathfrak{h}^2 = \frac{1}{a^2}(h_1^2+h_2^2) + \frac{1}{c^2}h_3^2$.

Man hat hierbei im trigonalen Fall

$$\log \sin \frac{d-\varepsilon}{\varrho} = \tfrac{1}{2}\log \{h_1^2+h_2^2+h_3^2+k(h_1h_2+h_2h_3+h_3h_1\} + \\ + \log |\mathfrak{b}_i| \frac{\lambda}{2} \tag{23'}$$

bzw. im tetragonalen Fall

$$\log \sin \frac{d-\varepsilon}{\varrho} = \tfrac{1}{2}\log (h_1^2+h_2^2+k\,h_3^2) + \log \frac{\lambda}{2a}, \tag{23''}$$

wenn k beim trigonalen Gitter (Achsenwinkel α) gleich

$$2\frac{(\mathfrak{b}_i\mathfrak{b}_k)}{\mathfrak{b}_i^2} = -2\frac{\cos\alpha}{1+\cos\alpha}$$

(s. Note I, Gl. (11) und (12)), beim tetragonalen gleich a^2/c^2 ist. Es handelt sich um die Ermittelung des Kennwertes k. Indem man k als Ordinate, das erste Glied der rechten Seite als Abszisse wählt, läßt sich für jedes Wertetripel $(h_1 h_2 h_3)$ leicht in einer Kurve übersehen, welches die Abhängigkeit des Logarithmus der quadratischen Form vom Kennwert ist. Trägt man wieder nach der Aufnahme $\log \sin \dfrac{\delta - \varepsilon}{\varrho}$ auf einen Papierstreifen

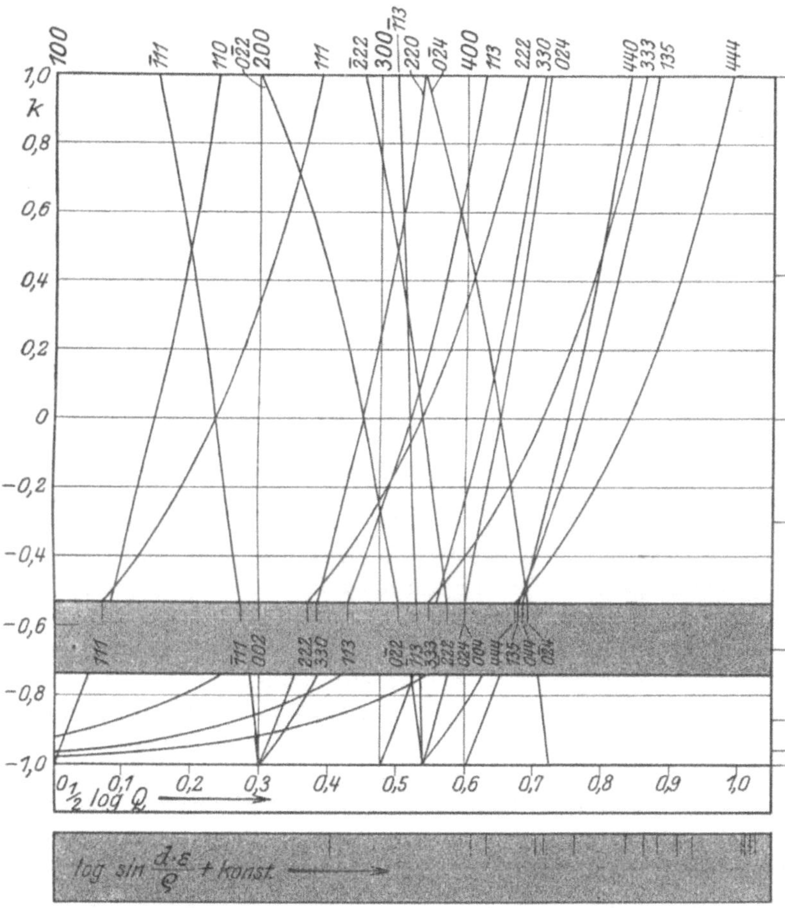

Abb. 176. **Kurventafel nach DAVEY-HULL zur Bestimmung des Kantenwinkels α rhomboedrischer Gitter aus Debye-Scherrer-Aufnahmen.**

auf und verschiebt ihn, indem man ihn parallel zur Abszissenachse läßt, so muß sich ein Wert k finden, für den alle Linien des umgezeichneten Films gleichzeitig auf Kurven zu liegen kommen.

Abb. 176 zeigt in einer Kurventafel den Verlauf von $\frac{1}{2} \log a$ für trigonale Gitter in Abhängigkeit vom Achsenwinkel α (α zwischen 0 und

110^0, k zwischen -1 und $+1$). Wir fangen mit den einfachsten Kurven an:

$(h_1 h_2 h_3) = (100)$; $\frac{1}{2}\log 1 = 0$
$\;.\;.\;.\; = (200)$; $\frac{1}{2}\log 4 = 0{,}301$
$\;.\;.\;.\; = (300)$; $\frac{1}{2}\log 9 = 0{,}477$
. . . .

Diese sind von k unabhängig und daher senkrechte Geraden.

$(h_1 h_2 h_3) = (110)$; $\frac{1}{2}\log(2 + k)$ · Für $k = (-1;\, 0;\, 1)$ sind d. Abszissen $(0;\, 0{,}15;\, 0{,}24)$.
$\;.\;.\;.\; = (220)$; $\frac{1}{2}\log(8 + 4k)$ · Verschiebung der vorigen Kurve um $\frac{1}{2}\log 4 = 0{,}301$.
. . . .

$(h_1 h_2 h_3) = (111)$; $\frac{1}{2}\log(3 + 3k)$ · Für $k = (-1;\, 0;\, 1)$ sind d. Abszissen $(-\infty;\, 0{,}24;\, 0{,}39)$.
$\;.\;.\;.\; = (222)$; $\frac{1}{2}\log(12 + 12k)$ · Verschiebung der vorigen Kurve um $\frac{1}{2}\log 4 = 0{,}301$.
. . . .

Der Schnitt $k = 0$ — d. h. alle 3 Produkte $(\mathfrak{b}_i \mathfrak{b}_k) = 0$ — stimmt mit der Teilung für das kubische Gitter überein.

Unter der Kurventafel sieht man die log sin $\chi/2$-Werte der stärkeren Linien der Debyeschen Graphitaufnahme gemäß den Angaben auf S. 263 aufgezeichnet. Diese Umzeichnung deckt sich, wie man sieht, mit den Abständen der Kurven bei einem Wert k von etwa $-0{,}53$. Aus der Bezifferung am rechten Rand liest man einen Achsenwinkel α zwischen 65^0 und 70^0 ab. Das stimmt noch nicht überein mit der obigen rechnerischen Bestimmung nach der Rungeschen Methode. Man bemerkt aber, daß von den wenigen in der Kurventafel behandelten Interferenzen drei mit niedrigen Ordnungszahlen auf der Aufnahme fehlen: 110, 300, 330. Dies sind zudem die einzigen »gemischten« Interferenzen der Kurventafel und ihr Ausbleiben ist ein Hinweis darauf, daß die bisher benutzte Grundzelle flächenzentriert ist (S. 119). Die weitere Diskussion des Strukturfaktors erhärtet diesen Schluß. Daher ist es zweckmäßig, statt des zunächst bestimmten Rhomboeders dasjenige als Grundbereich einzuführen, das die halben Flächendiagonalen des ersten als Kanten hat. Sein Kantenwinkel ist ungefähr 40^0 und dieser Grundbereich ist identisch mit dem von Runge bestimmten.

Eine direkte Ermittelung des Rhomboederwinkels 40^0 aus der Kurventafel ist nicht bequem. Erstens ist der Maßstab bei so kleinen Winkeln α sehr eng, so daß die Bestimmung nicht sehr genau würde und zweitens müßte die Umzeichnung der Aufnahme sehr weit nach links geschoben werden — denn die Linie 111 bleibt auch im neuen Rhomboeder 111 — und es fehlen die notwendigen Kurven, um alle Linien der Umzeichnung einzuordnen. Es wird aber kaum je Schwierigkeiten bereiten, im Laufe der Strukturdiskussion von einem vorläufigen Grundbereich, der aus einem bequemen Teil einer Kurventafel bestimmt wurde, rechnerisch zu einem günstigeren überzugehen.

Note V. Die Bezifferung der Drehkristallaufnahmen.

Das SEEMANNsche Verfahren der Drehkristallaufnahmen, bei dem die Platte zugleich mit dem Kristall gegen den einfallenden Strahl gedreht wird (vgl. Abb. 101), ist zur Diskussion weniger bequem als das SCHIEBOLDsche, in dem die Platte unbewegt senkrecht zum Primärstrahl stehen bleibt. Auch bei den Faseraufnahmen behalten Primärstrahl und Platte (oder Film) die feste Lagenbeziehung bei, und nur das Kristallgitter kommt infolge der Faserung in allen möglichen Orientierungen vor. Wir schließen deshalb die Diskussion der Drehkristallaufnahmen an das Schieboldsche Verfahren an und geben in Abb. 177 die Schieboldsche schematische Darstellung einer Aufnahme des monoklinen Adulars mit der kristallographischen Achse *b* (in unserer Bezeichnung $\mathfrak{a}_2$) als Drehachse.

Die Drehachse sei durch einen Einheitsvektor $\mathfrak{f}$ (»Faserachse«) im Kristall festgelegt und wir denken uns $\mathfrak{f}$ horizontal und quer zu dem von oben einfallenden Röntgenstrahl (Abb. 178).

Die Ausbreitungskugel ist dann, wie in Note II betont wurde, fest gegeben und es muß das reziproke Gitter um den Einheitsvektor $\mathfrak{f}$ als Achse gedreht werden. Durchstößt hierbei ein Gitterpunkt die Ausbreitungskugel, so gibt er in diesem Augenblick Anlaß zu einem Interferenzstrahl. Die Drehung beträgt bei SCHIEBOLD meist etwa 20—30°, bei Fasern ist natürlich eine volle Drehung einzuführen.

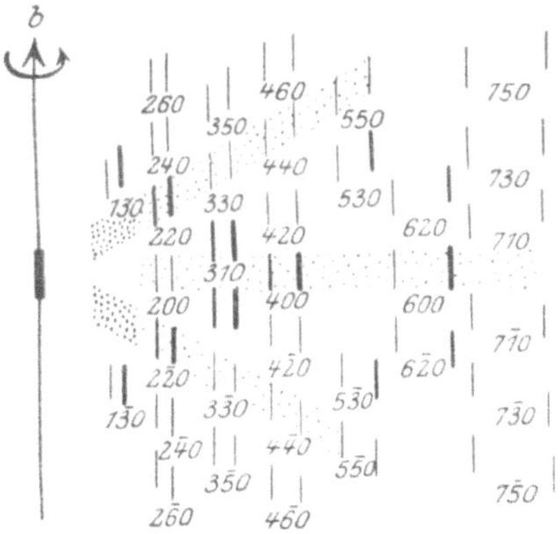

Abb. 177. Drehaufnahme an Adular nach SCHIEBOLD.

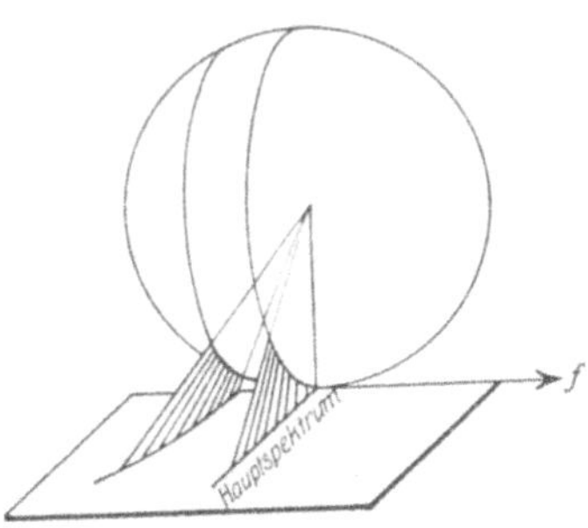

Abb. 178. Entstehung von Haupt- und Nebenspektren bei Drehaufnahmen.

Meist trachtet man danach, die Drehachse in eine kristallographisch wichtige Richtung zu legen, da hierdurch das Interferenzbild übersichtlicher wird. Dann ist nämlich im reziproken Gitter die Netzebene senkrecht zu $\mathfrak{f}$ dicht besetzt und wenn die ihr angehörenden Punkte die Ausbreitungskugel durchsetzen, entstehen zahlreiche Linien im »Hauptspektrum«, d. h. auf derjenigen Gerade der Platte, die vom Primärfleck ausgehend quer zur Faserachse $\mathfrak{f}$ liegt (Abb. 178). In dem obigen Schema gehören die Linien 200, 400, 600 dem Hauptspektrum an. Weicht $\mathfrak{f}$

nur wenig von einer kristallographisch wichtigen Richtung ab, so »schlägt« die zu dieser senkrechte wichtige Ebene des reziproken Gitters bei der Drehung, und die zugehörigen Interferenzflecken liegen nicht mehr genau ausgerichtet. Erfolgt aber die Drehung um eine unwichtige Richtung, so ist das Hauptspektrum linienarm, so daß seine Linien auf der Aufnahme gar nicht als zusammengehörig empfunden werden. Allgemein entstehen die Linien des Hauptspektrums aus den Punkten der Ebene $(\mathfrak{h}\mathfrak{f}) = 0$. Ist die Faserrichtung gegen das Kristallgitter festgelegt:

$$\mathfrak{f} = \varphi_1 \mathfrak{a}_1 + \varphi_2 \mathfrak{a}_2 + \varphi_3 \mathfrak{a}_3, \tag{24}$$

so wird also das Hauptspektrum von den Interferenzen $(h_1 h_2 h_3)$ gebildet, für die

$$h_1 \varphi_1 + h_2 \varphi_2 + h_3 \varphi_3 = 0 \tag{25}$$

ist. Im obigen Diagramm ist $\mathfrak{f} \parallel \mathfrak{a}_2$, also $\varphi_1 = \varphi_3 = 0$, daher im Hauptspektrum $h_2 = 0$.

Bleiben wir beim Diagramm des Adular. Die Ebene des reziproken Gitters $(\mathfrak{h}\mathfrak{f}) = 0$ hat äquivalente, also ebenfalls stark besetzte Parallelebenen $(\mathfrak{h}\mathfrak{f}) = \text{const}$. Bei der Drehung schneiden die Punkte dieser Ebene die Kugel in einem vertikalen Breitenkreis und der geometrische Ort der Interferenzen auf der Platte ist eine Hyperbel, als welche sich der Breitenkreis vom Mittelpunkt der Ausbreitungskugel aus projiziiert. Für nicht zu große Entfernungen vom Primärfleck kann von der Krümmung der Hyperbeln abgesehen werden und es treten Parallele zum Hauptspektrum an ihre Stelle. Die Bedingung $(\mathfrak{h}\mathfrak{f}) = \text{const}$ bedeutet bei der Adularaufnahme $h_2 = \text{const}$ (z. B. 330, 530, 730).

Wird an Stelle der Platte zum Auffangen der Interferenzen ein zylindrischer Film benutzt (Faseraufnahmen oder Drehaufnahmen in Debye-Scherrer-Kamera) so schneidet die Ebene der Hauptspektren den Film längs seiner Mitte und die Nebenspektren der Abb. 178 treffen in Parallelgeraden hierzu auf (Durchdringung von Zylinder und Kreiskegeln mit gemeinsamer Achse). Diese Parallelen zur Mittellinie wurden von Polanyi als »*Schichtlinien*« in die Diskussion der Faseraufnahme eingeführt. Ihre wichtige Eigenschaft ist diese: sie geben Auskunft über den *Abstand der Atome auf der Faserachse.* Dies ist ohne Rechnung auf Grund der Überlegungen von S. 46 sofort einzusehen. Denn legen wir in die Faserrichtung die erste der 3 Gittergeraden, die dort zur Ableitung der Interferenzbedingung benutzt wurden, und betrachten wir die Interferenzen, bei denen der Gangunterschied der Wirkungen von Atomen, die in Richtung $\mathfrak{f}$ benachbart sind, $1 \cdot \lambda$, $2 \cdot \lambda$, $3 \cdot \lambda, \ldots$ beträgt, so liegen diese auf den Kreiskegeln der 1., 2., 3., ... Ordnung mit $\mathfrak{f}$ als Achse. Sie schneiden also den Film in der 1., 2., 3 ... Schichtlinie und nach Gl. (3) (S. 46) läßt sich aus den Abständen der Schichtlinien umgekehrt das Verhältnis λ/a entnehmen, wobei a der Atomabstand in der Richtung $\mathfrak{f}$ ist.

Um zur Drehaufnahme an Adular zurückzukehren, betrachten wir weiter im reziproken Gitter eine Gittergerade, die zur Drehachse parallel ist. Bei der Drehung durchsetzen ihre Punkte die Ausbreitungskugel längs einer Raumkurve (Abb. 179), deren Projektion vom Kugelmittelpunkt aus auf die Platte annähernd eine zur Faserachse parallele Gerade ist, wenn die Gitterpunkte nicht zu weit vom Ursprung entfernt, d. h. die Ordnungen der Interferenzen nicht zu hoch sind. Die Spektren in Reihen parallel zur Faserachse gehören also zu solchen Fahrstrahlen $\mathfrak{h}$, die

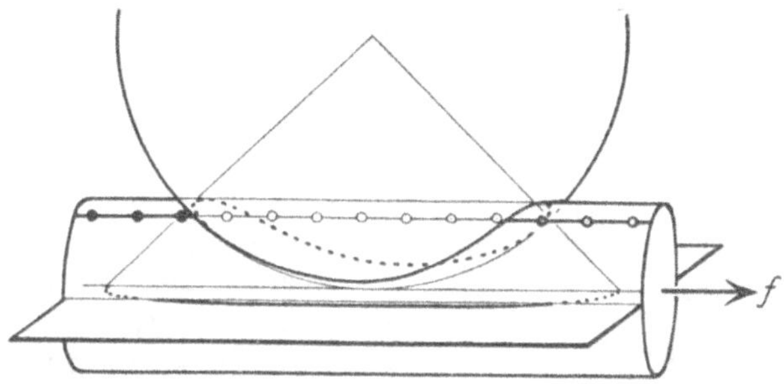

Abb. 179. Entstehung der zur Drehachse parallelen Spektren.

im gleichen Abstand von der Faserachse enden. Beim Adular ist die Drehachse $\mathfrak{f}$ mit Punkten des reziproken Gitters dicht besetzt; denn im monoklinen System ist die b-Achse ($= \mathfrak{a}_2$) senkrecht auf den beiden andern Achsen. Also fällt im reziproken Gitter $\mathfrak{b}_2$ der Richtung nach mit $\mathfrak{f}$ zusammen. Daher kommt es, daß in Abb. 177 die Anordnung auf Linien parallel zur Faserachse stark ins Auge fällt. Nur der zweite Index ändert sich innerhalb einer solchen Reihe. Auf Drehspektogrammen mit anderen Symmetrieverhältnissen fehlt diese Anordnung fast völlig.

Weiter fallen auf Abb. 177 die radial vom Primärfleck ausstrahlenden Fleckenreihen auf. Sie verdanken ihren Ursprung solchen Punkten des reziproken Gitters, die auf einem Kegelmantel um die Richtung $\mathfrak{f}$ liegen. Dazu gehören insbesondere die ersten, zweiten, dritten . . . Punkte, die in irgendeiner Richtung angetroffen werden, d. h. die Spektren höherer Ordnung an der gleichen Fläche, z. B. 220, 330, 440, 550. Daß sie auf Geraden liegen, gilt wie oben nur in Annäherung. Zwischen den Spektren steigender Ordnungen an den Hauptebenen zeichnet sich das kontinuierliche Spektrum der Röhre auf, wie in Abb. 177 angedeutet ist.

Die bisherige Diskussion wurde an das besonders einfache und schematisierte Bild der Adularaufnahme angeknüpft. Man sieht leicht, daß sich die Bezifferung wie im Fall der Debye-Scherrer-Aufnahmen auf die Einreihung der Koordinaten der Flecken in eine quadratische Form zurückführen läßt. Dazu zählen wir (Abb. 180) in der Platte die Koordinaten F und G längs $\mathfrak{f}$ und senkrecht dazu und nennen D den Abstand Kristall-Platte. Indem wir der Abwechslung halber von der Braggschen Reflexionsbedingung

$$\sin\vartheta = \frac{n\lambda}{2\,d_h} = \tfrac{1}{2}\lambda|\mathfrak{h}|$$

ausgehen, erhalten wir für den Abbeugungswinkel χ

$$\sin\chi = \sin 2\vartheta = 2\sin\vartheta\cos\vartheta = \lambda|\mathfrak{h}|\sqrt{1 - {}^1/_4\lambda^2\mathfrak{h}^2},$$

woraus folgt:

$$\mathfrak{h}^2 = \frac{2}{\lambda^2}(1 - \cos\chi).$$

Nun ist $\cos\chi = D : \sqrt{D^2 + F^2 + G^2}$ und daher

$$\mathfrak{h}^2 = \frac{2}{\lambda^2}\left(1 - \frac{D}{\sqrt{D^2 + F^2 + G^2}}\right). \tag{26}$$

Die Koordinaten (F, G) der Interferenzflecke müssen sich in dieser Kombination zu einer quadratischen Form zusammenfügen.

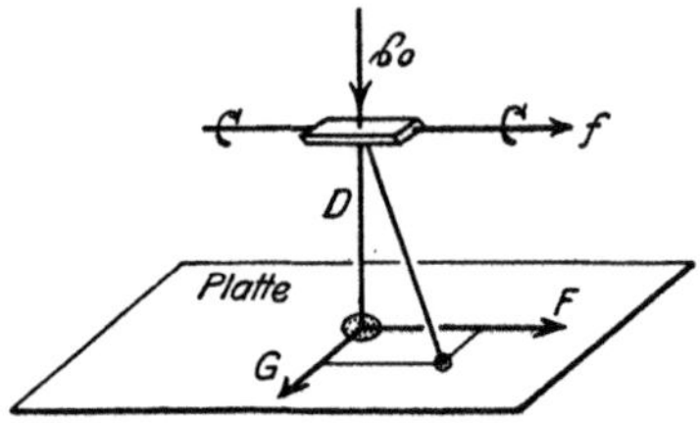

Abb. 180. Koordinaten bei Drehkristallaufnahmen mit Platte.

Offenbar ist die Aussage der letzten Gleichung nicht alles, was aus der Platte erhalten werden kann; denn es kommt nur der Abstand $F^2 + G^2$ des Interferenzpunktes vom Nullpunkt der Platte dabei vor und die ganze Betrachtung läßt die Tatsache außer Acht, daß es sich um eine Faserung, nicht um die allgemeinste Orientierung handelt. Daher ergibt sich auch nur wie beim Debye-Verfahren eine Form für $\mathfrak{h}^2$. Eine bestimmtere Aussage erhalten wir, ausgehend von der Fundamentalgleichung

$$\mathfrak{s} - \mathfrak{s}_0 = \lambda\mathfrak{h},$$

indem wir beiderseits mit $\mathfrak{f}$ multiplizieren und beachten (was übrigens unwesentlich ist), daß $(\mathfrak{s}_0\mathfrak{f}) = 0$ ist:

$$\lambda(\mathfrak{h}\mathfrak{f}) = (\mathfrak{s}\mathfrak{f}).$$

Der Vektor $\mathfrak{s}$ des abgebeugten Strahls ist aus der Aufnahme zu bestimmen; seine Komponenten sind:

$$\mathfrak{s} = \frac{(F, G, D)}{\sqrt{F^2 + G^2 + D^2}}.$$

Daher wird

$$(\mathfrak{h}\mathfrak{f}) = h_1\varphi_1 + h_2\varphi_2 + h_3\varphi_3 = \frac{1}{\lambda}\frac{F}{\sqrt{F^2 + G^2 + D^2}}. \tag{27}$$

Während Gl. (26) für den Endpunkt des Ordnungsvektors $\mathfrak{h}$ nur eine Kugelfläche liefert, wird durch die Koordinatenkombination der letzten Gleichung zudem eine Ebene senkrecht zur Faserrichtung als geometrischer Ort festgelegt, so daß der Endpunkt von $\mathfrak{h}$ nur mehr auf einem Kreise liegen kann. Dieser Kreis muß der Schnittpunkt der Ausbreitungskugel mit einer Ebene aus derjenigen Netzebenschar des reziproken Gitters sein, die senkrecht zu $\mathfrak{f}$ ist (vgl. Abb. 178). Aus den vorkommenden Werten der Koordinatenkombination in (27) ergibt sich (als größter gemeinsamer Teiler der Werte $(\mathfrak{h}\mathfrak{f})$) der Abstand der äquidistanten Netzebenen $\perp \mathfrak{f}$ im reziproken Gitter. Hierdurch ist aber nach der in Note I bemerkten Reziprozität zugleich im Atomgitter der Abstand der Atome in Richtung der Drehachse $\mathfrak{f}$ gegeben. Dies ist eine formale Darstellung des Zusammenhangs zwischen »Schichtlinien« und Atomabstand auf der Drehachse, der oben aus dem Begriff der Ordnung $(h_1 h_2 h_3)$ abgeleitet wurde. Der sachliche Unterschied gegenüber dem oben gesagten besteht darin, daß wir jetzt die Kristallachsen und dementsprechend die Bezifferung unabhängig von der Drehachse $\mathfrak{f}$ angenommen haben, während oben die eine der Kristallachsen in die Richtung $\mathfrak{f}$ gelegt worden war.

In der Praxis der Faseraufnahmen liegt die Aufgabe häufig etwas anders als bei Drehkristallaufnahmen zwecks Strukturbestimmung. Das Kristallgitter kann als bekannt angesehen werden (z. B. bei Metallaufnahmen). Diese Annahme ist auch aus dem Grund nötig, weil die Unschärfe der Faseraufnahmen kaum Aussichten für eine eindeutige Bestimmung aller 6 Koeffizienten der Form $\mathfrak{h}^2$, die zusammen die Grundzelle festlegen, übrig läßt. Es handelt sich darum, festzustellen, ob überhaupt eine Faserung vorliegt und ob diese vollständig ist oder nicht, d. h. ob etwa um die Faserrichtung herum noch Vorzugslagen der Kriställchen vorkommen. Die Deutung der Metallaufnahmen ist bisher von Fall zu Fall vorgenommen worden. So haben Mark und Weissenberg (Zeitschr. f. Physik **14** (1923), 328) festgestellt, daß in *Al*-, *Cu*-, *Ag*-Blechen die Kriställchen sich mit der Gleitrichtung [211] in die Walzrichtung legen und daß dabei die Blechoberfläche von Rhombendodekaederebenen gebildet wird. Das gleiche Ergebnis wurde schon früher in einer schönen Untersuchung von N. Uspenski und S. Konobejewski (Verh. d. Röntgenol. u. Radiolog. Instituts in Petrograd, Wiss.-techn. Abt. d. Obersten Volkswirtschaftsrates, Berlin 1922, [zahlreiche Druckfehler!]) erhalten.

Die Anwendung allgemeiner Deutungsmethoden für die Metallaufnahmen begegnet Schwierigkeiten, weil die »Faserung« in den Metallen weder vollständig noch ideal ist. Das heißt, daß sowohl ausgesprochene Vorzugslagen um die Faserachse herum beobachtet werden, als auch ein Abweichen der Faserachse um $\pm 10^\circ$. Man hat deshalb die Diskussion von Fall zu Fall verschieden gestaltet. Die verschiedenen Methoden der verschiedenen Forscher lassen sich alle leicht und einheitlich im reziproken Gitter verstehen.

Note VI. Die Geometrie der Gitter mit Basis.

Bevor wir uns dem Einfluss zuwenden, den das Ineinanderstellen mehrerer einfacher Translationsgitter auf die Interferenzerscheinungen ausübt, ist es gut, zunächst die rein geometrische Handhabung der Gitter mit Basis zu besprechen.

Es seien $\mathfrak{a}_i$ die Translationen des Atomgitters und $\mathfrak{r}_k$ die Verrückungen, welche die s Basisatome (Index $k = 1 \ldots s$) gegen den Ursprung haben. Dabei möge es von vornherein offen bleiben, ob der Ursprung $\mathfrak{r} = 0$ gerade mit einem der Atome zusammenfällt. Es ist im Gegenteil häufig angenehm, den Nullpunkt z. B. auf dem Schnitt gewisser Symmetrieelemente zu wählen, auch wenn dieser Punkt unbesetzt ist. *Zur vollständigen Beschreibung des Gitters gehören die Angaben:*

(28) $$\mathfrak{a}_1, \mathfrak{a}_2, \mathfrak{a}_3; \; m_1, \mathfrak{r}_1; \; m_2, \mathfrak{r}_2; \; \ldots \; m_s, \mathfrak{r}_s,$$

wobei die m_k die Massen oder die Elektronenzahlen oder das Streuungsvermögen der Atome, kurz irgendwelche Angaben bedeuten, welche die eine Atomart von der andern zu unterscheiden gestatten. Das Ziel der vollständigen Strukturbestimmung ist es, alle diese Angaben zu liefern.

Die *Beschreibung* des Gitters ist auf unendlich viele Weisen möglich. Denn weder sind die Translationen $\mathfrak{a}_i$ festgelegt, noch die Atome, die der Basis zugezählt werden. (Siehe deren Definition auf S. 32.) Nur zwischen der *Anzahl X* der Basismoleküle und dem Volumen der Zelle aus den $\mathfrak{a}_i$ besteht auf Grund der Dichte ein Zusammenhang, der durch die Gleichung auf S. 85 angegeben wird. Sonst aber ist ein Gitter vielgestaltig wie Proteus und es ist häufig vorgekommen, daß zwei Forscher das gleiche Gitter so verschieden beschrieben haben, daß es nur schwer wiederzuerkennen ist. Für die Translationen $\mathfrak{a}_i$ gibt es zwar eine — schon von dem großen Mathematiker GAUSS begründete — »Reduktionstheorie«, die zu einer eindeutigen Auswahl unter den möglichen Beschreibungen des Translationsgitters führt (Näheres siehe bei A. JOHNSEN, Fortschr. d. Min., Krist. u. Petrographie **5** (1916), S. 36—40). Aber für die eindeutige Basisbeschreibung ist noch kein praktischer Vorschlag gemacht worden. Daß die Forschung der nächsten Jahre hier Abhilfe schafft, ist dringend zu hoffen.

Auch zu einem Gitter mit Basis läßt sich ein *reziprokes Gitter* konstruieren. Hierbei ist gerade der Gesichtspunkt leitend, daß es ganz gleichgültig sein muß, wie man ein Gitter *beschreibt:* z. B. kann ja auch ein einfaches Translationsgitter (— dessen reziprokes man kennt —) bei Verdoppelung der Achsen als ein Gitter mit Basis aufgefaßt werden; dieser Gedanke läßt sich mathematisch verfolgen und führt zu einer sehr überraschenden rein geometrischen Auffassung des Strukturfaktors. Da aber noch kein praktisch brauchbares Verfahren der Strukturbestimmung hieraus entwickelt worden ist, so sollen die Überlegungen nicht wiedergegeben, sondern nur auf die Arbeit des Verfassers in Ztschr. f. Kristallographie **56** (1921), 129 verwiesen werden.

Daß es schwierig ist, sich von den geometrischen Verhältnissen in einem komplizierten Gitter Rechenschaft zu geben, wird jeder beim Anblick der Gitterabbildungen in diesem Buche empfinden. Eine *algebraische Methode* ist da häufig bequemer als die geometrische und soll deshalb ausführlich besprochen werden. Sie benutzt die folgende der Zahlentheorie entlehnte Ausdrucksweise, die durch einige Beispiele genügend erläutert wird:

Es ist

$$9 \equiv 1 \text{ (mod. 4)}, \quad 12 \equiv 0 \text{ (mod. 4)}, \quad 12 \equiv 2 \text{ (mod. 5)}$$

(zu lesen: Neun ist kongruent Eins Modulo Vier). Das soll bedeuten: 9 ist eine Zahl von der Form $4p + 1$, wo p eine beliebige positive oder negative ganze Zahl ist. Ebenso wären 5, 13, 17 ..., —3, —7, ... mit 1 und untereinander in Bezug auf den »Modul« 4 kongruent. In Bezug auf 5 als Modul würde gelten:

$$\ldots . -8 \equiv -3 \equiv 2 \equiv 7 \equiv 12 \equiv \ldots . \text{ (mod. 5)}.$$

Für das Rechnen mit Kongruenzen ergeben sich sofort die Regeln: addiert man zwei Zahlen, so addieren sich ihre Kongruenzen, multipliziert man zwei Zahlen, so multiplizieren sich ihre Kongruenzen. Beweis z. B. beim Modul 4: wenn

$$z_1 \equiv a_1 \text{ (mod. 4), d. h.} \quad z_2 \equiv a_2 \text{ (mod. 4), d. h.}$$
$$= p_1 \cdot 4 + a_1; \quad = p_2 \cdot 4 + a_2,$$

so ist

$$z_1 + z_2 = (p_1 + p_2) \cdot 4 + (a_1 + a_2) \equiv (a_1 + a_2) \text{ (mod. 4)},$$
$$z_1 \cdot z_2 = p_1 p_2 \cdot 4^2 + (p_1 a_2 + p_2 a_1)\, 4 + a_1 a_2 \equiv a_1 a_2 \text{ (mod. 4)}.$$

An Stelle der Summe $a_1 + a_2$ oder des Produktes $a_1 a_2$ kann natürlich eine der ersten ganzen Zahlen gesetzt werden, die kleiner als der Modul ist. Z. B.

$$\left.\begin{matrix} 9 \equiv 2 \text{ (mod. 7)} \\ 13 \equiv 6 \text{ (mod. 7)} \end{matrix}\right\} \quad 9 \cdot 13 \equiv 12 \text{ (mod. 7)} \equiv 5 \text{ (mod. 7)}.$$

Durch die zahlentheoretische Ausdrucksweise werden aus der Reihe der ganzen Zahlen alle jene herausgehoben und als gleichwertig (»kongruent«) erklärt, welche die ganzen Vielfachen des Moduls um den gleichen Betrag übersteigen. Denkt man sich die Zahlenreihe als lineares Gitter mit den Abständen 1, so wird durch den Modul M ein Gitter mit der größeren Translation M eingeführt und die gesamte Zahlenreihe erscheint zusammengesetzt aus den Teilgittern mit den Translationen M und den Verschiebungen $0, 1 \ldots M-1$ gegenüber dem Anfangspunkt. Die »Kongruenz« hebt also die gleichwertigen Punkte eines solchen Teilgitters heraus und hierin liegt ihre Anwendbarkeit zur Beschreibung eines Gitters mit Basis, wie sofort deutlich werden wird.

Die Basisverrückungen $\mathfrak{r}_k$ spalten wir in Anteile längs den Translationen $\mathfrak{a}_i$ auf:

$$\mathfrak{r}_k = \varrho_1^k \mathfrak{a}_1 + \varrho_2^k \mathfrak{a}_2 + \varrho_3^k \mathfrak{a}_3 . \tag{29}$$

Nach Note I, S. 249, ist die Bedeutung der Zahlenkomponenten ϱ_i^k sofort anzugeben:

$$\varrho_i^k = (\mathfrak{r}_k \mathfrak{b}_i).$$

Die ϱ unterliegen an sich keiner Beschränkung und sind, sofern sie nicht durch Symmetrie an gewisse rationale Orte der Gitterzelle gebunden sind,

z. B. durch Druck oder Erhitzen kontinuierlich veränderlich. Aber *innerhalb der Meßgenauigkeit* dürfen wir die ϱ stets als rationale Zahlen, d. h. als Brüche mit verhältnismäßig kleinen Nennern, ansehen und demgemäß setzen:

$$\varrho_i^k = \frac{\sigma_i^k}{\tau_i^k}, \quad \sigma \text{ und } \tau \text{ ganze Zahlen.}$$

Wir gehen gleich einen Schritt weiter, indem wir unter Zähler und Nenner dieser Brüche nicht notwendig die kleinsten, teilerfremden Zahlen verstehen, sondern uns die Brüche so erweitert denken, daß sie für je eine Achsenrichtung auf einen gemeinsamen Nenner gebracht sind. Die Zahlen τ_i^k sind dann nur von dem Achsenindex i, nicht vom Basisindex k abhängig und werden mit τ_i bezeichnet (während die σ_i^k von beiden abhängig bleiben):

(29′) $$\varrho_i^k = \frac{\sigma_i^k}{\tau_i}.$$

Geometrisch bedeutet diese Festsetzung, daß anstelle des Gitters $(\mathfrak{a}_i)$ ein so feines Gitter mit Maschenkanten $\frac{\mathfrak{a}_1}{\tau_1}, \frac{\mathfrak{a}_2}{\tau_2}, \frac{\mathfrak{a}_3}{\tau_3}$ eingeführt wird, daß alle Basisatome auf Knotenpunkten dieses Gitters liegen. Dies Gitter heiße das *Untergitter*; natürlich sind nicht *alle* seine Knotenpunkte besetzt (Abb. 181). Wir haben hierdurch den Vorteil, daß die Koordinaten aller Atome im Untergitter ganzzahlig sind. Denn für ein Atom der Sorte k am Ort

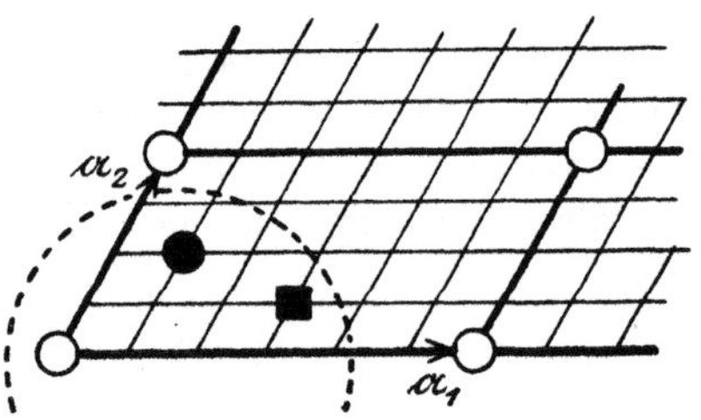

Abb. 181. Kristallgitter mit 3-atomiger Basis (nur in der ersten Zelle gezeichnet), sowie »Untergitter«.

$$l_1\mathfrak{a}_1 + l_2\mathfrak{a}_2 + l_3\mathfrak{a}_3 + \mathfrak{r}_k = l_1\tau_1\frac{\mathfrak{a}_1}{\tau_1} + l_2\tau_2\frac{\mathfrak{a}_2}{\tau_2} + l_3\tau_3\frac{\mathfrak{a}_3}{\tau_3} + \sigma_1^k\frac{\mathfrak{a}_1}{\tau_1} + \sigma_2^k\frac{\mathfrak{a}_2}{\tau_2} + \sigma_3^k\frac{\mathfrak{a}_3}{\tau_3}$$

sind die Koordinaten im Untergitter

$$l_1\tau_1 + \sigma_1{}^k, \quad l_2\tau_2 + \sigma_2{}^k, \quad l_3\tau_3 + \sigma_3{}^k.$$

Die Atome der $k$ten Sorte sind somit durch Angabe von drei Kongruenzen in bezug auf die Moduln τ_1, τ_2, τ_3 vollständig bestimmt: ihre Koordinaten sind

(30) $$\equiv (\sigma_1{}^k, \sigma_2{}^k, \sigma_3{}^k) \text{ mod. } (\tau_1, \tau_2, \tau_3).$$

Nehmen wir zum *Beispiel* das *Wurtzitgitter* unter Zugrundelegung von hexagonalen Achsen. (Das in Abb. 120 gestrichelt eingetragene gleichseitig-dreieckige Prisma ist der halbe Grundbereich). Zum Grundbereich gehören $X = 2$ Moleküle. Legen wir in Abb. 120 die $\mathfrak{a}_1$-Achse durch die beiden unteren vorderen *Zn*-Atome, indem wir das linke zum Ursprung machen; $\mathfrak{a}_2$ vom Ursprung aus unter 120° gegen $\mathfrak{a}_1$ nach hinten und

$\mathfrak{a}_3 = c$ senkrecht nach oben. Dann besteht die Basis aus den *Zn*-Atomen im Ursprung und in der Mitte des gestrichelten Prismas; und aus den *S*-Atomen, die über bzw. unter diesen beiden *Zn*-Atomen liegen. Daher die Basiskoordinaten

$$Zn\begin{pmatrix}0 & 0 & 0\\ 2/3 & 1/3 & 1/2\end{pmatrix};\quad S\begin{pmatrix}0 & 0 & 5/8\\ 2/3 & 1/3 & 1/8\end{pmatrix}. \tag{30}$$

Um das Untergitter herzustellen, wären $\mathfrak{a}_1$- und $\mathfrak{a}_2$-Achsen je in Drittel, $\mathfrak{a}_3 = c$-Achse in Achtel zu teilen. Im Untergitter ist dann

$$Zn \equiv \begin{pmatrix}000\\ 214\end{pmatrix},\quad S \equiv \begin{pmatrix}005\\ 211\end{pmatrix} \quad (\text{mod. } 3, 3, 8). \tag{31'}$$

An den Kongruenzen lassen sich sehr bequem die *Ergebnisse von Symmetrieoperationen* verfolgen. Prüfen wir, um beim Wurtzit zu bleiben, die Wirkung einer Drehung um 60° um die c-Achse. Die c-Koordinaten bleiben dabei unverändert; aus einem Punkt mit den Koordinaten $x_1\ x_2$ der $\mathfrak{a}_1$-, $\mathfrak{a}_2$-Ebene wird nach Drehung um 60° der Punkt $\xi_1\ \xi_2$ (Abb. 182) wo

$$\xi_1 = x_1 - x_2, \quad \xi_2 = x_1$$

Nach den Bemerkungen über das Rechnen mit Kongruenzen dürfen diese Transformationsformeln der *Koordinaten* auch direkt auf die *Kongruenzen* der *Zn*- und *S*-Atome angewandt werden, welche dadurch übergehen in:

$$Zn \equiv \begin{pmatrix}000\\ 124\end{pmatrix},\qquad S \equiv \begin{pmatrix}121\\ 005\end{pmatrix}.$$

Das Gitter ist also noch nicht mit der alten Lage zur Deckung gelangt. Man überzeugt sich leicht an Abb. 120 warum dies nicht der Fall sein

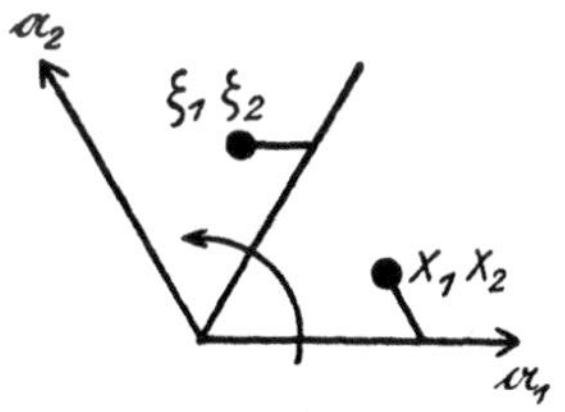

Abb. 182. Koordinatentransformation bei Drehung um 60°.

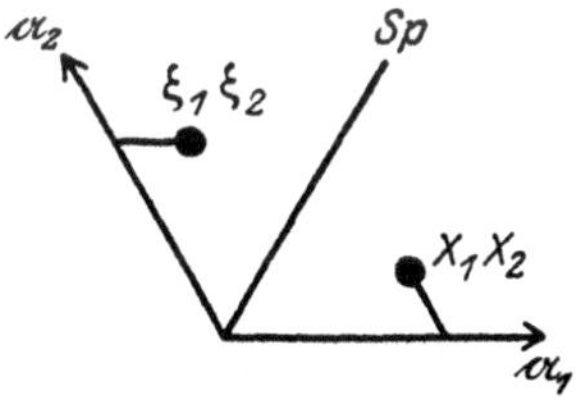

Abb. 183. Koordinatentransformation bei Spiegelung an *Sp*.

kann und sieht, daß die Deckung erreicht wird, wenn man eine Verschiebung zufügt, die das Eckatom *Zn* in das im Zellinnern gelegene *Zn* überführt, also eine Verschiebung um (2, 1, 4) Translationen des Untergitters. — Dann wird in der Tat

$$Zn \equiv \begin{pmatrix}214\\ 338\end{pmatrix} \equiv \begin{pmatrix}214\\ 000\end{pmatrix},\qquad S \equiv \begin{pmatrix}335\\ 219\end{pmatrix} \equiv \begin{pmatrix}005\\ 211\end{pmatrix}:$$

die alten Kongruenzen sind wiedererhalten.

Von der Existenz der durch die c-Achse gehenden vertikalen Symmetrieebenen überzeugt man sich formelmäßig so: bei der Spiegelung z. B.

an der in Abb. 183 gezeigten Spiegelebene *Sp* geht (x_1, x_2) über in (x_2, x_1), während die *c*-Koordinate bleibt. Die Anwendung der Transformation auf die Kongruenzen (31′) gibt

$$Zn \equiv \begin{pmatrix} 000 \\ 124 \end{pmatrix}, \qquad S \equiv \begin{pmatrix} 121 \\ 005 \end{pmatrix}.$$

Hierzu füge man die Verschiebung 214, wie oben, so wird

$$Zn \equiv \begin{pmatrix} 214 \\ 338 \end{pmatrix} \equiv \begin{pmatrix} 214 \\ 000 \end{pmatrix}, \qquad S \equiv \begin{pmatrix} 335 \\ 219 \end{pmatrix} \equiv \begin{pmatrix} 005 \\ 211 \end{pmatrix}$$

wie anfangs.

Daß die Wurtzitstruktur keine Symmetrieebene senkrecht zur *c*-Achse hat, geht aus der Figur unmittelbar hervor. Dies entspricht der kristallographischen Einreihung der Wurtzit in die dihexagonal-pyramidale Klasse.

Als ein *anderes Beispiel* für die Methode der Kongruenzen sei die Behandlung des Gitters von Silbermolybdat $[MoO_4]Ag_2$ angegeben. Es handelt sich darum, ohne ein Modell zu bauen, *den geometrischen Überblick über die Gitter vom Spinelltyp zu erhalten.* Nach den Angaben der BRAGGschen Originalarbeit über Spinell und Magnetit (Phil. Mag. **30** (1915), 305) ist das kaum möglich.

WYCKOFF (J. Am. Chem. Soc. **44** (1922), 1994) gibt folgende Basis an, bei der gewöhnliche kubische Achsen zugrunde liegen:

$$\boldsymbol{Mo} \begin{pmatrix} 0 & 0 & 0 \\ 1/2 & 1/2 & 0 \\ 1/2 & 0 & 1/2 \\ 0 & 1/2 & 1/2 \end{pmatrix}, \begin{pmatrix} 1/4 & 1/4 & 1/4 \\ 3/4 & 3/4 & 1/4 \\ 3/4 & 1/4 & 3/4 \\ 1/4 & 3/4 & 3/4 \end{pmatrix}; \quad \boldsymbol{Ag} \; (5/8 \;\; 5/8 \;\; 5/8), \begin{pmatrix} 1/8 & 3/8 & 7/8 \\ 7/8 & 1/8 & 3/8 \\ 3/8 & 7/8 & 1/8 \end{pmatrix}, \begin{pmatrix} 1/8 & 5/8 & 1/8 \\ 1/8 & 1/8 & 5/8 \\ 5/8 & 1/8 & 1/8 \end{pmatrix},$$

$$\begin{pmatrix} 7/8 & 3/8 & 1/8 \\ 1/8 & 7/8 & 3/8 \\ 3/8 & 1/8 & 7/8 \end{pmatrix}, \begin{pmatrix} 7/8 & 5/8 & 7/8 \\ 7/8 & 7/8 & 5/8 \\ 5/8 & 7/8 & 7/8 \end{pmatrix}, \begin{pmatrix} 3/8 & 5/8 & 3/8 \\ 3/8 & 3/8 & 5/8 \\ 5/8 & 3/8 & 3/8 \end{pmatrix}.$$

$$\boldsymbol{O} \begin{pmatrix} u & u & u \\ 1/2+u & 1/2+u & u \\ 1/2+u & u & 1/2+u \\ u & 1/2+u & 1/2+u \end{pmatrix}, \begin{pmatrix} u & \bar{u} & \bar{u} \\ 1/2+u & 1/2+u & \bar{u} \\ 1/2-u & -u & 1/2-u \\ u & 1/2-u & 1/2-u \end{pmatrix}, \begin{pmatrix} \bar{u} & u & \bar{u} \\ 1/2-u & 1/2+u & \bar{u} \\ 1/2-u & u & 1/2-u \\ -u & 1/2+u & 1/2-u \end{pmatrix},$$

$$\begin{pmatrix} \bar{u} & \bar{u} & u \\ 1/2-u & 1/2-u & u \\ 1/2-u & -u & 1/2+u \\ -u & 1/2-u & 1/2+u \end{pmatrix}, \begin{pmatrix} 1/4-u & 1/4-u & 1/4-u \\ 3/4-u & 3/4-u & 1/4-u \\ 3/4-u & 1/4-u & 3/4-u \\ 1/4-u & 3/4-u & 3/4-u \end{pmatrix}, \begin{pmatrix} 1/4-u & 1/4+u & 1/4+u \\ 3/4-u & 3/4+u & 1/4+u \\ 3/4-u & 1/4+u & 3/4+u \\ 1/4-u & 3/4+u & 3/4+u \end{pmatrix},$$

$$\begin{pmatrix} 1/4+u & 1/4-u & 1/4+u \\ 3/4+u & 3/4-u & 1/4+u \\ 3/4+u & 1/4-u & 3/4+u \\ 1/4+u & 3/4-u & 3/4+u \end{pmatrix}, \begin{pmatrix} 1/4+u & 1/4+u & 1/4-u \\ 3/4+u & 3/4+u & 1/4-u \\ 3/4+u & 1/4+u & 3/4-u \\ 1/4+u & 3/4+u & 3/4-u \end{pmatrix}.$$

Der Parameter *u* hat dabei nach WYCKOFF den Wert 0,37 oder beinahe $^3/_8$. Die Translationen der »Untergitters« sind daher für alle drei Achsen $^1/_8\, a_w$ und der Parameter $u = {}^3/_8$ geht im Untergitter über in den Parameter $u' = 8u = 3$. Man sieht nun sofort an den Koordinaten von *Mo* und *O*, daß diese beiden Atomarten flächenzentrierte Gitter bilden. Denn in den Klammern gehen jeweils die unteren Zeilen aus den ersten hervor durch die Translationen $^1/_2\;^1/_2\;0$, $^1/_2\;0\;^1/_2$, $0\;^1/_2\;^1/_2$, die für die Flächenzentrierung kennzeichnend sind. Sollte das gleiche nicht für die *Ag*-

Atome auch gelten? Indem wir zu den Koordinaten im Untergitter übergehen, d. h. den Nenner $^1/_8$ fortlassen, suchen wir zunächst zum ersten *Ag*-Atom, dem auf der Körperdiagonale gelegenen 555 die zum gleichen flächenzentrierten Gitter gehörigen Atome durch Hinzufügung der Verschiebungen 440, 404, 044. Es ist

$$\begin{aligned} 555 + 440 &\equiv 995 \equiv 115 \\ 555 + 404 &\equiv 595 \equiv 151 \\ 555 + 044 &\equiv 599 \equiv 511\,. \end{aligned}$$

Diese Atome finden sich oben in der letzten Klammer der oberen Reihe in der Tat vor; wir streichen sie in der Liste an. Ähnlich finden wir als zum nächsten Atom 137 gehörig:

$$\begin{aligned} 137 + 440 &\equiv 577 \\ 137 + 404 &\equiv 533 \\ 137 + 044 &\equiv 173\,. \end{aligned}$$

Auch diese Punkte finden sich in der obigen Liste und werden angemerkt. Ebenso ordnen sich die weiteren 8 *O*-Atome in zwei weitere flächenzentrierte Gitter ein.

Nach diesen Ergebnissen kann die Beschreibung des Gitters dadurch abgekürzt werden, daß nur die *Anfangspunkte der flächenzentrierten Gitter* angegeben werden. Wenn wir zunächst noch die orthogonalen kubischen Achsen beibehalten, so dürfen wir also jedem Kongruenzzentripel die Verschiebungen 440, 404, 044 addieren oder subtrahieren, denn das bedeutet den Übergang zu einem andern Punkt des gleichen flächenzentrierten Gitters.

$$Mo \begin{pmatrix} 000 \\ 222 \end{pmatrix}; \qquad Ag \begin{pmatrix} 555 \\ 137 \\ 713 \\ 371 \end{pmatrix}; \qquad O \begin{pmatrix} 333 \\ 3\bar3\bar3 \\ \bar33\bar3 \\ \bar3\bar33 \end{pmatrix}, \begin{pmatrix} \bar1\bar1\bar1 \\ \bar155 \\ 5\bar15 \\ 55\bar1 \end{pmatrix}.$$

Indem in geeigneter Weise 440, 404, 044 zugefügt wird (d. h. ein anderer gleichwertiger Punkt zur Beschreibung eines der flächenzentrierten Gitter gewählt wird), wird dies

$$(32) \qquad Mo \begin{pmatrix} 000 \\ 222 \end{pmatrix}; \qquad Ag \begin{pmatrix} 555 \\ 533 \\ 353 \\ 335 \end{pmatrix}; \qquad O \begin{pmatrix} 333 \\ 3\bar3\bar3 \\ \bar33\bar3 \\ \bar3\bar33 \end{pmatrix}, \begin{pmatrix} \bar1\bar1\bar1 \\ \bar111 \\ 1\bar11 \\ 11\bar1 \end{pmatrix}.$$

Schließlich *kann der Anfangspunkt so gelegt werden, daß die Basis möglichst zentrisch-symmetrisch erscheint.* Das ist immer von Vorteil, weil zwei Punkte, die zum Ursprung zentrisch-symmetrisch liegen, lauter entgegengesetzt gleiche Koordinaten haben und daher auf einen Blick in den Formeln zu erfassen sind. Wir verlegen also den Koordinatenanfangspunkt (anders als in Abb. 150, S. 212) in die Mitte zwischen zwei *Mo*-Atomen, indem wir allen Kongruenzen (32) noch $\bar1\bar1\bar1$ zuzählen; aus den Koordinaten der 4 *Ag*-Atome nehmen wir zudem einen gemeinsamen Anteil in leichtverständlicher Weise heraus und ebenso bei den *O*-Atomen; so erhalten wir:

$$(32')\quad 2\,Mo \pm (111);\quad 4\,Ag\left(444+\begin{pmatrix}111\\1\bar1\bar1\\\bar11\bar1\\\bar1\bar11\end{pmatrix}\right);\quad 8\,O \pm \left(111+\begin{pmatrix}111\\1\bar1\bar1\\\bar11\bar1\\\bar1\bar11\end{pmatrix}\right).$$

Hierbei gelten beide Vorzeichen nacheinander, wie auch aus den hinzugefügten Zahlen der Basisatome hervorgeht.

Wir sehen aus (32) oder (32'), daß ein *Mo* von einem Tetraeder von 4 *O*'s umgeben ist; denn die Verschiebungen 111, $1\bar1\bar1$, $\bar11\bar1$, $\bar1\bar11$ sind die vom Mittelpunkt zu den Ecken eines regulären Tetraeders führenden. Die von Wyckoff und von Bragg angegebene Strukturbeschreibung — nach welcher dem *Mo* 000 ein Tetraeder von *O*-Atomen zugeordnet wird, dem das in $u'u'u' = 333$ gelegene *O* angehört — ist unnatürlich. Anstatt des Parameters u' wird unter Berücksichtigung der tatsächlichen Lageverhältnisse besser $v' = u' - 2$ bzw. im Atomgitter $v = u - {}^2/_8$, also ungefähr $v' = 1$ ($v = {}^1/_8$), eingeführt. Dieser Parameter bedeutet direkt den Abstand zwischen den *Mo*- und den ihnen *zunächst* gelegenen *O*-Atomen, gemessen im Verhältnis zur Körperdiagonale des Grundwürfels. Die volle Beschreibung des Gitters wird dann unter Berücksichtigung des nicht genau festgelegten Parameterwertes:

(33) *Achsen*: gewöhnliche (orthogonale) kubische Achsen $\mathfrak{a}_i$. $\mathfrak{a}_i = a_w = 9{,}26$ Å.

Basis: in $\dfrac{\mathfrak{a}_i}{8}$ ausgedrückt: Flächenzentrierte Gitter fangen an in:

$$2\,Mo \pm (111);\quad 4\,Ag\left(444+\begin{pmatrix}111\\1\bar1\bar1\\\bar11\bar1\\\bar1\bar11\end{pmatrix}\right);\quad 8\,O\colon\ \pm \left(111+v'\begin{pmatrix}111\\1\bar1\bar1\\\bar11\bar1\\\bar1\bar11\end{pmatrix}\right).$$

Parameter: $v' = 8 \cdot 0{,}37 - 2 = 0{,}96$.

Man liest aus dieser Darstellung der Basis unschwer die auf S. 212 angegebenen Verhältnisse ab und entwirft die dort gegebene Abbildung. Da hier jedoch die ganze Rechnung zur Veranschaulichung des Verfahrens der Kongruenzen dient, soll zum Schluß die konsequentere Beschreibung vorgenommen werden, nämlich mit den Achsen, die dem flächenzentrierten Gitter eigentlich zukommen (Abb. 14b). Sie mögen $\mathfrak{A}_i$ heißen, im Gegensatz zu den orthogonalen Würfelachsen $\mathfrak{a}_i$. Dann gelten folgende Übergangsformeln sowohl für das Atomgitter wie für das Untergitter:

$$\mathfrak{A}_i = \frac{\mathfrak{a}_j + \mathfrak{a}_k}{2},\quad \mathfrak{a}_i = -\mathfrak{A}_i + \mathfrak{A}_j + \mathfrak{A}_k\quad (i, j, k = 1, 2, 3).$$

Haben wir also beispielsweise ein Sauerstoff- und ein Silberatom mit den alten Koordinaten (200) und (533), also vektoriell:

$$\begin{aligned} \mathfrak{r}_k &= 2\,\mathfrak{a}_1 + 0\,\mathfrak{a}_2 + 0\,\mathfrak{a}_3 & \qquad \mathfrak{r}_{k'} &= 5\,\mathfrak{a}_1 + 3\,\mathfrak{a}_2 + 3\,\mathfrak{a}_3 \\ &= -2\,\mathfrak{A}_1 + 2\,\mathfrak{A}_2 + 2\,\mathfrak{A}_3, & &= 1 \cdot \mathfrak{A}_1 + 5\,\mathfrak{A}_2 + 5\,\mathfrak{A}_3, \end{aligned}$$

so sind ihre Koordinaten in den neuen Achsen ($\bar2 22$) bzw. (155). Die Koordinaten von Punkten, die auf der Körperdiagonalen des Würfels liegen, sind vorher und nachher gleich; also auch der Parameterwert v'. Die vollständige und folgerichtige Beschreibung der Struktur, wie sie in eine Tabelle aufzunehmen wäre, würde schließlich so lauten:

$$
(32')\left\{\begin{array}{l}
\textit{Achsen}\text{: Achsen des flächenzentrierten kubischen Gitters } \Gamma_c. \\
\qquad\qquad \text{Länge } |\mathfrak{A}_i| = \dfrac{9{,}26}{\sqrt{2}} = 6{,}56\ \text{Å}. \\
\textit{Basis}\text{: in } \dfrac{\mathfrak{A}_i}{8} \text{ ausgedrückt:} \\
2\,\mathit{Mo}\text{: } \pm(111);\quad 4\,\mathit{Ag}\text{: } \left(444 + \begin{pmatrix} 111 \\ \bar{3}11 \\ 1\bar{3}1 \\ 11\bar{3} \end{pmatrix}\right);\quad 8\,O\text{: } \pm\left(111 + v'\begin{pmatrix} 111 \\ \bar{3}11 \\ 1\bar{3}1 \\ 11\bar{3} \end{pmatrix}\right). \\
\textit{Parameter}\text{: } v' = 0{,}96.
\end{array}\right.
$$

Wegen unserer Gewöhnung an rechtwinklige Achsen ist es manchmal übersichtlicher, bei einer Beschreibung wie (33) stehen zu bleiben, wobei dann ausdrücklich betont werden muß, daß die angegebenen Koordinaten nur $^1/_4$ der zu den Achsen $\mathfrak{a}_i$ gehörenden Basiskoordinaten sind.

Note VII. Der Strukturfaktor.

Die Noten II—V knüpften an ein einfaches Translationsgitter an und besprachen nur die geometrische Seite der Interferenzerscheinung, die *Orte* der Interferenzen. Hierfür genügten die Laueschen Interferenzbedingungen, welche allein von phasengleicher Überlagerung der Wellen handeln. Hat das Kristallgitter eine aus mehreren Atomen bestehende Basis, so läßt es sich als Ineinanderstellung verschiedener Translationsgitter ansehen, deren jedes ein Interferenzsystem von anderer Amplitude und Phase, aber gleichen Wellenrichtungen erzeugt. Hier muß also die phasen*un*gleiche Überlagerung der fertigen ebenen Wellen betrachtet werden, die von den einfachen Gittern herrühren. Dies entspricht dem Vorgehen in Kap. X und die dort benutzte geometrische Konstruktion von S. 87 zur Bestimmung der resultierenden Amplitude (und Phase) soll hier durch ihren algebraischen Ausdruck ergänzt werden.

Zu dem Zweck betrachten wir erst zwei Wellen von den Amplituden A und A' und der Phasendifferenz φ'. Nach S. 88 sind die Bewegungen, welche diese Wellen an ein und demselben Ort hervorrufen, durch zwei Punkte B und B' darzustellen (Abb. 62), die in einer $(\xi\eta)$-Ebene mit der gleichförmigen Winkelgeschwindigkeit ω in den Abständen A bzw. A' vom Ursprung umlaufen, wobei jedoch B' dem B um einen Winkel $\varphi' \cdot 360^0$ voraus ist. Die Lage von Punkten in einer Koordinatenebene wird seit Gauss am kürzesten so beschrieben, daß die beiden Koordinaten (hier ξ und η) zu einer einzigen komplexen Zahl $z = \xi + i\eta$ zusammengefaßt werden. Dies ist eine Art Vektorrechnung in der Ebene; der reelle und imaginäre Teil von z bedeuten nichts anderes, als die ξ- und η-Komponenten des Fahrstrahls vom Ursprung nach dem betreffenden Punkt der Ebene. Wenden wir das auf B und B' an, so ist zu schreiben:

$$
(34)\quad \begin{array}{ll}
\text{für } B: & z_B = A(\cos\omega t + i\sin\omega t) = A e^{i\omega t}, \\
\text{» } B': & z_{B'} = A'(\cos(\omega t + \varphi') + i\sin(\omega t + \varphi')) = A' e^{i\omega t + i\varphi'}.
\end{array}
$$

Und für den Punkt B^*, der durch geometrische Addition von OB und OB' entsteht und die resultierende Welle repräsentiert, gilt:

$$\text{(34')} \qquad \text{für } B^*:\ z_{B^*} = z_B + z_{B'} = e^{i\omega t}(A + A' e^{i\varphi'}).$$

Der Faktor $e^{i\omega t}$ bedeutet hierin den Umlauf des Punktes B^* mit der gleichen Winkelgeschwindigkeit ω. In der komplexen Zahl $A + A' e^{i\varphi'}$ stecken Amplitudengröße A^* und Phase φ^* der resultierenden Welle. Denn wenn wir für diese Zahl setzen

$$\text{(35)} \qquad (A + A' e^{i\varphi'}) = A^* e^{i\varphi^*},$$

so haben A^* und φ^* dieselben Bedeutungen für die resultierende Welle, wie A' und φ' für die zu überlagernde. A, A' und A^*, sowie φ', φ^* sind reell. Bezeichnen wir, wie es in der Physik üblich ist, die komplexen Zahlen $A' e^{i\varphi'}$, $A^* e^{i\varphi^*}$ als *komplexe Amplituden*, A', A^* als die *Beträge der Amplituden*, so dürfen wir aussprechen:

Bei der Überlagerung von Wellen addieren sich die komplexen Amplituden.

Das gilt offenbar auch bei der Überlagerung von mehr als 2 Wellen.

Wünschen wir die Intensität der resultierenden Welle zu kennen, so ist das Quadrat des Amplitudenbetrages zu bilden. Man gewinnt es, indem man unter Vertauschung von $+i$ und $-i$ in (35) zunächst den zur wirklichen Amplitude konjugiert komplexen Ausdruck bildet und sodann übergeht zu

$$\text{(35')} \qquad \begin{aligned} A^{*2} &= A^* e^{i\varphi^*} \cdot A^* e^{-i\varphi^*} = (A + A' e^{i\varphi'})(A + A' e^{-i\varphi'}) \\ &= A^2 + A'^2 + 2AA' \cos\varphi'. \end{aligned}$$

Der letzte Teil der Gleichung drückt die resultierende Intensität durch die Amplituden und Phasendifferenz der Teilwellen aus und ist auch aus der geometrischen Konstruktion von S. 87 (Abb. 60) leicht abzulesen.

Die Basis bestehe wie in der vorangehenden Note aus s Atomen an den Orten

$$\text{(36)} \qquad \mathfrak{r}_k = \varrho_1^k \mathfrak{a}_1 + \varrho_2^k \mathfrak{a}_2 + \varrho_3^k \mathfrak{a}_3 \qquad (k = 1 \ldots s)$$

Im Text (S. 118) wurde auf Grund der Definition der $(h_1 h_2 h_3)$ als der Gangunterschiede zwischen Nachbaratomen die Überlegung durchgeführt, daß die Phasendifferenz einer Welle, die vom eingeschobenen Gitter mit der Verschiebung $\mathfrak{r}_k$ ausgeht,

$$\text{(37)} \qquad \varphi_k = 2\pi(\varrho_1^k h_1 + \varrho_2^k h_2 + \varrho_3^k h_3)$$

ist. Bezeichnen wir den Betrag der Amplitude, der nach S. 86 proportional der Elektronenzahl der betreffenden Atomsorte gesetzt werden kann, durch A^k, so ist die komplexe Amplitude der vom k^{ten} Gitter stammenden Welle proportional zu

$$A^k e^{2\pi i(\varrho_1^k h_1 + \varrho_2^k h_2 + \varrho_3^k h_3)}.$$

Ob wir dem ersten Gitter die Verschiebungskomponenten $\varrho_i^1 = 0$ erteilen, oder ob wir es zulassen, daß der Bezugspunkt $\mathfrak{r} = 0$ auch außerhalb eines Gitterpunktes gewählt wird, ist offenbar für die vorkommenden Phasen*differenzen* völlig belanglos und wir werden der Symmetrie und der Allgemeinheit wegen jede Bevorzugung aufgeben, die darin liegt, daß hier für eines der Gitter $\mathfrak{r}_k = 0$ sein soll. Dann wird die resultierende komplexe Amplitude des h^{ten} Interferenzstrahls durch Summation über alle Teilgitter erhalten:

$$(38) \qquad A_h = \sum_1^s {}^k A^k e^{2\pi i (\varrho_1^k h_1 + \varrho_2^k h_2 + \varrho_3^k h_3)}.$$

Die Intensität wird bei Multiplikation von A_h mit dem konjugiert komplexen Wert $\overline{A_h}$ proportional zu

$$(38') \qquad J_h = \sum_1^s {}^k \sum_1^s {}^j A^k A^j e^{2\pi i \{(\varrho_1^k - \varrho_1^j) h_1 + (\varrho_2^k - \varrho_2^j) h_2 + (\varrho_3^k - \varrho_3^j) h_3\}}.$$

Dieser Ausdruck ist seinem Wesen nach reell. Formal erkennt man dies daran, daß in der Doppelsumme zu jedem Glied $\varrho^k - \varrho^j$ ein entsprechendes mit $\varrho^j - \varrho^k = -(\varrho^k - \varrho^j)$ tritt, außer für $j = k$, wo aber die Summenglieder ohnehin reell sind. Man kann deshalb für die Intensität des $(h)^{\text{ten}}$ Interferenzstrahls auch schreiben

$$(38'') \quad J_h = \sum_1^s {}^k \sum_1^s {}^j A^k A^j \cos 2\pi \{(\varrho_1^k - \varrho_1^j) h_1 + (\varrho_2^k - \varrho_2^j) h_2 + (\varrho_3^k - \varrho_3^j) h_3\}.$$

Dies ist der analytische Ausdruck für den Strukturfaktor. (38) heißt die komplexe Strukturamplitude, die Wurzel aus J_h ist ihr Betrag. Nach diesen Formeln läßt sich der Einfluß der Struktur auf die Röntgenintensitäten wesentlich schneller überschauen, als mit der Konstruktion von S. 87, die ja die gleichen Gedanken geometrisch ausdrückt.

Die im Strukturfaktor vorkommenden Phasendifferenzen (37) lassen sich ohne Auflösung der Verrückungen $\mathfrak{r}_k$ in ihre Komponenten (ϱ^k) so ausdrücken:

$$(37') \qquad \varphi_k = 2\pi (\mathfrak{r}_k \mathfrak{h}).$$

Denn wenn wir $\mathfrak{r}_k$ gemäß (36) zerlegen, so haben die Komponenten ϱ_i^k nach dem allgemeinen Satz von Note I (Gl. (7)) den Wert $(\mathfrak{r}_k \mathfrak{b}_i)$. Infolgedessen steht in (37) die Summe der skalaren Produkte aus $\mathfrak{r}_k$ und $h_1 \mathfrak{b}_1$, $h_2 \mathfrak{b}_2$, $h_3 \mathfrak{b}_3$, also insgesamt (37'). Das Auftreten des skalaren Produktes $(\mathfrak{r}_k \mathfrak{h})$ läßt sich direkt auch so verstehen: nur die Komponente der Verschiebung senkrecht zur reflektierenden Ebene bringt eine Phasendifferenz zwischen den Wellen hervor, die an den beiden Spiegelebenen durch $\mathfrak{r} = 0$ und durch $\mathfrak{r} = \mathfrak{r}_k$ reflektiert werden. Die Phasendifferenz ist bei Reflexion in n^{ter} Ordnung: $2\pi n \cdot \frac{\mathfrak{r}_{k\perp}}{d}$, wenn $\mathfrak{r}_{k\perp}$ den auf der Spiegelebene senkrechten Anteil der Verschiebung, d den Abstand der spiegelnden Netzebenen im einfachen Translationsgitter bedeutet. Dies ist identisch mit der Überlegung nach der Braggschen Auffassung (S. 90) und führt auf (37').

Komplexe Strukturamplitude und Intensität sind in dieser Schreibweise:

$$(37''')\begin{cases} A_h = \sum_1^s {}_k A^k e^{2\pi i(\mathfrak{r}_k \mathfrak{h})}, \\ J_h = \sum_1^s {}_k \sum_1^s {}_j A^k A^j e^{2\pi i(\mathfrak{r}_k - \mathfrak{r}_j, \mathfrak{h})} = \sum_1^s {}_k \sum_1^s {}_j A^k A^j \cos 2\pi(\mathfrak{r}_k - \mathfrak{r}_j, \mathfrak{h}). \end{cases}$$

Als nicht zu einfaches *Beispiel* sei der *Strukturfaktor von* Cu_2O auf dem schematischen Wege berechnet. Nach Abb. 121 sind die Basiskoordinaten unter Zugrundelegung orthogonaler kubischer Achsen

$$(39)\qquad O\begin{pmatrix} 0 & 0 & 0 \\ 1/2 & 1/2 & 1/2 \end{pmatrix} \qquad Cu\begin{pmatrix} 1/4 & 1/4 & 1/4 \\ 3/4 & 3/4 & 1/4 \\ 3/4 & 1/4 & 3/4 \\ 1/4 & 3/4 & 3/4 \end{pmatrix}.$$

Daher

$$(40)\qquad \begin{aligned} A_h = A^O\{1 + e^{2\pi i\frac{h_1+h_2+h_3}{2}}\} + A^{Cu}\{e^{2\pi i\frac{h_1+h_2+h_3}{4}} + e^{2\pi i\frac{3h_1+3h_2+h_3}{4}} \\ + e^{2\pi i\frac{3h_1+h_2+3h_3}{4}} + e^{2\pi i\frac{h_1+3h_2+3h_3}{4}}\}. \end{aligned}$$

Hierfür läßt sich auch schreiben

$$(40')\qquad \begin{aligned} A_h = A^O\{1 + e^{\pi i(h_1+h_2+h_3)}\} + A^{Cu} e^{\frac{3\pi i}{2}(h_1+h_2+h_3)}\{e^{-\pi i(h_1+h_2+h_3)} \\ + e^{-\pi i h_1} + e^{-\pi i h_2} + e^{-\pi i h_3}\}. \end{aligned}$$

So wie unter den Basiskoordinaten nur Vielfache von $\frac{\mathfrak{a}_i}{4}$ vorkommen, so stehen in den Exponenten des Strukturfaktors ausschließlich ganze Vielfache von $\frac{2\pi i}{4} = \frac{\pi i}{2}$. Die in den geschweiften Klammern ausgesonderten Glieder enthalten sogar nur Potenzen von $e^{\pi i} = -1$.

Wir zählen nun systematisch alle Werte auf, die A_h annehmen kann. Dabei sollten eigentlich $h_1 h_2 h_3$ unabhängig voneinander alle Werte von 0 bis 3 durchlaufen. Denn da $e^{\frac{2\pi i}{4}\cdot 4} = 1$ ist, kommt es für den Wert der Exponenten nur auf die Reste der h_i in bezug auf den Modul 4 an ($h_i \equiv \cdots \pmod 4$) in der Bezeichnung der vorigen Note). Die etwas lange Tabelle kürzen wir infolge der besonderen Form des Strukturfaktors folgendermaßen ab, wobei offenbar alle Möglichkeiten erschöpft werden:

1. $h_1 + h_2 + h_3$ *ungerade*; $e^{\pi i(h_1+h_2+h_3)} = -1$, $e^{\frac{3\pi i}{2}(h_1+h_2+h_3)} = \pm i$.

   Die erste geschweifte Klammer in (40′) ist Null.

   Es müssen entweder *alle* h_i ungerade sein, dann hat die zweite geschweifte Klammer den Wert -4.

   Oder *ein* h_i ungerade, die beiden andern gerade. Dann ist die zweite Klammer Null.

2. $h_1 + h_2 + h_3$ *gerade*; $e^{\pi i(h_1+h_2+h_3)} = 1$, $e^{\frac{3\pi i}{2}(h_1+h_2+h_3)} = \pm 1$.

Genauer ist, wenn $h_1 + h_2 + h_3 = 2p$ gesetzt wird,

$$e^{\frac{3\pi i}{2}(h_1+h_2+h_3)} = (-1)^p.$$

Die erste geschweifte Klammer in (40′) ist 2.

Es müssen entweder alle 3 h_i gerade sein; dann hat die zweite Klammer den Wert 4.

Oder ein h_i gerade, zwei ungerade; dann ist die Klammer Null.

Es kommen also für die Strukturamplitude folgende Werte vor:

$-4A^{Cu}$	alle h_i ungerade,
0	Σh_i ungerade, h_i gemischt,
$2A^O + (-1)^p \cdot 4A^{Cu}$	$\Sigma h_i = 2p$, alle h_i gerade,
$2A^O$	Σh_i gerade, h_i gemischt.

Diese Werte sind schon reell; man erhält die Intensitätsverhältnisse also durch Quadrieren. Die Werte der Struktur*amplitude* charakterisieren das Gitter eindeutig (vgl. die in der vorigen Note zitierte Arbeit des Verfassers in Zeitschr. f. Kristallographie **56**).

Halten wir die auf S. 158 gegebene Beschreibung des Cu_2O-Gitters als Ineinanderstellung eines körperzentrierten O und eines flächenzentrierten Cu-Gitters mit den Eigenschaften der Strukturfaktoren dieser beiden Gittertypen (S. 119) zusammen, so wird der Bau des Strukturfaktors (40′) in den wesentlichen Zügen auch ohne eingehende Rechnung klar.

Eine der wichtigsten Anwendungen des Strukturfaktors betrifft die *Ermittlung eines Parameterwertes aus Laueaufnahmen.* Das Prinzip hiervon ist schon an dem fiktiven Beispiel einer Diamantbestimmung auf S. 121 angegeben worden. Die Methode ist von der fruchtbaren amerikanischen Schule von Kristallbestimmern viel benutzt worden. Das nachfolgende *Beispiel* ist der *Bestimmung des Hexachlorozinnsauren Kaliums* $[SnCl_6]K_2$ durch R. G. Dickinson entnommen (J. Am. Chem. Soc. **44**, 1922, 276). Es kamen auf Grund der Ermittlung der Molekülzahl X der Basis und der Strukturtheorie (s. die Bemerkung über die Methode auf S. 209) nur zwei Anordnungen in Frage: a) eine parameterfreie, bei der die Strukturamplitude insgesamt nur 3 Werte annehmen kann (ähnlich wie im Fall des parameterfreien Cu_2O nur die 4 obigen Werte vorkommen), und b) der Gittertyp des $[PtCl_6]K_2$ mit seinem einen Parameter u, dem Abstand $Pt - Cl$ (bzw. $SnCl$) im Verhältnis zur Würfeldiagonale.

Die Braggaufnahmen, die zur Bestimmung der Absolutdimensionen gedient hatten, zeigten die Eigentümlichkeit, daß Reflex (440) stärker als (220), (444) viel stärker als (333) war. Es trifft sich, daß dies bei der parameterfreien Struktur möglich wäre. Aber auch bei der anderen Struktur lassen sich Parameterwerte angeben, wo die Strukturamplituden $(440) > (220)$, $(444) > (333)$ sind. Bildet man den Ausdruck (38), so enthalten die Koordinaten ϱ^k, soweit sie sich auf Cl beziehen, den

Parameter u. Also ist auch die ganze Amplitude abhängig von u und läßt sich als Funktion von u auftragen. Dies kann seiner Bedeutung nach nur zwischen $u = o$ und $u = {}^1/_2$ variieren. Da der Strukturtyp zentrisch-symmetriert ist, kann man je zwei Glieder in der Summe (38) zu einem cos vereinen und hat für jede Ordnung $(h_1\, h_2\, h_3)$ die Summe einiger Cosinusterme aufzutragen. So entsteht Abb. 184. An ihrem unteren Rande ist angedeutet, bei welchen Parameterwerten die beiden Forderungen (444) bedeutend größer als (333) und (440) größer als (220) erfüllt sind. Es bleibt für u ein Spielraum von 0,19 bis 0,28 etwa.

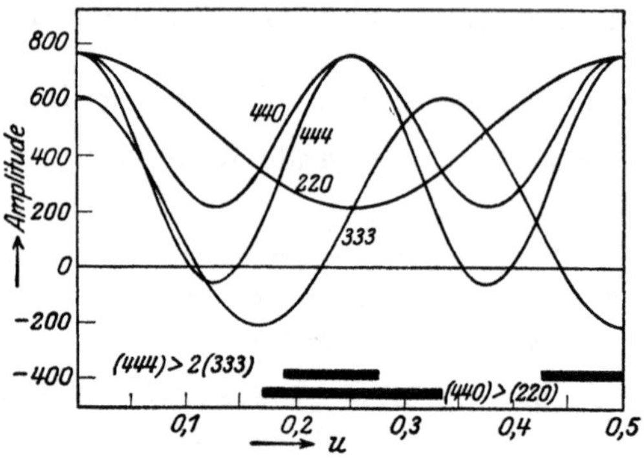

Abb. 184. Abhängigkeit des Strukturfaktors vom Parameter.

Die Laueaufnahme bringt zunächst die Entscheidung, daß die parameterfreie Struktur nicht zutreffen kann. Denn ihr Strukturfaktor liefert für Interferenzen mit nur ungeraden Indizes die gemeinsame Amplitude

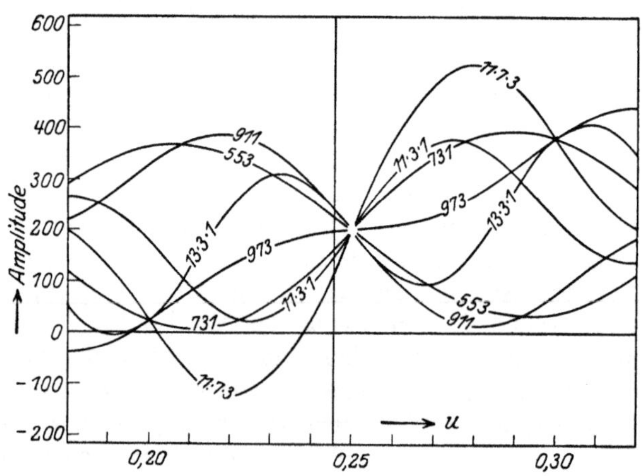

Abb. 185. Parameterbestimmung mittels des Strukturfaktors.

$4A^{Sn}$: sowohl die K- wie die Cl-Atome sind in der parameterfreien Struktur so angeordnet, daß sie keine ungeraden Interferenzen geben (körperzentrierte Gitter!). Für die Intensität der ungeraden Interferenzen wäre dann der Abfall gemäß dem Lorentzschen Faktor zu erwarten. Es finden sich aber eine Reihe von Fleckenpaaren, in denen entweder die Flecken mit größerem $(h_1^2 + h_2^2 + h_3^2)$ die stärkeren oder bei übereinstimmender Quadratsumme die Intensitäten der beiden Partner ungleich sind:

(911)	($\Sigma h_i^2 =$ 83)	ist intensiver als			(731)	($\Sigma h_i^2 =$ 59)
(553)	(» = 59)	»	»	»	(731)	(» = 59)
(13·3·1)	(» = 179)	»	»	»	(11·7·3)	(» = 179)
(973)	(» = 139)	»	»	»	(11·3·1)	(» = 131)

Das entscheidet gegen die parameterfreie Struktur. Zugleich zeigt sich als Argument für die andere Struktur, daß beim Auftragen der Strukturamplituden der Flecken als Funktion von u, in dem oben bestimmten Intervall von 0,19 bis 0,28 ein recht scharf begrenzter u-Wert angebbar ist, der die beobachteten Intensitätsverhältnisse erklärt. Für einige Flecken mit nur ungeraden Indizes ist die Strukturamplitude

(41) $$A = 4A^{Sn} + 8A^{Cl}\{\cos 2\pi h_1 u + \cos 2\pi h_2 u + \cos 2\pi h_3 u\}$$

in Abb. 185 aufgetragen.

Beim Verfolgen der aus vorstehender Tabelle ersichtlichen Beziehungen ergibt sich zunächst, daß u jedenfalls links von 0,25 liegen muß. Andrerseits ist das Intervall wegen $(11 \cdot 7 \cdot 3) < (13 \cdot 3 \cdot 1)$ nach links hin bei etwa 0,21 begrenzt. Die Flecken mit einem oder zwei geraden Indizes (die hier nicht aufgeführt sind), zeigen, daß u nur sehr wenig vom Wert 0,25 abweichen kann. Dieser Wert selbst ist aber durch die ungeraden Flecken ausgeschlossen. So folgt mit ziemlicher Schärfe $u = 0,245$.

Der Parameterwert ist somit erheblich kleiner, als beim Silbermolybdat, das in Note V und Abb. 150 behandelt wurde.

Note VIII. Die photographische Wirkung der Röntgenstrahlen.

Bei der Bequemlichkeit des photographischen Nachweises der Röntgeninterferenzen ist es wünschenswert, durch das Studium der photographischen Wirkung die Möglichkeit auch zu zuverlässigen *quantitativen Intensitätsmessungen* auf photographischem Wege zu gewinnen. Das Schwärzungsgesetz der Röntgenstrahlen ist an spektral einfarbigen Röntgenstrahlen von P. P. Koch und W. Friedrich, sowie von R. Glocker und Mitarbeitern untersucht worden. Es ist einfacher als das Schwärzungsgesetz für sichtbares Licht; außerdem spielt sich der photochemische Vorgang wegen des Durchdringungsvermögens der Röntgenstrahlen ziemlich gleichmäßig durch die ganze Tiefe der Schicht hindurch ab, was bei Licht nicht der Fall ist.

Es handelt sich darum, die Einflüsse der mannigfachen Faktoren, die die endgültige Schwärzung hervorbringen, zu trennen. Deshalb zerfallen die Untersuchungen wesentlich in zwei Teile: Einfluß des Belichtungsprozesses, (Intensität, Zeitdauer der Belichtung, Art der Strahlen) und Einfluß des Entwickelns auf die Schwärzung (Konzentration, Temperatur, Art des Entwicklers). Hierzu kommt als praktisch sehr wichtiger dritter Teil: das Schwärzungsgesetz bei Gebrauch eines Verstärkungsschirmes.

Zur Definition der vorkommenden Größen sei folgendes gesagt:

Unter der *Intensität* J eines Licht- oder Röntgenstrahls wird (vgl. S. 62) die Energie verstanden, die pro Zeiteinheit durch die Flächeneinheit hindurchtransportiert wird. (»Energie pro Sekunde und Quadratzentimeter«.) Die Energie selbst ist physikalisch meßbar etwa durch die Wärmeentwicklung bei völliger Absorption der Strahlung. Meist handelt es sich jedoch nicht um absolute Intensitätsmessungen, sondern nur um Intensitätsvergleiche und dazu ist die Ausführung der schwierigeren Energiemessung nicht notwendig. Auch im Strukturfaktor werden Intensitäten nur *verglichen;* eine absolute Messung ist erforderlich, wenn etwa die Gesamtzahl der Elektronen eines Atoms aus dem Streuvermögen bestimmt werden soll.

Unter der *Belichtungsenergie* E wird das Produkt aus Intensität J und Belichtungszeit t verstanden:

$$E = J \cdot t. \tag{42}$$

Schließlich ist man übereingekommen, als Maß für die *Schwärzung* der photographischen Platte zu definieren

$$S = \log_{10} Jo/J. \tag{43}$$

Dabei ist angenommen, daß die Schwärzung im Photometer oder (wenn es sich um sehr kleine Bereiche der Platte handelt) im Mikrophotometer gemessen wird, indem man einen Lichtstrahl von der Intensität Jo auf die Schicht auffallen läßt und feststellt, auf welchen Betrag J sie durch das Durchdringen der Schicht herabgesetzt wird. Daß nicht das Verhältnis Jo/J selbst, sondern sein Logarithmus als Schwärzungsmaß gewählt wird, hat seinen Grund in dem Fechnerschen Gesetz der Physiologie: zu einer geometrischen Reizfolge gehört eine arithmetische Eindrucksfolge, oder: die Empfindung ist dem Logarithmus des Reizes proportional.

Glocker gibt zur Veranschaulichung des Schwärzungsmaßes an, daß auf einer normalen medizinischen Lungenaufnahme in den Lungenpartien etwa $S = 1$, in den Rippenschatten etwa 0,5, am Plattenrand, auf welchen die Strahlen direkt fielen, etwa $S = 2$ ist.

Daß eine größere Belichtungsenergie größere Schwärzung hervorruft, ist mindestens im Gebiete normaler Exposition von vornherein sicher. Es bleibt aber zu untersuchen, ob die Belichtungsenergie *allein* die Schwärzung bestimmt, oder ob es auch auf die einzelnen Faktoren J und t ankommt, d. h. darauf, ob die Energie in konzentrierter oder verdünnter Form zugeführt wird.

Es ergab sich, daß die durch Röntgenstrahlen erzielte Schwärzung nur Funktion der Belichtungsenergie ist:

$$S = S(E) \text{ (Röntgenstrahlen).} \tag{44}$$

Wenn dies einfache Gesetz auch für intermittierende Belichtung gilt — was wahrscheinlich, aber nicht experimentell untersucht ist — so folgt daraus für Interferenzaufnahmen mit Drehkristallen, daß es gleichgültig ist, ob der Kristall schnell oder langsam gedreht wird, ob also der einzelne Interferenzstrahl oft und kurz oder selten und länger aufblitzt.

Bei sichtbarem Licht verhält sich die Schwärzung anders: sie hängt von den Faktoren einzeln ab, gemäß dem »SCHWARZSCHILD*schen Gesetz*«

(45) $$S = J \cdot t^p \text{ (Licht)}.$$

Der Exponent p schwankt dabei je nach der Plattensorte zwischen 0,75 und 0,95, ist aber kleiner als 1. Die Belichtungsdauer ist demnach von kleinerem Einfluß als die Intensität, und es ist vorteilhaft für die Schwärzung, die gesamte Belichtungsenergie auf kleine Zeit zu konzentrieren.

Einen Überblick über den Verlauf der Schwärzung als Funktion von E — also bei konstantem J als Funktion der Belichtungszeit t allein — gibt Abb. 186. Man sieht, wie der anfangs steile Anstieg allmählich immer flacher wird, bis bei schon völlig »gedeckter« Platte eine Erhöhung der Belichtungsenergie überhaupt ohne Einfluß bleibt. Die maximal erreichbare Schwärzung ist über 4; das heißt nach obiger Definition, daß bei der Durchsicht durch die Platte mehr als $\frac{9999}{10000}$ der Lichtintensität fortgenommen wird. Für viele Zwecke, insbesondere für die schwachen Interferenzeindrücke am wichtigsten ist der Kurvenanfang. Er ist deshalb in Abb. 187

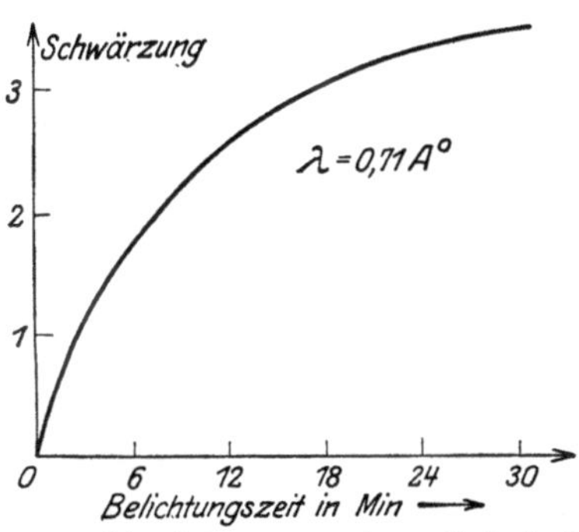

Abb. 186. Schwärzung $S = S(E)$ (bei konstanter Intensität J.

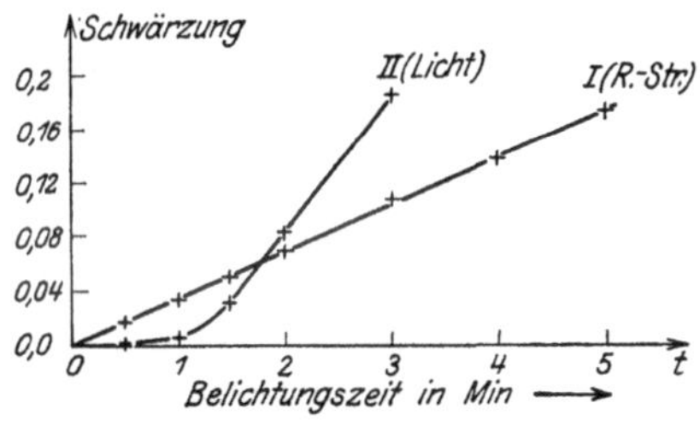

Abb. 187. $S = S(E)$ bei kleinen Belichtungsenergien für Licht- und Röntgenstrahlen.

als Kurve I in größerem Maßstab, d. h. bei sehr geringer Intensität J, wiederholt. Man sieht — das wurde von KOCH und FRIEDRICH zuerst nachgewiesen —, daß *von Anfang an Proportionalität zwischen Belichtungsenergie und Schwärzung* besteht. — Die Schwärzungskurve für *Licht* setzt anders ein (Kurve II): es existiert ein gewisser »*Schwellenwert*« der Belichtungsenergie, unterhalb dessen die Schwärzung fast unmerklich klein bleibt, und der in dem oberhalb einsetzenden Bereich der Proportionalität von dem Gesamtbetrag der Belichtungsenergie abzuziehen ist. Auf dieser Eigenheit der Schwärzungskurve für Licht beruht das in der Lichtspektroskopie und Astronomie geübte Verfahren, zum Nachweis sehr schwacher Spektrallinien der Platte eine »Vorbelichtung« zu verabfolgen — eben von der Größe des Schwellenwertes; für Röntgenaufnahmen (ohne Verstärkungsschirm, s. u.) wäre die Vorbelichtung ohne Nutzen.

Im Gebiet großer Schwärzungen, $S > 1{,}3$ [1]), ergibt sich die Schwärzung proportional dem Logarithmus der Belichtungsenergie. Jenseits von $S = 4$ tritt *Solarisation*, d. h. Rückgang der Schwärzung bei weiterer Energiezufuhr, ein (wie bei Licht). Die Eindrücke des Primärstrahls auf Interferenzaufnahmen sind meist stark solarisiert. Man erkennt die Solarisation von der Rückseite der Platte her an dem weißlich-milchigen Glanz der Schicht, der vom ausgeschiedenen Silberspiegel herrührt.

Die Schwärzungskurve der Abb. 186 wurde mit Molybdän K_α-Strahlung ($\lambda = 0{,}71$, medizinisch »mittelweiche« Strahlung) aufgenommen. Von größter Wichtigkeit ist nun, *daß Schwärzungskurven der gleichen Form für Röntgenstrahlen aller Wellenlängen gelten.* Das soll heißen: hat man eine Platte mit zwei verschiedenen Wellenlängen λ und λ' — etwa größer und kleiner als die Silberkante bei 0,49 Å — in den Expositionszeiten t und t' bis zur gleichen Schwärzung belichtet, so bleiben die Schwärzungen der Platten einander auch dann gleich, wenn sie bei den halben Expositionszeiten kleiner oder bei den doppelten größer als vorher sind.

Mathematisch ausgedrückt haben wir also die Schwärzung durch Röntgenstrahlen unter Berücksichtigung der Wellenlänge nicht in der allgemeinsten Form als Funktion $S(E, \lambda)$, sondern in der Form anzusetzen:

$$S = H(\lambda, \lambda_0) \cdot S_0(E). \tag{44'}$$

$S_0(E)$ ist hierbei die Schwärzungskurve der Abb. 186, die für die Wellenlänge λ_0 gilt. $H(\lambda, \lambda_0)$ ist die »*relative Empfindlichkeit der Platte für die Wellenlänge* λ«; für $\lambda = \lambda_0$ ist definitionsgemäß $H = 1$. Läßt man verschiedene Wellenlängen bis zur gleichen Belichtungsenergie E wirken, so verhalten sich die Schwärzungen wie die Werte H für die beiden Wellenlängen.

Über die Form der Empfindlichkeitsfunktion H ist unser Wissen leider noch sehr gering. Bekannt ist nur die sprunghafte Steigerung der Empfindlichkeit, wenn die Wellenlänge 0,49 Å unterschreitet. Die Empfindlichkeiten vor und hinter der Silberkante (im Sinne wachsender λ gerechnet) verhalten sich nach Messungen GLOCKERS ungefähr wie 2 : 1. Bei der Bromkante ($\lambda = 0{,}91$ Å) findet ein erheblich kleinerer Empfindlichkeitssprung statt.

Es ist ein entschiedener Vorteil der Interferenzverfahren, die mit monochromatischem Röntgenlicht arbeiten, gegenüber dem Laueverfahren, daß eine Kenntnis von $H(\lambda, \lambda_0)$ für sie nicht notwendig ist.

Was den Einfluß der Entwicklungsmethoden auf die Platte betrifft, so ist er ähnlich, wie für Aufnahmen mit Licht.

Zusammenfassend sagt hier GLOCKER über Röntgenplatten, »daß sich für jede Entwicklungssubstanz durch Änderung der Konzentration, der

1) Diese und die andern Zahlenangaben über Schwärzungen unterliegen erheblichen Schwankungen je nach der Plattensorte. Die obigen Angaben sollen nur einen Anhalt geben; sie beziehen sich auf Hauff-Platten.

Entwicklungsdauer, der Temperatur die Schwärzungskurve in hohem Grade verändern läßt, so daß an und für sich kein Entwickler als besonders geeignet für die röntgendiagnostische Praxis bezeichnet werden kann.«

Die *Verstärkungswirkung eines Verstärkungsschirmes* (s. S. 56 u. 63) wird durch die Abkürzung der Expositionszeit gemessen, wenn bei gleichbleibender Strahlenart und -intensität die Platte mit und ohne Schirm bis zur gleichen Schwärzung belichtet wird:

$$(46)\qquad \textit{Verstärkungsfaktor}\ V = \frac{t_o}{t_m} \begin{pmatrix} t_o = \text{Expositionszeit ohne Schirm} \\ t_m = \quad\text{»}\qquad\quad \text{mit}\quad\text{»} \end{pmatrix}.$$

Das experimentelle Verfahren zur Messung von V ergibt sich unmittelbar aus dieser Definition.

Abb. 188 zeigt nach E. Schlechter bei der Schwärzung $S = 0{,}4$ die Abhängigkeit des Verstärkungsfaktors von der Wellenlänge unter Benutzung von Heydenfolie. Kurve II bezieht sich auf die Anordnung, daß der Verstärkungsschirm *vor* der Platte, d. h. zwischen ihr und der Röntgenröhre lag, Kurve I auf die umgekehrte Anordnung (Strahlengang: Platte/Folie).

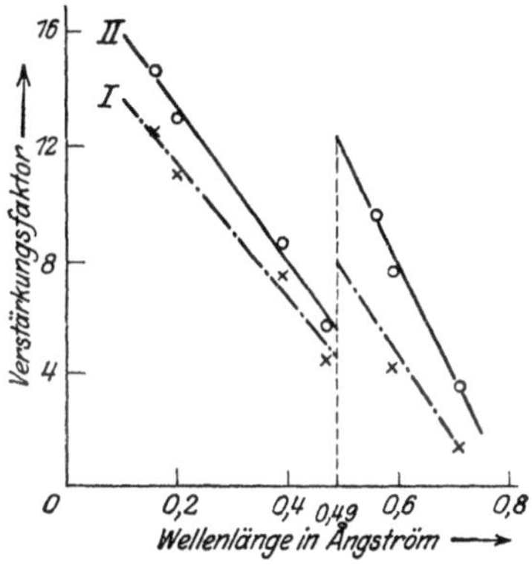

Abb. 188. Verstärkungsfaktor in Abhängigkeit von der Wellenlänge.

Die Verstärkungswirkung ist hiernach am größten bei harten Strahlen. Bei ihnen kann die Belichtungszeit auf weniger als $^1/_{15}$ durch die Folie herabgesetzt werden. Das der Wellenlänge proportionale Sinken von V wird beim Überschreiten von $\lambda = 0{,}49$ durch einen plötzlichen Sprung in der Verstärkungswirkung unterbrochen. Der Sprung ist nicht so zu verstehen, daß die Empfindlichkeit der Folie *stiege*, sondern daß diejenige der Platte *sinkt*, und deshalb die direkte Röntgenwirkung auf die Platte gegenüber der Wirkung der ultravioletten Strahlung des Schirmes zurücktritt. Die Sichtbarkeit der Silberabsorptionskante auf Aufnahmen mit Verstärkungsschirm ist wegen des Überwiegens der Lichtwirkung über die direkte Röntgenwirkung nur recht gering. Bei sehr weichen Strahlen (gemessen wurde bis $\lambda = 1{,}1$ Selen-eigenstrahlung) tritt statt der Verstärkung sogar eine Schwächung infolge der Absorption in der Folie ein.

Da die Schwärzung einer mit Verstärkungsschirm belichteten Platte aus Röntgenschwärzung und Lichtschwärzung zusammengesetzt ist, gilt das einfache Gesetz Gl. (44') nicht mehr. Vielmehr setzt sich die Schwärzung aus einem Anteil proportional Jt und einem zweiten proportional Jt^p (s. Gl. (45)) zusammen. Da der letztere der größere ist, folgt eine beträchtliche Abhängigkeit der Schwärzung von der Konzentration der auffallenden Energie:

der Verstärkungsfaktor ist um so größer, je größer die Intensität der Röntgenstrahlung. Abb. 189 zeigt die von SCHLECHTER für Silbereigenstrahlung (Hauptwellenlänge 0,565 Å) gefundene Schwärzungskurve (*B*) für Aufnahmen mit Heydenfolie; Kurve *A* ist die Schwärzungskurve ohne Folie wie (Abb. 187). Das Verhältnis der zu gleichen Ordinaten gehörenden Abszissen gibt den Verstärkungsfaktor. Die folgende Tabelle ergänzt die Kurve:

Schwärzung	2,4	2,0	1,6	1,2	0,8	0,6	0,4	0,3	0,2	0,1
Verstärkungsfaktor	8,3	8,3	8,3	8,0	7,6	7,3	6,3	5,5	4,5	2,7

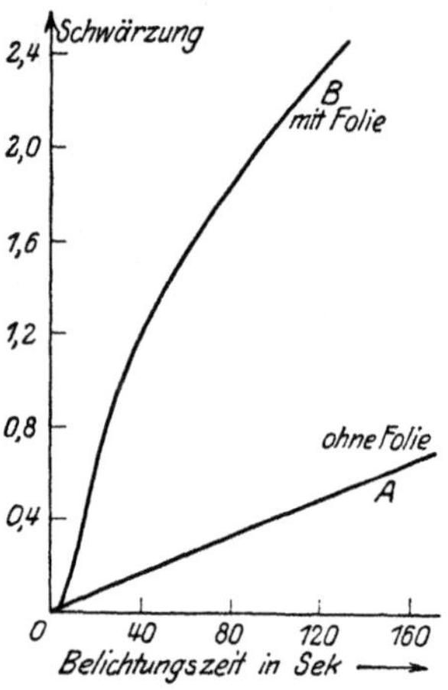

Abb. 189. Schwärzungskurven für Röntgenplatten bei Benutzung eines Verstärkungsschirmes.

Die Verstärkung wird also bei kleinen Schwärzungen ganz gering. Wie aus der Kurve hervorgeht, liegt dies an der Eigentümlichkeit der Lichtwirkung, dem Schwellenwert. Für die Röntgen-Interferenzaufnahmen ist wichtig, daß durch den Verstärkungsschirm nur Linien von solcher Intensität, daß sie an und für sich schon auf der Platte auftreten würden, herausgehoben werden, aber keine neuen — ohne Folie zu schwachen — hinzutreten. Und ferner, daß an sich intensive Linien bedeutend mehr verstärkt werden als ganz schwache. Das ist bei dem Vergleich mit dem Strukturfaktor wichtig.

Ein Sprung in der Verstärkungswirkung bei der selektiven Absorptionsstelle des Wolframs in der Folie konnte nicht festgestellt werden (vgl. S. 63).

Note IX. Zusammenstellung über Strukturen.

Diese Zusammenstellung verfolgt den Zweck, in vollständigerer Weise als im Text Auskunft über die erforschten und über die bearbeiteten Strukturen — letzteres, soweit aus der Literatur ersichtlich — zu geben. Arbeiten, in denen eine Strukturbestimmung nicht erreicht wurde, sind im allgemeinen nur aufgenommen worden, soweit sie Ergebnisse oder Angaben enthalten, die für die spätere Strukturbestimmung von Wert sind.

Die Anordnung der Substanzen ist diese: I. Elemente; II. Metallverbindungen; III. Monohalogenide; IV. Dihalogenide; V. Polyhalogenide; VI. Monoxyde; VII. Polyoxyde; VIII. Hydroxyde und Hydride; IX. Sulfide; X. Karbonate; XI. Nitrate; XII. Chlorate; XIII. Sulfate, Wolframate; XIV. Karbide, Selenide, Zyanide; XV. Typ $[PtCl_6]K_2$; XVI. Spinelltyp; XVII. Typ $[PtCl_4]K_2$; XVIII. Organische Verbindungen; XIX. Sonstiges.

Zur Abkürzung der Tabelle habe ich die Struktur für jeden Gittertyp nur einmal ausführlich angegeben und im übrigen auf diese Angabe innerhalb der Tabelle verwiesen.

Die Hinweise auf die Abbildungen des Buches gestatten eine schnelle Orientierung über die Typen. Die unterschiedenen Typen sind durch fetten Druck hervorgehoben.

Von den organischen Kristallen wurden nur solche unter Angabe von Zahlenwerten aufgenommen, für die entweder eine volle Strukturbestimmung vorliegt, oder Bestimmungen des Grundbereiches durch mehrere Beobachter. Bei der niedrigen Symmetrie dieser Kristalle bedürfen die Angaben über die Dimensionen der Grundzelle noch mehr als die Angaben bei anorganischen Kristallen der kritischen Bestätigung durch allseitige Untersuchung. Es genügte daher, auf manche Arbeiten kurz zu verweisen, und anzugeben, welche Substanzen überhaupt untersucht worden sind.

Über die Zitate ist zu bemerken, daß »W. H. und W. L. BRAGG, Buch« das BRAGGsche Buch X-Rays and Crystal Structure (London, Bell & Sons II. Aufl. 1915) bedeutet. Die späteren Auflagen sind mir leider nicht zugänglich gewesen; zur Zeit (1923) erscheint eine neue Auflage.

»P. B.« bedeutet die Physikalischen Berichte; ich glaubte es für manche Benutzer der Tabellen angenehm, sich durch die Referate in den Berichten einen Eindruck über den allgemeinen Inhalt der hier nur der Strukturbestimmungen wegen aufgezählten Arbeiten verschaffen zu können.

Die Tabellen wurden abgeschlossen im April 1923.

I. Elemente.

(*Z* ist die Ordnungszahl; die Aufzählung erfolgt nach den Gruppen im periodischen System.)

3 *Li* **kubisch körperzentriert** (Γ_c'') (Abb. 19c).

A. W. HULL (P. Rev. 10, 1917, 661) $a_w = 3{,}50$.

J. M. BIJVOET und A. KARSSEN (Proc. Roy. Acad. Amsterdam 23, 1922, 1365; P. B. 4, 1923, 22) $a_w = 3{,}50$.

11 *Na* kubisch körperzentriert (Γ_c'').

A. W. HULL (P. Rev. 10, 1917, 661) $a_w = 4{,}30$.

19 *K* wahrscheinlich kubisch körperzentriert (Γ_c'').

L. W. MCKEEHAN (Proc. Nat. Acad. of Sciences, USA. 8, 1922, 254) Bestimmung bei -150° C, da bei 20° ohne Interferenzen, $a_w = 5{,}20$.

29 *Cu* **kubisch flächenzentriert** (Γ_c') (Abb. 19b, 70, 114).

W. L. BRAGG (Phil. Mag. 28, 1914, 355) $a_w = 3{,}60$.

N. USPENSKI, S. KONOBEJEWSKI (Verhandl. Röntgenol. und Radiolog. Inst. Petrograd. — Berlin 1922) $a_w = 3{,}66$.

47 *Ag* kubisch flächenzentriert (Γ_c').

L. VEGARD (Phil. Mag. 31, 1916, 83) $a_w = 4{,}06$.

P. SCHERRER (Nachr. Ges. d. Wiss. zu Göttingen, mathem.-physik. Klasse 1918) Bestätigung der Struktur auch für kolloidales Silber.

H. KAHLER (P. Rev. 18, 1921, 210)

An kathodenzerstäubten Schichten Γ_c', $a_w = 4{,}06$.

Durch Destillation niedergeschlagene Schichten ohne Interferenzen.

W. GERLACH (Zeitschr. f. Phys. 9, 1922, 184, P. B. 3, 1922, 666) $a_w = 4{,}076$.

79 *Au* kubisch flächenzentriert (Γ_c').

L. VEGARD, P. SCHERRER, H. KAHLER (wie bei *Ag*) $a_w = 4{,}08$.

4 *Be* **hexagonale dichteste Kugelpackung** (Abb. 115).

L. W. MCKEEHAN (Proc. Nat. Acad. of Sciences, USA. **8**, 1922, 270; P. B. 4, 1923, 23) orthohexagonale Achsen

$$a = 2{,}283, \quad c = 3{,}61, \quad c/a = 1{,}58, \quad 2\,Be \begin{pmatrix} 0 & 0 & 0 \\ {}^2/_3 & {}^1/_3 & {}^1/_2 \end{pmatrix}.$$

GRETE MEIER (Dissertation Göttingen ungedruckt, 1921).

$a = 2{,}286$, $c = 3{,}619$, $c/a = 1{,}583$.

12 *Mg* hexagonale dichteste Kugelpackung.

A. W. HULL (P. Rev. **10**, 1917, 661) $a = 3{,}22$, $c = 5{,}23$, $c/a = 1{,}624$.
H. BOHLIN (Ann. d. Phys. **61**, 1920, 421) $a = 3{,}23$, $c = 5{,}25$, $c/a = 1{,}625$.
GRETE MEIER (wie bei *Be*).

$a = 3{,}194$, $c = 5{,}198$, $c/a = 1{,}628$.

20 *Ca* kubisch flächenzentriert (Γ_c').

A. W. HULL (P. Rev. **17**, 1921, 42; P. B. **2**, 1921, 315) $a_w = 5{,}56$.

30 *Zn* hexagonale dichteste Kugelpackung.

A. W. HULL u. W. P. DAVEY (Phys. Rev. **17**, 1921, 266, 549, 571; P. B. **2**, 1921, 616, 934, 935) $a = 2{,}670$, $c = 4{,}94$, $c/a = 1{,}860$.

48 *Cd* hexagonale dichteste Kugelpackung.

A. W. HULL u. W. P. DAVEY (wie bei *Zn*) $a = 2{,}960$, $c = 5{,}60$, $c/a = 1{,}89$.

80 *Hg* L. W. MCKEEHAN u. P. P. CIOFFI (P. Rev. **19**, 1922, 444; P. B. **3**, 1922, 1143) geben an: einfaches rhomboedrisches Gitter $a = 3{,}025$, $\alpha = 70^\circ\, 31{,}7'$.

N. ALSÉN, G. AMINOFF (Geologiska Föreningens i Stockholm Förhandlingar **44**, 1922, 124; P. B. **3**, 1922, 828):
orthohexagonale Achsen $a = 3{,}84$, $c = 7{,}24$, $c/a = 1{,}88$.
Basis aus 4 *Hg* (0 0 0, ${}^2/_3\ {}^1/_3\ p$, ${}^2/_3\ {}^1/_3\ {}^1/_2$, $0\ 0\ {}^1/_2 + p$).
Parameter p nicht bestimmt, da Filme sehr schwach.

13 *Al* kubisch flächenzentriert (Γ_c').

A. W. HULL (P. Rev. **9**, 1917, 564; **10**, 1917, 661) $a_w = 4{,}05$.
P. SCHERRER (P. Zeitschr. **19**, 1918, 23) $a_w = 4{,}07$ (korrigiert nach KIRCHNER 4,043).
F. KIRCHNER (Ann. d. Phys. **69**, 1922, 59) $a_w = 4{,}040 \pm 0{,}005$.
N. USPENSKI, S. KONOBEJEWSKI (Verhandl. Röntgen- u. Radiolog. Inst. Petrograd. Berlin 1922) $a_w = 4{,}07$.

49 *In* tetragonal flächenzentriert.

A. W. HULL, W. P. DAVEY (wie bei *Zn*) $a = 4{,}58$, $c = 4{,}86$, $c/a = 1{,}06$ (also um 6% gedehnter Kubus).

6 *C* **Diamant,** kubisch; **eigner Typ** (Abb. 72, 73, 100, 136). Mit kubisch flächenzentrierenden Achsen 2 *C* (0 0 0, ${}^1/_4\ {}^1/_4\ {}^1/_4$).

W. H. und W. L. BRAGG (Proc. Roy. Soc. London **89**, 1913, 277; s. auch Zeitschr. f. anorg. Chemie **90**, 1914) $a_w = 3{,}55$.
E. KELLER (Ann. d. Phys. **46**, 1915, 157), Bestätigung der Struktur an Laue-Aufnahmen.
A. W. HULL (P. Rev. **10**, 1917, 661), Erstaufnahme mit Pulvermethode.
W. H. BRAGG (Proc. Roy. Soc. London **33**, 1921, 304), Nachweis des Reflexes (222).

6 C **Graphit,** trigonal; **eigner Typ** (Abb. 99).

P. Debye, P. Scherrer (P. Zeitschr. **17**, 1916, 277; **18**, 1917, 291):

rhomboedr. Achsen

$$a = 4{,}48 \quad \alpha = 68^\circ 26' \qquad 8\,C: \begin{pmatrix} 0 & 0 & 0 \\ 1/2 & 1/2 & 0 \\ 1/2 & 0 & 1/2 \\ 0 & 1/2 & 1/2 \end{pmatrix}, \begin{pmatrix} \gamma & \gamma & \gamma \\ 1/2+\gamma & 1/2+\gamma & \gamma \\ 1/2+\gamma & \gamma & 1/2+\gamma \\ \gamma & 1/2+\gamma & 1/2+\gamma \end{pmatrix}$$

besser hierfür Achsen

$$a = 3{,}70 \quad \alpha = 39^\circ 40' \qquad 2\,C: (0\;0\;0,\; \gamma\;\gamma\;\gamma).$$

Parameter γ zwischen 0,26 und 0,41.

A. W. Hull (P. Rev. **10**, 1917, 661), falsche Strukturbestimmung.

A. W. Hull (P. Rev. **20**, 1922, 113; P. B. **4**, 1923, 23) behauptet, die Debye-Scherrersche Struktur sei unvereinbar mit seinen Aufnahmen. Das Gitter sei etwa eine hexagonale dichteste Kugelpackung (vorläufige Mitteilung).

14 Si kubisch, Diamanttyp.

P. Debye, P. Scherrer (P. Zeitschr. **17**, 1916, 277) $a_w = 5{,}46$—$5{,}31$.

A. W. Hull (P. Rev. **9**, 1917, 564 und **10**, 1917, 661) $a_w = 5{,}43$.

W. Gerlach (P. Zeitschr. **22**, 1921, 557; P. B. **3**, 1922, 665) $a_w = 5{,}400 \pm 0{,}2\,\%$.

W. Gerlach (P. Zeitschr. **23**, 1922, 114; P. B. **3**, 1922, 665)

$$a_w = \begin{matrix} 5{,}415 \pm 0{,}3\,\%, \\ 5{,}410 \pm 0{,}3\,\%. \end{matrix}$$

H. Küstner, H. Remy (P. Zeitschr. **24**, 1923, 25)

$$a_w = \begin{matrix} 5{,}4204 \pm 0{,}00016 \\ 5{,}4210 \pm 0{,}00025. \end{matrix}$$

22 Ti hexagonale dichteste Kugelpackung.

A. W. Hull (P. Rev. **18**, 1921, 88; P. B. **3**, 1922, 519) $a = 2{,}97$, $c = 4{,}72$, $c/a = 1{,}59 \pm 0{,}01$.

40 Zr hexagonale dichteste Kugelpackung.

A. W. Hull (wie bei Ti) $a = 3{,}23$, $c = 5{,}14$, $c/a = 1{,}59$.

58 Ce α) hexagonale dichteste Kugelpackung,

β) kubisch flächenzentriert (Γ_c'); dimorph wie Co.

A. W. Hull (wie bei Ti) α) $a = 3{,}65$, $c = 5{,}96$, $c/a = 1{,}633$,
β) $a_w = 5{,}12$.

90 Th kubisch flächenzentriert (Γ_c').

H. Bohlin (Ann. d. Phys. **61**, 1920, 421) $a_w = 5{,}12$.

A. W. Hull (wie bei Ti) $a_w = 5{,}04$.

32 Ge kubisch, Diamanttyp.

N. H. Kolkmeyer (Proc. Roy. Acad. Amsterdam **25**, 1922, 125) $a_w = 5{,}61$.

A. W. Hull (P. Rev. **20**, 1922, 113; P. B. **4**, 1923, 23) $a_w = 5{,}63$.

50 Sn α) Graues Zinn; kubisch, Diamanttyp.

A. J. Bijl, N. H. Kolkmeyer (Proc. Roy. Acad. Amsterdam **21**, 1919, 501; P. B. **1**, 1920, 754) $a_w = 6{,}46$.

β) Weißes Zinn; tetragonal.

A. J. Bijl, N. H. Kolkmeyer (Proc. Roy. Acad. Amsterdam **21**, 1919, 494; P. B. **1**, 1920, 754) geben an: seitenflächenzentriertes tetragonales Gitter $a = 5{,}84$, $c = 2{,}37$. Identisch mit körperzentriertem tetragonalem Gitter $a = 4{,}13$, $c = 2{,}37$. (Abb. 117.)

H. Mark, M. Polanyi, E. Schmid (Die Naturwissenschaften **11**, 1923, 256) halten obiges Gitter für falsch. Statt dessen: Orthotetragonale Achsen $a = 5{,}83$, $c = 3{,}16$. Zwei körperzentrierte Gitter anfangend in (0 0 0, $^1/_2$ 0 $^1/_4$).

82 *Pb* kubisch flächenzentriert (Γ_c').
L. VEGARD (Phil. Mag. 32, 1916, 65) $a_w = 4{,}91$.

23 *Va* kubisch körperzentriert (Γ_c'').
A. W. HULL (P. Rev. 20, 1922, 113; P. B. 4, 1923, 23) $a_w = 3{,}04$.

73 *Ta* kubisch körperzentriert (Γ_c'').
A. W. HULL (P. Rev. 17, 1921, 571; P. B. 2, 1921, 934) $a_w = 3{,}272$.

51 *Sb* **Antimon**, rhomboedrisch, fast kubisch; **eigner Typ** (Abb. 116). $a = 6{,}20$, $\alpha = 86^\circ\, 58'$. Zwei flächenzentrierte Gitter, anfangend in (0 0 0) und ($^1/_2 - \Delta$, $^1/_2 - \Delta$, $^1/_2 - \Delta$). Besser bei Einführung der zu den vorigen flächenzentrierenden Achsen:

$$a' = 4{,}50, \quad \alpha' = 59^\circ\, 39', \quad 2\, Sb \begin{pmatrix} 0 & 0 & 0 \\ ^1/_2-\Delta & ^1/_2-\Delta & ^1/_2-\Delta \end{pmatrix}.$$

Mit $\Delta = 0$: einfaches kubisches Gitter, längs Würfeldiagonale etwas gedehnt.
R. W. JAMES, N. TUNSTALL (Phil. Mag. 40, 1920, 233; P. B. 1, 1920, 1579) Parameter $\Delta = 0{,}04$.
A. OGG (Phil. Mag. 42, 1921, 163; P. B. 2, 1921, 1272) Parameter $\Delta = 0{,}03$.

83 *Bi* Antimontyp, rhomboedrisch, fast kubisch.
A. OGG (Phil. Mag. 42, 1921, 163; P. B. 2, 1921, 1272) $a = 6{,}52$, $\alpha = 87^\circ\, 34'$, Δ nicht bestimmt.
R. W. JAMES (Phil. Mag. 42, 1921, 193; P. B. 4, 1923, 22) $a = 6{,}56$, $\alpha = 87^\circ\, 34'$, $\Delta = 0{,}027$.
H. KAHLER (P. Rev. 18, 1921, 210). Falsche Bestimmung.
L. W. MCKEEHAN (Journ. Franklin Institute, Jan. 1923) $a' = 4{,}726$, $\alpha' = 57^\circ\, 16'$, ($a = 6{,}546$), $\Delta = 0{,}026 \pm 0{,}003$.

16 *S* rhombisch, unvollständig bestimmt.
W. H. und W. L. BRAGG, Buch.

24 *Cr* kubisch körperzentriert (Γ_c'').
A. W. HULL (P. Rev. 17, 1921, 571; P. B. 2, 1921, 934) $a_w = 2{,}895$.

42 *Mo* kubisch körperzentriert (Γ_c'').
A. W. HULL (wie bei *Cr*) $a_w = 3{,}143$.
P. STOLL (Arch. Sci. Phys. Nat. (Genf) 3, 1921, 546) $a_w = 3{,}08$.

74 *W* kubisch körperzentriert (Γ_c'').
P. DEBYE (P. Zeitschr. 18, 1917, 483) $a_w = 3{,}18$.
R. GROSS, N. BLASSMANN (Neues Jahrbuch f. Mineralogie, Beilage 42, 1919, 728; P. B. 1, 1920, 147). Untersuchung von Einkristalldrähten.
A. W. HULL (wie bei *Cr*) $a_w = 3{,}151$.
A. E. VON ARKEL (Physica 3, 1923, 76). Bestätigung an Einkristalldrähten.

26 *Fe* α-β-δ-Eisen, kubisch körperzentriert (Γ_c'').
A. W. HULL (P. Rev. 9, 1917, 84 und 10, 1917, 661) $a_w = 2{,}86$.
A. WESTGREN (s. unten) $a_w = 2{,}87$.

γ-Eisen, kubisch flächenzentriert.
A. WESTGREN (Nature, Juni 1921.
Von den zahlreichen Veröffentlichungen WESTGRENS seien genannt:
A. WESTGREN, A. E. LINDH (Zeitschr. f. phys. Chem. 98, 1921, 181; P. B. 2, 1921, 1211).

A. WESTGREN, G. PHRAGMÉN (Zeitschr. f. phys. Chem. **102**, 1922, 1; P. B. 3, 1922, 1233).

A. WESTGREN (Engineering 113, 1922, 630, 727, 757; P. B. **2**, 1921, 935) gibt folgende Tabelle:

Eisensorte	Temperatur	a_w	Atomabstand	Übergangstemperatur
α	gewöhnl.	2,87	2,486	$\alpha \rightarrow \beta \ldots 765^0$
β	800^0	2,90	2,513	
δ	1425^0	2,93	2,538	$\beta \rightarrow \gamma \ldots 900^0$
γ	1100^0	3,63	2,570	$\gamma \rightarrow \delta \ldots 1400^0$
γ	1425^0	3,68	2,600	

ZAY JEFFRIES u. BAIN (Chem. Met. Engineering **24**, 1921, 779). Manganstahl 13% *Mn*.

F. WEVER (Mitteilungen a. d. Kaiser-Wilhelm-Inst. für Eisenforschung, Düsseldorf 1922?, III, 45—56). Martensit, Austenit; Abschätzung der Korngröße: kleiner als 10^{-6} cm. α-Eisen $a_w = 2{,}850$, γ-Eisen $a_w = 3{,}56$—$3{,}60$, je nach Zusätzen.

27 *Co* α) hexagonale dichteste Kugelpackung (wird z. B. durch Anlassen in Wasserstoffatmosphäre erhalten).

β) kubisch flächenzentriert (Γ_c') (wird z. B. durch schnelle Elektrolyse hergestellt).

A. W. HULL (wie bei *Cr*) α) $a = 2{,}514$, $c = 4{,}107$, $c/a = 1{,}633$. β) $a_w = 3{,}554$.

H. KAHLER (P. Rev. **18**, 1921, 210).

28 *Ni* kubisch flächenzentriert (Γ_c').

A. W. HULL (P. Rev. **10**, 1917, 661) $a_w = 3{,}52$. Die dort gefundene zweite kubische Modifikation (Γ_c'', $a_w = 2{,}76$) wird in der folgenden Arbeit widerrufen.

A. W. HULL (P. Rev. **17**, 1921, 571) $a_w = 3{,}540$.

H. BOHLIN (Ann. d. Phys. **61**, 1920, 421) $a_w = 3{,}53$.

L. W. MCKEEHAN (P. Rev. **21**, 1923, 402) $a_w = 3{,}510$, bei 70% *Fe*: $a_w = 3{,}60$.

44 *Ru* hexagonale dichteste Kugelpackung.

A. W. HULL (P. Rev. **17**, 1921, 571; P. B. **2**, 1921, 934) $a = 2{,}686$, $c = 4{,}27$, $c/a = 1{,}59$.

45 *Rh* kubisch flächenzentriert (Γ_c').

A. W. HULL (wie bei *Ru*) $a_w = 3{,}820$.

46 *Pd* kubisch flächenzentriert (Γ_c').

A. W. HULL (wie bei *Ru*) $a_w = 3{,}950$.

L. W. MCKEEHAN (P. Rev. **20**, 1922, 82; P. B. **4**, 1923, 24) $a_w = 3{,}90$; bei Aufnahme von Wasserstoff vergrößert sich a_w um einige % und es treten Unregelmäßigkeiten auf.

MITUO YAMADA (Sc. Rep. Tohoku Imp. Univ. **9**, 1922, 457) bei Wasserstoffaufnahme Gitterdehnung bis 3%.

76 *Os* hexagonale dichteste Kugelpackung.

A. W. HULL (P. Rev. **18**, 1921, 88; P. B. **3**, 1922, 519) $a = 2{,}714$, $c = 4{,}32$, $c/a = 1{,}59$.

77 *Ir* kubisch flächenzentriert (Γ_c').

A. W. HULL (P. Rev. **17**, 1921, 571; P. B. **2**, 1921, 934) $a_w = 3{,}805$.

78 *Pt* kubisch flächenzentriert (Γ'_c).

A. W. HULL (wie bei *Ir*) $a_w = 3,930$.
H. KAHLER (P. Rev. **18**, 1921, 210) $a_w = 4,02$.
N. USPENSKI, S. KONOBEJEWSKI (Verhandl. Röntgenol. u. Radiolog. Inst. Petrograd — Berlin 1922) $a_w = 3,87$.

II. Metallverbindungen, Legierungen.

Cu-Au-Legierungen, kubisch flächenzentriert.

F. KIRCHNER (Ann. d. Phys. **69**, 1922, 59).
Annähernde Additivität der Gitterkonstanten je nach Zusammensetzung.

Cu-Zn-Legierungen.

M. R. ANDREWS (P. Rev. **18**, 1921, 245; P. B. **2**, 1921, 569; **3**, 1922, 178.

Ag-Au-, *Ag-Pd-* *Legierungen.*

L. W. MCKEEHAN (P. Rev. **19**, 1922, 537).

Fe-Co-, *Fe-Ni-* *Legierungen.*

M. R. ANDREWS (wie bei *Cu-Zn*).

Ir-Os *Iridosmium*, hexagonal.

G. AMINOFF, G. PHRAGMÉN (Zeitschr. für Kristallogr. **56**, 1921, 510) $a = 2,90$, $c = 4,60$, $c/a = 1,590 \pm 0,005$, *Ir* (0 0 0), *Os* ($^2/_3$ $^1/_3$ $^1/_2$). Bestimmung nicht sehr zuverlässig.

III. Monohalogenide.

LiF kubisch, Steinsalztyp.

P. DEBYE, P. SCHERRER (P. Zeitschr. **17**, 1916, 277) $a_w = 4,11-4,17$.
P. DEBYE, P. SCHERRER (P. Zeitschr. **19**, 1918, 474). $4,03-4,14$.
W. P. DAVEY (P. Rev. **21**, 1923, 143) $a_w = 4,014$.
A. W. HULL (Proc. Amer. Inst. Electr. Engin **38**, 1919, 1171) $a_w = 4,02$.

LiCl kubisch, Steinsalztyp.

E. POSNJAK, R. W. G. WYCKOFF (Journ. Washington Acad. of Sciences **12**, 1922, 248) $a_w = 5,17 \pm 0,02$.
W. P. DAVEY (wie bei *LiF*) $a_w = 5,132$.
H. OTT (Phys. Zeitschr. **24**, 1923, 209) $a_w = 5,143 \pm 0,006$.

LiBr kubisch, Steinsalztyp.

E. POSNJAK, R. W. G. WYCKOFF (wie bei *LiCl*) $a_w = 5,48 \pm 0,02$.
W. P. DAVEY (wie bei *LiF*) $a_w = 5,490$.

LiJ kubisch, Steinsalztyp.

E. POSNJAK, R. W. G. WYCKOFF (wie bei *LiCl*) $a_w = 6,06 \pm 0,02$.
W. P. DAVEY (wie bei *LiF*) $a_w = 7,074$.

NaF kubisch, Steinsalztyp.

P. DEBYE, P. SCHERRER (P. Zeitschr. **19**, 1918, 474).
W. P. DAVEY (P. Rev. **18**, 1921, 102) $a_w = 4,68$.
E. POSNJAK u. R. W. G. WYCKOFF (wie bei *LiCl*) $a_w = 4,615 \pm 0,01$.
W. P. DAVEY (P. Rev. **21**, 1923, 143) $a_w = 4,620$.
A. W. HULL (Proc. Amer. Inst. Electr. Engin. **38**, 1919, 1171).

NaCl **Steinsalz, eigner Typ** (Abb. 87): Kubisch, mit flächenzentrierenden Achsen Γ'_c: *Na* (0 0 0), *Cl* ($^1/_2$ $^1/_2$ $^1/_2$); $a_w = 5{,}62800$. Die Kantenlänge von Steinsalz ist die Bezugsnormale für alle andern Absolutdimensionen.

W. L. Bragg (Proc. Roy. Soc. London A **89**, 1913, 248; **89**, 1914, 468, sowie Buch).
R. Glocker (Ann. d. Phys. **47**, 1915, 377; Phys. Zeitschr. **15**, 1914, 401).
M. Siegbahn (Phil. Mag. **37**, 1919, 601).

NaBr kubisch, Steinsalztyp.

W. P. Davey (P. Rev. **18**, 1921, 102) $a_w = 6{,}02$.
R. W. G. Wyckoff (Journ. Washington Acad. of Sciences) **11**, 1921, 429). $a_w = 5{,}95 \pm 0{,}01$.
W. P. Davey (P. Rev. **21**, 1923, 143) $a_w = 5{,}936$.

NaJ kubisch, Steinsalztyp.

W. P. Davey (wie bei *NaBr*) $a_w = 6{,}50$.
R. W. G. Wyckoff (wie bei *NaBr*) $a_w = 6{,}47 \pm 0{,}01$.
W. P. Davey (wie bei *NaBr*) $a_w = 6{,}462$.

KF kubisch, Steinsalztyp.

W. P. Davey (P. Rev. **18**, 1921, 102) $a_w = 5{,}38$.
E. Posnjak u. R. W. G. Wyckoff (Journ. Washington Acad. of Sciences **12**, 1922, 248) $a_w = 5{,}36 \pm 0{,}01$.
W. P. Davey (P. Rev. **21**, 1923, 143) $a_w = 5{,}328$.
A. W. Hull (Proc. Amer. Inst. Electr. Engin. **38**, 1919, 1171) $a_w = 5{,}38$.

KCl Sylvin; kubisch, Steinsalztyp.

W. L. Bragg (wie bei *NaCl*) $a_w = 6{,}26$.
R. Glocker (wie bei *NaCl*).
W. P. Davey (P. Rev. **18**, 1921, 102; P. B. **3**, 1922, 565) $a_w = 6{,}26$.
W. P. Davey (P. Rev. **21**, 1923, 143) $a_w = 6{,}276$.
L. Vegard (Videnskapsselskapets Skrifter I, mathem.-naturw. Kl., 1921, Nr. 6).

KBr kubisch, Steinsalztyp.

W. L. Bragg (wie bei *NaCl*).
W. P. Davey (wie bei *NaBr*) $a_w = 6{,}60$.
R. W. G. Wyckoff (wie bei *NaBr*) $a_w = 6{,}59 \pm 0{,}02$.
W. P. Davey (wie bei *NaBr*) $a_w = 6{,}570$.
L. Vegard (wie bei *KCl*).

KJ kubisch, Steinsalztyp.

W. H. und W. L. Bragg (Buch).
W. P. Davey (wie bei *NaBr*) $a_w = 7{,}10$.
R. W. G. Wyckoff (wie bei *NaBr*) $a_w = 7{,}11 \pm 0{,}02$.
W. P. Davey (wie bei *NaBr*) $a_w = 7{,}050$.
W. Duane, G. L. Clark (P. Rev. **20**, 1922, 85) $a_w = 7{,}064$.
A. W. Hull (Proc. Amer. Inst. Electr. Engin. **38**, 1919, 1171) $a_w = 7{,}10$.
R. G. Dickinson (Journ. Amer. Chem. Soc. **44**, 1922, 2404) Lauebild.

RbF kubisch, Cäsiumchloridtyp.

W. P. Davey (P. Rev. **21**, 1923, 143) $a_w = 3{,}663$.
E. Posnjak und R. W. G. Wyckoff, Journ. Wash. Acad. Sc. **12**, 248. 1922. Nach Pulveraufnahmen keine einfache Struktur.

RbCl kubisch, Steinsalztyp.

R. W. G. Wyckoff (Journ. Washington Acad. of Sciences **11**, 1921, 429) $a_w = 6{,}60 \pm 0{,}02$.
W. P. Davey (wie bei *RbF*) $a_w = 6{,}534$.

RbBr kubisch, Steinsalztyp.

W. P. DAVEY (P. Rev. **17**, 1921, 402; P. B. **2**, 1921, 684) $a_w = 6{,}93$.
W. P. DAVEY (P. Rev. **18**, 1921, 102; P. B. **3**, 1922, 565) $a_w = 6{,}93$.
W. P. DAVEY (P. Rev. **21**, 1923, 143) $a_w = 6{,}836$.

RbJ kubisch, Steinsalztyp.

W. P. DAVEY (wie bei *NaBr*) $a_w = 7{,}308$.
R. W. G. WYCKOFF (wie bei *NaBr*) $a_w = 7{,}36 \pm 0{,}02$.
W. P. DAVEY (wie bei *NaBr*) $a_w = 7{,}310$.

CsF kubisch, Steinsalztyp.

E. POSNJAK, R. W. G. WYCKOFF (wie bei *KF*) $a_w = 6{,}03 \pm 0{,}02$.
W. P. DAVEY (wie bei *RbF*) $a_w = 6{,}008$.

CsCl **Cäsiumchlorid, eigner Typ** (Abb. 119). In gewöhnl. kubischen Achsen *Cs* (0 0 0), *Cl* ($\frac{1}{2}$ $\frac{1}{2}$ $\frac{1}{2}$).

W. P. DAVEY, F. G. WICK (P. Rev. **17**, 1921, 403; P. B. **2**, 1921, 685) $a_w = 4{,}12$.
W. P. DAVEY (P. Rev. **18**, 1921, 102; P. B. **3**, 1922, 565) $a_w = 4{,}09$.
W. P. DAVEY (P. Rev. **21**, 1923, 143) $a_w = 4{,}118$.

CsBr kubisch, Cäsiumchloridtyp.

W. P. DAVEY (P. Rev. **19**, 1922, 538; auch **21**, 1923, 143) $a_w = 4{,}287$.
R. W. G. WYCKOFF (wie bei *RbCl*) $a_w = 4{,}30 \pm 0{,}01$.

CsJ kubisch, Cäsiumchloridtyp.

W. P. DAVEY (wie bei *KCl*) $a_w = 4{,}58$. $a_w = 4{,}558$.
R. W. G. WYCKOFF (wie bei *RbCl*) $a_w = 4{,}55 \pm 0{,}015$.
G. L. CLARK, W. DUANE (wie bei *KJ*) $a_w = 4{,}562$.

TlCl kubisch, Cäsiumchloridtyp.

W. P. DAVEY, F. G. WICK (P. Rev. **17**, 1921, 403; P. B. **2**, 1921, 685) $a_w = 3{,}85$.

CuCl *Nantockit*; kubisch, Zinkblendetyp.

W. P. DAVEY (P. Rev. **19**, 1922, 248) $a_w = 5{,}36$.
R. W. G. WYCKOFF, E. POSNJAK (Journ. Amer. Chem. Soc. **44**, 1922, 30; P. B. **3**, 1922, 610) $a_w = 5{,}49$.

CuBr kubisch, Zinkblendetyp.

W. P. DAVEY (wie bei *CuCl*) $a_w = 5{,}75$.
R. W. G. WYCKOFF, E. POSNJAK (wie bei *CuCl*) $a_w = 5{,}82$.

CuJ *Marshit*; kubisch, Zinkblendetyp.

W. P. DAVEY (wie bei *CuCl*) $a_w = 6{,}08$.
R. W. G. WYCKOFF, E. POSNJAK (wie bei *CuCl*) $a_w = 6{,}10$.
G. AMINOFF (Geologiska Föreningens i Stockholm Förhandlingar **44**, 1922, 444; P. B. **3**, 1922, 827):
»Marshit«, Zinkblendetyp $a_w = 6{,}02$—$6{,}08$;
»Miersit«, Mischkristalle mit *AgJ*. Zinkblendetyp, in dem $^1/_5$ der Metallatome *Cu*, $^4/_5$ *Ag* sind.

AgCl *Kerargyrit*; kubisch, Steinsalztyp.

W. P. DAVEY (wie bei *CuCl*) $a_w = 5{,}52$.
R. B. WILSEY (Phil. Mag. **42**, 1921, 262; P. B. **3**, 1922, 85) $a_w = 5{,}56$.

AgBr *Bromargyrit*; kubisch, Steinsalztyp.

Zitate wie bei *AgCl* $a_w = 5{,}78$.

AgJ *Jodyrit*; hexagonal, vermutlich Wurtzittyp.

G. AMINOFF (Zeitschr. f. Kristallogr. 57, 1922, 180; P. B. 4, 1923, 24; Geologiska Föreningens i Stockholm Förhandlingar 44, 1722, 444; P. B. 3, 1922, 827)

orthohexagonale Achsen $a = 4{,}59$, $c = 7{,}53$, $c/a = 1{,}639$.

$$Ag \begin{pmatrix} 0 & 0 & 0 \\ 2/3 & 1/3 & 1/2 \end{pmatrix}, \quad J \begin{pmatrix} 0 & 0 & p \\ 2/3 & 1/3 & 1/2 + p \end{pmatrix}, \quad p \sim 5/8 \text{ wie bei Wurtzit.}$$

Mit der kristallographischen Symmetrie nicht vereinbare Bestimmungen, die fast die gleichen Interferenzen liefern:

R. B. WILSEY } (wie bei *AgCl*) Zinkblendetyp wie *CuJ* { $a_w = 6{,}53$.
W. P. DAVEY } { $a_w = 6{,}53$.

NH_4Cl, NH_4Br, NH_4J } kubisch; dimorph. Bei niederer Temperatur Cäsiumchloridtyp (Abb. 138), bei hoher Temperatur Steinsalztyp.

G. BARTLETT, J. LANGMUIR (Journ. Amer. Chem. Soc. 43, 1921, 84 P. B. 2, 1921, 616)

Salz	Temperatur	Gittertyp	a_w	Jonenabstände	Umwandlungstemperatur
NH_4Cl	20°	*CsCl*	3,859	3,342	184,3°
	250°	*NaCl*	6,532	3,266	
NH_4Br	20°	*CsCl*	3,988	3,453	137,8°
	250°	*NaCl*	6,90	3,45	
NH_4J	20°	*NaCl*	7,20	3,60	−17,6°

Im Einzelnen haben noch bearbeitet:

NH_4Cl: W. H. und W. L. BRAGG (Buch).
R. W. G. WYCKOFF (Amer. Journ. of Science 3, 1922, 177) Symmetriekonflikt.
L. VEGARD (wie bei NH_4Br).

NH_4J: L. VEGARD (Phil. Mag. 33, 1917, 395) $a_w = 7{,}20$.

NH_4Br: L. VEGARD (Videnskapsselskapets Skrifter I, math.-naturw. Kl., 1921, Nr. 6).

$N(CH_3)_4J$ tetragonal.

L. VEGARD (Phil. Mag. 33, 1917, 399) $a = 7{,}88$, $c = 5{,}69$, $c/a = 0{,}723$. Volle Strukturbestimmung, jedoch nicht sehr sicher.

PH_4J tetragonal.

R. G. DICKINSON (Journ. Amer. Chem. Soc. 44, 1922, 1489; P. B. 3, 1922, 1231) $a = 6{,}34$, $c = 4{,}62$, $c/a = 0{,}730$.

Unter der *Annahme*, daß die Basis nur zwei Moleküle enthält:

$$PH_4 \begin{pmatrix} 0 & 0 & 0 \\ 1/2 & 1/2 & 1/2 \end{pmatrix}, \quad J \begin{pmatrix} 1/2 & 0 & u \\ 0 & 1/2 & \bar{u} \end{pmatrix}, \quad u = 0{,}40.$$

Mit $u = 0{,}50$ geht dies bis auf die tetragonale Deformation in den *CsCl*-Typ über, wie er für NH_4Cl gilt.

IV. Dihalogenide.

CaF_2 **Flußspat**, kubisch; **eigner Gittertyp** (Abb. 75). Flächenzentriertes kubisches Gitter (Γ'_c) $Ca\,(0\;0\;0)$; $2\,F \pm (1/4\;\,1/4\;\,1/4)$.

W. L. BRAGG (Proc. Roy. Soc. 89, 1914, 468 und Buch; Zeitschr. f. anorg. Chemie 90, 1915, 153).

R. Glocker (Ann. d. Phys. 47, 1915, 377; Phys. Zeitschr. 15, 1914, 401).
W. Gerlach (zuletzt P. Zeitschr. 23, 1922, 114) $a_w = \begin{matrix} 5{,}455 \pm 0{,}1\,\% \\ 5{,}478 \pm 0{,}2\,\% \end{matrix}$.
V. M. Goldschmidt, L. Thomassen (Vidensk. Skrifter 1923, Nr. 2) $a_w = 5{,}47$.

BaF_2 kubisch, Flußspattyp.
W. P. Davey (P. Rev. 19, 1920, 248) $a_w = 6{,}20$.

CdJ_2 **Cadmiumjodid**, hexagonal, **eigner Gittertyp**; orthohexagonale Achsen $Cd\,(0\;0\;{}^1/_2)$, $2\,J \pm ({}^1/_3\;{}^2/_3\;u)$.
R. M. Bozorth (Journ. Amer. Chem. Soc. 44, 1922, 2232) $a = 4{,}24$, $c = 6{,}84$, $c/a = 1{,}612$, $u = 0{,}250$.

V. Polyhalogenide.

$CsJCl_2$ **Cäsiumdichlorojodid**, rhomboedrische Modifikation; **eigner Gittertyp.**
R. W. G. Wyckoff (Journ. Amer. Chem. Soc. 42, 1920, Nr. 6) rhomboedrische Achsen $a = 5{,}45$, $\alpha = 70^\circ\,42'$. $Cs\,(0\,0\,0)$; $J\,({}^1/_2\;{}^1/_2\;{}^1/_2)$; $Cl \pm \varphi\,(1\,1\,1)$. $\varphi = 0{,}312$, oder auch $\varphi = {}^1/_2 - 0{,}312 = 0{,}188$, weil Cs^+ und J^- nicht unterschieden werden können. Cs und J bilden ein längs einer dreizähligen Achse um etwa 10% gestauchtes Steinsalzgitter.

KJJ_2 monoklin.
G. L. Clark, W. Duane (P. Rev. 20, 1922, 85). Angaben unverständlich.

YF_3 kubisch.
V. M. Goldschmidt, L. Thomassen (Vidensk. Skrifter 1923, Nr. 2) Y in flächenzentriertem kubischem Gitter $a_w = 5{,}49$.

VI. Monoxyde.

Cu_2O **Cuprit**, kubisch, **eigner Gittertyp** (Abb. 121); gewöhnl. kub. Achsen Γ_c; $2\,O\begin{pmatrix} 0 & 0 & 0 \\ {}^1/_2 & {}^1/_2 & {}^1/_2 \end{pmatrix}$; $4\,Cu\begin{pmatrix} {}^1/_4 & {}^1/_4 & {}^1/_4 \\ {}^3/_4 & {}^3/_4 & {}^1/_4 \\ {}^3/_4 & {}^1/_4 & {}^3/_4 \\ {}^1/_4 & {}^3/_4 & {}^3/_4 \end{pmatrix}$.
Bragg (Buch).
W. P. Davey (P. Rev. 19, 1922, 248) $a_w = 4{,}26$.
P. Niggli (Zeitschr. f. Kristallogr. 57, 1922, 253; P. B. 4, 1923, 346) $a_w = 4{,}257$.

Ag_2O kubisch, Cuprittyp.
R. W. G. Wyckoff (Amer. Journ. of Science 3, 1922, 184) $a_w = 4{,}768$.
W. P. Davey (P. Rev. 19, 1922, 248) $a_w = 4{,}69$.
P. Niggli (wie bei Cu_2O) $a_w = 4{,}718$.

CuO *Tenorit*, *Melaconit*; triklin, pseudokubisch, deformierter Steinsalztyp.
P. Niggli (wie bei Cu_2O) $a : b : c = 0{,}8983 : 1 : 1$.
$\alpha = 85^\circ\,21'$, $\beta = 86^\circ\,25'$, $\gamma = 93^\circ\,35'$.
$a = 3{,}74$, $b = c = 4{,}67$ Å.

BeO nicht sicher bestimmt.
W. Gerlach (Zeitschr. f. P. 9, 1922, 184; P. B. 3, 1922, 666). Struktur nicht sicher isotyp mit MgO, CaO (Steinsalztyp). Unter Voraussetzung von Steinsalztyp $a_w = 3{,}796$.

L. W. McKeehan (Proc. Nat. Acad. of Science, U. S. A. **8**, 1922, 270; P. B. **4**, 1923, 23): hexagonal, Wurtzittyp $a = 2{,}696$, $c/a = 1{,}63$.

MgO *Periklas*, kubisch, Steinsalztyp.

W. H. u. W. L. Bragg (Buch).

W. P. Davey, E. O. Hoffman (P. Rev. **15**, 1920, 333; P. B. **1**, 1920, 1485) $a_w = 4{,}18$.

R. W. G. Wyckoff (Journ. Amer. Chem. Soc. **1**, 1921, 127; P. B. **2**, 1921, 740). Diskussion der Eindeutigkeit der Bestimmung.

E. Schiebold (Zeitschr. f. Kristallogr. **56**, 1921, 430; P. B. **3**, 1922, 459) $a_w = 4{,}19$.

W. Gerlach (letzte Bestimmung Zeitschr. f. P. **9**, 1922, 184; P. B. **3**, 1922, 666) $a_w = 4{,}220 \pm 0{,}02$.

A. W. Hull (Journ. Amer. Chem. Soc. **41**, 1919, 1168; Proc. Amer. Inst. Electr. Engin. **38**, 1919, 1171).

CaO kubisch, Steinsalztyp.

W. P. Davey, E. O. Hoffman (wie bei *MgO*) $a_w = 4{,}74$.

W. Gerlach (wie bei *MgO*) $a_w = \begin{matrix} 4{,}768 \pm 0{,}05. \\ 4{,}760 \pm 0{,}03. \end{matrix}$

W. P. Davey (zuletzt P. Rev. **21**, 1923, 213) $a_w = 4{,}790 \pm 0{,}004$.

SrO kubisch, Steinsalztyp.

W. Gerlach (wie bei *MgO*) $a_w = 5{,}104 \pm 0{,}01$.

BaO kubisch, Steinsalztyp.

W. Gerlach (wie bei *MgO*) $a_w = 5{,}496 \pm 0{,}02$.

ZnO *Rotzinkerz*, hexagonal, Wurtzittyp.

W. L. Bragg (Phil. Mag. **39**, 1920, 647; P. B. **1**, 1920, 1081) $a = 3{,}22$, $c = 5{,}16$, $c/a = 1{,}608$.

E. S. Fedorow (Bull. Acad. Sciences Petrograd 1916, 359).

G. Aminoff (Zeitschr. f. Kristallogr. **56**, 1921, 495; **57**, 1922, 204; P. B. **4**, 1923, 25).

L. W. McKeehan (Proc. Nat. Acad. of Science, Washington **8**, 1922, 270) bestätigt die Struktur aus Aufnahmen von Hedvall (Zeitschr. f. anorg. Chemie **120**, 1922, 327).

L. Weber (Zeitschr. f. Kristallogr. **57**, 1922, 398) berechnet aus einer Scherrerschen Aufnahme $a = 3{,}35$, $c = 5{,}226$, $c/a = 1{,}6077$.

CdO kubisch, Steinsalztyp.

W. P. Davey, E. O. Hoffman (wie bei *MgO*) $a_w = 4{,}72$.

P. Scherrer (Zeitschr. f. Kristallogr. **57**, 1922, 186; P. B. **4**, 1923, 23) $a_w = 4{,}72$.

NiO *Bunsenit*, kubisch, Steinsalztyp.

W. P. Davey, E. O. Hoffman (wie bei *MgO*) $a_w = 4{,}20$).

W. P. Davey, (P. Rev. **17**, 1921, 402; P. B. **2**, 1921, 684) $a_w = 4{,}14$.

CoO vielleicht Steinsalztyp.

J. A. Hedvall (Arkiv Kemi Mineral Geol **8**, Nr. **11**; Zeitschr. anorg. Chem. **120**, 1922, 327).

VII. Polyoxyde und komplexe Oxyde.

Al_2O_3 *Korund*, *Rubin*, *Saphir*, trigonal, unvollständig bestimmt.

W. H. u. W. L. Bragg (Buch).

W. P. Davey, E. O. Hoffman (wie bei *MgO*): orthohexagonale Achsen $a = 4{,}86$, $c = 6{,}62$.

SiO_2 *Quarz*, trigonal;

W. H. u. W. L. Bragg (Buch). Bestimmung unvollständig.

L. W. McKeehan (P. Rev. **21**, 1923, 206; vorläufige Mitteilung über volle Bestimmung). Orthohexagonale Achsen (Γh) $a = 4{,}89$, $c = 5{,}375$.

TiO_2 **Anatas**, tetragonal; **eigner Typ** (Abb. 77, 125, 151), verwandt mit Diamanttyp. Orthotetragonale Achsen. Flächenzentrierte Gitter beginnen in $2\,Ti\,(0\;0\;0,\; {}^1/_4\;{}^1/_4\;{}^1/_4)$, $4\,O\,(0\;0\pm\varphi,\; {}^1/_4\;{}^1/_4\;{}^1/_4\pm\varphi)$.

L. Vegard (Phil. Mag. **32**, 1916, 505) $a = 5{,}27$, $c = 9{,}37$, $c/a = 1{,}777$, $\varphi = 0{,}208$, entsprechend Abstand $TiO = 1{,}95$ Å.

TiO_2 **Rutil**, tetragonal; **eigner Typ** (Abb. 76, 126, 151). Orthotetragonale Achsen $2\,Ti\begin{pmatrix}0 & 0 & 0\\ {}^1/_2 & {}^1/_2 & {}^1/_2\end{pmatrix}$, $4\,O\begin{pmatrix}\pm\varphi & \pm\varphi & 0\\ {}^1/_2\pm\varphi & {}^1/_2\pm\varphi & {}^1/_2\end{pmatrix}$.

L. Vegard (Phil. Mag. **32**, 1916, 505) $a = 4{,}52$, $c = 2{,}92$, $c/a = 0{,}645$, $\varphi = 0{,}311$, entsprechend Abstand $TiO = 1{,}99$ Å.

C. M. Williams (Proc. Roy. Soc. London **93**, 1917, 418) findet eine abweichende Struktur, die aber wahrscheinlich nicht stimmt. Vgl. auch

P. P. Ewald, A. Kratzer, L. Citron (Verhandl. d. D. Phys. Ges. I, 1920, 33).

$ZrO_2 \cdot SiO_2$ *Zirkon*, tetragonal, Struktur nahe verwandt dem Rutil. Achsenlängen gegenüber dem analogen Bereich bei Rutil verdoppelt; den 8 Bestandteilen $(TiO_2)_2$ dieses größeren Bereichs entsprechen die 8 Zirkonmoleküle. 12 flächenzentrierte Gitter beginnen in:

$$2\,Zr\begin{pmatrix}0 & 0 & 0\\ {}^3/_4 & {}^1/_4 & {}^1/_4\end{pmatrix},\quad 2\,Si\begin{pmatrix}{}^1/_2 & 0 & 0\\ {}^1/_4 & {}^1/_4 & {}^1/_4\end{pmatrix},\quad 8\,O\begin{pmatrix}\pm\varepsilon & \pm\varepsilon & 0\\ {}^3/_4\pm\varepsilon & {}^1/_4\pm\varepsilon & {}^1/_4\\ {}^1/_2\pm\eta & \pm\eta & 0\\ {}^1/_4\pm\eta & {}^1/_4\mp\eta & {}^1/_4\end{pmatrix}.$$

L. Vegard (Phil. Mag. **32**, 1916, 65) $a = 9{,}20$, $c = 5{,}88$, $c/a = 0{,}640$.
2 Parameter: $\varepsilon = 0{,}208$, entsprechend Abstand $Zr\text{-}O = 2{,}71$ Å.
$\eta = 0{,}083$, entsprechend Abstand $Si\text{-}O = 1{,}08$ Å.

$YO_2 \cdot PO_2$ *Xenotim*, tetragonal, wie Zirkon.

L. Vegard (Phil. Mag. **33**, 1917, 421) $a = 9{,}60$, $c = 5{,}94$, $c/a = 0{,}618$, $\varepsilon = 0{,}1875$ ($Y\text{-}O = 2{,}55$ Å), $\eta = 0{,}104$ ($P\text{-}O = 1{,}42$ Å).

L. Vegard (Phil. Mag. **32**, 1916, 505) gibt eine in obiger Arbeit widerrufene Struktur.

CeO_2 kubisch, Flußspattyp.

V. M. Goldschmidt, L. Thomassen (Vidensk. Skrifter 1923, Nr. 2) $a_w = 5{,}41$.

ThO_2 kubisch, vermutlich Flußspattyp; unvollständig bestimmt.

V. M. Goldschmidt, L. Thomassen (wie bei CeO_2). Th in flächenzentriertem kubischem Gitter $a_w = 5{,}61$.

SnO_2 *Kassiterit*, tetragonal, Rutiltyp.

L. Vegard (wie bei Rutil) $a = 4{,}67$, $c = 3{,}14$, $c/a = 0{,}673$. $\varphi = 0{,}315$, entsprechend Abstand $Sn\text{-}O = 2{,}08$ Å.

MoO_3, WO_3 } H. C. Burger (Zeitschr. f. anorg. Chemie **121**, 1922, 240; P. B. **3**, 1922, 826). Keine vollen Bestimmungen.

U_3O_8, UO_2, UO_3, *Thorienit*, *Bröggerit*, *Cleveit*, *Uranpecherz*: V. M. GOLDSCHMIDT, L. THOMASSEN (Vidensk. Skrifter 1923, Nr. 2). Keine vollen Bestimmungen.

Fe_2O_3 *Hämatit*, trigonal, wie Korund, ebenfalls unvollständig bestimmt.
BRAGG (Buch).

Fe_3O_4 *Magnetit*, kubisch, Spinelltyp.
W. H. BRAGG (Phil. Mag. **30**, 1915, 305) $a_w = 8{,}30$. Struktur wie $(MoO_4)Ag_2$.

VIII. Hydroxyde, Hydride.

LiH.
J. M. BIJVOET, A. KARSSEN (Proc. Roy. Acad. Amsterdam **25**, 1922, 27; P. B. **4**, 1923, 22).

H_2O *Eis*, hexagonal; **eigner Typ.**

ANCEL ST. JOHN (Proc. Nat. Acad. of Sciences, U. S. A. **4**, 1918, 193) sehr unvollständig $a = 4{,}74$, $c = 6{,}65$, $c/a = 1{,}4026$.

D. M. DENNISON (P. Rev. **17**, 1921, 20; P. B. **2**, 1921, 315) sehr unvollständig.

F. RINNE (Abh. d. Sächs. Akad. d. Wiss. **69**, 1917, 57) Laueaufnahme $c/a = 1{,}678$, $a = 3{,}46$, $c = 5{,}53$.

R. GROSS (Zentralbl. f. Mineralogie 1919, 203; P. B. **2**, 1921, 1311) Diskussion der vorhergehenden Arbeit ohne vollständige Bestimmung.

W. H. BRAGG (Proc. Phys. Soc. London **34**, 1922, 98; P. B. **4**, 1923, 24). Orthohexagonale Achsen $a = 4{,}52$, $c = 7{,}32$.
Basis aus 4 Molekülen:

$$O\begin{pmatrix} 0 & 0 & 0 \\ 2/3 & 1/3 & p \\ 2/3 & 1/3 & 1/2 \\ 0 & 0 & 1/2+p \end{pmatrix}; \quad H\begin{pmatrix} 1/3 & 1/6 & p/2 \\ 5/6 & 1/6 & p/2 \\ 5/6 & 2/3 & p/2 \\ 2/3 & 1/3 & 1/4+p/2 \end{pmatrix}, \begin{pmatrix} 1/3 & 1/6 & 1/2+p/2 \\ 5/6 & 1/6 & 1/2+p/2 \\ 5/6 & 2/3 & 1/2+p/2 \\ 0 & 0 & 3/4+p/2 \end{pmatrix}.$$

p etwa $1/8$. Mit $p = 1/8$ bilden die O das Schwerpunktsgitter des Wurtzit. Die H-Atome liegen mitten zwischen je 2 O. Von BRAGG abgeleitet aus Röntgenmessungen und Studium der Raumerfüllung.

$Mg(OH)_2$ *Bruzit*, hexagonal; **eigner Typ.**
Orthohexagonale Achsen. Basis aus 1 Molekül:

$$Mg\ (0\ 0\ 0); \quad 2\,(OH)\begin{pmatrix} 2/3 & 1/3 & p \\ 1/3 & 2/3 & p+1/2 \end{pmatrix}.$$

G. AMINOFF (Geologiska Föreningens i Stockholm Förhandlingar **41**, 1919, 407; Zeitschr. f. Kristallogr. **56**, 1921, 506) $a = 3{,}13$, $c = 4{,}75$, $c/a = 1{,}52$, $p \sim 2/9$.

$Mn(OH)_2$ *Pyrochroit*, hexagonal, Bruzittyp.
G. AMINOFF (wie bei Bruzit) $a = 3{,}34$, $c = 4{,}68$, $p = 2/9$.

$MoO_3 \cdot 2\,H_2O$, $WO_3 \cdot 2\,H_2O$: H. C. BURGERS (Zeitschr. f. anorg. Chemie **121**, 1922, 240) ohne Strukturbestimmung.

IX. Sulfide.

CaS Oldhamit, kubisch, Steinsalztyp.

H. Küstner (Phys. Zeitschr. **23**, 1922, 257; P. B. **3**, 1922, 1041) $a_w = 5{,}737$.

W. P. Davey (P. Rev. **21**, 1923, 213) $a_w = 5{,}686 \pm 0{,}006$.

ZnS **Zinkblende,** kubisch; **eigner Typ** (Abb. 72, 73), sehr nahe verwandt dem Diamanttyp. In kubisch flächenzentrierenden Achsen:

$$Zn\ (0\ 0\ 0); \quad S\ (^1/_4\ ^1/_4\ ^1/_4).$$

W. L. Bragg (Proc. Roy. Soc. **89**, 1914, 468 sowie Buch; Zeitschr. f. anorg. Chemie **90**, 1915, 153).

P. P. Ewald (Ann. d. Phys. **44**, 1914, 257).

W. Gerlach (Phys. Zeitschr. **23**, 1922, 114; P. B. **3**, 1922, 665) $a_w = 5{,}390 \pm 0{,}3\,\%$.

ZnS **Wurtzit,** hexagonal; **eigner Typ** (Abb. 120), wie Zinkblende aus lauter Tetraedern aufgebaut. Orthohexagonale Achsen:

$$Zn \begin{pmatrix} 0 & 0 & 0 \\ ^2/_3 & ^1/_3 & ^1/_2 \end{pmatrix}; \quad S \begin{pmatrix} 0 & 0 & ^5/_8 \\ ^2/_3 & ^1/_3 & ^1/_8 \end{pmatrix}.$$

W. L. Bragg (Phil. Mag. **39**, 1920, 647; P. B. **1**, 1920, 1081) gibt an: $Zn - S = 3{,}85$, doch ist diese Absolutgrösse nicht mit der Dichte 3,98 in Einklang zu bringen.

CdS Greenockit, hexagonal, Wurtzittyp.

W. L. Bragg (wie bei Wurtzit) $c/a = 1{,}622$.

PbS Galenit, kubisch, Cäsiumchloridtyp.

W. H. u. W. L. Bragg (Buch) $a_w = 5{,}94$.

W. P. Davey (P. Rev. **17**, 1921, 402; P. B. **2**, 1921, 685).

MnS Alabandin, kubisch.

R. W. G. Wyckoff (Amer. Journ. of Science **2**, 1921, 239) stellt drei Strukturen zur Auswahl, die alle Steinsalz ähnlich sind.

FeS_2 **Pyrit,** kubisch; **eigner Typ** (Abb. 124, 152, 153), orthokubische Achsen Γ_c.

$$4\ Fe \begin{pmatrix} 0 & 0 & 0 \\ ^1/_2 & ^1/_2 & 0 \\ ^1/_2 & 0 & ^1/_2 \\ 0 & ^1/_2 & ^1/_2 \end{pmatrix}; \quad 8\ S \begin{pmatrix} ^1/_2 \pm x & ^1/_2 \pm x & ^1/_2 \pm x \\ ^1/_2 \pm x & \mp x & \mp x \\ \mp x & ^1/_2 \pm x & \mp x \\ \mp x & \mp x & ^1/_2 \pm x \end{pmatrix}.$$

W. L. Bragg (Proc. Roy. Soc. **89**, 1914, 468 sowie Buch; Zeitschr. f. anorg. Chemie **90**, 1915, 153).

P. P. Ewald (Phys. Zeitschr. **15**, 1914, 399).

P. P. Ewald, W. Friedrich (Ann. d. Phys. **44**, 1914, 1183) $x = 0{,}111$—$0{,}113$.

W. L. Bragg (Phil. Mag. **40**, 1920, 169) $a_w = 5{,}38$, $x = 0{,}11$.

MnS_2 Hauerit, kubisch wie Pyrit.

Zitate wie bei Pyrit $x = 0{,}100$ (Ewald).

CoAsS Kobaltin, kubisch, ähnlich Pyrit mit je einem *S* durch *As* ersetzt und 2 Parametern. Keine volle Bestimmung vorhanden.

W. H. u. W. L. Bragg (Buch).

M. Mechling (Abhandl. d. Sächs. Akad. d. Wiss. **38**, 1921, III)

NiSbS Ullmannit, kubisch wie Kobaltin.

W. H. und W. L. Bragg (Buch).

$CuFeS_2$ **Chalkopyrit,** tetragonal, fast kubisch; **eigner Typ**, der Zinkblende nahe verwandt: statt der (001) Ebenen aus *Zn* wechseln sich solche aus *Cu* und *Fe* ab. Mit orthotetragonalen Achsen:

$$2\,Fe\begin{pmatrix}0 & 0 & 0\\ 1/2 & 1/2 & 0\end{pmatrix};\quad 2\,Cu\begin{pmatrix}1/2 & 0 & 1/2\\ 0 & 1/2 & 1/2\end{pmatrix};\quad 4\,S\;{}^1/_4\cdot\begin{pmatrix}1 & 1 & 1\\ 3 & 3 & 1\\ 3 & 1 & 3\\ 1 & 3 & 3\end{pmatrix}.$$

C. L. BURDICK, J. H. ELLIS (Journ. Amer. Chem. Soc. **39**, 1917, 2518)
$a = 5{,}228$, $c = 5{,}150$, $c/a = 0{,}985$.

X. Carbonate.

$CaCO_3$ **Kalkspat,** trigonal; **eigner Typ** (Abb. 122, 123, 142), anschließend an Steinsalz. Rhomboedrische Achsen:

$$2\,Ca\begin{pmatrix}0 & 0 & 0\\ 1/2 & 1/2 & 1/2\end{pmatrix};\quad 2\,C\pm({}^1/_4\;\;{}^1/_4\;\;{}^1/_4);\quad 6\,O\pm\begin{pmatrix}1/4+\varphi & 1/4-\varphi & 1/4\\ 1/4-\varphi & 1/4 & 1/4+\varphi\\ 1/4 & 1/4+\varphi & 1/4-\varphi\end{pmatrix}.$$

W. L. BRAGG (Proc. Roy. Soc. **89** 1914, 468, sowie Buch) φ etwa 0,30. Hier werden Achsen $\mathfrak{A}_i$ zugrunde gelegt, die mit den zur obigen Basisbeschreibung benutzten so zusammenhängen:

$$\mathfrak{A}_i = {}^3/_2\,\mathfrak{a}_i - {}^1/_2\,\mathfrak{a}_j - {}^1/_2\,\mathfrak{a}_k \text{ (s. Abb. 123).}$$

E. SCHIEBOLD (Abh. d. Sächs. Akad. d. Wiss. **36**, 1919, II; P. B. **1**, 1920, 752) $a = 6{,}345$, $\alpha = 46^0\,6'$, $\varphi = 0{,}31 \pm 0{,}01$.

R. W. G. WYCKOFF (Amer. Journ. of Science **50**, 1920, 317; P. B. **2**, 1921, 820) $a = 6{,}55$ (nachträgl. Korrektur), $\alpha = 46^0\,6'$, $\varphi =$ 0,24—0,26.

s. a. P. P. EWALD, A. KRATZER, L. CITRON (Verh. d. Deutsch. Phys. Ges. **1**, 1920, 33). Die Parameterbestimmungen von WYCKOFF und SCHIEBOLD stehen sich nach Untersuchungen dieser Autoren gleichberechtigt gegenüber.

$MgCO_3$ *Magnesit*, trigonal, Kalkspattyp.
W. H. u. W. L. BRAGG (Buch).
R. W. G. WYCKOFF (wie bei $CaCO_3$).

$(CaMg)(CO_3)_2$ *Dolomit*, trigonal, Kalkspattyp, abwechselnd (111)-Ebenen aus *Ca* und *Mg*.
W. L. BRAGG (wie bei $CaCO_3$).

$ZnCO_3$ *Calamin*, trigonal, Kalkspattyp.
W. H. u. W. L. BRAGG (Buch).

$MnCO_3$ *Rhodochrosit*, trigonal, Kalkspattyp.
W. L. BRAGG (wie bei $CaCO_3$).
R. W. G. WYCKOFF (wie bei $CaCO_3$) $a = 6{,}04$, $\alpha = 47^0\,46'$, $\varphi =$ 0,26—0,27.

$FeCO_3$ *Siderit*, *Chalybit*, trigonal, Kalkspattyp.
W. L. BRAGG, R. W. G. WYCKOFF (wie bei $CaCO_3$).
Lauebild nicht unterscheidbar von dem des Rhodochrosit.

XI. Nitrate.

$NaNO_3$ *Salpeter*, trigonal, Kalkspattyp.
W. L. BRAGG (Proc. Roy. Soc. **89**, 1914, 468, sowie Buch und Zeitschr. f. anorg. Chemie **90**, 1915, 153).
R. W. G. WYCKOFF (P. Rev. **16**, 1920, 149) $a = 6{,}065$, $\alpha = 47^0\,14'$, $\varphi \sim {}^1/_4$.

$Ca(NO_3)_2$ **Calciumnitrat,** kubisch; **eigener Strukturtyp.** Gewöhnl. kub. Achsen Γ_c. 4 Moleküle.

$$4\,Ca\begin{pmatrix} 0 & 0 & 0 \\ 1/2 & 1/2 & 0 \\ 1/2 & 0 & 1/2 \\ 0 & 1/2 & 1/2 \end{pmatrix};\quad 8\,N\pm\begin{pmatrix} \eta & \eta & \eta \\ 1/2+\eta & -\eta & 1/2-\eta \\ -\eta & 1/2-\eta & 1/2+\eta \\ 1/2-\eta & 1/2+\eta & -\eta \end{pmatrix}$$

$$24\,O\pm\begin{pmatrix} \varphi & \psi & \psi \\ 1/2+\varphi & -\psi & 1/2-\psi \\ 1/2+\psi & -\psi & 1/2-\varphi \\ 1/2+\psi & -\varphi & 1/2-\psi \end{pmatrix}\quad \text{und zykl. Vertausch.}$$

L. VEGARD (Zeitschr. f. Phys. **9**, 1922, 395; Videnskapsselskapets Skrifter I, mat.-naturw. Klasse 1922, No. 3) $a_w = 7{,}60$, $\varphi = 0{,}492$, $\psi = 0{,}216$, $\eta = 0{,}411$.

Zusammenhang mit VEGARDS Parametern: $\varphi = 1/4 + \varepsilon_2 + \varepsilon_1$, $\psi = 1/4 + \varepsilon_2 - \varepsilon_1$, $\eta = 1/4 + \varepsilon_3$.

$Sr(NO_3)_2$ kubisch, wie Calciumnitrat.

S. NISHIKAWA, K. HUDINUKI (Proc. Math. Phys. Soc. Tokyo **9**, 1917, 197).

L. VEGARD (wie bei $Ca(NO_3)_2$) $a_w = 7{,}81$ $\begin{cases}\varphi = 0{,}491\\ \psi = 0{,}289\\ \eta = 0{,}414.\end{cases}$

$Ba(NO_3)_2$ kubisch, wie Calciumnitrat.

S. NISHIKAWA, K. HUDINUKI (wie bei $Sr(No_3)_2$).

L. VEGARD (wie bei $Ca(NO_3)_2$) $a_w = 8{,}11$ $\begin{cases}\varphi = 0{,}492\\ \psi = 0{,}297\\ \eta = 0{,}417.\end{cases}$

$Pb(NO_3)_2$ kubisch, wie Calciumnitrat.

L. VEGARD (wie bei $Ca(NO_3)_2$) $a_w = 7{,}84$ $\begin{cases}\varphi = 0{,}491\\ \psi = 0{,}289\\ \eta = 0{,}414.\end{cases}$

XII. Chlorate usf.

$NaClO_3$ **Natriumchlorat**, $NaBrO_3$ } kubisch; **eigner Strukturtyp** (Abb. 127 bis 129). Achsen Γ_c. Basis aus 4 Molekülen:

$$4\,Na\begin{pmatrix} u & u & u \\ 1/2+u & 1/2-u & \bar{u} \\ 1/2-u & \bar{u} & 1/2+u \\ \bar{u} & 1/2+u & 1/2-u \end{pmatrix};\quad 4\,Cl\begin{pmatrix} v & v & v \\ 1/2+v & 1/2-v & \bar{v} \\ 1/2-v & \bar{v} & 1/2+v \\ \bar{v} & 1/2+v & 1/2-v \end{pmatrix}$$

$$12\,O\begin{pmatrix} x & y & z \\ 1/2+x & 1/2-y & \bar{z} \\ 1/2-x & \bar{y} & 1/2+z \\ \bar{x} & 1/2+y & 1/2-z \end{pmatrix}\quad \text{und zykl. Vertausch.}$$

Die 5 Parameter sind sehr verschieden bestimmt worden. Am wahrscheinlichsten von VEGARD. Siehe die Tabelle auf S. 167.

N. H. KOLKMEYER, J. M. BIJVOET, A. KARSSEN (Proc. Roy. Acad. Amsterdam **23**, 1920, 644; P. B. **2**, 1921, 617) Chlorat $a_w = 6{,}55$; Bromat $a_w = 6{,}74$.

R. G. DICKINSON, E. A. GOODHUE (Journ. Amer. Chem. Soc. **43**, 1921, 2045; P. B. **3**, 1922, 407) Chlorat $a_w = 6{,}56$; Bromat $a_w = 6{,}71$.

L. VEGARD (Zeitschr. f. Phys. **12**, 1622, 289; Videnskapsselskapets Skrifter I, math.-naturw. Klasse 1922, No. 16) Chlorat $a_w = 6{,}58$; Bromat $a_w = 6{,}72$.

G. WULFF (Zeitschr. f. Kristallogr. 57, 1922, 190) $NaClO_3$ $a_w = 6{,}56$, $u = 0$, $v = {}^1/_4$ und aus Annahmen über die Durchmesser der Atome

$$x = 0{,}134 \text{ oder } 0{,}134$$
$$y = 0{,}461 \quad » \quad 0{,}157$$
$$z = 0{,}157 \quad » \quad 0{,}461$$

für rechts, bzw. links drehenden Kristall.

XIII. Sulfate, Wolframate, Molybdate.

K_2SO_4, $(NH_4)_2SO_4$ } rhombisch.

L. VEGARD (Videnskapsselskapets Skrifter I, math.-naturw. Klasse 1921, No. 6; Zeitschr. f. Phys. 5, 1921, 18) veröffentlicht Debye-Scherrer-Aufnahmen.

$CaSO_4$ *Anhydrit*, rhombisch.

F. RINNE (Neues Jahrb. f. Mineral., Geol. u. Paläontol. 2, 1916, 63) erörtert Strukturmöglichkeiten.

$KAl(SO_4)_2 \cdot 12\,H_2O$	*Kali-Aluminiumalaun*	kubisch, Struktur mit 11 Parametern nicht sicher ermittelt.
$KCr(SO_4)_2 \cdot 12\,H_2O$	*Kali-Chromalaun*	
$(NH_4)Al(SO_4)_2 \cdot 12\,H_2O$	*Ammonium-Aluminiumalaun*	
$(NH_4)Fe(SO_4)_2 \cdot 12\,H_2O$	*Ammonium-Eisenalaun*	

T. TERADA (Proc. Math.-Phys. Soc. Tokio 7, 1914, 290).
L. VEGARD, W. SCHJELDERUP (Ann. d. Phys. 54, 1917, 146).
R. W. G. WYCKOFF (Amer. Journ. of Science 5, 1923, 209).
Siehe auch P. NIGGLI (Phys. Zeitschr. 19, 1918, 225).
L. VEGARD (Ann. d. Phys. 60, 1920, 753).

$PbMoO_4$ *Wulfenit*, $CaWO_4$ *Scheelit* } tetragonal.

R. G. DICKINSON (Journ. Amer. Chem. Soc. 42, 1920, 85) sehr unvollständige Bestimmung. *Pb* und *Mo* (bzw. *Ca* und *W*) bilden zwei um (${}^1/_4$ ${}^1/_4$ ${}^1/_4$) verschobene *NaCl*-Gitter (?)

XIV. Carbide, Selenide, Cyanide.

CSi **Karborund** hexagonal; **eigner Typ?**

C. L. BURDICK, E. A. OWEN (Journ. Amer. Chem. Soc. 40, 1918, 1749) Struktur wie Zinkblende: zwei flächenzentrierte, aber rhomboedrische Gitter ($\alpha = 89^0\ 56{,}6'$ statt 90^0). Verschiebung des *Si*-Gitters um 0,36 (bei *ZnS* um 0,25) der Körperdiagonalen.

A. W. HULL (P. Rev. 13, 1919, 292; P. B. 2, 1921, 674) Zinkblendetyp.
A. W. HULL (P. Rev. 15, 1920, 545; P. B. 2, 1921, 740) »

H. ESPIG (Abh. d. Sächs. Akad. d. Wiss. 38, 1921 Nr. 3; P. Ber. 3, 1922, 1042) (nach Umformung seiner Angaben); orthohexagonale Achsen $a = 3{,}1$, $c = 15{,}3$.

$$6\,C \begin{pmatrix} 0 & 0 & 0 \\ 0 & 0 & {}^1/_2 \\ {}^1/_3 & {}^2/_3 & \pm {}^1/_6 \\ {}^2/_3 & {}^1/_3 & \pm {}^1/_6 \end{pmatrix}; \quad 6\,Si \begin{pmatrix} {}^2/_3 & {}^1/_3 & p \\ {}^1/_3 & {}^2/_3 & p + {}^1/_2 \\ 0 & 0 & p \pm {}^1/_6 \\ 0 & 0 & p \pm {}^1/_3 \end{pmatrix} \quad p \simeq {}^1/_9.$$

F. von HEUER, P. KOLLER (Zeitschr. f. Kristall. 50, 1915/20, 260) Laueaufnahmen.

Fe_3C *Cementit*, rhombisch, keine volle Bestimmung.

$a = 4{,}53$, $b = 5{,}11$, $c = 6{,}77$, $(a:b:c = 0{,}670:0{,}755:1)$.

A. WESTGREN (Engineering **113**, 1922, 630).

A. WESTGREN, G. PHRAGMÉN (Zeitschr. f. physik. Chemie **102**, 1922, 1; P. B, **3**, 1922, 1233).

CaSe kubisch, Steinsalztyp.

W. P. DAVEY (P. Rev. **21**, 1923, 213) $a_w = 5{,}914 \pm 0{,}006$.

SrSe kubisch, Steinsalztyp.

M. K. SLATTERY (P. Rev. **20**, 1922, 84; P. B. **4**, 1923, 22) $a_w = 6{,}20$.

M. K. SLATTERY (P. Rev. **21**, 1923, 213) $a_w = 6{,}234 \pm 0{,}006$.

BaSe kubisch, Steinsalztyp.

M. K. SLATTERY (P. Rev. **21**, 1923, 213) $a_w = 6{,}616 \pm 0{,}006$.

KCN **Zyankali**, kubisch; **eigner Typ**, verwandt mit Steinsalz. Orthokubische Achsen Γ_c.

$$4K\begin{pmatrix} 1/2 & 1/2 & 1/2 \\ 1/2 & 0 & 0 \\ 0 & 1/2 & 0 \\ 0 & 0 & 1/2 \end{pmatrix}; \quad \text{je } 4\begin{pmatrix} C \\ N \end{pmatrix}\begin{pmatrix} \beta & \beta & \beta \\ \beta & 1/2-\beta & 1/2-\beta \\ 1/2-\beta & \beta & 1/2-\beta \\ 1/2-\beta & 1/2-\beta & \beta \end{pmatrix}.$$

R. M. BOZORTH (Journ. Amer. Chem. Soc. **44**, 1922, 317; P. B. **3**, 1922, 610) $a_w = 6{,}55$, $\beta = +0{,}05$ für C
$= -0{,}05$ für N.

P. A. COOPER (Nature **107**, 1921, 745; P. B. **2**, 1921, 1346).

XV. Verbindungen vom Typ $[PtCl_6]K_2$.

$[PtCl_6]K_2$ **Hexachloroplatinsaures Kalium**, kubisch; **eigner Typ** (Abb. 148, 146, 149), verwandt mit Flußspat: dessen F ist durch K, sein Ca durch den oktaedrischen Komplex $[PtCl_6]$ zu ersetzen. In kubisch flächenzentrierenden Achsen Γ_c'.

$$Pt\,(0\;0\;0);\; 6\,Cl \pm \begin{pmatrix} \bar{u} & u & u \\ u & \bar{u} & u \\ u & u & \bar{u} \end{pmatrix};\; 2\,K \pm (1/4\;\;1/4\;\;1/4).$$

P. SCHERRER, P. STOLL (Arch. sc. phys. et nat. **4**, 1922, 232; P. B. **4**, 1923, 25).

P. SCHERRER, P. STOLL (Zeitschr. f. anorg. Chemie **121**, 1922, 319; P. B. **3**, 1922, 828) $a_w = 9{,}7$, $u = 0{,}165$, $Pt - Cl = 1{,}6$ Å.

$[PtCl_6](NH_4)_2$ kubisch, Typ des $[PtCl_6]K_2$.

R. W. G. WYCKOFF, E. POSNJAK (Journ. Amer. Chem. Soc. **43**, 1921, 2292; P. B. **3**, 1922, 407) $a_w = 9{,}843$, $u = 0{,}22$—$0{,}24$, $Pt - Cl =$ 2,26—2,36 Å.

$[PtBr_6]Rb_2$ kubisch, Typ des $[PtCl_6]K_2$.

P. SCHERRER, P. STOLL (wie bei $[PtCl_6]K_2$) ohne nähere Angabe.

$[SnCl_6]K_2$ kubisch, Typ des $[PtCl_6]K_2$.

R. G. DICKINSON (Journ. Amer. Chem. Soc. **44**, 1922, 276; P. B. **3**, 1922, 610) $a_w = 9{,}96$, $u = 0{,}245$, $Sn - Cl = 2{,}44$ Å.

$[SnCl_6](NH_4)_2$ kubisch, Typ des $[PtCl_6]K_2$.

R. G. DICKINSON (wie bei $[SnCl_6]K_2$ $a_w = 10{,}05$, $u = 0{,}245$, $Sn - Cl =$ 2,46 Å.

$[SiF_6](NH_4)_2$ *Kryptohalit*, kubisch, Typ des $[PtCl_6]K_2$.
R. M. BOZORTH (Journ. Amer. Chem. Soc. 44, 1922, 1066; P. B. 3, 1922, 938) $a_w = 8{,}38$, $u = 0{,}205$, $Si—F = 1{,}72$ Å.

$[Ni(NH_3)_6]Cl_2$ kubisch, Typ des $[PtCl_6]K_2$.
R. W. G. WYCKOFF (Journ. Amer. Chem. Soc 44, 1922, 1239) $a_w = 10{,}09$, $u = 0{,}24$.
P. SCHERRER, P. STOLL (wie bei $[PtCl_6]K_2$).

$[Ni(NH_3)_6]Br_2$, $[Ni(NH_3)_6]J_2$ kubisch, Typ des $[PtCl_6]K_2$.
R. W. G. WYCKOFF (wie bei $[Ni(NH_3)_6]Cl_2$).
$a_w = 10{,}48$ für Bromid, $a_w = 11{,}01$ für Jodid — u nicht genau bestimmt.

$[Ni(NH_3)_6](NO_3)_2$ kubisch, Typ des $[PtCl_6]K_2$.
R. W. G. WYCKOFF (Journ. Amer. Chem. Soc. 44, 1922, 1260) ohne Einzelheiten.

$[Co(NH_3)_6]Cl_2$ kubisch, Typ des $[PtCl_6]K_2$.
P. SCHERRER, P. STOLL (wie bei $[PtCl_6]K_2$).

$[Zn(H_2O)_6](BrO_3)_2$ kubisch, Typ des $[PtCl_6]K_2$.
R. W. G. WYCKOFF (Journ. Amer. Chem. Soc. 4, 1922, 188) $a_w = 10{,}31$ ohne Einzelheiten.

XVI. Verbindungen des Spinelltyps $[MgO_4]Al_2$.

$[MgO_4]Al_2$ **Spinell**, kubisch; **eigner Typ** (Abb. 147, 150). Kubisch flächenzentrierende Achsen Γ'_c. Basis aus 2 Molekülen.

$$2\,Mg \pm (1/8\ \ 1/8\ \ 1/8);\quad 8\,O \pm \begin{pmatrix} 1/8+u & 1/8+u & 1/8+u \\ 1/8+u & 1/8+u & 1/8-3u \\ 1/8+u & 1/8-3u & 1/8+u \\ 1/8-3u & 1/8+u & 1/8+u \end{pmatrix};$$

$$4\,Al \begin{pmatrix} 1/2 & 1/2 & 1/2 \\ 0 & 1/2 & 1/2 \\ 1/2 & 0 & 1/2 \\ 1/2 & 1/2 & 0 \end{pmatrix}.$$

W. H. u. W. L. BRAGG (Buch).
S. NISHIKAWA (Proc. Tokyo Math.-Phys. Soc. 1914).
W. H. BRAGG (Phil. Mag. 31, 1915, 305).

$[MoO_4]Ag_2$ kubisch, Spinelltyp.
R. W. G. WYCKOFF (Journ. Amer. Chem. Soc. 44, 1922, 1994; P. B. 3, 1922, 1311) $a_w = 9{,}26$, $u = 1/8$, $Mo—O = 2{,}00$ Å.

$[Zn(CN)_4]K_2$ kubisch, Spinelltyp.
R. G. DICKINSON (Journ. Amer. Chem. Soc. 44, 1922, 774; P. B. 3, 1922, 762) $a_w = 12{,}54$, $u = 1/8$ (bezieht sich auf den Schwerpunkt der Gruppe CN).

$[Cd(CN)_4]K_2$, $[Hg(CN)_4]K_2$ kubisch, Spinelltyp.
R. G. DICKINSON (wie bei $[Zn(CN)_4]K_2$)
$a_w = 12{,}84$, $u = 0{,}12$ für Cd-Verbindung,
$a_w = 12{,}76$, $u =$ — für Hg-Verbindung.

XVII. Verbindungen vom Typ $[PtCl_4]K_2$.

$[PtCl_4]K_2$, $[PdCl_4]K_2$, $[PdCl_4](NH_4)_2$ — **Tetrachloroplatinsaures Kalium**, tetragonal; **eigner Typ.** Orthotetragonale Achsen, Basis aus 1 Molekül bestehend:

$$Pt(0\,0\,0);\quad 4\,Cl(\pm u, \pm u, 0);\quad 2\,K\begin{pmatrix}0 & \tfrac{1}{2} & \tfrac{1}{2}\\ \tfrac{1}{2} & 0 & \tfrac{1}{2}\end{pmatrix}.$$

R. G. DICKINSON (Journ. Amer. Chem. Soc. **44**, 1922, 2404).

	$a = 6{,}99$	$c = 4{,}13$	$c/a = 0{,}593$	$u = 0{,}23$
bzw.	$7{,}04$	$4{,}10$	$0{,}584$	$0{,}23$
	$7{,}21$	$4{,}26$	$0{,}591$	$0{,}23$

XVIII. Organische Verbindungen.

A) Verbindungen mit Benzolringen.

C_6H_6 *Benzol*, nicht vollständig erforscht.

B. BROOMÉ (Phys. Zeitschr. **24**, 1923, 124) bei — 80° rhombisch $a:b:c = 0{,}757:1:0{,}702$, $c = 6{,}852$ Å. 4 Moleküle im Elementarbereich. Siehe auch P. DEBYE, P. SCHERRER (Nachr. Ges. d. Wiss., Göttingen 1916, 1), Beobachtungen an flüssigem Benzol.

$C_6H_4(OH)_2$ *Resorcin*, rhombisch pyramidal.

K. BECKER, W. JANCKE (Zeitschr. f. physik. Chemie **99**, 1921, 244) aus Beobachtungen an gepreßtem Pulver:

$a = 7{,}61$, $b = 8{,}07$, $c = 4{,}42$ — $a:b:c = 0{,}943:1:0{,}548$, Basis aus 2 Molekülen.

W. H. Bragg (Trans. Chem. Soc. **121**, 1922, 2766)

$a = 9{,}56$, $b = 10{,}25$, $c = 5{,}64$ — $a:b:c = 0{,}933:1:0{,}550$, Basis aus 4 Molekülen.

$C_6H_4(OH)_2$ *Hydrochinon.*

K. BECKER, W. JANCKE (Zeitschr. f. phys. Chem. **99**, 1921, 244)

hexagonal $a = 10{,}92$, » $c = 7{,}55$ — $c/a = 0{,}692$, Basis aus 6 Molekülen.

W. H. BRAGG (Trans. Chem. Soc. **121**, 1922, 2766)

monoklin: $a = 13{,}58$, $b = 5{,}22$, $c = 8{,}13$, $\beta = 107^\circ$ — $a:b:c = 2{,}602:1:1{,}558$, Basis aus 4 Molekülen.

$C_{10}H_8$ *Naphtalin*, monoklin.

W. H. BRAGG (Proc. Roy. Soc. London **34**, 1921, 33, P. B. **3**, 1922, 1142) volle Strukturbestimmung, siehe Text S. 220—223, Abb. 154 bis 158,

$a = 8{,}34$, $b = 6{,}05$, $c = 8{,}69$, $\beta = 122^\circ\,49'$ — $a:b:c = 1{,}378:1:1{,}436$, Basis aus 2 Molekülen.

K. BECKER, W. JANCKE (Zeitschr. f. phys. Chem. **99**, 1921, 244)

gepreßt: $a = 8{,}95$, $b = 5{,}85$, $c = 7{,}96$, $\beta = 116^\circ\,30'$ — $a:b:c = 1{,}530:1:1{,}365$, Basis aus 2 Molekülen.

$C_{14}H_{10}$ *Anthracen*, monoklin.

W. H. BRAGG (wie bei Naphtalin)

$a = 8{,}7$
$b = 6{,}1$
$c = 11{,}6$
$\beta = 124^\circ 24'$
} Basis aus 2 Molekülen.

K. BECKER, W. JANCKE (wie bei Naphtalin)

gepreßt:
$a = 10{,}55$
$b = 6{,}00$
$c = 7{,}93$
$\beta = 119^\circ 48'$
} $a : b : c = 1{,}760 : 1 : 1{,}330$, Basis aus 2 Molekülen.

B) Offene Ketten.

$C_4H_6O_6$ *Weinsäure*, monoklin.

K. BECKER, W. JANCKE (Zeitschr. f. phys. Chem. **99**, 1921, 244)

gepreßt:
$a = 7{,}38$
$b = 5{,}90$
$c = 6{,}37$
$\beta = 102^\circ$
} $a : b : c = 1{,}250 : 1 : 1{,}080$, Basis aus 2 Molekülen.

W. T. ASTBURY (Proc. Roy. Soc. London **102** 1923, 506)

$a = 7{,}693$
$b = 6{,}037$
$c = 6{,}195$
$\beta = 100^\circ 17'$
} $a : b : c = 1{,}2747 : 1 : 1{,}0266$, Basis aus 2 Molekülen.

Mit wesentlicher Benutzung der von BRAGG am Naphtalin verwandten Methoden wird eine *volle Strukturbestimmung* dieses interessanten optisch aktiven Kristalls gegeben. Für die nähere Beschreibung und Abbildung muss auf das Original verwiesen werden.

$C_6H_{12}N_4$ *Hexamethylen-Tetrammin* (Urotropin), kubisch.

R. G. DICKINSON, A. L. RAYMOND (Journ. Amer. chem. Soc. **45**, 1923, 22). Volle Strukturbestimmung auf Grund von Röntgenmessungen und Strukturtheorie. Die Molekülschwerpunkte bilden ein körperzentriertes kubisches Gitter. Abbildung in der Abhandlung.

Ferner finden sich Angaben über die Formen der Grundzellen in folgenden Arbeiten:

K. BECKER, W. JANCKE (Zeitschr. f. physik. Chem. **99**, 1921, 244), *Zinksäure, Hydrozinksäure, Phtalsäure, Phtalsäureanhydrid, Chinon, Azobenzol, Hydrazobenzol, Anthrachinon, Phenanthren, Bernsteinsäure, Bernsteinsäureanhydrid, Harnstoff, Acetylendikarbonsäure, Maleïnsäure, Maleïnsäureanhydrid, Indigo, Pentaerythrit, α-Methylglycosid, Lithiumoxalat.*

K. BECKER, W. JANCKE (Zeitschr. f. physik. Chem. **99**, 1921, 267), *Lithiumsalze zahlreicher Fett- und Ölsäuren.*

W. H. BRAGG (Trans. Chem. Soc. London **121**, 1922, 2766), *Benzoesäure, Brenzkatechin, Hydroxybenzoesäuren (Salycilsäure und zwei Isomere), 3 Dinitrobenzole.*

K. BECKER, H. ROSE (Zeitschr. f. Physik **14**, 1923, 369), *Dibenzyl, Stilben, Benzil, Triphenylmethan, Mannit, Rohrzucker.*

XIX. Sonstiges.

$N_2H_4 \cdot 2\,HCl$ *Hydrazindihydrochlorid*, kubisch-hemiedrisch; **eigner Typ,** mit Flußspattyp verwandt: für *Ca* tritt N_2, für *F* *Cl* ein. Orthokubische Achsen Γ_c, Basis aus 4 Molekülen.

$$N \pm \begin{pmatrix} u & u & u \\ 1/2+u & 1/2-u & -u \\ 1/2-u & -u & 1/2+u \\ -u & 1/2+u & 1/2-u \end{pmatrix}; \quad Cl \pm \begin{pmatrix} v & v & v \\ 1/2+v & 1/2-v & -v \\ 1/2-v & -v & 1/2+v \\ -v & 1/2+v & 1/2-v \end{pmatrix}.$$

R. W. G. Wyckoff (Amer. Journ. of Science 5, 1923, 15) $a_w = 7{,}89$, $u = 0{,}04$, $v = 0{,}27$.

$NaH(C_2H_3O_2)_2$ kubisch.

R. W. G. Wyckoff (Amer. Journ. of Science 4, 1922, 193) $a_w = 15{,}98$. Basis aus 24 Molekülen bestehend (?).

$PbCl_2 \cdot PbCO_3$ *Phosgenit.*

F. Rinne (Abh. Sächs. Akad. d. Wiss. 73, 1921, 117; P. B. 2, 1921, 1269) Lauediagramme, Symmetrieklasse.

$(Mg, Fe)_2SiO_4$ *Olivin.*

Charlotte Berndt (Abh. Sächs. Akad. d. Wiss. 38, 1921, Nr. III; P. B. 3, 1922, 315) Bestimmung der Raumgruppe.

Feldspate.

A. Hadding (Acta Univ. Lund 17, 1921, No. 6; P. B. 4, 1923, 344) Bestimmung von Achsenverhältnissen.

E. Schiebold (Zeitschr. f. Phys. 9, 1922, 180) Drehspektralaufnahmen von Adular (s. Abb. 177).

Turmalin.

Charl. Kulaszewski (Abh. Sächs. Akad. d. Wiss. 38, 1921, 81; P. B. 3, 1922, 316) Auswahl von Raumgruppen.

Literaturangaben.

Diese Hinweise sollen einerseits das Eindringen in die Literatur erleichtern, andererseits die Belegstellen für einzelne Behauptungen des Textes nachweisen. Daher ist besonderer Wert auf zusammenfassende Berichte gelegt worden (wo auch weitere Literatur zu ersehen ist). Es dürfte schätzungsweise ein Zehntel der auf Röntgeninterferenzen und Kristallstruktur (im engeren Sinne) bezüglichen Spezialliteratur genannt sein. Für alle Angaben über einzelne Kristallbestimmungen wird auf Note IX verwiesen.

Jedes Zitat erhält beim ersten Auftreten eine Nummer (fett: **12**) und wird später nur noch durch die gleiche Nummer zitiert.

A. Allgemeine Aufgaben.

I. Röntgenstrahlen und Kristallstruktur.

1 Bragg, W. H. und W. L.: X Rays and Crystal Structure. London, G. Bell & Sons, Ltd., neue (7.) Auflage im Erscheinen. — Der Gegenstand dieses schon jetzt infolge seiner klaren Darstellung der Braggschen Gedanken als klassisch zu bezeichnenden Buches deckt sich mit dem hier behandelten so sehr, daß von

weiterer Zitierung abgesehen wird. Das Studium dieses Buches ist jedem dringend zu empfehlen, der tief in den Gegenstand eindringen will.

2 BRAGG, W. H. und W. L.: Abhandlungen aus den Jahren 1913 bis 1914. Übersetzt und zusammengefaßt in Zeitschr. f. anorgan. Chem. 1915, 90, 153.

3 MARX, E.: Handbuch der Radiologie. Bd. V: Röntgenstrahlen von E. MARX. Leipzig: Akad. Verlagsges. 1919. — Referierender Bericht über allgemeine Röntgenphysik und Interferenzen bis 1918.

4 RINNE, F.: Kristallographische Formenlehre und Anleitung zu kristallographisch-optischen sowie röntgenographischen Untersuchungen. Leipzig: M. Jänecke, 4./5. Aufl., 1922. — Teil III enthält eine gedrängte Übersicht über die praktischen Methoden der Interferenzaufnahmen und die Bezifferungsverfahren.

5 RINNE, F.: Das feinbauliche Wesen der Materie nach dem Vorbilde der Kristalle. Berlin: Gebr. Bornträger, 2./3. Aufl., 1922. Besprechung von Kristallstrukturen in kristallographischem und chemischem Zusammenhang. »Feinbautypen«.

6 *Die Naturwissenschaften* (Zeitschrift, Berlin: Julius Springer). Sonderhefte: *Zur Feier der Entdeckung der Röntgenstrahlen vor 25 Jahren* (Jg. 8, Heft 50, S. 961—991. 1920) enthält u. a.

6a P. PFEIFFER: Die Befruchtung der Chemie durch die Röntgenstrahlenphysik S. 984—991.

10 Jahre Lauediagramm (Jg. 10, Heft 16, S. 363—416. 1922) enthält u. a.

6b1 DEBYE, P.: Laueinterferenzen u. Atombau S. 384—391.

6b2 NIGGLI, P.: Die Bedeutung des Lauediagramms f. d. Kristallographie S. 391—399.

6b3 SCHIEBOLD, E.: Beiträge zur Auswertung der Lauediagramme S. 399—411.

6b4 POLANYI, M.: Röntgenographische Bestimmung von Kristallanordnungen.

7 *Ergebnisse der exakten Naturwissenschaften.* Herausgegeben von der Schriftleitung der »Naturwissenschaften«. Bd. I. Berlin: Julius Springer 1922; enthält u. a.

7a LAUE, M. v.: Röntgenstrahlenspektroskopie.

7b JOHNSEN, A.: Fortschritte im Bereich der Kristallstruktur.

7c PANETH, F.: Das periodische System der chemischen Elemente.

II. Zusammenfassende Berichte über die Theorie der Interferenzen.

8 FRIEDRICH, W.: Röntgenstrahlinterferenzen. Physikal. Zeitschr. 1913, 14, 1079—1084.

9 LAUE, M.: Enzyklopädie der mathem. Wissensch. Bd. V. Art. 24 Wellenoptik.

10 WAGNER, E.: Über Röntgenspektroskopie. Physikal. Zeitschr. 1917, 18, 405—419, 432—443, 461—466, 488—494.

III. Kristallographische Strukturtheorie.

11 JOHNSEN, A.: Kristallstruktur. Fortschr. d. Mineralog., Kristallographie u. Petrographie 1916, 5, 17—130.

12 NIGGLI, P.: Geometrische Kristallographie des Diskontinuums. Leipzig: Gebr. Bornträger 1919.

13 SCHOENFLIES, A.: Kristallsysteme und Kristallstrukturen. Leipzig: B. G. Teubner 1891. — Stark veränderte Neuauflage erscheint soeben bei Gebr. Bornträger, Berlin.

14 SOHNCKE, L.: Entwicklung einer Theorie der Kristallstruktur. Leipzig: B. G. Teubner 1879.
15 WYCKOFF, R. W. G.: The analytical expression of the results of the Theory of Space-Groups. Washington: Carnegie Institution. Okt. 1922.

IV. Berichte über Ergebnisse der Strukturerforschung.

16 GROSS, R.: Über die exper. Erforschung der Kristallstruktur mit Hilfe der Röntgenstrahlen. Jahrb. d. Radioakt. u. Elektronik 1919, 15, 305—329.
17 HULL, A. W.: The Crystal Structures of the common Elements. Journ. Franklin Instit. Febr. 1922.
18 JOHNSEN, A.: Die Anordnung der Atome in Kristallen (Bericht). Jahrb. d. Radioakt. u. Elektronik 1917, 14, 52—129. — DERSELBE: 7[b].
19[a] WYCKOFF, R. W. G.: The Determination of the Structure of Crystals. Journ. Franklin Instit. 1921, 191, 199—230.
19[b] DERSELBE: A Survey of existing Crystal Structure Data. Journ. Franklin Instit. 1923, 195, 183—210, 349—365, 531—552. Diese Zusammenstellung, die nur wenig früher abgeschlossen worden ist als Note IX, ermöglichte eine erwünschte Kontrolle für die Vollständigkeit von Note IX.

B. Auf einzelne Kapitel bezügliche Hinweise.

Kap. 1. (Atomlehre.)

I. Allgemeinverständlich.

20 BORN, M.: Der Aufbau der Materie. Berlin: Julius Springer 1922.
21 MIE, G.: Atome, Moleküle, Weltäther (Aus Natur u. Geisteswelt, Leipzig: B. G. Teubner).
22 KIRCHBERGER, P.: Die Entwicklung der Atomtheorie. Karlsruhe: B. F. Müller 1922.
23 STOCK, A.: Ultrastrukturchemie. Berlin: Julius Springer 1922.
24 KOSSEL, W.: Valenzkräfte und Röntgenspektren. 2. Aufl. Berlin: Julius Springer 1922.
25 SOMMERFELD, A.: Atombau und Spektrallinien. 3. Aufl. Braunschweig: Fr. Vieweg 1922. — In den ersten Teilen allgemeinverständlich, in den späteren das Fundamentalwerk über Atombau.

II. Zu S. 7: 26 FÜRTH, R.: Bericht üb. neuere Untersuch. a. d. Gebiet d. Brownschen Bewegung. Jahrb. d. Radioakt. u. Elektronik 1919, 16, 319—361.
S. 7: 27 LADENBURG, R.: Bericht üb. d. Bestimmung von PLANCKS elementarem Wirkungsquantum *h*. Jahrb. d. Radioakt. u. Elektronik 1920, 17, 93—145, 273—276. — Enthält eine kritische Übersicht über alle wesentlichen Atomgrößen.
S. 10: 28 ASTON, F. W.: Isotope. Deutsch von E. NORST-RUBINOWICZ. Leipzig: S. Hirzel 1923.
S. 13: Siehe 7[c] (Kernphysik).

Kap. 2. (Kristallographie.)

I. Lehrbücher der Kristallographie und kristallographischen Symmetrie.

29 BECKENKAMP, J.: Leitfaden der Kristallographie. Berlin: Gebr. Bornträger 1920.

30 GROTH, P.: Physikalische Kristallographie. Leipzig: W. Engelmann, IV. Aufl. 1905.

31 DERSELBE: Elemente d. phys. u. chem. Kristallographie. München: R. Oldenbourg 1921.

32 NIGGLI, P.: Lehrbuch der Mineralogie. Berlin: Gebr. Bornträger 1920.

33 JAEGER, F. M.: Lectures on the principle of Symmetry. 2. Aufl. Amsterdam: Elsevier 1920.

Sowie auch **4**, I. Teil.

II. Zu S. 15: 34 WASHBURN, E.: Ann. d. Physik 1915, **48**, 236.

Kap. 3. (Strukturtheorie.)

I. Lehrbücher der Strukturtheorie siehe unter A III.

II. Zu S. 31 (Abb. 23). Die Abbildung ist mit freundlicher Erlaubnis des Verfassers dem Werke **29** entnommen. Die Abbildung stellt übrigens Quarz*zwillinge* dar.

Kap. IV. (Interferenz.)

Zu S. 36: Die Abbildungen der fliegenden Geschosse stammen von C. CRANZ; vgl. C. CRANZ, Lehrbuch der Ballistik, Teubner 1918.

S. 37: 35 TOEPLER, M.: Ann. d. Physik 1867, **131**, 33 u. 180.

S. 43: 36 REESE, H. M.: Astrophysical Journal 1906, **24**, 67.

Kap. 5. (Röntgenstrahlen.)

I. Neuere Darstellungen der Physik der Röntgenstrahlen.

37 KAYE, G. W. C.: X Rays. London: Longmans, Green & Co. 1914.

38 CERMAK, P., in: L. GRAETZ, Handbuch der Elektrizität und des Magnetismus. Bd. III, S. 901—1022. Leipzig: J. A. Barth 1923.

Siehe auch 3.

39 LEDOUX-LEBARD und DAUVILLIERS: La physique des Rayons X. Paris, 1921. (Ist dem Verfasser nicht zugänglich gewesen.)

II. Zu S. 52: 40 MILLIKAN, R. A.: Astrophysikal. Journ. 1920, **52**, 47—64. — Es muß 1920 statt 1921, 202 Å statt 450 Å auf S. 52 heißen!

S. 52: 41 SOMMERFELD, A.: Über die Beugung der Röntgenstrahlen. Ann. d. Physik 1912, **38**, 473—506.

S. 57: 42 WAGNER, E.: Bericht üb. d. kontinuierl. Röntgenspektrum. Jahrb. d. Radioakt. u. Elektronik 1919, **16**, 190—230.

S. 58: 43 MOSELEY, H. G. J.: Phil. Mag. 1913, **26**, 1024—1034.

S. 61: 44 GLOCKER, R.: Absorptionsgesetze für Röntgenstrahlen. Physikal. Zeitschr. 1918, **19**, 66—72; vgl. auch

45 WINGÅRDH, K. A.: Über die Schwächung der Röntgenstrahlen. Lund: C. Blom 1923, sowie Zeitschr. f. Physik 1922, **8**, 363.

S. 62: 46 HULL, A. W.: Physic. Review 1917, **10**, 601 (Zirkonfilter).

S. 63: 47 ANGERER, E. v.: Ann. d. Physik 1906, **21**, 87.

S. 63: Photogr. Wirkung vgl. Note VIII!

S. 65: **6** b 1.

Kap. VI. (Experimentelle Verfahren.)

Zu S. 67: 48 FRIEDRICH, W., KNIPPING, P., LAUE, M.: Interferenzerscheinungen bei Röntgenstrahlen. Sitzungsber. d. bayer. Akad. der Wiss., Math.-phys. Kl. 1912, 303—322, 363—373. (Die erste, bahnbrechende Veröffentlichung über Röntgeninterferenzen.)

Zu S. 70: 49 LAUE, M. v.: Über die Symmetrie der Kristall-Röntgenogramme. Ann. d. Physik 1916, **50**, 433—446.

S. 70: 50 BRAGG, W. H. und W. L.: The Reflection of X Rays by Crystals. Proc. of the Roy. Soc. of London (A) 1913, **88**, 428—438.

S. 73: 51 DEBYE, P., SCHERRER, P.: Interferenzen an regellos orientierten Teilchen im Röntgenlicht. I. u. II Nachr. der Kgl. Ges. d. Wiss. Göttingen 1915 u. 1916, III Physikal. Zeitschr. 1917, **18**, 291—301.

52 HULL, A. W.: A new method of X ray crystal analysis. Physic. Review 1917, **10**, 661.

Kap. 7. (Braggverfahren, Spektroskopie.)

I. Berichte über Spektroskopie.

53 WAGNER, E.: Physikal. Zeitschr. 1917, **18**, 405—419, 432—443, 461—466, 488—494.

54 SIEGBAHN, M.: Jahrb. d. Radioakt. u. Elektronik 1921, **18**, 240 bis 292 (dort auch Angaben über Spezialröhren).

II. Zu S. 77: 55 COMPTON, A. H.: Physic. Review 1916, **7**, 646. Kontinuierliche Registrierung.

S. 78—82: 56 SIEGBAHN, M.: Erhöhung der Meßgenauigkeit innerhalb der Röntgenspektren. Zeitschr. f. Physik 1922, **9**, 68—80 (dort auch Angaben über das Metallrohr von Abb. 55).

57 HJALMAR, E.: Röntgenspektroskopische Messungen. Zeitschr. f. Physik 1923, **15**, 65—109.

S. 83: 58 SEEMANN, H.: Die Vermeidung der Verbreiterung von Röntgenspektrallinien infolge der Tiefe der wirksamen Schicht. Physikal. Zeitschr. 1917, **18**, 242—249.

59 DERSELBE: Elektrotechn. Zeitschr. 1922, **43**, 220. (Hieraus Abb. 58.)

Kap. 8. (Zusammengesetzte Gitter; Strukturermittlung.)

Zu S. 92: 60 BRAGG, W. L.: Proc. of the Roy. Soc. of London (A) 1914, **89**, 468—489 (Normalabfall); siehe auch **1** und **2**.

S. 96: 61 NOLD, A.: Chemiker-Zeitung. 1891, **24**, 174.

Kap. 9. (Laueverfahren.)

Zu S. 101: Siehe **48**.

S. 102: Abb. 78 verdanke ich der Liebenswürdigkeit des Herrn Dr. FUCHS vom deutschen Museum in München; vgl. dessen

62 FUCHS, F.: Elektrische Strahlen und ihre Anwendung (Röntgentechnik). München: R. Oldenbourg 1922.

S. 104: 63 RINNE, F.: Beiträge zur Kenntnis der Kristall-Röntgenogramme I. Ber. d. Sächs. Akad. d. Wiss., Mathem.-physikal. Klasse 1915, **67**, 303—340. — Dort Abb. 79, sowie viele hervorragend schöne Laueaufnahmen.

S. 107: Zusammenhang zwischen Zonen- und Flächenindizes; siehe **29** bis **32**.

Kap. 10. (Strukturkontrolle mit Lauebildern.)

Zu S. 111: Abb. 86: Unter »Indexfeld« wird sonst auch eine etwas andere graphische Übersicht über die vorhandenen Interferenzflecken verstanden, siehe:

64 GROSS, R.: Zentralbl. f. Mineral., Geol., Petrograph. 1918, sowie **4**, III. Teil.

Zu S. 112—114: Lorentzscher und Debyescher Faktor siehe 9.
S. 113: 65 DEBYE, P.: Interferenz von Röntgenstrahlen und Wärmebewegung. Ann. d. Physik 1914, 43, 49.
S. 113: 66 BACKHURST, IVOR: Variations of the Intensity of Reflected X-Radiation with the Temperature of the Crystal. Proc. of the Roy. Soc. of London (A) 1922, 102, 340—353.
S. 115: 67 EWALD, P. P.: Die Intensität der Interferenzflecken bei Zinkblende und das Gitter der Zinkblende. Ann. d. Physik 1914, 44, 257.
S. 117: Empfindlichkeitssprung der Platte. Siehe z. B. 42.
S. 117: 68 KELLER, E.: Diamantröntgenbilder. Ann. d. Physik 1915, 46, 157.
S. 119: Strukturfaktor: eingeführt von
69 LAUE, M.: Ann. d. Physik 1913, 41, S. 998, zuerst so benannt bei P. P. EWALD 67.
S. 121: Parameterbestimmung aus Laueaufnahmen:
70 EWALD, P. P.: Die Berechnung der Kristallstruktur aus Interferenzaufnahmen mit Röntgenstrahlen. Physikal. Zeitschr. 1914, 15, 399, sowie Ann. d. Physik 1914, 44, 1183.
71 SCHIEBOLD, E.: Die Verwendung der Lauediagramme zur Bestimmung der Struktur des Kalkspats. Abh. d. Sächs. Akad. d. Wiss. Mathem.-physik. Klasse 1919, 36, 69—213, vgl. auch Note VII.

Kap. 11. (Debye-Scherrer-Verfahren.)

Zu S. 123: 52.
S. 124: 72 TRAUBENBERG, RAUSCH v.: Physikal. Zeitschr. 1917, 18, 241—242.
S. 125: 73 HULL, A. W.: Physic. Review 1921, 17, 571.
Ein weiterer interessanter Apparat, der zur Fabrikationskontrolle gedacht ist und in engstem technischen Zusammenbau den Transformator, die Coolidgeröhre und 15 radial angebrachte Apparate für Pulveraufnahmen enthält, bei:
74 DAVEY, W. P.: Journ. optic. Soc. Americ., Nov. 1921 bzw. General Elektric Review (Schenectady) 1922, 25, 564—580.
S. 125: 75 BOHLIN, HELGE: Ann. d. Physik 1920, 61, 430 (Abb. 93).
S. 126: 76 BRAGG, W. H.: Application of the Ionisation Spectrometer to the determination of the Structure of minute Crystals. Proc. of the physic. of London 1921, 33, 222—224.
S. 128: Siehe Note IV!
S. 129: 77 DEBYE, P.: Die Struktur des Wolfram. Physikal. Zeitschr. 1917, 18, 483.
S. 136: 78 SCHERRER, P.: in Zsigmondy, Kolloidchemie, Leipzig, O. Spamer, III. Aufl., 1920.

Kap. 12. (Vollständige Diagramme.)

Zu S. 136: SEEMANN, H.: 58.
S. 139: RINNE, F.: 4.
S. 139: 79 SEEMANN, H.: Vollständige Spektraldiagramme von Kristallen. Physikal. Zeitschr. 1919, 20, 169—175.
S. 140: 80 FRIEDRICH, W.: Eine neue Interferenzerscheinung mit X-Strahlen. Physikal. Zeitschr. 1913, 14, 317—319.
S. 140: 81 HERZOG, R. O., JANCKE, W.: Verwendung von Röntgenstrahlen zur Untersuchung metamikroskopischer biologischer Strukturen. Festschrift d. Kais.-Wilh.-Ges., Berlin: Julius Springer, 1921.
S. 141: POLANYI, M.: 6b4.
S. 141: Abb. 104 aus RINNE, F.: 63.
S. 141: 82 AMINOFF, G.: X-Ray Asterism on Laue Photographs. Geologiska Föreningens i Stockholm Förhandlingar 1919, 41, 534—538.

Zu S. 142:	83	HUPKA, E.: Physikal. Zeitschr. 14, 1913, 623.
S. 143:	84	NISHIKAWA, S., ASAHARO, G.: Some studies of Metals by X-Rays. Physic. Review 15, 1920, 38.
S. 145:	85	SCHLECHTER, E.: Diss. Stuttgart 1922.
	86	GLOCKER, R.: Im Erscheinen begriffene Arbeit.
S. 148:	87	MARK, H., POLANYI, M., SCHMID E.: Vorgänge bei der Dehnung von Zinkkristallen. Zeitschr. f. Physik 1922, 12, 58—116.
S. 150:	88	BARLOW, W., POPE, W. J.: The relation between Crystalline Structure and chemical Constitution. Verh. d. 2. Solvay-Congresses, Brüssel 1913.

Kap. 13. (Darstellung der erforschten Strukturen.)

Zu S. 149:	89	WESTGREN, A., LINDH, A.: Kristallbau von Eisen und Stahl. Zeitschr. f. physikal. Chem. 1921, 48, 181—210.
S. 155:		HULL, A. W.: 17.

Kap. 14. (Gittergeometrie.)

Zu S. 170:	90	THIRRING, H.: Atombau und Kristallsymmetrie. Physikal. Zeitschr. 1920, 21, 281.
S. 175:		(Abb. 136), JOHNSEN, A.: 11.
S. 177:	91	BRAGG, W. H.: The Intensity of X-Ray-Reflection by Diamond. Proc. of the physic. soc. of London 1921, 33, 304—310.
S. 178:		(Deformiertes *NaCl*-Gitter), GROSS, R.: 16.
S. 179:	92	WYCKOFF, R. W. G.: On the crystal structure of NH_4Cl. Amer. journ. of science 1922, 4, 469—475. Siehe auch SCHOENFLIES, A.: 13, (neue Auflage).
S. 182:	93	LANDÉ, A.: Dynamik der räumlichen Atomstruktur. I—IV. Verhandl. d. physikal. Ges. 1919, 21, 664—662, Zeitschr. f. Physik 1920, 2, 83—89.
S. 185:	94	KOLKMEYER, N. H.: Raum—Zeit—Symmetrie. Physikal. Zeitschr. 1921, 22, 457—466.
S. 186:	95	REIS, A.: Die chemische Deutung der Kristallgitter. Zeitschr. f. Elektrochem. 1920, 26, 412—420.

Kap. 15. (Ionengitter usw.)

Zu S. 187:	96	DEBYE, P., SCHERRER, P.: Atombau. Physikal. Zeitschr. 1918, 19, 474—483.
S. 188:	97	KOSSEL, W.: Molekülbildung als Frage des Atombaues. Ann. d. Physik 1916, 49, 229—362.
S. 188:	98	KOSSEL, W.: Die Valenzkräfte im Lichte der neueren physik. Forschung. Zeitschr. f. Elektrochem. 1920, 26, 314—323.
S. 188:	99	KOSSEL, W.: Bemerkungen über Atomkräfte. Zeitschr. f. Physik 1920, 1, 395—415 (Klassifizierung der Gitter und Bindungen zwischen den Atomen).
S. 189:		REIS, A.: 95, (Radikalionengitter).
S. 189:	100	SCHAEFER, Cl., SCHUBERT, M.: Zeitschr. f. Physik 1921, 7, 297—313, oder
S. 189:	101	REINKOBER, O.: Zeitschr. f. Physik 1920, 3, 1—8.
S. 190:		NOLD, A.: 61; BARLOW, W.: 88.
	102	BRAGG, W. L.: Philosoph. Mag. 1920, 40, 169—189, (Abb. 142).
S. 192:	103	GRIMM, H.: Mitteilungen über Ioneneigenschaften u. chem. Tatsachen 1—5. Zeitschr. f. physikal. Chem. 1921, 98, 353—394; 1922, 101, 403—409; 1922, 102, 113—168; Zeitschr. f. Elektrochem. 1922, 28, 75 ff.

Zu S. 193: 104 DAVEY, W. P.: Physic. Review 1922, 19, 248.
S. 194: Abb. 143. Ähnlich bei HULL, A. W.: 17.
S. 196: Über die neueren BOHRschen Vorstellungen vom Atombau siehe:
105 BOHR, N.: Zeitschr. f. Physik 1922, 9, 1—67 oder Ann. d. Physik 1923, 71, 228—288.
S. 196: 106 LADENBURG, R.: Atombau und period. System der Elemente Zeitschr. f. Elektrochem. 1920, 26, 262—274.
S. 198: (Tab. 21), NIGGLI, P.: 32.
S. 200: 107 VEGARD, L.: Die Konstitution der Mischkristalle etc. Zeitschr. f. Physik 1921, 5, 17—26.
108 LAUE, M. v.: Röntgenstrahlinterferenz und Mischkristalle. Ann. d. Physik 1918, 56, 497—506.

Kap. 16. (Chemische Gesichtspunkte.)

Zu S. 202: 109 WERNER, A.: Neuere Anschauungen auf dem Gebiete d. anorgan. Chemie. 4. Aufl. Braunschweig: Fr. Vieweg 1920.
S. 202—205: 110 EPHRAIM, F.: Anorganische Chemie. Leipzig: Th. Steinkopf 1923, 2./3. Aufl. enthält eine vorzügliche Darlegung der Wernerschen sowie der weiteren neuen anorganischen Theorien.
S. 209: 111 PFEIFFER P.: Die Kristalle als Molekülverbindungen II. Zeitschr. f. anorgan. Chemie 1916, 97, 161—174, siehe auch 6a.
S. 209: 112 Zur Methode von WYCKOFF: vgl. die in Note IX angegebenen Zitate der von ihm behandelten Kristalle.
S. 218: Morphotropie. Siehe z. B. 31 und 32.
S. 219: 113 GROTH, P. v.: Ringbildung und Kristallstruktur. Ber. d. Dtsch. Chem. Ges. 1914, 47, 2063—2067.
S. 223: Außer den in Note IX aufgeführten organischen Strukturen von Naphthalin, Weinsäure und Hexamethylen-Tetrammin ist neuerdings auch Harnstoff bekannt geworden:
114 MARK, H., WEISSENBERG, K.: Zeitschr. f. Physik 16, 1923, 1—22.

Kap. 17. (Stoffliche Eigenschaften.)

Zu S. 225: 115 BORN, M.: Dynamik der Kristallgitter. Leipzig: B. G. Teubner 1915. — Enzyklopädie der mathem. Wissenschaften, Bd. V, Art. 25. Atomtheorie des festen Zustands. (Im Erscheinen.)
S. 225: 116 LOVE, A. E. H.: Lehrbuch der Elastizität. Teubner 1907 (Geschichtliches, Cauchysche Relationen).
S. 228: 117 JOFFÉ, A. F., KIRPITCHEVA, M. V.: Röntgenograms of strained crystals. Philosoph. Mag. 1922, 43, 204.
S. 230: 118 SCHRÖDINGER, E.: Physikal. Zeitschr. 1919, 20, 420ff. (Bericht über spezifische Wärme fester Körper).
S. 232: Siehe 66.
S. 233: 119 EWALD, P. P.: Dispersion und Doppelbrechung von Elektronengittern (Kristallen). Diss. München 1912. — Ann. d. Physik 1916, 49, 1—38, 117—143.
120 DERSELBE: Abweichungen vom Braggschen Reflexionsgesetz der Röntgenstrahlen. Physikal. Zeitschr. 1920, 21, 617—619.
S. 235: 121 LIEBREICH, E.: Bericht über neuere Fortschritte in der Untersuchung des langwelligen ultraroten Spektrums. Jahrb. d. Radioaktiv. und Elektronik 1915, 12, 205—230.
S. 237: Siehe 100, (Cl. SCHAEFER).
S. 237: Unerklärte Eigenschaften: siehe 7b.
S. 238: Siehe auch 20, sowie 115b.
S. 240: GRIMM, H.: siehe 103.

Kap. 18. (Schluß.)

122 HADDING, ASSAR: Mineralienanalyse nach röntgenspektroskopischer Methode. Zeitschr. f. anorgan. Chem. 1922, **122**, 195. Vgl. auch:

123 SIEGBAHN, M., LINDT, A. E., STENSSON, N.: Zeitschr. f. Physik 1921, **4**, 61—67.

124 COSTER, D., HEVESY, G. v.: Vorläufige Mitteilung in Naturwissenschaften 1923, Heft 8; ausführlich in den Mitteilungen der Kopenhagener Akademie.

125 BRAGG, W. L., JAMES, R. W., BOSANQUET, C. H.: Über d. Streuung der Röntgenstrahlen durch die Atome eines Kristalls. Zeitschr. f. Physik 1922, **8**, 77—84.

126 DARWIN, C. G.: Theory of X-Ray-Reflexion. Philosoph. Mag. 1914, **27**, 315 und 675.

127 COMPTON, A. H.: Physic. Review (1917, **9**, 1 ?).

128 BERGEN DAVIS und STEMPEL, W. M.: An experimental Study of the Reflexion of X-Rays from Calcite. Physic. Review. 1921, **17**, 608—623.

EWALD, P. P.: **120**, hierzu neuere experimentelle Ergebnisse:

HJALMAR, E.: **57**.

129 LEWIS, G. N.: Journ. of the Americ. chem. Soc. 1916, **38**, 762; Chem. Metall Engin. 1921, **24**, 871, sowie:

130 LANGMUIR, F.: Journ. of the Americ. chem. Soc. 1919, **41**, 868 u. 1543; 1920, **42**, 274.

131 JOFFÉ, A., siehe FOKKER, A. D.: Moderne Natuurkunde en Techniek. Physica 1923, **3**. (Dies ein besonders hübscher allgemein gehaltener Aufsatz über moderne Fragen der Atomtheorie).

132 HEVESY, G. v., GROH, J.: Die Selbstdiffusion in festem Blei. Ann. d. Physik 1921, **65**, 216. Vgl. auch:

HEVESY, G. v.: Über die Auflockerung der Kristallgitter. Zeitschr. f. physikal. Chem. 1921, **101**, 337—352.

Sachverzeichnis.

Die gewöhnlichen Zahlen bedeuten die Seiten, die fetten eingeklammerten Zahlen Abbildungen (**125**). Einzelne Kristalle sind in dies Verzeichnis nur aufgenommen, sofern sie nicht in einer der Tabellen von Kap. XIII und XVI oder in Note IX genannt sind. Die römischen Zahlen bedeuten die Nummern der Noten.

GPSR Compliance

The European Union's (EU) General Product Safety Regulation (GPSR) is a set of rules that requires consumer products to be safe and our obligations to ensure this.

If you have any concerns about our products, you can contact us on ProductSafety@springernature.com

In case Publisher is established outside the EU, the EU authorized representative is:

Springer Nature Customer Service Center GmbH
Europaplatz 3
69115 Heidelberg, Germany

Batch number: 10682411

Printed by Printforce, the Netherlands